Thermodynamik und statistische Physik

Thermodynamik und statistische Physik

Daniel V. Schroeder

Übersetzung und Fachlektorat
Professor Dr. Ulrich Schollwöck, LMU München

Pearson

Bibliografische Information der Deutschen Nationalbibliothek

Die Deutsche Nationalbibliothek verzeichnet diese Publikation in der Deutschen Nationalbibliografie; detaillierte bibliografische Daten sind im Internet über <http://dnb.dnb.de> abrufbar.

Zum Titelbild. Am 5. und 6. Juni 2012 sammelte das SDO (Solar Dynamics Observatory), Bilder von einem der seltensten vorhersehbaren Sonnenereignisse: dem Sonnentransit der Venus. Dieses Ereignis findet paarweise im Abstand von acht Jahren statt, die durch 105 oder 121 Jahre voneinander getrennt sind. Der nächste wird erst im Jahr 2117 stattfinden.
Image Credit: NASA/SDO, AIA

10 9 8 7 6 5 4 3 2 1

22 21 20 19 18

ISBN 978-3-86894-345-0 (Buch)
ISBN 978-3-86326-836-7 (E-Book)

www.pearson.de
A part of Pearson plc worldwide

Programmleitung: Birger Peil, bpeil@pearson.de
Übersetzung und Fachlektorat: Professor Dr. Ulrich Schollwöck, Universität München (LMU)
Digitale Arbeitsblätter: Dr. Carsten Biele, cbiele.apps@online.de
Sprachkorrektorat: Katharina Pieper, Berlin
Herstellung: Philipp Burkart, pburkart@pearson.de
Satz: le-tex publishing services GmbH, Leipzig
Druck und Verarbeitung: DZS Grafik d. o. o., Ljubljana

Printed in Slovenia

Inhaltsverzeichnis

Vorwort

Die **Physik der Wärme** befasst sich mit Ansammlungen von einer *großen* Anzahl von Teilchen – typischerweise von der Größenordnung 10^{23}. Beispiele sind die Luft in einem Ballon, das Wasser in einem See, die Elektronen in einem Stück Metall und die Photonen (elektromagnetischen Wellenpakete), die die Sonne ausstrahlt. Alles, was wir mit bloßem Auge (oder auch mit einem üblichen Mikroskop) sehen können, besteht aus genügend vielen Teilchen, um ein Thema für die Physik der Wärme zu sein.

Betrachten wir ein Stück Metall, das so um die 10^{23} Ionen und 10^{23} Leitungselektronen aufweist. Wir können einfach nicht jedes Detail der Bewegung all dieser Teilchen verfolgen. Wir würden es auch gar nicht wollen, wenn wir es denn könnten. Stattdessen nehmen wir in der Physik der Wärme an, dass sich die Teilchen einfach zufällig hin- und herbewegen, und verwenden die Gesetze der Wahrscheinlichkeitsrechnung, um vorherzusagen, wie sich das Stück Metall als Ganzes verhalten sollte. Als Alternative können wir die makroskopischen Eigenschaften des Metalls (Steifigkeit, Leitfähigkeit, Wärmekapazität und so weiter) messen und daraus etwas über die Teilchen ableiten, aus denen es besteht.

Einige der Eigenschaften makroskopischer Materie hängen nicht wirklich von den mikroskopischen Details atomarer Physik ab. Wärme fließt immer spontan von einem heißen Körper zu einem kalten, nie andersherum. Flüssigkeiten kann man bei niedrigerem Druck immer leichter zum Kochen bringen. Der maximal mögliche Wirkungsgrad einer Maschine, die in einem bestimmten Temperaturbereich arbeitet, hängt nicht davon ab, ob die Maschine mit Dampf, Luft oder etwas anderem arbeitet. Solche Ergebnisse und die Prinzipien, die sie verallgemeinern, bilden ein Gebiet namens **Thermodynamik**.

Wollen wir Materie aber in größerem Detail verstehen, so müssen wir sowohl das quantenmechanische Verhalten der Atome als auch die Gesetze der Statistik berücksichtigen. Letztere stellen die Verbindung zwischen einem einzelnen Atom und 10^{23} Atomen her. Dann können wir nicht nur die Eigenschaften von Metallen und anderen Materialien *voraussagen*, sondern auch erklären, *warum* die Prinzipien der Thermodynamik so sind, wie sie sind – warum also zum Beispiel Wärme von warm nach kalt fließt. Diese Begründung der Thermodynamik und die damit verbundenen zahlreichen Anwendungen bilden das Gebiet der **statistischen Mechanik**.

Physikdozenten und Lehrbuchautoren sind zutiefst uneins, was den richtigen Inhalt für eine erste Vorlesung über die Physik der Wärme angeht. Manche ziehen es vor, nur die Thermodynamik zu behandeln, weil sie mathematisch weniger anspruchsvoll ist und unmittelbarer auf die Alltagswelt angewandt werden kann. Andere setzen einen starken Schwerpunkt bei der statistischen Mechanik, wegen ihrer sagenhaft detaillierten Vorhersagen und ihrer konkreten Verankerung in der Physik der Atome. Zu einem gewissen Grad hängt die Entscheidung davon ab, was man für Anwendungsgebiete im Kopf hat: Thermodynamik reicht in den Ingenieurwissenschaften oder der Geophysik oft aus, während die statistische Mechanik in der Festkörperphysik oder der Astrophysik unverzichtbar ist.

In diesem Buch habe ich versucht, der Thermodynamik *und* der statistischen Mechanik gerecht zu werden, ohne eines der beiden Gebiete zu stark zu betonen. Das Buch besteht aus drei Teilen. Teil I führt die grundlegenden Prinzipien der Physik der Wärme (den sogenannten ersten und zweiten Hauptsatz) in vereinheitlichter Form ein. Dabei wechseln wir immer wieder zwischen dem mikroskopischen (statistischen) und dem makroskopischen (thermodynamischen) Standpunkt. In diesem Teil des Buchs werden die Prinzipien auch auf ein paar einfache thermodynamische Systeme angewandt. Diese wurden aufgrund ihrer Beispielhaftigkeit ausgesucht. Die Teile II und III stellen dann fortgeschrittenere Methoden vor, um weitere Anwendungen der Thermodynamik und der statistischen Mechanik zu behandeln. Meine Hoffnung ist, dass sich diese Gliederung des Stoffs mit verschiedenen didaktischen Zugängen in der Mitte des Kontinuums zwischen Thermodynamik und statistischer Mechanik verbinden lässt. Dozenten, die einem der beiden Extreme zuneigen, sollten sich nach einem anderen Buch umschauen.

Die Faszination der Physik der Wärme besteht darin, mit ihrer Hilfe die Welt zu verstehen, in der wir leben. Die Physik der Wärme hat einfach so *viele* Anwendungsgebiete, dass kein einzelner Autor ein Experte in ihnen allen sein kann. Beim Schreiben dieses Buchs habe ich versucht, möglichst viele Anwendungen zu erlernen und einzubinden. Sie betreffen so unterschiedliche Gebiete wie die Chemie, die Biologie, die Geologie, die Meteorologie, die Umweltwissenschaften, die Ingenieurwissenschaften, die Tieftemperaturphysik, die Festkörperphysik, die Astrophysik und die Kosmologie. Ich bin mir sicher, dass ich viele spannende Anwendungen übersehen habe. Ich finde aber, dass ein Buch wie dieses gar nicht genug Anwendungen vorstellen kann. Bachelorstudenten der Physik können sich auf alle gerade genannten Gebiete spezialisieren, und ich denke, dass es meine Aufgabe ist, Ihnen einige der Optionen vorzustellen. Auch wenn Sie eine Laufbahn außerhalb der Naturwissenschaften einschlagen, wird Ihr Verständnis der Physik der Wärme Ihre Alltagserfahrungen bereichern.

Eins meiner Ziele beim Schreiben dieses Buchs war, es kurz genug für einen einsemestrigen Kurs zu halten. Es ist mir nicht gelungen. Zu viele Themen haben sich in den Text eingeschlichen und das Buch ist jetzt selbst für einen sehr gedrängten einsemestrigen Kurs zu lang. Dennoch ist das Buch immer noch hauptsächlich für einen einsemestrigen Kurs gedacht. Sie müssen nur einige Abschnitte auslassen, um den Stoff, den Sie abdecken, in einer gewissen Tiefe zu behandeln. In meinem eigenen Kurs habe ich die Abschnitte 1.7, 4.3, 4.4, 5.4 bis einschließlich 5.6 und das ganze Kapitel 8 ausgelassen. Viele andere Abschnitte der Teile II und III sind genauso gute Kandidaten für eine Kürzung, je nach dem Schwerpunkt des Kurses. Haben Sie das Glück, dass Ihnen *mehr* als ein Semester zur Verfügung steht, so können Sie den ganzen Text behandeln und/oder einige zusätzliche Aufgaben durcharbeiten.

Durch das Hören von Musikstücken lernen Sie nicht, Klavier zu spielen (auch wenn es hilft). Durch das Lesen eines Lehrbuchs lernen Sie auch nicht Physik (auch wenn es ebenfalls hilft). Ich lege Ihnen sehr nahe, mit einem Bleistift (nicht einem Textmarker) in der Hand zu lesen. Noch wichtiger sind die Übungsaufgaben. Alle Verfasser von physikalischen Lehrbüchern fordern ihre Leser auf, die Aufgaben durchzuarbeiten. Hiermit tue ich dasselbe. In diesem Buch werden Sie alle paar Seiten auf Aufgaben stoßen, am Ende fast jeden Abschnitts. Ich habe sie dorthin gesetzt (und nicht an die Kapitelenden), damit ich Ihre Aufmerksamkeit bekomme und um Ihnen bei jeder Gelegenheit zu zeigen, was Sie nun alles machen können. Die Aufgaben kommen in vielerlei Gestalt daher: Fragen zum Nachdenken, kurze numerische Berechnungen, Abschätzungen von Größenordnungen, Herleitungen, Erweiterungen der Theorie, neue Anwendungen und größere Projekte. Die benötigte Bearbeitungszeit variiert über mehr als drei Größenordnungen. Bearbeiten Sie bitte so viele Aufgaben wie möglich, früh und oft. Sie werden nicht die Zeit haben, sich alle vorzunehmen, aber *lesen* Sie sie wenigstens durch, damit Sie wissen, was Sie verpassen. Wenn Ihnen danach ist, können Sie ja in ein paar Jahren einige der Aufgaben lösen, die Sie im ersten Durchgang übersprungen haben.

Vor der Lektüre dieses Buchs sollten Sie eine einjährige Einführung in die Physik und ein Jahr Analysis hinter sich gebracht haben. Falls Ihr Einführungskurs keine Physik der Wärme beinhaltete, sollten Sie sich für Kapitel 1 ein wenig mehr Zeit nehmen. Wenn Sie noch gar keine Quantenmechanik gehabt haben, möchten Sie sich vielleicht so weit als benötigt den Anhang A anschauen, während Sie die Kapitel 2, 6 und 7 lesen. Die Analysis mehrerer Veränderlicher wird im Verlauf des Buchs schrittweise eingeführt; eine Vorlesung zu diesem Thema gehört zu haben, wäre eine hilfreiche, aber nicht zwingend notwendige Grundlage.

Manche Leser werden enttäuscht sein, dass dieses Buch bestimmte Themen nicht behandelt und andere nur oberflächlich angeht. Als teilweise Abhilfe habe ich eine kommentierte Liste zusätzlicher Lektüre ans Ende des Buchs gestellt. Einige Quellen für bestimmte Themen werden schon im Text angegeben. Außer in den Fällen, in denen ich Daten oder eine Abbildung übernommen habe, habe ich keine Zitate eingefügt, nur um den Urhebern einer Idee Anerkennung zu zollen. Ich kann ohnehin überhaupt nicht beurteilen, wem die Ehre gebührt. Die gelegentlichen historischen Kommentare im Buch vereinfachen massiv und erzählen die Dinge, wie sie sich zugetragen haben *könnten*, nicht zwingend, wie es genau war.

Kein Lehrbuch ist jemals wirklich fertig, wenn es in Druck geht, und hier ist das auch nicht anders. Das Internet gibt Autoren glücklicherweise die Gelegenheit, kontinuierlich Aktualisierungen vorzunehmen. Auf absehbare Zeit wird sich die Website für dieses Buch unter *http://physics.weber.edu/thermal/* finden. Sie werden dort diverse weitere Informationen finden, einschließlich einer Liste von Fehlern und Verbesserungen, für die verwendete Plattform spezifische Hinweise für die Lösung von Problemen mittels Computer und weitere Literatur und Verweise. Sie finden dort auch meine E-Mail-Adresse; Sie dürfen mir gerne Fragen, Kommentare und Vorschläge schicken.

Danksagungen

Es ist mir eine Freude, den vielen Menschen zu danken, die zu diesem Projekt beigetragen haben.

Zunächst sind da die brillanten Lehrer, die mir geholfen haben, die Physik der Wärme zu lernen: Philip Wojak, Tom Moore, Bruce Thomas und Michael Peskin. Tom und Michael bringen mir bis zu diesem Tage regelmäßig etwas bei, und ich bin für diese laufende Zusammenarbeit von Herzen dankbar. Wenn ich selbst die Physik der Wärme unterrichtet habe, habe ich mich vor allem auf die erhellenden Lehrbücher von Charles Kittel, Herbert Kroemer und Keith Stowe verlassen.

Als sich dieses Manuskript entwickelte, haben mir mehrere mutige Kollegen dadurch geholfen, dass sie es im Hörsaal ausprobiert haben: Joel Cannon, Brad Carroll, Phil Fraundorf, Joseph Ganem, David Lowe, Juan Rodriguez und Daniel Wilkins. Ich bin ihnen allen und ihren Studenden zu Dank verpflichtet, dass sie die vielen Unbequemlichkeiten, die ein unvollendetes Lehrbuch mit sich bringt, auf sich genommen haben. Ganz besonderen Dank schulde ich meinen eigenen Studenden aus sieben Jahren Unterricht zur Physik der Wärme am Grinnell College und der Weber State University. Ich bin versucht, Sie hier alle aufzuführen, aber lassen Sie mich stellvertretend für alle nur drei aufführen: Shannon Corona, Dan Dolan und Mike Shay, deren Fragen mich dazu gebracht haben, neue Zugänge zu wichtigen Teilen des Stoffs zu entwickeln.

Andere, die sich großzügig Zeit genommen haben, ältere Versionen des Manuskripts zu lesen, waren Elise Albert, W. Ariyasinghe, Charles Ebner, Alexander Fetter, Harvey Gould, Ying-Cheng Lai, Tom Moore, Robert Pelcovits, Michael Peskin, Andrew Rutenberg, Daniel Styer und Larry Tankersley. Farhang Amiri, Lee Badger und Adolph Yonkee haben wesentliche Rückmeldungen zu einzelnen Kapiteln geliefert, während Colin Inglefield, Daniel Pierce, Spencer Seager und John Sohl bei bestimmten technischen Fragen Expertenrat gegeben haben. Karen Thurber hat den Zauberer und das Kaninchen in den Abbildungen 1.15, 5.1 und 5.9 gemalt. Ich danke ihnen allen und den Dutzenden anderer, die Fragen beantwortet, auf Literaturstellen hingewiesen und mir erlaubt haben, ihre Arbeit zu reproduzieren.

Ich danke den Professoren, den Mitarbeitern und der Verwaltung der Weber State University für ihre vielfältige Unterstützung und ganz besonders für ein Umfeld, in dem das Schreiben von Lehrbüchern geschätzt und unterstützt wird.

Es war ein Vergnügen, mit dem Team bei Addison Wesley Longman zusammenzuarbeiten, insbesondere mit Sami Iwata, dessen Zuversicht die meine immer übertroffen hat, und mit Joan Marsh und Lisa Weber. Ihre Expertise hat das Aussehen jeder Seite verbessert.

An der Stelle, an der die meisten Autoren ihren engsten Familien danken, würde ich gerne meiner Familie von Freunden danken, besonders Deb, Jock, John, Lyall, Satoko und Suzanne. Ihre Unterstützung und Geduld waren grenzenlos.

Vorwort zur deutschen Ausgabe

Was sind die aktuellen Forschungsfragen der Physik? Manchmal werden diese in drei großen Fragen zusammengefasst: der Frage nach dem ganz Großen (Kosmologie und Astrophysik), der Frage nach dem ganz Kleinen (Quantenphysik, Quantenfeldtheorie) und der Frage nach dem ganz Vielen (Biophysik, Festkörperphysik). Bei der Frage nach dem ganz Vielen, also nach dem Zusammenspiel einer astronomisch großen Zahl mikroskopischer Teilchen, stellt sich heraus, dass „more is different" gilt, wie der Nobelpreisträger Philip Anderson Anfang der siebziger Jahre formulierte: Auf der makroskopischen Skala schälen sich neue Phänomene und physikalische Konzepte heraus, die in irgendeiner Weise in den fundamentalen Naturgesetzen immanent, jedoch nicht manifest sind. So entsteht aus einem relativ kleinen Kern von mikroskopischen Naturgesetzen die überwältigende Vielfalt des Universums. Thermodynamik und statistische Physik liefern die theoretischen Grundlagen, um diesen Übergang von der mikroskopischen Welt zur makroskopischen Welt zu beschreiben, und stellen daher nicht nur Gebiete von höchstem eigenen Interesse, sondern auch die Grundlage weiter Bereiche der Physik von der Astrophysik bis hin zur Festkörperphysik dar. Sie sind ebenfalls von fundamentaler Bedeutung für die Chemie und die Ingenieurwissenschaften, finden aber auch Anwendung in vermeintlich fernen Gebieten wie der Modellierung von Verkehrsströmen.

Das nun zum ersten Mal in deutscher Sprache vorliegende Lehrbuch von Daniel V. Schroeder gehört aus gutem Grund zu einem der beliebtesten Werke zu Thermodynamik und statistischer Physik in den Vereinigten Staaten. Jeder Dozent steht vor der Aufgabe, einerseits das subtile Verhältnis zwischen Thermodynamik und statistischer Physik (die oft unter dem Begriff „Thermal Physics" oder „Physik der Wärme" zusammengefasst werden) darzustellen, andererseits einen Einblick in die zahlreichen Anwendungen zu geben. Unter den diversen möglichen Zugängen entscheidet sich Schroeder für einen voll integrierten Zugang, der beide Theorien gleichzeitig entwickelt. Dabei spannt er den Bogen von sehr einfachen Überlegungen bis hin zu sehr komplexen Fragestellungen und legt größten Wert darauf, ein operatives Verständnis von schwierigen Begriffen wie der Entropie zu vermitteln, ohne sich in (dann unverstandene) Berechnungen zu flüchten. Schroeder setzt konsequent darauf, nicht nur „Papier und Bleistift", sondern auch den Computer als Werkzeug einzusetzen, um eine Anschauung der Physik der Wärme zu erhalten.

Die enorme Fülle der Anwendungen spiegelt sich in zahlreichen, sehr breit ausgewählten Beispielen von der Biologie über den Motorenbau bis hin zur Meteorologie wider und wird in fast 500 Übungsaufgaben nochmals eindrucksvoll vorgeführt. (Lösungen dazu sind in einem separaten Lösungsbuch erhältlich.) Vorstellungen, speziell die Thermodynamik sei langweilige Physik des 19. Jahrhunderts, die sich im Wesentlichen mit Dampfmaschinen beschäftige, werden, so denke ich, restlos widerlegt.

All das macht dieses Lehrbuch zu einem äußerst vielseitig einsetzbaren Werk. Aufgrund des besonders pädagogischen Vorgehens des Verfassers eignet es sich zum Selbststudium für Bachelorstudenten aller Semester in Physik, Chemie und den anderen Natur- und Ingenieurwissenschaften. Als vorlesungsbegleitendes Buch (mit vielleicht gewissen Kürzungen sollte es einer einsemestrigen Vorlesung entsprechen) eignet es sich sowohl für erste Begegnungen mit Thermodynamik und statistischer Physik, aber auch für die Rückbesinnung auf die konzeptionellen Grundlagen in fortgeschritteneren theoretischen Vorlesungen, um die dort betriebenen aufwendigen Berechnungen der statistischen Physik in den Kontext zu stellen.

Zum Buch

In **Kapitel 1** gibt das Buch ausgehend vom idealen Gas einen ersten Überblick über das Konzept der Energie und die zentrale Unterscheidung von Arbeit und Energie. Kapitel 1 schließt mit einer kurzen Einführung in Nichtgleichgewichtsvorgänge, die im Alltag häufig auftreten; dieser Abschnitt kann übersprungen werden, sofern man sich vor allem für Gleichgewichtsphysik interessiert.

Ausgehend von der Unterscheidung zwischen realen mikroskopischen Zuständen und deren makroskopischen Beobachtbarkeit in Form von Makrozuständen führt **Kapitel 2** in den Begriff der Entropie und den zweiten Hauptsatz ein. Neben den üblichen Beispielen Paramagnet und ideales Gas führt Schroeder mit dem „Einstein-Festkörper" ein vereinfachtes, aber sehr transparentes Modell eines kristallinen Festkörpers ein.

Die Einführung in die Grundlagen der Physik der Wärme beschließt **Kapitel 3**, in dem die Zusammenhänge zwischen den Begriffen Temperatur, Entropie und Wärme diskutiert und weitere zentrale Begriffe wie das chemische Potential ausführlich eingeführt werden.

Kapitel 4 diskutiert dann Anwendungen des thermodynamischen Formalismus an einer Vielzahl von Wärmekraftmaschinen und Kältemaschinen mit einem starken Bezug zu realistischen Maschinen (Verbrennungsmotoren, Gasverflüssigung usw.).

Im **Kapitel 5** steht der Begriff der (Helmholtz'schen und Gibbs'schen) freien Energie im Vordergrund. Er erlaubt es, eine große Vielfalt an Phänomenen in einem Wurf darzustellen: Phasenübergänge, Mischungen und Lösungen sowie chemische Reaktionen. Der Grad an Detail und sorgfältiger Darstellung von Mischungen und Reaktionen geht über das hinaus, was andere einführende Texte typischerweise bieten.

Nach diesem Überblick über Anwendungen der Thermodynamik wird der Formalismus der statistischen Physik ausgeführt. In **Kapitel 6** dreht sich alles um die klassische statistische Physik, die mittels der Boltzmann-Statistik beschrieben werden kann. Dabei behandelt Schroeder alle wichtigen grundlegenden Beispiele, wie den (klassischen) Paramagnetismus, die Rotation von Molekülen und das ideale Gas.

Die Quantenmechanik und ihre Manifestationen in der statistischen Physik werden in **Kapitel 7** diskutiert. Dabei wird der Unterschied zwischen der Bose-Einstein-Statistik und der Fermi-Dirac-Statistik herausgearbeitet und diese werden anhand von zentralen Beispielen vorgestellt, dem Verhalten einfacher Metalle, der Schwarzkörperstrahlung, den Gitterschwingungen von Festkörpern bei tiefen Temperaturen sowie der Bose-Einstein-Kondensation.

Aus gutem Grund, nämlich der Einfachheit der Rechnungen, stehen in einführenden Lehrbüchern wie diesem nicht wechselwirkende Systeme in der statistischen Physik im Vordergrund. **Kapitel 8** gibt einen ersten Einblick in das ebenso weite wie schwierige Gebiet wechselwirkender Teilchen und stellt anhand schwach wechselwirkender Gase und eines einfachen Modells des Ferromagnetismus wichtige Näherungsverfahren zur Behandlung solcher Systeme vor (Mean-Field-Näherungen, Virialentwicklungen und Monte-Carlo-Simulationen).

Das Buch schließt in den **Anhängen A und B** mit einer Einführung in die Quantenmechanik, soweit sie zum Verständnis von Kapitel 7 erforderlich ist, und einer Sammlung wichtiger mathematischer Resultate und Herleitungen.

Handhabung des Buches und Learn a little ... do a little

Dozent Vom Umfang her ist der Stoff des Buches im Wesentlichen in einer einsemestrigen Vorlesung zu behandeln. Das kann je nach Studienordnung eine einführende Vorlesung zu einem recht frühen Zeitpunkt sein (dann wird dem Anhang A eine große Bedeutung zukommen, da die Studierenden in diesem Fall noch keine tieferen Kenntnisse der Quantenmechanik haben werden) oder auch eine Theorievorlesung später im Studium, bei der man vermutlich einige einführende Aspekte auslassen und durch weitere Überlegungen zu wechselwirkenden Systemen oder eine vertiefendere Einführung in die statistische Physik des Nichtgleichgewichts ergänzen wird.

Student Jedes Kapitel besteht aus einer bunten Mischung von konzeptionellen Überlegungen, mathematischen Entwicklungen und einer Vielzahl von Beispielen. Aufgrund der sehr ausführlichen Erklärungen eignet sich das Buch besonders gut zum Selbststudium. Wie immer stellt sich das eigentliche Verständnis erst beim Bearbeiten von Aufgaben ein. Nützen Sie die Gelegenheit, sowohl analytische wie auch numerisch dominierte Aufgaben zu behandeln. In manchen Aufgaben zeigt Schroeder sehr schön, wie eine konsequente Nutzung von Papier, Bleistift *und* Computer das größte Maß an Einsicht vermittelt. Das zugehörige **Lösungsbuch** ist als eBook unter *Pearson-Studium.de* erhältlich. Da die Lösungen sehr ausführlich erläutert werden, ist seine Lektüre auch dann interessant, wenn Sie die Aufgaben auch so lösen konnten. Widerstehen Sie nur der verständlichen Versuchung, die Lösungen vorher zu lesen!

Learn a little ... do a little

Besonders hilfreich ist auch, sich bei Beispielen plastisch vor Augen zu führen, wie sich die Änderung von physikalischen Parametern auf das Verhalten eines Systems auswirkt. Dazu sind ausgewählte Beispiele als digitale Arbeitsblätter und Simulationen ausgearbeitet worden, die Sie einfach mittels eines QR-Scanners auf Ihrem mobilen Gerät (idealerweise einem Tablet) aufrufen und begleitend zur Veranschaulichung benutzen können. Ganz getreu dem Motto Learn a little ... do a little.

Learn a little ... do a little

München — Ulrich Schollwöck

Die Energie in der Physik der Wärme

1

ÜBERBLICK

1.1 Das thermische Gleichgewicht

Das vertrauteste Konzept in der Thermodynamik ist die **Temperatur**. Sie ist auch eines der kniffligsten Konzepte – erst in Kapitel 3 werde ich Ihnen sagen können, was Temperatur *wirklich* ist. Wir fangen erst einmal mit einer sehr naiven Definition an:

> Die **Temperatur** ist das, was Sie mit einem Thermometer messen.

Wenn Sie die Temperatur eines Tellers Suppe messen wollen, halten Sie das Thermometer (etwa ein Quecksilberthermometer) in die Suppe, warten eine Weile und schauen dann auf die Anzeige auf der Thermometerskala. Diese Definition von Temperatur ist eine **operationale Definition**, weil sie Ihnen sagt, wie Sie die besagte Größe *messen*.

Okay, aber warum funktioniert das? Nun, das Quecksilber im Thermometer dehnt sich aus oder zieht sich zusammen, wenn seine Temperatur zunimmt oder abnimmt. Am Ende hat das Quecksilber die gleiche Temperatur wie die Suppe und das vom Quecksilber eingenommene Volumen gibt uns die Temperatur an.

Beachten Sie, dass unser Thermometer (und jedes andere Thermometer) auf der folgenden grundlegenden Tatsache beruht: Wenn Sie zwei Objekte in Kontakt miteinander bringen und lang genug warten, nehmen beide die gleiche Temperatur an. Diese Eigenschaft ist so grundlegend, dass wir sie sogar als eine alternative *Definition* der Temperatur verwenden können:

> **Temperatur** ist das, was bei zwei Objekten, die lang genug in Kontakt miteinander waren, dasselbe ist.

Ich werde das die **theoretische Definition** der Temperatur nennen. Aber diese Definition ist sehr vage: Von was für einer Art von „Kontakt" sprechen wir hier? Wie lange ist „lang genug"? Wie legen wir in der Praxis einen Zahlenwert für die Temperatur fest? Und was ist, wenn am Ende mehr als eine Größe für beide Objekte gleich ist?

Bevor ich diese Fragen beantworte, möchte ich noch etwas mehr Terminologie einführen:

> Sind zwei Objekte lang genug in Kontakt gewesen, so sagen wir, dass sie im **thermischen Gleichgewicht** sind.
>
> Die Zeit, die ein System braucht, um ins thermische Gleichgewicht zu kommen, heißt **Relaxationszeit**.

Wenn Sie also das Quecksilberthermometer in die Suppe halten, müssen Sie die Relaxationszeit abwarten, bevor das Quecksilber und die Suppe zur gleichen Temperatur kommen (damit Sie eine gute Ablesung bekommen). Danach ist das Quecksilber im thermischen Gleichgewicht mit der Suppe.

Und was meine ich nun mit „Kontakt"? Im Moment reicht als Definition aus, dass „Kontakt" in diesem Sinne voraussetzt, dass zwei Objekte irgendwie spontan Energie austauschen können, und zwar in der Form, die wir „Wärme" nennen. Enger mechanischer Kontakt (also Berührung) reicht in der Regel aus, aber auch wenn die Objekte durch leeren Raum voneinander getrennt sind, können sie Energie in Form von elektromagnetischen Wellen zum anderen Objekt „abstrahlen". Wenn Sie *verhindern* wollen, dass zwei Objekte miteinander ins thermische Gleichgewicht kommen, müssen Sie irgendeine Art von thermischer Isolierung zwischen die beiden bringen, wie zum Beispiel Glaswolle oder die Doppelwand einer Thermosflasche. Und selbst dann werden sie irgendwann ins Gleichgewicht kommen; Sie verlängern lediglich die Relaxationszeit.

Abbildung 1.1: Ein Heißluftballon steht in thermischer, mechanischer und diffusiver Wechselwirkung mit seiner Umwelt – er tauscht Energie, Volumen und Teilchen aus. Allerdings sind nicht alle diese Wechselwirkungen im Gleichgewicht.

In speziellen Beispielen ist das Konzept der Relaxationszeit in der Regel klar. Wenn Sie kalte Milch in heißen Kaffee gießen, beträgt die Relaxationszeit für den Inhalt der Tasse nur ein paar Sekunden. Auf der anderen Seite beträgt die Relaxationszeit dafür, dass der Kaffee ins thermische Gleichgewicht mit dem Raum darum herum kommt, viele Minuten.[1]

Das Milch-und-Kaffee-Beispiel wirft eine andere Frage auf: Hier sind die beiden Substanzen am Ende nicht nur bei der gleichen Temperatur, sie sind auch miteinander vermischt. Die Mischung ist für das *thermische* Gleichgewicht nicht notwendig, stellt aber eine zweite Art von Gleichgewicht dar – ein **diffusives Gleichgewicht** –, in dem sich die Moleküle jeder Substanz (in diesem Fall Milchmoleküle und Kaffeemoleküle) frei bewegen können, aber keine Tendenz mehr haben, sich mehr in die eine oder andere Richtung zu bewegen. Es gibt auch ein **mechanisches Gleichgewicht**, in dem großskalige Bewegung (wie zum Beispiel die Ausdehnung eines Ballons – siehe Abbildung 1.1) möglich ist, aber nicht mehr stattfindet. Für jede Art von Gleichgewicht zwischen zwei Systemen gibt es eine Größe, die zwischen den Systemen ausgetauscht werden kann:

ausgetauschte Größe	Art des Gleichgewichts
Energie	thermisch
Volumen	mechanisch
Teilchen	diffusiv

Beachten Sie, dass ich behaupte, dass die ausgetauschte Größe beim thermischen Gleichgewicht die *Energie* ist. Wir werden Hinweise darauf im nächsten Abschnitt sehen.

Wenn zwei Objekte Energie austauschen können und sich die Energie spontan von dem einen zum anderen bewegt, dann sagen wir, dass das Objekt, das Energie verliert, bei einer *höheren* Temperatur ist, und dass das Objekt, das sie aufnimmt, bei einer *nied-*

1 Manche Autoren definieren die Relaxationszeit genauer als die Zeitspanne, in der die Temperaturdifferenz um einen Faktor $e \approx 2{,}7$ abnimmt. In diesem Buch werden wir nur eine qualitative Definition brauchen.

rigeren Temperatur ist. Mit diesen Konventionen im Kopf kann ich nun die theoretische Definition der Temperatur umformulieren:

> Die **Temperatur** ist ein Maß der Tendenz eines Objekts, spontan Energie an seine Umgebung abzugeben. Wenn zwei Objekte in thermischem Kontakt sind, so hat das Objekt, das spontan Energie *abgibt*, die *höhere* Temperatur.

In Kapitel 3 werde ich zu dieser theoretischen Definition zurückkehren und sie viel genauer machen, in dem ich auf die grundlegendste Weise erkläre, was Temperatur wirklich *ist*.

In der Zwischenzeit muss ich noch die *operationale* Definition der Temperatur (was Sie mit einem Thermometer messen) genauer fassen. Wie stellen Sie ein korrekt kalibriertes Thermometer her, um einen *Zahlenwert* für die Temperatur zu erhalten?

Die meisten Thermometer beruhen auf dem Prinzip der Wärmeausdehnung: Materialien nehmen in der Regel bei einem fest vorgegebenen Druck ein größeres Volumen ein, wenn sie heiß sind. Ein Quecksilberthermometer ist einfach ein praktisches Gerät, um das Volumen einer festen Menge Quecksilbers zu messen. Um tatsächliche *Einheiten* für die Temperatur festzulegen, wählen wir zwei geeignete Temperaturen, zum Beispiel die Schmelz- und Siedetemperaturen von Wasser, und ordnen ihnen willkürlich Zahlen zu, etwa 0 und 100. Wir markieren dann diese zwei Punkte auf unserem Quecksilberthermometer, teilen die Strecke dazwischen in 100 gleich große Intervalle ein und erklären, dass dieses Thermometer nun per Definition Temperatur in der Celsiusskala misst!

Natürlich muss es nicht ein Quecksilberthermometer sein; wir könnten stattdessen auch die Wärmeausdehnung eines anderen Materials wie eines Metallstreifens oder eines Gases bei festem Druck hernehmen. Wir könnten auch eine elektrische Eigenschaft ausnutzen, wie z. B. den Widerstand eines Standardobjekts. Ein paar Thermometer aus der Praxis sind in Abbildung 1.2 dargestellt. Es ist nicht offensichtlich, dass die Skalen für die diversen Thermometer alle bei den Temperaturen zwischen 0 °C und 100 °C übereinstimmen. Das tun sie im Allgemeinen auch nicht, aber in vielen Fällen sind die Unterschiede ziemlich klein. Wenn Sie jemals Temperaturen mit hoher Genauigkeit messen

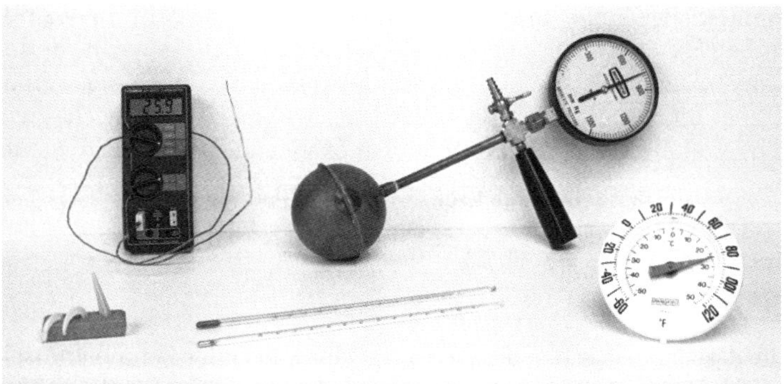

Abbildung 1.2: Eine Auswahl von Thermometern. In der Mitte befinden sich zwei Thermometer mit einer Flüssigkeit in einem Glas, die die Ausdehnung von Quecksilber (für höhere Temperaturen) und von Alkohol (für niedrigere Temperaturen) messen. Das Zifferblattthermometer auf der rechten Seite misst die Drehung einer Metallspirale; das Kolbengerät dahinter misst den Druck eines festen Gasvolumens. Das digitale Thermometer hinten links verwendet ein Thermoelement – die Verbindung von zwei Metallen –, das eine kleine temperaturabhängige Spannung erzeugt. Links vorne sind drei Pyrometerkegel aus der Keramikherstellung, die bei bestimmten Temperaturen zu schmelzen und zu zerlaufen beginnen.

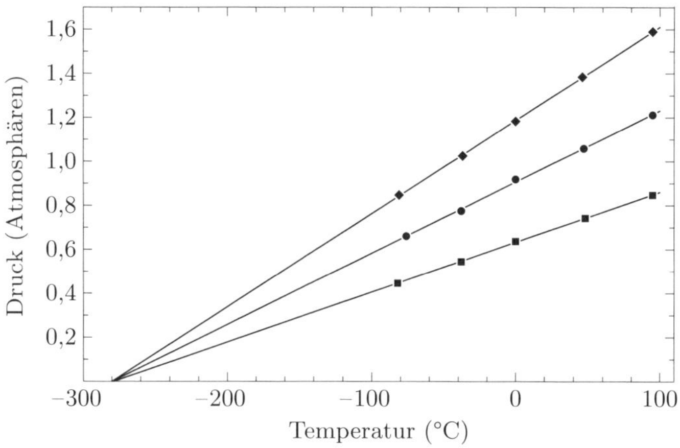

Abbildung 1.3: Daten aus einem Praktikumsexperiment, in dem der Druck eines festen Gasvolumens bei verschiedenen Temperaturen gemessen wird (mittels der Kolbenapparatur aus Abbildung 1.2). Die drei Datensätze sind für drei verschiedene Gasmengen (Luftmengen) im Kolben. Unabhängig von der Gasmenge ist der Druck eine lineare Funktion der Temperatur und geht extrapoliert bei etwa −280 °C auf null. (Genauere Messungen zeigen, dass der Nullpunkt ein wenig von der Gasmenge abhängt, aber einen wohldefinierten Grenzwert bei −273,15 °C hat, wenn die Dichte des Gases gegen null geht.)

müssen, müssen Sie auf diese Unterschiede Acht geben, aber für unsere Zwecke hier brauchen wir kein Thermometer zum offiziellen Standard zu erklären.

Ein Thermometer, das auf der Ausdehnung eines Gases beruht, ist jedoch besonders interessant. Wenn Sie die Skala zu sehr niedrigen Temperaturen hin extrapolieren, kommen Sie nämlich zu folgender Vorhersage: Für ein beliebiges Gas mit niedriger Dichte und konstantem Druck sollte das Volumen bei etwa −273 °C auf *null* fallen. (In der Realität wird das Gas vorher immer zu einer Flüssigkeit kondensieren, aber bis dahin ist der Trend ziemlich klar.) Andersherum geht der *Druck* auf null, wenn sich die Temperatur −273 °C nähert und Sie das Volumen konstant halten (siehe Abbildung 1.3). Diese spezielle Temperatur nennt man den **absoluten Nullpunkt**. Sie definiert den Nullpunkt der **absoluten Temperaturskala**, die von William Thomson 1848 als Erstem vorgeschlagen wurde. Thomson wurde später zum Baron Kelvin von Largs, sodass die SI-Einheit der absoluten Temperatur heute **Kelvin** heißt. Ein Kelvin ist genauso groß wie ein Grad Celsius, aber Kelvin-Temperaturen werden vom absoluten Nullpunkt anstatt vom Schmelzpunkt des Wassers aus gemessen. Gerundet beträgt die Raumtemperatur in etwa 300 K.

Wie wir sehen werden, sind viele der Gleichungen der Thermodynamik *nur* korrekt, wenn Sie die Temperatur auf der Kelvin-Skala messen (oder einer anderen absoluten Skala wie etwa der Rankine-Skala, die in Aufgabe 1.2 definiert wird).

Aus diesem Grund ist es meistens ratsam, Temperaturen in Kelvin umzurechnen, bevor Sie sie in irgendeine Formel stecken. (Celsius ist aber okay, solange Sie von der *Differenz* zweier Temperaturen sprechen.)

Aufgabe 1.1 Die Fahrenheit-Skala der Temperatur ist so definiert, dass Eis bei 32 °F schmilzt und Wasser bei 212 °F kocht.

(a) Leiten Sie die Formeln her, mit denen man von Fahrenheit in Celsius und zurück umrechnet.

(b) Wie lautet der absolute Nullpunkt auf der Fahrenheit-Skala?

Aufgabe 1.2 Die Rankine-Skala der Temperatur (abgekürzt °R) verwendet die gleichen Gradabstände wie Fahrenheit, misst aber wie Kelvin vom absoluten Nullpunkt aus (also verhält sich Rankine zu Fahrenheit wie Kelvin zu Celsius). Bestimmen Sie die Umrechnungsformel zwischen Rankine und Fahrenheit und ebenso zwischen Rankine und Kelvin. Wie lautet die Raumtemperatur auf der Rankine-Skala?

Aufgabe 1.3 Bestimmen Sie jeweils die Kelvin-Temperatur:
(a) die Temperatur des menschlichen Körpers;
(b) Siedepunkt des Wassers (beim Standarddruck 1 atm = 1,013 bar);
(c) der kälteste Tag, an den Sie sich erinnern können;
(d) Siedepunkt von flüssigem Stickstoff (−196 °C);
(e) Schmelzpunkt von Blei (327 °C).

Aufgabe 1.4 Kann man jemals sinnvoll sagen, dass ein Objekt „zweimal so heiß" ist wie ein anderes? Kommt es darauf an, ob man sich auf Celsius-Temperaturen oder Kelvin-Temperaturen bezieht? Warum?

Aufgabe 1.5 Wenn Sie Fieber haben und Ihre Temperatur mit einem Thermometer messen: wie lang ist in etwa die Relaxationszeit?

Aufgabe 1.6 Illustrieren Sie durch ein Beispiel, warum Sie die Temperatur eines Objekts *nicht* genau danach beurteilen können, wie warm oder kalt es sich bei Berührung anfühlt.

Aufgabe 1.7 Wenn sich die Temperatur von flüssigem Quecksilber um ein Grad Celsius erhöht (oder ein Kelvin), so nimmt sein Volumen um ein Fünftausendfünfhundertstel zu. Die relative Volumenzunahme pro Veränderung der Temperatur um eine Einheit (bei festem Druck) heißt **Wärmeausdehnungskoeffizient** β:

$$\beta \equiv \frac{\Delta V/V}{\Delta T}$$

(wobei V das Volumen und T die Temperatur ist; Δ steht für eine Änderung, die in diesem Fall in Wirklichkeit infinitesimal sein sollte, damit β wohldefiniert ist). Somit ist für Quecksilber $\beta = 1/5500\,\mathrm{K}^{-1} = 1{,}81\cdot 10^{-4}\,\mathrm{K}^{-1}$. (Der genaue Wert hängt von der Temperatur ab. Zwischen 0 °C und 200 °C beträgt die Variation aber weniger als 1 %.)

(a) Besorgen Sie sich ein Quecksilberthermometer und schätzen Sie die Größe des Reservoirs am unteren Ende ab. Schätzen Sie dann, wie groß der Innendurchmesser der Kapillare sein muss, damit das Thermometer wie gefordert funktioniert. Nehmen Sie dabei an, dass der Wärmeausdehnungskoeffizient von Glas vernachlässigbar ist.

(b) Der Wärmeausdehnungskoeffizient von Wasser ändert sich stark mit der Temperatur: Er beträgt $7{,}5\cdot 10^{-4}\,\mathrm{K}^{-1}$ bei 100 °C, nimmt aber mit sinkender Temperatur ab, um schließlich bei 4 °C *null* zu werden. Unter 4 °C ist er ein wenig *negativ* und erreicht bei 0 °C einen Wert von $-0{,}68\cdot 10^{-4}\,\mathrm{K}^{-1}$. (Dieses Verhalten hängt damit zusammen, dass Eis weniger dicht als Wasser ist.) Denken Sie an dieses Verhalten und stellen Sie sich den Vorgang vor, wenn ein See zufriert. Diskutieren Sie ausführlich, wie sich dieser Ablauf ändern würde, wenn der Wärmeausdehnungskoeffizient von Wasser immer positiv wäre.

Aufgabe 1.8 Für Festkörper definieren wir auch den **linearen Ausdehnungskoeffizienten** α als die relative Längenänderung pro Grad:

$$\alpha \equiv \frac{\Delta L/L}{\Delta T}\,.$$

(a) Für Stahl gilt $\alpha = 1{,}1\cdot 10^{-5}\,\mathrm{K}^{-1}$. Schätzen Sie die gesamte Längenänderung einer 1 km langen Stahlbrücke zwischen einer kalten Winternacht und einem heißen Sommertag.

(b) Das Zifferblattthermometer in Abbildung 1.2 verwendet eine Metallspirale, die aus zwei aneinander laminierten Metallstreifen aus verschiedenen Metallen besteht. Erklären Sie, wie das funktioniert.

(c) Zeigen Sie, dass der Wärmeausdehnungskoeffizient eines Festkörpers gleich der Summe seiner linearen Ausdehnungskoeffizienten für die drei Raumrichtungen ist: $\beta = \alpha_x + \alpha_y + \alpha_z$. (Für einen isotropen Festkörper, der sich in alle Richtungen gleich ausdehnt, gilt also $\beta = 3\alpha$.)

1.2 Das ideale Gas

Viele der Eigenschaften eines Gases bei niedriger Dichte können im berühmten **idealen Gasgesetz**

$$PV = nRT \tag{1.1}$$

zusammengefasst werden. Dabei ist P = Druck, V = Volumen, n = Molmenge des Gases. R ist eine universelle Konstante und T ist die Temperatur *in Kelvin*. (Würden Sie eine Celsius-Temperatur in diese Gleichung einsetzen, so käme Unsinn heraus – sie würde dann sagen, dass das Volumen oder der Druck eines Gases bei der Schmelztemperatur von Wasser auf null geht und bei noch niedrigeren Temperaturen negativ wird.)

Die Konstante R im idealen Gasgesetz hat den empirischen Wert

$$R = 8{,}31\,\frac{\mathrm{J}}{\mathrm{mol}\cdot\mathrm{K}} \tag{1.2}$$

in SI-Einheiten, also wenn Sie den Druck in Einheiten von $\mathrm{N/m^2} = \mathrm{Pa}$ (Pascal) messen und das Volumen in $\mathrm{m^3}$. Chemiker messen den Druck oft in Atmosphären ($1\,\mathrm{atm} = 1{,}013\cdot 10^5\,\mathrm{Pa}$) oder bar ($1\,\mathrm{bar} = 10^5\,\mathrm{Pa}$) und das Volumen in Liter ($1\,\mathrm{Liter} = (0{,}1\,\mathrm{m})^3$), passen Sie also auf!

Ein **Mol** Moleküle enthält die Avogadro-Zahl an Molekülen,

$$N_\mathrm{A} = 6{,}02\cdot 10^{23}\,. \tag{1.3}$$

Das ist noch eine „Einheit“, die in der Chemie nützlicher als in der Physik ist. Viel öfter wollen wir einfach von der Zahl der *Moleküle* sprechen, die wir mit einem großen N bezeichnen:

$$N = n \times N_\mathrm{A}\,. \tag{1.4}$$

Wenn Sie N/N_A anstelle von n im idealen Gasgesetz einsetzen, die Kombination R/N_A zusammenfassen und sie mit der neuen Konstante k bezeichnen, so erhalten Sie

$$PV = NkT\,. \tag{1.5}$$

Das ist die Form des idealen Gasgesetzes, die wir üblicherweise benutzen werden. Die Konstante k heißt **Boltzmann-Konstante** und ist winzig, wenn wir sie in SI-Einheiten ausdrücken (weil die Avogadro-Zahl so riesig ist):

$$k = \frac{R}{N_\mathrm{A}} = 1{,}381 \cdot 10^{-23}\,\mathrm{J/K}\,. \tag{1.6}$$

Damit Sie sich erinnern, wie all die Konstanten zusammenhängen, empfehle ich

$$nR = Nk \tag{1.7}$$

auswendig zu lernen.

Von Einheiten einmal abgesehen, fasst das ideale Gasgesetz eine Reihe wichtiger physikalischer Tatsachen zusammen. Bei einer gegebenen Gasmenge mit konstanter Temperatur zwängt eine Verdoppelung des Drucks das Gas in exakt den halben Raum. Eine Verdoppelung der Temperatur führt bei festem Volumen zu einer Verdoppelung des Drucks. Und so weiter. Die weiter unten stehenden Aufgaben beleuchten nur einige wenige Konsequenzen des idealen Gasgesetzes.

Wie bei fast allen Gesetzen der Physik handelt es sich beim idealen Gasgesetz um eine *Näherung*, die für ein reales Gas in der realen Welt nie exakt zutrifft. Es gilt im Grenzfall niedriger Dichte, wenn der durchschnittliche Abstand zwischen den Gasmolekülen viel größer als ein Molekül ist. In Luft (und anderen üblichen Gasen) bei Raumtemperatur und normalem Luftdruck beträgt der durchschnittliche Abstand von Molekülen etwa das Zehnfache der Größe eines Moleküls, sodass das ideale Gasgesetz für die meisten Zwecke hinreichend genau ist.

Aufgabe 1.9 Was für ein Volumen hat ein Mol Luft bei Raumtemperatur und 1 atm Druck?

Aufgabe 1.10 Schätzen Sie Anzahl der Luftmoleküle in einem durchschnittlich großen Raum.

Aufgabe 1.11 Die Räume A und B sind gleich groß und durch eine offene Tür verbunden. Raum A ist wärmer (vielleicht weil seine Fenster der Sonne ausgesetzt sind). Welcher Raum enthält eine größere Luftmasse? Erklären Sie Ihre Antwort sorgfältig.

Aufgabe 1.12 Berechnen Sie das durchschnittliche Volumen pro Teilchen eines idealen Gases bei Raumtemperatur und normalem Luftdruck. Ziehen Sie dann die Kubikwurzel, um den durchschnittlichen Abstand zweier Teilchen abzuschätzen. Wie verhält sich dieser Abstand zur Größe eines kleinen Moleküls wie N_2 oder H_2O?

Aufgabe 1.13 Ein Mol ist in etwa die Zahl der Protonen in einem Gramm Protonen. Die Masse eines Neutrons ist in etwa gleich der Masse eines Protons, während die Masse von Elektronen im Vergleich normalerweise vernachlässigbar ist. Wenn Sie also die Gesamtzahl an Protonen und Neutronen in einem Molekül kennen (seine sogenannte „Massenzahl"), dann kennen Sie auch die ungefähre Masse (in Gramm) eines Mols dieser Moleküle.[2] Beziehen Sie sich auf das Periodensystem am Ende des Buches und bestimmen Sie die molare Masse der folgenden Stoffe: Wasser, Stickstoff (N_2), Blei, Quarz (SiO_2).

2 Die präzise Definition eines Mols ist die Zahl von Kohlenstoff-12-Atomen in 12 Gramm Kohlenstoff 12. Die **molare Masse** eines Stoffs ist dann die in Gramm ausgedrückte Masse von genau

Aufgabe 1.14 Berechnen Sie die Masse eines Mols trockener Luft, die eine Mischung aus N_2 (78 % im Volumen), O_2 (21 %) und Argon (1 %) darstellt.

Aufgabe 1.15 Schätzen Sie die Durchschnittstemperatur im Inneren eines Heißluftballons ab (siehe Abbildung 1.1). Nehmen Sie dabei an, dass die Gesamtmasse des unbefüllten Ballons und der Nutzladung 500 kg beträgt. Wie groß ist die Masse der Luft innerhalb des Ballons?

Aufgabe 1.16 Die exponentielle Atmosphäre

(a) Betrachten Sie eine horizontale Luftschicht der Dicke (Höhe) $\mathrm{d}z$. Befindet sich diese Schicht in Ruhe, so muss der Druck von unten gerade den Druck von oben und das Gewicht der Schicht ausgleichen. Verwenden Sie diese Überlegung, um einen Ausdruck für $\mathrm{d}P/\mathrm{d}z$ zu finden, der Änderung des Drucks mit der Höhe, ausgedrückt mittels der Dichte der Luft.

(b) Verwenden Sie das ideale Gasgesetz, um die Dichte der Luft durch den Druck, die Temperatur und m, die durchschnittliche Masse der Luftmoleküle, auszudrücken. (Die Informationen, die Sie brauchen, um m zu berechnen, sind in Aufgabe 1.14 angegeben.) Zeigen Sie dann, dass der Druck der Differentialgleichung

$$\frac{\mathrm{d}P}{\mathrm{d}z} = -\frac{mg}{kT}P$$

gehorcht. Sie heißt **barometrische Höhengleichung**.

(c) Nehmen Sie nun an, dass die Temperatur der Atmosphäre nicht von der Höhe abhängt (das ist keine besonders gute Näherung, aber auch keine besonders schlechte), und lösen Sie die barometrische Höhengleichung. Sie sollten den Druck als Funktion der Höhe erhalten: $P(z) = P(0)\mathrm{e}^{-mgz/kT}$. Zeigen Sie auch, dass die Dichte einer ähnlichen Gleichung genügt.

(d) Schätzen Sie den Druck an den folgenden Orten in Atmosphären: München (520 m über dem Meeresspiegel); Zugspitze (2960 m); Kilimandscharo (5895 m); Mt. Everest, Nepal/Tibet (8850 m). (Nehmen Sie an, dass der Druck auf Meereshöhe 1 Atmosphäre beträgt.)

Aufgabe 1.17 Auch bei niedriger Dichte folgen reale Gase nicht ganz dem idealen Gasgesetz. Ein systematischer Weg, Abweichungen vom idealen Verhalten zu beschreiben, besteht in einer **Virialentwicklung**,

$$PV = nRT\left(1 + \frac{B(T)}{(V/n)} + \frac{C(T)}{(V/n)^2} + \cdots\right),$$

wobei die Funktionen $B(T)$, $C(T)$ und so weiter **Virialkoeffizienten** heißen. Wenn die Dichte des Gases ziemlich niedrig ist, sodass das Volumen pro Mol groß ist, dann ist jeder Term in der Reihe viel kleiner als der vorhergehende. Oft reicht es aus, den dritten

---

einem Mol dieses Stoffs. Die Massen *einzelner* Atome und Moleküle werden oft in **atomaren Masseneinheiten** angegeben, die mit „u" abgekürzt werden, wobei 1 u als genau 1/12 der Masse eines Kohlenstoff-12-Atoms definiert ist. Die Masse eines einzelnen Protons ist sogar ein klein wenig größer als 1 u und die Masse eines einzelnen Neutrons ist noch ein wenig größer. Wie in den meisten Berechnungen in der Physik der Wärme ist es aber in dieser Aufgabe in Ordnung, molare Massen zur nächsten ganzen Zahl zu runden. Das läuft darauf hinaus, die Gesamtzahl der Protonen und Neutronen zu zählen.

Term auszulassen und sich auf den zweiten Term zu konzentrieren. Sein Koeffizient $B(T)$ heißt zweiter Virialkoeffizient (der erste Koeffizient lautet 1). Hier sind einige Messwerte des zweiten Virialkoeffizienten für Stickstoff (N_2):

T (K)	B (cm^3/mol)
100	−160
200	−35
300	−4,2
400	9,0
500	16,9
600	21,3

(a) Berechnen Sie für jede Temperatur in der Tabelle $B(T)/(V/n)$ den zweiten Term in der Virialgleichung für Stickstoff bei normalem Luftdruck. Diskutieren Sie die Gültigkeit des idealen Gasgesetzes unter diesen Bedingungen.

(b) Denken Sie über die Kräfte zwischen den Molekülen nach und erklären Sie, warum wir erwarten könnten, dass $B(T)$ bei niedrigen Temperaturen negativ, aber bei hohen Temperaturen positiv ist.

(c) Jede vorgeschlagene Beziehung zwischen P, V und T wie etwa das ideale Gasgesetz oder die Virialgleichung wird als **Zustandsgleichung** bezeichnet. Eine andere berühmte Zustandsgleichung, die qualitativ auch für dichte Flüssigkeiten zutrifft, ist die **Van-der-Waals-Gleichung**,

$$\left(P + \frac{an^2}{V^2}\right)(V - nb) = nRT ,$$

wobei a und b Konstanten sind, die vom Gastyp abhängen. Berechnen Sie den zweiten und dritten Virialkoeffizienten (B und C) als Funktion von a und b für ein Gas, das der Van-der-Waals-Gleichung genügt. (*Hinweis:* Die Binomialentwicklung besagt, dass $(1 + x)^p \approx 1 + px + \frac{1}{2}p(p-1)x^2$, vorausgesetzt, dass $|px| \ll 1$. Wenden Sie diese Näherung auf die Größe $[1 - (nb/V)]^{-1}$ an.)

(d) Stellen Sie die Voraussage für $B(T)$ gemäß der Van-der-Waals-Gleichung graphisch dar. Wählen Sie dabei a und b so, dass sie ungefähr zu den oben angegebenen Daten für Stickstoff passen. Diskutieren Sie die Genauigkeit der Van-der-Waals-Gleichung in diesem Bereich. (Die Van-der-Waals-Gleichung wird in Abschnitt 5.3 wesentlich gründlicher diskutiert.)

Mikroskopisches Modell eines idealen Gases

In Abschnitt 1.1 habe ich die Konzepte „Temperatur“ und „thermisches Gleichgewicht“ definiert und kurz festgestellt, dass sich das thermische Gleichgewicht durch den Austausch von *Energie* zwischen zwei Systemen einstellt. Aber wie hängt die Temperatur genau mit der Energie zusammen? Die Antwort auf diese Frage ist im Allgemeinen nicht einfach, aber beim idealen Gas schon, wie ich gleich zeigen werde.

Ich werde ein „Gedankenmodell“ eines Behälters voller Gas konstruieren.[3] Das Modell wird nicht in jeder Hinsicht genau sein, aber ich hoffe, dass einige der wichtigsten Aspekte des Verhaltens von realen Gasen bei niedriger Dichte erhalten bleiben. Am Anfang mache ich das Modell so einfach wie möglich: Stellen Sie sich einen Zylinder

3 Dieses Modell geht auf eine Abhandlung von Daniel Bernoulli aus dem Jahre 1738 zurück, auch wenn viele seiner Konsequenzen erst um 1840 ausgearbeitet wurden.

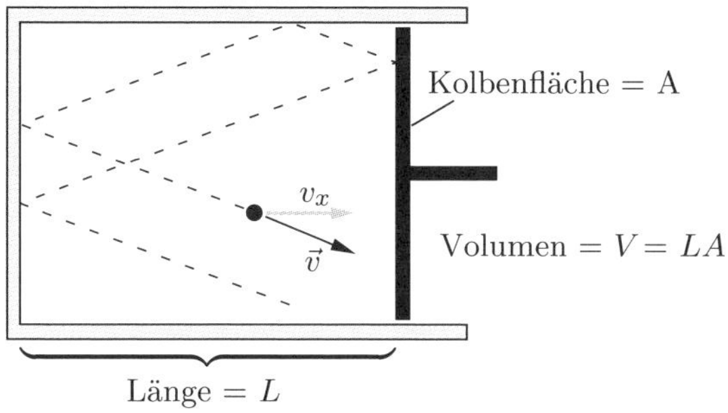

Abbildung 1.4: Ein stark vereinfachtes Modell eines idealen Gases, in dem ein einziges Molekül elastisch von den Wänden abprallt.

vor, der genau *ein* Gasmolekül enthält, so wie in Abbildung 1.4 dargestellt. Die Länge des Zylinders ist L, der Querschnitt des Kolbens weist eine Fläche A auf, und daher beträgt das Volumen des Zylinders $V = LA$. In diesem Moment hat das Molekül einen Geschwindigkeitsvektor $\vec{v}$, mit horizontaler Komponente v_x. Im Laufe der Zeit prallt das Molekül von der Zylinderwand ab; dabei ändert sich seine Geschwindigkeit. Ich nehme allerdings an, dass diese Stöße immer elastisch sind, sodass das Molekül keine kinetische Energie verliert; der *Betrag* seiner Geschwindigkeit ändert sich nie. Ich nehme ebenfalls an, dass die Oberflächen des Zylinders und des Kolbens perfekt glatt sind, sodass die Bahn des Moleküls perfekt symmetrisch um die Oberflächennormale ist, wenn es abprallt, genau wie bei Licht, das von einem Spiegel reflektiert wird.[4]

Das ist nun mein Plan: Ich möchte wissen, in welcher Beziehung die *Temperatur* eines Gases zur *kinetischen Energie* seiner Moleküle steht. Das einzige, was ich bis jetzt über die Temperatur weiß, ist das ideale Gasgesetz

$$PV = NkT \tag{1.8}$$

mit Druck P. Ich werde also zuerst versuchen herauszufinden, wie der *Druck* mit der kinetischen Energie verwandt ist; dann werde ich das ideale Gasgesetz heranziehen, um Druck und Temperatur miteinander zu verheiraten.

Nun, was ist der Druck meines vereinfachten Gases? Druck bedeutet Kraft pro Einheitsfläche. Sie wird in diesem Fall auf den Kolben (und die anderen Wände des Zylinders) ausgeübt. Was ist der Druck, der vom Molekül auf den Kolben ausgeübt wird? Normalerweise ist er null, weil das Molekül den Kolben nicht einmal berührt. Von Zeit zu Zeit aber trifft das Molekül auf den Kolben und prallt von ihm ab. Dabei übt es für einen kurzen Moment eine relativ große Kraft auf den Kolben aus. Was ich wirklich wissen möchte, ist der *mittlere* Druck, der über einen langen Zeitraum hinweg auf den Kolben ausgeübt wird. Ich werde einen Überstrich verwenden, um einen über einen langen Zeitraum genommenen Mittelwert zu bezeichnen: $\overline{P}$. Ich kann den mittleren Druck wie folgt berechnen:

$$\overline{P} = \frac{\overline{F}_{x,\,\text{auf den Kolben}}}{A} = \frac{-\overline{F}_{x,\,\text{aufs Molekül}}}{A} = -\frac{m\overline{\left(\frac{\Delta v_x}{\Delta t}\right)}}{A}. \tag{1.9}$$

4 Diese Annahmen treffen genau genommen nur für das *mittlere* Verhalten von an Oberflächen gestreuten Molekülen zu; bei jeder *einzelnen* Streuung könnte ein Molekül Energie gewinnen oder verlieren und die Oberfläche unter beinahe jedem Winkel verlassen.

Im ersten Schritt habe ich den Druck durch die x-Komponente der Kraft ausgedrückt, die das Molekül auf den Kolben ausübt. Im zweiten Schritt habe ich das dritte Newton'sche Gesetz verwendet, um ihn auf die Kraft zurückzuführen, die der Kolben auf das Molekül ausübt. Schließlich habe ich im dritten Schritt das zweite Newton'sche Gesetz benutzt, um diese Kraft durch die Molekülmasse m mal ihrer Beschleunigung $\Delta v_x/\Delta t$ auszudrücken. Ich muss das immer noch über einen langen Zeitraum mitteln; ich mache das einfach, indem ich annehme, dass Δt ziemlich groß ist. Allerdings sollte ich nur diejenigen Beschleunigungen berücksichtigen, die vom Kolben verursacht werden, nicht die, die von der Wand auf der gegenüberliegenden Seite kommen. Das geht am besten, indem ich Δt genau gleich der Zeit setze, die das Molekül braucht, um eine Rundreise von links nach rechts und wieder zurück zu unternehmen:

$$\Delta t = 2L/v_x\,. \tag{1.10}$$

(Kollisionen mit den dazu senkrechten Wänden beeinflussen die Bewegung des Moleküls in der x-Richtung nicht.) In diesem Zeitraum erfährt das Molekül genau einen Zusammenstoß mit dem Kolben. Die Veränderung seiner Geschwindigkeit in x-Richtung beträgt

$$\Delta v_x = (v_{x,\text{Ende}}) - (v_{x,\text{Anfang}}) = (-v_x) - (v_x) = -2v_x\,. \tag{1.11}$$

Setze ich diese Ausdrücke in Gleichung 1.9 ein, so erhalte ich als mittleren Druck auf den Kolben

$$\overline{P} = -\frac{m}{A}\frac{(-2v_x)}{(2L/v_x)} = \frac{mv_x^2}{AL} = \frac{mv_x^2}{V}\,. \tag{1.12}$$

Es ist interessant darüber nachzudenken, warum es *zwei* Faktoren v_x in dieser Gleichung gibt. Einer davon kam von Δv_x: Wenn sich das Molekül rascher bewegt, so ist jeder Stoß heftiger und übt mehr Druck aus. Der andere kam von Δt: Wenn sich das Molekül rascher bewegt, kommt es häufiger zu Stößen.

Stellen Sie sich vor, dass der Zylinder nicht nur ein Molekül enthält, sondern eine große Zahl N identischer Moleküle mit zufälliger[5] Position und Bewegungsrichtung. Ich tue so, als ob die Moleküle nicht miteinander zusammenstoßen oder wechselwirken – nur mit den Wänden. Da jedes Molekül von Zeit zu Zeit mit dem Kolben zusammenstößt, ist der mittlere Druck nun durch eine Summe von Termen von der Gestalt der Gleichung 1.12 gegeben:

$$\overline{P}V = mv_{1x}^2 + mv_{2x}^2 + mv_{3x}^2 + \cdots\,. \tag{1.13}$$

Ist die Zahl der Moleküle groß, werden die Kollisionen so häufig sein, dass der Druck im Wesentlichen stetig ist; wir können den Überstrich über dem P vergessen. Auf der anderen Seite ist die Summe der v_x^2 aller N Moleküle gerade das N-Fache des *Mittels* ihrer v_x^2-Werte. Verwenden wir den gleichen Überstrich, um diesen Mittelwert über alle Moleküle zu bezeichnen, so ändert sich die Gleichung 1.13 zu

$$PV = Nm\overline{v_x^2}\,. \tag{1.14}$$

5 Was genau bedeutet das Wort *zufällig*? Philosophen haben Tausende von Seiten mit Versuchen gefüllt, diese Frage zu beantworten. Glücklicherweise werden wir nicht mehr als ein Alltagsverständnis dieses Begriffs brauchen. Hier meine ich damit nur, dass die Verteilung der molekularen Positionen und Geschwindigkeitsvektoren mehr oder weniger gleichförmig ist; es gibt keine offensichtliche Tendenz, sich in irgendeine spezielle Richtung zu bewegen.

Bis jetzt habe ich lediglich Folgerungen aus meinem Modell gezogen, ohne irgendwelche Fakten aus der realen Welt (außer den Newton'schen Gesetzen) heranzuziehen. Verwenden wir nun das ideale Gasgesetz 1.8 als eine experimentelle Tatsache. Damit kann ich NkT anstelle von PV auf der linken Seite von Gleichung 1.14 einsetzen. Wir kürzen N und es bleibt

$$kT = m\overline{v_x^2} \qquad \text{oder} \qquad \overline{\tfrac{1}{2}mv_x^2} = \frac{1}{2}kT\,. \tag{1.15}$$

Ich habe die Gleichung auf die zweite Weise aufgeschrieben, weil die linke Seite fast der mittleren auf Translation beruhenden **kinetischen Energie** der Moleküle entspricht. Das einzige Problem ist der Index x, den wir loswerden, indem wir uns klarmachen, dass dieselbe Gleichung auch für y und z gelten muss:

$$\overline{\tfrac{1}{2}mv_y^2} = \overline{\tfrac{1}{2}mv_z^2} = \tfrac{1}{2}kT\,. \tag{1.16}$$

Die mittlere kinetische (Translations-)Energie lautet dann

$$\overline{K}_{\text{trans}} = \overline{\tfrac{1}{2}mv^2} = \tfrac{1}{2}m(\overline{v_x^2 + v_y^2 + v_z^2}) = \tfrac{1}{2}kT + \tfrac{1}{2}kT + \tfrac{1}{2}kT = \tfrac{3}{2}kT\,. \tag{1.17}$$

(Beachten Sie, dass der Mittelwert einer Summe gleich der Summe der Mittelwerte ist.)

Das ist ein guter Moment, um innezuhalten und nachzudenken, was gerade passiert ist. Ich habe mit einem naiven Modell eines Gases als einer Ansammlung von Molekülen begonnen, die im Inneren eines Zylinders hin- und herfliegen. Ich habe auch das ideale Gasgesetz als experimentelle Tatsache herangezogen. Der Schluss: die mittlere kinetische (Translations-)Energie der Moleküle in einem Gas ist durch eine einfache Konstante mal der Temperatur gegeben. Ist also dieses Modell zutreffend, so ist die Temperatur eines Gases ein direktes Maß der mittleren kinetischen (Translations-)Energie seiner Moleküle.

Dieses Ergebnis gibt uns eine hübsche Interpretation der Boltzmann-Konstante k. Erinnern Sie sich, dass k gerade die richtige Einheit J/K hat, um eine Temperatur in eine Energie umzuwandeln. Wir sehen nun, dass k in der Tat im Wesentlichen ein *Umrechnungsfaktor* zwischen Temperatur und molekularer Energie ist; zumindest in diesem einfachen System! Denken Sie aber einmal über die Zahlen nach: Für ein Luftmolekül bei Raumtemperatur (300 K) ist die Größe kT gleich

$$(1{,}38{\cdot}10^{-23}\,\text{J/K})(300\,\text{K}) = 4{,}14{\cdot}10^{-21}\,\text{J}\,, \tag{1.18}$$

und die mittlere Translationsenergie beträgt drei Halbe davon. Natürlich erwarten wir, dass die kinetische Energie von Molekülen winzig ist, weil sie so klein sind. Das Joule ist jedoch keine besonders geeignete Einheit, um mit so kleinen Energien umzugehen. Stattdessen verwenden wir oft das **Elektronvolt** (eV), die kinetische Energie eines Elektrons, dass durch eine Spannungsdifferenz von einem Volt beschleunigt wurde: $1\,\text{eV} = 1{,}6{\cdot}10^{-19}\,\text{J}$. Die Boltzmann-Konstante lautet $8{,}62{\cdot}10^{-5}$ eV/K, somit gilt bei Raumtemperatur

$$kT = (8{,}62{\cdot}10^{-5}\,\text{eV/K})(300\,\text{K}) = 0{,}026\,\text{eV} \approx \frac{1}{40}\,\text{eV}\,. \tag{1.19}$$

Auch in Elektronvolt sind die molekularen Energien bei Raumtemperatur eher klein.

Wenn Sie den mittleren *Geschwindigkeitsbetrag* der Moleküle in einem Gas wissen wollen, so können Sie ihn *fast* aus Gleichung 1.17 bekommen, aber nicht ganz. Auflösen nach $\overline{v^2}$ ergibt

$$\overline{v^2} = \frac{3kT}{m}\,, \tag{1.20}$$

aber wenn Sie auf beiden Seiten die Wurzel nehmen, so bekommen Sie nicht den mittleren Betrag der Geschwindigkeit, sondern vielmehr die Wurzel des Mittels der Quadrate der Geschwindigkeitsbeträge (im Englischen *root mean square* oder kurz rms):

$$v_{\mathrm{rms}} \equiv \sqrt{\overline{v^2}} = \sqrt{\frac{3kT}{m}} \,. \qquad (1.21)$$

Wir werden in Abschnitt 6.4 sehen, dass v_{rms} nur ein wenig größer ist als $\overline{v}$. Wenn es Ihnen also nicht zu sehr auf Genauigkeit ankommt, so ist v_{rms} eine brauchbare Abschätzung des mittleren Geschwindigkeitsbetrags. Gemäß Gleichung 6.41 bewegen sich bei gleicher Temperatur leichte Moleküle schneller als schwere. Setzen Sie ein paar Zahlen ein, so werden Sie herausfinden, dass sich kleine Moleküle bei gewöhnlichen Temperaturen mit einer Geschwindigkeit von Hunderten Meter pro Sekunde hin- und herbewegen.

Wenn Sie zu unserem Hauptergebnis, der Gleichung 1.17, zurückkehren, fragen Sie sich vielleicht, ob es für reale Gase wirklich stimmt, angesichts all der vereinfachenden Annahmen, die ich bei der Herleitung gemacht habe. Genau genommen bricht meine Herleitung zusammen, wenn Moleküle aufeinander Kräfte ausüben oder die Kollisionen mit der Wand inelastisch sind oder das ideale Gasgesetz selbst nicht gilt. Kurze Wechselwirkungen zwischen Molekülen sind im Allgemeinen kein Problem, weil solche Stöße die mittlere Geschwindigkeit der Moleküle nicht ändern werden. Das eine ernste Problem tritt auf, wenn das Gas so dicht wird, dass der Raum, den die Moleküle selber einnehmen, ein substantieller Bruchteil des Gesamtvolumes des Behälters wird. Dann trifft das Ausgangsbild von Molekülen, die sich geradlinig durch den leeren Raum bewegen, nicht mehr zu. In diesem Fall bricht aber auch das ideale Gasgesetz zusammen, und zwar genauso, dass die Gleichung 1.17 weiter gilt. Folglich stimmt diese Gleichung immer noch, und zwar nicht nur für dichte Gase, sondern auch für die meisten Flüssigkeiten und manchmal auch Festkörper! Ich werde das in Abschnitt 6.3 beweisen.

Aufgabe 1.18 Berechnen Sie die rms-Geschwindigkeit eines Stickstoffmoleküls bei Raumtemperatur.

Aufgabe 1.19 Nehmen Sie an, dass Sie ein Gas im thermischen Gleichgewicht haben, das Wasserstoff- und Sauerstoffmoleküle enthält. Welche Moleküle bewegen sich im Mittel schneller? Um welchen Faktor?

Aufgabe 1.20 Uran hat zwei häufig auftretende Isotope mit Atommassen 238 und 235. Ein Weg, diese Isotope voneinander zu trennen, besteht darin, das Uran mit Fluor zusammenzubringen, um gasförmiges Uranhexafluorid UF_6 zu erzeugen. Dann nutzt man den Unterschied zwischen den mittleren thermischen Geschwindigkeiten der Moleküle, die die verschiedenen Isotope enthalten. Berechnen Sie die rms-Geschwindigkeit für jede Molekülart bei Raumtemperatur und vergleichen Sie sie.

Aufgabe 1.21 Während eines Hagelschlags treffen Hagelkörner mit einer mittleren Masse von 2 g und einer Geschwindigkeit von 15 m/s auf eine Fensterscheibe in einem Winkel von 45°. Die Fensterfläche beträgt $0,5\,\mathrm{m}^2$. Sie wird von 30 Hagelkörnern pro Sekunde getroffen. Welchen mittleren Druck üben sie auf das Fenster auf? Vergleichen Sie mit dem Druck der Atmosphäre.

Aufgabe 1.22 Bohren Sie ein Loch in einen Behälter voller Gas, wird das Gas herauslecken. In dieser Aufgabe werden Sie eine grobe Abschätzung der Rate entwickeln, mit der das Gas durch das Loch entweicht. (Dieser Vorgang heißt **Effusion**; zumindest, wenn das Loch hinreichend klein ist.)

(a) Betrachten Sie einen kleinen Teil (Fläche $= A$) der Innenwand eines Behälters voller Gas. Zeigen Sie, dass die Zahl der Moleküle, die mit dieser Oberfläche in einem Zeitintervall Δt kollidiert, gleich $PA\,\Delta t/(2m\overline{v_x})$ ist. Dabei ist P der Druck, m die mittlere molekulare Masse und $\overline{v_x}$ die mittlere Geschwindigkeit (in x-Richtung) derjenigen Moleküle, die mit dieser Wand kollidieren.

(b) Es ist nicht leicht, $\overline{v_x}$ zu berechnen, aber eine hinreichend gute Näherung ist durch $(\overline{v_x^2})^{1/2}$ gegeben. Dabei steht der Überstrich nun für ein Mittel über alle Moleküle im Gas. Zeigen Sie, dass $(\overline{v_x^2})^{1/2} = \sqrt{kT/m}$.

(c) Nehmen wir nun diesen kleinen Teil der Wand des Behälters weg, so werden die Moleküle, die mit ihm zusammengestoßen wären, stattdessen durch das Loch entweichen. Nehmen Sie an, dass durch das Loch nichts *hereinkommt*, und zeigen Sie, dass die Zahl der Moleküle im Behälter N als eine Funktion der Zeit von der Differentialgleichung

$$\frac{\mathrm{d}N}{\mathrm{d}t} = -\frac{A}{2V}\sqrt{\frac{kT}{m}}\,N$$

bestimmt wird. Lösen Sie diese Gleichung (unter der Annahme konstanter Temperatur), um eine Formel der Gestalt $N(t) = N(0)\mathrm{e}^{-t/\tau}$ zu bekommen, wobei τ die „charakteristische Zeit" ist, in der N (und P) um einen Faktor e abfallen.

(d) Berechnen Sie die charakteristische Zeit für Luft bei Raumtemperatur, die aus einem Behälter der Größe 1 Liter durch ein 1-mm^2-Loch entweicht.

(e) Ihr Fahrradschlauch hat ein Loch, aus dem die Luft langsam entweicht, sodass er binnen einer Stunde platt ist, nachdem Sie ihn aufgeblasen haben. Wie groß ist das Loch in etwa? (Machen Sie irgendeine vernünftige Annahme über das Volumen des Schlauchs.)

(f) In Jules Vernes *Reise um den Mond* entsorgen die Weltraumreisenden einen Hundekadaver, indem sie schnell ein Fenster öffnen, ihn hinauswerfen und das Fenster wieder schließen. Meinen Sie, dass sie das so schnell machen können, dass kein merklicher Anteil der Luft entweicht? Begründen Sie Ihre Antwort durch grobe Abschätzungen und Rechnungen.

1.3 Gleichverteilung der Energie

Gleichung 1.17 ist ein Spezialfall eines viel allgemeineren Ergebnisses, das man als **Gleichverteilungssatz** bezeichnet. Dieses Theorem betrifft nicht nur die kinetische (Translations-)Energie, sondern *alle* Energieformen, bei denen der Energieausdruck eine quadratische Funktion einer Koordinate oder einer Geschwindigkeitskomponente ist. Jeder solche Energiebeitrag wird als **Freiheitsgrad** bezeichnet. Bisher habe ich nur über Translationsbewegungen in die x-, y- und z-Richtung als Freiheitsgrade gesprochen. Andere Freiheitsgrade könnten die Rotation, die Vibration und die elastische potentielle Energie (wie sie in einer Feder gespeichert ist) sein. Schauen Sie sich die Ähnlichkeit der Formeln für all diese Energiearten an:

$$\tfrac{1}{2}mv_x^2\,,\quad \tfrac{1}{2}mv_y^2\,,\quad \tfrac{1}{2}mv_z^2\,,\quad \tfrac{1}{2}I\omega_x^2\,,\quad \tfrac{1}{2}I\omega_y^2\,,\quad \tfrac{1}{2}k_\mathrm{s}x^2\quad \text{etc}\,. \tag{1.22}$$

Der vierte und fünfte Ausdruck sind für die kinetische Rotationsenergie, die eine Funktion des Trägheitsmoments I und der Winkelgeschwindigkeit ω ist. Der sechste Ausdruck ist für die elastische potentielle Energie, eine Funktion der Federkonstante k_s und x, der Auslenkung aus dem Gleichgewicht. Der Gleichverteilungssatz besagt einfach, dass die mittlere Energie für jeden Freiheitsgrad $\frac{1}{2}kT$ beträgt:

Gleichverteilungssatz: Bei einer Temperatur T beträgt die mittlere Energie jedes quadratischen Freiheitsgrades $\frac{1}{2}kT$.

Enthält ein System N Moleküle, wobei jedes f Freiheitsgrade aufweist, und gibt es keine anderen (nicht quadratischen) Energieformen, die von der Temperatur abhängen, so beträgt seine *gesamte* thermische Energie

$$U_{\text{thermisch}} = N \cdot f \cdot \tfrac{1}{2}kT\,. \tag{1.23}$$

Ganz genau genommen ist das nur die *mittlere* gesamte thermische Energie, aber wenn N groß ist, so sind die Fluktuationen um den Mittelwert herum vernachlässigbar.

Ich werde den Gleichverteilungssatz in Abschnitt 6.3 beweisen. Im Moment ist es allerdings wichtig zu verstehen, was er genau besagt. Zu allererst ist die Größe $U_{\text{thermisch}}$ fast nie die *Gesamt*energie eines Systems; es gibt also auch „statische" Energie, die sich nicht ändert, wenn Sie die Temperatur ändern, wie zum Beispiel die Energie, die in den chemischen Bindungen steckt, oder die Ruheenergien mc^2 aller Teilchen im System. Es ist daher am sichersten, den Gleichverteilungssatz nur auf Energie*änderungen* anzuwenden, wenn die Temperatur zu- oder abnimmt, und Phasenübergänge und andere Reaktionen zu vermeiden, bei denen Bindungen zwischen den Teilchen gebrochen werden können.

Eine andere Schwierigkeit mit dem Gleichverteilungssatz besteht darin, zu zählen, wie viele Freiheitsgrade ein System hat. Diese Fähigkeit lernt man am besten an Beispielen. In einem Gas monoatomarer Moleküle wie Helium oder Argon zählt nur die Translation. Somit hat jedes Molekül drei Freiheitsgrade, also $f = 3$. In einem diatomaren Gas wie Sauerstoff (O_2) oder Stickstoff (N_2) kann jedes Molekül auch um zwei verschiedene Achsen *rotieren* (siehe Abbildung 1.5). Die Rotation um die Achse, die dem Molekül entlang verläuft, zählt nicht, aus Gründen, die mit der Quantenmechanik zu tun haben. Das Gleiche gilt für Kohlendioxid (CO_2), weil es ebenfalls entlang einer Symmetrieachse liegt; es ist ein gestrecktes Molekül. Die meisten polyatomaren Moleküle können aber um alle drei Achsen rotieren.

Es ist nicht offensichtlich, warum ein Rotationsfreiheitsgrad exakt die gleiche mittlere Energie wie ein Translationsfreiheitsgrad haben sollte. Wenn Sie sich aber vorstel-

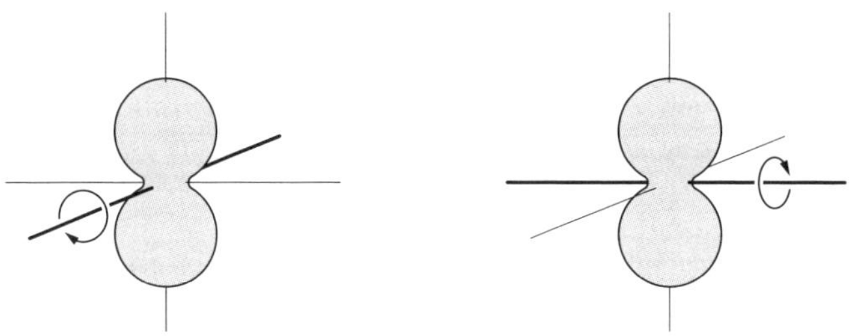

Abbildung 1.5: Ein diatomares Molekül kann um zwei unabhängige, zueinander senkrechte Achsen rotieren. Die Rotation um die dritte Achse entlang des Moleküls ist nicht erlaubt.

len, wie die Gasmoleküle im Behälter umherwirbeln, miteinander und mit den Wänden kollidieren, so können Sie sehen, warum die mittlere Rotationsenergie schließlich irgendeinen Gleichgewichtswert erreichen sollte, der größer ist, wenn sich die Moleküle rasch bewegen (hohe Temperatur), und kleiner, wenn sie sich langsam bewegen (niedrige Temperatur). Bei jeder einzelnen Kollision wird womöglich Rotationsenergie in Translationsenergie verwandelt oder umgekehrt, aber im Mittel sollten sich diese Vorgänge kompensieren.

Ein diatomares Molekül kann auch *vibrieren* (schwingen), als ob die beiden Atome durch eine Feder zusammengehalten würden. Diese Vibration sollte als *zwei* Freiheitsgrade zählen, einer für die kinetische Energie der Schwingung und einer für die potentielle Energie. (Sie erinnern sich vielleicht aus der klassischen Mechanik daran, dass die mittlere kinetische und potentielle Energie eines einfachen harmonischen Oszillators gleich sind – ein Ergebnis, das mit dem Gleichverteilungssatz konsistent ist.) Kompliziertere Moleküle können in vielfältiger Weise schwingen: sie können sich dehnen, biegen, verdrehen. Jede „Schwingungsmode“ zählt als zwei Freiheitsgrade.

Bei Raumtemperatur tragen allerdings viele Schwingungsfreiheitsgrade *nicht* zur thermischen Energie eines Moleküls bei. Der Grund ist wieder in der Quantenmechanik zu suchen, wie wir in Kapitel 3 sehen werden. Somit haben zum Beispiel Luftmoleküle (N_2 und O_2) bei Raumtemperatur nur fünf und nicht sieben Freiheitsgrade. Wir sagen, dass diese Moden bei Raumtemperatur „ausgefroren“ sind; offensichtlich sind Kollisionen mit anderen Molekülen hinreichend hart, um ein Luftmolekül zum Rotieren zu bringen, aber nicht hart genug, es zum Schwingen anzuregen.

In einem Festkörper kann jedes Atom in drei senkrechte Richtungen schwingen, und somit hat jedes Atom sechs Freiheitsgrade (drei für die kinetische Energie und drei für die potentielle Energie). Ein einfaches Modell eines kristallinen Festkörpers zeigt Abbildung 1.6. Setzen wir N gleich der Zahl der *Atome* und f gleich der Zahl der Freiheitsgrade *pro Atom*, so können wir Gleichung 1.23 mit $f = 6$ für einen Festkörper verwenden. Es ist wiederum möglich, dass einige der Freiheitsgrade bei Raumtemperatur „ausgefroren“ sind.

Flüssigkeiten sind komplizierter als Gase oder Festkörper. Sie können im Allgemeinen die Formel $\frac{3}{2}kT$ verwenden, um die mittlere kinetische Translationsenergie von Molekü-

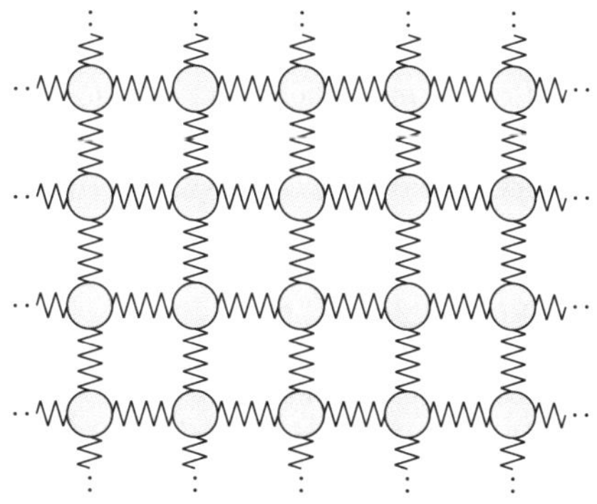

Abbildung 1.6: Das „Kugel-Feder-Modell" eines kristallinen Festkörpers. Jedes Atom ist wie eine Kugel, die mit ihren Nachbarn durch Federn verbunden ist. In drei Dimensionen gibt es dann sechs Freiheitsgrade pro Atom: drei von der kinetischen Energie und drei von der potentiellen Energie, die in den Federn steckt.

len in einer Flüssigkeit zu finden, aber der Gleichverteilungssatz funktioniert für die restliche thermische Energie nicht, weil die intermolekularen potentiellen Energien keine hübschen quadratischen Funktionen sind.

Vielleicht fragen Sie sich, welche praktischen Konsequenzen der Gleichverteilungssatz hat: Wie können wir ihn experimentell überprüfen? Kurz gesagt, wir müssten ein wenig Energie zum System hinzufügen, messen, wie sich seine Temperatur ändert, und das mit Gleichung 1.23 vergleichen. Ich werde das in Abschnitt 1.6 genauer besprechen und einige experimentelle Ergebnisse zeigen.

Aufgabe 1.23 Berechnen Sie die gesamte thermische Energie in einem Liter Helium bei Raumtemperatur und normalem Luftdruck. Wiederholen Sie dann die Rechnung für einen Liter Luft.

Aufgabe 1.24 Berechnen Sie die gesamte thermische Energie in einem Gramm Blei bei Raumtemperatur, unter der Annahme, dass keiner der Freiheitsgrade „ausgefroren" ist (das ist in diesem Fall eine gute Annahme).

Aufgabe 1.25 Zählen Sie für ein Molekül Wasserdampf alle Freiheitsgrade (oder so viele, wie Sie können) auf. (Denken Sie sorgfältig über die verschiedenen Weisen nach, auf die das Molekül schwingen kann.)

1.4 Wärme und Arbeit

Ein Gutteil der Thermodynamik befasst sich mit drei eng verwandten Konzepten: **Temperatur**, **Energie** und **Wärme**. Ein Großteil der Schwierigkeiten, die Studierende mit der Thermodynamik haben, kommt daher, dass diese drei Konzepte untereinander verwechselt werden. Lassen Sie mich Sie daher daran erinnern, dass Temperatur letztlich ein Maß für die Tendenz eines Objektes ist, spontan Energie abzugeben. Wir haben gerade gesehen, dass die Temperatur eines Systems oftmals zunimmt, wenn sein Energiegehalt zunimmt. Bitte fassen Sie dies aber nicht als die *Definition* der Temperatur auf – das ist lediglich eine zutreffende *Aussage* über die Temperatur.

Um die Dinge weiter zu klären, sollte ich Ihnen jetzt eine genaue Definition von **Energie** geben. Leider kann ich das nicht. Energie ist das grundlegendste dynamische Konzept der ganzen Physik. Daher kann ich sie Ihnen nicht durch etwas noch Fundamentaleres erklären. Ich kann allerdings die verschiedenen Energie*formen* aufzählen – kinetische Energie, elektrostatische Energie, Gravitationsenergie, chemische Energie, Kernenergie – und die Aussage hinzufügen, dass man zwar Energie oft zwischen zwei Formen umwandeln kann, dass sich allerdings die *Gesamt*energie des Universums nie ändert. Das ist das berühmte Gesetz von der **Energieerhaltung**. Manchmal stelle ich mir Energie als eine vollkommen unzerstörbare (und nicht herstellbare) Flüssigkeit vor, die sich von Ort zu Ort bewegt, aber deren Gesamtmenge sich niemals ändert. (Dieses Bild ist praktisch, aber *falsch* – es gibt so eine Flüssigkeit einfach nicht.)

Nehmen Sie zum Beispiel an, Sie hätten einen Behälter, der mit Gas oder einem anderen thermodynamischen System gefüllt ist. Wenn Sie feststellen, dass die Energie des Systems zunimmt, so können Sie schließen, dass Energie von außen hinzugekommen ist; sie kann nicht vor Ort entstanden sein, weil das den Satz von der Energieerhaltung verletzen würde. Ebenso muss Energie entwichen und woanders hingegangen sein, wenn die Energie Ihres Systems abnimmt. Es gibt alle möglichen Mechanismen, einem System

Energie zuzuführen oder zu entziehen. In der Thermodynamik klassifizieren wir diese Mechanismen normalerweise unter zwei Kategorien: **Wärme** und **Arbeit**.

Wärme ist als jeder spontane Energiefluss von einem Objekt zu einem anderen definiert, der von einer Temperaturdifferenz zwischen den beiden Objekten herrührt. Wir sagen, dass „Wärme" von einem warmen Heizkörper in einen kalten Raum fließt, aus heißem Wasser in einen kalten Eiswürfel und von der heißen Sonne zur kühlen Erde. Der *Mechanismus* mag in jedem Fall ein anderer sein, aber bei jedem dieser Prozesse nennt man die übertragene Energie „Wärme".

Arbeit ist in der Thermodynamik als jeder andere Transfer von Energie in ein System oder aus einem System heraus definiert. Sie verrichten Arbeit an einem System immer dann, wenn Sie einen Kolben hineindrücken, eine Tasse Kaffee umrühren oder Strom durch einen Widerstand fließen lassen. In jedem Fall wird die Energie des Systems zunehmen und normalerweise auch seine Temperatur. Aber wir sagen nicht, dass das System „aufgeheizt" wird, weil der Energiefluss kein spontaner Fluss ist, der durch einen Temperaturunterschied verursacht wird. Bei der Arbeit können wir in der Regel irgendeinen „Verursacher" (möglicherweise ein unbelebtes Objekt) identifizieren, der „aktiv" dem System Energie zuführt. Es würde nicht „automatisch" passieren.

Es ist nicht leicht, sich die Definitionen von Wärme und Arbeit wirklich zu eigen zu machen, weil beide Begriffe in der Alltagssprache eine deutlich andere Bedeutung haben. Es ist eine merkwürdige Vorstellung, dass keine „Wärme" in Ihre Hände fließt, wenn Sie sie reiben, um sich aufzuwärmen. Ebenso, dass keine Wärme in die Tasse Tee fließt, die Sie in der Mikrowelle erwärmen. Dennoch werden diese beiden Prozesse als Arbeit, nicht als Wärme klassifiziert.

Beachten Sie, dass sich Wärme und Arbeit beide auf Energie *im Übergang* beziehen. Sie können von der Gesamt*energie* in einem System sprechen, aber es wäre sinnlos zu fragen, wie viel Wärme oder wie viel Arbeit in einem System steckt. Wir können nur davon sprechen, wie viel Wärme in ein System *geflossen* ist oder wie viel Arbeit an einem System *verrichtet* wurde.

Ich werde die Bezeichnung U für die Gesamtenergie in einem System verwenden. Die Symbole Q und W sollen für die Energiemengen stehen, die in einem Zeitraum von Interesse als Wärme beziehungsweise als Arbeit in ein System fließen. (Beide könnten auch negativ sein, wenn Energie das System *verlässt*.) Die Summe $Q + W$ ist dann die Gesamtenergie, die in das System fließt. Aufgrund der Energieerhaltung ist das dann der Betrag, um den sich die Energie des Systems ändert (siehe Abbildung 1.7). In Gleichungsform lautet diese Aussage

$$\Delta U = Q + W \,, \tag{1.24}$$

die Änderung der Energie entspricht der zugeführten Wärme plus der verrichteten Arbeit.[6]

6 Viele Lehrbücher der Physik und der Ingenieurwissenschaften definieren W positiv, wenn Arbeitsenergie das System *verlässt*, nicht hinzukommt. Dann lautet die Gleichung 1.24 stattdessen $\Delta U = Q - W$. Diese Vorzeichenkonvention ist bei Wärmemaschinen praktisch, ich finde sie aber in anderen Situationen verwirrend. Meine Vorzeichenkonvention wird von den Chemikern konsequent verwendet; unter Physikern scheint sie sich immer mehr auszubreiten.
Eine andere Notationsfrage kommt daher, dass wir oftmals wollen, dass ΔU, Q und W infinitesimal sind. In solchen Fällen werde ich zumeist $\mathrm{d}U$ statt ΔU schreiben, aber die Symbole Q und W nicht anrühren. Vielleicht sehen Sie woanders, dass „$\mathrm{d}Q$" und „$\mathrm{d}W$" verwendet werden, um infinitesimale Mengen von Wärme und Arbeit darzustellen. Was auch immer Sie machen, lesen Sie diese Ausdrücke *nicht* als die „Änderungen" von Q und W – das wäre sinnlos. Um Sie vor dieser Sünde zu bewahren, bringen viele Autoren einen kleinen Balken durch das d an

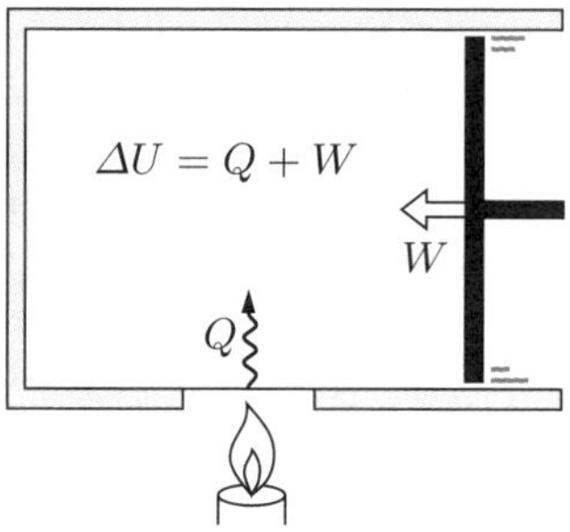

Abbildung 1.7: Die Gesamtänderung der Energie in einem System ist die Gesamtsumme der zugeführten Wärme und der an ihm verrichteten Arbeit.

Diese Gleichung ist letztlich nur eine Formulierung des Satzes von der Energieerhaltung. Sie geht aber auf eine Zeit zurück, als dieses Gesetz gerade entdeckt wurde und die Beziehung zwischen Energie und Wärme noch umstritten war. Die Gleichung bekam daher einen etwas mysteriöseren Namen, der immer noch in Gebrauch ist: **erster Hauptsatz der Thermodynamik**.

Die offizielle SI-Einheit der Energie ist das **Joule**, definiert als $1\,\text{kg}{\cdot}\text{m}^2/\text{s}^2$. (Somit hat ein Objekt mit 1 kg, das sich mit 1 m/s bewegt, $\frac{1}{2}$ J kinetische Energie $\frac{1}{2}mv^2$.) Traditionell wurde Wärme aber in **Kalorien** gemessen, wobei 1 cal als die Wärmemenge definiert war, die man braucht, um die Temperatur von 1 Gramm Wasser um 1 °C zu erhöhen (ohne dass Arbeit verrichtet wird). Es war (unter anderen[7]) James Joule, der zeigte, dass die gleiche Temperaturerhöhung durch mechanische Arbeit (zum Beispiel durch kräftiges Umrühren des Wassers) anstelle von Wärmezufuhr erreicht werden kann. In modernen Einheiten ausgedrückt, zeigte Joule, dass 1 cal in etwa 4,2 J entspricht. Heute ist die Kalorie zu exakt 4,186 J *definiert*. Viele Leute benutzen diese Einheit noch, wenn es um thermische oder chemische Energie geht. Die wohlbekannte Kalorie beim Essen ist in Wirklichkeit eine *Kilo*kalorie oder 4186 J.

Prozesse mit Wärmetransfer werden in drei weitere Kategorien unterteilt, die vom Mechanismus des Transfers abhängen. **Wärmeleitung** ist der Transfer von Wärme durch molekularen Kontakt: Schnelle Moleküle treffen auf langsame Moleküle und geben dabei etwas von ihrer Energie ab. **Konvektion** steht für die makroskopische Bewegung eines Gases oder einer Flüssigkeit. Sie basiert in der Regel auf der Tendenz eines wärmeren Materials, zu expandieren und im Schwerefeld aufzusteigen. **Strahlung** ist die Emission elektromagnetischer Wellen, zumeist im Infraroten von Objekten bei Raumtemperatur, aber inklusive sichtbaren Lichts bei heißeren Objekten wie dem Draht einer altmodischen Glühbirne oder der Sonnenoberfläche.

Aufgabe 1.26 Eine Batterie ist in Reihenschaltung mit einem Widerstand, der in Wasser eingetaucht ist (um eine schöne heiße Tasse Tee vorzubereiten). Würden Sie den Energiefluss von der Batterie zum Widerstand als „Wärme“ oder als „Arbeit“ bezeichnen? Wie steht es mit dem Energiefluss vom Widerstand zum Wasser?

---

und schreiben $đQ$ und $đW$. Ich finde, dass $đ$ immer noch so ausschaut, als sollte man es „Änderung“ aussprechen. Ich ziehe es daher vor, das d ganz verschwinden zu lassen und einfach darauf hinzuweisen, wann Q und W infinitesimal sind und wann nicht.

7 Unter den vielen anderen, die beitrugen, den ersten Hauptsatz aufzustellen, waren Benjamin Thompson (Graf Rumford), Robert Mayer, William Thomson und Hermann von Helmholtz.

Aufgabe 1.27 Nennen Sie ein Beispiel eines Prozesses, bei dem einem System keine Wärme zugeführt wird, aber die Temperatur zunimmt. Geben Sie dann ein Beispiel des Gegenteils: ein Prozess, bei dem einem System Wärme zugeführt wird, sich seine Temperatur aber nicht ändert.

Aufgabe 1.28 Schätzen Sie ab, wie lange es dauern sollte, eine Tasse Wasser in einer typischen 600-Watt-Mikrowelle zum Kochen zu bringen. Nehmen Sie dabei an, dass die ganze Energie ins Wasser gelangt. (Nehmen Sie auch eine vernünftige Anfangstemperatur für das Wasser an.) Erklären Sie, warum bei diesem Prozess keine Wärme involviert ist.

Aufgabe 1.29 Eine Tasse mit 200 g Wasser steht auf Ihrem Esstisch. Nachdem Sie durch sorgfältige Messung die Temperatur der Tasse zu 20 °C bestimmt haben, verlassen Sie den Raum. Zehn Minuten später kommen Sie wieder und stellen fest, dass die Temperatur jetzt 25 °C beträgt. Was können Sie über die Wärmemenge sagen, die dem Wasser zugeführt worden ist? (*Hinweis:* Das ist eine Fangfrage.)

Aufgabe 1.30 Füllen Sie einige Löffel Wasser in eine Flasche mit festem Verschluss. Stellen Sie sicher, dass alles bei Raumtemperatur ist; messen Sie dazu sicherheitshalber die Wassertemperatur mit einem Thermometer. Schließen Sie nun die Flasche und schütteln Sie sie für ein paar Minuten, so fest Sie können. Wenn Sie erschöpft sind und die Flasche hinwerfen wollen, schütteln Sie noch ein paar Minuten weiter. Messen Sie dann noch einmal die Temperatur. Schätzen Sie grob den erwarteten Temperaturbereich ab und vergleichen Sie.

1.5 Kompressionsarbeit

Wir werden uns in diesem Buch mit mehr als einer Arbeitsform befassen, aber die wichtigste Art von Arbeit ist die, die an einem System (oft einem Gas) durch *Kompression* verrichtet wird, zum Beispiel, wenn Sie einen Kolben drücken. Vermutlich erinnern Sie sich aus der klassischen Mechanik daran, dass in einem solchen Fall die geleistete Arbeit gleich der von Ihnen ausgeübten Kraft mal der Verschiebung ist:

$$W = \vec{F} \cdot \mathrm{d}\vec{r} \,. \tag{1.25}$$

(Diese Formel ist ein wenig uneindeutig, wenn das System komplizierter als ein Punktteilchen ist: Bezieht sich $\mathrm{d}\vec{r}$ auf eine Verschiebung des Massenschwerpunkts oder des Kontaktpunkts (wenn es einen gibt) oder etwas anderes? In der Thermodynamik geht es immer um den Kontaktpunkt, und wir werden uns nicht mit der Arbeit befassen, die von langreichweitigen Kräften wie der Schwerkraft verrichtet wird. In diesem Fall besagt der Energiesatz, dass die Gesamtenergie des Systems um W zunimmt.[8])

Bei einem Gas ist es aber viel praktischer, die verrichtete Arbeit durch Druck und Volumen auszudrücken. Betrachten wir, um genau zu sein, die typische Zylinder-Kolben-Anordnung aus Abbildung 1.8. Die Kraft ist parallel zur Verschiebung, sodass wir

8 Eine detaillierte Diskussion verschiedener Definitionen von „Arbeit“ findet sich in: A. John Mallinckrodt und Harvey S. Leff, „All About Work“, *American Journal of Physics* **60**, 356–365 (1992).

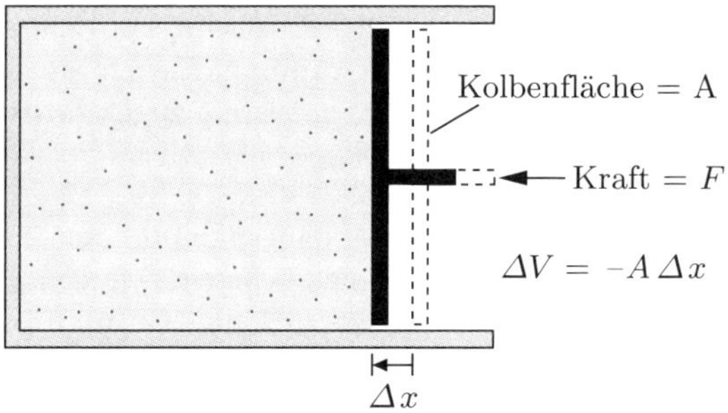

Abbildung 1.8: Wenn sich der Kolben hineinbewegt, ändern sich das Gasvolumen um ΔV (ein negativer Betrag) und die am Gas verrichtete Arbeit (unter der Annahme quasistatischer Kompression) um $-P\Delta V$.

das Skalarprodukt ignorieren und einfach

$$W = F\,\Delta x \tag{1.26}$$

schreiben können. (Ich nehme ein positives Δx, wenn sich der Kolben hineinbewegt.)

Als Nächstes will ich F durch PA ersetzen, den Druck auf das Gas mal der Kolbenfläche. Damit ich diese Ersetzung vornehmen kann, muss ich annehmen, dass das Gas während der Kompression immer in einem internen Gleichgewichtszustand verbleibt, sodass sein Druck im ganzen Zylinder gleich (und damit wohldefiniert) ist. Damit dies der Fall ist, muss sich der Kolben hinreichend langsam bewegen, sodass das Gas Zeit hat, unter den sich ändernden Bedingungen immer ein Gleichgewicht zu finden. Der technische Ausdruck für eine Volumenänderung, die in diesem Sinne langsam ist, heißt **quasistatisch**. Obwohl eine perfekt quasistatische Kompression eine Idealisierung ist, ist sie in der Regel in der Praxis eine gute Näherung. Um ein Gas nicht quasistatisch zu komprimieren, müssten Sie den Kolben sehr hart hineintreiben, sodass er sich schneller bewegt, als das Gas „antworten" kann (die Geschwindigkeit muss mindestens der Schallgeschwindigkeit im Gas vergleichbar sein).

Bei einer quasistatischen Kompression entspricht die Kraft, die auf das Gas ausgeübt wird, also dem Gasdruck mal der Fläche des Kolbens.[9] Somit gilt

$$W = PA\,\Delta x \qquad \text{(für quasistatische Kompression)}\,. \tag{1.27}$$

Aber das Produkt $A\,\Delta x$ ist gerade die negative Änderung des Gasvolumens (negativ, weil das Volumen *abnimmt*, wenn der Kolben hineingedrückt wird), somit haben wir

$$W = -P\,\Delta V \qquad \text{(quasistatisch)}\,. \tag{1.28}$$

Wenn Sie zum Beispiel einen Lufttank bei Normaldruck ($10^5\,\mathrm{N/m^2}$) haben und sein Volumen um einen Liter ($10^{-3}\,\mathrm{m^3}$) reduzieren wollen, so müssen Sie 100 J Arbeit verrichten. Sie können sich leicht davon überzeugen, dass die gleiche Formel gilt, wenn das Gas

9 Auch bei quasistatischer Kompression könnte Reibung zwischen Kolben und Zylinder das Gleichgewicht zwischen der von außen ausgeübten Kraft und der vom Gas ausgeübten Gegenkraft auf den Kolben stören. Wenn W für die Arbeit steht, die vom Kolben am Gas verrichtet wird, ist das kein Problem. Stellt es jedoch die Arbeit dar, die *Sie* verrichten, wenn Sie den Kolben drücken, dann muss ich im Folgenden annehmen, dass die Reibung vernachlässigbar ist.

expandiert; dann ist ΔV positiv und die am Gas verrichtete Arbeit ist negativ; und so soll es sein.

Es gibt eine mögliche Schwachstelle bei der Herleitung dieser Formel. Normalerweise wird sich der Druck während der Kompression *ändern*. Was für einen Druck sollten Sie in diesem Fall benutzen – Anfangsdruck, Enddruck, mittlerer Druck oder was? Es gibt keine Schwierigkeit bei sehr kleinen („infinitesimalen") Volumenänderungen, weil dann jede Druckänderung vernachlässigbar sein wird. Aha – wir können uns aber jede große Änderung als eine Menge kleiner Änderungen vorstellen, eine nach der anderen. Wenn sich also der Druck während der Kompression signifikant ändert, müssen wir den Prozess im Geist in viele winzige Schritte aufteilen, Gleichung 1.28 auf jeden Schritt anwenden und all die kleinen Arbeitsmengen zur Gesamtarbeit aufaddieren.

Diese Prozedur kann man graphisch leichter verstehen. Ist der Druck *konstant*, so ist die verrichtete Arbeit gerade die negative Fläche unter der Kurve des Drucks über dem Volumen (siehe Abbildung 1.9). Ist der Druck *nicht* konstant, so teilen wir den Prozess in eine Vielzahl kleiner Schritte ein, berechnen die Fläche unter dem Graphen für jeden Schritt und addieren dann alle Flächen auf, um die Gesamtarbeit zu bekommen. Das heißt, die Arbeit ist *immer noch* die negative Fläche unter der Kurve von P als Funktion von V.

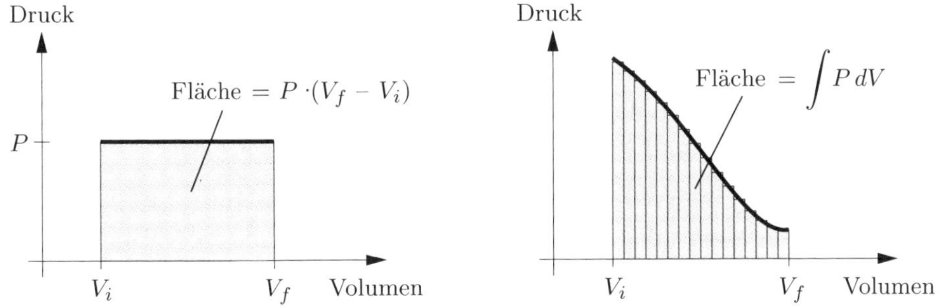

Abbildung 1.9: Wenn sich das Volumen eines Gases ändert und der Druck konstant ist, dann ist die am Gas verrichtete Arbeit die negative Fläche unter der Kurve des Drucks als Funktion des Volumens. Das gilt auch dann, wenn der Druck nicht konstant ist.

Wenn Sie eine Formel $P(V)$ für den Druck als Funktion des Volumens kennen, dann können Sie die Gesamtarbeit als Integral berechnen:

$$W = -\int_{V_\mathrm{i}}^{V_\mathrm{f}} P(V)\,\mathrm{d}V \qquad \text{(quasistatisch)}\,. \qquad (1.29)$$

Das ist eine gute Formel, denn sie gilt, egal ob sich der Druck während des Prozesses ändert oder nicht. Es ist aber nicht immer leicht, das Integral auszurechnen und eine einfache Formel für W zu bekommen.

Es ist wichtig, daran zu denken, dass Kompressionsarbeit (bzw. Expansionsarbeit) nicht die einzige Form von Arbeit ist, die man an einem thermodynamischen System verrichten kann. Zum Beispiel führen die chemischen Reaktionen in einer Batterie dazu, dass *elektrische* Arbeit am angeschlossenen Stromkreis verrichtet wird. Wir werden in diesem Buch zahlreiche Beispiele sehen, bei denen Kompressionsarbeit die einzige Form relevanter Arbeit ist, und zahlreiche Beispiele, wo sie es nicht ist.

Aufgabe 1.31 Stellen Sie sich Helium in einem Zylinder mit Anfangsvolumen 1 Liter und Anfangsdruck 1 atm vor. Auf irgendeine Weise wird das Helium dazu gebracht, sich auf ein Endvolumen von 3 Litern auszudehnen, und zwar so, dass der Druck direkt proportional zum Volumen zunimmt.

(a) Skizzieren Sie für diesen Prozess den Druck als Funktion des Volumens.

(b) Berechnen Sie die Arbeit, die während dieses Prozesses am Gas verrichtet wird, unter der Annahme, dass keine andere Form von Arbeit verrichtet wird.

(c) Berechnen Sie die Änderung des Energiegehalts des Heliums in diesem Prozess.

(d) Berechnen Sie die Wärmemenge, die dem Helium in diesem Prozess zugeführt oder entzogen wird.

(e) Beschreiben Sie, was Sie tun könnten, um dafür zu sorgen, dass der Druck steigt, während das Helium expandiert.

Aufgabe 1.32 Wenn Sie einen Druck von 200 atm ausüben, können Sie Wasser auf 99 % seines normalen Volumens komprimieren. Zeichen Sie diesen Prozess (nicht notwendigerweise maßstabsgetreu) in einem *PV*-Diagramm. Schätzen Sie die Arbeit, die man braucht, um einen Liter Wasser um diesen Betrag zu komprimieren. Sind Sie von dem Ergebnis überrascht?

Aufgabe 1.33 Ein ideales Gas durchläuft den zyklischen Prozess, der in Abbildung 1.10(a) dargestellt ist. Bestimmen Sie für jeden der Schritte A, B und C, inwieweit jede der folgenden Größen positiv, negativ oder null ist: (a) die am Gas verrichtete Arbeit; (b) die Änderung des Energiegehalts des Gases; (c) die dem Gas zugeführte Wärme. Bestimmen Sie dann das Vorzeichen jeder dieser Größen für den ganzen Zyklus. Was bewirkt dieser Prozess?

Aufgabe 1.34 Ein ideales diatomares Gas in einem Zylinder mit beweglichem Kolben durchläuft den rechteckigen zyklischen Prozess aus Abbildung 1.10(b). Nehmen Sie an, dass die Temperatur immer in einem Bereich ist, in dem die Rotationsfreiheitsgrade aktiv sind, die Schwingungsmoden aber „ausgefroren" sind. Nehmen Sie ebenfalls an, dass die einzige Art von Arbeit, die an dem Gas verrichtet werden kann, quasistatische Kompressionsarbeit ist.

(a) Berechnen Sie für jeden der vier Schritte A bis D die am Gas verrichtete Arbeit, die dem Gas zugeführte Wärme und die Änderung des Energiegehalts des Gases. Drücken Sie alle Antworten durch P_1, P_2, V_1 und V_2 aus. (*Hinweis:* Berechnen Sie ΔU vor Q, indem Sie das ideale Gasgesetz und den Gleichverteilungssatz verwenden.)

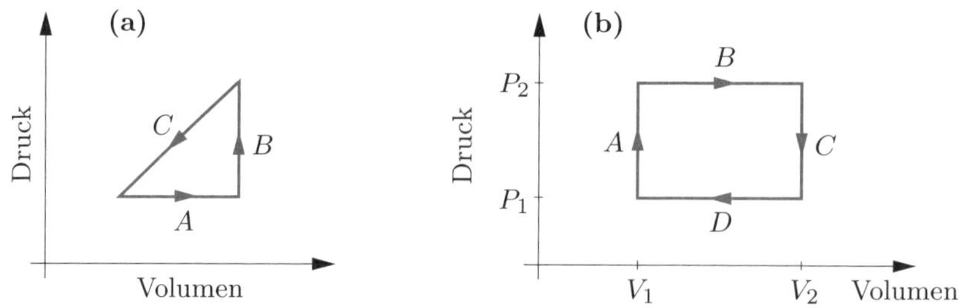

Abbildung 1.10: *PV*-Diagramme für die Aufgaben 1.33 und 1.34.

(b) Beschreiben Sie in Worten, was physikalisch in jedem der vier Schritte passiert; so wird zum Beispiel in Schritt A dem Gas Wärme zugeführt (durch eine externe Flamme oder etwas anderes), während der Kolben festgehalten wird.
(c) Berechnen Sie, welche Arbeit unterm Strich im ganzen Zyklus am Gas verrichtet wird, welche Wärme zugeführt wird und wie sich die Energie des Gases ändert. Sind es die Ergebnisse, mit denen Sie gerechnet hätten? Erklären Sie kurz, warum.

Kompression eines idealen Gases

Um ein Gespür für einige der voranstehenden Formeln zu bekommen, möchte ich sie auf die Kompression eines idealen Gases anwenden. Da die meisten bekannten Gase (wie etwa Luft) ziemlich nahe am idealen Gas sind, werden die von uns gefundenen Resultate sogar recht nützlich sein.

Wenn Sie einen gasgefüllten Behälter komprimieren, verrichten Sie Arbeit an ihm, führen also Energie zu. Im Allgemeinen lässt dies die Temperatur des Gases ansteigen, wie Sie sicher wissen, wenn Sie jemals einen Fahrradreifen aufgepumpt haben. Wenn Sie allerdings das Gas sehr langsam komprimieren oder wenn der Behälter in gutem thermischen Kontakt mit der Umwelt steht, so wird Wärme entweichen, während das Gas komprimiert wird, und seine Temperatur wird nicht stark ansteigen.[10] Der Unterschied zwischen rascher und langsamer Kompression ist daher in der Thermodynamik sehr wichtig.

In diesem Abschnitt werde ich mir zwei idealisierte Weisen anschauen, ein ideales Gas zu komprimieren: die **isotherme Kompression**, die so langsam ist, dass sich die Temperatur des Gases überhaupt nicht erhöht; und die **adiabatische Kompression**, die so rasch geht, dass das Gas während des Prozesses keine Wärme verliert. Die meisten *realen* Kompressionsprozesse werden irgendwo zwischen diesen Extremen angesiedelt sein, in der Regel näher bei der adiabatischen Näherung. Ich fange trotzdem mit dem isothermen Fall an, weil er einfacher ist.

Nehmen Sie also an, dass Sie ein ideales Gas isotherm komprimieren, also ohne seine Temperatur zu ändern. Das bedingt fast sicher, dass der Prozess auch quasistatisch ist. Somit kann ich Formel 1.29 verwenden, um die geleistete Arbeit zu berechnen, wobei P durch das ideale Gasgesetz bestimmt wird. In einem PV-Diagramm ist die Formel $P = NkT/V$ für konstantes T eine konvexe Hyperbel (die man **Isotherme** nennt), wie in Abbildung 1.11 dargestellt. Die verrichtete Arbeit ist die negative Fläche unter der Kurve:

$$
\begin{aligned}
W &= -\int_{V_\mathrm{i}}^{V_\mathrm{f}} P\,\mathrm{d}V = -NkT \int_{V_\mathrm{i}}^{V_\mathrm{f}} \frac{1}{V}\,\mathrm{d}V \\
&= -NkT\left(\ln V_\mathrm{f} - \ln V_\mathrm{i}\right) = NkT \ln \frac{V_\mathrm{i}}{V_\mathrm{f}} .
\end{aligned}
\tag{1.30}
$$

Beachten Sie, dass die verrichtete Arbeit positiv ist, falls $V_\mathrm{i} > V_\mathrm{f}$, also wenn das Gas *komprimiert* wird. Wenn das Gas isotherm *expandiert*, gilt dieselbe Gleichung, aber mit $V_\mathrm{i} < V_\mathrm{f}$, die am Gas verrichtete Arbeit ist also negativ.

Da das Gas isotherm komprimiert wird, muss Wärme nach außen in die Umwelt abfließen. Um die Menge zu berechnen, können wir den ersten Hauptsatz der Thermodynamik

10 Taucherflaschen hält man normalerweise bei der Befüllung unter Wasser, damit die komprimierte Luft in den Flaschen nicht zu heiß wird.

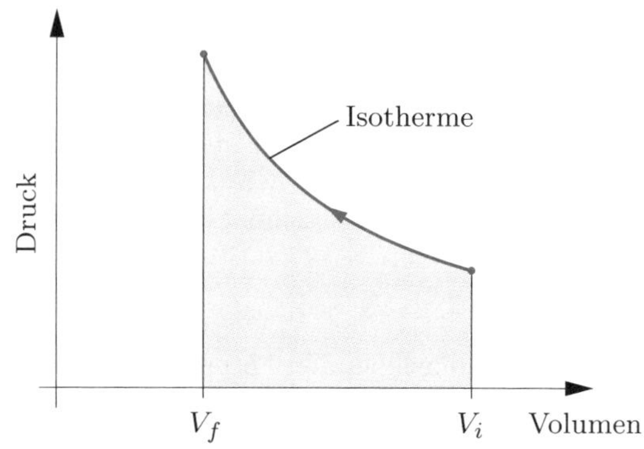

Abbildung 1.11: Bei einer isothermen Kompression eines idealen Gases ist der *PV*-Graph eine konvexe Hyperbel, die man eine **Isotherme** nennt. Wie immer ist die verrichtete Arbeit die negative Fläche unter der Kurve.

verwenden sowie die Tatsache, dass bei einem idealen Gas U proportional zu T ist:

$$Q = \Delta U - W = \Delta(\tfrac{1}{2}NfkT) - W = 0 - W = NkT \ln \frac{V_\mathrm{f}}{V_\mathrm{i}} . \tag{1.31}$$

Somit sind die Wärmezufuhr und die verrichtete Arbeit gerade entgegengesetzt gleich. Bei einer Kompression ist Q negativ, weil Wärme das Gas *verlässt*; bei einer isothermen Expansion muss dem Gas Wärme zugeführt werden. Somit ist Q positiv.

Betrachten wir nun die adiabatische Kompression, die so rasch ist, dass *keine* Wärme aus dem Gas heraus oder in das Gas hineinfließt. Ich nehme aber weiterhin an, dass die Kompression quasistatisch ist. In der Praxis ist das in der Regel keine schlechte Näherung.

Wenn Sie Arbeit an einem Gas verrichten, aber keine Wärme entweichen lassen, wird die innere Energie des Gases zunehmen:

$$\Delta U = Q + W = W . \tag{1.32}$$

Wenn es sich um ein *ideales* Gas handelt, so ist U proportional zu T und die Temperatur nimmt ebenfalls zu.

Die Kurve, die diesen Prozess in einem *PV*-Diagramm beschreibt, muss eine Niedertemperaturisotherme mit einer Hochtemperaturisotherme verbinden und daher steiler als die beiden Isothermen sein (siehe Abbildung 1.12).

Um eine Gleichung zu finden, die die exakte Gestalt dieser Kurve beschreibt, verwenden wir zunächst den Gleichverteilungssatz, um

$$U = \frac{f}{2} NkT \tag{1.33}$$

zu schreiben, wobei f die Anzahl der Freiheitsgrade pro Molekül ist – 3 für ein monoatomares Gas, 5 für ein diatomares Gas nahe der Raumtemperatur und so weiter. Dann ist die Energieänderung entlang eines infinitesimalen Segments der Kurve gleich

$$\mathrm{d}U = \frac{f}{2} Nk \,\mathrm{d}T . \tag{1.34}$$

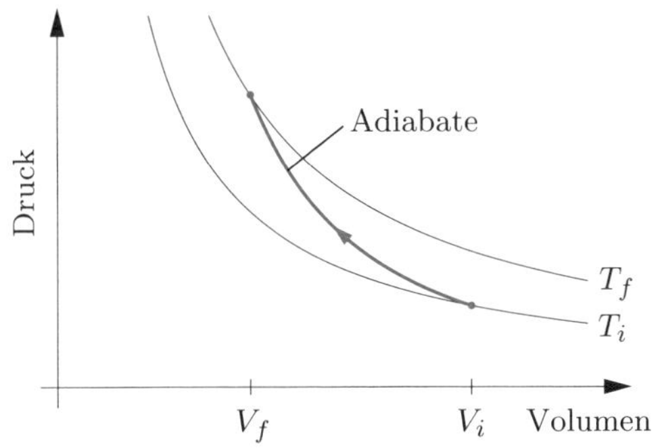

Abbildung 1.12: Die *PV*-Kurve für adiabatische Kompression (sie wird als **Adiabate** bezeichnet) startet auf einer Isotherme niedrigerer Temperatur und endet auf einer Isotherme höherer Temperatur.

Zugleich beträgt die während der quasistatischen Kompression verrichtete Arbeit $-P\,\mathrm{d}V$, sodass Gleichung 1.32, wenn wir sie auf einen infinitesimalen Teil des Prozesses anwenden, zu

$$\frac{f}{2}Nk\,\mathrm{d}T = -P\,\mathrm{d}V \tag{1.35}$$

wird. Diese Differentialgleichung verbindet die Änderungen von Temperatur und Volumen während des Kompressionsprozesses. Um die Gleichung zu lösen, müssen wir aber den Druck P durch die Variablen T und V ausdrücken. Die benötigte Beziehung ist gerade das ideale Gasgesetz; setzen wir NkT/V statt P ein und kürzen wir Faktoren Nk, so erhalten wir

$$\frac{f}{2}\frac{\mathrm{d}T}{T} = -\frac{\mathrm{d}V}{V}\,. \tag{1.36}$$

Wir können nun beide Seiten von den Anfangswerten (V_i und T_i) bis zu den Endwerten (V_f und T_f) integrieren:

$$\frac{f}{2}\ln\frac{T_\mathrm{f}}{T_\mathrm{i}} = -\ln\frac{V_\mathrm{f}}{V_\mathrm{i}}\,. \tag{1.37}$$

Um diese Gleichung zu vereinfachen, exponenzieren wir beide Seiten und sammeln die *i*'s und *f*'s. Nach einigen Zeilen Algebra werden Sie

$$V_\mathrm{f}\,T_\mathrm{f}^{f/2} = V_\mathrm{i}\,T_\mathrm{i}^{f/2} \tag{1.38}$$

erhalten. Etwas kompakter:

$$VT^{f/2} = \text{konstant}\,. \tag{1.39}$$

Für einen beliebigen Startpunkt und ein beliebiges Endvolumen können Sie nun die Endtemperatur berechnen. Um den Enddruck zu erhalten, können Sie das ideale Gasgesetz verwenden, um T auf beiden Seiten der Gleichung 1.38 zu eliminieren. Das Ergebnis kann man als

$$V^\gamma P = \text{konstant} \tag{1.40}$$

schreiben, wobei der **Adiabatenexponent** γ, eine Abkürzung für $(f+2)/f$ ist.

Aufgabe 1.35 Leiten Sie Gleichung 1.40 aus Gleichung 1.39 her.

Aufgabe 1.36 Während ein Fahrradschlauch aufgepumpt wird, wird ein Liter Luft bei Normaldruck adiabatisch auf einen Druck von 7 atm komprimiert. (Luft ist weitestgehend diatomarer Stickstoff und Sauerstoff.)

(a) Wie groß ist das Endvolumen dieser Luft nach der Kompression?

(b) Wie viel Arbeit wird bei der Kompression der Luft verrichtet?

(c) Wenn die Temperatur der Luft anfangs 300 K war, wie hoch ist die Temperatur nach der Kompression?

Aufgabe 1.37 In einem Dieselmotor wird Umgebungsluft rasch auf etwa 1/20 ihres Ausgangsvolumens komprimiert. Schätzen Sie die Temperatur nach der Kompression ab und erklären Sie, warum ein Dieselmotor keine Zündkerzen braucht.

Aufgabe 1.38 Zwei identische Gasblasen bilden sich am Grunde eines Sees und steigen dann zur Oberfläche auf. Weil der Druck an der Oberfläche viel geringer ist als am Grund, dehnen sich beide Blasen beim Aufstieg aus. Allerdings steigt Blase A sehr rasch auf, sodass zwischen ihr und dem Wasser keine Wärme ausgetauscht wird. Gleichzeitig steigt Blase B langsam auf (gebremst durch ein Büschel Seetang), sodass sie stets im thermischen Gleichgewicht mit dem Wasser bleibt (das überall die gleiche Temperatur hat). Welche der beiden Blasen ist größer, wenn sie die Oberfläche erreicht haben? Erklären Sie Ihre Argumente genau.

Aufgabe 1.39 Wendet man die Newton'schen Gesetze auf die Schwingungen eines kontinuierlichen Mediums an, so kann man zeigen, dass die Geschwindigkeit einer Schallwelle durch

$$c_s = \sqrt{\frac{B}{\rho}}$$

gegeben ist. Dabei ist ρ die Dichte des Mediums (Masse pro Einheitsvolumen) und B ist der **Kompressionsmodul**, ein Maß der Festigkeit des Mediums. Stellen wir uns vor, dass wir auf ein Stück des Materials einen um ΔP erhöhten Druck ausüben und dass diese Zunahme zu einer (negativen) Volumenänderung ΔV führt, dann ist B als die Druckänderung geteilt durch den Betrag der relativen Volumenänderung definiert:

$$B \equiv \frac{\Delta P}{-\Delta V/V} .$$

Diese Definition ist aber *immer noch* mehrdeutig, weil ich nicht gesagt habe, ob die Kompression isotherm oder adiabatisch (oder sonst irgendwie) stattfindet.

(a) Berechnen Sie den Kompressionsmodul eines idealen Gases, ausgedrückt durch seinen Druck P, sowohl für isotherme als auch adiabatische Kompressionen.

(b) Begründen Sie, warum wir für eine Berechnung der Schallgeschwindigkeit das *adiabatische* B verwenden sollten.

(c) Leiten Sie einen Ausdruck für die Schallgeschwindigkeit in einem idealen Gas her, ausgedrückt durch seine Temperatur und mittlere Molekularmasse. Vergleichen Sie Ihr Ergebnis mit dem Ausdruck für die rms-Geschwindigkeit der Gasmoleküle. Werten Sie die Schallgeschwindigkeit für Luft bei Raumtemperatur numerisch aus.

(d) Als die schottische Battlefield Band in Utah spielte, bemerkte ein Musiker, dass die große Höhe die Dudelsäcke verstimmen würde. Denken Sie, dass die Höhe die Schallgeschwindigkeit beeinflusst (und damit die Frequenzen der stehenden Wellen in den Dudelsäcken)? Wenn ja, in welcher Weise? Wenn nein, warum nicht?

Aufgabe 1.40 In Aufgabe 1.16 haben Sie den Druck der Erdatmosphäre als Funktion der Höhe unter der Annahme konstanter Temperatur berechnet. Normalerweise nimmt aber die Temperatur der untersten 10–15 km der Atmosphäre (die **Troposphäre**) aufgrund der Aufheizung durch den Boden (der vom Sonnenlicht erwärmt wird) mit zunehmender Höhe ab. Überschreitet der Temperaturgradient $|dT/dz|$ einen bestimmten kritischen Wert, kommt es zu Konvektion: Warme Luft niedriger Dichte steigt auf, während kalte Luft hoher Dichte absinkt. Die Abnahme des Drucks mit der Höhe führt dazu, dass sich eine aufsteigende Luftmasse adiabatisch ausdehnt und dabei abkühlt. Die Bedingung für Konvektion ist, dass die aufsteigende Luftmasse trotz dieser adiabatischen Abkühlung wärmer als die sie umgebende Luft bleiben muss.

(a) Zeigen Sie, dass Temperatur und Druck eines adiabatisch expandierenden idealen Gases durch die Differentialgleichung

$$\frac{dT}{dP} = \frac{2}{f+2}\frac{T}{P}$$

verknüpft sind.

(b) Nehmen Sie an, dass dT/dz gerade bei dem kritischen Wert für das Einsetzen der Konvektion liegt, sodass die vertikalen Kräfte auf eine konvektive Luftmasse immer gerade im Gleichgewicht sind. Verwenden Sie das Ergebnis aus Aufgabe 1.16(b), um in diesem Fall eine Formel für dT/dz zu finden. Das Ergebnis sollte eine Konstante sein, die nicht von Temperatur und Druck abhängt, und etwa −10 °C/km beträgt. Diese fundamentale meteorologische Größe heißt **trockenadiabatischer Temperaturgradient**.

1.6 Wärmekapazitäten

Die **Wärmekapazität** eines Objekts ist die Wärme, die pro Grad Temperaturerhöhung benötigt wird:

$$C \equiv \frac{Q}{\Delta T}. \tag{1.41}$$

(Das Symbol für die Wärmekapazität ist ein großes C.) Natürlich wird die Wärmekapazität einer Substanz umso größer sein, je mehr Sie davon haben. Eine fundamentalere Größe ist die **spezifische Wärme**, die als die Wärmekapazität pro Einheitsmasse definiert ist:

$$c \equiv \frac{C}{m}. \tag{1.42}$$

(Das Symbol für die spezifische Wärme ist ein kleines c.)

Das Wichtigste, was Sie über die Definition (1.41) der Wärmekapazität wissen müssen, ist, dass sie *mehrdeutig* ist. Die Wärmemenge, die benötigt wird, um die Temperatur eines Objekts um ein Grad zu erhöhen, *hängt von den Umständen ab*. Insbesondere hängt sie davon ab, ob sie zugleich auch *Arbeit* am Objekt verrichten (und wenn ja, wie viel). Um das zu sehen, setzen Sie einfach den ersten Hauptsatz der Thermodynamik in Gleichung 1.41 ein:

$$C = \frac{Q}{\Delta T} = \frac{\Delta U - W}{\Delta T}. \tag{1.43}$$

Selbst wenn die Energie eines Objekts eine wohldefinierte Funktion allein seiner Temperatur ist (was manchmal, aber nicht immer der Fall ist), kann die Arbeit W, die am Objekt verrichtet wird, irgendwas sein, und somit kann auch C irgendwas sein.

In der Praxis gibt es zwei Arten von Umständen (und Arten von W), die am wahrscheinlichsten vorkommen. Die offensichtlichste Wahl ist vermutlich $W = 0$, wenn also *keine* Arbeit am System verrichtet wird. Das bedeutet normalerweise, dass sich das Volumen des Systems nicht ändert, denn würde es das tun, gäbe es Kompressionsarbeit $-P\Delta V$. Somit wird die Wärmekapazität in dem speziellen Fall von $W = 0$ und konstantem V als die **Wärmekapazität bei konstantem Volumen** bezeichnet und C_V geschrieben. Aus Gleichung 1.43 folgt

$$C_V = \left(\frac{\Delta U}{\Delta T}\right)_V = \left(\frac{\partial U}{\partial T}\right)_V . \tag{1.44}$$

(Der Index V zeigt an, dass die Änderungen bei festgehaltenem Volumen stattfinden sollen. Das Symbol ∂ steht für eine *partielle* Ableitung, in diesem Fall angewandt auf U als Funktion von T und V, wobei sich nur T, aber nicht V ändert, wenn die Ableitung genommen wird.)

Ein besserer Name für diese Größe wäre „Energiekapazität“, weil es sich um die *Energie* handelt, die pro Grad benötigt wird, um die Temperatur des Objekts zu erhöhen, egal, ob diese Energie in der Form von Wärme ins System gelangt. Für ein Gramm Wasser beträgt C_V 1 cal/°C oder etwa 4,2 J/ °C.

Im Alltagsleben dehnen sich Objekte allerdings oft aus, wenn sie erwärmt werden. In diesem Fall verrichten sie Arbeit an ihrer Umwelt; somit ist W negativ und C *größer* als C_V: Sie müssen zusätzliche Wärme zuführen, um die als Arbeit verlorene Energie zu kompensieren. Falls der *Druck*, der Ihr Objekt umgibt, konstant sein sollte, dann ist die insgesamt benötigte Wärme eindeutig, und wir sprechen von der pro Grad benötigten Wärme als C_P, der **Wärmekapazität bei konstantem Druck**. Setzen wir die Formel für Expansionsarbeit in die Gleichung 1.43 ein, so erhalten wir

$$C_P = \left(\frac{\Delta U - (-P\Delta V)}{\Delta T}\right)_P = \left(\frac{\partial U}{\partial T}\right)_P + P\left(\frac{\partial V}{\partial T}\right)_P . \tag{1.45}$$

Der letzte Term rechts ist die zusätzliche Wärme, die man benötigt, um die als Arbeit verlorene Energie zu kompensieren. Beachten Sie, dass dieser Term um so größer ist, je mehr das Volumen zunimmt. Bei Festkörpern und Flüssigkeiten ist $\partial V/\partial T$ normalerweise klein und kann oft vernachlässigt werden. Bei Gasen ist der zweite Term aber recht wichtig. (Der erste Term $(\partial U/\partial T)_P$ entspricht nicht ganz C_V, denn in der partiellen Ableitung wird P und nicht V festgehalten.)

Die Gleichungen 1.41 bis 1.45 sind im Wesentlichen Definitionen, sie treffen daher auf beliebige Objekte zu. Um die Wärmekapazität eines *bestimmten* Objekts zu bestimmen, haben Sie im Allgemeinen drei Optionen: Sie messen sie (siehe Aufgabe 1.41); Sie schauen in einem Tafelwerk nach; oder Sie versuchen, sie theoretisch vorherzusagen. Der letzte Weg macht am meisten Spaß, wie wir immer wieder in diesem Buch sehen werden. Bei einigen Objekten wissen wir schon genug, um die Wärmekapazität vorhersagen zu können.

Nehmen Sie an, dass unser System thermische Energie nur in quadratischen „Freiheitsgraden“ speichert, wie es in Abschnitt 1.3 beschrieben wurde. Dann besagt der Gleichverteilungssatz $U = \frac{1}{2}NfkT$ (wobei wir jede „statische“ Energie, die nicht von der Temperatur abhängt, vernachlässigen). Somit gilt

$$C_V = \frac{\partial U}{\partial T} = \frac{\partial}{\partial T}\left(\frac{NfkT}{2}\right) = \frac{Nfk}{2} , \tag{1.46}$$

unter der Annahme, dass f nicht von der Temperatur abhängt. (Beachten Sie, dass es in diesem Fall nicht darauf ankommt, ob Sie in der Ableitung $\partial U/\partial T$ V oder P festhalten.)

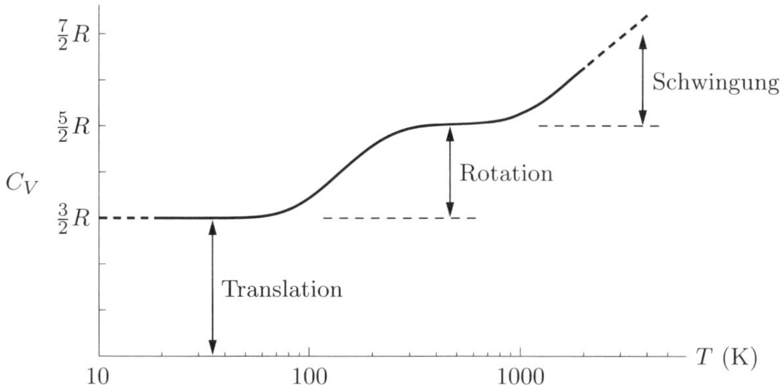

Abbildung 1.13: Die Wärmekapazität eines Mols Wasserstoffgas (H_2) bei konstantem Volumen. Beachten Sie, dass die Temperaturskala logarithmisch ist. Unterhalb von 100 K sind nur die drei Translationsfreiheitsgrade aktiv. Um die Raumtemperatur herum sind auch die zwei Rotationsfreiheitsgrade aktiv. Die Schwingungsfreiheitgrade werden oberhalb von 1000 K auch aktiv. Bei Normaldruck verflüssigt sich Wasserstoff bei 20 K und dissoziiert bei etwa 2000 K. Die Daten stammen aus Woolley et al. (1948).

Dieses Ergebnis gibt uns eine direkte Methode, die Anzahl der Freiheitsgrade in einem Objekt zu messen oder, falls wir diese Zahl kennen, den Gleichverteilungssatz zu testen. Für ein monoatomares Gas wie Helium gilt $f = 3$, und wir erwarten $C_V = \frac{3}{2}Nk = \frac{3}{2}nR$; das heißt, die Wärmekapazität *pro Mol* sollte $\frac{3}{2}R = 12{,}5\,\mathrm{J/K}$ betragen. Für diatomare und polyatomare Moleküle sollte die Wärmekapazität proportional zur Zahl der Freiheitsgrade pro Molekül größer sein. Abbildung 1.13 zeigt für ein Mol Wasserstoffgas (H_2) eine Kurve von C_V als Funktion der Temperatur. Sie zeigt, wie die Schwingungs- und Rotationsfreiheitsgrade bei niedrigen Temperaturen ausfrieren. Bei einem Festkörper gibt es sechs Freiheitsgrade pro Atom. Somit sollte die Wärmekapazität pro Mol $\frac{6}{2}R = 3R$ betragen; dieses allgemeine Resultat wird die **Dulong-Petit-Regel** genannt. In diesem Falle frieren jedoch bei niedriger Temperatur *alle* Freiheitsgrade aus, und die Wärmekapazität nähert sich für $T \to 0$ der Null an. Was als „niedrige" Temperatur zu bezeichnen ist, hängt vom Material ab, wie in Abbildung 1.14 dargestellt.

Wie steht es mit den Wärmekapazitäten von Gasen bei konstantem Druck? Bei einem *idealen* Gas ist die Ableitung $\partial U/\partial T$ für festes P dieselbe wie für festes V, und wir können den zweiten Term in Gleichung 1.45 mit dem idealen Gasgesetz berechnen. Bei konstantem Druck gilt

$$\left(\frac{\partial V}{\partial T}\right)_P = \frac{\partial}{\partial T}\left(\frac{NkT}{P}\right) = \frac{Nk}{P} \qquad \text{(ideales Gas)}\,. \tag{1.47}$$

Somit

$$C_P = C_V + Nk = C_V + nR \qquad \text{(ideales Gas)}\,. \tag{1.48}$$

Mit anderen Worten übersteigt die Wärmekapazität pro Mol eines idealen Gases bei konstantem Druck die Wärmekapazität bei konstantem Volumen um R, die Gaskonstante. Merkwürdigerweise hängt der zusätzliche Term in der Wärmekapazität nicht davon ab, welchen Wert der Druck hat, solange er nur konstant ist. Offensichtlich expandiert das Gas weniger, wenn der Druck hoch ist, und zwar genau so, dass die an der Umwelt verrichtete Arbeit von P unabhängig ist.

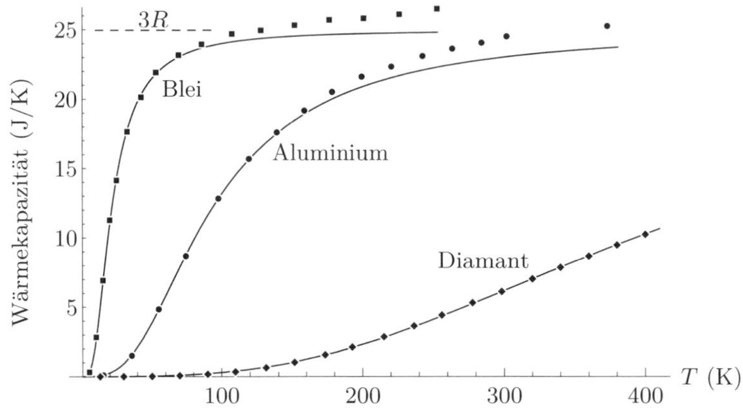

Abbildung 1.14: Gemessene Wärmekapazitäten (Datenpunkte) bei konstantem Druck für ein Mol von drei verschiedenen elementaren Festkörpern. Die durchgezogenen Linien zeigen die von dem in Abschnitt 7.5 verwendeten Modell vorhergesagten Wärmekapazitäten bei konstantem *Volumen*. Dabei wurde die horizontale Skala so gewählt, dass die Daten für jede Substanz am besten passen. Bei hinreichend hohen Temperaturen nähert sich C_V für jedes Material dem Wert $3R$, den der Gleichverteilungssatz vorhersagt. Die Unterschiede zwischen den Datenpunkten und den durchgezogenen Linien bei hohem T beruhen hauptsächlich auf den Unterschieden zwischen C_P und C_V. Bei $T = 0$ sind alle Freiheitsgrade ausgefroren, und sowohl C_P als auch C_V gehen nach null. Daten aus: Y. S. Touloukian, Hrsg., *Thermophysical Properties of Matter* (Plenum, New York, 1970).

Aufgabe 1.41 Um die Wärmekapazität eines Objekts zu messen, müssen wir sie in der Regel nur in thermischen Kontakt mit einem anderen Objekt bringen, dessen Wärmekapazität wir kennen. Nehmen wir beispielsweise an, dass ein Stück Metall in kochendes Wasser (100 °C) getaucht wird und dann schnell in einen Styroporbecher gebracht wird, der 250 g Wasser bei 20 °C enthält. Nach einer Minute oder so beträgt die Temperatur des Becherinhalts 24 °C. Nehmen Sie an, dass es während dieser Zeit keinen signifikanten Energieübertrag zwischen dem Becherinhalt und der Umwelt gegeben hat. Die Wärmekapazität des Bechers selbst soll vernachlässigbar sein.

(a) Wie viel Wärme fließt in das Wasser?

(b) Wie viel Wärme wird von dem Metall abgegeben?

(c) Wie groß ist die Wärmekapazität des Metallstücks?

(d) Wenn die Masse des Metallstücks 100 g beträgt, was ist dann seine spezifische Wärme?

Aufgabe 1.42 Die spezifische Wärme von Spaghetti beträgt in etwa 1,8 J/g·°C. Stellen Sie sich vor, dass Sie davon 340 g (bei 25 °C) in 1,5 Liter kochendes Wasser werfen. Was für eine Auswirkung hat das auf die Temperatur des Wassers (bevor der Herd wieder mehr Wärme nachliefert)?

Aufgabe 1.43 Berechnen Sie die Wärmekapazität von flüssigem Wasser *pro Molekül*, ausgedrückt durch kT. Nehmen Sie (unrichtigerweise) an, dass die gesamte thermische Energie von Wasser in quadratischen Freiheitsgraden gespeichert sei. Wie viele Freiheitsgrade hätte dann jedes Molekül zu haben?

Aufgabe 1.44 Am Ende dieses Buches befindet sich eine Tabelle mit thermodynamischen Daten für ausgewählte Substanzen bei Raumtemperatur. Schauen Sie sich die C_P-

Werte in dieser Tabelle an und überprüfen Sie, dass Sie die meisten davon (ungefähr) durch den Gleichverteilungssatz erklären können. Welche Werte erscheinen anormal?

Aufgabe 1.45 Um zu illustrieren, warum es darauf ankommt, welche Variable Sie festhalten, wenn Sie partielle Ableitungen bilden, betrachten Sie folgendes mathematische Beispiel. Sei $w = xy$ und $x = yz$.

(a) Drücken Sie w allein durch x und z aus und dann allein durch y und z.

(b) Berechnen Sie die partiellen Ableitungen

$$\left(\frac{\partial w}{\partial x}\right)_y \quad \text{und} \quad \left(\frac{\partial w}{\partial x}\right)_z$$

und zeigen Sie, dass sie nicht gleich sind. (*Hinweis:* Um $(\partial w/\partial x)_y$ zu berechnen, verwenden Sie eine Formel für w ausgedrückt durch x und y, nicht z. In ähnlicher Weise berechnen Sie $(\partial w/\partial x)_z$ aus einer Formel für w, die nur x und z enthält.)

(c) Berechnen Sie die anderen vier partiellen Ableitungen von w (jeweils zwei in Bezug auf y und z) und zeigen Sie, dass es darauf ankommt, welche Variable festgehalten wird.

Aufgabe 1.46 Gemessene Wärmekapazitäten von Festkörpern und Flüssigkeiten sind fast immer bei konstantem Druck, nicht konstantem Volumen. Um zu sehen warum, schätzen Sie wie folgt den Druck, der benötigt wird, um V bei steigendem T festzuhalten.

(a) Stellen Sie sich zunächst vor, dass Sie die Temperatur eines Materials bei konstantem Druck ein wenig erhöhen. Drücken Sie die Volumenänderung $\mathrm{d}V_1$ durch $\mathrm{d}T$ und den Wärmeausdehnungskoeffizienten β aus Aufgabe 1.7 aus.

(b) Stellen Sie sich nun vor, dass Sie das Material ein wenig komprimieren und dabei seine Temperatur festhalten. Drücken Sie die Volumenänderung $\mathrm{d}V_2$ für *diesen* Prozess durch $\mathrm{d}P$ und die **isotherme Kompressibilität** κ_T aus. Diese ist durch

$$\kappa_T \equiv -\frac{1}{V}\left(\frac{\partial V}{\partial P}\right)_T$$

definiert. (Das ist das Reziproke des isothermen Kompressionsmoduls, der in Aufgabe 1.39 definiert wurde.)

(c) Stellen Sie sich schließlich vor, dass Sie das Material in Teilaufgabe (b) gerade genug komprimieren, um die Ausdehnung in Teilaufgabe (a) zu kompensieren. Dann ist das Verhältnis von $\mathrm{d}P$ zu $\mathrm{d}T$ gleich $(\partial P/\partial T)_V$, weil es keine Nettovolumenänderung gibt. Drücken Sie diese partielle Ableitung durch β und κ_T aus. Drücken Sie sie dann abstrakter durch die partiellen Ableitungen aus, die verwendet wurden, um β und κ_T zu definieren. Als zweiten Ausdruck sollten Sie

$$\left(\frac{\partial P}{\partial T}\right)_V = -\frac{(\partial V/\partial T)_P}{(\partial V/\partial P)_T}$$

erhalten. Dieses Resultat ist übrigens eine rein mathematische Beziehung, die für beliebige drei Größen gilt, die so miteinander verknüpft sind, dass zwei beliebige davon die dritte bestimmen.

(d) Berechnen Sie β, κ_T und $(\partial P/\partial T)_V$ für ein ideales Gas und überprüfen Sie, dass die drei Ausdrücke der Identität genügen, die Sie in Teil (c) gefunden haben.

(e) Für Wasser bei 25 °C ist $\beta = 2{,}57 \cdot 10^{-4}\,\mathrm{K}^{-1}$ und $\kappa_T = 4{,}52 \cdot 10^{-10}\,\mathrm{Pa}^{-1}$. Angenommen, Sie erhöhen die Temperatur von etwas Wasser von 20 °C auf 30 °C. Wie viel Druck müssen Sie anwenden, um es an der Ausdehnung zu hindern? Wiederholen Sie die Rechnung für Quecksilber, bei dem (bei 25 °C) $\beta = 1{,}81 \cdot 10^{-4}\,\mathrm{K}^{-1}$ und $\kappa_T = 4{,}04 \cdot 10^{-11}\,\mathrm{Pa}^{-1}$ gilt. Würden Sie, vor die Wahl gestellt, die Wärmekapazitäten dieser Substanzen eher bei konstantem V oder konstantem P messen?

Latente Wärme

In manchen Situationen können Sie Wärme in ein System stecken, ohne seine Temperatur *irgendwie* zu ändern. Das passiert normalerweise bei einer **Phasenumwandlung**, wie dem Schmelzen von Eis oder dem Kochen von Wasser. Rein mathematisch ist die Wärmekapazität dann *unendlich*:

$$C = \frac{Q}{\Delta T} = \frac{Q}{0} = \infty \qquad \text{(während einer Phasenumwandlung)} . \tag{1.49}$$

Sie möchten aber trotzdem gerne wissen, wie viel Wärme benötigt wird, um die Substanz vollständig zu schmelzen oder zum Kochen zu bringen. Dieser Betrag, geteilt durch die Masse des Stoffs, wird als die **latente Wärme** der Umwandlung bezeichnet und als L geschrieben:

$$L \equiv \frac{Q}{m} \qquad \text{um die Umwandlung zu vollziehen} . \tag{1.50}$$

Wie die Definition der Wärmekapazität ist auch diese Definition mehrdeutig, weil während des Prozesses auch noch beliebig Arbeit verrichtet werden könnte. Nach allgemeiner Übereinkunft nehmen wir allerdings an, dass der Druck konstant ist (normalerweise 1 atm) und dass keine andere Arbeit neben der üblichen Kompressionsarbeit verrichtet wird. Die latente Wärme von schmelzendem Eis beträgt 333 J/g oder 80 cal/g. Die latente Wärme von siedendem Wasser ist 2260 J/g oder 540 cal/g. (Um ein Gefühl für diese Zahlen zu bekommen, erinnern wir uns daran, dass wir 100 cal/g benötigen, um die Temperatur von Wasser von 0 °C auf 100 °C zu erhöhen.)

Aufgabe 1.47 Ihre 200-g-Tasse Tee ist kochend heiß. Wie viel Eis sollten Sie ungefähr dazu tun, um den Tee auf eine angenehme Trinktemperatur von 65 °C zu bringen? (Nehmen Sie an, dass das Eis ursprünglich bei einer Temperatur von –15 °C ist. Die spezifische Wärme von Eis beträgt 0,5 cal/g · °C.)

Aufgabe 1.48 Wenn der Frühling endlich in die Berge kommt, kann die Schneedecke bis zu zwei Meter dick sein und sich aus 50 % Eis und 50 % Luft zusammensetzen. Direkte Sonneneinstrahlung bringt etwa $1000\,\mathrm{W/m^2}$ auf die Erdoberfläche, aber der Schnee reflektiert womöglich 90 % dieser Energie. Schätzen Sie ab, wie lange die Schneedecke bleibt, wenn direkte Sonneneinstrahlung die einzige Energiequelle ist.

Enthalpie

Prozesse bei konstantem Druck passieren recht oft, sowohl in der Natur als auch im Labor. Die Berücksichtigung der Kompressionsarbeit in diesen Prozessen ist auf die Dauer recht lästig, aber es gibt einen hilfreichen Trick, der es einfacher macht. Wir können uns darauf einigen, dass wir, anstatt immer vom *Energie*gehalt eines Systems zu sprechen, die Arbeit hinzuaddieren, die nötig ist, um (bei konstantem Druck, normalerweise 1 atm) Platz für das System zu schaffen. Diese Arbeit ist PV, der Druck der Umwelt mal dem Gesamtvolumen des Systems (also der gesamte Raum, den Sie freischaufeln müssten, um Platz für das System zu schaffen). Die Addition von PV zur Energie ergibt eine Größe namens **Enthalpie**, die mit H bezeichnet wird:

$$H \equiv U + PV\,. \tag{1.51}$$

Das ist die *Gesamt*energie, die Sie aufwenden müssten, um das System aus dem Nichts zu erschaffen und in diese Umwelt zu setzen (siehe Abbildung 1.15). Anders gesagt: Könnten Sie das System irgendwie vernichten, dann könnten Sie nicht nur die Energie U herausziehen, sondern auch die Arbeit PV, die von der Atmosphäre verrichtet wird, wenn sie in das zurückgelassene Vakuum strömt.

Abbildung 1.15: Um ein Kaninchen aus dem Nichts zu erzeugen und es auf den Tisch zu setzen, muss der Zauberer nicht nur die Energie U des Kaninchens aufwenden, sondern auch zusätzliche Energie PV, um die Atmosphäre zur Seite zu schieben, um Platz zu machen. Die *gesamte* benötigte Energie ist die **Enthalpie** $H = U + PV$.

Um den Nutzen der Enthalpie zu sehen, stellen Sie sich vor, dass im System irgendeine Änderung stattfindet – Sie führen Wärme zu, Chemikalien reagieren, was auch immer –, während der Druck immer konstant ist. Die Energie, das Volumen und die Enthalpie können sich alle ändern, und zwar um Beträge, die ich mit ΔV, ΔU und ΔH bezeichne. Die neue Enthalpie lautet

$$\begin{aligned} H + \Delta H &= (U + \Delta U) + P(V + \Delta V) \\ &= (U + PV) + (\Delta U + P\,\Delta V) \\ &= H + (\Delta U + P\,\Delta V)\,, \end{aligned} \tag{1.52}$$

somit ist die Änderung der Enthalpie während eines Prozesses bei konstantem Druck

$$\Delta H = \Delta U + P\,\Delta V \qquad \text{(konstantes } P)\,. \tag{1.53}$$

Das besagt, dass sich die Enthalpie aus zwei Gründen erhöhen kann: entweder weil die Energie zunimmt oder weil das System expandiert und dabei Arbeit an der Atmosphäre verrichtet wird, um Platz zu schaffen.

Erinnern Sie sich nun an den ersten Hauptsatz der Thermodynamik: Die Änderung der Energie ist gleich der dem System zugeführten Wärme zuzüglich der an ihm verrichteten Kompressionsarbeit und jeder anderen Arbeit (z. B. elektrischer Arbeit), die an ihm verrichtet wird:

$$\Delta U = Q + (-P\,\Delta V) + W_{\text{andere}}\,. \tag{1.54}$$

Kombinieren wir dieses Gesetz mit Gleichung 1.53, so erhalten wir

$$\Delta H = Q + W_{\text{andere}} \qquad (\text{konstantes } P)\,, \tag{1.55}$$

d. h., die Änderung der Enthalpie wird *nur* durch die Wärme und andere Formen der Arbeit bewirkt, *nicht* durch Kompressionsarbeit (während eines Prozesses bei konstantem Druck). Mit anderen Worten, Sie können alles über die Kompressionsarbeit vergessen, wenn Sie mit der Enthalpie statt der Energie arbeiten. Wenn keine „anderen" Formen von Arbeit verrichtet werden, sagt Ihnen die Änderung der Enthalpie *direkt*, wie viel Wärme dem System zugeführt wurde.

Im einfachen Fall der Erwärmung eines Objekts ist die Änderung der Enthalpie pro Grad bei konstantem Druck gerade die Wärmekapazität bei konstantem Druck C_P:

$$C_P = \left(\frac{\partial H}{\partial T}\right)_P\,. \tag{1.56}$$

Dieser Ausdruck ist wirklich die beste Weise, um C_P zu definieren, auch wenn Sie leicht sehen können, dass er äquivalent zu Gleichung 1.45 ist. Genau wie man C_V eigentlich „Energiekapazität" nennen sollte, sollte C_P in Wirklichkeit „Enthalpiekapazität" heißen. Genau wie bei C_V muss gar keine Wärme involviert sein, denn die Enthalpie könnte genauso gut in Form von „anderer" Arbeit hineinkommen, wie in einer Mikrowelle.

Chemiebücher sind voll von Tabellen mit Werten von ΔH für dramatischere Prozesse: Phasenumwandlungen, chemische Reaktionen, Ionisierungen, Auflösung in Lösungsmitteln und so weiter. Standardtabellen besagen, dass die Änderung der Enthalpie 40.660 J beträgt, wenn Sie ein Mol Wasser bei einem Druck von 1 atm verdampfen. Da ein Mol Wasser ungefähr 18 g Masse hat (16 für den Sauerstoff und 2 für den Wasserstoff), bedeutet das, dass die Änderung der Enthalpie (40.660 J)/18 = 2260 J sein sollte, wenn Sie ein *Gramm* Wasser verdampfen. Das ist genau die Zahl, die ich vorhin als latente Wärme genannt habe. Allerdings endet nicht die ganze Energie im Wasserdampf. Das Volumen von einem Mol Wasserdampf ist laut dem idealen Gasgesetz RT/P (wohingegen das Anfangsvolumen der Flüssigkeit vernachlässigbar ist). Somit beträgt die Arbeit, die zum Beiseiteschieben der Atmosphäre benötigt wird,

$$PV = RT = (8{,}31\,\text{J/K})(373\,\text{K}) = 3100\,\text{J}\,. \tag{1.57}$$

Das sind nur 8 % der hineingesteckten 40.660 J Energie, aber manchmal ist es notwendig, solche Dinge im Auge zu behalten.

Als ein anderes Beispiel betrachten wir die chemische Reaktion, in der sich gasförmiger Wasserstoff und Sauerstoff zu flüssigem Wasser verbinden:

$$\mathrm{H_2} + \tfrac{1}{2}\,\mathrm{O_2} \;\longrightarrow\; \mathrm{H_2O}\,. \tag{1.58}$$

Pro resultierendem Mol Wasser beträgt ΔH bei dieser Reaktion −286 kJ; in Tabellen wird diese Größe als die **Bildungsenthalpie** von Wasser bezeichnet, weil das Wasser aus den elementaren Bestandteilen in ihrer stabilsten Form „gebildet" wird. (Der Zahlenwert nimmt an, dass beide Reaktanden und das Produkt bei Raumtemperatur und Normaldruck sind. Diese und ähnliche Zahlen sind im Datenabschnitt am Ende des Buchs aufgelistet.) Wenn Sie einfach ein Mol Wasserstoff verbrennen, dann ist 286 kJ die Wärmemenge, die Sie erhalten werden. Fast die gesamte Energie kommt von der thermischen und chemischen Energie der Moleküle, aber ein kleiner Beitrag kommt auch von der Arbeit, die die Atmosphäre verrichtet, wenn sie in den von den verbrauchten Gasen zurückgelassenen Raum strömt.

Sie fragen sich vielleicht, ob etwas von den 286 kJ als *Arbeit* (vielleicht elektrische Arbeit) entzogen werden kann, anstatt als Wärme. Das wäre eine gute Sache, weil Elektrizität viel nützlicher und vielseitiger ist als Wärme. Im Allgemeinen lautet die Antwort, dass viel von der Energie einer chemischen Reaktion als Arbeit entzogen werden kann, aber es gibt Grenzen, wie wir in Kapitel 5 sehen werden.

Aufgabe 1.49 Betrachten Sie die Verbrennung von einem Mol H_2 mit einem halben Mol O_2 unter Standardbedingungen, wie im Text erörtert. Wie viel von der erzeugten Wärmeenergie kommt von einer Abnahme der inneren Energie des Systems und wie viel kommt von Arbeit, die die Atmosphäre verrichtet? (Behandeln Sie das Volumen des flüssigen Wassers als vernachlässigbar.)

Aufgabe 1.50 Betrachten Sie die Verbrennung von einem Mol Methangas:

$$\mathrm{CH_4\,(gas) + 2\,O_2\,(gas) \longrightarrow CO_2\,(gas) + 2\,H_2O\,(gas)}\,.$$

Das System ist vor wie nach der Reaktion bei Standardtemperatur (298 K) und Standarddruck (10^5 Pa).

(a) Stellen Sie sich erst den Prozess vor, in dem ein Mol Methan in seine elementaren Bestandteile zerlegt wird (Graphit und Wasserstoffgas). Verwenden Sie die Daten am Ende des Buchs, um ΔH für diesen Prozess zu bestimmen.

(b) Stellen Sie sich nun die Bildung von einem Mol CO_2 und von zwei Mol Wasserdampf aus ihren elementaren Bestandteilen vor. Bestimmen Sie ΔH für diesen Prozess.

(c) Wie lautet dann ΔH für die tatsächliche Reaktion, bei der Methan und Wasserstoff direkt Kohlendioxid und Wasserdampf bilden? Erklären Sie, warum.

(d) Wie viel Wärme wird während dieser Reaktion freigesetzt, unter der Annahme, dass sonst keine „andere" Form von Arbeit verrichtet wird?

(e) Wie lautet die Änderung der System*energie* bei dieser Reaktion? Wie würde sich Ihre Antwort unterscheiden, wenn das H_2O als flüssiges Wasser anstatt als Dampf enden würde?

(f) Die Sonne hat eine Masse von $2{\cdot}10^{30}$ kg und gibt Energie mit einer Rate von $3{,}9{\cdot}10^{26}$ Watt ab. Wäre die Energiequelle der Sonne eine gewöhnliche Verbrennung eines chemischen Brennstoffs wie Methan: Wie lange würde die Sonne durchhalten?

Aufgabe 1.51 Verwenden Sie die Daten am Ende des Buchs, um ΔH für die Verbrennung von einem Mol Glukose zu bestimmen:

$$\mathrm{C_6H_{12}O_6 + 6\,O_2 \longrightarrow 6\,CO_2 + 6\,H_2O}\,.$$

Das ist die (Netto-)Reaktion, die die meiste Energie bereitstellt, die wir in unseren Körpern benötigen.

Aufgabe 1.52 Die Verbrennungsenthalpie einer Gallone (3,8 Liter) Benzin ist in etwa 31.000 kcal. Die Verbrennungsenthalpie einer Unze (28 g) Cornflakes beträgt etwa 100 kcal. Vergleichen Sie den Preis von Benzin pro Kalorie mit dem Preis von Cornflakes.

Aufgabe 1.53 Suchen Sie die Bildungsenthalpie von atomarem Wasserstoff am Ende des Buchs heraus. Das ist die Enthalpieänderung, wenn ein Mol von atomarem Wasserstoff durch die Dissoziation von einem halben Mol molekularen Wasserstoffs (dem stabileren Zustand des Elements) gebildet wird. Bestimmen Sie aus dieser Zahl die Energie, die man braucht, um ein einzelnes H_2-Molekül zu dissoziieren. Geben Sie das Ergebnis in eV an.

Aufgabe 1.54 Eine 60 kg schwere Bergsteigerin möchte die Soiernspitze bei Mittenwald besteigen. Es sind etwa 1500 Höhenmeter zu bewältigen.

(a) Wie viele Schalen Cornflakes (30 g pro Portion, 100 Kilokalorien) sollte die Bergsteigerin vor dem Anstieg essen? Wir nehmen dabei an, dass sie chemische Energie aus Essen mit 25 % Effizienz in mechanische Energie umwandelt und dass die gesamte mechanische Arbeit in den vertikalen Aufstieg geht.

(b) Während die Bergsteigerin den Berg besteigt, werden drei Viertel der Energie der Cornflakes in thermische Energie verwandelt. Um wie viel Grad würde sich ihre Körpertemperatur erhöhen, wenn es keinen Weg gäbe, diese Energie zu dissipieren?

(c) In Wirklichkeit erwärmt die Extraenergie den Körper der Bergsteigerin nicht wesentlich; stattdessen wird sie (größtenteils) verwendet, Wasser aus ihrer Haut zu verdampfen. Wie viel Liter Wasser sollte sie während des Anstiegs trinken, um die verlorene Flüssigkeit zu ersetzen? (Bei 25 °C, einer vernünftigen Temperaturannahme, beträgt die latente Verdampfungswärme von Wasser 580 cal/g, 8 % mehr als bei 100 °C.)

Aufgabe 1.55 Wärmekapazitäten sind normalerweise positiv, aber es gibt eine wichtige Klasse von Ausnahmen: Systeme von Teilchen, die von der Schwerkraft zusammengehalten werden, wie zum Beispiel Sterne und Sternhaufen.

(a) Betrachten Sie ein System von nur zwei Teilchen identischer Masse, die kreisförmig um ihren gemeinsamen Schwerpunkt herumlaufen. Zeigen Sie, dass die potentielle Energie der Gravitation gleich minus zweimal die gesamte kinetische Energie ist.

(b) Das Ergebnis aus Teil (a) stellt sich (zumindest im Mittel) für *jedes* System von Teilchen als korrekt heraus, das von einer gegenseitigen gravitativen Anziehung zusammengehalten wird:

$$\overline{U}_{\text{potentiell}} = -2\overline{U}_{\text{kinetisch}} \,.$$

Hier bezieht sich jedes $\overline{U}$ auf die gesamte Energie (dieses Typs) für das gesamte System, gemittelt über einen hinreichend langen Zeitraum. Dieses Ergebnis ist als das **Virialtheorem** bekannt. (Einen Beweis finden Sie in fast jedem Buch zur klassischen Mechanik.) Nehmen Sie nun an, dass Sie einem solchen System Energie zuführen und dann darauf warten, dass das System ins Gleichgewicht geht. Nimmt die mittlere gesamte kinetische Energie zu oder ab? Warum?

(c) Man kann einen Stern als ein Gas von Teilchen modellieren, die miteinander nur gravitativ wechselwirken. Nach dem Gleichverteilungssatz sollte die mittlere kinetische Energie der Teilchen in so einem Stern $\frac{3}{2}kT$ betragen, wobei T die mittlere Temperatur ist. Drücken Sie die Gesamtenergie des Sterns durch seine mittlere Temperatur aus und berechnen Sie die Wärmekapazität. Achten Sie auf das Vorzeichen.

(d) Verwenden Sie eine Dimensionsanalyse, um zu zeigen, dass ein Stern der Masse M und mit Radius R eine potentielle Gesamtenergie von $-GM^2/R$ mal einer Konstante von der Ordnung 1 haben sollte.

(e) Schätzen Sie die mittlere Temperatur der Sonne. Ihre Masse beträgt $2 \cdot 10^{30}$ kg bei einem Radius von $7 \cdot 10^{8}$ m. Nehmen Sie der Einfachheit halber an, dass die Sonne zur Gänze aus Protonen und Elektronen besteht.

1.7 Raten von Prozessen

Normalerweise müssen wir uns nicht darum kümmern, *wie lange* ein System braucht, um das Gleichgewicht zu erreichen, um herauszubekommen, *was* der Gleichgewichtszustand ist. Nach der Definition vieler Leute beinhaltet Thermodynamik nur das Studium der Gleichgewichtszustände selbst. Fragen nach der Zeit und den Raten von Prozessen werden dann als ein getrenntes (wenn auch verwandtes) Thema eingestuft, das manchmal **Transporttheorie** oder **Kinetik** genannt wird.

In diesem Buch werde ich nicht viel zu den Raten von Prozessen sagen, weil derartige Fragen oft recht schwierig sind und etwas andere Hilfsmittel benötigen. Aber die Transporttheorie ist hinreichend wichtig, dass ich *etwas* dazu sagen sollte, auf jeden Fall etwas zu den einfacheren Aspekten. Das ist der Zweck dieses Abschnitts.[11]

Wärmeleitung

Mit welcher Rate fließt Wärme von einem heißen zu einem kalten Objekt? Die Antwort hängt von vielen Faktoren ab, insbesondere davon, welche *Mechanismen* des Wärmetransfers unter den gegebenen Umständen möglich sind.

Falls die Objekte voneinander durch leeren Raum getrennt sind (wie zum Beispiel Erde und Sonne oder die innere und äußere Wand einer Thermosflasche), dann ist Strahlung die einzige Möglichkeit zum Wärmetransfer. Ich werde in Kapitel 7 eine Formel für die Strahlungsrate herleiten.

Kann ein Fluid (Gas oder Flüssigkeit) den Wärmetransfer vermitteln, so ist Konvektion – eine makroskopische Bewegung des Fluids – oft der dominierende Mechanismus. Konvektionsraten hängen von allen möglichen Faktoren ab, einschließlich der Wärmekapazität des Fluids und der vielen Kräfte, die darauf wirken können. Ich werde in diesem Buch nicht versuchen, irgendwelche Konvektionsraten auszurechnen.

Damit bleibt Wärmeleitung übrig: Wärmetransfer durch direkten Kontakt auf dem molekularen Niveau. Wärmeleitung ist durch einen Festkörper, eine Flüssigkeit oder ein Gas möglich. In einer Flüssigkeit oder einem Gas wird die Energie durch molekulare Kollisionen übertragen: Wenn ein schnelles Molekül ein langsames Molekül trifft, dann wird normalerweise Energie vom ersten auf das zweite übertragen. In Festkörpern wird Wärme durch Gitterschwingungen transportiert und in Metallen auch durch Leitungselektronen. Gute elektrische Leiter sind tendenziell auch gute Wärmeleiter, weil dieselben Leitungselektronen sowohl elektrischen Strom als auch Energie tragen, während Gitterschwingungen bei der Wärmeleitung viel weniger effizient als Elektronen sind.

Unabhängig von diesen Details folgt die Rate der Wärmeleitung einem mathematischen Gesetz, das man leicht erraten kann. Betrachten wir konkret ein Glasfenster, das das warme Innere eines Gebäudes von der kalten Umgebung trennt (siehe Abbildung 1.16). Wir würden erwarten, dass die Wärmemenge Q, die durch das Fenster geht, direkt pro-

11 Dieser Abschnitt ist ein wenig außerhalb der Entwicklung des Themas des Buchs. Da keine anderen Abschnitte von ihm abhängen, können Sie ihn auslassen oder auf später verschieben, wenn Sie wollen.

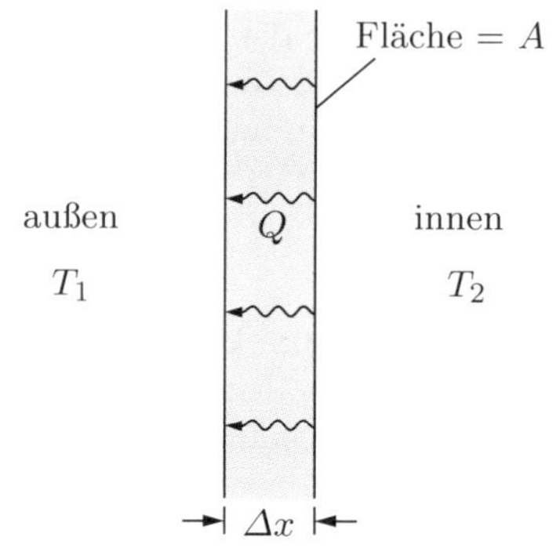

Abbildung 1.16: Die Rate der Wärmeleitung durch eine Fensterscheibe ist proportional zu ihrer Fläche A und invers proportional zu ihrer Dicke Δx.

portional zur Gesamtfläche des Fensters A und zur verstrichenen Zeit Δt ist. Wir würden wahrscheinlich erwarten, dass Q *invers* proportional zur Dicke der Scheibe Δx ist. Schließlich würden wir erwarten, dass Q von der Innen- und Außentemperatur abhängt, sodass $Q = 0$, falls diese Temperaturen gleich sind. Die einfachste Vorstellung ist, dass Q direkt proportional zur Temperaturdifferenz $\Delta T = T_2 - T_1$ ist; dies trifft in der Tat für jeden Wärmetransfer durch Wärmeleitung (aber nicht durch Strahlung) zu. Fassen wir diese Proportionalitäten zusammen, so können wir

$$Q \propto \frac{A\,\Delta T\,\Delta t}{\Delta x} \qquad \text{oder} \qquad \frac{Q}{\Delta t} \propto A\,\frac{\mathrm{d}T}{\mathrm{d}x} \tag{1.59}$$

schreiben. Die Proportionalitätskonstante hängt von dem Material ab, durch das die Wärme geleitet wird (hier Glas). Diese Konstante wird die **thermische Leitfähigkeit** des Materials genannt. Das übliche Symbol für die thermische Leitfähigkeit ist k, aber ich werde es k_t nennen, um es von der Boltzmann-Konstante zu unterscheiden. Ich setze auch ein Minus in die Gleichung, damit wir daran denken, dass Q von rechts nach links fließt, wenn T von links nach rechts zunimmt.

Das Gesetz der Wärmeleitung lautet dann

$$\frac{Q}{\Delta t} = -k_t A\,\frac{\mathrm{d}T}{\mathrm{d}x}\,. \tag{1.60}$$

Diese Gleichung ist als die **Fourier'sche Wärmeleitungsgleichung** bekannt, nach J. B. J. Fourier, der auch die Fourier-Analyse erfunden hat.

Um die Fourier'sche Wärmeleitungsgleichung *herzuleiten* und den Wert von k_t für ein bestimmtes Material vorauszusagen, müssten wir ein detailliertes molekulares Modell für die Vorgänge während der Wärmeleitung hinzuziehen. Ich mache das für den einfachsten Fall, ein ideales Gas, im folgenden Unterabschnitt. Im Moment nehmen wir das Fourier'sche Gesetz einfach als empirische Tatsache hin und behandeln k_t als eine für jedes Material zu messende Eigenschaft. Wärmeleitfähigkeiten üblicher Materialien variieren über mehr als vier Größenordnungen. In SI-Einheiten (Watt pro Meter pro Kelvin) lauten einige typische Werte: Luft: 0,026; Holz: 0,08; Wasser: 0,6; Glas: 0,8; Eisen: 80; Kupfer: 400. Wiederum tendieren gute elektrische Leiter dazu, gute thermische Leiter zu sein. Beachten Sie, dass die Werte für Luft und Wasser sich nur auf Wärmeleitung beziehen, auch wenn Konvektion oft sehr wichtig sein kann.

Zurück zu unserem Fenster. Angenommen, es hat eine Fläche von einem Quadratmeter und eine Dicke von 3,2 mm. Wenn die Temperatur direkt am Fenster innen 20 °C und draußen 0 °C beträgt, so ist die Rate des Wärmeflusses durch das Fenster gerade

$$\frac{Q}{\Delta t} = \frac{(0{,}8\,\mathrm{W/m{\cdot}K})(1\,\mathrm{m}^2)(293\,\mathrm{K} - 273\,\mathrm{K})}{0{,}0032\,\mathrm{m}} = 5000\ \mathrm{Watt}\,. \tag{1.61}$$

Wenn Ihnen diese Zahl absurd hoch vorkommt, dann haben Sie recht. Meine Annahme einer so großen Temperaturdifferenz zwischen „direkt am Fenster innen“ und „direkt am Fenster draußen“ ist unrealistisch, weil es immer eine dünne Schicht ruhender Luft auf beiden Seiten des Glases gibt. Die zwei Schichten liefern eine um vieles größere thermische Isolation als das Glas selber. Der Wärmeverlust geht auf ein paar Hundert Watt zurück (siehe Aufgabe 1.58).

Aufgabe 1.56 Berechnen Sie die Rate der Wärmeleitung durch eine Schicht ruhender Luft, die 1 mm dick ist und eine Fläche von 1 m^2 hat, bei einer Temperaturdifferenz von 20 °C.

Aufgabe 1.57 Hauseigentümer und Baufirmen sprechen von thermischen Leitfähigkeiten unter Verwendung des **R-Werts** eines Materials (R für *resistance*). Er ist definiert als die Dicke geteilt durch die thermische Leitfähigkeit:

$$R \equiv \frac{\Delta x}{k_\mathrm{t}}\,.$$

(a) Berechnen Sie den R-Wert einer 3,2 mm dicken Glasscheibe und einer 1 mm dicken Schicht ruhender Luft. Drücken Sie beide Antworten in SI-Einheiten aus.

(b) Zeigen Sie, dass für ein Sandwich aus zwei verschiedenen Materialien (wie Luft und Glas, oder Ziegel und Holz) der effektive Gesamt-R-Wert die Summe der einzelnen R-Werte ist.

Aufgabe 1.58 Berechnen Sie den effektiven R-Wert einer einzelnen Glasscheibe, die auf beiden Seiten eine 1,0-mm-Schicht ruhender Luft aufweist. (Die effektive Dichte der Luftschicht wird von der Windstärke abhängen; 1 mm ist unter den meisten Bedingungen von der richtigen Größenordnung.) Verwenden Sie diesen effektiven R-Wert, um die Abschätzung des Wärmeverlusts durch eine 1 m^2 große Glasscheibe bei einer 20 °C höheren Innentemperatur zu revidieren.

Aufgabe 1.59 Schätzen Sie die Gesamtrate des Verlusts durch Wärmeleitung durch die Fenster, die Wände, den Fußboden und das Dach eines typischen Hauses in einem kalten Klima ab. Schätzen Sie die Kosten, diese verlorene Energie über einen Monat hinweg zu ersetzen. Wenn möglich, vergleichen Sie das Ergebnis mit einer echten Heizungsrechnung.

Aufgabe 1.60 Eine Bratpfanne wird auf dem Herd rasch auf 200 °C erhitzt. Sie hat einen Griff aus Eisen, der 20 cm lang ist. Schätzen Sie ab, wie viel Zeit vergehen sollte, bevor der Griff zu heiß zum Anfassen mit der bloßen Hand ist. (*Hinweis:* Die Querschnittsfläche des Griffs spielt keine Rolle. Die Dichte von Eisen beträgt etwa 7,9 g/cm^3; seine spezifische Wärme ist $0{,}45\,\mathrm{J/g\cdot{}^\circ C}$).

Aufgabe 1.61 Geologen messen den Wärmeleitungsfluss aus der Erde heraus, indem sie einige Hundert Meter tiefe Löcher bohren und die Temperatur als Funktion der Tiefe messen. Nehmen Sie an, dass an einem bestimmten Ort die Temperatur um 20 °C pro Kilometer Tiefe zunimmt und dass die thermische Leitfähigkeit des Gesteins 2,5 W/m · K beträgt. Wie groß ist an diesem Ort die Rate der Wärmeleitung pro Quadratmeter? Angenommen, dieser Wert sei für andere Orte an der Erdoberfläche typisch: Mit welcher ungefähren Rate verliert die Erde Wärme durch Wärmeleitung? (Der Erdradius beträgt 6400 km.)

Aufgabe 1.62 Betrachten Sie einen gleichförmigen Stab aus einem Material, dessen Temperatur sich nur entlang seiner Länge (in der x-Richtung) ändert. Leiten Sie die **Wärmeleitungsgleichung**

$$\frac{\partial T}{\partial t} = K \frac{\partial^2 T}{\partial x^2}$$

her, wobei $K = k_t/c\rho$, c die spezifische Wärme des Materials und ρ seine Dichte ist. Betrachten Sie dazu die Wärme, die aus beiden Richtungen in ein kleines Segment der Länge Δx strömt. (Nehmen Sie an, dass die Wärmeleitung durch den Stab der einzige Energiefluss ist; keine Energie tritt durch die Seiten hindurch.) Nehmen Sie nun an, dass K von der Temperatur unabhängig ist und zeigen Sie, dass

$$T(x,t) = T_0 + \frac{A}{\sqrt{t}}\,\mathrm{e}^{-x^2/4Kt}$$

eine Lösung der Wärmeleitungsgleichung ist. Dabei ist T_0 eine konstante Hintergrundtemperatur und A irgendeine Konstante. Skizzieren Sie (oder plotten Sie) diese Lösung als eine Funktion von x für mehrere Werte von t. Deuten Sie diese Lösung physikalisch und diskutieren Sie im Detail, wie sich die Energie im Stab im Verlauf der Zeit ausbreitet.

Leitfähigkeit eines idealen Gases

In einem Gas ist die Rate der Wärmeleitung dadurch begrenzt, wie *weit* sich ein Molekül bewegen kann, bevor es mit einem anderen Molekül zusammenstößt. Die mittlere zwischen zwei Kollisionen zurückgelegte Wegstrecke bezeichnet man als die **mittlere freie Weglänge**. In einem verdünnten Gas ist die mittlere freie Weglänge um ein Vielfaches größer als der mittlere Abstand zweier Moleküle, weil sich ein Molekül an vielen seiner Nachbarn vorbeibewegen kann, bevor es schließlich einen trifft. Lassen Sie mich nun eine grobe Abschätzung der mittleren freien Weglänge in einem verdünnten Gas durchführen.

Der Einfachheit halber stellen wir uns vor, dass alle Moleküle in einem Gas bis auf eines am Platz festgefroren sind. Wie weit bewegt sich das verbliebene Molekül zwischen zwei Kollisionen? Nun, eine Kollision findet statt, wenn der Mittelpunkt unseres Moleküls näher als einen Molekulardurchmesser ($2r$, wobei r der Molekülradius ist) an den Mittelpunkt eines anderen Moleküls herankommt (siehe Abbildung 1.17). Kollisionen würden genauso oft passieren, wenn unser Molekül doppelt so breit wäre und alle anderen nur Punkte; tun wir also so, als ob das der Fall wäre. Dann überstreicht unser Molekül während seiner Reise einen imaginären Zylinder im Raum, dessen Radius $2r$ beträgt. Wenn das Volumen dieses Zylinders dem durchschnittlichen Volumen pro Teilchen in dem Gas entspricht, bekommen wir sehr wahrscheinlich einen Zusammenstoß.

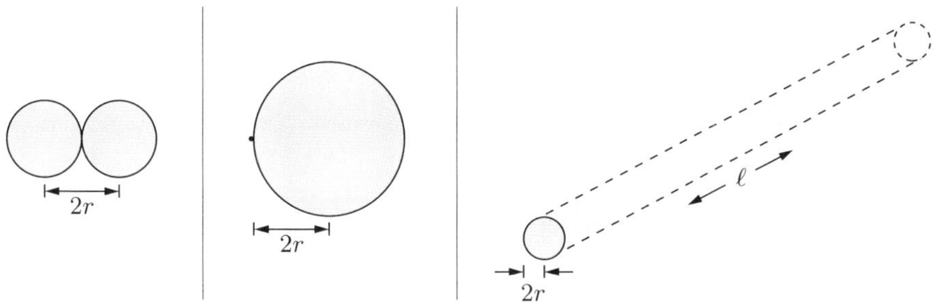

Abbildung 1.17: Eine Kollision zwischen Molekülen findet statt, wenn ihre Mittelpunkte durch das Doppelte des Molekularradius r getrennt sind. Das Gleiche träfe zu, wenn ein Molekül Radius $2r$ hätte und das andere ein Punkt wäre. Wenn sich eine Kugel mit Radius $2r$ geradlinig um eine Strecke ℓ fortbewegt, überstreicht sie einen Zylinder mit Volumen $4\pi r^2\ell$.

Die mittlere freie Weglänge ℓ ist ungefähr die Länge dieses Zylinders, wenn diese Bedingung erfüllt ist:

$$\begin{aligned} &\text{Zylindervolumen} = \text{durchschnittliches Volumen pro Molekül} \\ \Rightarrow \quad &\pi(2r)^2\ell \approx \frac{V}{N} \\ \Rightarrow \quad &\ell \approx \frac{1}{4\pi r^2}\frac{V}{N}\,. \end{aligned} \tag{1.62}$$

Das Symbol $\approx$ deutet an, dass diese Formel nur eine grobe Näherung für ℓ darstellt, weil ich die Bewegung der anderen Teilchen genauso wie die Schwankung der Pfadlängen zwischen zwei Kollisionen vernachlässigt habe. Die wahre mittlere freie Weglänge wird sich davon um einen numerischen Faktor unterscheiden, der von der 1 nicht zu verschieden sein sollte. Aber es bringt nichts, da noch genauer zu sein, denn r selbst ist nicht wohldefiniert: Moleküle haben keine harten Kanten und die meisten sind nicht einmal kugelförmig.[12]

Der effektive Radius eines Stickstoff- oder Sauerstoffmoleküls sollte ein oder zwei Ångström betragen; sagen wir $r = 1{,}5\,\text{Å} = 1{,}5\cdot 10^{-10}\,\text{m}$. Wenn wir Luft als ein ideales Gas behandeln, so ist das Volumen pro Teilchen bei Raumtemperatur und normalem Luftdruck $V/N = kT/P = 4\cdot 10^{-26}\,\text{m}^3$. Mit diesen Zahlen sagt Gleichung 1.62 eine mittlere freie Weglänge von 150 nm voraus, etwa das Vierzigfache des mittleren Abstands der Luftmoleküle. Wir können also die mittlere *Zeit* zwischen zwei Kollisionen abschätzen:

$$\overline{\Delta t} = \frac{\ell}{\overline{v}} \approx \frac{\ell}{v_{\text{rms}}} \approx \frac{1{,}5\cdot 10^{-7}\,\text{m}}{500\,\text{m/s}} = 3\cdot 10^{-10}\,\text{s}\,. \tag{1.63}$$

Nun aber zurück zur Wärmeleitung. Betrachten Sie eine kleine Gegend in einem Gas, in der sich die Temperatur in die x-Richtung erhöht (siehe Abbildung 1.18). Die dicht gepunktete Linie in der Abbildung stellt eine Ebene senkrecht zur x-Richtung dar; meine Absicht ist, die Wärmemenge abzuschätzen, die durch diese Ebene fließt. Sei Δt die mittlere Zeit zwischen zwei Kollisionen, sodass jedes Molekül in dieser Zeit in etwa

12 Und ich habe noch nicht einmal eine genaue Definition davon gegeben, was genau eine Kollision ist. Immerhin ziehen sich Moleküle ein wenig an und lenken sich aus ihrer Bahn ab, auch wenn sie sich nur in einem gewissen Abstand aneinander vorbeibewegen. Eine genauere Behandlung von Transportvorgängen durch Gase findet sich in Reif (1965).

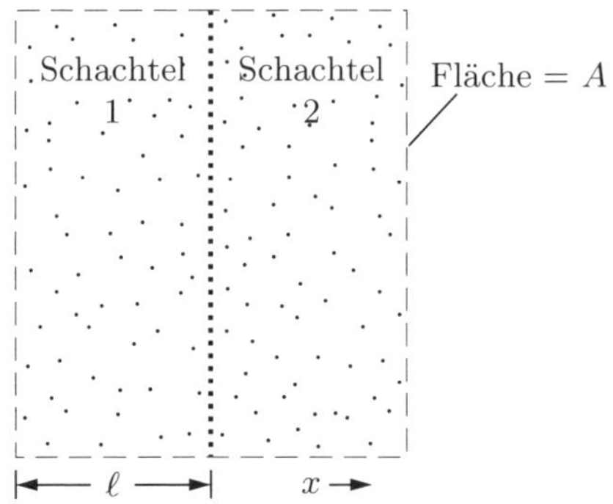

Abbildung 1.18: Wärmeleitung über die gepunktete Linie hinweg findet statt, weil die Moleküle, die sich von Schachtel 1 zu Schachtel 2 bewegen, eine andere mittlere Energie haben als die Moleküle, die sich von Schachtel 2 zu Schachtel 1 bewegen. Damit freie Bewegung zwischen den beiden Schachteln stattfindet, sollten beide in etwa eine Breite von einer mittleren freien Weglänge haben.

eine mittlere freie Weglänge zurücklegt. Dann werden in diesem Zeitraum die Moleküle, die die gepunktete Linie von links kommend überqueren, irgendwo in der Schachtel 1 (deren Dicke ℓ ist) angefangen haben, während die Moleküle, die die gepunktete Linie von rechts kommend überqueren, irgendwo in Schachtel 2 (deren Dicke ebenfalls ℓ ist) angefangen haben. Beide Schachteln haben die gleiche Fläche A in der yz-Ebene. Beträgt die Gesamtenergie aller Moleküle in Schachtel 1 U_1, so beträgt die Energie, die die gepunktete Linie von links überquert, in etwa $U_1/2$, weil zu diesem Zeitpunkt nur in etwa die Hälfte aller Moleküle positive Geschwindigkeiten in der x-Richtung haben werden. Ebenso beträgt die von rechts die Linie querende Energie $U_2/2$, die halbe Gesamtenergie in Schachtel 2. Der Nettowärmestrom über die Linie beträgt also

$$Q = \frac{1}{2}(U_1 - U_2) = -\frac{1}{2}(U_2 - U_1) = -\frac{1}{2}C_V(T_2 - T_1) = -\frac{1}{2}C_V\ell\,\frac{\mathrm{d}T}{\mathrm{d}x}\,, \tag{1.64}$$

wobei C_V die Wärmekapazität des gesamten Gases in beiden Schachteln ist und T_1 und T_2 die mittleren Temperaturen in beiden Schachteln sind. (Im letzten Schritt habe ich verwendet, dass der Abstand zwischen den Mittelpunkten der beiden Schachteln ℓ ist.)

Gleichung 1.64 bestätigt das Fourier'sche Gesetz, dass die Rate der Wärmeleitung direkt proportional zur Differenz der Temperaturen ist. Ferner gibt ein Vergleich mit Gleichung 1.60 eine explizite Voraussage für die thermische Leitfähigkeit:

$$k_\mathrm{t} = \frac{1}{2}\frac{C_V\ell}{A\,\Delta t} = \frac{1}{2}\frac{C_V}{A\ell}\frac{\ell^2}{\Delta t} = \frac{1}{2}\frac{C_V}{V}\ell\,\overline{v}\,, \tag{1.65}$$

wobei $\overline{v}$ der mittlere Geschwindigkeitsbetrag der Moleküle ist. Die Größe C_V/V ist die Wärmekapazität des Gases pro Einheitsvolumen. Sie kann ausgewertet werden zu

$$\frac{C_V}{V} = \frac{\frac{f}{2}Nk}{V} = \frac{f}{2}\frac{P}{T}\,, \tag{1.66}$$

wobei f die Anzahl der Freiheitsgrade pro Molekül ist. Denken Sie aber daran, dass ℓ bei einem Gas proportional zu V/N ist. Die thermische Leitfähigkeit eines gegebenen Gases sollte daher nur von seiner Temperatur abhängen, durch $\overline{v} \propto \sqrt{T}$ und vielleicht

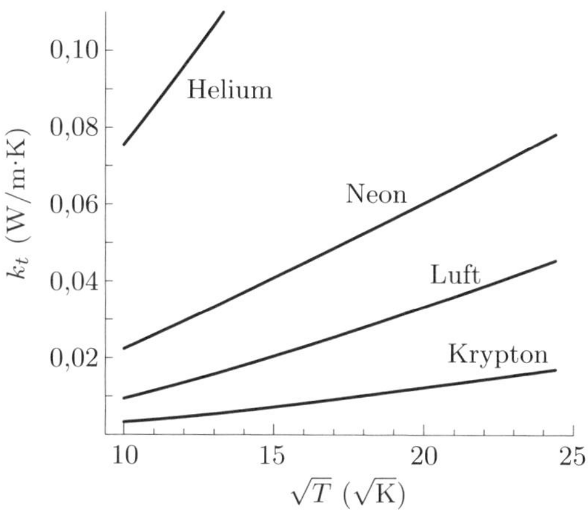

Abbildung 1.19: Thermische Leitfähigkeiten ausgewählter Gase, aufgetragen über der Wurzel aus der absoluten Temperatur. Die Kurven sind in etwa linear, wie von Gleichung 1.65 vorhergesagt. Daten aus Lide (1994).

durch f. Über engere Temperaturbereiche hinweg ist die Anzahl der Freiheitsgrade ziemlich konstant, somit sollte k_t zur Wurzel der absoluten Temperatur proportional sein. Experimente mit einer Vielzahl von Gasen haben diese Vorhersage bestätigt (siehe Abbildung 1.19).

Für Luft bei Raumtemperatur und normalem Luftdruck gilt $f = 5$, somit $C_V/V = \frac{5}{2}(10^5\,\text{N/m}^2)/(300\,\text{K}) \approx 800\,\text{J/m}^3{\cdot}\text{K}$. Gleichung 1.65 sagt daher eine thermische Leitfähigkeit

$$k_t \approx \tfrac{1}{2}(800\,\text{J/m}^3{\cdot}\text{K})(1{,}5{\cdot}10^{-7}\,\text{m})(500\,\text{m/s}) = 0{,}031\,\text{W/m}{\cdot}\text{K} \tag{1.67}$$

vorher, nur ein wenig über dem gemessenen Wert 0,026. Nicht schlecht bei all den groben Näherungen in diesem Abschnitt!

Die vorangehende Analyse der thermischen Leitfähigkeit von Gasen ist ein Beispiel für die **kinetische Theorie**, einen Zugang zur Physik der Wärme, der auf tatsächlichen molekularen Bewegungen beruht. Ein anderes Beispiel war das mikroskopische Modell eines idealen Gases, das in Abschnitt 1.2 vorgestellt wurde. Auch wenn die kinetische Theorie der direkteste und konkreteste Zugang zur Physik der Wärme ist, so ist sie auch der schwierigste. Glücklicherweise gibt es viel einfachere Methoden, um die meisten der *Gleichgewichts*eigenschaften von Materialien vorauszusagen, ohne dass man die Details der Molekularbewegung kennen muss. Um die *Raten* der Prozesse vorhersagen zu können, müssen wir allerdings in der Regel auf die kinetische Theorie zurückgreifen.

Aufgabe 1.63 In etwa bei welchem Druck würde die mittlere freie Weglänge eines Luftmoleküls bei Raumtemperatur 10 cm, die typische Größe einer Laborapparatur, betragen?

Aufgabe 1.64 Geben Sie eine grobe Schätzung der thermischen Leitfähigkeit von Helium bei Raumtemperatur ab. Diskutieren Sie Ihr Ergebnis und erklären Sie, warum es vom Wert für Luft abweicht.

Aufgabe 1.65 Stellen Sie sich vor, dass Sie im neunzehnten Jahrhundert leben und die Avogadro-Zahl (oder die Boltzmann-Konstante oder die Masse oder Größe irgendeines

Moleküls) nicht kennen.[13] Zeigen Sie, wie Sie aus einer Messung der Wärmeleitfähigkeit eines Gases eine grobe Abschätzung der Avogadro-Zahl bekommen könnten, wenn Sie noch andere relativ einfache Messungen hinzunehmen.

Viskosität

Energie ist nicht die einzige Sache, die sich in einer Flüssigkeit auf molekularem Niveau ausbreiten kann; der *Impuls* ist eine andere.

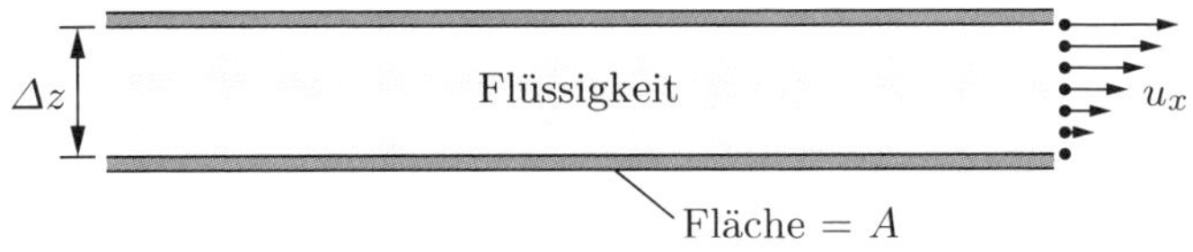

Abbildung 1.20: Die einfachste Anordnung zum Nachweis der Viskosität: Zwei parallele Oberflächen gleiten aneinander vorbei und sind durch einen schmalen Spalt mit einem Fluid voneinander getrennt. Ist die Bewegung langsam genug und ist der Spalt schmal genug, so ist der Fluss des Fluids **laminar**: Auf makroskopischer Skala bewegt sich das Fluid nur horizontal ohne Turbulenz.

Betrachten Sie die in Abbildung 1.20 dargestellte Situation: Zwei parallele feste Oberflächen bewegen sich relativ zueinander und sind durch einen kleinen Spalt getrennt, der eine Flüssigkeit oder ein Gas enthält. Wir arbeiten in dem Bezugssystem, bei dem die untere Oberfläche in Ruhe ist und sich die obere in $+x$-Richtung bewegt. Wie steht es mit der Bewegung der Flüssigkeit? Bei normalen Temperaturen werden sich die Fluidmoleküle mit thermischen Geschwindigkeiten von ein paar Hundert Metern pro Sekunde hin- und herbewegen, aber ignorieren wir diese Bewegung für einen Augenblick und fragen stattdessen nach der mittleren Bewegung auf makroskopischer Skala. Aus makroskopischer Perspektive ist es leicht zu erraten, dass sich das Fluid gerade oberhalb der unteren Oberfläche in Ruhe befindet; eine dünne Schicht des Fluids „klebt" an der Oberfläche. Aus demselben Grund (denn Bezugssysteme sind willkürlich) „klebt" eine dünne Schicht an der oberen Oberfläche und bewegt sich mit ihr mit. Dazwischen könnte die Bewegung des Fluids turbulent und chaotisch sein, aber lassen Sie uns annehmen, dass dies nicht der Fall ist: Die Bewegung ist langsam genug oder der Spalt schmal genug, dass der Fluss des Fluids rein horizontal ist. Man bezeichnet den Fluss dann als **laminar**. Unter der Annahme, dass der Fluss laminar ist, wird die x-Geschwindigkeit gleichmäßig in z-Richtung zunehmen, wie in der Abbildung gezeigt.

Mit ein paar Ausnahmen bei den niedrigsten Temperaturen haben alle Fluide die Tendenz, dieser Art von scherendem differentiellen Fluss zu widerstehen. Dieser Widerstand wird als **Viskosität** bezeichnet. Die oberste Schicht des Fluids gibt ein wenig von ihrem Impuls in Bewegungsrichtung an die nächstuntere Schicht ab und so weiter bis zur untersten Schicht, die eine nach vorne gerichtete Kraft auf die untere Oberfläche ausübt. Gleichzeitig führt (nach dem dritten Newton'schen Gesetz) der Verlust von Impuls durch die oberste Schicht dazu, dass sie eine rückwärts gerichtete Kraft auf die obere

13 Amedeo Avogadro, der 1856 starb, kannte den Zahlenwert der später nach ihm benannten Zahl selbst nicht. Die erste *genaue* Bestimmumg der Avogadro-Zahl geschah erst um 1913 herum, als Robert Millikan die Elementarladung maß. Andere hatten bereits das Verhältnis von Masse und Ladung für das Proton (damals einfach als Wasserstoffion bezeichnet) gefunden, sodass es an diesem Punkt einfach war, die Masse des Protons zu berechnen und auch, wie viele für ein Gramm benötigt werden.

Oberfläche ausübt. Je „viskoser" das Fluid ist, umso effizienter wird der Impulsübertrag und umso größer werden diese Kräfte sein. Luft ist nicht sehr viskos, Sirup hingegen schon.

Wie bei der Wärmeleitfähigkeit ist es nicht schwer zu erraten, wie die viskose Scherkraft von der Geometrie der Situation abhängt. Die einfachste Idee (die sich als richtig herausstellt) ist, dass die Kraft proportional zu der gemeinsamen Fläche der beiden Oberflächen ist, umgekehrt proportional zur Breite des Spalts und direkt proportional zum Geschwindigkeitsunterschied zwischen den beiden Oberflächen. In der Notation von Abbildung 1.20 (wobei wir u_x für die makroskopische Geschwindigkeit verwenden, um sie von den viel höheren thermischen Geschwindigkeiten zu unterscheiden) haben wir

$$F_x \propto \frac{A \cdot (u_{x,\text{oben}} - u_{x,\text{unten}})}{\Delta z} \quad \text{oder} \quad \frac{F_x}{A} \propto \frac{\Delta u_x}{\Delta z} . \tag{1.68}$$

Die Proportionalitätskonstante heißt **dynamische Scherviskosität** oder einfach die **Scherviskosität** des Fluids; die Standardbezeichnung für diesen Koeffizienten ist η. Unsere Formel für die Kraft lautet dann

$$\frac{|F_x|}{A} = \eta \frac{du_x}{dz} , \tag{1.69}$$

wobei ich Betragsstriche um F_x gesetzt habe, weil es die Kraft auf eine beliebige der beiden Platten darstellen könnte und diese beiden Kräfte dem Betrag nach gleich, aber der Richtung nach entgegengesetzt sind. Die Kraft pro Einheitsfläche hat die Dimension eines Drucks (Pa oder N/m^2), aber bitte *nennen* Sie sie nicht Druck, denn sie wirkt parallel, nicht senkrecht zur Oberfläche. Die korrekte Bezeichnung für eine solche Kraft pro Einheitsfläche lautet **Schubspannung**.

Aus Gleichung 1.69 können Sie ersehen, dass die Scherviskosität im SI-System die Einheit Pascal-Sekunden hat. (Manchmal werden Sie noch Viskositäten in einer Einheit namens **Poise** sehen; das ist die Einheit im cgs-System und entspricht dort einer dyn-Sekunde pro cm^2, was gerade zehnmal kleiner als die SI-Einheit ist.) Viskositäten variieren enorm von einem Fluid zum anderen und ändern sich auch stark mit der Temperatur. Die Scherviskosität von Wasser beträgt 0,0018 Pa · s bei 0 °C, aber nur 0,00028 Pa · s bei 100 °C. Motoröl mit niedriger Viskosität (SAE 10) hat eine Scherviskosität bei Raumtemperatur von etwa 0,25 Pa · s. Gase haben viel niedrigere Scherviskositäten, zum Beispiel 19 µPa · s für Luft bei Raumtemperatur. Überraschenderweise ist die Scherviskosität eines idealen Gases von seinem Druck *unabhängig* und *nimmt* als Funktion der Temperatur *zu*. Dieses merkwürdige Verhalten verlangt nach einer Erklärung.

Erinnern Sie sich aus dem vorhergehenden Unterabschnitt daran, dass die Wärmeleitfähigkeit eines idealen Gases sich ganz ähnlich verhält: Sie ist vom Druck unabhängig und nimmt mit der Temperatur proportional zu $\sqrt{T}$ zu. Auch wenn die Energiemenge, die ein Gaspaket mit sich führt, proportional zur Teilchendichte N/V ist, hebt sich diese Abhängigkeit in k_t heraus: Die mittlere freie Weglänge, die kontrolliert, *wie weit* sich die Energie ausbreiten kann, ist proportional zu V/N. Die Temperaturabhängigkeit von k_t kommt von dem verbleibenden Faktor $\overline{v}$, der mittleren thermischen Geschwindigkeit der Gasmoleküle (siehe Gleichung 1.65).

In genau der gleichen Weise hängt der vertikale Transfer horizontalen Impulses durch ein Gas von drei Faktoren ab: der Impulsdichte im Gas, der mittleren freien Weglänge und der mittleren thermischen Geschwindigkeit. Die beiden ersten Faktoren hängen von der Teilchendichte ab, aber diese Abhängigkeit hebt sich heraus: Obwohl ein dichtes Gas *mehr* Impuls trägt, transportieren zufällige thermische Bewegungen diesen Impuls in einem festen Zeitraum über eine *geringere Distanz*. Die Moleküle bewegen sich bei hoher Temperatur jedoch *schneller*. Nach diesem Bild sollte die Viskosität eines Gases proportional zu $\sqrt{T}$ sein, genau wie die Wärmeleitfähigkeit. Experimente bestätigen diese Voraussage.

Warum *nimmt* dann aber die Scherviskosität einer Flüssigkeit *ab*, wenn ihre Temperatur zunimmt? In einer Flüssigkeit sind die Dichte und die mittlere freie Weglänge im Wesentlichen von Druck und Temperatur unabhängig, aber es kommt ein anderer Faktor ins Spiel: Wenn die Temperatur niedrig ist und die thermischen Bewegungen langsam, können sich die Moleküle besser miteinander verbinden, wenn sie kollidieren. Diese Bindung erlaubt einen sehr effizienten Impulsübertrag von einem Molekül zum anderen. Im extremen Fall eines Festkörpers sind die Moleküle mehr oder weniger fest aneinander gebunden und die Viskosität ist beinahe unendlich; Festkörper *können* wie Flüssigkeiten fließen, aber nur auf geologisch langen Zeitskalen.

Aufgabe 1.66 Leiten Sie in Analogie zur Wärmeleitfähigkeit eine Näherungsformel für die Scherviskosität eines idealen Gases als Funktion seiner Dichte, mittleren freien Weglänge und der mittleren thermischen Geschwindigkeit her. Zeigen Sie explizit, dass die Viskosität unabhängig vom Druck und proportional zur Wurzel der Temperatur ist. Werten Sie Ihre Formel numerisch für Luft bei Raumtemperatur aus und vergleichen Sie mit dem im Text zitierten experimentellen Wert.

Diffusion

Wärmeleitung ist der Transport von *Energie* durch zufällige thermische Bewegungen. Viskosität kommt vom Transport von *Impuls*, der in Gasen hauptsächlich durch zufällige thermische Bewegungen bewirkt wird. Eine dritte Sache, die von zufälligen thermischen Bewegungen transportiert werden kann, sind *Teilchen*, die eine Tendenz haben, sich aus Gegenden hoher Konzentration in Gegenden niedriger Konzentration auszubreiten. Wenn Sie zum Beispiel einen Tropfen Lebensmittelfarbe in eine Tasse Wasser geben, dann werden Sie sehen, wie sich der Farbstoff allmählich in alle Richtungen ausbreitet. Diese Ausbreitung von Teilchen bezeichnet man als **Diffusion**.[14]

Analog zum Energie- und der Impulsstrom gehorcht der diffusive Teilchenstrom einer ziemlich leicht zu erratenden Gleichung. Genau wie die Wärmeleitung durch eine Temperaturdifferenz und die Scherkraft durch eine Geschwindigkeitsdifferenz verursacht wird, so wird die Diffusion durch eine Differenz in der *Konzentration* der Teilchen verursacht, das ist die Anzahl der Teilchen pro Einheitsvolumen, N/V. In diesem (und auch nur diesem) Abschnitt werde ich die Bezeichnung n für die Teilchenkonzentration verwenden. Damit die Geometrie einfach bleibt, stellen wir uns eine Region vor, in der n für eine bestimmte Teilchenart gleichmäßig in x-Richtung zunimmt (siehe Abbildung 1.21). Der **Fluss** dieser Teilchen durch eine Oberfläche ist die Nettozahl von Teilchen, die sie pro Flächeneinheit und Zeiteinheit durchqueren. Die Bezeichnung für einen Teilchenfluss ist $\vec{J}$. Wir würden dann in Analogie zu den Gleichungen 1.60 und 1.69 vermuten, dass $|\vec{J}|$ proportional zu $\mathrm{d}n/\mathrm{d}x$ ist. Wiederum stellt sich diese Idee als zumeist korrekt heraus. Verwenden wir die Bezeichnung D für die Proportionalitätskonstante, so können wir

$$J_x = -D\frac{\mathrm{d}n}{\mathrm{d}x} \tag{1.70}$$

14 Aufgabe 1.22 behandelt den einfacheren Prozess eines Gases, das durch ein Loch in ein Vakuum entweicht. Das nennt man **Effusion**.

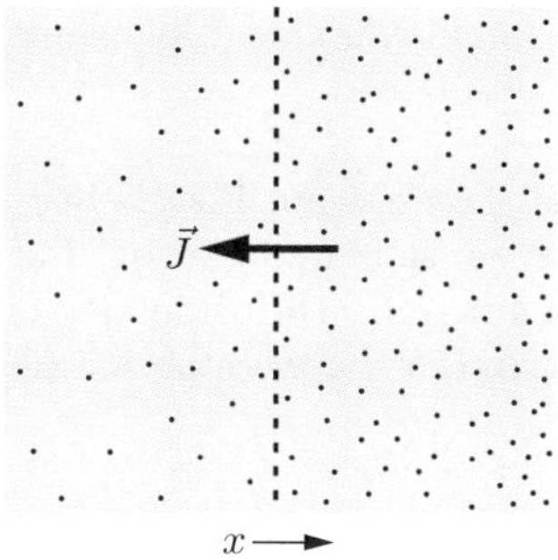

Abbildung 1.21: Wenn die Konzentration einer bestimmten Molekülsorte von links nach rechts zunimmt, wird es **Diffusion** geben, einen Nettostrom von Molekülen von rechts nach links.

schreiben. Das Minuszeichen weist darauf hin, dass der Fluss in negative x-Richtung geht, wenn dn/dx positiv ist. Diese Gleichung ist als das **Fick'sche Gesetz** bekannt, nach dem deutschen Physiologen Adolf Eugen Fick, der im neunzehnten Jahrhundert lebte.

Die Konstante D heißt **Diffusionskoeffizient**; sie hängt sowohl von der Art des diffundierenden Moleküls als auch davon ab, wodurch diffundiert wird. In SI-Einheiten (m^2/s) variieren die Diffusionskoeffizienten in Wasser nahe Raumtemperatur von $9{\cdot}10^{-9}$ für H^+-Ionen bis $5{\cdot}10^{-10}$ für Saccharose und bis zu einigen 10^{-11} für sehr große Moleküle wie zum Beispiel Proteine. Die Diffusion in Gasen ist schneller: Für CO-Moleküle, die bei Raumtemperatur und normalem Druck durch Luft diffundieren, ist $D = 2{\cdot}10^{-5}\,m^2/s$. Andere kleine Moleküle, die durch Luft diffundieren, haben ähnliche Werte für D. Wie Sie vermutlich erwarten würden, nehmen Diffusionskoeffizienten generell mit der Temperatur zu.

Obwohl Diffusion auf den kleinen Skalen von biologischen Zellen und Tröpfchen in Wolken sowie bei der Halbleiterherstellung extrem wichtig ist, deuten die kleinen oben zitierten D-Werte an, dass es kein effizienter Mechanismus für makroskopische Mischung ist. Als ein kurzes Beispiel betrachten wir einen Tropfen Lebensmittelfarbe in einem Glas Wasser. Stellen wir uns vor, dass sich der Farbstoff bereits gleichmäßig im halben Glas ausgebreitet hat. Wie lange wird es dauern, bis er in die andere Hälfte diffundiert ist? Nach dem Fick'schen Gesetz kann ich grob

$$\frac{N}{A\,\Delta t} = D\frac{N/V}{\Delta x} \tag{1.71}$$

schreiben, wobei N die Gesamtzahl der Farbstoffmoleküle ist, Δx etwa 0,1 m und $V \approx A \cdot \Delta x$. Ich habe den Teilchenfluss durch das gleiche N ausgedrückt, um anzudeuten, dass ich möchte, dass Δt die Zeit ist, in der fast alle Moleküle (also, die Hälfte) von einer Seite des Glases auf die andere wechseln. Ich weiß nicht, wie groß ein Molekül Lebensmittelfarbe ist, aber vermutlich ist es ähnlich groß wie ein Saccharose-Molekül. Also rate ich $D = 10^{-9}\,m^2/s$. Löse ich nach Δt auf, bekomme ich 10^7 Sekunden, fast vier Monate. Wenn Sie das Experiment mit Wasser und Lebensmittelfarbe tatsächlich durchführen, werden Sie vermutlich herausfinden, dass sie sich *viel* schneller durchmischen. Das kommt von der makroskopischen Bewegung des Wassers, der Konvektion. Sie *können* aber die Diffusion sehen, wenn Sie sich die Grenzfläche zwischen farbigem und klarem Wasser ganz genau anschauen.

Aufgabe 1.67 Schätzen Sie grob ab, wie weit Lebensmittelfarbe (oder Zucker) in einer Minute durch Wasser diffundieren wird.

Aufgabe 1.68 Nehmen Sie an, dass Sie ein Fläschchen Parfum an einem Ende eines Raums öffnen. Wie lang dauert es, ganz grob, bevor eine Person am anderen Ende des Raums das Parfum riechen kann, *falls* Diffusion der einzige Transportmechanismus wäre? Glauben Sie, dass Diffusion in dieser Situation der dominante Transportmechanismus ist?

Aufgabe 1.69 Stellen Sie sich ein enges Rohr vor, das mit einem Fluid gefüllt ist. Die Konzentration einer bestimmten Art von Molekül ändert sich nur entlang der Länge des Rohrs (in der x-Richtung). Betrachten Sie den Fluss dieser Teilchen aus beiden Richtungen in einen kurzen Abschnitt Δx und leiten Sie das **zweite Fick'sche Gesetz**

$$\frac{\partial n}{\partial t} = D\frac{\partial^2 n}{\partial x^2}$$

her. Beachten Sie die Ähnlichkeit zu der Wärmeleitungsgleichung, die Sie in Aufgabe 1.62 hergeleitet haben, und diskutieren Sie gründlich die Konsequenzen dieser Gleichung.

Aufgabe 1.70 Leiten Sie in Analogie zur Wärmeleitfähigkeit eine Näherungsformel für den Diffusionskoeffizienten eines idealen Gases her, ausgedrückt durch die mittlere freie Weglänge und die mittlere thermische Geschwindigkeit. Werten Sie Ihre Formel numerisch für Luft bei Raumtemperatur und normalem Luftdruck aus und vergleichen Sie mit dem im Text zitierten experimentellen Wert. Wie hängt D von T bei festem Druck ab?

Menschen sind empfindlicher für Energieflüsse als für Temperaturen, was Sie selber an einem kalten, dunklen Morgen in der Außentoilette einer Berghütte mit Sitzen aus Holz und Metall feststellen können. Beide Sitze haben die gleiche Temperatur, aber Ihr Hintern, der kein sehr gutes Thermometer ist, sagt Ihnen trotzdem sehr präzise, auf welchem Sie sitzen.

—Craig F. Bohren und Bruce A. Albrecht, *Atmospheric Thermodynamics* (Oxford University Press, New York, 1998).

Der zweite Hauptsatz

2

ÜBERBLICK

» Das vorhergehende Kapitel hat den Energieerhaltungssatz und seine Anwendung auf thermodynamische Systeme ausgelotet. Es hat auch die Konzepte Wärme, Arbeit und Temperatur eingeführt. Einige grundlegende Fragen blieben allerdings unbeantwortet: Was ist Temperatur *wirklich* und warum fließt Wärme spontan von einem heißeren zu einem kälterem Objekt, aber niemals andersherum? Allgemeiner: Warum laufen so viele thermodynamische Prozesse in eine Richtung ab, aber niemals andersherum? Das ist die „große Frage" der Physik der Wärme, die wir nun beantworten wollen.

Kurz gesagt, lautet die Antwort wie folgt: Irreversible Prozesse sind nicht *unvermeidlich*, sie sind nur überwältigend *wahrscheinlich*. Wenn zum Beispiel Wärme von einem heißeren zu einem kälterem Objekt fließt, bewegt sich die Energie mehr oder weniger zufällig. Wenn wir ein wenig warten, ist es überwältigend wahrscheinlich, dass wir die Energie „gleichmäßiger" über alle Teile des Systems verteilt vorfinden (in einer Weise, die ich später präzisieren werde). „Temperatur" ist ein Weg, die Tendenz von Energie zu charakterisieren, während dieser zufälligen Rearrangements ein Objekt zu verlassen oder hineinzufließen.

Um diese Ideen präzise zu machen, müssen wir untersuchen, wie Systeme Energie speichern, und lernen, all die Weisen zu zählen, auf die die Energie angeordnet sein könnte. Der Bereich der Mathematik, in dem man Anordnungen von Dingen zählt, heißt **Kombinatorik**, und dieses Kapitel beginnt mit einer kurzen Einfürung in dieses Gebiet. «

2.1 Zweizustandssysteme

Learn a little ... do a little

Stellen Sie sich vor, dass ich drei Münzen werfe: eine 10-Cent-Münze, eine 20-Cent-Münze und eine 50-Cent-Münze. Wie viele Ergebnisse sind möglich? Nicht sehr viele, daher habe ich sie alle explizit in Tabelle 2.1 aufgeführt. Mit dieser Methode ohne Nachdenken komme ich auf *acht* mögliche Ergebnisse. Wenn die Münzen nicht gezinkt sind, ist jedes Ergebnis gleich wahrscheinlich. Somit beträgt die Wahrtscheinlichkeit, dreimal Kopf oder dreimal Zahl zu bekommen, jeweils ein Achtel. Es gibt drei verschiedene Wege, auf denen Sie zweimal Kopf und einmal Zahl bekommen, somit ist die Wahrscheinlichkeit, genau zweimal Kopf zu bekommen 3/8. Das Gleiche gilt für die Wahrscheinlichkeit, genau einmal Kopf und zweimal Zahl zu bekommen.

10 ct	20 ct	50 ct
K	K	K
K	K	Z
K	Z	K
Z	K	K
K	Z	Z
Z	K	Z
Z	Z	K
Z	Z	Z

Tabelle 2.1: Eine Liste aller möglichen „Mikrozustände" eines Satzes von drei Münzen (mit K für Kopf und Z für Zahl).

Lassen Sie mich nun ein wenig hochtrabend klingende Terminologie einführen. Jedes der acht verschiedenen Ergebnisse wird als ein **Mikrozustand** bezeichnet. Um den Mikrozustand eines Systems zu spezifizieren, müssen wir im Allgemeinen den Zustand jedes einzelnen Teilchens angeben, in diesem Fall den Zustand jeder Münze. Wenn wir den Zustand allgemeiner angeben, indem wir nur sagen, wie *oft* wir Kopf oder Zahl haben, sprechen wir von einem **Makrozustand**. Wenn Sie den Mikrozustand des Systems kennen (etwa KKZ), dann kennen Sie auch seinen Makrozustand (in diesem Fall zweimal Kopf). Die Umkehrung trifft nicht zu: Wenn Sie wissen, dass es genau zweimal Kopf gibt, sagt Ihnen das *nicht*, in welchem Zustand sich die einzelnen Münzen befinden. Schließlich entsprechen drei Mikrozustände diesem einen Makrozustand. Die Zahl der Mikrozustände, die einem gegebenen Makrozustand entsprechen, nennen wir die **Vielfachheit** des Makrozustands. In diesem Fall ist sie 3.

Ich werde für die Vielfachheit den griechischen Buchstaben Ω (Groß-Omega) verwenden. Im Beispiel der drei Münzen ist Ω(3-mal Kopf) = 1, Ω(2-mal Kopf) = 3, Ω(1-mal Kopf) = 3 und Ω(0-mal Kopf) = 1. Beachten Sie, dass die Gesamtvielfachheit der vier Makrozustände gleich $1 + 3 + 3 + 1 = 8$ ist, der Gesamtanzahl von Mikrozuständen. Ich werde diese Größe mit Ω(alle) bezeichnen. Die *Wahrscheinlichkeit* eines bestimmten Makrozustands lautet dann

$$\text{Wahrscheinlichkeit für } n\text{-mal Kopf} = \frac{\Omega(n)}{\Omega(\text{alle})}\,. \tag{2.1}$$

So beträgt zum Beispiel die Wahrscheinlichkeit für zweimal Kopf $\Omega(2)/\Omega(\text{alle}) = 3/8$. Ich nehme wieder an, dass die Münzen nicht gezinkt sind. Dann sind alle 8 Mikrozustände gleich wahrscheinlich.

Um die Dinge ein wenig interessanter zu machen, nehmen wir nun an, dass es nicht nur drei, sondern 100 Münzen gibt. Die Gesamtanzahl der *Mikro*zustände ist nun sehr groß: 2^{100}, da jede der 100 Münzen zwei Zustände hat. Die Zahl der Makrozustände hingegen ist nur 101: nullmal Kopf, einmal Kopf, … bis hin zu hundertmal Kopf. Wie steht es mit den Vielfachheiten dieser Makrozustände?

Fangen wir mit dem Makrozustand mit nullmal Kopf an. Wenn es nullmal Kopf gibt, dann hat jede Münze die Zahl oben und der exakte Mikrozustand ist spezifiziert. Also ist $\Omega(0) = 1$.

Was ist los, wenn es genau einmal Kopf gibt? Nun, die Münze mit dem Kopf nach oben könnte die erste sein, die zweite und so weiter bis zur hundertsten. Es gibt also exakt 100 mögliche Mikrozustände: $\Omega(1) = 100$. Wenn Sie sich vorstellen, dass alle Münzen mit dem Kopf nach unten liegen, dann ist $\Omega(1)$ die Zahl der Möglichkeiten, eine davon *auszuwählen*, um sie umzudrehen.

Um $\Omega(2)$ zu bekommen, schauen wir uns die Zahl der Möglichkeiten an, zwei Münzen auszuwählen, um den Kopf nach oben zu drehen. Sie haben 100 Möglichkeiten, die erste Münze auszuwählen, und für jede dieser Möglichkeiten haben Sie 99 verbleibende Möglichkeiten für die zweite Münze. Aber Sie können jedes beliebige Paar in der einen oder anderen Reihenfolge auswählen. Damit ist die Anzahl der *unterschiedlichen* Paare gleich

$$\Omega(2) = \frac{100 \cdot 99}{2}\,. \tag{2.2}$$

Drehen Sie nun drei Münzen um, so haben Sie 100 Möglichkeiten für die erste, 99 für die zweite und 98 für die dritte. Aber ein Drilling kann auf verschiedene Weisen ausgewählt werden: 3 Optionen, welche Münze als erste umgedreht wird, und für jede dieser Optionen 2 Optionen, welche Münze als zweite umgedreht wird. Damit beträgt die Anzahl unterschiedlicher Drillinge

$$\Omega(3) = \frac{100 \cdot 99 \cdot 98}{3 \cdot 2} . \tag{2.3}$$

Vielleicht erkennen Sie nun das Muster. Um $\Omega(n)$ zu erhalten, schreiben wir in den Zähler das Produkt aus n Faktoren, wobei wir mit 100 starten und runterzählen. Dann teilen wir durch das Produkt aus n Faktoren, die bei n anfangen und bis 1 hinuntergehen:

$$\Omega(n) = \frac{100 \cdot 99 \cdots (100 - n + 1)}{n \cdots 2 \cdot 1} . \tag{2.4}$$

Der Nenner ist gerade n-Fakultät, geschrieben „$n!$". Wir können auch den Zähler durch Fakultäten ausdrücken, nämlich als $100!/(100-n)!$. (Stellen Sie sich vor, dass Sie das Produkt aller ganzen Zahlen von 100 bis 1 aufschreiben und dann alle Faktoren bis auf die ersten n ausstreichen.) Somit kann man die allgemeine Formel

$$\Omega(n) = \frac{100!}{n! \cdot (100-n)!} \equiv \binom{100}{n} \tag{2.5}$$

schreiben. Der letzte Ausdruck ist eine Standardabkürzung für diese Größe. Man sagt „n aus 100" – die Anzahl der verschiedenen Möglichkeiten, n Objekte aus 100 auszuwählen, oder die Anzahl der „Kombinationen" von n aus 100 Objekten.

Haben wir stattdessen N Münzen, so beträgt die Vielfachheit des Makrozustands mit n Köpfen

$$\Omega(N, n) = \frac{N!}{n! \cdot (N-n)!} = \binom{N}{n} , \tag{2.6}$$

die Anzahl an Möglichkeiten, n aus N Objekten auszuwählen.

Aufgabe 2.1 Angenommen, Sie werfen vier nicht gezinkte Münzen.
(a) Erstellen Sie eine Liste aller möglichen Ergebnisse wie in Tabelle 2.1.
(b) Erstellen Sie eine Liste aller unterschiedlichen „Makrozustände" und ihrer Wahrscheinlichkeiten.
(c) Berechnen Sie die Vielfachheit jedes Makrozustands mittels der kombinatorischen Formel 2.6 und überprüfen Sie, dass diese Ergebnisse mit dem übereinstimmen, was Sie durch direktes Abzählen bekommen.

Aufgabe 2.2 Angenommen, Sie werfen 20 nicht gezinkte Münzen.
(a) Wie viele mögliche Ergebnisse (Mikrozustände) gibt es?
(b) Was ist die Wahrscheinlichkeit, die Sequenz KZKKZZZKZKKKZKKKZKZ (in genau dieser Reihenfolge) zu bekommen?
(c) Was ist die Wahrscheinlichkeit, zwölfmal Kopf und achtmal Zahl (in beliebiger Reihenfolge) zu bekommen?

Aufgabe 2.3 Angenommen, Sie werfen 50 nicht gezinkte Münzen.
(a) Wie viele mögliche Ergebnisse (Mikrozustände) gibt es?
(b) Auf wie viele Weisen können Sie genau 25-mal Kopf und 25-mal Zahl bekommen?
(c) Mit welcher Wahrscheinlichkeit bekommen Sie exakt 25-mal Kopf und 25-mal Zahl?

(d) Mit welcher Wahrscheinlichkeit bekommen Sie exakt 30-mal Kopf und 20-mal Zahl?
(e) Mit welcher Wahrscheinlichkeit bekommen Sie exakt 40-mal Kopf und 10-mal Zahl?
(f) Mit welcher Wahrscheinlichkeit bekommen Sie exakt 50-mal Kopf und niemals Zahl?
(g) Zeichnen Sie die Wahrscheinlichkeit, n-mal Kopf zu bekommen, als Funktion von n.

Aufgabe 2.4 Berechnen Sie die Anzahl der möglichen Hände beim Pokern mit fünf Karten aus 52. (Die Reihenfolge der Karten in einer Hand ist irrelevant.) Ein Royal Flush besteht aus den fünf höchsten Karten (Ass, König, Dame, Bube, 10) in einer der vier Farben. Mit welcher Wahrscheinlichkeit bekommen Sie beim ersten Austeilen einen Royal Flush?

Der Paramagnet mit zwei Zuständen

Sie fragen sich vielleicht, was dieses lächerliche Beispiel der Münzwürfe mit Physik zu tun hat. Noch nicht viel, aber es gibt in der Tat wichtige physikalische Systeme, die genau die gleiche Kombinatorik haben. Das vielleicht wichtigste ist der **Paramagnet mit zwei Zuständen**.

Alle Materialien reagieren irgendwie auf ein Magnetfeld, weil die Elektronen und Atomkerne elektrisch geladen sind. Ein **Paramagnet** ist ein Material, in dem sich die konstituierenden Teilchen wie kleine Kompassnadeln verhalten, die dazu neigen, sich *parallel* zu einem angelegten äußeren Magnetfeld auszurichten. (Wenn die Teilchen hinreichend stark untereinander wechselwirken, kann sich das Material sogar *ohne* ein angelegtes äußeres Feld magnetisieren. Wir nennen es dann einen **Ferromagneten** nach Eisen, dem berühmtesten Beispiel. Im Gegensatz dazu weist der Paramagnetismus eine magnetische Ausrichtung auf, die nur so lange besteht, als das äußere Feld angelegt ist.)

Ich werde von den einzelnen magnetischen Teilchen als **Dipolen** sprechen, weil jedes sein eigenes magnetisches Dipolmoment (einen Vektor) aufweist. In der Praxis könnte jeder Dipol ein einzelnes Elektron, eine Gruppe von Elektronen in einem Atom oder ein Atomkern sein. Die Quantenmechanik lässt in jedem dieser magnetischen Dipole die Komponente des Dipolvektors entlang einer beliebigen Achse nur bestimmte diskrete Werte annehmen – Zwischenwerte sind nicht erlaubt. Im einfachsten Fall sind nur *zwei* Werte erlaubt, der eine positiv, der andere negativ. Wir haben dann einen **Paramagneten mit zwei Zuständen**, in dem jede elementare Kompassnadel nur zwei Orientierungen aufweisen kann, entweder parallel oder antiparallel zum angelegten Feld. Ich zeichne dieses System als eine Ansammlung kleiner Pfeile, von denen jeder entweder nach oben oder nach unten zeigt, so wie in Abbildung 2.1.[1]

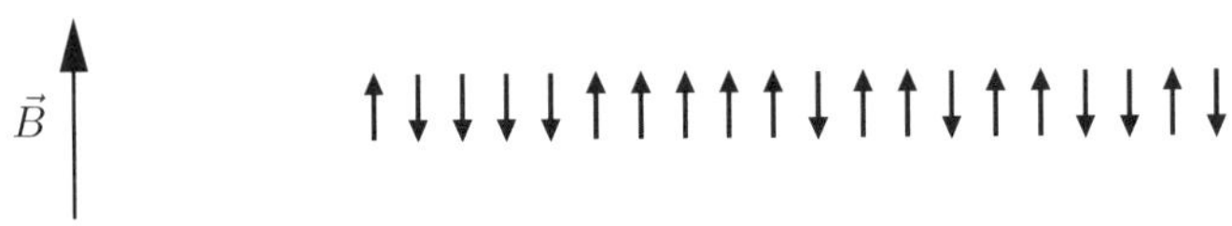

Abbildung 2.1: Symbolische Darstellung eines Paramagneten mit zwei Zuständen, in dem jeder elementare Dipol sich entweder parallel oder antiparallel zum angelegten äußeren Magnetfeld ausrichtet.

1 Der Dipolvektor eines Teilchens ist proportional zu seinem Drehimpulsvektor; der einfache Fall mit zwei Zuständen kommt für Teilchen mit „Spin 1/2“ vor. Anhang A liefert eine vollständigere Diskussion von Quantenmechanik und Drehimpuls.

Nun zur Kombinatorik. $N_\uparrow$ ist als die Anzahl der elementaren Dipole definiert, die (zu einem bestimmten Moment) nach oben weisen, und $N_\downarrow$ ist die Anzahl der Dipole, die nach unten weisen. Die Gesamtzahl der Dipole ist dann $N = N_\uparrow + N_\downarrow$ und wir gehen davon aus, dass diese Zahl fix ist. Dieses System hat für jeden denkbaren Wert von $N_\uparrow$ von 0 bis N einen Makrozustand. Die Vielfachheit eines Makrozustands ist durch dieselbe Formel wie beim Münzwurf-Beispiel gegeben:

$$\Omega(N_\uparrow) = \binom{N}{N_\uparrow} = \frac{N!}{N_\uparrow!\,N_\downarrow!}\,. \tag{2.7}$$

Das äußere Magnetfeld übt ein Drehmoment auf jeden kleinen Dipol aus und versucht, ihn parallel zum Feld auszurichten. Wenn das äußere Feld nach oben weist, dann hat ein nach oben gerichteter Dipol *weniger* Energie als einer, der nach unten gerichtet ist, denn Sie müssten Energie zuführen, um ihn von oben nach unten zu drehen. Die Gesamtenergie des Systems (unter Vernachlässigung irgendwelcher Wechselwirkungen *zwischen* den Dipolen) ist durch die Anzahl der nach oben und nach unten gerichteten Dipole gegeben. Legen wir also den Makrozustand des Systems fest, dann ist das dasselbe, als wenn wir seine Energie festlegen. In der Tat ist in fast allen physikalischen Beispielen der Makrozustand eines Systems zumindest teilweise durch seine Gesamtenergie festgelegt.

2.2 Das Einstein-Modell eines Festkörpers

Learn a little … do a little

Gehen wir nun zu einem System, das ein wenig komplizierter, dafür aber auch repräsentativer für typische physikalische Systeme ist. Betrachten wir eine Ansammlung von mikroskopischen Systemen, die jeweils eine beliebige Anzahl von Energie„einheiten" speichern können, die alle gleich groß sind. Gleich große Energieeinheiten kommen bei jedem quantenmechanischen *harmonischen Oszillator* vor, dessen potentielle Energie die Gestalt $\frac{1}{2}k_s x^2$ hat. (Dabei ist k_s die „Federkonstante".) Die Größe der Energieeinheiten ist dann hf,[2] wobei h das **Planck'sche Wirkungsquantum** ($6{,}63\cdot10^{-34}$ J·s) ist und f die Eigenfrequenz des Oszillators ($\frac{1}{2\pi}\sqrt{k_s/m}$). Eine abstrakte Darstellung einer Ansammlung vieler solcher Oszillatoren ist in Abbildung 2.2 dargestellt.

Zu den Beispielen für Quantenoszillatoren gehören die Schwingungsbewegungen diatomarer und polyatomarer Gasmoleküle. Ein viel häufigeres Beispiel sind aber die Schwingungen von Atomen in einem Festkörper (siehe Abbildung 1.6). In einem dreidimensionalen Festkörper kann jedes Atom in drei unabhängigen Richtungen schwingen. Gibt es also N Oszillatoren, so gibt es nur $N/3$ Atome. Einen Festkörper als eine Ansammlung identischer Oszillatoren mit quantisierten Energieeinheiten zu modellieren, wurde zum ersten Mal von Albert Einstein 1907 vorgeschlagen. Daher werde ich dieses System als **Einstein-Festkörper** bezeichnen.

---

2 Wie in Anhang A erklärt, ist die niedrigste mögliche Energie eines quantalen harmonischen Oszillators in Wirklichkeit $\frac{1}{2}hf$, nicht null. Aber diese „Nullpunktsenergie" wird nicht transferiert und somit spielt sie bei thermischen Wechselwirkungen keine Rolle. Die Energien der angeregten Zustände betragen $\frac{3}{2}hf$, $\frac{5}{2}hf$ und so weiter, jeweils mit einer zusätzlichen „Energieeinheit" hf. Für unsere Zwecke ist es ausreichend, alle Energien relativ zum Grundzustand zu messen; dann lauten die erlaubten Energien 0, hf, $2hf$ und so weiter.
Woanders finden Sie die Energieeinheit eines Quantenoszillators vielleicht in der Form $\hbar\omega$, wobei $\hbar = h/2\pi$ und $\omega = 2\pi f$ gilt. Der Unterschied zwischen $\hbar\omega$ und hf besteht lediglich darin, wo Sie die Faktoren 2π hinschreiben.

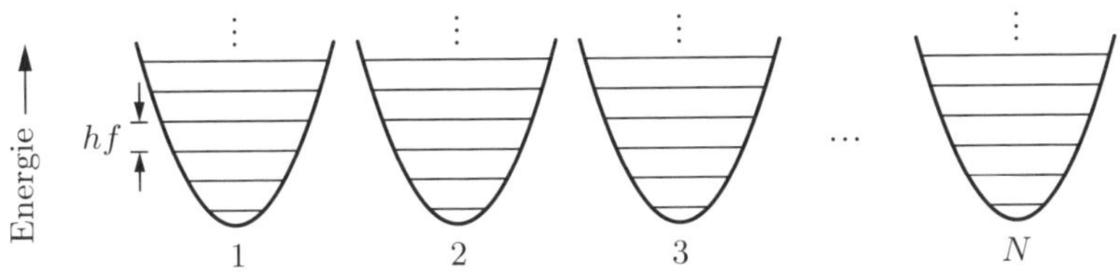

Abbildung 2.2: In der Quantenmechanik weist jedes System mit einer quadratischen potentiellen Energie Energieniveaus in gleichmäßigen Abständen von hf auf, wobei f die klassische Frequenz des Oszillators ist. Ein Einstein-Festkörper ist eine Ansammlung von N solchen Oszillatoren mit derselben Frequenz.

Oszillator:	**#1**	**#2**	**#3**
Energie:	0	0	0
	1	0	0
	0	1	0
	0	0	1
	2	0	0
	0	2	0
	0	0	2
	1	1	0
	1	0	1
	0	1	1

Oszillator:	**#1**	**#2**	**#3**
Energie:	3	0	0
	0	3	0
	0	0	3
	2	1	0
	2	0	1
	1	2	0
	0	2	1
	1	0	2
	0	1	2
	1	1	1

Tabelle 2.2: Mikrozustände eines kleinen Einstein-Festkörpers, der aus nur drei Oszillatoren besteht, die insgesamt null, eine, zwei oder drei Energieeinheiten tragen.

Fangen wir mit einem sehr kleinen Einstein-Festkörper an. Er enthält nur drei Oszillatoren: $N = 3$. Die Tabelle 2.2 listet die verschiedenen Mikrozustände dieses Systems in Reihenfolge zunehmender Gesamtenergie auf; jede Zeile in der Tabelle entspricht einem anderen Mikrozustand. Es gibt nur einen Mikrozustand mit Gesamtenergie 0, hingegen gibt es drei Mikrozustände mit einer Energieeinheit, sechs mit zwei Einheiten und zehn mit drei Einheiten. Somit:

$$\Omega(0) = 1\,, \qquad \Omega(1) = 3\,, \qquad \Omega(2) = 6\,, \qquad \Omega(3) = 10\,. \tag{2.8}$$

Die allgemeine Formel für die Vielfachheit eines Einstein-Festkörpers mit N Oszillatoren und q Energieeinheiten lautet

$$\Omega(N, q) = \binom{q + N - 1}{q} = \frac{(q + N - 1)!}{q!\,(N - 1)!}\,. \tag{2.9}$$

Bitte überprüfen Sie diese Formel für die gerade besprochenen Beispiele. Um diese Formel zu *beweisen*, verwende ich folgende graphische Darstellung der Mikrozustände eines Einstein-Festkörpers: Ich verwende einen Punkt, um jede Energieeinheit darzustellen, und eine senkrechte Linie zur Darstellung einer Aufteilung zwischen einem Oszillator und dem nächsten. In einem Festkörper mit vier Oszillatoren stellt somit die Sequenz ● | ● ● ● | | ● ● ● ● den Mikrozustand dar, in dem der erste Oszillator eine Energieeinheit trägt, der zweite drei, der dritte keine und der vierte vier. Beachten Sie, dass ein beliebiger Mikrozustand auf diese Weise eindeutig dargestellt werden kann und dass jede denkbare Sequenz von Punkten und Strichen einen Mikrozustand darstellt. Es gibt immer q Punkte und $N-1$ Linien, somit also $q+N-1$ Symbole. Für gegebenes q und N ist die Zahl der möglichen Anordnungen gerade die Anzahl der Möglichkeiten, q der Symbole zu Punkten zu machen, also $\binom{q+N-1}{q}$.

Aufgabe 2.5 Führen Sie für einen Einstein-Festkörper und jedes der folgenden Wertepaare von N und q alle möglichen Mikrozustände auf, zählen Sie sie und überprüfen Sie Gleichung 2.9.
(a) $N = 3$, $q = 4$
(b) $N = 3$, $q = 5$
(c) $N = 3$, $q = 6$
(d) $N = 4$, $q = 2$
(e) $N = 4$, $q = 3$
(f) $N = 1$, $q =$ beliebig
(g) $N =$ beliebig, $q = 1$

Aufgabe 2.6 Berechnen Sie die Vielfachheit eines Einstein-Festkörpers mit 30 Oszillatoren und 30 Energieeinheiten. (Versuchen Sie nicht, alle Mikrozustände aufzuzählen.)

Aufgabe 2.7 Stellen Sie für einen Einstein-Festkörper mit vier Oszillatoren und zwei Energieeinheiten jeden möglichen Mikrozustand als eine Sequenz von Punkten und Strichen dar, so wie sie im Text verwendet wurden, um Gleichung 2.9 zu beweisen.

> *Wissen Sie, gerade eben ist mir die* verrückteste *Sache passiert.*
> *Ich bin gerade auf dem Weg zur Vorlesung über den Parkplatz gelaufen.*
> *Sie werden nicht glauben, was passiert ist. Ich habe ein Auto mit dem*
> *Nummernschild ARW 357 gesehen! Können Sie sich das vorstellen??*
> *Wie groß war die Wahrscheinlichkeit, dass ich gerade dieses Nummernschild*
> *heute sehen würde, bei all den Millionen Nummernschildern im Staat? Verrückt!*
>
> —Richard Feynman, zitiert von David Goodstein,
> *Physics Today* **42**, 73
> (February 1989).

2.3 Wechselwirkende Systeme

Learn a little … do a little

Wir wissen nicht, wie wir die Mikrozustände in einem Einstein-Festkörper zählen sollen. Damit wir Wärmefluss und irreversible Prozesse verstehen, müssen wir uns aber ein System von *zwei* Einstein-Festkörpern anschauen, zwischen denen sich Energie hin- und herbewegen kann.[3] Ich nenne die zwei Festkörper A und B (siehe Abbildung 2.3).

Zuerst sollte ich klarstellen, was mit dem „Makrozustand" eines solchen zusammengesetzten Systems gemeint ist. Der Einfachheit halber nehme ich an, dass die zwei Festkörper **schwach gekoppelt** sind, sodass der Energieaustausch zwischen ihnen viel langsamer ist als der Energieaustausch innerhalb jedes Festkörpers. Dann werden sich die

3 Dieser Abschnitt und Teile der Abschnitte 3.1 und 3.3 beruhen auf einem Artikel von T. A. Moore und D. V. Schroeder, *American Journal of Physics* **65**, 26–36 (1997).

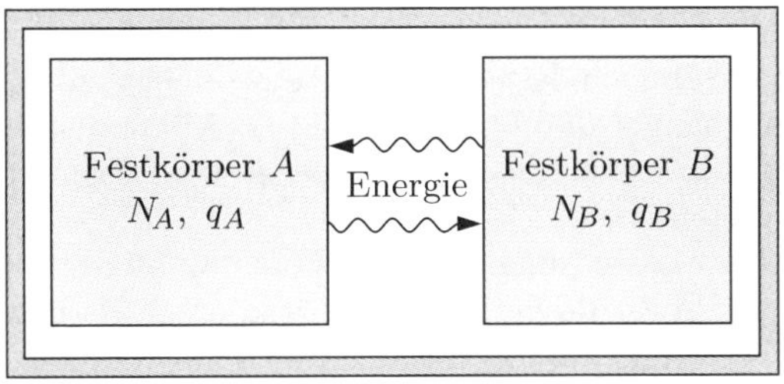

Abbildung 2.3: Zwei Einstein-Festkörper, die untereinander Energie austauschen können und vom Rest des Universums isoliert sind.

jeweiligen Energien der Festkörper, U_A und U_B, nur langsam ändern; für hinreichend kurze Zeitskalen sind sie effektiv konstant. Ich werde das Wort „Makrozustand“ verwenden, um mich auf den Zustand des Gesamtsystems zu beziehen, wie er durch die (zeitweise) fixierten Werte von U_A und U_B spezifiziert wird. Für jeden solchen Makrozustand können wir die Vielfachheit ausrechnen; das werden wir gleich sehen. Allerdings *werden* sich die Werte von U_A und U_B auf längeren Zeitskalen ändern. Daher werde ich auch über die gesamte Vielfachheit für *alle* erlaubten Werte von U_A und U_B sprechen, indem ich alle möglichen Mikrozustände zähle, wenn nur die Summe $U_{\text{gesamt}} = U_A + U_B$ festgehalten wird.

Fangen wir mit einem sehr kleinen System an, in dem jeder der „Festkörper“ nur drei harmonische Oszillatoren aufweist und sie insgesamt sechs Energieeinheiten haben:

$$N_A = N_B = 3\,; \qquad q_{\text{gesamt}} = q_A + q_B = 6\,. \tag{2.10}$$

(Ich verwende wieder q, um die Zahl der Energieeinheiten zu bezeichnen. Der tatsächliche Energiebetrag ist $U = qhf$.)

Sind diese Parameter vorgegeben, muss ich immer noch den Wert q_A oder q_B angeben, um den Makrozustand des Systems zu beschreiben. Es gibt sieben mögliche Makrozustände mit $q_A = 0, 1, \ldots, 6$, wie in Abbildung 2.4 aufgezählt. Ich habe die Standardformel $\binom{q+N-1}{q}$ verwendet, um die jeweiligen Vielfachheiten Ω_A und Ω_B für jeden Makrozustand zu berechnen. (Ich habe einige davon auch im vorhergehenden Abschnitt berech-

q_A	Ω_A	q_B	Ω_B	$\Omega_{\text{gesamt}} = \Omega_A\Omega_B$
0	1	6	28	28
1	3	5	21	63
2	6	4	15	90
3	10	3	10	100
4	15	2	6	90
5	21	1	3	63
6	28	0	1	28
				$462 = \binom{6+6-1}{6}$

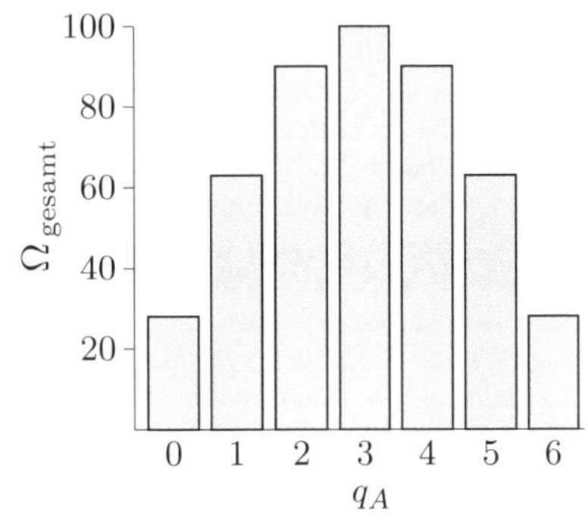

Abbildung 2.4: Makrozustände und Vielfachheiten zweier Einstein-Festkörper, von denen jeder drei Oszillatoren enthält, die sich insgesamt sechs Energieeinheiten teilen.

net, indem ich die Mikrozustände explizit gezählt habe.) Ω_{gesamt}, die Gesamtvielfachheit eines Makrozustands, ist einfach das Produkt der einzelnen Vielfachheiten, weil die Systeme voneinander unabhängig sind: Für *jeden* der Ω_A Mikrozustände, die es in Festkörper A gibt, gibt es Ω_B Mikrozustände in Festkörper B. Die Gesamtvielfachheit ist in dem Balkendiagramm dargestellt.

Über lange Zeitskalen hinweg stehen dem System 462 Mikrozustände zur Verfügung, die Summe aus der letzten Spalte der Tabelle. Wir können diese Zahl auch überprüfen, indem wir die Standardformel auf das Gesamtsystem aus 6 Oszillatoren und 6 Energieeinheiten anwenden.

Lassen Sie mich nun eine große Annahme machen: Nehmen wir an, dass über lange Zeiträume hinweg die Energie zufällig umverteilt wird,[4] und zwar so, dass *alle 462 Mikrozustände gleich wahrscheinlich sind.* Wenn Sie also zu irgendeinem Zeitpunkt auf das System schauen, werden Sie das System mit gleicher Wahrscheinlichkeit in irgendeinem der 462 Mikrozustände finden. Diese Annahme ist die **Grundannahme der statistischen Mechanik**:

> In einem isolierten System im thermischen Gleichgewicht sind alle zugänglichen Mikrozustände gleich wahrscheinlich.

Ich kann diese Annahme nicht beweisen, auch wenn sie plausibel erscheinen sollte. Auf der mikroskopischen Ebene erwarten wir, dass jeder Prozess, der das System von Zustand X in den Zustand Y bringt, reversibel sein sollte, sodass das System genauso leicht von Zustand Y in den Zustand X gelangen kann.[5]

In diesem Fall sollte das System keinen Zustand einem anderen bevorzugen. Trotzdem ist es nicht offensichtlich, dass alle der als „zugänglich" angenommenen Mikrozustände tatsächlich in einer vernünftigen Zeitspanne erreicht werden können. Wir werden in der Tat sehen, dass in einem großen System die Zahl der „zugänglichen" Mikrozustände so groß ist, dass in einer typischen Lebensdauer nur ein winziger Bruchteil von ihnen tatsächlich vorkommen kann. Was wir also annehmen, ist, dass die Mikrozustände, die *tatsächlich* über einen hinreichend langen, aber nicht unvorstellbar großen Zeitraum vorkommen, einen repräsentativen Querschnitt darstellen. Wir nehmen an, dass die Übergänge „zufällig" sind, in dem Sinne, dass es kein Muster gibt, über das wir uns Gedanken machen müssten.[6]

Wenn wir die Grundannahme auf unser System zweier kleiner Einstein-Festkörper anwenden, können wir unmittelbar schließen, dass zwar alle 462 *Mikro*zustände gleich

4 Die Umverteilung von Energie bedarf irgendeiner Art von Wechselwirkung zwischen den Oszillatoren. Erfreulicherweise kommt es auf die genaue Art dieser Wechselwirkung nicht an. Allerdings besteht die Gefahr, dass Wechselwirkungen zwischen den Oszillatoren die Energieniveaus der einzelnen Oszillatoren verändern. Das würde unsere Annahme, dass die Energieniveaus jedes Oszillators gleiche Abstände haben, ungültig machen. Wir nehmen daher an, dass die Wechselwirkungen unter den Oszillatoren stark genug sind, dass es zum Energieaustausch kommt, sie aber zu schwach sind, um die Energieniveaus relevant zu beeinflussen. Diese Annahme ist für die statistische Mechanik nicht grundlegend, macht aber explizite Rechnungen viel einfacher.

5 Diese Vorstellung wird das **Prinzip des detaillierten Gleichgewichts** genannt.

6 Es kann ganze Klassen von Zuständen geben, die überhaupt nicht zugänglich sind, vielleicht, weil sie die falsche Gesamtenergie haben. Es kann auch Klassen von Zuständen geben, die über Zeitskalen hinweg zugänglich sind, die viel länger sind, als wir warten wollen. Das Konzept der „Zugänglichkeit" hängt genau wie das des „Mikrozustands" von der betrachteten Zeitskala ab. Im Fall von Einstein-Festkörpern nehme ich an, dass alle Mikrozustände einer gegebenen Energie zugänglich sind.

wahrscheinlich sind, aber einige *Makro*zustände wahrscheinlicher als andere. Die Wahrscheinlichkeit, das System im vierten Makrozustand (mit 3 Energieeinheiten in jedem Festkörper) zu finden, ist 100/462. Hingegen ist die Wahrscheinlichkeit, es im ersten Makrozustand zu finden (mit der ganzen Energie im Festkörper B), nur 28/462. Ist die Gesamtenergie anfangs in Festkörper B und warten wir ein wenig, so werden wir die Energie wahrscheinlich später gleichmäßiger verteilt vorfinden.

Schon für dieses sehr kleine System mit nur wenigen Oszillatoren und Energieeinheiten ist die manuelle Berechnung all der Vielfachheiten etwas mühsam. Ich würde es nicht gerne für ein System mit 100 Oszillatoren und Energieeinheiten machen. Erfreulicherweise ist es nicht schwer, es einen Computer machen zu lassen. Sie sollten in der Lage sein, die Tabelle und die Kurve aus Abbildung 2.4 ohne große Mühe zu reproduzieren (siehe Aufgabe 2.9).

q_A	Ω_A	q_B	Ω_B	Ω_{gesamt}
0	1	100	$2{,}8 \cdot 10^{81}$	$2{,}8 \cdot 10^{81}$
1	300	99	$9{,}3 \cdot 10^{80}$	$2{,}8 \cdot 10^{83}$
2	45150	98	$3{,}1 \cdot 10^{80}$	$1{,}4 \cdot 10^{85}$
3	4545100	97	$1{,}0 \cdot 10^{80}$	$4{,}6 \cdot 10^{86}$
4	$3{,}4 \cdot 10^{8}$	96	$3{,}3 \cdot 10^{79}$	$1{,}1 \cdot 10^{88}$
⋮	⋮	⋮	⋮	⋮
59	$2{,}2 \cdot 10^{68}$	41	$3{,}1 \cdot 10^{46}$	$6{,}8 \cdot 10^{114}$
60	$1{,}3 \cdot 10^{69}$	40	$5{,}3 \cdot 10^{45}$	$6{,}9 \cdot 10^{114}$
61	$7{,}7 \cdot 10^{69}$	39	$8{,}8 \cdot 10^{44}$	$6{,}8 \cdot 10^{114}$
⋮	⋮	⋮	⋮	⋮
100	$1{,}7 \cdot 10^{96}$	0	1	$1{,}7 \cdot 10^{96}$
				$9{,}3 \cdot 10^{115}$

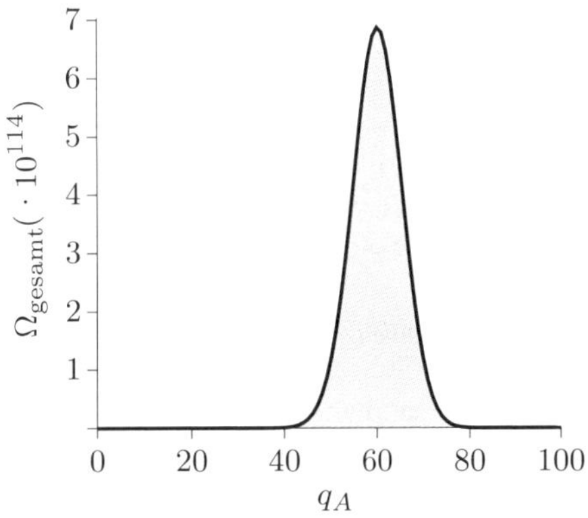

Abbildung 2.5: Makrozustände und Vielfachheiten eines Systems von zwei Einstein-Festkörpern, mit jeweils 300 und 200 Oszillatoren, die insgesamt 100 Energieeinheiten haben.

Abbildung 2.5 zeigt eine computergenerierte Tabelle und eine Kurve für ein System zweier Einstein-Festkörper mit

$$N_A = 300\,, \qquad N_B = 200\,, \qquad q_{\text{gesamt}} = 100\,. \tag{2.11}$$

Jetzt gibt es 101 mögliche Makrozustände, von denen nur einige wenige in der Tabelle aufgeführt sind. Schauen Sie sich die Vielfachheiten an: Selbst der *unwahrscheinlichste* Makrozustand, in dem alle Energie im Festkörper B ist, hat eine Vielfachheit von $3{\cdot}10^{81}$. Der *wahrscheinlichste* Makrozustand mit $q_A = 60$ hat eine Vielfachheit von $7{\cdot}10^{114}$. Was bei diesen Zahlen wichtig ist, ist nicht, dass sie groß sind, sondern dass ihr *Verhältnis* groß ist: Der wahrscheinlichste Makrozustand ist um das mehr als 10^{33}-Fache wahrscheinlicher als der unwahrscheinlichste Makrozustand.

Schauen wir uns dieses Beispiel ein wenig genauer an. Die Gesamtanzahl der Mikrozustände für alle Makrozustände beträgt $9{\cdot}10^{115}$, somit ist die Wahrscheinlichkeit, das System in seinem *wahrscheinlichsten* Makrozustand zu finden, nicht besonders groß: etwa 7 %. Es gibt einige andere Makrozustände, bei denen q_A ein wenig kleiner oder größer als 60 ist, deren Wahrscheinlichkeiten fast genauso groß sind. Wenn sich q_A weiter von 60 entfernt, fällt die Wahrscheinlichkeit auf beiden Seiten sehr scharf ab. Die Wahrscheinlichkeit, ein q_A zu bekommen, das kleiner als 30 oder größer als 90 ist, ist weniger als ein Millionstel, und die Wahrscheinlichkeit, $q_A < 10$ zu erhalten, ist geringer als 10^{-20}. Das Alter des Universums ist geringer als 10^{18} Sekunden. Sie müssten also dieses System hundertmal pro Sekunde über die gesamte bisherige Lebensdauer des Universums hinweg überprüfen, damit Sie eine reelle Chance haben, es mit $q_A < 10$ zu finden. Selbst dann würden Sie es niemals mit $q_A = 0$ finden.

Nehmen Sie nun aber einmal an, dass sich das System *anfangs* in einem Zustand befindet, in dem q_A viel kleiner als 60 ist; vielleicht ist die gesamte Energie zu Beginn im Festkörper B. Wenn Sie nun eine Weile warten, dass sich die Energie umverteilt, und dann noch einmal schauen, dann ist es mehr oder weniger *sicher*, dass Sie beobachten werden, dass Energie von B nach A geflossen ist. Dieses System zeigt *irreversibles* Verhalten: Energie fließt spontan von B nach A, aber (von kleinen Fluktuationen um $q_A = 60$ herum abgesehen) niemals von A nach B. Offensichtlich haben wir die physikalische Erklärung des *Wärmetransfers* gefunden: Es geht um ein *Wahrscheinlichkeitsphänomen*: nicht absolut sicher, aber sehr wahrscheinlich.

Wir sind auch auf ein neues Gesetz der Physik gestoßen: Der spontane Energiefluss *stoppt*, wenn sich das System in oder nahe bei seinem *wahrscheinlichsten Makrozustand* befindet, also dem Makrozustand mit der größten Vielfachheit. Dieses „Gesetz der Zunahme der Vielfachheit" ist eine der Versionen des berühmten **zweiten Hauptsatz der Thermodynamik**. Beachten Sie aber, dass es sich überhaupt nicht um ein *fundamentales* Gesetz handelt, nur eine sehr starke Aussage über Wahrscheinlichkeiten.

Um die Aussage zu verstärken und im Allgemeinen realistischer zu sein, sollten wir uns Systeme anschauen, die nicht nur ein paar Hundert, sondern eher um die 10^{23} Oszillatoren enthalten. Leider kann nicht einmal ein Computer ausrechnen, auf wie viele Weisen 10^{23} Energieeinheiten auf 10^{23} Oszillatoren verteilt werden können. Erfreulicherweise kann man aber einige nette Näherungen machen, um dieses Problem analytisch zu behandeln. Das ist das Thema des folgenden Abschnitts.

Aufgabe 2.8 Betrachten Sie ein System von zwei Einstein-Festkörpern A und B, die jeweils 10 Oszillatoren aufweisen und sich insgesamt 20 Energieeinheiten teilen. Nehmen Sie an, dass die Festkörper schwach gekoppelt sind und die Gesamtenergie konstant ist.

(a) Wie viele verschiedene *Makro*zustände gibt es in diesem System?

(b) Wie viele verschiedene *Mikro*zustände gibt es in diesem System?

(c) Angenommen, das System ist im thermischen Gleichgewicht. Mit welcher Wahrscheinlichkeit finden wir die gesamte Energie im Festkörper A?

(d) Mit welcher Wahrscheinlichkeit befindet sich exakt die Hälfte der Energie im Festkörper A?

(e) Unter welchen Umständen würde dieses System irreversibles Verhalten zeigen?

Aufgabe 2.9 Verwenden Sie einen Computer, um die Tabelle und die Kurve in Abbildung 2.4 zu reproduzieren: zwei Einstein-Festkörper, jeder mit drei harmonischen Oszillatoren, und insgesamt sechs Energieeinheiten. Modifizieren Sie dann die Tabelle und die Kurve, um den Fall darzustellen, in dem ein Einstein-Festkörper sechs harmonische Oszillatoren besitzt und der andere vier. (Die Gesamtanzahl der Energieeinheiten soll nach wie vor sechs betragen.) Angenommen, dass alle Mikrozustände gleich wahrscheinlich sind: Wie lautet der wahrscheinlichste Makrozustand und wie groß ist seine Wahrscheinlichkeit? Was ist der unwahrscheinlichste Makrozustand und wie groß ist seine Wahrscheinlichkeit?

Aufgabe 2.10 Verwenden Sie einen Computer, um eine Tabelle und eine Kurve wie in diesem Abschnitt zu erzeugen. Dabei soll der eine Einstein-Festkörper 200 Oszillatoren enthalten, der andere 100, und es sollen insgesamt 100 Energieeinheiten sein. Was ist der wahrscheinlichste Makrozustand? Wie groß ist seine Wahrscheinlichkeit? Was ist der unwahrscheinlichste Makrozustand und wie wahrscheinlich ist er?

Aufgabe 2.11 Verwenden Sie einen Computer, um eine Tabelle und eine Kurve wie in diesem Abschnitt zu erzeugen. Jetzt soll es um zwei wechselwirkende Paramagneten mit zwei Zuständen gehen, von denen jeder 100 magnetische Elementardipole enthält. Nehmen Sie als „Energieeinheit" die Energie, die benötigt wird, um einen einzelnen Dipol aus dem „oben"-Zustand (parallel zum äußeren Feld) in den „unten"-Zustand zu kippen. Nehmen Sie an, dass die Gesamtanzahl an Energieeinheiten relativ zum Zustand, in dem alle Dipole nach oben weisen, 80 beträgt. Diese Energie kann beliebig zwischen den beiden Paramagneten aufgeteilt werden. Was ist der wahrscheinlichste Makrozustand? Wie groß ist seine Wahrscheinlichkeit? Was ist der unwahrscheinlichste Makrozustand und wie wahrscheinlich ist er?

2.4 Große Systeme

Learn a little … do a little

Im vorigen Abschnitt haben wir gesehen, dass für ein System aus zwei wechselwirkenden Einstein-Festkörpern, jeder mit so um die hundert Oszillatoren, bestimmte Makrozustände *sehr* viel wahrscheinlicher als andere sind. Dennoch war immer noch ein signifikanter Anteil der Makrozustände, in etwa 20 %, ziemlich wahrscheinlich. Wir schauen uns nun an, was passiert, wenn das System viel größer ist, sodass jeder Festkörper so um die 10^{20} oder mehr Oszillatoren beinhaltet. Mein Ziel ist es, Ihnen bis zum Ende dieses Abschnitts zu zeigen, dass von all den Makrozuständen nur ein winziger Bruchteil nicht vollkommen unwahrscheinlich ist. In anderen Worten: die Vielfachheitsfunktion wird sehr scharf (siehe Abbildung 2.6). Um so große Systeme zu analysieren, müssen wir erst einen Umweg in die Mathematik sehr großer Zahlen machen.

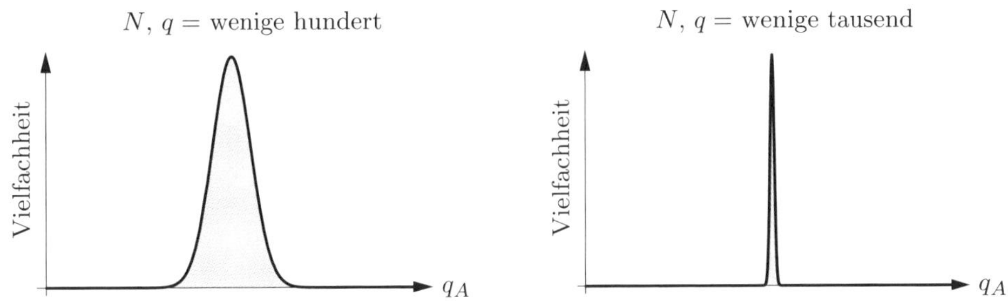

Abbildung 2.6: Typischer Graph der Vielfachheit für zwei wechselwirkende Einstein-Festkörper, die einige Hundert Oszillatoren und Energieeinheiten (links) und einige Tausend (rechts) aufweisen. Mit zunehmender Systemgröße wird die Spitze verglichen zur gesamten horizontalen Skala sehr scharf. Für $N \approx q \approx 10^{20}$ ist sie so scharf, dass man sie nicht zeichnen kann.

Sehr große Zahlen

Es gibt drei Arten von Zahlen, die gemeinhin in der statistischen Mechanik vorkommen: kleine Zahlen, große Zahlen und sehr große Zahlen.

Kleine Zahlen sind kleine Zahlen wie etwa 6, 23 und 42. Sie wissen bereits, wie man mit kleinen Zahlen umgeht.

Große Zahlen sind viel größer als kleine Zahlen und ergeben sich oft beim Exponenzieren kleiner Zahlen. Die wichtigste große Zahl in der statistischen Mechanik ist die Avogadro-Zahl, die von der Größenordnung 10^{23} ist. Die wichtigste Eigenschaft großer Zahlen ist, dass Sie eine kleine Zahl zu einer großen Zahl hinzu*addieren* können, ohne dass sie sich ändert. Zum Beispiel gilt

$$10^{23} + 23 = 10^{23}\,. \tag{2.12}$$

(Die einzige Ausnahme von dieser Regel liegt vor, wenn Sie am Ende die gleiche große Zahl abziehen wollen: $10^{23} + 42 - 10^{23} = 42$.)

Sehr große Zahlen sind noch größer als große Zahlen und entstehen beim Exponenzieren großer Zahlen. Ein Beispiel wäre etwa $10^{10^{23}}$.[7] Sehr große Zahlen haben die verrückte Eigenschaft, dass Sie sie mit großen Zahlen *multiplizieren* können, ohne sie zu ändern. Zum Beispiel gilt

$$10^{10^{23}} \cdot 10^{23} = 10^{(10^{23}+23)} = 10^{10^{23}} \tag{2.13}$$

aufgrund von Gleichung 2.12. An diese Eigenschaft muss man sich ein wenig gewöhnen, aber sie kann extrem praktisch beim Arbeiten mit sehr großen Zahlen sein. (Wiederum gibt es eine Ausnahme: Beabsichtigen Sie, letztlich durch die gleiche sehr große Zahl zu *teilen*, müssen Sie auf übrigbleibende Faktoren achten.)

Ein gängiger Trick, um mit sehr großen Zahlen zu arbeiten, besteht darin, ihren Logarithmus zu nehmen. Dadurch wird aus einer *sehr* großen Zahl eine gewöhnliche *große* Zahl, die uns viel vertrauter ist und viel direkter verarbeitet werden kann. Am Ende können Sie wieder exponenzieren, um die sehr große Zahl zurückzubekommen. Ich werde diesen Trick weiter unten in diesem Abschnitt verwenden.

Aufgabe 2.12 Der natürliche Logarithmus ln ist so definiert, dass $e^{\ln x} = x$ für beliebiges positives x gilt.

(a) Skizzieren Sie den natürlichen Logarithmus.

(b) Beweisen Sie

$$\ln ab = \ln a + \ln b \qquad \text{und} \qquad \ln a^b = b \ln a\,.$$

(c) Beweisen Sie, dass $\frac{d}{dx} \ln x = \frac{1}{x}$.

(d) Leiten Sie die nützliche Näherung

$$\ln(1 + x) \approx x$$

ab, die für $|x| \ll 1$ gilt. Überprüfen Sie die Genauigkeit dieser Näherung für $x = 0{,}1$ und $x = 0{,}01$.

Aufgabe 2.13 Spaß mit Logarithmen.

(a) Vereinfachen Sie den Ausdruck $e^{a \ln b}$. (Das heißt: schreiben Sie ihn so, dass keine Logarithmen vorkommen.)

7 Beachten Sie, dass x^{y^z} für $x^{(y^z)}$ steht, nicht $(x^y)^z$.

(b) Beweisen Sie unter der Annahme $b \ll a$, dass $\ln(a+b) \approx (\ln a) + (b/a)$ gilt. (*Hinweis:* Ziehen Sie a aus dem Argument des Logarithmus heraus, sodass Sie die Näherung aus Teil (d) der vorherigen Aufgabe verwenden können.)

Aufgabe 2.14 Schreiben Sie $e^{10^{23}}$ in der Gestalt 10^x mit einem von Ihnen zu bestimmenden x.

Die Stirling-Näherung

Unsere Formeln für Vielfachheiten beinhalten Fakultäten. Um diese Formeln auf *große* Systeme anzuwenden, brauchen wir einen Trick zur Auswertung der Fakultäten großer Zahlen. Der Trick heißt **Stirling-Näherung**:

$$N! \approx N^N e^{-N} \sqrt{2\pi N}\,. \tag{2.14}$$

Diese Näherung ist im Limes $N \gg 1$ präzise. Lassen Sie mich das erklären.

Die Größe $N!$ ist das Produkt von N Faktoren von 1 bis N. Eine sehr grobe Näherung würde darin bestehen, jeden der N Faktoren in der Fakultät durch N zu ersetzen. Dann gilt $N! \approx N^N$. Das ist eine große Überschätzung, denn fast alle der N Faktoren in $N!$ sind kleiner als N. Es stellt sich heraus, dass im Mittel jeder Faktor effektiv um einen Faktor e kleiner ist:

$$N! \approx \left(\frac{N}{e}\right)^N = N^N e^{-N}\,. \tag{2.15}$$

Das ist immer noch um einen großen Faktor daneben, etwa $\sqrt{2\pi N}$. Wenn aber N eine große Zahl ist, dann ist $N!$ eine *sehr* große Zahl, und somit kann dieser Korrekturfaktor (der nur eine *große* Zahl ist) oft ausgelassen werden.

Wenn Sie sich nur für den *Logarithmus* von $N!$ interessieren, dann ist die Gleichung 2.15 normalerweise gut genug. Man kann sie auch als

$$\ln N! \approx N \ln N - N \tag{2.16}$$

schreiben.

N	$N!$	$N^N e^{-N}\sqrt{2\pi N}$	Fehler	$\ln N!$	$N \ln N - N$	Fehler
1	1	0,922	7,7 %	0	−1	∞
10	3628800	3598696	0,83 %	15,1	13,0	13,8 %
100	$9\cdot10^{157}$	$9\cdot10^{157}$	0,083 %	364	360	0,89 %

Tabelle 2.3: Vergleich der Stirling-Näherung (Gleichungen 2.14 und 2.16) mit exakten Resultaten für $N = 1, 10$ und 100.

Es macht Spaß, die Stirling-Näherung mit einem Taschenrechner oder Computer an einigen nicht sehr großen Zahlen zu testen. Tabelle 2.3 zeigt ausgewählte Ergebnisse. Wie Sie sehen können, muss N nicht besonders groß sein, damit die Stirling-Näherung sinnvoll ist. Gleichung 2.14 ist sogar für $N = 10$ ziemlich genau, wohingegen Gleichung 2.16 für $N = 100$ ziemlich genau ist (wenn Sie sich nur für den Logarithmus interessieren).

Eine *Herleitung* der Stirling-Näherung finden Sie in Anhang B.

Aufgabe 2.15 Verwenden Sie einen Taschenrechner, um die Genauigkeit der Stirling-Näherung für $N = 50$ zu überprüfen. Prüfen Sie auch die Genauigkeit der Gleichung 2.16 für $\ln N!$.

Aufgabe 2.16 Angenommen, Sie werfen 1000 Münzen.

(a) Mit welcher Wahrscheinlichkeit bekommen Sie *genau* 500-mal Kopf und 500-mal Zahl? (*Hinweis:* Schreiben Sie erst eine Formel für die Gesamtanzahl der möglichen Ergebnisse auf. Verwenden Sie dann die Stirling-Näherung, um die „Vielfachheit" des 500–500-„Makrozustands" zu bestimmen. Falls Sie einen tollen Rechner haben, bei dem Sie die Stirling-Näherung nicht brauchen, dann multiplizieren Sie alle Zahlen in diesem Problem mit 10, 100 oder 1000, bis Sie die Stirling-Näherung brauchen.)

(b) Mit welcher Wahrscheinlichkeit bekommen Sie genau 600-mal Kopf und 400-mal Zahl?

Vielfachheit eines großen Einstein-Festkörpers

Mit der Stirling-Näherung bei der Hand will ich nun die Vielfachheit eines Einstein-Festkörpers schätzen, der eine *große* Zahl von Oszillatoren und Energieeinheiten enthält. Anstatt alles in voller Allgemeinheit auszurechnen, betrachte ich nur den Fall $q \gg N$, in dem es viel mehr Energieeinheiten als Oszillatoren gibt. (Das ist der „Hochtemperatur"-Limes.)

Ich lege mit der exakten Formel los:

$$\Omega(N,q) = \binom{q+N-1}{q} = \frac{(q+N-1)!}{q!\,(N-1)!} \approx \frac{(q+N)!}{q!\,N!}\,. \tag{2.17}$$

Die letzte Näherung mache ich, weil das Verhältnis von $N!$ zu $(N-1)!$ nur ein großer Faktor (N) ist, der in einer *sehr* großen Zahl wie Ω unbedeutend ist. Als Nächstes nehme ich den natürlichen Logarithmus und wende die Stirling-Näherung in der Form 2.16 an:

$$\begin{aligned}\ln\Omega &= \ln\left(\frac{(q+N)!}{q!\,N!}\right)\\ &= \ln(q+N)! - \ln q! - \ln N!\\ &\approx (q+N)\ln(q+N) - (q+N) - q\ln q + q - N\ln N + N\\ &= (q+N)\ln(q+N) - q\ln q - N\ln N\,.\end{aligned} \tag{2.18}$$

Bis jetzt habe ich noch nicht angenommen, dass $q \gg N$ – nur dass sowohl q als auch N groß sind. Lassen Sie mich nun den ersten Logarithmus wie in Aufgabe 2.13 umformen:

$$\begin{aligned}\ln(q+N) &= \ln\left[q\left(1+\frac{N}{q}\right)\right]\\ &= \ln q + \ln\left(1+\frac{N}{q}\right)\\ &\approx \ln q + \frac{N}{q}\,.\end{aligned} \tag{2.19}$$

Der letzte Schritt folgt aus einer Taylor-Entwicklung des Logarithmus: $\ln(1+x) \approx x$ für $|x| \ll 1$. Stecken wir dieses Ergebnis in Gleichung 2.18 und kürzen wir die $q\ln q$ Terme, so erhalten wir

$$\ln \Omega \approx N \ln \frac{q}{N} + N + \frac{N^2}{q} \,. \qquad (2.20)$$

Der letzte Term ist im Vergleich zu den anderen im Limes $q \gg N$ vernachlässigbar. Exponenzieren wir die beiden ersten Terme, so bekommen wir

$$\Omega(N, q) \approx \mathrm{e}^{N \ln(q/N)} \mathrm{e}^N = \left(\frac{\mathrm{e}q}{N}\right)^N \qquad (\text{falls } q \gg N)\,. \qquad (2.21)$$

Diese Formel ist nett und einfach, aber merkwürdig. Der Exponent ist eine *große* Zahl, und somit ist Ω eine *sehr* große Zahl, wie wir bereits wussten. Wenn Sie nun entweder N oder q nur ein klein wenig erhöhen, so nimmt Ω wegen des großen Exponenten N *extrem stark* zu.

Aufgabe 2.17 Verwenden Sie die Methoden dieses Abschnitts, um eine Formel ähnlich zu Gleichung 2.21 für die Vielfachheit eines Einstein-Festkörpers im „Niedertemperatur"-Limes $q \ll N$ herzuleiten.

Aufgabe 2.18 Verwenden Sie die Stirling-Näherung, um zu zeigen, dass die Vielfachheit eines Einstein-Festkörpers für beliebige große Werte von N und q ungefähr

$$\Omega(N, q) \approx \frac{\left(\frac{q+N}{q}\right)^q \left(\frac{q+N}{N}\right)^N}{\sqrt{2\pi q(q+N)/N}}$$

beträgt. Die Wurzel im Nenner ist lediglich groß und kann oft vernachlässigt werden. Allerdings brauchen wir sie in Aufgabe 2.22. (*Hinweis:* Zeigen Sie zuerst, dass $\Omega = \frac{N}{q+N} \frac{(q+N)!}{q!\,N!}$. Vernachlässigen Sie den Ausdruck $\sqrt{2\pi N}$ in der Stirling-Näherung nicht.)

Aufgabe 2.19 Verwenden Sie die Stirling-Näherung, um eine Näherungsformel für die Vielfachheit eines Paramagneten mit zwei Zuständen zu erhalten. Vereinfachen Sie diese Formel im Limes $N_\downarrow \ll N$, um $\Omega \approx (N\mathrm{e}/N_\downarrow)^{N_\downarrow}$ zu erhalten. Dieses Ergebnis sollte Ihrer Antwort in Aufgabe 2.17 sehr ähneln; erklären Sie, warum diese beiden Systeme in den betrachteten Grenzfällen im Wesentlichen gleich sind.

Schärfe der Vielfachheitsfunktion

Endlich können wir zu der Frage zurückkehren, die am Anfang dieses Abschnitts aufgeworfen wurde: Wie scharf ist die Spitze der Vielfachheitsfunktion für ein System *zweier* großer wechselwirkender Einstein-Festkörper?

Lassen Sie mich der Einfachheit halber annehmen, dass jeder Festkörper N Oszillatoren hat. Ich nenne der Kürze halber die Gesamtanzahl der Energieeinheiten einfach q (statt q_{gesamt}) und nehme an, dass sie viel größer ist als N, sodass wir Formel 2.21 verwenden können. Dann beträgt die Vielfachheit des zusammengesetzten Systems für einen beliebigen Makrozustand

$$\Omega = \left(\frac{\mathrm{e}q_A}{N}\right)^N \left(\frac{\mathrm{e}q_B}{N}\right)^N = \left(\frac{\mathrm{e}}{N}\right)^{2N} (q_A q_B)^N \,, \qquad (2.22)$$

wobei q_A und q_B die Anzahlen der Energieeinheiten in den Festkörpern A und B sind. (Beachten Sie, dass $q_A + q_B$ gleich q sein muss.)

Wenn Sie Gleichung 2.22 als Funktion von q_A zeichnen, so wird die Kurve eine sehr scharfe Spitze bei $q_A = q/2$ aufweisen, wo die Energie gleichmäßig zwischen den Festkörpern verteilt ist. Die Höhe der Spitze ist eine sehr große Zahl:

$$\Omega_{\max} = \left(\frac{e}{N}\right)^{2N}\left(\frac{q}{2}\right)^{2N} . \tag{2.23}$$

Ich möchte wissen, wie der Graph *nahe* bei dieser Spitze ausschaut, lassen Sie mich also

$$q_A = \frac{q}{2} + x\,, \qquad q_B = \frac{q}{2} - x \tag{2.24}$$

setzen. Dabei kann x irgendeine Zahl sein, die viel kleiner als q (aber möglicherweise immer noch ziemlich groß) ist. Einsetzen dieser Ausdrücke in Gleichung 2.22 ergibt

$$\Omega = \left(\frac{e}{N}\right)^{2N}\left[\left(\frac{q}{2}\right)^2 - x^2\right]^N . \tag{2.25}$$

Um den zweiten Faktor zu vereinfachen, bilde ich seinen Logarithmus und forme ihn wie in Gleichung 2.19 um:

$$\begin{aligned}\ln\left[\left(\frac{q}{2}\right)^2 - x^2\right]^N &= N\ln\left[\left(\frac{q}{2}\right)^2 - x^2\right] \\ &= N\ln\left[\left(\frac{q}{2}\right)^2\left(1-\left(\frac{2x}{q}\right)^2\right)\right] \\ &= N\left[\ln\left(\frac{q}{2}\right)^2 + \ln\left(1-\left(\frac{2x}{q}\right)^2\right)\right] \\ &\approx N\left[\ln\left(\frac{q}{2}\right)^2 - \left(\frac{2x}{q}\right)^2\right] .\end{aligned} \tag{2.26}$$

Nun exponenziere ich den letzten Ausdruck und setze das Ergebnis wieder in Gleichung 2.25 ein:

$$\Omega = \left(\frac{e}{N}\right)^{2N} e^{N\ln(q/2)^2} e^{-N(2x/q)^2} = \Omega_{\max}\cdot e^{-N(2x/q)^2} . \tag{2.27}$$

Eine Funktion dieser Gestalt nennt man eine **Gauß-Kurve**; sie weist wie in Abbildung 2.7 dargestellt eine Spitze bei $x = 0$ und auf beiden Seiten einen scharfen Abfall auf. Die Vielfachheit fällt auf $1/e$ ihres Maximalwerts für

$$N\left(\frac{2x}{q}\right)^2 = 1 \qquad \text{oder} \qquad x = \frac{q}{2\sqrt{N}} \tag{2.28}$$

ab. Das ist wirklich eine ziemlich große Zahl. Aber wenn $N = 10^{20}$ ist, so handelt es sich lediglich um ein Zehnmilliardstel der gesamten Abbildung. Auf der in der Abbildung verwendeten Skala, wo die Breite der Spitze etwa 1 cm beträgt, müssten Sie die gesamte Abbildung auf 10^{10} cm oder 100.000 km aufblasen – mehr als zweimal um die Erde herum. Und schon am Seitenrand, wo x nur zehnmal größer ist als $q/2\sqrt{N}$, beträgt die Vielfachheit weniger als einen Bruchteil $e^{-100} \approx 10^{-44}$ vom Maximalwert.

Dieses Ergebnis sagt uns, dass bei zwei großen Einstein-Festkörpern im thermischen Gleichgewicht beliebige zufällige Fluktuationen um den wahrscheinlichsten Makrozustand *schlicht nicht messbar* sind.

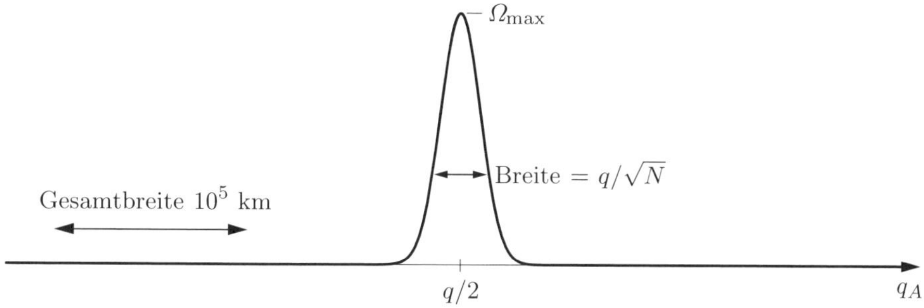

Abbildung 2.7: Vielfachheit eines Systems aus zwei großen Einstein-Festkörpern mit vielen Energieeinheiten pro Oszillator (Hochtemperaturlimes). Es ist nur ein kleiner Teil der gesamten horizontalen Skala abgebildet.

Um solche Fluktuationen zu messen, müssten wir die Energie auf 10 signifikante Stellen genau messen. Hatte das System Zeit, ins thermische Gleichgewicht zu kommen, sodass alle *Mikro*zustände gleich wahrscheinlich sind, so können wir genauso gut annehmen, dass das System in seinem *wahrscheinlichsten* Makrozustand ist. Der Limes, in dem ein System unendlich groß wird, sodass messbare Fluktuationen um den wahrscheinlichsten Makrozustand niemals stattfinden, heißt **thermodynamischer Limes**.

Aufgabe 2.20 Angenommen, Sie schrumpfen Abbildung 2.7 so lange, bis die ganze horizontale Skala auf die Seite passt. Wie breit wäre die Spitze?

Aufgabe 2.21 Verwenden Sie einen Computer, um die Formel 2.22 wie folgt direkt graphisch darzustellen. Definieren Sie $z = q_A/q$, sodass $(1-z) = q_B/q$. Dann lautet die Vielfachheitsfunktion abgesehen von einer globalen Konstante, die wir ignorieren, $[4z(1-z)]^N$, wobei z von 0 bis 1 geht und der Faktor 4 sicherstellt, dass die Höhe der Spitze für beliebiges N gleich 1 ist. Stellen Sie diese Funktion für $N = 1, 10, 100, 1000$ und 10.000 dar. Beobachten Sie, wie die Breite der Spitze abnimmt, wenn N zunimmt.

Aufgabe 2.22 Diese Aufgabe stellt einen alternativen Zugang zur Abschätzung der Breite der Spitze der Vielfachheitsfunktion für ein System zweier großer Einstein-Festkörper vor.

(a) Betrachten Sie zwei identische Einstein-Festkörper, jeder mit N Oszillatoren, die miteinander in thermischem Kontakt sind. Nehmen Sie an, dass die Gesamtanzahl der Energieeinheiten im zusammengesetzten System exakt $2N$ ist. Wie viele verschiedene Makrozustände (also mögliche Werte für die Gesamtenergie im ersten Festkörper) gibt es in diesem zusammengesetzten System?

(b) Verwenden Sie das Ergebnis aus Aufgabe 2.18, um einen genäherten Ausdruck für die Gesamtanzahl der Mikrozustände des zusammengesetzten Systems zu finden. (*Hinweis:* Behandeln Sie das zusammengesetzte System als einen einzelnen Einstein-Festkörper. Werfen Sie *keine* Faktoren aus „großen“ Zahlen weg, weil Sie am Ende zwei fast gleiche „sehr große“ Zahlen durcheinander teilen werden. *Antwort:* $2^{4N}/\sqrt{8\pi N}$.)

(c) Der wahrscheinlichste Makrozustand dieses Systems ist (natürlich) der, in dem die Energie zwischen den beiden Festkörpern gleich verteilt ist. Verwenden Sie das Ergebnis von Aufgabe 2.18, um einen genäherten Ausdruck für die Vielfachheit dieses Makrozustands zu erhalten. (*Antwort*: $2^{4N}/(4\pi N)$.)

(d) Sie können eine ungefähre Idee von der „Schärfe" der Vielfachheitsfunktion bekommen, indem Sie Ihre Antworten auf die Teilaufgaben (b) und (c) vergleichen. Teil (c) gibt Ihnen die Höhe der Spitze; Teil (b) liefert Ihnen die Gesamtfläche unter der gesamten Kurve. Nehmen wir in einer sehr groben Näherung an, dass die Gestalt der Spitze rechteckig ist. Wie breit wäre sie dann? Welcher Bruchteil der Makrozustände hat vernünftig große Wahrscheinlichkeiten? Werten Sie diesen Bruchteil numerisch für den Fall $N = 10^{23}$ aus.

Aufgabe 2.23 Betrachten Sie einen Paramagneten mit zwei Zuständen aus 10^{23} Elementardipolen, wobei die Gesamtenergie auf null fixiert ist, damit exakt die Hälfte der Dipole nach oben bzw. nach unten weist.

(a) Wie viele Mikrozustände sind diesem System „zugänglich"?

(b) Angenommen, der Mikrozustand dieses Systems ändert sich pro Sekunde eine Milliarde Mal. Wie viele Mikrozustände wird es in 10 Milliarden Jahren (dem Alter des Universums) durchlaufen?

(c) Ist es richtig zu sagen, dass ein System irgendwann einmal in jedem „zugänglichen" Mikrozustand gefunden wird, wenn Sie nur lang genug warten? Erläutern Sie Ihre Antwort und diskutieren Sie die Bedeutung des Wortes „zugänglich".

Aufgabe 2.24 Für einen einzelnen *großen* Paramagneten mit zwei Zuständen hat die Vielfachheitsfunktion um $N_\uparrow = N/2$ herum eine sehr scharfe Spitze.

(a) Verwenden Sie die Stirling-Näherung, um die Höhe der Spitze in der Vielfachheitsfunktion abzuschätzen.

(b) Verwenden Sie die Methoden aus diesem Abschnitt, um einen Ausdruck für die Vielfachheitsfunktion mit $x \equiv N_\uparrow - (N/2)$ als Argument in der Nähe der Spitze herzuleiten. Überprüfen Sie, dass Ihre Formel mit Ihrer Antwort auf Teil (a) für $x = 0$ übereinstimmt.

(c) Wie breit ist die Spitze in der Vielfachheitsfunktion?

(d) Nehmen Sie an, dass Sie 1.000.000 Münzen werfen. Wären Sie überrascht, 501.000-mal Kopf und 499.000-mal Zahl zu bekommen? Wären Sie überrascht, 510.000-mal Kopf und 490.000-mal Zahl zu bekommen? Warum?

Aufgabe 2.25 Man kann die Mathematik der vorigen Aufgabe auch auf einen eindimensionalen **Random Walk** (Irrflug) anwenden: Eine Reise besteht aus N Schritten, die alle gleich groß sind und zufällig entweder vor oder zurück gehen. (Die übliche Vorstellung ist ein Betrunkener am Straßenrand.)

(a) Wo finden Sie sich mit der *größten* Wahrscheinlichkeit am Ende eines langen Random Walk wieder?

(b) Angenommen, Sie legen einen Random Walk aus 10.000 Schritten zurück. (Jeder sei einen Meter lang.) Was erwarten Sie: wie weit weg vom Ausgangspunkt werden Sie sich am Ende befinden?

(c) Ein gutes Beispiel für einen Random Walk in der Natur ist die **Diffusion** eines Moleküls durch ein Gas; die mittlere Schrittweite ist die mittlere freie Weglänge, wie in Abschnitt 1.7 berechnet. Verwenden Sie dieses Modell und vernachlässigen Sie alle kleinen numerischen Faktoren, die aus einer variablen Schrittweite und der Multidimensionalität des Pfads herrühren. Schätzen Sie die erwartete Nettobewegung eines Luftmoleküls (oder vielleicht eines Kohlendioxid-Moleküls, das sich durch die Luft bewegt) in einer Sekunde bei Raumtemperatur und normalem Luftdruck ab. Diskutieren Sie, wie sehr sich Ihre Schätzung ändern würde, wenn die verstrichene Zeit oder die Temperatur anders wäre. Überprüfen Sie, dass Ihre Abschätzung mit der Behandlung der Diffusion in Abschnitt 1.7 konsistent ist.

Alles funktioniert, weil die Avogadro-Zahl näher bei unendlich als bei 10 liegt.

—Ralph Baierlein, *American Journal of Physics* **46**, 1045 (1978). Copyright 1978, American Association of Physics Teachers. Nachdruck mit freundlicher Genehmigung.

2.5 Das ideale Gas

Die Schlussfolgerung aus dem letzten Abschnitt – dass nur ein *winziger* Bruchteil der Makrozustände eines Systems eine vernünftig große Wahrscheinlichkeit aufweist – gilt auch für viele andere Systeme, nicht nur Einstein-Festkörper. Sie gilt in Wahrheit für fast *jedes* Paar wechselwirkender Objekte, insofern die Zahl der Teilchen und der Energieeinheiten „groß" ist. In diesem Abschnitt werde ich argumentieren, dass sie für ideale Gase zutrifft.

Ein ideales Gas ist komplizierter als ein Einstein-Festkörper, weil seine Vielfachheit sowohl von seinem Volumen als auch seiner Gesamtenergie und Teilchenzahl abhängt. Wenn zwei Gase wechselwirken, können sie sich oft ausdehnen und zusammenziehen und auch Moleküle austauschen, zusätzlich zur Energie. Wir werden trotzdem finden, dass die Vielfachheitsfunktion zweier wechselwirkender Gase eine sehr scharfe Spitze für eine recht kleine Teilmenge von Makrozuständen aufweist.

Vielfachheit eines monoatomaren idealen Gases

Der Einfachheit halber werde ich nur ein monoatomares ideales Gas wie Helium oder Argon betrachten. Ich fange mit einem Gas an, das aus genau einem Molekül[8] besteht, und werde mich dann zum allgemeinen Fall von N Molekülen hocharbeiten.

Nehmen wir also an, dass wir ein einzelnes Gasatom mit kinetischer Energie U in einem Behälter mit Volumen V haben. Was ist die Vielfachheit dieses Systems? Mit anderen Worten: in wie vielen Mikrozuständen kann sich das Molekül befinden, wenn wir feste Werte für U und V vorgeben?

Nun, ein Behälter mit doppeltem Volumen bietet einem Molekül doppelt so viele Zustände. Die Vielfachheit sollte also proportional zu V sein. Weiterhin sind um so mehr Zustände verfügbar, je mehr verschiedene Impulsvektoren das Molekül aufweisen kann. Die Vielfachheit sollte also proportional zum „Volumen" des verfügbaren **Impulsraums** sein. (Der Impulsraum ist ein imaginärer „Raum", in dem die Achsen p_x, p_y und p_z sind. Jeder „Punkt" im Impulsraum entspricht einem Impulsvektor des Teilchens.) Lassen Sie mich also schematisch

$$\Omega_1 \propto V \cdot V_\mathrm{p} \tag{2.29}$$

schreiben, wobei V das Volumen des normalen Raums (oder **Ortsraums**) ist und V_p das Volumen des Impulsraums. Der Index 1 deutet an, dass es um ein Gas mit genau einem Molekül geht.

8 Wir sprechen allgemein von Molekülen, auch wenn hier speziell Atome ohne Rotations- und Schwingungsbeiträge betrachtet werden. A.d.Ü.

Dieser Ausdruck für Ω_1 ist immer noch recht mehrdeutig. Ein Problem besteht darin, das verfügbare Volumen im Impulsraum zu bestimmen. Da die kinetische Energie des Moleküls gleich U sein muss, gibt es eine Randbedingung:

$$U = \frac{1}{2}m\left(v_x^2 + v_y^2 + v_z^2\right) = \frac{1}{2m}\left(p_x^2 + p_y^2 + p_z^2\right). \qquad (2.30)$$

Diese Gleichung kann man auch

$$p_x^2 + p_y^2 + p_z^2 = 2mU \qquad (2.31)$$

schreiben, was die Oberfläche einer *Kugel* im Impulsraum mit Radius $\sqrt{2mU}$ definiert (siehe Abbildung 2.8). Das „Volumen" des Impulsraums ist in Wirklichkeit die *Oberfläche* dieser Kugel (vielleicht multipliziert mit irgendeiner kleinen Dicke, wenn U ein wenig fluktuieren darf).

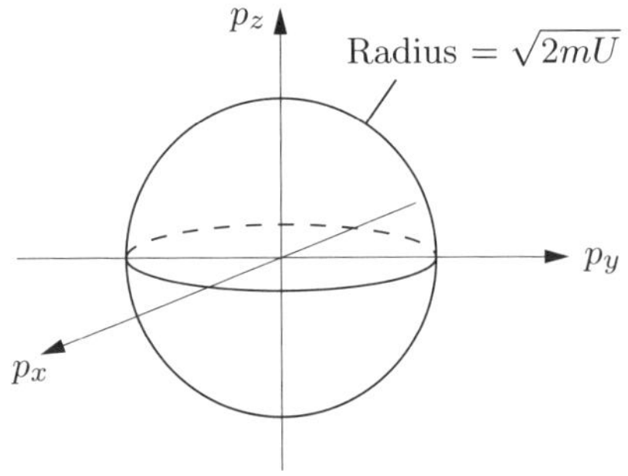

Abbildung 2.8: Eine Kugel im Impulsraum mit Radius $\sqrt{2mU}$. Hat ein Molekül eine Energie U, so muss sein Impulsvektor irgendwo auf der Oberfläche dieser Kugel liegen.

Das andere Problem mit Gleichung 2.29 ist die Bestimmung der Proportionalitätskonstante. Es scheint ziemlich klar, dass Ω_1 *proportional* zu den Volumina des Ortsraums und des Impulsraums sein muss. Aber wie können wir die verschiedenen Mikrozustände *abzählen*, um eine endliche Zahl für die Vielfachheit zu bekommen? Es schaut so aus, als ob die Zahl der erlaubten Mikrozustände sogar bei einem Gas aus nur einem Molekül unendlich ist.

Um die Zahl der Mikrozustände korrekt zu zählen, müssen wir die Quantenmechanik ins Spiel bringen. (Einen systematischen Überblick über die Quantenmechanik finden Sie in Anhang A.) In der Quantenmechanik wird der Zustand eines Systems durch eine *Wellenfunktion* beschrieben, die in Orts- und Impulsraum ausgedehnt ist. Je weniger die Wellenfunktion im Ortsraum ausgedehnt ist, desto mehr ist sie im Impulsraum ausgedehnt, und umgekehrt. Das ist die berühmte **Heisenberg'sche Unbestimmtheitsrelation**:

$$(\Delta x)(\Delta p_x) \approx h\,, \qquad (2.32)$$

wobei Δx die Ausdehnung in x ist und Δp_x die Ausdehnung in p_x; h ist das Planck'sche Wirkungsquantum. (Das Produkt aus Δx und Δp_x kann auch *mehr* als h betragen, aber wir interessieren uns für Wellenfunktionen, die Ort und Impuls so genau wie möglich festlegen.) Die gleiche Einschränkung gilt für y und p_y sowie z und p_z.

Auch in der Quantenmechanik ist die Zahl der erlaubten Wellenfunktionen unendlich. Aber die Zahl der *unabhängigen* Wellenfunktionen (wie das technisch zu verstehen ist,

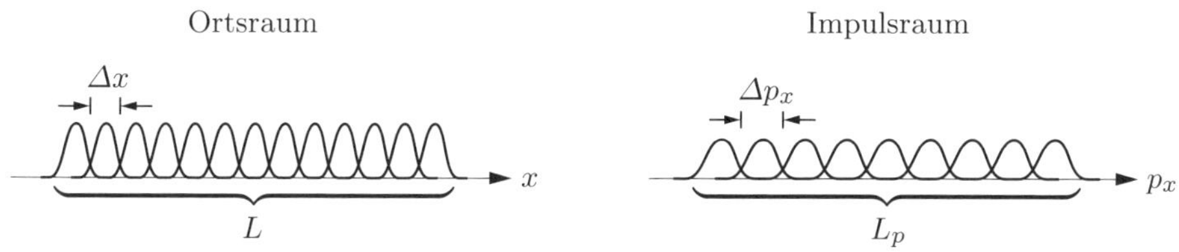

Abbildung 2.9: Eine Anzahl von „unabhängigen" Orts- und Impulszuständen für ein quantenmechanisches Teilchen, das sich in einer Dimension bewegt. Verengen wir die Wellenfunktionen im Ortsraum, so werden sie im Impulsraum breiter, und umgekehrt.

wird in Anhang A definiert) ist endlich, wenn der gesamte zur Verfügung stehende Ortsraum und Impulsraum beschränkt ist. Ich stelle das gerne wie in Abbildung 2.9 dar. In diesem eindimensionalen Beispiel ist die Anzahl der unterschiedlichen Ortszustände $L/(\Delta x)$, während die Anzahl der unterschiedlichen Impulszustände gleich $L_\mathrm{p}/(\Delta p_x)$ ist. Die Gesamtanzahl unterschiedlicher Zustände ist das Produkt

$$\frac{L}{\Delta x}\frac{L_\mathrm{p}}{\Delta p_x} = \frac{L L_\mathrm{p}}{h}\,, \tag{2.33}$$

gemäß dem Unbestimmtheitsprinzip. In drei Dimensionen werden aus den Längen Volumina; es gibt dann drei Faktoren h:

$$\Omega_1 = \frac{V V_\mathrm{p}}{h^3}\,. \tag{2.34}$$

Diese „Herleitung" der Proportionalitätskonstante in Ω_1 ist zugegebenermaßen nicht sehr streng. Ich habe sicherlich nicht gezeigt, dass es in Gleichung 2.34 nicht noch weitere Faktoren 2 oder π gibt. Wenn Sie wollen, denken Sie einfach in Kategorien der Dimensionsanalyse: Die Vielfachheit muss eine einheitenlose Zahl sein, und Sie können leicht zeigen, dass h^3 gerade die richtigen Einheiten hat, um die Einheiten von V und V_p wegzuheben.[9]

So viel zum Gas aus einem Molekül. Wenn wir ein zweites Molekül hinzufügen, brauchen wir einen Faktor in der Form von Gleichung 2.34 für jedes Molekül. Wir multiplizieren die Faktoren, weil es für *jeden* Zustand von Molekül 1 Ω_1 Zustände für Molekül 2 gibt. Nun, nicht ganz. Die Faktoren V_p sind komplizierter, denn nur die *Gesamt*energie der zwei Moleküle liegt fest. Aus Gleichung 2.31 wird nun

$$p_{1x}^2 + p_{1y}^2 + p_{1z}^2 + p_{2x}^2 + p_{2y}^2 + p_{2z}^2 = 2mU\,, \tag{2.35}$$

wenn wir annehmen, dass die beiden Moleküle die gleiche Masse haben. Diese Gleichung definiert die „Oberfläche" einer sechsdimensionalen „Hyperkugel" im sechsdimensionalen Impulsraum. Ich kann sie nicht visualisieren, aber man kann immer noch ihre „Oberfläche" berechnen. Das ist das Gesamtvolumen des erlaubten Impulsraums für die zwei Moleküle.

9 Machen Sie sich keine Gedanken, dass V_p in Wirklichkeit eine Fläche, nicht ein Volumen ist. Wir können immer erlauben, dass die Kugel im Impulsraum eine winzige Dicke hat, und die Fläche mit dieser Dicke multiplizieren, um etwas zu bekommen, das die Einheit eines Impulses in dritter Potenz hat. Wenn wir es mit einem Gas von N Molekülen zu tun haben, wird die Vielfachheit so riesig sein, dass es keinen Unterschied macht, ob wir in den Einheiten ein wenig danebenliegen.

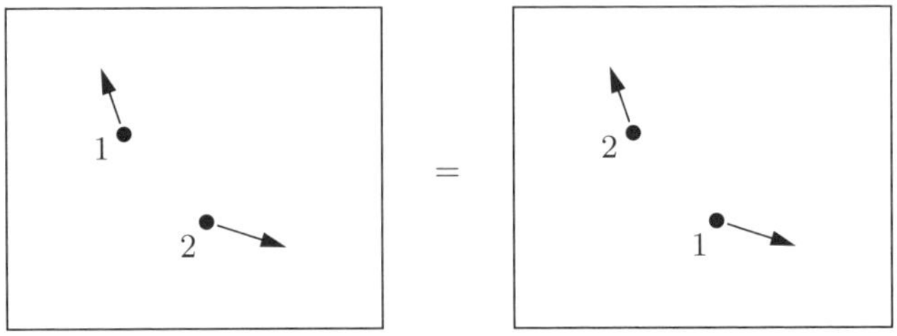

Abbildung 2.10: Tauscht man in einem Gas aus zwei identischen Molekülen die Zustände der Moleküle aus, so bleibt das System im gleichen Zustand wie zuvor.

Die Vielfachheitsfunktion eines idealen Gases aus zwei Molekülen sollte also

$$\Omega_2 = \frac{V^2}{h^6} \times (\text{„Oberfläche" der Impulshyperkugel}) \tag{2.36}$$

lauten. Diese Formel *ist* richtig, aber nur wenn die zwei Moleküle voneinander *unterscheidbar* sind. Sind sie *ununterscheidbar*, dann haben wir die Mikrozustände um einen Faktor 2 überzählt, denn es gibt uns keinen anderen Zustand, wenn wir die beiden Moleküle austauschen (siehe Abbildung 2.10).[10] Somit beträgt die Vielfachheit eines Gases zweier *ununterscheidbarer* Moleküle

$$\Omega_2 = \frac{1}{2}\frac{V^2}{h^6} \times (\text{„Oberfläche" der Impulshyperkugel})\,. \tag{2.37}$$

Bei einem idealen Gas aus N ununterscheidbaren Molekülen enthält die Vielfachheitsfunktion N Faktoren V, geteilt durch $3N$ Faktoren h. Der Faktor, der das Überzählen ausgleicht, lautet $1/N!$, die Anzahl der Möglichkeiten, die Moleküle auszutauschen. Und der Impulsraumfaktor ist die „Oberfläche" einer $3N$-dimensionalen Hyperkugel, deren Radius (immer noch) $\sqrt{2mU}$ beträgt:

$$\Omega_N = \frac{1}{N!}\frac{V^N}{h^{3N}} \times (\text{„Oberfläche" der Impulshyperkugel})\,. \tag{2.38}$$

Um dieses Resultat expliziter zu gestalten, brauchen wir eine allgemeine Formel für die „Oberfläche" einer d-dimensionalen Hyperkugel mit Radius r. Für $d = 2$ ist das gerade der Kreisumfang $2\pi r$. Für $d = 3$ lautet die Antwort $4\pi r^2$. Für allgemeines d sollte die Antwort proportional zu r^{d-1} sein, aber den Koeffizienten kann man nicht leicht erraten. Der komplette Ausdruck lautet

$$\text{„Oberfläche"} = \frac{2\pi^{d/2}}{(\frac{d}{2}-1)!}\, r^{d-1}\,. \tag{2.39}$$

Dieser Ausdruck wird in Anhang B hergeleitet. Im Moment können Sie immerhin den Koeffizienten für den Fall $d = 2$ überprüfen. Für den Fall $d = 3$ müssen Sie wissen, dass $(1/2)! = \sqrt{\pi}/2$.

10 Diese Argumentation geht davon aus, dass die individuellen Zustände der zwei Moleküle immer verschieden sind. Die zwei Moleküle *könnten* in einem Zustand sein, wo sie beide die gleiche Position und den gleichen Impuls haben, und so ein Zustand wird in Gleichung 2.36 nicht doppelt gezählt. Solche Zustände kommen aber kaum je vor, außer das Gas ist *sehr* dicht.

Setzen wir Gleichung 2.39 (mit $d = 3N$ und $r = \sqrt{2mU}$) in Gleichung 2.38 ein, so erhalten wir

$$\Omega_N = \frac{1}{N!}\frac{V^N}{h^{3N}}\frac{2\pi^{3N/2}}{(\frac{3N}{2}-1)!}(\sqrt{2mU})^{3N-1} \approx \frac{1}{N!}\frac{V^N}{h^{3N}}\frac{\pi^{3N/2}}{(3N/2)!}(\sqrt{2mU})^{3N}. \quad (2.40)$$

Im letzten Ausdruck habe ich einige große Faktoren weggeworfen. Das ist in Ordnung, weil Ω_N eine sehr große Zahl ist.[11]

Dieser Ausdruck für die Vielfachheit eines monoatomaren Gases ist nicht schön, aber seine Abhängigkeit von U und V ist ziemlich einfach:

$$\Omega(U, V, N) = f(N)V^N U^{3N/2}, \quad (2.41)$$

wobei $f(N)$ eine komplizierte Funktion von N ist.

Beachten Sie, dass der Exponent von U in Formel 2.41 die Hälfte der Gesamtanzahl der Freiheitsgrade ($3N$) im monoatomaren Gas ist. Das Gleiche gilt für die Vielfachheit eines Einstein-Festkörpers im Hochtemperaturlimes, Gleichung 2.21. Diese Ergebnisse sind Spezialfälle eines allgemeineren Theorems: In jedem System, das nur quadratische „Freiheitsgrade" aufweist und so viele Energieeinheiten hat, dass man nichts von der Quantisierung bemerkt, ist die Vielfachheit proportional zu $U^{Nf/2}$, wobei Nf die Gesamtanzahl der Freiheitsgrade ist. Ein allgemeiner Beweis findet sich zum Beispiel in Stowe (1984).

Aufgabe 2.26 Betrachten Sie ein ideales monoatomares Gas, das in einem zweidimensionalen Universum („Flachland") lebt und anstatt eines Volumens V eine Fläche A einnimmt. Berechnen Sie nach dem gleichen Vorgehen wie eben die Vielfachheit des Gases analog zu Gleichung 2.40.

Wechselwirkende ideale Gase

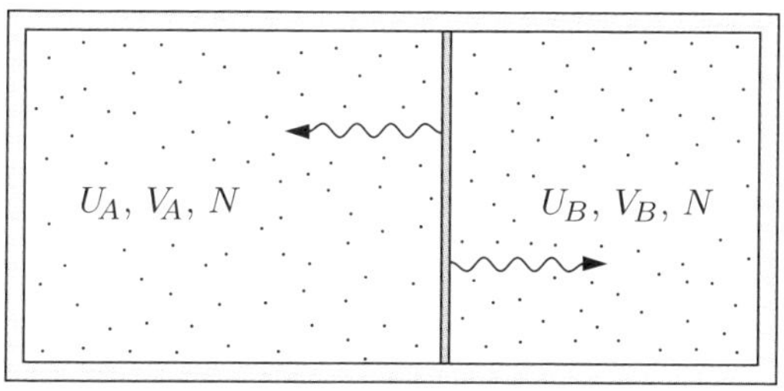

Abbildung 2.11: Zwei ideale Gase, die beide auf ein festes Volumen beschränkt sind, sind durch eine Wand getrennt, die energiedurchlässig ist. Die Gesamtenergie der zwei Gase ist konstant.

Nehmen Sie nun an, dass wir *zwei* ideale Gase haben, die von einer Wand getrennt werden, die energiedurchlässig ist (siehe Abbildung 2.11). Wenn jedes Gas N Moleküle (von der gleichen Art) hat, so beträgt die Gesamtvielfachheit dieses Systems

$$\Omega_{\text{gesamt}} = [f(N)]^2(V_A V_B)^N(U_A U_B)^{3N/2}. \quad (2.42)$$

11 Falls Sie mit meiner schlampigen Herleitung von Gleichung 2.40 nicht glücklich sind: Ich bitte um Geduld. In Abschnitt 6.7 werde ich das mit einer ganz anderen Methode viel besser machen.

Dieser Ausdruck hat im Wesentlichen die gleiche Gestalt wie das entsprechende Ergebnis für ein Paar von Einstein-Festkörpern (Gleichung 2.22): Beide Energien tragen einen *großen* Exponenten. Mit exakt derselben Argumentation wie in Abschnitt 2.4 können wir schließen, dass die Vielfachheitsfunktion, wenn wir sie als Funktion von U_A zeichnen, eine *sehr* scharfe Spitze hat:

$$\text{Breite der Spitze} = \frac{U_{\text{gesamt}}}{\sqrt{3N/2}} . \tag{2.43}$$

Vorausgesetzt, dass N groß ist, kann nur ein *winziger* Bruchteil der Makrozustände realistisch auftreten, wenn wir annehmen, dass das System im Gleichgewicht ist.

Zusätzlich zum Energieaustausch könnten wir zulassen, dass die Gase *Volumen* austauschen; d. h., wir könnten zulassen, dass sich die Wand hin- und herbewegt, während das eine Gas expandiert und das andere komprimiert wird. In diesem Fall können wir exakt das gleiche Argument auf das Volumen anwenden, das wir gerade auf die Energie angewendet haben. Die Vielfachheit, dargestellt als Funktion von V_A, hat wieder eine sehr scharfe Spitze:

$$\text{Breite der Spitze} = \frac{V_{\text{gesamt}}}{\sqrt{N}} . \tag{2.44}$$

Wiederum ist der Makrozustand des Gleichgewichts im Wesentlichen fest, bis auf einen kleinen Bruchteil des verfügbaren Gesamtvolumens (wenn N groß ist). In Abbildung 2.12 habe ich Ω_{gesamt} als Funktion von U_A *und* V_A dargestellt. Wie in Abbildung 2.7 zeigt dieser Graph nur einen winzigen Bruchteil der möglichen Werte von U_A und V_A. Für $N = 10^{20}$ wäre die Spitze weniger breit als ein Atom, würde die gesamte Skala auf diese Seite komprimiert.

Anstatt die Wand beweglich zu machen, könnten wir einfach Löcher hineinbohren und die *Moleküle* zwischen den beiden Seiten hin- und herwandern lassen. Um den Makro-

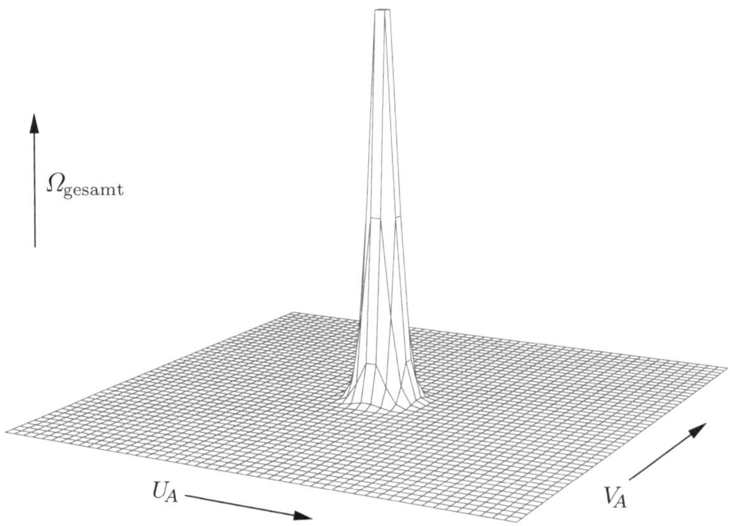

Abbildung 2.12: Vielfachheit eines Systems zweier idealer Gase als Funktion der Energie und des Volumens von Gas *A* (wobei die Gesamtenergie und das Gesamtvolumen festgehalten werden). Ist die Zahl der Moleküle in jedem Gas groß, so würde sich die volle horizontale Skala weit über den Seitenrand ausdehnen.

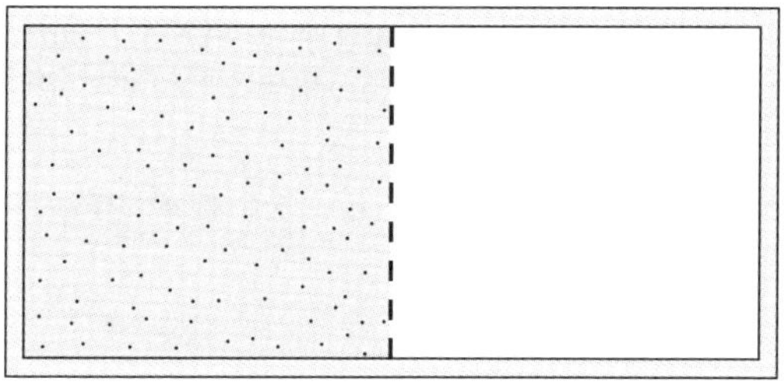

Abbildung 2.13: Eine sehr unwahrscheinliche Anordnung von Gasmolekülen.

zustand des Gleichgewichts zu finden, würden wir uns dann das Verhalten von Ω_{gesamt} als Funktion von N_A und U_A anschauen. Sie können aus Gleichung 2.40 ersehen, dass die Analyse in diesem Fall schwieriger wäre. Aber wir würden wieder eine sehr scharfe Spitze im Graphen auffinden, was zeigt, dass der Makrozustand des Gleichgewichts mit sehr hoher Genauigkeit festliegt. (Wie Sie vermutlich erwarten, ist der Makrozustand des Gleichgewichts derjenige, in dem die Dichte auf beiden Seiten der Wand gleich ist.)

Manchmal können Sie die Wahrscheinlichkeiten für verschiedene Anordnungen von Molekülen durch einfaches Anschauen der Volumenabhängigkeit der Vielfachheitsfunktion (2.41) bestimmen. Nehmen wir einmal an, wir wollten die Wahrscheinlichkeit wissen, mit der wir die Anordung aus der Abbildung 2.13 finden würden: *Alle* Moleküle in einem Gasbehälter sind irgendwo in der linken Hälfte. Diese Anordnung ist einfach ein Makrozustand mit der gleichen Energie und der gleichen Zahl von Molekülen, aber mit der Hälfte des Ausgangsvolumens. Schauen wir uns Gleichung 2.41 an, so sehen wir, dass die Vielfachheit um einen Faktor 2^N reduziert wird, wenn wir V durch $V/2$ ersetzen. Somit ist die Wahrscheinlichkeit dieser Anordnung 2^{-N}. Bereits für $N = 100$ ist das weniger als 10^{-30}, Sie müssten also 1 Billion Mal pro Sekunde über die Lebensdauer des Universums hinweg nachschauen, um diese Anordung auch nur einmal zu finden. Für $N = 10^{23}$ ist diese Wahrscheinlichkeit eine *sehr* kleine Zahl.

Aufgabe 2.27 Anstelle zu verlangen, dass sich alle Moleküle in der linken Hälfte eines Behälters aufhalten, könnten wir auch nur verlangen, dass sie sich in den linken 99 % aufhalten und das restliche 1 % leer lassen. Was ist die Wahrscheinlichkeit, eine solche Anordnung vorzufinden, wenn 100 Moleküle im Behälter sind? Wenn es 10.000 Moleküle gibt? Im Fall von 10^{23}?

2.6 Entropie

Wir haben nun gesehen, dass sich in diversen Systemen Teilchen und Energie umverteilen, bis die Vielfachheit am (oder nahe beim) Maximalwert ist. Es scheint, dass diese Schlussfolgerung für alle Systeme gilt,[12] vorausgesetzt, dass die Systeme genügend Teilchen und Energieeinheiten enthalten und die Statistik sehr großer Zahlen anwendbar ist:

12 Soweit mir bekannt, hat niemand jemals *bewiesen*, dass dies für *alle* großen Systeme gilt. Vielleicht gibt es irgendwo eine Ausnahme. Aber die experimentellen Erfolge der Thermodynamik deuten an, dass diese Ausnahmen sehr selten sein müssen.

Jedes große System im Gleichgewicht befindet sich im Makrozustand mit der größten Vielfachheit (abgesehen von Fluktuationen, die normalerweise zu klein sind, um gemessen werden zu können).

Das ist nur eine allgemeinere Formulierung des **zweiten Hauptsatzes der Thermodynamik**. Man kann es einfach auch so sagen:

Vielfachheiten nehmen tendenziell zu.

Auch wenn dieses Gesetz nicht „fundamental" ist (da ich es im Wesentlichen durch die Betrachtung von Wahrscheinlichkeiten hergeleitet habe), werde ich es von nun an als grundlegend betrachten. Wenn Sie nur daran denken, nach dem Makrozustand mit der größten Vielfachheit zu suchen, können Sie weitestgehend darauf verzichten, die tatsächlichen Wahrscheinlichkeiten zu berechnen.

Da Vielfachheiten tendenziell *sehr* große Zahlen sind, mit denen man nicht vernünftig arbeiten kann, ist es praktisch, von jetzt an mit dem natürlichen Logarithmus der Vielfachheit anstelle mit der Vielfachheit selbst zu arbeiten. Aus historischen Gründen werden wir die Boltzmann-Konstante dazu multiplizieren. Das gibt uns eine Größe namens **Entropie**, die mit S bezeichnet wird:

$$S \equiv k \ln \Omega \,. \tag{2.45}$$

Mit anderen Worten ist die Entropie gerade der Logarithmus der Anzahl der Möglichkeiten, Dinge in dem System zu arrangieren (mal der Boltzmann-Konstante). Der Logarithmus macht aus einer sehr großen Zahl, der Vielfachheit, eine gewöhnliche große Zahl. Wenn Sie die Entropie *verstehen* wollen, rate ich Ihnen, den Faktor k zu ignorieren und sich die Entropie als eine einheitenlose Größe $\ln \Omega$ vorzustellen. Wenn wir aber den Faktor k mitnehmen, hat S die Einheit einer Energie geteilt durch eine Temperatur, oder J/K im SI-System. Ich werde die Nützlichkeit dieser Einheiten in Kapitel 3 erklären.

Als erstes Beispiel kehren wir noch einmal zum Fall eines großen Einstein-Festkörpers mit N Oszillatoren und q Energieeinheiten (mit $q \gg N$) zurück. Da $\Omega = (eq/N)^N$, haben wir

$$S = k \ln(\mathrm{e}q/N)^N = Nk[\ln(q/N) + 1] \,. \tag{2.46}$$

Somit gilt für $N = 10^{22}$ und $q = 10^{24}$

$$S = Nk \cdot (5{,}6) = (5{,}6 \cdot 10^{22})k = 0{,}77\,\mathrm{J/K} \,. \tag{2.47}$$

Beachten Sie, dass die Entropie eines Einstein-Festkörpers zunimmt, wenn Sie entweder q oder N erhöhen (allerdings nicht direkt proportional).

Ganz allgemein gilt: Je mehr Teilchen in einem System sind und je mehr Energie es enthält, umso größer ist seine Vielfachheit und seine Entropie. Sie können die Entropie eines Systems nicht nur durch das Hinzufügen von Teilchen und Energie erhöhen, sondern auch, indem Sie es in einen größeren Raum expandieren lassen oder indem Sie große Moleküle in kleine zerlegen oder Substanzen mischen, die zuvor getrennt waren. In jedem dieser Fälle nimmt die Gesamtanzahl der möglichen Anordnungen zu.

Manche Menschen finden es hilfreich, sich intuitiv Entropie als etwa dasselbe wie „Unordnung" vorzustellen. Ob diese Vorstellung zutrifft, hängt aber davon ab, was Sie sich genau als ungeordnet vorstellen. Die meisten Menschen würden sich einig sein, dass durchgemischte Spielkarten ungeordneter sind als ungemischte Spielkarten. In der Tat erhöht das Mischen die Entropie, weil es die Zahl der möglichen Anordnungen erhöht.[13] Allerdings würden viele Leute sagen, dass ein Glas mit zerstoßenem Eis ungeordneter erscheint als ein Glas mit der gleichen Menge Wasser. In diesem Fall hat das Wasser viel mehr Entropie, denn es gibt so viel mehr Möglichkeiten, die Moleküle anzuordnen und die größere Energiemenge unter ihnen zu verteilen.

Eine schöne Eigenschaft der Entropie ist, dass die Gesamtentropie eines zusammengesetzten Systems die *Summe* der Entropien ihrer Teile ist. Wenn es zum Beispiel zwei Teile A und B gibt, dann gilt

$$S_{\text{gesamt}} = k \ln \Omega_{\text{gesamt}} = k \ln(\Omega_A \Omega_B) = k \ln \Omega_A + k \ln \Omega_B = S_A + S_B \,. \tag{2.48}$$

Ich nehme an dieser Stelle an, dass die Makrozustände der Systeme A und B getrennt festgelegt sind. Wenn diese Systeme wechselwirken können, dann können diese Makrozustände im Lauf der Zeit fluktuieren. Um die Entropie über lange Zeitskalen zu berechnen, sollten wir Ω_{gesamt} berechnen, indem wir über *alle* Makrozustände der beiden Systeme summieren. Entropie ist genau wie die Vielfachheit eine Funktion der Zahl der *zugänglichen* Mikrozustände, und diese Zahl hängt von der betrachteten Zeitskala ab. In der Praxis ist diese Unterscheidung selten wichtig. Wenn wir einfach annehmen, dass das zusammengesetzte System in seinem wahrscheinlichsten Makrozustand ist, so bekommen wir im Wesentlichen die gleiche Entropie, wie wenn wir über *alle* Makrozustände summieren (siehe Aufgaben 2.29 und 2.30).

Da der natürliche Logarithmus eine monoton wachsende Funktion seines Arguments ist, hat ein Makrozustand mit höherer Vielfachheit auch eine höhere Entropie. Wir können daher den **zweiten Hauptsatz der Thermodynamik** wie folgt umformulieren:

> Jedes große System im Gleichgewicht befindet sich im Makrozustand mit der größten Entropie (abgesehen von Fluktuationen, die normalerweise zu klein sind, um gemessen werden zu können).

Oder kürzer:

> Entropie nimmt zu.

Beachten Sie jedoch, dass eine Kurve der Entropie als Funktion einer Größe, die fluktuieren kann (wie etwa U_A oder V_A), im Allgemeinen *keine* scharfe Spitze zeigen wird. Das Logarithmieren schmiert die Spitze in der Vielfachheitsfunktion aus. Das ändert aber nicht das Geringste an unseren Schlussfolgerungen; es trifft immer noch zu, dass Fluktuationen weg vom Makrozustand mit der größten Entropie für jedes hinreichend große System vernachlässigbar sind.

Auch wenn „spontane" Prozesse immer wegen einer Nettozunahme der Entropie stattfinden, könnten Sie sich fragen, ob menschliche Intervention zu einer Nettoabnahme der Entropie führen könnte. Der gesunde Menschenverstand würde einem das nahelegen: Jeder kann alle Münzen in einem Haufen leicht mit dem Kopf nach oben drehen, durchmischte Spielkarten ordnen oder einen unordentlichen Raum aufräumen. Allerdings ist die damit verbundene Entropieabnahme extrem klein, während die bei der Verdauung von Nahrung in unserem Körper entstandene Entropie (wir entnehmen Energie

13 Dieses Beispiel ist übrigens nicht unumstritten: Manche Physiker würden diese Umordnungen nicht zur thermodynamischen Entropie rechnen, weil sich Karten normalerweise nicht ohne Hilfe von außen umordnen. Persönlich sehe ich nicht, warum man so kleinlich sein sollte. Im schlimmsten Fall ist meine etwas breitere Definition der Entropie harmlos, weil die Menge an Entropie, um die es geht, im Vergleich zu anderen Formen der Entropie vernachlässigbar ist.

aus den chemischen Bindungen und geben das meiste als Wärmeenergie an die Umwelt ab) immer beträchtlich ist. Soweit wir das beurteilen können, unterliegen unsere Körper genauso den Gesetzen der Thermodynamik wie unbelebte Objekte. Egal, was Sie tun, um die Entropie an einer Stelle zu verringern: woanders müssen Sie mindestens genauso viel Entropie erzeugen.

Auch wenn *wir* die Gesamtentropie des Universums nicht verringern können, könnte es nicht sein, dass das jemand (oder etwas) anderes das kann? James Clerk Maxwell stellte diese Frage im Jahr 1867. Er fragte sich, ob ein „sehr genau beobachtendes und fingerfertiges Wesen“[14] nicht schnelle Moleküle in die eine Richtung und langsame in die andere Richtung ablenken könnte. Damit würde Wärme von einem kalten zu einem warmen Objekt fließen. William Thomson nannte dieses mythische Geschöpf später *Maxwells Dämon*, und Physiker und Philosophen haben seitdem versucht, ihn auszutreiben. Zahllose Entwürfe von mechanischen „Dämonen“ wurden vorgelegt; alle haben sich als wirkungslos erwiesen. Auch ein hypothetischer „intelligenter“ Dämon muss, wie sich herausstellt, Entropie erzeugen, wenn er die Information verarbeitet, die zum Sortieren der Moleküle notwendig ist. Auch wenn uns das Nachdenken über Dämonen seit den Tagen Maxwells viel über Entropie gelehrt hat, scheint festzustehen, dass nicht einmal ein Dämon den zweiten Hauptsatz verletzen kann.

Aufgabe 2.28 Wie viele mögliche Anordnungen gibt es für einen Satz von 52 Spielkarten? (Betrachten Sie der Einfachheit halber nur die Anordung der Spielkarten, nicht, ob sie umgedreht sind und so weiter.) Angenommen, Sie starten mit geordneten Karten und mischen immer wieder, sodass alle Anordnungen „zugänglich“ sind. Wie viel Entropie erzeugen Sie in diesem Prozess? Drücken Sie Ihre Antwort als eine reine Zahl (also ohne den Faktor k) und in SI-Einheiten aus. Ist diese Entropie signifikant im Vergleich zu der Entropie, die damit verknüpft ist, Wärmeenergie unter den Molekülen in den Spielkarten zu verteilen?

Aufgabe 2.29 Betrachten Sie ein System von zwei Einstein-Festkörpern mit $N_A = 300$, $N_B = 200$ und $q_{\text{gesamt}} = 100$ (wie in Abschnitt 2.3 besprochen). Berechnen Sie die Entropie des wahrscheinlichsten und des unwahrscheinlichsten Makrozustands. Berechnen Sie auch die Entropie über lange Zeitskalen unter der Annahme, dass *alle* Mikrozustände zugänglich sind. (Vernachlässigen Sie die Boltzmann-Konstante in der Definition der Entropie; bei so kleinen Systemen stellt man sich die Entropie am besten als reine Zahl vor.)

Aufgabe 2.30 Betrachten Sie noch einmal das System aus zwei großen identischen Einstein-Festkörpern, das wir in Aufgabe 2.22 behandelt haben.

(a) Berechnen Sie die Entropie dieses Systems (mit Boltzmann-Konstante) im Fall $N = 10^{23}$ unter der Annahme, dass *alle* Mikrozustände erlaubt sind. (Das ist die Entropie des Systems über lange Zeitskalen.)

(b) Berechnen Sie noch einmal die Entropie unter der Annahme, dass das System in seinem wahrscheinlichsten Makrozustand ist. (Das ist die Entropie des Systems auf kurzen Zeitskalen, außer wenn es eine große und unwahrscheinliche Fluktuation weg vom wahrscheinlichsten Makrozustand gibt.)

(c) Spielen die Zeitskalen für die Entropie dieses Systems wirklich eine Rolle?

14 Zitiert in Leff und Rex (1990), S. 5.

(d) Angenommen, Sie setzen plötzlich eine Wand zwischen den Festkörpern ein, sodass sie keine Energie mehr austauschen können, und zwar in dem Moment, wenn das System seinem wahrscheinlichsten Makrozustand nahe ist. Dann ist die Entropie auch auf langen Zeitskalen durch Ihre Antwort auf Teilaufgabe (b) gegeben. Da dieser Wert kleiner ist als der aus Teilaufgabe (a), haben Sie in einer gewissen Weise den zweiten Hauptsatz verletzt. Ist die Verletzung signifikant? Sollte sie uns schlaflose Nächte bereiten?

Entropie eines idealen Gases

Die Formel für die Entropie eines monoatomaren idealen Gases ist eher kompliziert, aber sehr nützlich. Wenn Sie mit Gleichung 2.40 loslegen, die Stirling-Näherung anwenden, einige Faktoren vernachlässigen, die „nur“ groß sind, und dann den Logarithmus nehmen, so erhalten Sie

Learn a little ... do a little

$$S = Nk\left[\ln\left(\frac{V}{N}\left(\frac{4\pi mU}{3Nh^2}\right)^{3/2}\right) + \frac{5}{2}\right]. \qquad (2.49)$$

Dieses berühmte Ergebnis ist als die **Sackur-Tetrode-Gleichung** bekannt.

Betrachten Sie zum Beispiel ein Mol Helium bei Raumtemperatur und normalem Luftdruck. Das Volumen beträgt dann $0{,}025\,\mathrm{m}^3$ und die innere Energie ist $\frac{3}{2}nRT = 3700\,\mathrm{J}$.

Wenn ich diese Zahlen in die Sackur-Tetrode-Gleichung einsetze, so finde ich, dass das Argument des Logarithmus 330.000 ist, der Logarithmus selbst aber nur 12,7. Somit beträgt die Entropie

$$S = Nk\cdot(15{,}2) = (9{,}1\cdot 10^{24})k = 126\,\mathrm{J/K}. \qquad (2.50)$$

Die Entropie eines idealen Gases hängt von seinem Volumen, seiner Energie und Teilchenzahl ab. Erhöht man irgendeine dieser drei Variablen, so erhöht sich auch die Entropie. Die einfachste Abhängigkeit ist die vom Volumen; ändert sich zum Beispiel das Volumen von V_i zu V_f bei festgehaltenem U und N, so ändert sich die Entropie um

$$\Delta S = Nk\ln\frac{V_\mathrm{f}}{V_\mathrm{i}} \qquad (U, N \text{ fest}). \qquad (2.51)$$

Diese Formel gilt zum Beispiel für die quasistatische isotherme Expansion aus dem Abschnitt 1.5, bei der das Gas auf einen Kolben drückt und dabei mechanische Arbeit verrichtet und wir gleichzeitig von außen Wärme liefern, um das Gas auf konstanter Temperatur zu halten. In diesem Fall können wir uns vorstellen, dass die Entropiezunahme durch die Wärmezufuhr verursacht wird. Führt man einem System Wärme zu, so nimmt seine Entropie immer zu; im nächsten Kapitel werde ich die Beziehung zwischen Entropie und Wärme im allgemeinen Fall besprechen.

Eine ganz andere Weise, ein Gas expandieren zu lassen, ist in Abbildung 2.14 dargestellt. Anfangs ist das Gas durch eine Wand von einer leergepumpten Kammer abgetrennt. Wir bohren ein Loch in die Wand und lassen das Gas frei expandieren und den ganzen verfügbaren Raum ausfüllen. Dieser Prozess wird als **freie Expansion** bezeichnet. Wie viel Arbeit wird während einer freien Expansion verrichtet? Keine! Das Gas drückt auf nichts und kann daher keine Arbeit verrichten. Wie steht es mit Wärme? Wiederum Fehlanzeige: Keine Wärme fließt aus dem Gas heraus oder in es hinein. Daher gilt nach dem ersten Hauptsatz der Thermodynamik

$$\Delta U = Q + W = 0 + 0 = 0. \qquad (2.52)$$

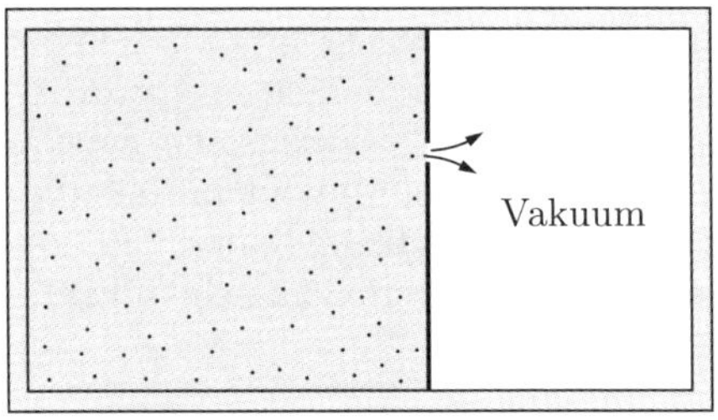

Abbildung 2.14: Freie Expansion eines Gases in ein Vakuum. Da das Gas weder Arbeit verrichtet noch Wärme absorbiert, ändert sich seine Energie nicht. Die Entropie des Gases nimmt jedoch zu.

Der Energiegehalt des Gases ändert sich während der freien Expansion nicht, daher gilt Gleichung 2.51. Dieses Mal ist die Entropiezunahme aber *nicht* von der Zufuhr von Wärme verursacht; wir haben stattdessen *neue* Entropie direkt im System hergestellt.

Aufgabe 2.31 Ergänzen Sie die Rechenschritte, um die Sackur-Tetrode-Gleichung (2.49) herzuleiten.

Aufgabe 2.32 Leiten Sie einen Ausdruck für die Entropie des zweidimensionalen idealen Gases aus Aufgabe 2.26 her. Drücken Sie Ihr Ergebnis durch U, A und N aus.

Aufgabe 2.33 Verwenden Sie die Sackur-Tetrode-Gleichung, um die Entropie eines Mols Argongas bei Raumtemperatur und normalem Luftdruck zu bestimmen. Warum ist die Entropie größer als die eines Mols Helium bei den gleichen Bedingungen?

Aufgabe 2.34 Zeigen Sie, dass während der quasistatischen isothermen Expansion eines monoatomaren idealen Gases die Entropieänderung mit der Wärmezufuhr Q durch die einfache Formel

$$\Delta S = \frac{Q}{T}$$

verbunden ist. Im nächsten Kapitel werde ich beweisen, dass diese Formel für beliebige quasistatische Prozesse gilt. Zeigen Sie, dass sie hingegen für die oben beschriebene freie Expansion *nicht* gilt.

Aufgabe 2.35 Laut der Sackur-Tetrode-Gleichung kann die Entropie eines monoatomaren idealen Gases *negativ* werden, wenn seine Temperatur (und damit seine Energie) hinreichend niedrig ist. Das ist natürlich absurd. Somit muss die Sackur-Tetrode-Gleichung bei sehr niedrigen Temperaturen ungültig sein. Stellen Sie sich vor, dass Sie mit einer bestimmten Menge Helium bei Raumtemperatur und normalem Luftdruck anfangen und die Temperatur bei festgehaltener Dichte erniedrigen. Nehmen Sie an, dass das Helium gasförmig bleibt und nicht kondensiert. Unterhalb welcher Temperatur würde die Sackur-Tetrode-Gleichung vorhersagen, dass S negativ ist? (Das Verhalten von Gasen bei sehr niedrigen Temperaturen ist das Hauptthema von Kapitel 7.)

Aufgabe 2.36 Sowohl für ein monoatomares Gas als auch für einen Einstein-Festkörper bei hohen Temperaturen ist die Entropie durch Nk mal einen Logarithmus gegeben. Der Logarithmus ist niemals groß, wenn Sie also nur eine Abschätzung der Größenordnung wollen, können Sie ihn vernachlässigen und einfach $S \sim Nk$ sagen. Somit ist die

Entropie in fundamentalen Einheiten von der Größenordnung der Teilchenzahl im System. Dieser Schluss stellt sich für die meisten Systeme als korrekt heraus (mit einigen wichtigen Ausnahmen bei niedrigen Temperaturen, wenn sich die Teilchen „ordentlich" verhalten). Geben Sie daher spaßeshalber eine ganz grobe Abschätzung der Entropie für die folgenden Objekte: dieses Buch (ein Kilogramm Kohlenstoffverbindungen), ein Elch (400 kg Wasser), die Sonne ($2 \cdot 10^{30}$ kg ionisierter Wasserstoff).

Die Mischungsentropie

Eine weitere Weise, Entropie zu erzeugen, besteht darin, zwei unterschiedliche Materialien sich mischen zu lassen. Nehmen wir zum Beispiel an, dass wir mit zwei verschiedenen monoatomaren idealen Gasen A und B beginnen. Sie sollen die gleiche Energie, das gleiche Volumen und die gleiche Teilchenzahl haben. Sie belegen die zwei Hälften einer durch eine Wand geteilten Kammer (siehe Abbildung 2.15). Entfernen wir nun die Wand, so nimmt die Entropie zu. Um zu berechnen, um wie viel, können wir jedes Gas als ein getrenntes System betrachten, auch nach der Mischung. Da Gas A expandiert, um das doppelte Ausgangsvolumen auszufüllen, nimmt seine Entropie um

$$\Delta S_A = Nk \ln \frac{V_\mathrm{f}}{V_\mathrm{i}} = Nk \ln 2 \tag{2.53}$$

zu, während sich die Entropie von Gas B um den gleichen Betrag erhöht. Das ergibt eine Gesamtzunahme

$$\Delta S_\mathrm{gesamt} = \Delta S_A + \Delta S_B = 2Nk \ln 2\,. \tag{2.54}$$

Diese Zunahme wird als **Mischungsentropie** bezeichnet.

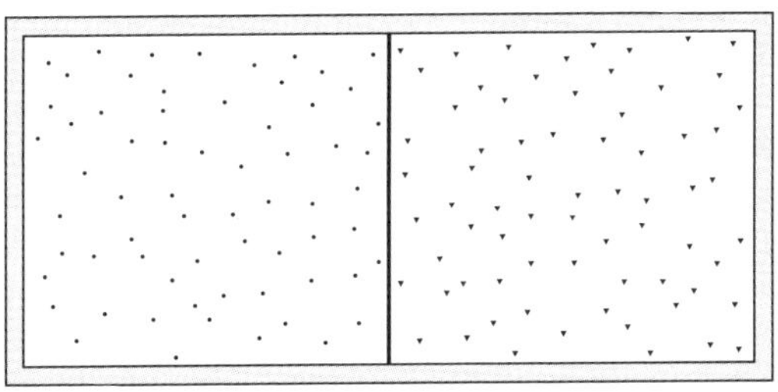

Abbildung 2.15: Zwei unterschiedliche, durch eine Wand getrennte Gase. Entfernt man die Trennwand, expandiert jedes Gas, um den ganzen Behälter auszufüllen, wobei es sich mit dem anderen vermischt und dabei Entropie erzeugt.

Es ist wichtig festzuhalten, dass dieses Resultat nur gilt, wenn die beiden Gase *verschieden* sind, wie Helium und Argon. Wenn Sie auf beiden Seiten mit dem *gleichen* Gas anfangen, nimmt die Entropie gar nicht zu, wenn Sie die Wand entfernen. (Technisch betrachtet nimmt die Gesamtvielfachheit zu, weil die Verteilung der Moleküle auf die beiden Seiten nun fluktuieren kann. Aber die Vielfachheit ändert sich nur um einen „großen" Faktor, der auf die Entropie vernachlässigbare Auswirkungen hat.)

Vergleichen wir diese zwei Situationen auf eine leicht andere Weise. Vergessen Sie die Trennwand und nehmen Sie an, dass wir mit einem Mol Helium in der Kammer starten. Die Gesamtentropie ist durch die Sackur-Tetrode-Gleichung

$$S = Nk\left[\ln\left(\frac{V}{N}\left(\frac{4\pi mU}{3Nh^2}\right)^{3/2}\right) + \frac{5}{2}\right] \tag{2.55}$$

gegeben. Wenn wir nun ein Mol Argon mit der gleichen Wärmeenergie U hinzufügen, verdoppelt sich die Entropie in etwa:

$$S_{\text{gesamt}} = S_{\text{Helium}} + S_{\text{Argon}} \,. \tag{2.56}$$

(Weil die Molekülmasse in Gleichung 2.55 eingeht, ist die Entropie des Argons in Wirklichkeit ein wenig größer als die des Heliums.) Wenn wir stattdessen ein zweites Mol Helium hinzufügen, verdoppelt sich die Entropie *nicht*. Schauen Sie sich noch einmal Formel 2.55 an: Wenn Sie die Werte von N und U beide verdoppeln, so bleibt das Verhältnis U/N im Logarithmus unverändert und aus dem N am Anfang wird $2N$. Aber es gibt noch ein anderes N, im Argument des Logarithmus unter dem V, aus dem auch $2N$ wird. Das führt dazu, dass die Entropie niedriger herauskommt, als Sie vielleicht erwarten, nämlich um $2Nk \ln 2$. Dieser „fehlende" Term ist gerade die Mischungsentropie.

Der Unterschied, wenn man Argon oder noch mehr Helium zuführt, kommt von dem zusätzlichen N unter dem V in der Sackur-Tetrode-Gleichung. Wo kommt dieses N her? Wenn Sie sich noch einmal die Herleitung in Abschnitt 2.5 anschauen, sehen Sie, dass es von dem Term $1/N!$ kommt, den ich in die Vielfachheitsfunktion eingebaut habe, um die Tatsache zu berücksichtigen, dass die Moleküle in einem Gas *ununterscheidbar* sind (und somit das Vertauschen zweier Moleküle nicht zu einem anderen Mikrozustand führt). Hätte ich diesen Faktor nicht hineingeschmuggelt, würde die Entropie eines monoatomaren idealen Gases

$$S = Nk\left[\ln\left(V\left(\frac{4\pi mU}{3Nh^2}\right)^{3/2}\right) + \frac{3}{2}\right] \quad \text{(unterscheidbare Moleküle)} \tag{2.57}$$

lauten. Diese Gleichung hätte einige ziemlich beunruhigende Konsequenzen, wenn sie stimmen würde. Wenn Sie zum Beispiel eine Wand in einen Heliumtank einbauen würden, die ihn in zwei Hälften aufteilt, so würde diese Formel vorhersagen, dass jede Hälfte signifikant *weniger* als die Hälfte der ursprünglichen Entropie hätte. Sie könnten den zweiten Hauptsatz der Thermodynamik durch einfaches Einbauen einer Wand verletzen! Ich kenne keinen einfachen Weg zu *beweisen*, dass die Welt sich nicht so verhält, aber es wäre sicher verwirrend.

Diese ganze Problematik wurde zum ersten Mal von J. Willard Gibbs aufgebracht und wird nun als das **Gibbs-Paradoxon** bezeichnet. Die beste Auflösung des Paradoxons besteht darin, einfach anzunehmen, dass alle Atome einer gegebenen Art wirklich ununterscheidbar sind. In Kapitel 7 werden wir mehr Evidenz für diese Annahme sehen.

Aufgabe 2.37 Verwenden Sie die gleiche Methode wie im Text, um die Mischentropie für ein System zweier monoatomarer idealer Gase A und B zu berechnen. Ihre relative Menge sei beliebig. N sei die *Gesamt*zahl der Moleküle und x der Bruchteil der Moleküle von der Spezies B. Sie sollten

$$\Delta S_{\text{misch}} = -Nk\big[x \ln x + (1-x)\ln(1-x)\big]$$

herausbekommen. Überprüfen Sie, dass dieser Ausdruck für $x = 1/2$ zu dem im Text angegebenen wird.

Aufgabe 2.38 Die Formel für die Mischentropie aus der letzten Aufgabe gilt für jedes ideale Gas und auch einige dichte Gase, Flüssigkeiten und Festkörper. Bei den dichteren Systemen müssen wir annehmen, dass die zwei Arten von Molekülen von der gleichen

Größe sind und dass Moleküle unterschiedlicher Art untereinander genauso wechselwirken wie Moleküle der gleichen Art (gleiche Kräfte usw.). Ein solches System bezeichnet man als **ideale Mischung**. Erklären Sie, warum die Mischungsentropie für eine ideale Mischung durch

$$\Delta S_{\text{misch}} = k \ln \binom{N}{N_A}$$

gegeben ist, wobei N die Gesamtzahl der Moleküle und N_A die Anzahl der Moleküle vom Typ A ist. Verwenden Sie die Stirling-Näherung, um zu zeigen, dass dieser Ausdruck derselbe ist wie das Ergebnis der vorhergehenden Aufgabe, wenn sowohl N als auch N_A groß sind.

Aufgabe 2.39 Berechnen Sie die Entropie eines Mols Helium bei Raumtemperatur und normalem Luftdruck unter der Annahme, dass alle Atome unterscheidbar wären. Vergleichen Sie mit der tatsächlichen Entropie für ununterscheidbare Atome, die im Text berechnet wurde.

Reversible und irreversible Prozesse

Wenn ein physikalischer Prozess die Gesamtentropie des Universums erhöht, so kann dieser Prozess nicht umgekehrt ablaufen, weil das den zweiten Hauptsatz der Thermodynamik verletzen würde. Prozesse, die neue Entropie erzeugen, nennt man **irreversibel**. Gleicherweise nennt man einen Prozess, der die Gesamtentropie des Universums unverändert lässt, **reversibel**. In der Praxis ist kein makroskopischer Prozess vollkommen reversibel, auch wenn einige Prozesse für die meisten Zwecke nahe herankommen.

Eine Art von Prozess, die neue Entropie erzeugt, ist die sehr rasche Expansion eines Systems, zum Beispiel die oben besprochene freie Expansion eines Gases. Auf der anderen Seite ändert eine graduelle Kompression oder Expansion (an sich) die Entropie eines Systems nicht. In Kapitel 3 werde ich beweisen, dass jede reversible Volumenänderung *quasistatisch* sein muss, sodass $W = -P\Delta V$. (Ein quasistatischer Prozess kann immer noch irreversibel sein, wenn gleichzeitig Wärme hinein- oder hinausfließt oder sonst irgendwie Entropie erzeugt wird.)

Es ist interessant, darüber nachzudenken, *warum* die langsame Kompression eines Gases nicht zu einer Entropiezunahme führt. Eine Weise, das zu tun, besteht darin sich vorzustellen, dass die Moleküle im Gas in verschiedenen quantenmechanischen Wellenfunktionen sind, von denen jede den ganzen Behälter ausfüllt, mit diskreten (aber sehr nahe beieinanderliegenden) Energieniveaus. (Lesen Sie Anhang A, um mehr über die Energieniveaus von Teilchen in einem Kasten zu erfahren.) Wenn Sie das Gas komprimieren, wird jede Wellenfunktion zusammengestaucht, damit nehmen die Energien aller Niveaus zu und entsprechend auch die Energien aller Moleküle. Wenn aber die Kompression hinreichend langsam ist, wandern die Moleküle nicht in höhere Energieniveaus; ein Molekül, das im n-ten Niveau anfängt, bleibt auch im n-ten Niveau (auch wenn die Energie dieses Niveaus zunimmt). Somit bleibt die Zahl der Möglichkeiten, die Moleküle auf die verschiedenen Energieniveaus zu verteilen, dieselbe und Vielfachheit und Entropie ändern sich nicht. Andererseits wird die Zahl der möglichen Anordnungen und damit die Entropie zunehmen, wenn die Kompression hinreichend heftig ist, dass Moleküle in höhere Niveaus gekickt werden.

Der vermutlich wichtigste Typ eines thermodynamischen Prozesses ist der Wärmefluss von einem heißen zu einem kalten Objekt. Wir haben in Abschnitt 2.3 gesehen, dass dieser Prozess vorkommt, *weil* die Gesamtvielfachheit des zusammengesetzten Systems dadurch zunimmt; damit nimmt auch die Gesamtentropie zu und der Wärmestrom ist immer irreversibel. Wir werden allerdings im nächsten Kapitel sehen, dass die Entropiezunahme vernachlässigbar wird, wenn die Temperaturdifferenz zwischen den zwei Objekten gegen null geht. Wenn Sie also jemals jemanden von einem „reversiblen Wärmefluss" reden hören, dann ist in Wirklichkeit ein sehr langsamer Wärmefluss zwischen Objekten auf nahezu derselben Temperatur gemeint. Beachten Sie, dass im reversiblen Grenzfall eine nur infinitesimale Änderung der Temperatur eines der beiden Objekte dazu führen kann, dass die Wärme in die entgegengesetzte Richtung fließt. Man kann in der Tat einen reversiblen Prozess als einen *definieren*, der durch eine infinitesimale Änderung der Bedingungen umgekehrt werden kann.

Die meisten der Prozesse, die wir im Leben beobachten, beinhalten große Entropieänderungen und sind daher hochgradig irreversibel: Sonnenlicht, das die Erde erwärmt; Holz, das im Kamin brennt; der Metabolismus in unserem Körper; das Mischen von Zutaten in der Küche. Weil die Gesamtentropie des Universums ständig zunimmt, haben sich einige Physiker mit philosophischen Neigungen darüber Sorgen gemacht, dass das Universum irgendwann einmal ein eher langweiliger Ort werden wird: ein homogenes Fluid mit der maximal möglichen Entropie und keinen Temperatur- oder Dichteschwankungen. Beim gegenwärtigen Tempo wird dieser „Wärmetod des Universums" nicht so bald stattfinden; unsere Sonne beispielsweise sollte noch mindestens 5 Milliarden Jahre hell weiterscheinen.[15]

Es ist vielleicht fruchtbarer, stattdessen nach dem *Anfang* der Zeit zu fragen. Warum hat das Universum in einem so unwahrscheinlichen niederentropischen Zustand angefangen, dass es nach mehr als 10 Milliarden Jahren immer noch so weit vom Gleichgewicht entfernt ist? War das bloß ein großer Zufall (der größte Zufall aller Zeiten)? Oder findet vielleicht jemand eines Tages eine befriedigendere Erklärung?

Aufgabe 2.40 Erklären Sie für jeden der folgenden irreversiblen Prozesse, warum Sie sagen können, dass die Gesamtentropie des Universums zugenommen hat.

(a) Einen Teller Suppe salzen.
(b) Ein Ei schlagen.
(c) Eine Welle, die auf eine Sandburg trifft.
(d) Das Fällen eines Baums.
(e) Das Verbrennen von Benzin in einem Auto.

Aufgabe 2.41 Beschreiben Sie einige Ihrer beliebtesten und unbeliebtesten irreversiblen Prozesse. Erklären Sie in jedem Fall, warum Sie sagen können, dass die Entropie des Universums zunimmt.

Aufgabe 2.42 Ein **schwarzes Loch** ist eine Region im Raum, wo die Schwerkraft so stark ist, dass nichts, nicht einmal Licht, entkommen kann. Wirft man also etwas in ein schwarzes Loch, so ist das ein irreversibler Prozess, zumindest in der Alltagsbedeutung des Worts. Er ist aber auch aus thermodynamischer Sicht irreversibel: Fügen wir einem schwarzen Loch Masse hinzu, so nimmt seine Entropie zu. Es stellt sich heraus, dass es (zumindest von außen) keinen Weg gibt zu sagen, aus welcher Art von Materie

15 Eine moderne Analyse der langfristigen Aussichten für unser Universum findet sich in: Steven Frautschi, „Entropy in an Expanding Universe", *Science* **217**, 593–599 (1982).

das schwarze Loch gemacht wurde.[16] Die Entropie eines schwarzen Lochs muss daher größer sein als die Entropie irgendeiner Art von Materie, die man zu seiner Herstellung hätte verwenden können. Wenn man das weiß, ist es nicht schwer, die Entropie eines schwarzen Lochs abzuschätzen.

(a) Verwenden Sie eine Dimensionsanalyse, um zu zeigen, dass ein schwarzes Loch der Masse M einen Radius von der Ordnung GM/c^2 haben sollte, wobei G Newtons Gravitationskonstante ist und c die Lichtgeschwindigkeit. Berechnen Sie den ungefähren Radius eines schwarzen Lochs von einer Sonnenmasse ($M = 2 \cdot 10^{30}$ kg).

(b) Erklären Sie im Stil von Aufgabe 2.36, warum die Entropie eines schwarzen Lochs in fundamentalen Einheiten von der Größenordnung der maximalen Teilchenzahl sein sollte, die man für seine Herstellung hätte verwenden können.

(c) Um ein schwarzes Loch aus der maximalen Anzahl von Teilchen herzustellen, sollte man Teilchen mit der niedrigsten möglichen Energie verwenden: langwellige Photonen (oder andere masselose Teilchen). Aber ihre Wellenlänge kann nicht größer als das schwarze Loch sein. Setzen Sie die Gesamtenergie der Photonen gleich Mc^2 und schätzen Sie die maximale Anzahl von Photonen, die man verwenden könnte, um ein schwarzes Loch der Masse M herzustellen. Von einem Faktor $8\pi^2$ abgesehen sollte Ihr Ergebnis mit der exakten Formel für die Entropie eines schwarzen Lochs übereinstimmen, die aus einer sehr viel schwierigeren Rechnung folgt:[17]

$$S_{\mathrm{SL}} = \frac{8\pi^2 GM^2}{hc}\, k \,.$$

(d) Berechnen Sie die Entropie eines schwarzen Lochs von einer Sonnenmasse und kommentieren Sie das Ergebnis.

Es gibt 10^{11} Sterne in der Milchstraße. Das war mal eine riesige *Zahl. Aber es sind nur hundert Milliarden. Das ist weniger als die Staatsverschuldung! So etwas nannten wir astronomische Zahlen. Wir sollten sie jetzt ökonomische Zahlen nennen.*

—Richard Feynman, zitiert von David Goodstein,
Physics Today **42**, 73
(Februar 1989).

16 Diese Aussage ist eine kleine Übertreibung. Elektrische Ladung und Drehimpuls bleiben bei der Bildung des schwarzen Lochs erhalten und können von außen immer noch gemessen werden. In dieser Aufgabe nehme ich der Einfachheit halber an, dass beide null sind.

17 Durch Stephen Hawking im Jahr 1973. Um mehr über die Thermodynamik schwarzer Löcher zu erfahren, verweise ich auf „The Quantum Mechanics of Black Holes“, *Scientific American* **236**, 34–40 (Januar, 1977); Jacob Bekenstein, „Black Hole Thermodynamics“, *Physics Today* **33**, 24–31 (Januar, 1980) und Leonard Susskind, „Black Holes and the Information Paradox“, *Scientific American* **276**, 52–57 (April, 1997).

Wechselwirkungen und Konsequenzen

3

ÜBERBLICK

» Im letzten Kapitel habe ich argumentiert, dass sich zwei große Systeme, wenn sie wechselwirken, immer zu dem Makrozustand mit der größten Entropie hinentwickeln. Diese Aussage ist als der zweite Hauptsatz der Thermodynamik bekannt. Der zweite Hauptsatz ist aber nicht in die Grundgesetze der Natur eingebaut. Er resultiert alleine aus den Gesetzen der Wahrscheinlichkeitsrechnung und der Mathematik sehr großer Zahlen. Da die Wahrscheinlichkeiten aber für jedes System, das wir mit bloßem Auge sehen können, so überwältigend sind, können wir die Wahrscheinlichkeiten genauso gut vergessen und den zweiten Hauptsatz als grundlegend ansehen. Genau das werde ich im Großteil des verbleibenden Teil des Buchs tun, wenn wir die Konsequenzen des zweiten Hauptsatzes ausloten.

Der Zweck dieses Kapitels ist zweierlei. Zuerst müssen wir herausbekommen, welchen Bezug die Entropie zu anderen Größen wie Temperatur und Druck hat, die man direkter messen kann. Wir werden die notwendigen Beziehungen herleiten, indem ich die verschiedenen Arten betrachte, auf die zwei Systeme wechselwirken können, indem sie Energie, Volumen und/oder Teilchen austauschen. Damit der zweite Hauptsatz gilt, muss in jedem Fall die Entropie die Richtung der Veränderung bestimmen. In einem zweiten Schritt werden wir diese Beziehungen und unsere verschiedenen Entropieformeln verwenden, um die thermischen Eigenschaften einer Reihe realistischer Systeme vorherzusagen, von der Wärmekapazität eines Festkörpers über den Druck eines Gases bis hin zur Magnetisierung eines paramagnetischen Materials. «

3.1 Temperatur

Learn a little ... do a little

Der zweite Hauptsatz besagt, dass die Gesamtentropie ihren maximal möglichen Wert erreicht hat, wenn zwei Objekte im thermischen Gleichgewicht sind. In Abschnitt 1.1 habe ich aber ein anderes Kriterium angegeben, das erfüllt ist, wenn zwei Objekte im thermischen Gleichgewicht sind: Ich sagte, dass sie dieselbe **Temperatur** haben. Ich habe ja die Temperatur gerade als die Sache *definiert*, die für beide Objekte gleich ist, wenn sie im thermischen Gleichgewicht sind. Nachdem wir nun ein genaueres Verständnis des thermischen Gleichgewichts in Form der Entropie haben, können wir jetzt herausbekommen, was Temperatur *wirklich* ist.

Schauen wir uns ein spezifisches Beispiel an. Betrachten Sie zwei Einstein-Festkörper A und B, die „schwach gekoppelt" sind, sodass sie (bei konstanter Gesamtenergie) Energie austauschen können. Nehmen Sie (wie in Abbildung 2.5) an, dass die Gesamtzahl der Oszillatoren in den zwei Festkörpern $N_A = 300$ und $N_B = 200$ ist und dass sie 100 Energieeinheiten teilen: $q_{\text{gesamt}} = 100$. Tabelle 3.1 führt die verschiedenen Makrozustände und ihre Vielfachheiten auf. Es gibt jetzt aber auch Spalten für die Entropie von Festkörper A, die Entropie von Festkörper B und die Gesamtentropie (diese bekommen Sie entweder durch Addition von S_A und S_B oder indem Sie den Logarithmus von Ω_{gesamt} nehmen).

Abbildung 3.1 zeigt Kurven von S_A, S_B und S_{gesamt} (in Einheiten der Boltzmann-Konstante) für die gleichen Parameter wie in der Tabelle. Der Gleichgewichtspunkt liegt bei $q_A = 60$, wo S_{gesamt} seinen Maximalwert erreicht. An dieser Stelle ist die Tangente an der

q_A	Ω_A	S_A/k	q_B	Ω_B	S_B/k	Ω_{gesamt}	S_{gesamt}/k
0	1	0	100	$2{,}8 \cdot 10^{81}$	187,5	$2{,}8 \cdot 10^{81}$	187,5
1	300	5,7	99	$9{,}3 \cdot 10^{80}$	186,4	$2{,}8 \cdot 10^{83}$	192,1
2	45150	10,7	98	$3{,}1 \cdot 10^{80}$	185,3	$1{,}4 \cdot 10^{85}$	196,0
⋮	⋮	⋮	⋮	⋮	⋮	⋮	⋮
11	$5{,}3 \cdot 10^{19}$	45,4	89	$1{,}1 \cdot 10^{76}$	175,1	$5{,}9 \cdot 10^{95}$	220,5
12	$1{,}4 \cdot 10^{21}$	48,7	88	$3{,}4 \cdot 10^{75}$	173,9	$4{,}7 \cdot 10^{96}$	222,6
13	$3{,}3 \cdot 10^{22}$	51,9	87	$1{,}0 \cdot 10^{75}$	172,7	$3{,}5 \cdot 10^{97}$	224,6
⋮	⋮	⋮	⋮	⋮	⋮	⋮	⋮
59	$2{,}2 \cdot 10^{68}$	157,4	41	$3{,}1 \cdot 10^{46}$	107,0	$6{,}7 \cdot 10^{114}$	264,4
60	$1{,}3 \cdot 10^{69}$	159,1	40	$5{,}3 \cdot 10^{45}$	105,3	$6{,}9 \cdot 10^{114}$	264,4
61	$7{,}7 \cdot 10^{69}$	160,9	39	$8{,}8 \cdot 10^{44}$	103,5	$6{,}8 \cdot 10^{114}$	264,4
⋮	⋮	⋮	⋮	⋮	⋮	⋮	⋮
100	$1{,}7 \cdot 10^{96}$	221,6	0	1	0	$1{,}7 \cdot 10^{96}$	221,6

Tabelle 3.1: Makrozustände, Vielfachheiten und Entropien eines Systems von zwei Einstein-Festkörpern, einem mit 300 Oszillatoren und einem mit 200 Oszillatoren, die sich insgesamt 100 Energieeinheiten teilen.

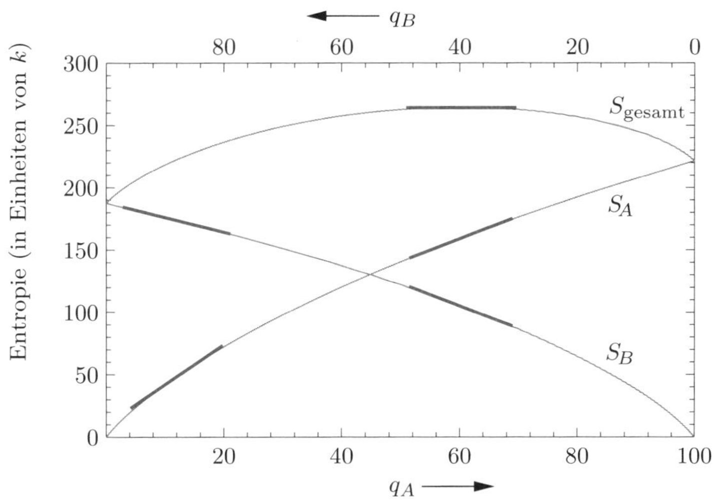

Abbildung 3.1: Eine Darstellung der in Tabelle 3.1 berechneten Entropien. Im Gleichgewicht ($q_A = 60$) hat die Gesamtentropie ein Maximum, somit hat die Kurve eine horizontale Tangente. Damit müssen die Steigungen der Tangenten an den Kurven von S_A und S_B dem Betrag nach gleich sein. Weg vom Gleichgewicht (zum Beispiel bei $q_A = 12$) hat der Festkörper, dessen Entropiekurve die steilere Tangente aufweist, die Tendenz, Energie spontan zu gewinnen. Wir sagen deshalb, dass er die niedrigere Temperatur hat.

Kurve von S_{gesamt} horizontal; also

$$\frac{\partial S_{\text{gesamt}}}{\partial q_A} = 0 \qquad \text{oder} \qquad \frac{\partial S_{\text{gesamt}}}{\partial U_A} = 0 \qquad \text{im Gleichgewicht}\,. \tag{3.1}$$

(Technisch betrachtet handelt es sich um eine *partielle* Ableitung, weil die Zahl der Oszillatoren in jedem Festkörper festgehalten wird. Die Energie U_A ist gerade q_A mal einer Konstante, der Größe einer Energieeinheit.) Aber die Steigung der Kurve von S_{gesamt} ist gerade die Summe der Steigungen der Kurve von S_A und S_B. Somit

$$\frac{\partial S_A}{\partial U_A} + \frac{\partial S_B}{\partial U_A} = 0 \qquad \text{im Gleichgewicht}\,. \tag{3.2}$$

Der zweite Term in dieser Gleichung ist ziemlich ungut mit B im Zähler und A im Nenner. Aber $\mathrm{d}U_A$ ist dasselbe wie $-\mathrm{d}U_B$, denn wegen der Energieerhaltung muss man dem Festkörper B den gleichen Energiebetrag entziehen, den man dem Festkörper A hinzufügt.

Wir können somit

$$\frac{\partial S_A}{\partial U_A} = \frac{\partial S_B}{\partial U_B} \qquad \text{im Gleichgewicht} \tag{3.3}$$

schreiben. Mit anderen Worten, was in beiden Systemen das Gleiche ist, wenn sie sich im thermischen Gleichgewicht befinden, ist die *Steigung* ihrer Entropien als Funktion der Energie. Diese Steigung muss irgendwie mit der Temperatur eines Systems verwandt sein.

Um eine bessere Vorstellung zu bekommen, wie die Temperatur mit der Steigung der Entropie als Funktion der Energie zusammenhängt, schauen wir uns einen Punkt fern vom Gleichgewicht an, zum Beispiel den Punkt $q_A = 12$ in der Abbildung. Hier ist die Steigung des Graphen von S_A wesentlich steiler als die Steigung des Graphen von S_B. Das bedeutet, dass die von A gewonnene Entropie größer ist als die von B verlorene Entropie, wenn ein wenig Energie vom Festkörper B auf den Festkörper A übertragen wird. Die Gesamtentropie wird zunehmen, also passiert dieser Prozess nach dem zweiten Hauptsatz spontan. Offensichtlich besagt der zweite Hauptsatz, dass Energie immer dazu tendieren wird, in das Objekt zu fließen, das die größere Steigung von S als Funktion von U aufweist, und aus dem Objekt herauszufließen, das die geringere Steigung von S als Funktion von U hat. Das erste Objekt „will" Energie gewinnen (um seine Entropie zu erhöhen) und dem zweiten Objekt „macht es nicht so viel aus", ein wenig Energie zu verlieren (weil seine Entropie nicht so sehr abnimmt). Eine große Steigung muss also einer *niedrigen* Temperatur entsprechen, eine kleine Steigung einer *hohen* Temperatur.

Schauen wir uns einmal die Einheiten an. Dank des Boltzmann-Faktors in der Definition der Entropie hatte $\partial S/\partial U$, die Steigung der Entropie eines Systems als Funktion der Energie, die Einheit (J/K)/J = 1/K. Nehmen wir die inverse Steigung, so bekommen wir etwas mit der Einheit Kelvin, genau das, was wir für eine Temperatur wollen. Wir haben auch gerade gesehen, dass die Temperatur klein sein muss, wenn die Steigung groß ist, und umgekehrt. Ich schlage daher die folgende Beziehung vor:

$$T \equiv \left(\frac{\partial S}{\partial U}\right)^{-1}. \tag{3.4}$$

Die **Temperatur** eines Systems ist das Inverse der Steigung seiner Entropie als Funktion der Energie. Die partielle Ableitung wird bei festgehaltenem Volumen und festgehaltener

Teilchenzahl des Systems berechnet;[1] genauer gesagt

$$\frac{1}{T} \equiv \left(\frac{\partial S}{\partial U}\right)_{N,V} . \tag{3.5}$$

Ich werde von nun an Gleichung 3.5 als die *Definition* der Temperatur verwenden. (Um sicherzustellen, dass wir keine weiteren Faktoren 2 oder andere Zahlen in Gleichung 3.5 brauchen, müssen wir ein Beispiel überprüfen, bei dem wir schon die Antwort kennen. Das werden wir am Ende dieses Abschnitts tun.)

Sie fragen sich vielleicht, warum ich die Ableitung nicht einfach umdrehe und Gleichung 3.5 als

$$T = \left(\frac{\partial U}{\partial S}\right)_{N,V} \tag{3.6}$$

schreibe. Die Antwort ist, dass daran nichts falsch ist, aber dieser Ausdruck ist in der Praxis weniger nützlich, weil Sie fast nie einen Ausdruck der Energie als Funktion von Entropie, Volumen und Teilchenzahl haben. In numerischen Beispielen wie in Tabelle 3.1 ist diese Version der Gleichung schon in Ordnung. Wenn Sie zum Beispiel die zwei Zeilen in der Tabelle für $q_A = 11$ und $q_A = 13$ vergleichen, so erhalten Sie für den Festkörper A

$$T_A = \frac{13\epsilon - 11\epsilon}{51{,}9k - 45{,}4k} = 0{,}31\ \epsilon/k\,, \tag{3.7}$$

wobei ϵ $(= hf)$ die Größe jeder Energieeinheit ist. Beträgt $\epsilon = 0{,}1\,\text{eV}$, so ist die Temperatur in etwa 360 K. Diese Zahl ist die ungefähre Temperatur bei $q_A = 12$ in der Mitte des betrachteten kleinen Intervalls. (Technisch gesehen ist die Ableitung für dieses kleine System nicht genau definiert, weil ein Unterschied von ein oder zwei Energieeinheiten im Vergleich zu 12 nicht infinitesimal ist. In einem großen System wird dieses Problem nicht auftreten.) Ähnlich ergibt sich für Festkörper B

$$T_B = \frac{89\epsilon - 87\epsilon}{175{,}1k - 172{,}7k} = 0{,}83\ \epsilon/k\,. \tag{3.8}$$

Wie erwartet, ist an diesem Punkt Festkörper B heißer, denn er ist derjenige, der zum Energie*verlust* tendieren wird.

Es ist immer noch nicht klar, dass (3.5), unsere neue Definition der Temperatur, vollständig mit der *operationalen* Definition aus Abschnitt 1.1 übereinstimmt, also mit dem Ergebnis, das wir erhalten würden, wenn wir die Temperatur mit einem sauber kalibrierten Thermometer messen würden. Wenn Sie skeptisch sind, lassen Sie mich einfach sagen: Für die meisten praktischen Zwecke *sind* die beiden Definitionen äquivalent. Jede operationale Definition hat aber nur einen begrenzten Geltungsbereich, denn sie hängt von den physikalischen Einschränkungen der benutzten Instrumente ab. In unserem Fall wird jedes spezielle Thermometer, das wir verwenden, um die Temperatur zu „definieren", Grenzen haben – es könnte einfrieren oder schmelzen oder sonst etwas machen. Es gibt sogar Systeme, bei denen *kein* Standardthermometer funktioniert; wir werden in Abschnitt 3.3 ein Beispiel sehen. Unsere neue Definition ist wirklich besser als die alte, auch wenn sie nicht ganz genau dieselbe ist.

1 Das Volumen ist bei einem Einstein-Festkörper nicht besonders relevant, auch wenn die Größe der Energieeinheiten vom Volumen abhängen kann. Bei einigen Systemen tauchen auch andere Größen wie die magnetische Feldstärke auf, die man ebenfalls bei der partiellen Ableitung festhalten muss.

Aufgabe 3.1 Verwenden Sie Tabelle 3.1, um die Temperaturen von Festkörper A und Festkörper B zu berechnen, wenn $q_A = 1$ ist. Berechnen Sie dann beide Temperaturen für $q_A = 60$. Drücken Sie Ihre Antworten in ϵ/k aus und dann in Kelvin, unter der Annahme, dass $\epsilon = 0{,}1\,\text{eV}$.

Aufgabe 3.2 Verwenden Sie die Definition der Temperatur, um den **nullten Hauptsatz der Thermodynamik** zu beweisen: Ist System A im thermischen Gleichgewicht mit System B und System B im thermischen Gleichgewicht mit System C, so ist System A im thermischen Gleichgewicht mit System C. (Wenn Ihnen diese Aufgabe total sinnlos erscheint, so befinden Sie sich in guter Gesellschaft: Jeder dachte, dass dieser „Hauptsatz" völlig offensichtlich ist, bis Ralph Fowler 1931 zeigte, dass es sich um eine unausgesprochene Annahme der klassischen Thermodynamik handelt.)

Eine schräge Analogie

Damit Sie ein besseres Gefühl für die theoretische Definition der Temperatur (3.5) bekommen, möchte ich Ihnen eine etwas schräge Analogie vorstellen. Stellen Sie sich eine Welt vor, der unseren nicht unähnlich, in der die Leute ständig Geld untereinander austauschen, um glücklicher zu werden. Sie interessieren sich aber nicht nur für ihr *eigenes* Glück; jede Person versucht sogar, das *gesamte* Glück aller in der Gemeinschaft zu maximieren. Einige Individuen werden viel glücklicher, wenn man ihnen ein wenig Geld gibt. Wir könnten diese Leute „gierig" nennen, denn sie nehmen das Geld gerne und geben es ungern her. Andere Individuen hingegen werden nur ein wenig glücklicher, wenn man ihnen mehr Geld gibt, und auch nur ein wenig trauriger, wenn sie etwas Geld verlieren. Diese Leute werden recht großzügig sein und ihr Geld den gierigeren Leuten geben, um das gesamte Glück zu maximieren.

Die Analogie zur Thermodynamik ist wie folgt. Die Gemeinschaft entspricht einem isolierten System von Objekten und die Leute entsprechen den verschiedenen Objekten im System. Geld entspricht *Energie*; es ist die Größe, die ständig ausgetauscht wird und deren Gesamtmenge erhalten ist. Glück entspricht der *Entropie*; das primäre Ziel der Gesellschaft besteht darin, die Gesamtmenge zu erhöhen. Die Großzügigkeit entspricht der *Temperatur*; sie misst, wie bereitwillig jemand sein Geld (Energie) hergibt. Die Analogien sind also wie folgt:

$$\begin{aligned} \text{Geld} \quad &\leftrightarrow \quad \text{Energie} \\ \text{Glück} \quad &\leftrightarrow \quad \text{Entropie} \\ \text{Großzügigkeit} \quad &\leftrightarrow \quad \text{Temperatur} \end{aligned}$$

Man kann diese Analogie sogar noch weitertreiben. Normalerweise würden Sie erwarten, dass Menschen großzügiger werden, wenn sie zu mehr Geld kommen. In der Thermodynamik würde das bedeuten, dass die Temperatur eines Objekts zunimmt, wenn seine Energie zunimmt. Tatsächlich verhalten sich die meisten Objekte so. Eine zunehmende Temperatur entspricht einer *abnehmenden* Steigung der Entropie als Funktion der Energie, sodass die Entropiekurve eines solchen Objekts überall konkav ist (siehe Abbildungen 3.1 und 3.2).

Jede Gemeinschaft scheint aber ein paar Geizkrägen aufzuweisen, die in Wirklichkeit *weniger* großzügig werden, wenn sie zu Geld kommen. In gleicher Weise gibt es kein Gesetz der Physik, das die Temperatur eines Objekts daran hindert, *abzunehmen*, wenn Sie Energie hinzufügen. Ein solches Objekt hätte eine negative Wärmekapazität; seine

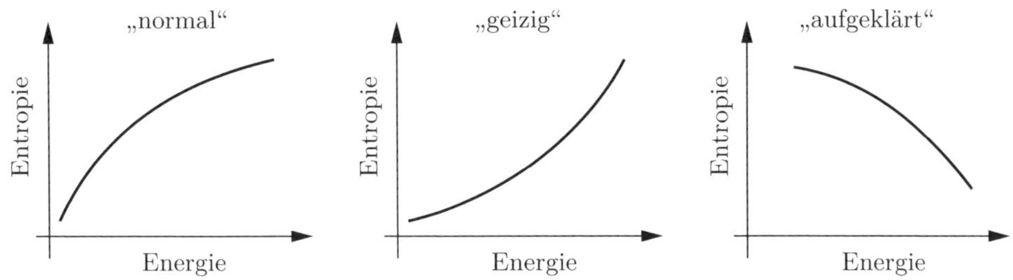

Abbildung 3.2: Kurven der Entropie als Funktion der Energie (oder des Glücks als Funktion des Geldes) für ein „normales" System, das bei Energiegewinn heißer (großzügiger) wird; ein „geiziges" System, das bei Energiegewinn kälter (weniger großzügig) wird; und ein „aufgeklärtes" System, das gar keine Energie gewinnen will.

Entropiekurve wäre als Funktion der Energie konvex. (Teilchenansammlungen, die von der Schwerkraft zusammengehalten werden, verhalten sich genau so. Alle zugeführte Energie geht in die *potentielle* Energie, da sich die Teilchen im System voneinander entfernen und langsamer werden. Siehe Aufgaben 1.55, 3.7 und 3.15.)

Noch ungewöhnlicher sind die aufgeklärten Individuen, die glücklicher werden, wenn sie Geld *verlieren*. Die Entropiekurve eines analogen thermodynamischen Systems hätte als Funktion der Energie eine negative Steigung. Diese Situation entspricht gar nicht unserer Intuition, kommt aber in realen physikalischen Systemen vor, wie wir in Abschnitt 3.3 sehen werden. (Der Abschnitt, in dem die Gesamtentropie in Abbildung 3.1 eine negative Steigung hat, ist kein Beispiel „aufgeklärten" Verhaltens: Hier spreche ich von der Gleichgewichtsentropie eines *einzelnen* Objekts als Funktion seiner Gesamtenergie.)

Aufgabe 3.3 Abbildung 3.3 zeigt die Kurven der Entropie als Funktion der Energie für zwei Objekte A und B. Beide Kurven sind auf der gleichen Skala. Die Energien dieser zwei Objekte haben anfangs die angedeuteten Werte; dann werden die Objekte miteinander in thermischen Kontakt gebracht. Erklären Sie, was dann passiert und warum, *ohne* dass Sie das Wort „Temperatur" verwenden.

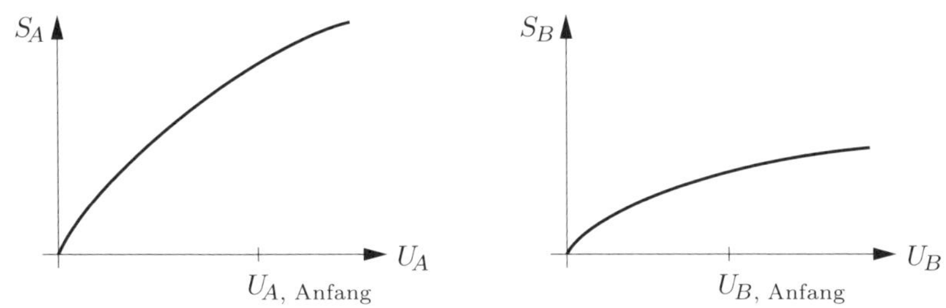

Abbildung 3.3: Kurven der Entropie als Funktion der Energie für zwei Objekte.

Aufgabe 3.4 Kann ein „geiziges" System mit einer Entropie, die als Funktion der Energie konvex ist, jemals in einem stabilen thermischen Gleichgewicht mit einem anderen System sein? Erklären Sie!

Beispiele aus dem wahren Leben

Die theoretische Definition der Temperatur ist nicht nur interessant und intuitiv – sie ist auch nützlich. Wenn Sie eine explizite Formel für die Entropie eines Objekts als Funktion der Energie haben, können Sie leicht seine Temperatur ausrechnen (auch als Funktion der Energie).

Das vielleicht einfachste realistische Beispiel ist ein großer Einstein-Festkörper im Grenzfall $q \gg N$ (wobei N die Anzahl der Oszillatoren ist). Die Gesamtenergie U ist gerade q mal eine Konstante, die ich ϵ nennen werde. Ich habe die Entropie in Gleichung 2.46 berechnet:

$$S = Nk[\ln(q/N) + 1] = Nk \ln U - Nk \ln(\epsilon N) + Nk\,. \tag{3.9}$$

Die Temperatur sollte daher

$$T = \left(\frac{\partial S}{\partial U}\right)^{-1} = \left(\frac{Nk}{U}\right)^{-1} \tag{3.10}$$

sein, mit anderen Worten,

$$U = NkT\,. \tag{3.11}$$

Dieses Ergebnis ist aber genau, was der Gleichverteilungssatz vorhersagen würde: Die Gesamtenergie sollte $\frac{1}{2}kT$ mal die Anzahl der Freiheitsgrade sein, und ein Einstein-Festkörper hat zwei Freiheitsgrade pro Oszillator. (Dieses Ergebnis bestätigt, dass in Gleichung 3.5 keine Faktoren 2 oder andere Konstanten benötigt werden.)

Als ein anderes Beispiel berechnen wir die Temperatur eines monoatomaren idealen Gases. Erinnern Sie sich, dass laut Gleichung 2.49 die Entropie

$$S = Nk \ln V + Nk \ln U^{3/2} + (\text{eine Funktion von } N) \tag{3.12}$$

lautet (dabei ist N die Anzahl der Moleküle). Die Temperatur ist somit

$$T = \left(\frac{\frac{3}{2}Nk}{U}\right)^{-1}. \tag{3.13}$$

Lösen wir diese Gleichung nach U auf, so erhalten wir $U = \frac{3}{2}NkT$, was wieder den Gleichverteilungssatz bestätigt. (An dieser Stelle könnten wir die Logik von Abschnitt 1.2 umkehren und das ideale Gasgesetz *herleiten*, indem wir mit dem Ausdruck für U anfangen. Ich warte aber bis Abschnitt 3.4 und leite dort das ideale Gasgesetz aus einer viel allgemeineren Formel für den Druck her.)

Aufgabe 3.5 Bestimmen Sie einen Ausdruck für die Temperatur eines Einstein-Festkörpers im Grenzfall $q \ll N$, indem Sie mit dem Ergebnis von Aufgabe 2.17 anfangen. Lösen Sie nach der Energie als Funktion der Temperatur auf, um auf $U = N\epsilon\, \mathrm{e}^{-\epsilon/kT}$ zu kommen (dabei ist ϵ die Größe einer Energieeinheit).

Aufgabe 3.6 In Abschnitt 2.5 habe ich ein Theorem über die Vielfachheit eines Systems mit nur quadratischen Freiheitsgraden zitiert: Im Hochtemperaturlimes, wo die Zahl der Energieeinheiten viel größer als die Zahl der Freiheitsgrade ist, ist die Vielfachheit irgendeines solchen Systems proportional zu $U^{Nf/2}$, wobei Nf die Gesamtzahl der Freiheitsgrade ist. Bestimmen Sie einen Ausdruck für die Energie eines solchen Systems als Funktion der Temperatur und kommentieren Sie das Ergebnis. Woran können Sie erkennen, dass diese Formel für Ω für eine sehr kleine Gesamtenergie nicht gelten kann?

Aufgabe 3.7 Verwenden Sie das Ergebnis aus Aufgabe 2.42 und berechnen Sie die Temperatur eines schwarzen Lochs in Abhängigkeit von seiner Masse M. (Die Energie lautet Mc^2.) Werten Sie den erhaltenen Ausdruck für ein schwarzes Loch mit einer Sonnenmasse aus. Skizzieren Sie auch die Entropie als Funktion der Energie und diskutieren Sie die Konsequenzen der Gestalt des Graphen.

3.2 Entropie und Wärme

Die Berechnung von Wärmekapazitäten

Im vorhergehenden Abschnitt haben wir gesehen, wie wir für ein beliebiges System, bei dem wir eine explizite Formel für die Vielfachheit haben, die Temperatur als eine Funktion der Energie (oder umgekehrt) berechnen können. Um diese Vorhersagen mit Experimenten zu vergleichen, können wir die Funktion $U(T)$ ableiten, um die Wärmekapazität bei konstantem Volumen (oder einfach die „Energiekapazität") zu erhalten:

$$C_V \equiv \left(\frac{\partial U}{\partial T}\right)_{N,V} . \tag{3.14}$$

Bei einem Einstein-Festkörper mit $q \gg N$ beträgt die Wärmekapazität

$$C_V = \frac{\partial}{\partial T}(NkT) = Nk\,, \tag{3.15}$$

während sie für ein monoatomares ideales Gas

$$C_V = \frac{\partial}{\partial T}(\tfrac{3}{2}NkT) = \tfrac{3}{2}Nk \tag{3.16}$$

lautet. In beiden dieser Systeme ist die Wärmekapazität unabhängig von der Temperatur und einfach gleich $k/2$ mal der Anzahl der Freiheitsgrade. Diese Ergebnisse stimmen mit experimentellen Messungen von Wärmekapazitäten monoatomarer Gase bei niedriger Dichte und von Festkörpern bei hinreichend hohen Temperaturen überein. Andere Systeme können allerdings ein viel komplizierteres Verhalten aufweisen. Ein Beispiel ist der Gegenstand von Abschnitt 3.3; andere werden in den Aufgaben behandelt.

Bevor wir uns kompliziertere Beispiele anschauen, lassen Sie mich kurz innehalten und die Schritte aufzählen, die Sie abarbeiten müssen, um die Wärmekapazität eines Systems mit den von uns entwickelten Werkzeugen vorherzusagen:

1. Verwenden Sie Quantenmechanik und ein wenig Kombinatorik, um einen Ausdruck für die Vielfachheit Ω als Funktion von U, V, N und irgendwelchen anderen relevanten Variablen zu erhalten.
2. Logarithmieren Sie, um die Entropie S zu erhalten.
3. Leiten Sie S nach U ab. Das Inverse ist die Temperatur T als Funktion von U und anderen Variablen.
4. Lösen Sie nach U als Funktion von T (und anderen Variablen) auf.
5. Leiten Sie $U(T)$ ab, um eine Vorhersage für die Wärmekapazität zu erhalten (wobei die anderen Variablen festgehalten werden).

Diese Prozedur ist ziemlich komplex und bei den meisten Systemen stecken Sie vermutlich (bereits) in Schritt 1 fest. Es gibt in der Tat sehr wenige Systeme, bei denen mir bekannt ist, wie ich eine explizite Formel für die Vielfachheit hinschreiben kann: der Paramagnet mit zwei Zuständen, der Einstein-Festkörper, das monoatomare ideale Gas und ein paar andere Systeme, die diesen mathematisch ähnlich sind. In Kapitel 6 werde ich Ihnen eine Alternative zu Schritt 4 zeigen, die eine Formel für $U(T)$ liefert, ohne dass man die Vielfachheit oder die Entropie kennen muss. Zwischenzeitlich können wir trotzdem viel aus den einfachen Beispielen lernen, die ich bereits eingeführt habe.

Aufgabe 3.8 Berechnen Sie die Wärmekapazität eines Einstein-Festkörpers im Niedertemperaturlimes ausgehend von dem Ergebnis von Aufgabe 3.5. Skizzieren Sie die vorhergesagte Wärmekapazität als Funktion der Temperatur. (*Anmerkung:* Messungen von Wärmekapazitäten echter Festkörper bei niedrigen Temperaturen bestätigen die Vorhersage, die Sie in dieser Aufgabe machen werden, nicht. Ein genaueres Modell von Festkörpern bei niedrigen Temperaturen wird in Abschnitt 7.5 vorgestellt.

Die Messung von Entropien

Auch wenn Sie keinen mathematischen *Ausdruck* für die Entropie eines Systems hinschreiben können, können Sie sie trotzdem *messen*; im Wesentlichen, indem Sie die Schritte 3–5 umgekehrt ausführen. Entsprechend der theoretischen Definition der Temperatur (3.5) ändert sich die Entropie eines Systems um

$$\mathrm{d}S = \frac{\mathrm{d}U}{T} = \frac{Q}{T} \quad \text{(konstantes Volumen, keine Arbeit)}\,, \tag{3.17}$$

wenn Sie ein wenig Wärme Q zuführen und dabei das Volumen konstant halten sowie keine andere Form von Arbeit verrichten. Da man Wärme und Temperatur normalerweise ziemlich einfach messen kann, erlaubt uns diese Beziehung, die Entropieänderung für eine große Vielfalt von Problemen zu berechnen.[2]

In Abschnitt 3.4 werde ich zeigen, dass die Beziehung $\mathrm{d}S = Q/T$ auch dann gilt, wenn sich das Volumen ändert, vorausgesetzt, der Prozess ist quasistatisch.

Wenn die Temperatur eines Objektes konstant bleibt, während ihm Wärme zugeführt wird (wie bei einem Phasenübergang), so kann man Gleichung 3.17 auch dann anwenden, wenn Q und $\mathrm{d}S$ nicht infinitesimal sind. Wenn sich T ändert, ist es normalerweise angenehmer, die Beziehung durch die Wärmekapazität bei konstantem Volumen auszudrücken:

$$\mathrm{d}S = \frac{C_V\,\mathrm{d}T}{T}\,. \tag{3.18}$$

Jetzt sehen Sie vielleicht, was Sie tun müssen, wenn sich die Temperatur bei Wärmezufuhr signifikant ändert. Stellen Sie sich den Prozess als eine Abfolge kleiner Schritte vor, berechnen Sie $\mathrm{d}S$ für jeden Schritt und addieren Sie die $\mathrm{d}S$ dann auf, um die Gesamtänderung der Entropie zu erhalten:

$$\Delta S = S_\mathrm{f} - S_\mathrm{i} = \int_{T_\mathrm{i}}^{T_\mathrm{f}} \frac{C_V}{T}\,\mathrm{d}T\,. \tag{3.19}$$

2 Die Gleichung 3.17 geht nicht nur von einem festen Volumen aus, sondern auch von festen Werten von N und anderen Größen, die in Gleichung 3.5 festgehalten werden. Sie nimmt auch an, dass sich T *innerhalb* des Systems nicht ändert. Innere Temperaturschwankungen würden zu internem Wärmestrom führen und damit die Entropie noch weiter anwachsen lassen.

Oft ist C_V im interessierenden Temperaturbereich ziemlich konstant und wir können es aus dem Integral herausziehen. In anderen Fällen, insbesondere bei niedrigen Temperaturen, ändert sich C_V ziemlich stark und muss unter dem Integral bleiben.

Hier ein kurzes Beispiel. Stellen Sie sich vor, Sie erhitzen eine Tasse Wasser (200 g) von 20 °C auf 100 °C. Um wie viel nimmt die Entropie des Wassers zu? Nun, die Wärmekapazität von 200 g Wasser ist 200 cal/K oder etwa 840 J/K. Im betrachteten Temperaturbereich ist sie weitgehend temperaturunabhängig. Somit beträgt die Entropiezunahme

$$\Delta S = (840\,\mathrm{J/K}) \int\limits_{293\,\mathrm{K}}^{373\,\mathrm{K}} \frac{1}{T}\,\mathrm{d}T = (840\,\mathrm{J/K}) \ln\left(\frac{373}{293}\right) = 200\,\mathrm{J/K}\,. \tag{3.20}$$

Das mag nicht nach einer starken Zunahme aussehen, aber in fundamentalen Einheiten (also durch die Boltzmann-Konstante dividiert) geht es um eine Zunahme von $1{,}5 \cdot 10^{25}$. Das bedeutet wiederum, dass die *Vielfachheit* des Systems sich um einen *Faktor* $\mathrm{e}^{1{,}5\cdot 10^{25}}$ (eine sehr große Zahl) erhöht.

Haben Sie das Glück, C_V bis zum absoluten Temperaturnullpunkt hinunter zu kennen, können Sie die *Gesamt*entropie eines Systems einfach dadurch berechnen, dass Sie die Untergrenze des Integrals auf null setzen:

$$S_\mathrm{f} - S(0) = \int\limits_0^{T_\mathrm{f}} \frac{C_V}{T}\,\mathrm{d}T\,. \tag{3.21}$$

Aber was ist $S(0)$? Prinzipiell null. Bei Temperatur null sollte ein System in seinen eindeutigen Grundzustand gehen. Somit ist $\Omega = 1$ und $S = 0$. Das wird oft als der **dritte Hauptsatz der Thermodynamik** bezeichnet.

In der Praxis kann es aber mehrere Gründe geben, warum $S(0)$ effektiv nicht null ist. Der wichtigste Fall ist, dass es in einigen festen Kristallen möglich ist, die Orientierung der Moleküle fast ohne Energieänderung zu ändern. Wassermoleküle können sich zum Beispiel in einem Eiskristall auf verschiedene Weise orientieren.

Genau betrachtet, hat ein spezielles Arrangement immer eine niedrigere Energie als alle anderen, aber in der Praxis sind die Arrangements oft zufällig oder nahezu zufällig, sodass Sie erdzeitalterlange warten müssten, bis sich der Kristall in den wahren Grundzustand begeben hat. Wir sagen dann, dass der Festkörper eine eingefrorene **residuale Entropie** hat, die gleich k mal dem Logarithmus der Anzahl der möglichen molekularen Arrangements ist.

Eine andere Art residualer Entropie kommt von der Mischung verschiedener nuklearer Isotope eines Elements. Die meisten Elemente haben mehr als ein stabiles Isotop. In natürlichen Systemen sind diese Isotope zufällig zusammengemischt, womit eine Mischentropie verbunden ist. Bei $T = 0$ sollte es wieder einen einzigen Zustand niedrigster Energie geben, in dem die Isotope entmischt oder in irgendeiner Art von Ordnung arrangiert sind. In der Praxis stecken die Atome aber immer an ihren zufälligen Plätzen im Kristallgitter fest.[3]

Eine dritte Art „residualer" Entropie kommt von der Vielfachheit der Anordnung der Kernspins. Bei $T = 0$ *verschwindet* diese Entropie, weil sich die Spins parallel oder antiparallel zu ihren Nachbarn anordnen. Aber das passiert im Allgemeinen nicht, bevor die

3 Eine wichtige Ausnahme ist Helium, das bei $T = 0$ eine Flüssigkeit bleibt, was es den zwei Isotopen (^{3}He und ^{4}He) ermöglicht, sich geordnet zu arrangieren.

Temperatur nicht unter einen winzigen Bruchteil von 1 K gefallen ist, weit unterhalb des Bereichs von Routinemessungen der Wärmekapazität.

Die Entropien einer Vielzahl von Substanzen sind aus der Messung von Wärmekapazitäten mittels Gleichung 3.21 bestimmt worden und in Standardreferenzen tabelliert. (Einige Dutzend Werte sind am Ende dieses Buchs aufgeführt.)

Es ist Konvention, dass tabellierte Entropien die residualen Entropien aufgrund der Molekülorientierung beinhalten, allerdings keine Entropien, die auf Isotopenmischung oder Kernspinausrichtungen zurückgehen. (Die Tabellen werden in der Regel von Chemikern erstellt, die sich nicht viel um die Kerne kümmern.)

Sie könnten sich darüber Sorgen machen, dass das Integral in Gleichung 3.21 an seiner unteren Grenze zu *divergieren* scheint, und zwar wegen des T im Nenner des Integranden. Würde es divergieren, wäre entweder S_{f} unendlich oder $S(0)$ wäre negativ unendlich. Die Entropie muss aber nach unserer ursprünglichen Definition $S = k \ln \Omega$ immer endlich und positiv sein. Der einzige Ausweg besteht darin, dass C_V bei $T = 0$ ebenfalls auf null geht:

$$C_V \to 0 \qquad \text{für} \qquad T \to 0\,. \tag{3.22}$$

Dieses Ergebnis wird manchmal auch als der **dritte Hauptsatz der Thermodynamik** bezeichnet. Offensichtlich können unsere früheren Ergebnisse für die Wärmekapazitäten eines Einstein-Festkörpers und eines idealen Gases (3.15 und 3.16) bei sehr niedrigen Temperaturen *nicht* gelten. Stattdessen müssen alle Freiheitsgrade „ausfrieren". Das sollten Sie in Aufgabe 3.8 herausgefunden haben; wir werden viele andere Beispiele im Rest dieses Buches sehen.

Aufgabe 3.9 In festem Kohlenmonoxid hat jedes CO-Molekül zwei mögliche Ausrichtungen: CO oder OC. Berechnen Sie die residuale Entropie eines Mols Kohlenmonoxid unter der Annahme, dass diese Orientierungen vollständig zufällig sind (das ist nicht ganz wahr, aber fast).

Die makroskopische Sicht der Entropie

Historisch gesehen war die Beziehung $\mathrm{d}S = Q/T$ die ursprüngliche *Definition* der Entropie. Im Jahr 1865 definierte Rudolf Clausius die Entropie als die Größe, die um Q/T zunimmt, wenn Wärme Q in ein System bei Temperatur T fließt. Obwohl uns diese Definition nichts darüber sagt, was Entropie wirklich *ist*, reicht sie trotzdem für viele Zwecke aus, wenn uns die mikroskopische Zusammensetzung eines Systems nicht betrifft.

Um diese traditionelle Sichtweise der Entropie zu illustrieren, schauen wir uns wieder an, was passiert, wenn ein heißes Objekt A in thermischen Kontakt mit einem kalten Objekt B gebracht wird (siehe Abbildung 3.4). Nehmen wir an, dass $T_A = 500\,\mathrm{K}$ und $T_B = 300\,\mathrm{K}$ ist. Aus der Erfahrung wissen wir, dass Wärme von A nach B fließen wird. Sagen wir, dass während eines bestimmten Zeitabschnitts 1500 J Wärmeenergie fließt und dass A und B hinreichend große Objekte sind, dass sich ihre Temperaturen nicht signifikant aufgrund des Verlustes oder des Gewinns dieser Energiemenge ändern. Dann ändert sich während dieses Zeitintervalls die Energie von A um

$$\Delta S_A = \frac{-1500\,\mathrm{J}}{500\,\mathrm{K}} = -3\,\mathrm{J/K}\,. \tag{3.23}$$

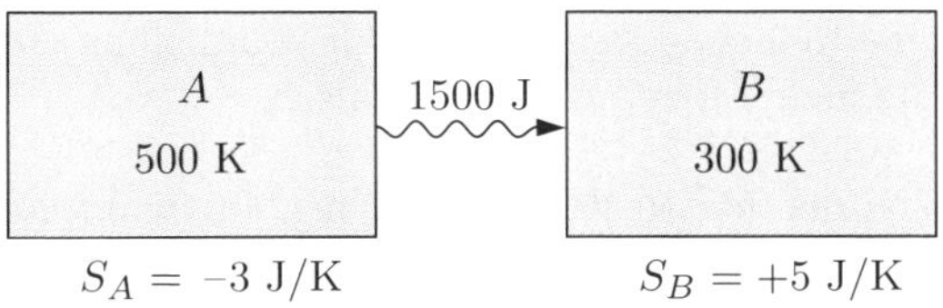

Abbildung 3.4: Wenn 1500 J Wärme ein 500-K-Objekt verlassen, so nimmt seine Entropie um 3 J/K ab. Fließt der gleiche Betrag an Wärme in ein 300-K-Objekt, so nimmt seine Entropie um 5 J/K zu.

Objekt A *verliert* Entropie, weil Wärme aus ihm *heraus*fließt. Ähnlich ändert sich die Entropie von B um

$$\Delta S_B = \frac{+1500\,\mathrm{J}}{300\,\mathrm{K}} = +5\,\mathrm{J/K}\,. \tag{3.24}$$

Objekt B *gewinnt* Entropie, weil Wärme *hinein*fließt. (Beachten Sie, dass die traditionelle Entropieeinheit J/K ziemlich passend ist, wenn wir Entropieänderungen auf diese Weise berechnen.)

Genauso, wie ich Energie oft als ein „Fluid" veranschauliche, das seine Gestalt ändern und sich bewegen kann, aber niemals erzeugt oder vernichtet wird, stelle ich mir manchmal die Entropie ebenfalls als ein Fluid vor. Ich stelle mir vor, dass Energie, wenn sie in ein System in der Form von Wärme fließt oder es verlässt, von Gesetz wegen Entropie in Höhe von Q/T mit sich führen muss. Die merkwürdige Sache mit der Entropie ist aber, dass sie nur halb erhalten ist: Sie kann nicht vernichtet werden, aber sie *kann* erzeugt werden, und neue Entropie wird in der Tat immer dann erzeugt, wenn Wärme zwischen Objekten verschiedener Temperatur fließt. Wie im obigen Zahlenbeispiel nimmt die Entropie, die „von der Wärme getragen wird" und am kühleren Objekt ankommt, im Vergleich zu der Entropie, die das heißere Objekt verlassen hat, zu (siehe Abbildung 3.5). Nur in dem Grenzfall, wo es keinen Temperaturunterschied zwischen den beiden Objekten gibt, wird keine neue Entropie erzeugt werden. In diesem Grenzfall fließt aber von vornherein keine Wärme. Es ist wichtig, daran zu denken, dass die Nettozunahme der

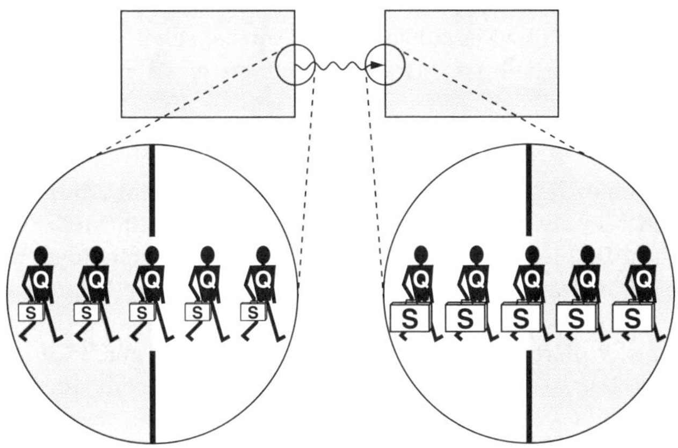

Abbildung 3.5: Jede Einheit Wärmeenergie Q, die ein heißes Objekt verlässt, muss Entropie Q/T mit sich führen. Wenn die Wärmeenergie in ein kühleres Objekt gelangt, so hat die Entropie zugenommen.

Entropie im Grunde die treibende Kraft hinter dem Wärmefluss ist. Entropie ist grundsätzlich kein Fluid und mein Modell ist einfach falsch.

Aufgabe 3.10 Ein Eiswürfel (Masse 30 g) bei 0 °C liegt auf dem Küchentisch, auf dem er langsam schmilzt. Die Temperatur in der Küche beträgt 25 °C.

(a) Berechnen Sie die Änderung der Entropie des Eiswürfels, wenn er bei 0 °C zu Wasser schmilzt. (Ignorieren Sie, dass sich das Volumen ein wenig ändert.)

(b) Berechnen Sie die Änderung der Entropie des Wassers (das von dem geschmolzenen Eis kommt), wenn sich seine Temperatur von 0 °C auf 25 °C erhöht.

(c) Berechnen Sie die Änderung der Entropie der Küche, wenn sie Wärme an das schmelzende Eis bzw. das Wasser abgibt.

(d) Berechnen Sie die Nettoänderung der Entropie des Universums während dieses Prozesses. Ist die Nettoänderung positiv, negativ oder null? Ist das Ergebnis so, wie Sie es erwartet hätten?

Aufgabe 3.11 Um ein schönes heißes Bad zu nehmen, mischen Sie 50 Liter heißes Wasser bei 55 °C mit 25 Liter kaltem Wasser bei 10 °C. Wie viel neue Entropie haben Sie durch das Mischen des Wassers erzeugt?

Aufgabe 3.12 Schätzen Sie die Änderung der Entropie des Universums aufgrund der Wärme, die aus Ihrer Wohnung an einem kalten Wintertag entweicht.

Aufgabe 3.13 Wenn die Sonne hoch am Himmel steht, strahlt sie etwa 1000 Watt Leistung auf jeden Quadratmeter Erdoberfläche. Die Temperatur der Sonnenoberfläche beträgt etwa 6000 K, die der Erde hingegen etwa 300 K.

(a) Schätzen Sie die Entropie ab, die binnen eines Jahres durch den Fluss von Sonnenwärme auf einem Quadratmeter Erdoberfläche erzeugt wird.

(b) Angenommen, Sie pflanzen auf diesem Quadratmeter Gras an. Einige Leute könnten argumentieren, dass das Wachstum des Grases (oder irgendeiner anderen Lebensform) den zweiten Hauptsatz der Thermodynamik verletzt, weil ungeordnete Nahrung in eine geordnete Lebensform verwandelt wird. Wie würden Sie antworten?

Aufgabe 3.14 Experimentelle Messungen der Wärmekapazität von Aluminium bei niedrigen Temperaturen (unterhalb von etwa 50 K) können an die Formel

$$C_V = aT + bT^3$$

gefittet werden, wobei C_V die Wärmekapazität von einem Mol Aluminium ist und die Konstanten a und b in etwa $a = 0{,}00135\,\mathrm{J/K^2}$ und $b = 2{,}48 \cdot 10^{-5}\,\mathrm{J/K^4}$ betragen. Bestimmen Sie aus diesen Daten einen Ausdruck für die Entropie von einem Mol Aluminium als Funktion der Temperatur. Werten Sie Ihre Formel bei $T = 1\,\mathrm{K}$ und bei $T = 10\,\mathrm{K}$ aus. Drücken Sie Ihre Antworten sowohl in konventionellen Einheiten (J/K) und als dimensionslose Zahlen (dividiert durch die Boltzmann-Konstante) aus. [*Kommentar:* In Kapitel 7 werde ich erklären, warum die Wärmekapazität eines Metalls diese Gestalt hat. Der lineare Term kommt von Energie, die in den Leitungselektronen gespeichert ist; hingegen stammt der kubische Term von den Gitterschwingungen des Kristalls.]

Aufgabe 3.15 In Aufgabe 1.55 haben Sie das Virialtheorem verwendet, um die Wärmekapazität eines Sterns abzuschätzen. Berechnen Sie ausgehend von diesem Ergebnis die

Entropie eines Sterns, zuerst ausgedrückt durch seine mittlere Temperatur, dann durch seine Gesamtenergie. Skizzieren Sie die Entropie als Funktion der Energie und kommentieren Sie die Gestalt des Graphen.

Aufgabe 3.16 Ein **Bit** Computerspeicher ist ein physikalisches Objekt, das in zwei unterschiedlichen Zuständen sein kann, die man oft als 0 und 1 interpretiert. Ein **Byte** sind acht Bits, ein **Kilobyte** hat 1024 ($= 2^{10}$) Bytes, ein **Megabyte** sind 1024 Kilobytes und ein **Gigabyte** umfasst 1024 Megabytes.

(a) Angenommen, Ihr Computer löscht oder überschreibt 1 Gigabyte Speicher und bewahrt keine Kopie der gespeicherten Information auf. Erklären Sie, warum dieser Prozess ein bestimmtes Minimum an Entropie erzeugen muss. Wie viel?

(b) Wie viel Wärme muss fließen, wenn diese Entropie in eine Umwelt bei Raumtemperatur abgegeben wird? Ist die Wärmemenge signifikant?

3.3 Paramagnetismus

Zu Beginn des vorigen Abschnitts habe ich eine fünf Schritte umfassende Prozedur skizziert, mit der man die thermischen Eigenschaften eines Materials vorhersagen kann. Wir starten mit einer kombinatorischen Formel für die Vielfachheit und wenden die Definitionen von Entropie und Temperatur an. Ich habe diese Prozedur auch für zwei spezielle Modellsysteme durchgeführt: ein monoatomares ideales Gas und einen Einstein-Festkörper im Hochtemperaturlimes ($q \gg N$). Beide Beispiele waren aber mathematisch sehr einfach und bestätigten lediglich den Gleichverteilungssatz. Als Nächstes würde ich gerne ein komplizierteres Beispiel ausarbeiten wollen, in dem der Gleichverteilungssatz gar nicht gilt. Dieses Beispiel wird mathematisch interessanter und physikalisch auch ein eher unintuitives Ergebnis haben.

Das System, das ich besprechen möchte, ist der **Paramagnet mit zwei Zuständen**, der kurz in Abschnitt 2.1 eingeführt wurde. Ich werde zunächst die zugrunde liegende mikroskopische Physik Revue passieren lassen.

Notation und mikroskopische Physik

Das System besteht aus N Spin-1/2-Teilchen, die sich in einem konstanten Magnetfeld $\vec{B}$ befinden, das in die $+z$-Richtung weist (siehe Abbildung 3.6). Jedes Teilchen verhält sich wie eine kleine Kompassnadel und verspürt ein Drehmoment, das versucht, sein magnetisches Dipolmoment nach dem Feld auszurichten. Aufgrund dieses Verhaltens bezeichne ich die Teilchen als **Dipole**. Der Einfachheit halber nehme ich an, dass es *keine* Wechselwirkungen *zwischen* Dipolen gibt – jeder Dipol spürt nur das Drehmoment, das

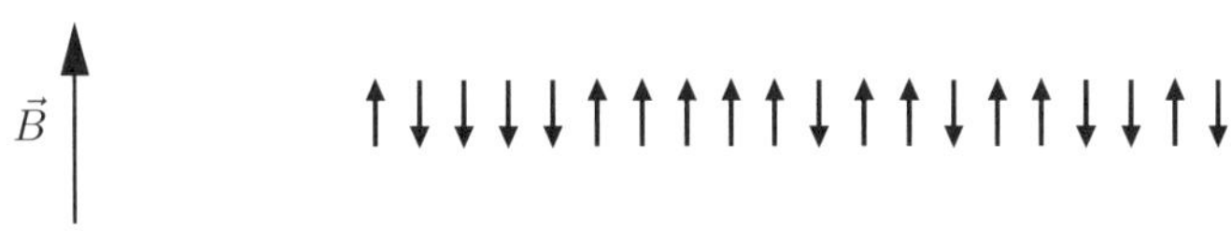

Abbildung 3.6: Ein Paramagnet mit zwei Zuständen, der aus N mikroskopischen Dipolen besteht, von denen jeder zu jedem Zeitpunkt entweder (nach) „oben" oder „unten" zeigt. Die Dipole reagieren nur auf den Einfluss des äußeren Magnetfeldes B; sie wechselwirken nicht mit ihren Nachbarn (außer um Energie auszutauschen).

vom äußeren Feld herrührt. In diesem Fall nennen wir das System einen **idealen** Paramagneten.

Die Quantenmechanik besagt, dass die Komponente des Dipolmoments eines Teilchens entlang einer vorgegebenen Achse nicht einfach irgendeinen Wert annehmen kann – sie ist stattdessen *quantisiert*, also auf bestimmte diskrete Werte beschränkt. Bei einem Spin-1/2-Teilchen sind nur *zwei* Werte erlaubt, die ich einfach als (nach) „oben“ und (nach) „unten“ (als Ausrichtung entlang der z-Achse) bezeichnen werde. Das magnetische Feld, das in die $+z$-Richtung schaut, gibt jedem Dipol eine Präferenz für den „oben“-Zustand. Um einen einzelnen Dipol von „oben“ nach „unten“ zu kippen, wird eine Energie $2\mu B$ benötigt. Dabei ist μ eine Konstante, die mit dem magnetischen Moment des Teilchens zusammenhängt (im Wesentlichen ist das die „Stärke“ der effektiven Kompassnadel). Aus Symmetriegründen sage ich, dass die Energie eines Dipols, der nach oben zeigt, $-\mu B$ ist, sodass die Energie eines Dipols, der nach unten zeigt, $+\mu B$ ist (siehe Abbildung 3.7).

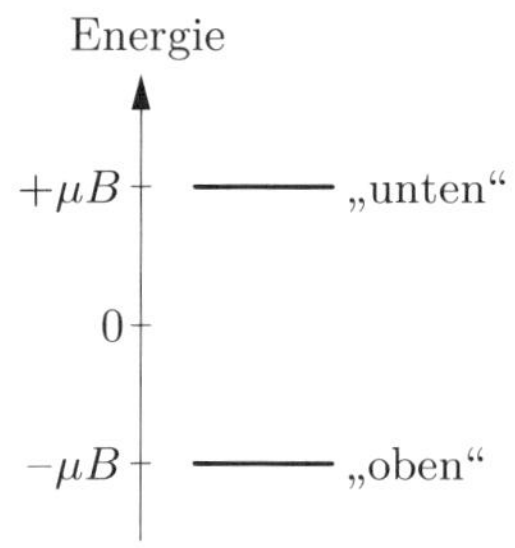

Abbildung 3.7: Die Energieniveaus eines einzelnen Dipols in einem idealen Paramagneten mit zwei Zuständen sind $-\mu B$ (für den „oben“-Zustand) und $+\mu B$ (für den „unten“-Zustand).

Die *Gesamt*energie des Systems beträgt

$$U = \mu B(N_\downarrow - N_\uparrow) = \mu B(N - 2N_\uparrow)\,, \tag{3.25}$$

wobei $N_\uparrow$ und $N_\downarrow$ die Anzahlen der „oben“- und „unten“-Dipole sind sowie $N = N_\uparrow + N_\downarrow$. Ich definiere die **Magnetisierung** M als das magnetische Moment des Gesamtsystems. Jeder „oben“-Dipol hat ein magnetisches Moment $+\mu$ und jeder „unten“-Dipol ein magnetisches Moment $-\mu$, sodass man die Magnetisierung als

$$M = \mu(N_\uparrow - N_\downarrow) = -\frac{U}{B} \tag{3.26}$$

schreiben kann. Wir würden gerne wissen, wie U und M von der Temperatur abhängen.

Unsere erste Aufgabe ist es, einen Ausdruck für die Vielfachheit aufzuschreiben. Wir werden N festhalten und jeden einzelnen Wert von $N_\uparrow$ (und somit U und M) anschauen, um einen anderen Makrozustand zu definieren. Dieses System ist dann mathematisch äquivalent zu einem Satz von N Münzen, mit $N_\uparrow$-mal Kopf nach oben; die Vielfachheit ist einfach

$$\Omega(N_\uparrow) = \binom{N}{N_\uparrow} = \frac{N!}{N_\uparrow!N_\downarrow!}\,. \tag{3.27}$$

Numerische Lösung

Für hinreichend kleine Systeme kann man die Vielfachheit (3.27) einfach direkt ausrechnen, den Logarithmus bilden, um die Entropie zu erhalten, und so weiter. Tabelle 3.2 zeigt einen Teil einer computergenerierten Tabelle von Zahlen für einen Paramagneten, der aus 100 elementaren Dipolen besteht. Es gibt in der Tabelle für jeden möglichen Energiewert eine Zeile; die Zeilen sind in Gestalt zunehmender Energie aufgeführt, wobei es mit dem Makrozustand losgeht, bei dem alle Dipole nach oben zeigen.

Das Verhalten der Entropie als Funktion der Energie ist besonders interessant, wie in Abbildung 3.8 gezeigt. Die größte Vielfachheit und größte Entropie ergeben sich für

Learn a little … do a little

$N_\uparrow$	$U/\mu B$	$M/N\mu$	Ω	S/k	$kT/\mu B$	C/Nk
100	−100	1,00	1	0	0	–
99	−98	0,98	100	4,61	0,47	0,074
98	−96	0,96	4950	8,51	0,54	0,310
97	−94	0,94	$1{,}6\cdot10^{5}$	11,99	0,60	0,365
⋮	⋮	⋮	⋮	⋮	⋮	⋮
52	−4	0,04	$9{,}3\cdot10^{28}$	66,70	25,2	0,001
51	−2	0,02	$9{,}9\cdot10^{28}$	66,76	50,5	–
50	0	0	$1{,}0\cdot10^{29}$	66,78	∞	–
49	2	−0,02	$9{,}9\cdot10^{28}$	66,76	−50,5	–
48	4	−0,04	$9{,}3\cdot10^{28}$	66,70	−25,2	0,001
⋮	⋮	⋮	⋮	⋮	⋮	⋮
1	98	−0,98	100	4,61	−0,47	0,074
0	100	−1,00	1	0	0	–

Tabelle 3.2: Thermodynamische Eigenschaften eines Paramagneten mit zwei Zuständen, der aus 100 elementaren Dipolen besteht. Die mikroskopische Physik bestimmt die Energie U und die Gesamtmagnetisierung M in Abhängigkeit von der Zahl der nach oben zeigenden Dipole, $N_\uparrow$. Die Vielfachheit Ω wird aus der kombinatorischen Formel 3.27 berechnet; die Entropie S lautet $k \ln \Omega$. Die letzten beiden Spalten zeigen die Temperatur und die Wärmekapazität, die wie im Text erklärt aus Ableitungen erhalten werden.

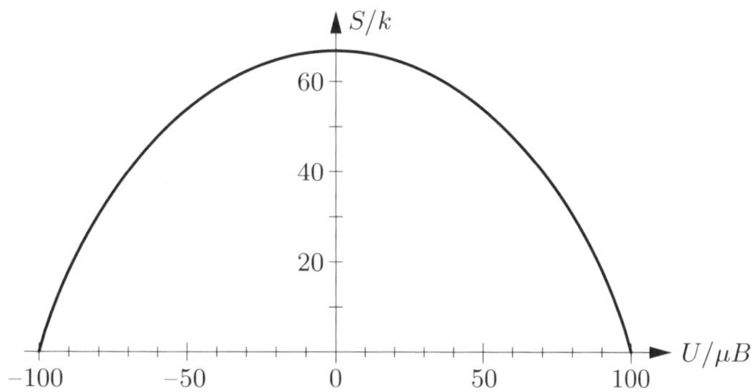

Abbildung 3.8: Die Entropie eines Paramagneten mit zwei Zuständen (bestehend aus 100 elementaren Dipolen) als Funktion der Energie.

$U = 0$, wo genau die Hälfte der Dipole nach unten zeigt. Wenn dem System mehr Energie zugeführt wird, *nehmen* Vielfachheit und Entropie *ab*, weil es weniger Möglichkeiten gibt, die Energie zu arrangieren. Dieses Verhalten ist von dem eines „normalen" Systems wie eines Einstein-Festkörpers (wie in Abschnitt 3.1 besprochen) stark verschieden.

Lassen Sie uns dieses Verhalten in größerem Detail anschauen. Nehmen Sie an, dass das System in seinem Zustand niedrigster Energie beginnt. Dort ist der Graph der Entropie als Funktion der Energie sehr steil, sodass das System eine starke Tendenz hat, Energie aus seiner Umwelt zu absorbieren. Wenn die Energie zunimmt (aber immer noch negativ ist), wird der Graph der Entropie flacher, sodass die Tendenz, mehr Energie zu absorbieren, abnimmt. Das ist genau wie in einem Einstein-Festkörper oder irgendeinem anderen „normalen" System. Allerdings geht die Steigung der Entropiekurve gegen null, wenn die Energie gegen null geht, und die Tendenz, mehr Energie zu absorbieren, verschwindet. In diesem Moment zeigt genau die Hälfte der Dipole nach unten und dem System „könnte es nicht gleichgültiger sein", ob seine Energie ein wenig zunimmt oder nicht. Wenn wir dem System nun ein wenig mehr Energie zuführen, verhält es sich sehr ungewöhnlich. Die Steigung des Graphen der Entropie wird negativ, somit wird das System spontan Energie an irgendwelche nahe gelegenen Objekte abgeben, deren Entropiegraph als Funktion der Energie eine positive Steigung aufweist. (Denken Sie daran: Alle erlaubten Prozesse, die die *Gesamt*entropie erhöhen, werden spontan stattfinden.)

Im vorhergehenden Absatz habe ich bewusst jede Erwähnung der „Temperatur" vermieden. Stellen wir uns jetzt die Temperatur dieses Systems als Funktion der Energie vor. Wenn mehr als die Hälfte aller Dipole nach oben zeigt, so ist die Gesamtenergie negativ; dieses System verhält sich „normal": Seine Temperatur (die inverse Steigung des Entropiegraphen) nimmt zu, wenn Energie zugeführt wird. In der Analogie von Abschnitt 3.1 wird das System mit zunehmender Energie „großzügiger". Bei $U = 0$ ist die Temperatur tatsächlich *unendlich*. Das bedeutet, dass dieses System gerne *jedem* anderen System, dessen Temperatur endlich ist, Energie abgibt. Der Paramagnet ist unendlich großzügig. Bei noch höheren Energien würden wir sagen wollen, dass seine Großzügigkeit „größer als unendlich" ist; technisch gesehen besagt unsere Definition der Temperatur, dass T *negativ* ist (da die Steigung negativ ist). Es ist an dieser Schlussfolgerung *nichts falsch*, aber wir müssen daran denken, dass negative Temperaturen sich so verhalten, als wären sie *höher* als positive Temperaturen, denn ein System mit negativer Temperatur wird Energie an jedes System mit positiver Temperatur abgeben. Es wäre in diesem Beispiel besser, wenn wir anstelle von T von $1/T$ sprechen würden (analog zu „Gier"). Bei Energie null hat das System keinerlei Gier, bei höherer Energie ist seine Gier negativ. Ein Graph der Temperatur als Funktion der Energie ist in Abbildung 3.9 dargestellt.

Negative Temperaturen können nur für ein System vorkommen, dessen Gesamtenergie beschränkt ist, sodass die Vielfachheit abnimmt, wenn es sich der maximal erlaubten Energie nähert. Die besten Beispiele solcher Systeme sind *nukleare* Paramagneten, bei denen die magnetischen Dipole die Atomkerne und nicht die Elektronen sind. In bestimmten Kristallen kann die Relaxationszeit für die Kerndipole (die miteinander Energie austauschen) viel kürzer sein als die Relaxationszeit für die Einstellung des Gleichgewichts zwischen den Kerndipolen und dem Kristallgitter. Auf kurzen Zeitskalen verhalten sich die Dipole also wie ein isoliertes System, das nur magnetische Energie, aber keine Schwingungsenergie hat. Um einem solchen System eine negative Temperatur zu geben, müssen Sie lediglich bei einer positiven Temperatur anfangen, bei der die meisten Dipole parallel zum Magnetfeld sind, und dann plötzlich das Feld umdrehen,

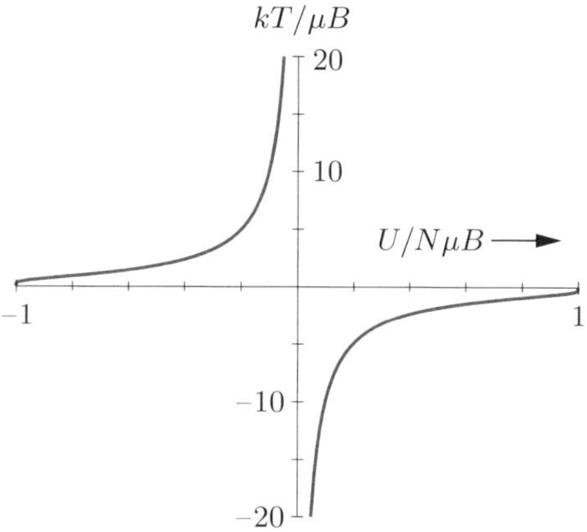

Abbildung 3.9: Die Temperatur als Funktion der Energie für einen Paramagneten mit zwei Zuständen. (Diese Kurve wurde mittels der später im Text hergeleiteten analytischen Ausdrücke erstellt; eine Kurve der Daten aus Tabelle 3.2 würde ähnlich, aber nicht so glatt aussehen.)

sodass sie antiparallel sind. Dieses Experiment wurde zum ersten Mal 1951 von Edward M. Purcell und R. V. Pound durchgeführt. Dabei dienten die Lithiumkerne in einem Lithiumfluorid-Kristall als das Dipolsystem. In ihrem Originalexperiment kamen die Kerndipole untereinander in nur 10^{-5} Sekunden ins thermische Gleichgewicht, brauchten aber etwa 5 Minuten, um nach dem Umdrehen des Feldes ins Gleichgewicht mit dem Kristallgitter bei Raumtemperatur zu kommen.[4]

Mir gefällt das Beispiel des Paramagneten mit seinen negativen Temperaturen und anderem ungewöhnlichen Verhalten, weil es uns zwingt, vor allem in Kategorien der *Entropie* und nicht der Temperatur zu denken. Entropie ist die fundamentalere Größe und wird vom zweiten Hauptsatz der Thermodynamik regiert. Temperatur ist weniger fundamental; sie beschreibt lediglich die „Bereitschaft" eines Systems, Energie abzugeben, also die Beziehung zwischen seiner Energie und Entropie.

Die sechste Spalte in Tabelle 3.2 führt Zahlenwerte für die Temperatur dieses Systems als Funktion der Energie auf. Ich habe sie alle mittels der Formel $T = \Delta U/\Delta S$ berechnet und dazu die Werte von U und S aus benachbarten Zeilen verwendet. (Um genauer zu sein: ich habe mit einer „symmetrischen Differenz" genähert, indem ich die Werte aus der Zeile eins davor von denen aus der Zeile eins danach abgezogen habe. So wurde zum Beispiel die Zahl 0,47 aus $[(-96)-(-100)]/[8{,}51-0]$ berechnet.) In der letzten Spalte habe ich noch eine Ableitung gebildet, um die Wärmekapazität $C = \Delta U/\Delta T$ zu erhalten. Abbildung 3.10 zeigt Kurven der Wärmekapazität und der Magnetisierung in Abhängigkeit von der Temperatur. Beachten Sie, dass die Wärmekapazität dieses Systems stark von seiner Temperatur abhängt. Das ist ganz anders als die vom Gleichverteilungssatz für vertrautere Systeme vorhergesagten konstanten Werte. Bei Temperatur null geht die Wärmekapazität auf null, wie vom dritten Hauptsatz der Thermodynamik verlangt. Die

4 Eine genauere Beschreibung dieses Experiments finden Sie in der fünften (1968) oder sechsten (1981) Ausgabe von *Heat and Thermodynamics* von Zemansky (mit Dittman als Koautor in der sechsten Auflage). Die (sehr kurze) Originalarbeit, die das Experiment beschreibt, ist in *Physical Review* **81**, 279 (1951) publiziert. Ein noch dramatischeres Beispiel negativer Temperatur finden Sie in Pertti Hakonen und Olli V. Lounasmaa, *Science* **265**, 1821–1825 (23. September 1994).

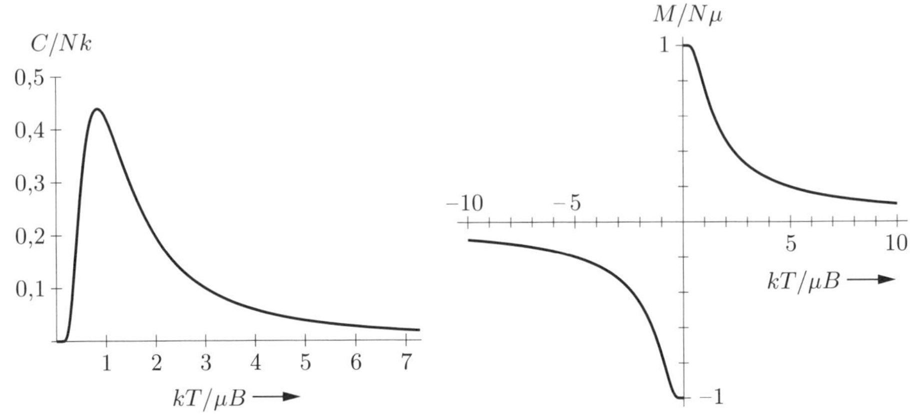

Abbildung 3.10: Die Wärmekapazität und Magnetisierung eines Paramagneten mit zwei Zuständen (aus den später im Text hergeleiteten analytischen Ausdrücken).

Wärmekapazität geht auch gegen null, wenn sich T unendlich annähert, weil dann nur eine winzige Menge Energie benötigt wird, um eine sehr große Temperaturerhöhung zu erzielen.

Das Verhalten der Magnetisierung als Funktion der Temperatur ist ebenfalls interessant. Bei (positiver) Temperatur null ist das System „gesättigt"; alle Dipole zeigen nach oben und die Magnetisierung ist maximal. Nimmt die Temperatur zu, so werden mehr und mehr Dipole durch zufällige Bewegungen gekippt. Sie könnten denken, dass die Energie bei $T \to \infty$ maximiert würde und alle Dipole nach unten zeigen. Das ist aber nicht der Fall; stattdessen entspricht $T = \infty$ dem Zustand maximaler „Zufälligkeit", wo exakt die Hälfte aller Dipole nach unten zeigt. Das Verhalten bei negativer Temperatur ist im Wesentlichen ein Spiegelbild des Verhaltens bei positivem T, wobei die Magnetisierung wieder sättigt, aber in der anderen Richtung, wenn wir $T \to 0$ von unten haben.

Aufgabe 3.17 Überprüfen Sie jeden Eintrag in der dritten Zeile von Tabelle 3.2 (beginnend mit $N_\uparrow = 98$).

Aufgabe 3.18 Verwenden Sie einen Computer, um die Tabelle 3.2 sowie die dazugehörigen Kurven der Entropie, Temperatur, Wärmekapazität und Magnetisierung zu reproduzieren. (Die in diesem Abschnitt gezeigten Kurven wurden in Wirklichkeit aus den analytischen Ausdrücken weiter unten generiert; Ihre numerischen Kurven werden nicht ganz so glatt sein.)

Analytische Lösung

Nachdem wir nun den Großteil der Physik dieses Systems durch numerische Berechnungen untersucht haben, wollen wir noch eimal zum Anfang zurückkehren und analytische Methoden verwenden, um einige allgemeinere Ausdrücke zur Beschreibung dieser Phänomene herzuleiten.

Ich nehme an, dass die Anzahl der elementaren Dipole *groß* ist, und ebenso, dass zu jedem Zeitpunkt die Anzahl der Dipole, die nach oben oder unten zeigen, separat groß ist. Dann können wir die Vielfachheitsformel (3.27) mit der Stirling-Näherung vereinfachen. Es ist am einfachsten, nur die Entropie zu berechnen:

$$\begin{aligned} S/k &= \ln N! - \ln N_\uparrow! - \ln(N - N_\uparrow)! \\ &\approx N\ln N - N - N_\uparrow \ln N_\uparrow + N_\uparrow - (N{-}N_\uparrow)\ln(N{-}N_\uparrow) + (N{-}N_\uparrow) \\ &= N\ln N - N_\uparrow \ln N_\uparrow - (N{-}N_\uparrow)\ln(N{-}N_\uparrow)\,. \end{aligned} \tag{3.28}$$

Von diesem Punkt an sind die Rechnungen ziemlich geradlinig, aber etwas lästig. Ich werde die Logik und die Ergebnisse skizzieren, es aber Ihnen überlassen, einige der analytischen Schritte auszuführen (siehe Aufgabe 3.19).

Um die Temperatur zu erhalten, müssen wir S nach U ableiten. Es ist am einfachsten, zuerst die Kettenregel und Gleichung 3.31 zu verwenden, um die Ableitung durch $N_\uparrow$ auszudrücken:

$$\frac{1}{T} = \left(\frac{\partial S}{\partial U}\right)_{N,B} = \frac{\partial N_\uparrow}{\partial U}\frac{\partial S}{\partial N_\uparrow} = -\frac{1}{2\mu B}\frac{\partial S}{\partial N_\uparrow}\,. \tag{3.29}$$

Leiten Sie nun einfach die letzte Zeile von Gleichung 3.28 ab, um

$$\frac{1}{T} = \frac{k}{2\mu B}\ln\left(\frac{N - U/\mu B}{N + U/\mu B}\right) \tag{3.30}$$

zu erhalten. Beachten Sie, dass diese Formel zeigt, dass T und U immer entgegengesetzte Vorzeichen haben.

Gleichung 3.30 kann nach U aufgelöst werden:

$$U = N\mu B\left(\frac{1 - \mathrm{e}^{2\mu B/kT}}{1 + \mathrm{e}^{2\mu B/kT}}\right) = -N\mu B \tanh\left(\frac{\mu B}{kT}\right). \tag{3.31}$$

Dabei ist tanh der hyperbolische Tangens.[5] Die Magnetisierung beträgt daher

$$M = N\mu \tanh\left(\frac{\mu B}{kT}\right). \tag{3.32}$$

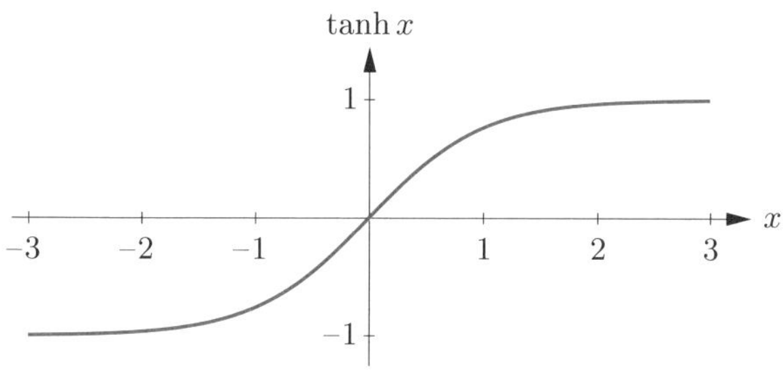

Abbildung 3.11: Der Tangens hyperbolicus (hyperbolische Tangens). In den Ausdrücken für die Energie und die Magnetisierung eines Paramagneten mit zwei Zuständen lautet das Argument x des Tangens hyperbolicus $\mu B/kT$.

Der hyperbolische Tangens (oder Tangens hyperbolicus) ist in Abbildung 3.11 dargestellt; er steigt am Ursprung mit Steigung 1 an und wird dann flacher, um einen asymptotischen Wert von 1 zu erreichen, wenn sein Argument gegen unendlich geht. Somit

5 Die Definitionen der fundamentalen hyperbolischen Funktionen lauten $\sinh x = \frac{1}{2}(\mathrm{e}^x - \mathrm{e}^{-x})$, $\cosh x = \frac{1}{2}(\mathrm{e}^x + \mathrm{e}^{-x})$ und $\tanh x = (\sinh x)/(\cosh x)$. Mit diesen Definitionen können Sie leicht zeigen, dass $\frac{\mathrm{d}}{\mathrm{d}x}\sinh x = \cosh x$ und $\frac{\mathrm{d}}{\mathrm{d}x}\cosh x = \sinh x$ (ohne Minuszeichen).

ist das System bei sehr kleinen positiven Temperaturen vollständig magnetisiert (wie wir vorhin gesehen haben), während die Magnetisierung für $T \to \infty$ gegen null geht. Um eine negative Temperatur zu erhalten, müssen wir dem System lediglich wie oben beschrieben eine negative Magnetisierung geben.

Um die Wärmekapazität des Paramagneten zu berechnen, leiten Sie einfach Gleichung 3.31 nach T ab:

$$C_B = \left(\frac{\partial U}{\partial T}\right)_{N,B} = Nk \cdot \frac{(\mu B/kT)^2}{\cosh^2(\mu B/kT)} . \tag{3.33}$$

Diese Funktion geht sowohl für niedrige als auch hohe Temperaturen gegen null, wie wir auch in der numerischen Lösung gesehen haben.

In einem realen Paramagneten können die einzelnen Dipole entweder Elektronen oder Atomkerne sein. Elektronischer Paramagnetismus kommt vor, wenn es Elektronen mit einem Drehimpuls (Bahndrehimpuls oder Spin) gibt, der nicht von anderen Elektronen kompensiert wird; die Kreisströme führen dann zu magnetischen Dipolmomenten. Die Anzahl der möglichen Zustände für jeden Dipol ist immer eine kleine ganze Zahl, die vom Gesamtdrehimpuls aller Elektronen in einem Atom oder Molekül abhängt. Der einfache Fall mit nur zwei Zuständen, um den es hier geht, tritt auf, wenn es gerade ein Elektron pro Atom gibt, dessen Spin unkompensiert ist. Normalerweise würde dieses Elektron auch Bahndrehimpuls haben, aber in manchen Umgebungen wird die Bahnbewegung von den benachbarten Atomen „unterdrückt", sodass nur der Spindrehimpuls verbleibt.

Bei einem elektronischen Paramagneten mit zwei Zuständen ist der Wert der Konstante μ das **Bohr'sche Magneton**,

$$\mu_\mathrm{B} \equiv \frac{eh}{4\pi m_\mathrm{e}} = 9{,}274 \cdot 10^{-24}\,\mathrm{J/T} = 5{,}788 \cdot 10^{-5}\,\mathrm{eV/T} . \tag{3.34}$$

(Dabei ist e die Ladung des Elektrons und m_e seine Masse.) Nehmen wir $B = 1\,\mathrm{T}$ (ein ziemlich starker Magnet), dann ist $\mu B = 5{,}8 \cdot 10^{-5}\,\mathrm{eV}$. Bei Raumtemperatur gilt aber $kT \approx 1/40\,\mathrm{eV}$. Somit können wir bei normalen Temperaturen (mehr als ein paar Kelvin) annehmen, dass $\mu B/kT \ll 1$. In diesem Limes gilt $\tanh x \approx x$, sodass die Magnetisierung zu

$$M \approx \frac{N\mu^2 B}{kT} \qquad (\text{für } \mu B \ll kT) \tag{3.35}$$

wird. Die Tatsache, dass $M \propto 1/T$ gilt, wurde von Pierre Curie entdeckt und ist als das **Curie-Gesetz** bekannt; im Hochtemperaturlimes gilt es für alle Paramagneten, auch die mit mehr als zwei Drehimpulszuständen. In diesem Grenzfall fällt die Wärmekapazität wie $1/T^2$ ab.

Abbildung 3.12 zeigt die experimentellen Werte für die Magnetisierung eines realen Paramagneten mit zwei Zuständen, einem organischen freien Radikal namens DPPH.[6] Um die Wechselwirkungen *zwischen* den elementaren Dipolen zu minimieren, wurde das DPPH mit Benzol verdünnt, um einen kristallinen Komplex im Mischungsverhältnis 1:1 zu bilden. Beachten Sie, dass die Magnetisierung dem Curie-Gesetz bis zu Temperaturen von ein paar Kelvin hinunter sehr genau folgt, dann aber davon abweicht, um der

6 Wenn Sie es wirklich wissen wollen: Der komplette Name lautet α,α'-Diphenyl-β-Picrylhydrazyl. Dieses ziemlich große Molekül ist paramagnetisch, weil es in seinem Zentrum ein Stickstoffatom mit einem ungepaarten Elektron gibt.

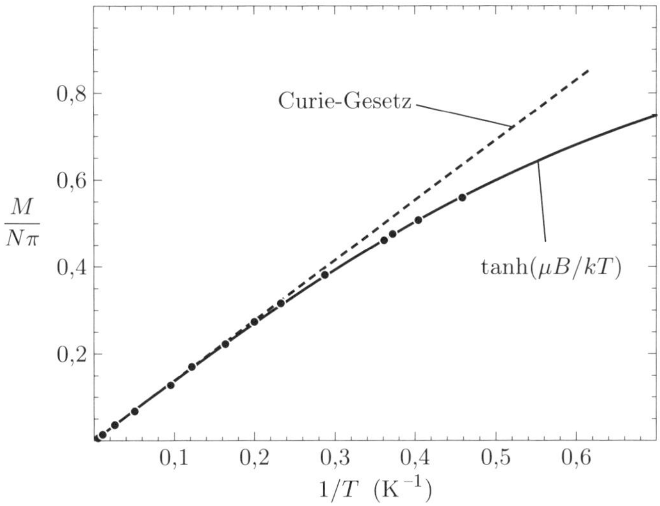

Abbildung 3.12: Experimentelle Messungen der Magnetisierung des organischen freien Radikals „DPPH" (in einem 1:1-Komplex mit Benzol), bei einem Feld von $B = 2{,}06$ T und Temperaturen in einem Bereich von 300 K bis hinab zu 2,2 K. Die durchgezogene Linie ist die Voraussage von Gleichung 3.32 (mit $\mu = \mu_B$), während die gestrichelte Linie die Voraussage des Curie-Gesetzes im Hochtemperaturlimes ist. (Weil die effektive Anzahl der elementaren Dipole in diesem Experiment nur auf ein paar Prozent genau bekannt war, wurde die vertikale Skala der theoretischen Kurven optimal angepasst.) Abgeändert aus P. Grobet, L. Van Gerven und A. Van den Bosch, *Journal of Chemical Physics* **68**, 5225 (1978).

Vorhersage von Gleichung 3.32 zu folgen, wenn sich die Gesamtmagnetisierung ihrem maximal möglichen Wert nähert.[7]

Für einen *nuklearen* Paramagneten erhält man einen typischen Wert von μ, indem man im Ausdruck 3.34 für das Bohr'sche Magneton die Elektronenmasse durch die Protonenmasse ersetzt. Da ein Proton etwa 2000-mal schwerer als ein Elektron ist, ist μ für Kerne typischerweise um einen Faktor von etwa 2000 kleiner. Sie müssten also entweder das Magnetfeld 2000-mal stärker oder die Temperatur 2000-mal kleiner machen, um den gleichen Magnetisierungsgrad zu erzielen. Labormagnete sind auf Stärken von ein paar Tesla limitiert, man benötigt daher in der Praxis Temperaturen im Millikelvin-Bereich, um im Wesentlichen alle Dipole in einem nuklearen Paramagneten auszurichten.

Aufgabe 3.19 Ergänzen Sie die fehlenden Rechenschritte, um die Gleichungen 3.30, 3.31 und 3.33 herzuleiten.

7 Das waren die besten Daten, die ich für einen fast idealen Paramagneten mit *zwei* Zuständen finden konnte. Ideale Paramagnete mit *mehr* als zwei Zuständen sind häufiger oder zumindest leichter herzustellen. Die am meisten untersuchten Fälle sind Salze, in denen die paramagnetischen Ionen entweder Übergangsmetalloxide oder seltene Erden mit ungefüllten inneren Elektronenschalen sind. Um die Wechselwirkungen zwischen benachbarten Ionen zu minimieren, werden sie mit einer großen Anzahl magnetisch inerter Atome verdünnt. Ein Beispiel ist Ammoniumeisen(III)-sulfat $Fe_2(SO_4)_3 \cdot (NH_4)_2SO_4 \cdot 24\,H_2O$, in dem auf jedes paramagnetische Fe^{3+}-Ion 23 inerte Atome kommen (ohne die sehr kleinen Wasserstoffatome zu zählen). Es wurde gezeigt, dass das magnetische Verhalten dieses Kristalls bis zu Feldstärken von 5 T und Temperaturen bis zu 1,3 K hinunter ideal ist; die Magnetisierung ist dann zu 99 % gesättigt. Siehe W. E. Henry, *Physical Review* **88**, 561 (1952). Die Theorie der idealen Paramagnete mit vielen Zuständen wird in Aufgabe 6.22 behandelt.

Aufgabe 3.20 Betrachten Sie einen idealen elektronischen Paramagneten mit zwei Zuständen wie etwa DPPH mit $\mu = \mu_B$. Im oben beschriebenen Experiment betrug die magnetische Feldstärke 2,06 T und die niedrigste Temperatur war 2,2 K. Berechnen Sie die Energie, Magnetisierung und Entropie dieses Systems, indem Sie jede Größe als Bruchteil ihres maximal möglichen Werts ausdrücken. Was müssten die Experimentatoren tun, um 99 % der maximal möglichen Magnetisierung zu erreichen?

Aufgabe 3.21 Im Experiment von Purcell und Pound betrug die maximale magnetische Feldstärke 0,63 T und die Anfangstemperatur war 300 K. Nehmen Sie an, die Lithiumkerne hätten nur zwei mögliche Spinzustände (es sind in Wirklichkeit vier) und berechnen Sie für dieses System M/N, die Magnetisierung pro Teilchen. Setzen Sie die Konstante μ gleich $5{\cdot}10^{-8}$ eV/T. Um so eine winzige Magnetisierung zu detektieren, verwendeten die Experimentatoren die resonante Absorption und Emission von Radiowellen. Berechnen Sie die Energie, die ein Radiowellenphoton haben sollte, um einen einzigen Kern aus einem magnetischen Zustand in den anderen zu kippen. Wie groß ist die Wellenlänge eines solchen Photons?

Aufgabe 3.22 Skizzieren (oder plotten) Sie eine Kurve der Entropie eines Paramagneten mit zwei Zuständen als Funktion der *Temperatur*. Beschreiben Sie, wie sich diese Kurve ändern würde, wenn Sie die magnetische Feldstärke änderten.

Aufgabe 3.23 Zeigen Sie, dass die Entropie eines Paramagneten mit zwei Zuständen $S = Nk[\ln(2\cosh x) - x\tanh x]$ mit $x = \mu B/kT$ lautet, wenn man sie als Funktion der Temperatur ausdrückt. Überprüfen Sie, dass diese Formel das erwartete Verhalten für $T \to 0$ und $T \to \infty$ hat.

* * *

Die folgenden beiden Aufgaben wenden die Techniken dieses Abschnitts auf ein anderes System an, einen Einstein-Festkörper (oder eine andere Ansammlung von harmonischen Oszillatoren) bei beliebiger Temperatur. Sowohl die Methoden als auch die Ergebnisse dieser Aufgaben sind äußerst wichtig. Bitte bearbeiten Sie mindestens eine der beiden, am besten beide!

Aufgabe 3.24 Verwenden Sie einen Computer, um die Entropie, Temperatur und Wärmekapazität eines Einstein-Festkörpers wie folgt zu untersuchen. Der Festkörper soll (anfangs) 50 Oszillatoren und zwischen 0 und 100 Energieeinheiten besitzen. Erstellen Sie eine Tabelle analog zur Tabelle 3.2, in der jede Zeile einen anderen Wert für die Energie darstellt. Verwenden Sie getrennte Spalten für die Energie, Vielfachheit, Entropie, Temperatur und Wärmekapazität. Werten Sie $\Delta U/\Delta S$ für zwei benachbarte Zeilen in der Tabelle aus, um die Temperatur zu erhalten. (Denken Sie daran, dass $U = q\epsilon$ für eine Konstante ϵ.) Die Wärmekapazität ($\Delta U/\Delta T$) kann man ähnlich berechnen. Die ersten paar Zeilen der Tabelle sollten in etwa so aussehen:

q	Ω	S/k	kT/ϵ	C/Nk
0	1	0	0	–
1	50	3,91	0,28	0,12
2	1275	7,15	0,33	0,45

(In dieser Tabelle habe ich die Ableitungen in der Näherung der „symmetrischen Differenzen" berechnet. Die Temperatur 0,28 ergibt sich zum Beispiel aus $2/(7{,}15-0)$.) Erstellen Sie eine Entropiekurve als Funktion der Energie und eine Kurve der Wärmekapazität als Funktion der Temperatur. Ändern Sie dann die Zahl der Oszillatoren auf 5000 (um das System zu „verdünnen" und um niedrigere Temperaturen anzuschauen) und erstellen Sie die Kurve der Wärmekapazität noch einmal. Diskutieren Sie Ihre Vorhersage für die Wärmekapazität und vergleichen Sie sie mit den Daten für Blei, Aluminium und Diamant, die in Abbildung 1.14 dargestellt sind. Schätzen Sie den Zahlenwert von ϵ für jeden dieser realen Festkörper in Elektronvolt.

Aufgabe 3.25 In Aufgabe 2.18 haben Sie gezeigt, dass die Vielfachheit eines Einstein-Festkörpers aus N Oszillatoren mit q Energieeinheiten ungefähr gleich

$$\Omega(N,q) \approx \left(\frac{q+N}{q}\right)^q \left(\frac{q+N}{N}\right)^N$$

ist.

(a) Bestimmen Sie ausgehend von dieser Formel einen Ausdruck für die Entropie eines Einstein-Festkörpers als Funktion von N und q. Erklären Sie, warum die von der Formel weggelassenen Faktoren keine Auswirkung auf die Entropie haben, wenn N und q groß sind.

(b) Benutzen Sie das Ergebnis von Teil (a), um die Temperatur eines Einstein-Festkörpers als Funktion seiner Energie zu berechnen. (Die Energie beträgt $U = q\epsilon$, wobei ϵ eine Konstante ist.) Vereinfachen Sie Ihr Ergebnis, so weit es geht.

(c) Invertieren Sie die Beziehung, die Sie in Teil (b) hergeleitet haben, um die Energie als Funktion der Temperatur zu erhalten. Leiten Sie dann ab, um einen Ausdruck für die Wärmekapazität zu erhalten.

(d) Zeigen Sie, dass die Wärmekapazität im Limes $T \to \infty$ gleich $C = Nk$ ist. (*Hinweis:* Wenn x sehr klein ist, gilt $e^x \approx 1 + x$.) Ist dies das von Ihnen erwartete Ergebnis? Warum?

(e) Stellen Sie das Ergebnis von Teil (c) graphisch dar (gegebenenfalls mithilfe eines Computers). Um störende numerische Faktoren zu vermeiden, zeigen Sie C/Nk als Funktion der dimensionslosen Variable $t = kT/\epsilon$. Dabei soll t im Bereich von 0 bis ungefähr 2 liegen. Diskutieren Sie Ihre Vorhersage für die Wärmekapazität bei niedriger Temperatur, indem Sie mit den Daten für Blei, Aluminium und Diamant vergleichen, die in Abbildung 1.14 dargestellt sind. Schätzen Sie den Wert von ϵ für jeden dieser realen Festkörper in Elektronvolt ab.

(f) Leiten Sie eine genauere Näherung für die Wärmekapazität bei hohen Temperaturen her, indem Sie Terme bis zur Ordnung x^3 in der Entwicklung der Exponentiale mitnehmen, dann den Nenner sorgfältig entwickeln und alles ausmultiplizieren. Vernachlässigen Sie Ausdrücke, die im Endergebnis kleiner als $(\epsilon/kT)^2$ sein werden. Zu guter Letzt sollten Sie $C = Nk[1 - \frac{1}{12}(\epsilon/kT)^2]$ erhalten.

Aufgabe 3.26 Die Ergebnisse aus beiden vorhergehenden Aufgaben können auch auf die Schwingungen von Gasmolekülen angewandt werden. Schätzen Sie den Wert von ϵ für die Schwingungen eines H_2-Moleküls, indem Sie nur den Beitrag der Schwingung zur Kurve der Wärmekapazität von H_2 in Abbildung 1.13 anschauen.

3.4 Mechanisches Gleichgewicht und Druck

Als Nächstes möchte ich die Ideen dieses Kapitels verallgemeinern und Systeme einbeziehen, deren Volumen sich während der Wechselwirkung ändern kann. Genauso wie der spontane Energieaustausch zwischen Systemen von ihren Temperaturen bestimmt wird, so wird der Austausch von Volumen durch ihre Drücke bestimmt. Es muss also eine enge Beziehung zwischen Druck und Entropie geben, analog zur Beziehung $1/T = \partial S/\partial U$.

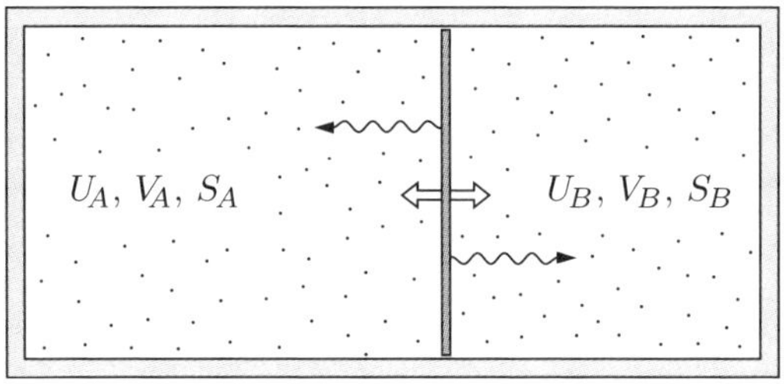

Abbildung 3.13: Zwei Systeme, die untereinander sowohl Energie als auch Volumen austauschen können. Gesamtenergie und Gesamtvolumen sind fest.

Schauen Sie sich daher also zwei Systeme (vielleicht Gase) an, die durch eine bewegliche Trennnwand getrennt sind (siehe Abbildung 3.13). Die Systeme können sowohl Energie als auch Volumen austauschen, aber die Gesamtenergie und das Gesamtvolumen sind fest. Die Gesamtentropie ist eine Funktion zweier Variablen, U_A und V_A, wie in Abbildung 3.14 dargestellt. Der Gleichgewichtspunkt ist dort, wo S_{gesamt} seinen Maximalwert erreicht. An diesem Punkt verschwinden seine partiellen Ableitungen in beide Richtungen:

$$\frac{\partial S_{\text{gesamt}}}{\partial U_A} = 0\,, \qquad \frac{\partial S_{\text{gesamt}}}{\partial V_A} = 0\,. \tag{3.36}$$

Wir haben die erste Bedingung bereits in Abschnitt 3.1 betrachtet. Dort kamen wir zu dem Ergebnis, dass diese Bedingung damit gleichbedeutend ist, dass sich die zwei Systeme bei der gleichen Temperatur befinden. Schauen wir uns die zweite Bedingung in gleicher Weise an.

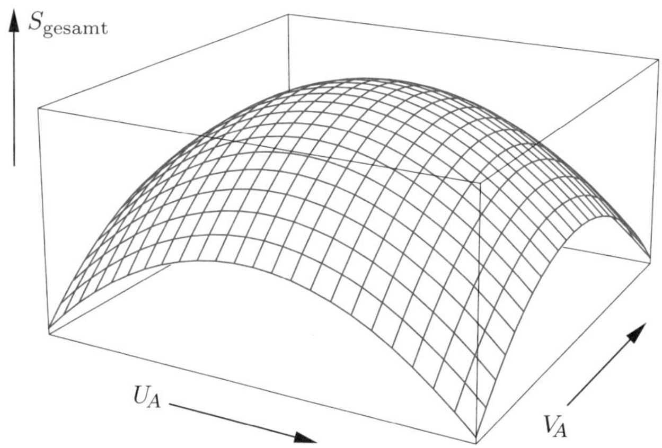

Abbildung 3.14: Eine Kurve der Entropie als Funktion von U_A und V_A für das in Abbildung 3.13 gezeigte System. Die Gleichgewichtswerte von U_A und V_A finden sich beim höchsten Punkt der Kurve.

Die Schritte sind vollkommen analog zu denen von Abschnitt 3.1:

$$0 = \frac{\partial S_{\text{gesamt}}}{\partial V_A} = \frac{\partial S_A}{\partial V_A} + \frac{\partial S_B}{\partial V_A} = \frac{\partial S_A}{\partial V_A} - \frac{\partial S_B}{\partial V_B} . \tag{3.37}$$

Der letzte Schritt beruht darauf, dass das Gesamtvolumen fest ist, somit $\mathrm{d}V_A = -\mathrm{d}V_B$ (jedes Volumen, das A hinzugefügt wird, muss von B weggenommen werden). Daraus ergibt sich

$$\frac{\partial S_A}{\partial V_A} = \frac{\partial S_B}{\partial V_B} \quad \text{im Gleichgewicht} . \tag{3.38}$$

Die partiellen Ableitungen sind bei fester Energie (U_A oder U_B) und fester Teilchenzahl (N_A oder N_B) zu nehmen. Beachten Sie allerdings, dass ich angenommen habe, dass die Systeme Energie austauschen können und dass sie in der Tat eben auch im *thermischen* Gleichgewicht sind. (Wenn sich die Wand bewegen darf, aber keine Wärme durchlässt, so sind die Energien der Systeme *nicht* fest und die Gleichgewichtsbedingung ist komplizierter.)

Wir wissen allerdings aus Erfahrung, dass die *Drücke* gleich sein müssen, wenn sich zwei Systeme im mechanischen Gleichgewicht befinden. Somit muss der Druck irgendeine Funktiom der Ableitung $\partial S/\partial V$ sein. Um herauszubekommen, *welche* Funktion, schauen wir uns die Einheiten an. Die Entropie hat die Einheit J/K, somit hat $\partial S/\partial V$ die Einheit $(\mathrm{N/m^2})/\mathrm{K}$ oder Pa/K. Um etwas mit der Einheit „Druck" zu bekommen, müssen wir mit einer Temperatur multiplizieren. Können wir das? Ja, da wir bereits angenommen haben, dass die beiden Systeme im thermischen Gleichgewicht sind. Daher müssen sie die gleiche Temperatur haben, somit ist die Größe $T(\partial S/\partial V)$ *ebenfalls* für beide Systeme gleich.

Wir sollten auch darüber nachdenken, ob wir wollen, dass $\partial S/\partial V$ groß oder klein ist, wenn der Druck groß ist. Wenn $\partial S/\partial V$ groß ist, erhält das System eine Menge Entropie, wenn es nur ein wenig expandiert. Da Entropie tendenziell zunimmt, „will" dieses System wirklich expandieren. Und das ist genau, was wir meinen, wenn wir von einem großen Druck sprechen.

Ich schlage daher die folgende Beziehung zwischen Entropie und Druck vor:

$$P = T\left(\frac{\partial S}{\partial V}\right)_{U,N} . \tag{3.39}$$

Ich werde nicht so weit gehen, dass ich das eine *Definition* des Drucks nennen werde, aber ich hoffe, dass Sie mir zustimmen, dass diese Größe alle Eigenschaften des Drucks hat und daher vermutlich das Gleiche ist wie eine Kraft pro Einheitsfläche.

Natürlich ist es immer beruhigend zu überprüfen, ob die Formel in einem Fall funktioniert, in dem wir schon die Antwort kennen. Denken wir an die Formel für die Vielfachheit eines monoatomaren idealen Gases,

$$\Omega = f(N) V^N U^{3N/2} , \tag{3.40}$$

in der $f(N)$ eine komplizierte Funktion allein von N ist. Logarithmieren ergibt

$$S = Nk \ln V + \tfrac{3}{2} Nk \ln U + k \ln f(N) . \tag{3.41}$$

Nach Gleichung 3.39 sollte der Druck gleich

$$P = T \frac{\partial}{\partial V}(Nk \ln V) = \frac{NkT}{V} \tag{3.42}$$

sein, also

$$PV = NkT\,. \tag{3.43}$$

Bingo! Wenn Sie Gleichung 3.39 schon geglaubt haben, dann haben wir gerade das ideale Gasgesetz *hergeleitet.* Sie können diese Rechnung aber auch als eine Bestätigung von Gleichung 3.39 auffassen, insbesondere dafür, dass wir keine zusätzlichen konstanten Faktoren in der Gleichung benötigen.

Die thermodynamische Identität

Es gibt eine nette Gleichung, die sowohl die theoretische Definition der Temperatur als auch unsere neue Formel für den Druck zusammenfasst. Um sie herzuleiten, betrachten wir einen Prozess, in dem Sie sowohl die Energie als auch das Volumen eines Systems in kleinen Beträgen ΔU und ΔV ändern. *Frage:* Wie stark ändert sich die Entropie des Systems?

Um diese Frage zu beantworten, teilen wir den Prozess mental in zwei Schritte auf: In Schritt 1 ändert sich die Energie um ΔU, aber das Volumen wird festgehalten. Dann ändert sich das Volumen im Schritt 2 um ΔV, aber die Energie wird festgehalten. Beide Schritte sind graphisch in Abbildung 3.15 dargestellt. Die Gesamtänderung der Entropie ist gerade die Summe der Änderungen in den Schritten 1 und 2:

$$\Delta S = (\Delta S)_1 + (\Delta S)_2\,. \tag{3.44}$$

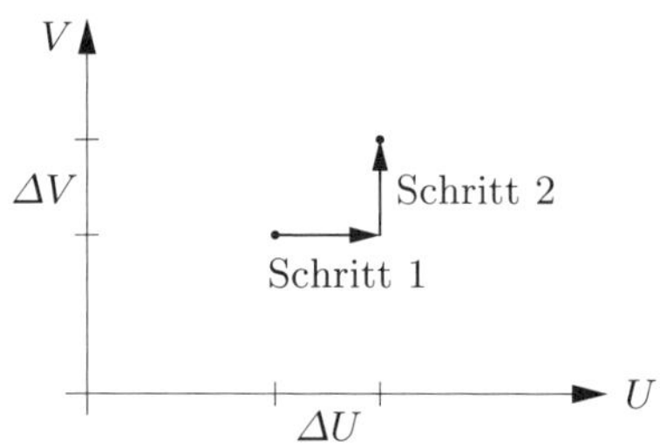

Abbildung 3.15: Um die Entropieänderung zu berechnen, wenn sich *U* und *V* beide ändern, betrachten wir den Prozess in zwei Schritten: Wir ändern *U* bei festem *V*, dann ändern wir *V* bei festem *U*.

Erweitern Sie den ersten Term durch ΔU und den zweiten Term durch ΔV:

$$\Delta S = \left(\frac{\Delta S}{\Delta U}\right)_V \Delta U + \left(\frac{\Delta S}{\Delta V}\right)_U \Delta V\,.$$

Die Indizes zeigen wie üblich an, welche Größe festgehalten wird. Wenn nun alle Änderungen *klein* sind, werden die Verhältnisse in den Klammern zu partiellen Ableitungen, und wir können die Entropieänderung als

$$\begin{aligned} \mathrm{d}S &= \left(\frac{\partial S}{\partial U}\right)_V \mathrm{d}U + \left(\frac{\partial S}{\partial V}\right)_U \mathrm{d}V \\ &= \frac{1}{T}\,\mathrm{d}U + \frac{P}{T}\,\mathrm{d}V \end{aligned} \tag{3.45}$$

schreiben. Dabei habe ich in der zweiten Zeile die Definition der Temperatur und den Ausdruck 3.39 für den Druck verwendet, um die partiellen Ableitungen auszuwerten. Das Ergebnis wird als die **thermodynamische Identität** (oder Gibbs'sche Fundamentalform, A.d.Ü.) bezeichnet. Sie wird normalerweise wie folgt geschrieben:

$$\mathrm{d}U = T\,\mathrm{d}S - P\,\mathrm{d}V\,. \tag{3.46}$$

Diese Gleichung gilt für jede infinitesimale Änderung in jedem System, vorausgesetzt, T und P sind wohldefiniert und keine andere relevante Variable ändert sich. (Ich habe zum Beispiel angenommen, dass die Teilchenzahl im System konstant ist.)

Wenn Sie sich aus diesem Kapitel nur eine Formel auswendig merken wollen, dann nehmen Sie die thermodynamische Identität, weil Sie aus ihr die Formeln für Temperatur *und* Druck als partielle Ableitungen der Entropie bekommen können. Zum Beispiel besagt die thermodynamische Identität für einen Prozess, der bei konstantem Volumen stattfindet ($\mathrm{d}V = 0$), dass $\mathrm{d}U = T\,\mathrm{d}S$, was man zu der Definition der Temperatur (Gleichung 3.5) umstellen kann. Und für einen Prozess mit $\mathrm{d}U = 0$ besagt die thermodynamische Identität $T\,\mathrm{d}S = P\,\mathrm{d}V$, was Gleichung 3.39 für den Druck reproduziert.

Aufgabe 3.27 Welche Beziehung mit einer partiellen Ableitung können Sie aus der thermodynamischen Identität ableiten, wenn Sie einen Prozess bei konstanter Entropie betrachten? Stimmt die resultierende Gleichung mit Ihrem Wissen überein? Erklären Sie.

Noch einmal Entropie und Wärme

Die thermodynamische Identität schaut ziemlich wie der erste Hauptsatz der Thermodynamik aus,

$$\mathrm{d}U = Q + W\,. \tag{3.47}$$

Es ist daher verführerisch, Q mit $T\,\mathrm{d}S$ und W mit $-P\,\mathrm{d}V$ zu verbinden. Diese Gleichsetzungen sind aber nicht immer gültig. Sie *sind* gültig, wenn eine Volumenänderung quasistatisch stattfindet (und der Druck somit im ganzen System gleich ist), keine andere Form von Arbeit verrichtet wird und sich keine anderen relevanten Variablen (wie Teilchenzahlen) ändern. Dann *wissen* wir, dass $W = -P\,\mathrm{d}V$, und somit implizieren die Gleichungen 3.46 und 3.47

$$Q = T\,\mathrm{d}S \qquad \text{(quasistatisch)}\,. \tag{3.48}$$

Unter diesen eingeschränkten Umständen ist die Änderung in der Entropie eines Systems Q/T, auch wenn an ihm während des Prozesses Arbeit verrichtet wird. (Im Spezialfall eines adiabatischen Prozesses ($Q = 0$), der auch quasistatisch ist, ändert sich die Entropie nicht; einen solchen Prozess nennt man **isentrop**. Kurz gesagt: adiabatisch + quasistatisch = isentrop.)

Dieses Ergebnis (3.48) erlaubt es uns, noch einmal zurückzugehen und viel von der Diskussion in Abschnitt 3.2 zu wiederholen, dabei aber die Einschränkung eines konstanten Volumens wegzulassen. Wenn zum Beispiel ein Liter Wasser bei 100 °C und normalem Luftdruck zum Verdampfen gebracht wird, wird 2260 kJ Wärme hinzugefügt. Somit beträgt seine Entropiezunahme

$$\Delta S = \frac{Q}{T} = \frac{2260\,\mathrm{kJ}}{373\,\mathrm{K}} = 6060\,\mathrm{J/K}\,. \tag{3.49}$$

Bei Prozessen mit konstantem Druck, bei denen sich die Temperatur ändert, können wir $Q = C_P \, \mathrm{d}T$ schreiben und dann integrieren, um

$$(\Delta S)_P = \int_{T_\mathrm{i}}^{T_\mathrm{f}} \frac{C_P}{T} \, \mathrm{d}T \tag{3.50}$$

zu erhalten. Da die meisten tabellierten Wärmekapazitäten für konstanten Druck und nicht für konstantes Volumen angegeben werden, ist diese Formel praktischer als die analoge Gleichung (3.19) für konstantes Volumen.

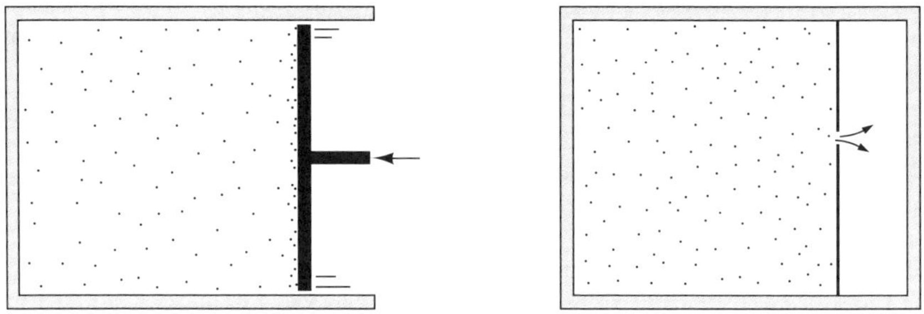

Abbildung 3.16: Zwei Arten nicht quasistatischer Volumenänderung: eine sehr schnelle Kompression, die inneres Ungleichgewicht erzeugt, und eine freie Expansion ins Vakuum.

Auch wenn viele vertraute Prozesse näherungsweise quasistatisch sind, ist es wichtig, daran zu denken, dass es Ausnahmen gibt. Stellen Sie sich zum Beispiel vor, dass Sie ein Gas in einem Zylinder mit einem Kolben haben und *sehr* hart auf den Kolben schlagen, sodass er sich viel schneller in den Zylinder hineinbewegt, als sich die Gasmoleküle selbst bewegen (siehe Abbildung 3.16). Moleküle bauen sich vor dem Kolben auf und üben eine sehr große rückwärtsgerichtete Kraft auf den Kolben aus, die Sie überwinden müssen. Sagen wir einmal, dass der Kolben aufhört sich zu bewegen, nachdem er sich nur ein klein wenig bewegt hat. Dann wird der Druck, wenn alles wieder zur Ruhe gekommen ist, nur infinitesimal zugenommen haben. Die Arbeit, die Sie am Gas verrichtet haben, ist nun *größer* als $-P \, \mathrm{d}V$, also muss jede Wärme, die gleichzeitig zugeführt wurde, *weniger* als $T \, \mathrm{d}S$ sein. In diesem Beispiel gilt also

$$\mathrm{d}S > \frac{Q}{T} \qquad (\text{wenn } W > -P \, \mathrm{d}V) \, . \tag{3.51}$$

Sie haben „Extra“-Entropie erzeugt, weil sie dem Gas Extraenergie zugeführt haben – mehr als gebraucht wurde, um die Volumenänderung zu bekommen.

Ein verwandtes Beispiel ist die freie Expansion eines Gases in ein Vakuum, die wir in Abschnitt 2.6 diskutiert haben. Nehmen Sie an, dass eine Membran eine Kammer in zwei Teile teilt, von denen der eine mit Gas gefüllt und der andere evakuiert ist. Die Membran reißt plötzlich. Damit kann das Gas ins Vakuum expandieren. Hier wird vom Gas keine Arbeit verrichtet und auch keine an ihm; ebenso fließt keine Wärme; somit besagt der erste Hauptsatz $\Delta U = 0$. Gleichzeitig muss die thermodynamische Identität (3.46) weiter gelten, wenn die Volumenzunahme des Gases sehr klein ist. Somit gilt $T \, \mathrm{d}S = P \, \mathrm{d}V > 0$, es gibt also eine Zunahme der Entropie des Gases. (Wenn es um ein ideales Gas geht, können Sie das auch direkt an der Sackur-Tetrode-Gleichung für S ablesen, wie in Abschnitt 2.6 besprochen.)

In beiden Beispielen gibt es einen mechanischen Prozess, der neue Entropie erzeugt, über die Entropie hinaus, die durch Wärme in das System hineingelangen könnte. Es ist immer möglich, *mehr* Entropie zu erzeugen. Der zweite Hauptsatz besagt aber, dass wir sie nie mehr zum Verschwinden bringen können, wenn wir sie einmal erzeugt haben.

Aufgabe 3.28 Ein Liter Luft, der sich anfangs bei Raumtemperatur und normalem Luftdruck befindet, wird bei konstantem Druck so lange erwärmt, bis sich sein Volumen verdoppelt hat. Berechnen Sie seine Entropiezunahme während dieses Prozesses.

Aufgabe 3.29 Skizzieren Sie eine qualitativ korrekte Kurve der Entropie eines Stoffs (etwa H_2O) als Funktion der Temperatur bei festem Druck. Geben Sie an, wo der Stoff fest, flüssig und gasförmig ist. Erklären Sie kurz jedes Details der Kurve.

Aufgabe 3.30 Wie in Abbildung 1.14 gezeigt, ist die Wärmekapazität von Diamant um die Raumtemperatur herum ungefähr linear in T. Extrapolieren Sie diese Funktion bis 500 K und schätzen Sie die Änderung der Entropie eines Mols Diamant, wenn sich die Temperatur von 298 K auf 500 K erhöht. Addieren Sie den tabellierten Wert bei 298 K (am Ende des Buches) hinzu, um $S(500\,\mathrm{K})$ zu erhalten.

Aufgabe 3.31 Experimentelle Messungen von Wärmekapazitäten werden in Tabellenwerken oft als empirische Formeln dargestellt. Zum Beispiel funktioniert bei Graphit (für ein Mol) die Formel

$$C_P = a + bT - \frac{c}{T^2}$$

über einen ziemlich weiten Temperaturbereich gut. Dabei ist $a = 16{,}86\,\mathrm{J/K}$, $b = 4{,}77 \cdot 10^{-3}\,\mathrm{J/K^2}$ und $c = 8{,}54 \cdot 10^5\,\mathrm{J \cdot K}$. Nehmen Sie nun an, dass ein Mol Graphit bei konstantem Druck von 298 K auf 500 K erwärmt wird. Berechnen Sie die Zunahme seiner Entropie während dieses Prozesses. Addieren Sie den tabellierten Wert für $S(298\,\mathrm{K})$ (am Ende des Buchs) hinzu, um $S(500\,\mathrm{K})$ zu erhalten.

Aufgabe 3.32 Ein Zylinder enthält einen Liter Luft bei Raumtemperatur (300 K) und normalem Luftdruck ($10^5\,\mathrm{N/m^2}$). Am einen Ende des Zylinders befindet sich ein masseloser Kolben mit einem Querschnitt von $0{,}01\,\mathrm{m^2}$. Nehmen Sie an, dass Sie den Kolben *sehr* plötzlich hineindrücken und dabei eine Kraft von 2000 N ausüben. Der Kolben bewegt sich nur um einen Millimeter, bevor er von irgendeinem Hindernis gestoppt wird.

(a) Wie viel Arbeit haben Sie an diesem System verrichtet?

(b) Wie viel Wärme ist dem System zugeführt worden?

(c) Angenommen, dass all die zugeführte Energie ins Gas gelangt (und nicht in den Kolben oder die Zylinderwände): Um wie viel wächst die innere Energie des Gases an?

(d) Benutzen Sie die thermodynamische Identität, um die Entropieänderung für das Gas zu berechnen (wenn es wieder ins Gleichgewicht gelangt ist).

Aufgabe 3.33 Verwenden Sie die thermodynamische Identität, um den folgenden Ausdruck für die Wärmekapazität zu erhalten:

$$C_V = T\left(\frac{\partial S}{\partial T}\right)_V .$$

Er ist gelegentlich praktischer als die vertrautere Formel, die auf U basiert. Leiten Sie dann eine ähnliche Formel für C_P her, indem Sie zuerst dH durch dS und dP ausdrücken.

Aufgabe 3.34 Polymere, wie zum Beispiel Gummi, bestehen aus sehr langen Molekülen, die normalerweise in einer Konfiguration mit viel Entropie verflochten sind. Betrachten Sie als ein sehr einfaches Modell eines Gummibands eine Kette aus N Gliedern, jedes von der Länge ℓ (siehe Abbildung 3.17). Stellen Sie sich vor, dass jedes Glied nur zwei mögliche Zustände hat, die entweder nach links oder nach rechts zeigen. Die Gesamtlänge L des Gummibands ist die Nettostrecke vom Anfang des ersten Gliedes bis zum Ende des letzten.

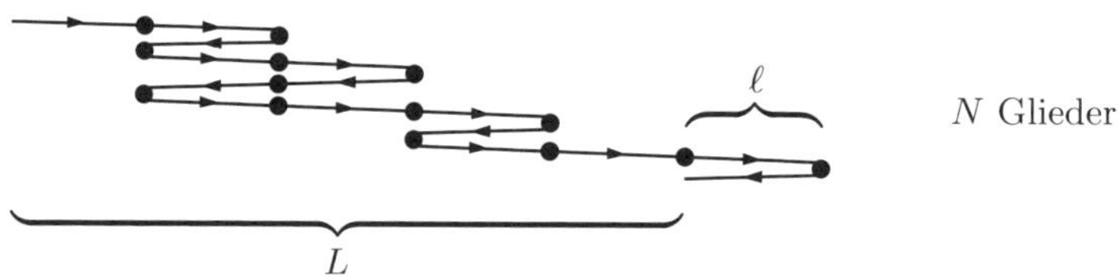

Abbildung 3.17: Ein einfaches Modell eines Gummibands als einer Kette, in der jedes Glied nur nach links oder rechts zeigen kann.

(a) Bestimmen Sie einen Ausdruck für die Entropie dieses Systems, ausgedrückt durch N und N_R, die Anzahl der Glieder, die nach rechts zeigen.

(b) Stellen Sie einen Ausdruck für L ausgedrückt durch N und N_R auf.

(c) In einem solchen eindimensionalen System ist die Länge L analog zum Volumen V eines dreidimensionalen Systems. In ähnlicher Weise wird der Druck P durch die Spannkraft F ersetzt. Nehmen Sie F positiv an, wenn das Gummiband nach innen zieht, und stellen Sie (mitsamt Erklärung) die thermodynamische Identität für dieses System auf.

(d) Mittels der thermodynamischen Identität können Sie nun die Spannkraft F als partielle Ableitung der Entropie darstellen. Drücken Sie ausgehend von diesem Ausdruck die Spannkraft als Funktion von L, T, N und ℓ aus.

(e) Zeigen Sie, dass die Spannkraft für $L \ll N\ell$ direkt proportional zu L ist (Hooke'sches Gesetz).

(f) Diskutieren Sie die Abhängigkeit der Spannkraft von der Temperatur. Will sich das Gummiband ausdehnen oder zusammenziehen, wenn Sie seine Temperatur erhöhen? Macht dieses Verhalten Sinn?

(g) Angenommen, Sie halten ein Gummiband ohne Spannung in beiden Händen und dehnen es ganz plötzlich. Würden Sie erwarten, dass seine Temperatur zunimmt oder abnimmt? Überprüfen Sie Ihre Vorhersage mithilfe eines echten Gummibands (am besten ein ziemlich schweres Band, das man stark dehnen kann). Verwenden Sie dazu Ihre Lippen oder Ihre Stirn als Thermometer. (*Hinweis:* Die Entropie, die Sie in Teil (a) ausgerechnet haben, ist nicht die Gesamtentropie des Gummibands. Es gibt noch zusätzliche Entropie, die mit der Schwingungsenergie der Moleküle verbunden ist. Diese Entropie hängt von U ab, ist aber näherungsweise von L unabhängig.)

3.5 Diffusives Gleichgewicht und chemisches Potential

Learn a little ... do a little

Wenn zwei Systeme im *thermischen* Gleichgewicht sind, sind ihre Temperaturen gleich. Sind sie im *mechanischen* Gleichgewicht, so sind ihre Drücke gleich. Welche Größe ist in beiden Systemen gleich, wenn sie im *diffusiven* Gleichgewicht sind?

Wir können das herausfinden, indem wir die gleiche Logik wie im vorhergehenden Abschnitt anwenden. Betrachten Sie zwei Systeme A und B, die sowohl Energie als auch Teilchen austauschen können, wie in Abbildung 3.18 dargestellt. (Die Volumina der Systeme könnten sich auch ändern, aber der Einfachheit halber halte ich sie fest.) Ich habe ein System zweier wechselwirkender Gase gezeichnet, es könnte aber genauso gut um ein Gas gehen, das mit einer Flüssigkeit oder einem Festkörper wechselwirkt, oder auch um zwei Festkörper, in denen Atome langsam herumwandern. Ich nehme aber an, dass beide Systeme aus der gleichen *Art* Teilchen bestehen, zum Beispiel aus H_2O-Molekülen.

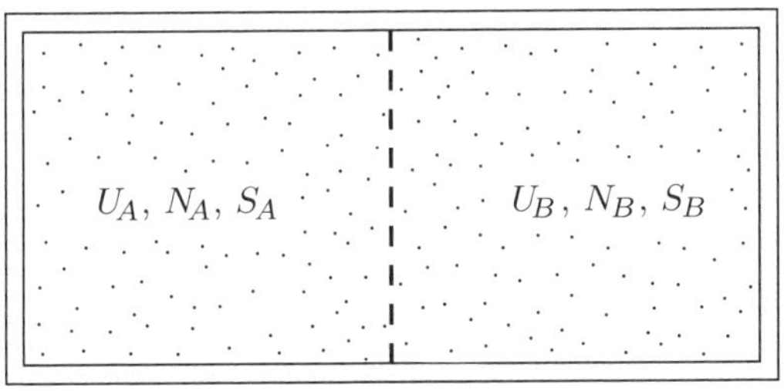

Abbildung 3.18: Zwei Systeme, die sowohl Energie als auch Teilchen austauschen können.

Unter der Annahme, dass die Gesamtenergie und Gesamtteilchenzahl festgehalten werden, ist die Gesamtentropie eine Funktion von U_A und N_A. Im Gleichgewicht ist die Gesamtentropie maximal und somit

$$\left(\frac{\partial S_{\text{gesamt}}}{\partial U_A}\right)_{N_A,V_A} = 0 \qquad \text{und} \qquad \left(\frac{\partial S_{\text{gesamt}}}{\partial N_A}\right)_{U_A,V_A} = 0\,. \tag{3.52}$$

(Dürfen sich die Volumina der Systeme ändern, dann gilt auch $\partial S_{\text{gesamt}}/\partial V_A = 0$.) Die erste Bedingung besagt wiederum, dass die zwei Systeme die gleiche Temperatur haben müssen. Die zweite Bedingung ist neu, aber völlig analog zu der Bedingung hinsichtlich des Volumens im letzten Abschnitt. Argumentieren wir wie dort, so kommen wir zum Schluss, dass

$$\frac{\partial S_A}{\partial N_A} = \frac{\partial S_B}{\partial N_B} \qquad \text{im Gleichgewicht}\,, \tag{3.53}$$

wobei die partiellen Ableitungen bei fester Energie und festem Volumen genommen werden. Wir können diese Gleichung mit einem Faktor T, der Temperatur, durchmultiplizieren, da die Systeme auch im thermischen Gleichgewicht sind. Es ist üblich, noch einen Faktor -1 hinzuzufügen:

$$-T\,\frac{\partial S_A}{\partial N_A} = -T\,\frac{\partial S_B}{\partial N_B} \qquad \text{im Gleichgewicht}\,. \tag{3.54}$$

Die Größe $-T(\partial S/\partial N)$ ist den meisten von uns weniger vertraut als Temperatur oder Druck, aber trotzdem extrem wichtig. Sie heißt **chemisches Potential** und wird mit μ

bezeichnet:

$$\mu \equiv -T\left(\frac{\partial S}{\partial N}\right)_{U,V} . \tag{3.55}$$

Das ist die Größe, die für beide Systeme die gleiche ist, wenn sie im diffusiven Gleichgewicht sind:

$$\mu_A = \mu_B \qquad \text{im Gleichgewicht} . \tag{3.56}$$

Sind die zwei Systeme *nicht* im Gleichgewicht, dann wird das System mit dem größeren Wert für $\partial S/\partial N$ dazu tendieren, Teilchen zu gewinnen, weil es auf diese Weise mehr Entropie gewinnen wird, als das andere System verliert. Allerdings muss dieses System wegen des Minuszeichens in Definition 3.55 den *kleineren* Wert für μ haben. Unsere Schlussfolgerung: Teilchen tendieren dazu, vom System mit höherem μ in das System mit niedrigerem μ zu fließen (siehe Abbildung 3.19).

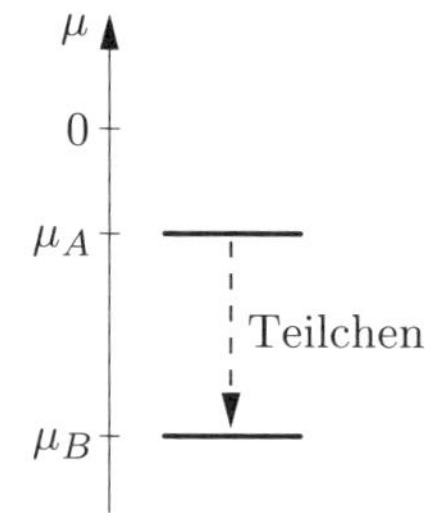

Abbildung 3.19: Teilchen tendieren dazu, zu niedrigeren Werten des chemischen Potentials zu fließen, auch wenn beide Werte negativ sind.

Es ist nicht schwer, die thermodynamische Identität auf Prozesse zu verallgemeinern, bei denen sich N ändert. Ändern wir U um $\mathrm{d}U$, V um $\mathrm{d}V$ und N um $\mathrm{d}N$, dann beträgt nach der Logik des vorangegangenen Abschnitts die Gesamtänderung der Entropie

$$\begin{aligned} \mathrm{d}S &= \left(\frac{\partial S}{\partial U}\right)_{N,V} \mathrm{d}U + \left(\frac{\partial S}{\partial V}\right)_{N,U} \mathrm{d}V + \left(\frac{\partial S}{\partial N}\right)_{U,V} \mathrm{d}N \\ &= \frac{1}{T}\,\mathrm{d}U + \frac{P}{T}\,\mathrm{d}V - \frac{\mu}{T}\,\mathrm{d}N . \end{aligned} \tag{3.57}$$

Lösen wir wie vorher nach $\mathrm{d}U$ auf, so erhalten wir

$$\mathrm{d}U = T\,\mathrm{d}S - P\,\mathrm{d}V + \mu\,\mathrm{d}N . \tag{3.58}$$

Genauso wie der Ausdruck $-P\,\mathrm{d}V$ normalerweise mit mechanischer Arbeit assoziiert wird, wird der $\mu\,\mathrm{d}N$-Term manchmal als „chemische Arbeit“ bezeichnet.

Diese verallgemeinerte thermodynamische Identität ist eine großartige Weise, sich die verschiedenen partiellen Ableitungen, die auf T, P und μ führen, zu merken und andere ähnliche Formeln zu erzeugen. Beachten Sie, dass sich in dieser Gleichung vier Größen ändern: U, S, V und N. Stellen Sie sich nun einfach einen Prozess vor, in dem davon zwei beliebige festgehalten werden. In einem Prozess bei festem U und V erhalten wir beispielsweise

$$0 = T\,\mathrm{d}S + \mu\,\mathrm{d}N , \qquad \text{das heißt,} \qquad \mu = -T\left(\frac{\partial S}{\partial N}\right)_{U,V} . \tag{3.59}$$

Ähnlich bei festem S und V:

$$dU = \mu\,dN\,, \qquad \text{das heißt,} \qquad \mu = \left(\frac{\partial U}{\partial N}\right)_{S,V}. \tag{3.60}$$

Dieses letzte Ergebnis ist eine weitere nützliche Formel für das chemische Potential. Es besagt direkt, dass μ die Einheit einer Energie hat; genauer gesagt, ist μ der Betrag, um den sich die Energie eines Systems ändert, wenn Sie ein Teilchen hinzufügen und dabei Entropie und Volumen festhalten. Normalerweise müssen Sie etwas Energie *entfernen*, wenn Sie ein Teilchen hinzufügen und dabei die Entropie (oder Vielfachheit) festhalten wollen. Somit ist μ negativ. Wenn Sie aber dem Teilchen eine potentielle Energie geben müssen (Gravitationsenergie, wenn das System auf einer Bergspitze lebt, oder chemische Energie, wenn es sich um einen festen Kristall handelt), damit es in das System hineingelangen kann, so trägt diese Energie auch zu μ bei. In Kapitel 7 werden wir ein Beispiel kennenlernen, wo Sie einem Teilchen *kinetische* Energie geben müssen, nur damit es in das System hineinkommt.

Schauen wir uns jetzt ein paar Beispiele an. Betrachten Sie zunächst einen sehr kleinen Einstein-Festkörper aus drei Oszillatoren und mit drei Energieeinheiten. Die Vielfachheit ist 10, somit ist die Entropie $k \ln 10$. Stellen Sie sich nun vor, dass wir einen weiteren Oszillator hinzufügen (stellen Sie sich jeden Oszillator als ein „Teilchen" vor). Lassen wir alle drei Energieeinheiten im System, erhöht sich die Vielfachheit auf 20 und die Entropie somit auf $k \ln 20$. Um die Entropie konstant zu halten, müssen wir eine Energieeinheit entfernen, wie in Abbildung 3.20 dargestellt. Somit lautet das chemische Potential dieses Systems

$$\mu = \left(\frac{\Delta U}{\Delta N}\right)_S = \frac{-\epsilon}{1} = -\epsilon\,, \tag{3.61}$$

wenn ϵ die Größe einer Energieeinheit ist. (Weil die Hinzufügung eines Teilchens bei einem so kleinen System keine infinitesimale Änderung ist, sollte dieses Beispiel nicht ganz wörtlich genommen werden. Ganz genau genommen ist die Ableitung $\partial U/\partial N$ nicht wohldefiniert. Nebenbei bemerkt würde das Hinzufügen eines Atoms in einem echten kristallinen Festkörper die Hinzufügung von drei (nicht nur einem) Oszillatoren bedingen. Wir müssten auch etwas negative potentielle Energie hinzufügen, um die chemischen Verbindungen um das hinzugefügte Atom herum zu erzeugen.)

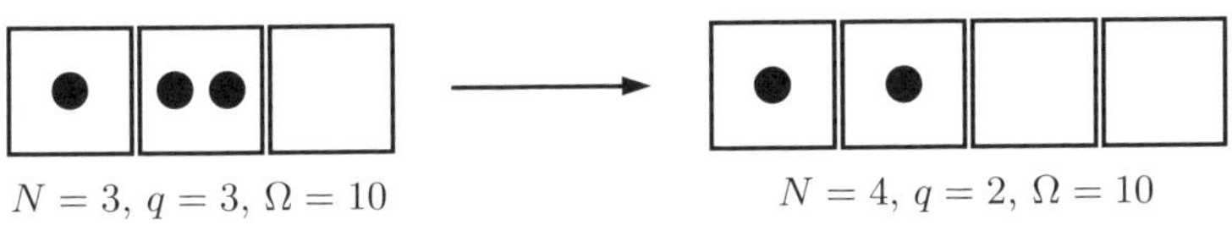

Abbildung 3.20: Um diesem sehr kleinen Einstein-Festkörper einen Oszillator (dargestellt durch eine kleine Box) bei konstanter Entropie (oder Vielfachheit) hinzuzufügen, müssen wir eine Energieeinheit (dargestellt durch einen Punkt) entfernen.

Als ein realistischeres Beispiel können wir μ für ein monoatomares ideales Gas berechnen. An dieser Stelle brauchen wir die volle Sackur-Tetrode-Gleichung (2.49) für die Entropie:

$$S = Nk\left[\ln\left(V\left(\frac{4\pi mU}{3h^2}\right)^{3/2}\right) - \ln N^{5/2} + \frac{5}{2}\right]. \tag{3.62}$$

Ableiten nach N gibt

$$\begin{aligned}\mu &= -T\left\{k\left[\ln\left(V\left(\frac{4\pi mU}{3h^2}\right)^{3/2}\right) - \ln N^{5/2} + \frac{5}{2}\right] - Nk\cdot\frac{5}{2}\frac{1}{N}\right\}\\ &= -kT\ln\left[\frac{V}{N}\left(\frac{4\pi mU}{3Nh^2}\right)^{3/2}\right]\\ &= -kT\ln\left[\frac{V}{N}\left(\frac{2\pi mkT}{h^2}\right)^{3/2}\right].\end{aligned} \tag{3.63}$$

(In der letzten Zeile habe ich die Beziehung $U = \frac{3}{2}NkT$ verwendet.) Bei Raumtemperatur und normalem Luftdruck beträgt das Volumen pro Molekül V/N gerade $4{,}2\cdot 10^{-26}\,\mathrm{m}^3$, während die Größe $(h^2/2\pi mkT)^{3/2}$ viel kleiner ist. Für Helium lautet diese Größe $1{,}3\cdot 10^{-31}\,\mathrm{m}^3$, somit ist das Argument des Logarithmus $3{,}3\cdot 10^5$ und der Logarithmus selbst 12,7. Das chemische Potential ist dann

$$\mu = -0{,}32\ \mathrm{eV} \qquad \text{für Helium bei 300 K, } 10^5\,\mathrm{N/m^2}. \tag{3.64}$$

Wird die Konzentration bei fester Temperatur erhöht, so wird μ weniger negativ, was anzeigt, dass das Gas bereitwilliger ist, Teilchen an andere Systeme in der Nähe abzugeben. Ganz allgemein erhöht sich das chemische Potential immer, wenn die Teilchendichte in einem System zunimmt.

Im ganzen Abschnitt habe ich stillschweigend angenommen, dass jedes System genau eine Sorte von Teilchen beinhaltet. Stecken verschiedene Teilchensorten in einem System, so hat jede Sorte ihr eigenes chemisches Potential:

$$\mu_1 \equiv -T\left(\frac{\partial S}{\partial N_1}\right)_{U,V,N_2}, \qquad \mu_2 \equiv -T\left(\frac{\partial S}{\partial N_2}\right)_{U,V,N_1}, \tag{3.65}$$

und so fort für jede Sorte 1, 2, ... Die verallgemeinerte thermodynamische Identität lautet dann

$$\mathrm{d}U = T\,\mathrm{d}S - P\,\mathrm{d}V + \sum_i \mu_i\,\mathrm{d}N_i\,, \tag{3.66}$$

wobei die Summe über alle Sorten $i = 1, 2, \ldots$ läuft. Wenn zwei Systeme im diffusiven Gleichgewicht sind, müssen die chemischen Potentiale separat gleich sein: $\mu_{1A} = \mu_{1B}$, $\mu_{2A} = \mu_{2B}$ und so weiter; dabei sind A und B die beiden Systeme.

Das chemische Potential ist ein zentrales Konzept beim Studium des Gleichgewichts in chemischen Reaktionen und Phasenumwandlungen. Es spielt auch in der „Quantenstatistik" eine zentrale Rolle, dem Studium exotischer dichter Gase und anderer verwandter Systeme. Wir werden es in den Kapiteln 5 und 7 häufig verwenden.

Ein weiterer Kommentar: Ich sollte erwähnen, dass Chemiker das chemische Potential üblicherweise aufs *Mol* bezogen definieren, nicht in Bezug auf einzelne Teilchen:

$$\mu_{\text{Chemie}} \equiv -T\left(\frac{\partial S}{\partial n}\right)_{U,V}, \tag{3.67}$$

wobei $n = N/N_\mathrm{A}$ die Molanzahl der jeweiligen Teilchensorte ist. Das bedeutet, dass ihre chemischen Potentiale immer um einen Faktor N_A, der Avogadro-Zahl, größer sind. Um diesen Abschnitt in die Konventionen der Chemie zu übersetzen, ändern Sie jedes N zu einem n, außer in den Beispielen in den Gleichungen von 3.61 bis 3.64, wo jeder Ausdruck für μ mit N_A multipliziert werden sollte.

Aufgabe 3.35 Im Text habe ich gezeigt, dass im Falle eines Einstein-Festkörpers mit drei Oszillatoren und drei Energieeinheiten das chemische Potential $\mu = -\epsilon$ ist. (Dabei ist ϵ die Größe einer Energieeinheit; wir behandeln jeden Oszillator als ein „Teilchen".) Nehmen Sie nun stattdessen an, dass der Festkörper drei Oszillatoren und *vier* Energieeinheiten hat. Wie verhält sich das chemische Potential dann zu ϵ? (Versuchen Sie nicht, einen richtigen *Zahlenwert* für das chemische Potential zu erhalten; erklären Sie lediglich, ob es größer oder kleiner als ϵ ist.)

Aufgabe 3.36 Betrachten Sie einen Einstein-Festkörper, bei dem N und q beide sehr viel größer als 1 sind. Stellen Sie sich jeden Oszillator als ein einzelnes „Teilchen" vor.

(a) Zeigen Sie, dass

$$\mu = -kT \ln\left(\frac{N+q}{N}\right).$$

(b) Diskutieren Sie dieses Ergebnis in den Grenzfällen $N \gg q$ und $N \ll q$ und konzentrieren Sie sich dabei auf die Frage, um wie viel S zunimmt, wenn ein weiteres Teilchen, dass keine Energie hat, zum System hinzugefügt wird. Macht der Ausdruck intuitiv Sinn?

Aufgabe 3.37 Betrachten Sie ein monoatomares ideales Gas, das auf einer Höhe z über dem Meeresspiegel lebt, sodass jedes Molekül zusätzlich zu seiner kinetischen Energie eine potentielle Energie mgz aufweist.

(a) Zeigen Sie, dass das chemische Potential den Wert annimmt, den es auf Meereshöhe hätte, plus einen zusätzlichen Term mgz:

$$\mu(z) = -kT \ln\left[\frac{V}{N}\left(\frac{2\pi mkT}{h^2}\right)^{3/2}\right] + mgz.$$

(Sie können dieses Ergebnis entweder aus der Definition $\mu = -T(\partial S/\partial N)_{U,V}$ oder der Formel $\mu = (\partial U/\partial N)_{S,V}$ herleiten.)

(b) Angenommen, Sie haben zweimal ein Heliumgas, das eine auf Meereshöhe, das andere auf Höhe z, jeweils mit der gleichen Temperatur und dem gleichen Volumen. Zeigen Sie unter der Annahme, dass sie im diffusiven Gleichgewicht sind, dass die Anzahl der Moleküle im oberen Gas gleich

$$N(z) = N(0)\mathrm{e}^{-mgz/kT}$$

ist, in Übereinstimmung mit dem Ergebnis von Aufgabe 1.16.

Aufgabe 3.38 Angenommen, Sie haben ein *Gemisch* von Gasen (wie zum Beispiel Luft, die ein Gemisch aus Stickstoff und Sauerstoff ist). Der **Molenbruch** x_i einer Sorte i ist als der Bruchteil aller Moleküle definiert, die zu dieser Sorte gehören: $x_i = N_i/N_{\text{gesamt}}$. Der **Partialdruck** P_i von Sorte i ist dann als der korrespondierende Bruchteil des Gesamtdrucks definiert: $P_i = x_i P$. Angenommen, die Gasmischung sei ideal: Begründen Sie, dass das chemische Potential μ_i von Sorte i in diesem System dasselbe ist, als wenn die anderen Gase bei einem festen Partialdruck P_i nicht vorhanden wären.

3.6 Zusammenfassung und ein Ausblick

Dieses Kapitel beschließt unsere Behandlung der Grundprinzipien der Physik der Wärme. Das grundlegendste Prinzip ist der zweite Hauptsatz: Entropie nimmt zu. Dieser Hauptsatz bestimmt die Tendenz von Systemen, Energie, Volumen und Teilchen

Art der Wechselwirkung	Ausgetauschte Größe	Steuernde Größe	Ausdruck
thermisch	Energie	Temperatur	$\frac{1}{T} = \left(\frac{\partial S}{\partial U}\right)_{V,N}$
mechanisch	Volumen	Druck	$\frac{P}{T} = \left(\frac{\partial S}{\partial V}\right)_{U,N}$
diffusiv	Teilchen	chemisches Potential	$\frac{\mu}{T} = -\left(\frac{\partial S}{\partial N}\right)_{U,V}$

Tabelle 3.3: Zusammenfassung der drei Arten von Wechselwirkungen, die in diesem Kapitel betrachtet werden, sowie der zugehörigen Variablen und partiellen Ableitungen.

auszutauschen. Daher sind die Ableitungen der Entropie nach diesen drei Größen von großem Interesse und relativ leicht zu messen. Tabelle 3.3 fasst die drei Arten von Wechselwirkungen und die zugehörigen Ableitungen der Entropie zusammen. Die drei Ausdrücke mit partiellen Ableitungen sind in der thermodynamischen Identität praktisch zusammengefasst:

$$\mathrm{d}U = T\,\mathrm{d}S - P\,\mathrm{d}V + \mu\,\mathrm{d}N\,. \tag{3.68}$$

Diese Konzepte und Prinzipien bilden die Grundlage dessen, was man **klassische Thermodynamik** nennt: die Untersuchung von Systemen, die aus einer großen Anzahl von Teilchen bestehen, aufbauend auf allgemeinen Gesetzen, die nicht vom detaillierten mikroskopischen Verhalten dieser Teilchen abhängen. Die Ausdrücke, die hier auftauchen, gelten für *jedes* große System, dessen Makrozustand durch die Variablen U, V und N bestimmt wird; diese Formeln können unschwer auf andere große Systeme verallgemeinert werden.

Zusätzlich zu diesen sehr allgemeinen Konzepten haben wir auch mit drei *spezifischen* Modellsystemen gearbeitet: dem Paramagneten mit zwei Zuständen, dem Einstein-Festkörper und dem monoatomaren idealen Gas. Für jedes dieser Systeme haben wir die Gesetze der mikroskopischen Physik verwendet, um explizite Ausdrücke für die Vielfachheit und die Entropie zu finden, und daraus Wärmekapazitäten und eine Vielzahl anderer Messgrößen berechnet. Die Prozedur, mikroskopische Modelle zur Herleitung solcher Vorhersagen zu verwenden, nennt man **statistische Mechanik**.

Der Rest dieses Buchs lotet nun weitere Anwendungen der Physik der Wärme aus. Kapitel 4 und 5 wenden die allgemeinen Gesetze der klassischen Thermodynamik auf eine Vielzahl von in der Praxis relevanten Systemen in den Ingenieurwissenschaften, der Chemie und verwandten Disziplinen an. Kapitel 6, 7 und 8 kehren dann zur statistischen Mechanik zurück; wir führen raffiniertere mikroskopische Modelle und die zur Herleitung von Vorhersagen notwendigen mathematischen Werkzeuge ein.

Aufgabe 3.39 In Aufgabe 2.32 haben Sie die Entropie eines idealen monoatomaren Gases berechnet, das in einem zweidimensionalen Universum lebt. Leiten Sie partiell nach U, A und N ab, um die Temperatur, den Druck und das chemische Potential dieses Gases zu bestimmen. (In zwei Dimensionen ist der Druck als die Kraft pro Einheits*länge* definiert.) Vereinfachen Sie Ihre Ergebnisse so weit wie möglich und erklären Sie, ob sie Sinn machen.

Oft war ich bei Zusammenkünften von Menschen, die nach den Standards der traditionellen Kultur als hochgebildet gelten und mit großem Gusto ihrer Ungläubigkeit angesichts der Kulturlosigkeit der Naturwissenschaftler Ausdruck verliehen. Das eine oder andere Mal fühlte ich mich provoziert und fragte die Runde, wie viele von ihnen den zweiten Hauptsatz der Thermodynamik beschreiben könnten. Die Antwort war kalt und verneinend. Dabei hatte ich etwas gefragt, was in etwa das naturwissenschaftliche Äquivalent zu „Haben Sie ein Werk von Shakespeare gelesen?“ *darstellt.*

—C. P. Snow, *The Two Cultures*
(Cambridge University Press, Cambridge, 1959).
Nachdruck mit freundlicher Erlaubnis von
Cambridge University Press.

Wärmekraftmaschinen und Kältemaschinen

4

ÜBERBLICK

4.1 Wärmekraftmaschinen

Eine **Wärmekraftmaschine** ist jedes Gerät, das Wärme absorbiert und teilweise in Arbeit umwandelt. Ein wichtiges Beispiel ist die Dampfturbine, die heutzutage in den meisten Kraftwerken zur Erzeugung von Elektrizität verwendet wird. Der vertraute Verbrennungsmotor im Auto absorbiert nicht wirklich Wärme, aber wir können so tun, als käme die Wärmeenergie von außen anstatt von innen, und ihn ebenso als Wärmekraftmaschine behandeln.

Leider kann nur ein *Teil* der Energie, die als Wärme absorbiert wird, durch eine Wärmekraftmaschine in Arbeit verwandelt werden. Der Grund dafür ist, dass die Wärme beim Zufließen Entropie mitbringt, die wir irgendwie loswerden müssen, bevor der Maschinenzyklus wieder von vorne anfangen kann. Um die Entropie loszuwerden, muss jede Wärmekraftmaschine etwas Abwärme in die Umwelt loswerden. Die von der Maschine produzierte Arbeit ist die Differenz zwischen der absorbierten Wärme und der ausgestoßenen Abwärme.

Mein Ziel in diesem Abschnitt ist, diese Ideen präzise zu machen und zu bestimmen, wie viel von der durch die Maschine absorbierten Wärme exakt in Arbeit verwandelt werden kann. Erstaunlicherweise können wir eine ganze Menge sagen, ohne *irgendetwas* davon zu wissen, wie die Maschine tatsächlich arbeitet.

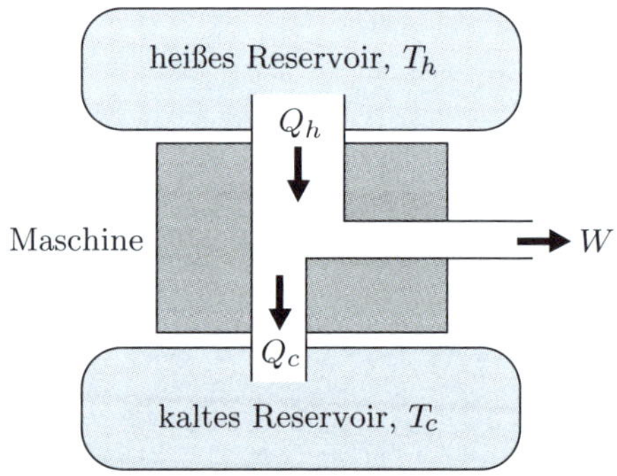

Abbildung 4.1: Das Energieflussdiagramm für eine Wärmekraftmaschine. Energie wird als Wärme aus dem heißen Reservoir zugeführt und verlässt die Maschine zum kalten Reservoir.

Abbildung 4.1 stellt den Energiefluss in eine Wärmekraftmaschine hinein und aus ihr heraus dar. Die von der Maschine absorbierte Wärme kommt von einem Ort, der das **heiße Reservoir** genannt wird, während die Abwärme in das **kalte Reservoir** fließt. Die Temperaturen dieser Reservoirs, T_h und T_c, werden als fest angenommen. (Im Allgemeinen ist alles, das so groß ist, dass sich seine Temperatur nicht merklich ändert, wenn Wärme zu- oder abfließt, in der Thermodynamik ein **Reservoir**. Bei einer Dampfmaschine ist das heiße Reservoir der Ort, wo der Treibstoff verbrannt wird; das kalte Reservoir ist die benachbarte Umgebung.) Ich werde das Symbol Q_h für die aus dem heißen Reservoir in einem vorgegebenen Zeitraum absorbierte Wärme verwenden. Q_c bezeichnet die ans kalte Reservoir abgegebene Abwärme. Die von der Maschine in dem Zeitraum verrichtete Nettoarbeit werden wir W nennen. Alle drei Symbole werden für positive Größen stehen; in diesem Kapitel weiche ich von meiner früheren Konvention für die Vorzeichen von Wärme und Arbeit ab.

Der Nutzen, eine Wärmekraftmaschine zu betreiben, besteht in der erzeugten Arbeit W. Die Betriebskosten bestehen in der absorbierten Wärme Q_h. Lassen Sie mich daher den **Wirkungsgrad** e einer Maschine als das Kosten-Nutzen-Verhältnis definieren:

$$e \equiv \frac{\text{Nutzen}}{\text{Kosten}} = \frac{W}{Q_\mathrm{h}} . \tag{4.1}$$

Ich würde gerne die folgende Frage stellen: Was ist der maximal mögliche Wirkungsgrad für vorgegebene Werte von T_h und T_c? Um diese Frage zu beantworten, benötigen wir lediglich den ersten und zweiten Hauptsatz der Thermodynamik zuzüglich der Annahme, dass die Maschine zyklisch arbeitet und nach jedem Operationszyklus in ihren Ausgangszustand zurückkehrt.

Der erste Hauptsatz der Thermodynamik besagt, dass die Energie erhalten ist. Da der Zustand der Maschine am Ende eines Zyklus unverändert sein muss, muss die Menge an Energie, die sie aufnimmt, genau gleich der Energiemenge sein, die sie abgibt. In unserer Schreibweise also

$$Q_\mathrm{h} = Q_\mathrm{c} + W . \tag{4.2}$$

Benutzen wir diese Gleichung, um W in Gleichung 4.1 zu eliminieren, so erhalten wir als Wirkungsgrad

$$e = \frac{Q_\mathrm{h} - Q_\mathrm{c}}{Q_\mathrm{h}} = 1 - \frac{Q_\mathrm{c}}{Q_\mathrm{h}} . \tag{4.3}$$

Somit kann der Wirkungsgrad nicht größer als 1 sein und 1 nur erreichen, falls $Q_\mathrm{c} = 0$.

Um weiter voranzukommen, müssen wir auch den zweiten Hauptsatz hinzuziehen, der besagt, dass die Gesamtentropie der Maschine und ihrer Umgebung zunehmen, aber nicht abnehmen kann. Da der Zustand einer Maschine am Ende eines Zyklus unverändert sein muss, muss die von ihm abgegebene Entropie mindestens so groß wie die von ihm absorbierte Entropie sein. (In diesem Zusammenhang stelle ich mir die Entropie wie in Abschnitt 3.2 als ein Fluid vor, das erzeugt, aber nicht vernichtet werden kann.) Nun beträgt die aus dem heißen Reservoir entzogene Entropie gerade $Q_\mathrm{h}/T_\mathrm{h}$, während die ans kalte Reservoir abgegebene Entropie $Q_\mathrm{c}/T_\mathrm{c}$ beträgt. Somit besagt der zweite Hauptsatz

$$\frac{Q_\mathrm{c}}{T_\mathrm{c}} \geq \frac{Q_\mathrm{h}}{T_\mathrm{h}} \qquad \text{oder} \qquad \frac{Q_\mathrm{c}}{Q_\mathrm{h}} \geq \frac{T_\mathrm{c}}{T_\mathrm{h}} . \tag{4.4}$$

Setzen wir dieses Ergebnis in Gleichung 4.3 ein, so schließen wir

$$e \leq 1 - \frac{T_\mathrm{c}}{T_\mathrm{h}} . \tag{4.5}$$

Das ist das von uns erwünschte Ergebnis. Wenn also zum Beispiel $T_\mathrm{h} = 500\,\mathrm{K}$ und $T_\mathrm{c} = 300\,\mathrm{K}$, so beträgt der maximal mögliche Wirkungsgrad 40 %. Ganz allgemein sollten Sie das kalte Reservoir *sehr* kalt und/oder das heiße Reservoir *sehr* heiß wählen, um den maximalen Wirkungsgrad zu optimieren. Je kleiner das Verhältnis $T_\mathrm{c}/T_\mathrm{h}$, desto effizienter kann Ihre Maschine sein.

Es ist leicht, eine Maschine zu bauen, die *weniger* effizient als der Grenzwert $1 - T_\mathrm{c}/T_\mathrm{h}$ ist, und zwar einfach dadurch, dass sie während des Betriebs weitere Entropie produziert. Um diese Entropie loszuwerden, müssen Sie zusätzliche Wärme in das kalte Reservoir abführen, was weniger Energie für die Konversion in Arbeit übrig lässt. Der offensichtlichste Weg, neue Entropie zu produzieren, steckt in den Wärmetransferprozessen selber. Wenn zum Beispiel Wärme Q_h das heiße Reservoir verlässt, verliert dieses Reservoir Q_h/T_h an Entropie; aber wenn die Temperatur der Maschine zu diesem Zeitpunkt *weniger* als T_h beträgt, dann wird die begleitende Entropie *größer* als Q_h/T_h sein.

Beim Herleiten der Schranke (4.5) für den Wirkungsgrad einer Maschine haben wir den ersten und den zweiten Hauptsatz der Thermodynamik ausgenutzt. Der erste Hauptsatz besagte, dass der Wirkungsgrad nicht größer als 1 sein kann; wir bekommen also nicht mehr Energie heraus, als wir hineinstecken. In diesem Zusammenhang wird der erste Hauptsatz oft durch „Du kannst nicht gewinnen" paraphrasiert. Der zweite Hauptsatz machte die Angelegenheit jedoch schlimmer. Er besagte, dass wir nicht einmal $e = 1$ erreichen können, außer $T_c = 0$ oder $T_h = \infty$, was beides in der Praxis unmöglich ist. In diesem Zusammenhang wird der zweite Hauptsatz oft als „Du kommst nicht einmal auf ein Unentschieden" paraphrasiert.

Aufgabe 4.1 Erinnern Sie sich an Aufgabe 1.34, in der es um ein ideales diatomares Gas ging, das in einem Kreisprozess geführt wurde, der in einem *PV*-Diagramm rechteckig war. Nehmen Sie nun an, dass dieses System als eine Wärmekraftmaschine verwendet wird, um die zugeführte Wärme in mechanische Arbeit zu verwandeln.

(a) Werten Sie den Wirkungsgrad dieser Maschine für den Fall $V_2 = 3V_1$, $P_2 = 2P_1$ aus.

(b) Berechnen Sie den Wirkungsgrad einer „idealen" Maschine, die zwischen den gleichen Extremtemperaturen operiert.

Aufgabe 4.2 In einem Kraftwerk, das 1 GW (10^9 Watt) an Elektrizität produziert, nehmen die Dampfturbinen Dampf bei einer Temperatur von 500 °C auf und geben die Abwärme an die Umwelt bei 20 °C ab.

(a) Welchen maximal möglichen Wirkungsgrad hat dieses Kraftwerk?

(b) Nehmen Sie an, dass Sie ein neues Material zur Herstellung von Rohren und Turbinen entwickeln, das es ermöglicht, die maximale Dampftemperatur auf 600 °C zu erhöhen. Wie viel Geld können Sie pro Jahr in etwa verdienen, wenn Sie Ihr verbessertes Material installieren und die zusätzliche Elektrizität für 5 Cent pro Kilowattstunde verkaufen? (Nehmen Sie an, dass sich die Menge an Treibstoff, die das Kraftwerk verbraucht, nicht ändert.)

Aufgabe 4.3 Ein Kraftwerk produziert 1 GW Elektrizität mit einem Wirkungsgrad von 40 % (typisch für ein Kohlekraftwerk).

(a) Mit welcher Rate führt dieses Kraftwerk Abwärme in die Umwelt ab?

(b) Nehmen Sie zunächst an, dass das kalte Reservoir für dieses Kraftwerk ein Fluss ist, der $100\,m^3/s$ Wasser vorbeiführt. Um wie viel wird die Temperatur des Flusses zunehmen?

(c) Um diese „thermische Umweltverschmutzung" des Flusses zu vermeiden, könnte das Kraftwerk stattdessen durch die Verdampfung von Flusswasser gekühlt werden. (Das ist teurer, aber in vielen Gegenden umweltverträglicher.) Mit welcher Rate muss das Wasser verdampfen? Welcher Bruchteil des Flusses muss verdampft werden?

Aufgabe 4.4 Man hat vorgeschlagen, den thermischen Gradienten in einem Ozean zu nutzen, um eine Wärmekraftmaschine zu betreiben. Nehmen Sie an, dass an einem Ort die Wassertemperatur 22 °C an der Wasseroberfläche und 4 °C am Meeresboden beträgt.

(a) Was ist der maximal mögliche Wirkungsgrad, den eine Maschine erreichen kann, die zwischen diesen beiden Temperaturen arbeitet?

(b) Welches Minimalvolumen an Wasser muss pro Sekunde durch die Maschine geschleust werden (um die Wärme zu entziehen), wenn die Maschine 1 GW elektrische Leistung erzielen soll?

Der Carnot-Kreisprozess

Lassen Sie mich nun erklären, wie man eine Maschine bauen kann, die den maximal möglichen Wirkungsgrad für vorgegebenes T_h und T_c tatsächlich erreicht.

Jede Maschine hat eine sogenannte „Arbeitssubstanz". Das ist das Material, das die Wärme tatsächlich absorbiert, die Abwärme ausstößt und Arbeit verrichtet. In vielen Wärmekraftmaschinen ist die Arbeitssubstanz ein Gas. Stellen Sie sich also vor, dass wir zunächst wollen, dass das Gas etwas Wärme Q_h aus dem heißen Reservoir absorbiert. Bei diesem Prozess nimmt die Entropie des Reservoirs um $Q_\mathrm{h}/T_\mathrm{h}$ ab, hingegen nimmt die Entropie des Gases um $Q_\mathrm{h}/T_\mathrm{Gas}$ zu. Um die Erzeugung *neuer* Entropie zu vermeiden, müssten wir $T_\mathrm{Gas} = T_\mathrm{h}$ haben.

Das geht so nicht ganz, weil zwischen Objekten gleicher Temperatur keine Wärme fließen wird. Also machen wir T_Gas ein klein wenig kleiner als T_h und halten das Gas bei dieser Temperatur, während es die Wärme absorbiert, indem wir es sich ausdehnen lassen. Dieser Schritt des Kreisprozesses verlangt also, dass das Gas isotherm expandiert.

In ähnlicher Weise wollen wir in dem Teil des Kreisprozesses, in dem das Gas die Abwärme an das kalte Reservoir abgibt, dass die Temperatur des Gases nur infinitesimal größer als T_c ist. Dann wird keine neue Entropie erzeugt. Da die Wärme das Gas verlässt, müssen wir es isotherm komprimieren, um es bei dieser Temperatur zu halten.

Wir haben somit eine isotherme Expansion bei einer Temperatur, die gerade ein wenig geringer als T_h ist, und eine isotherme Kompression bei einer Temperatur, die gerade ein wenig größer als T_c ist. Es verbleibt nur die Frage, wie wir das Gas von der einen Temperatur zur anderen bekommen und zurück. Wir wollen nicht, dass irgendwelche Wärme hinein- oder hinausfließt, wenn das Gas die dazwischenliegenden Temperaturen aufweist. Somit müssen diese Zwischenschritte adiabatisch sein. Der gesamte Kreisprozess besteht daher aus vier Schritten, die in den Abbildungen 4.2 und 4.3 dargestellt sind:

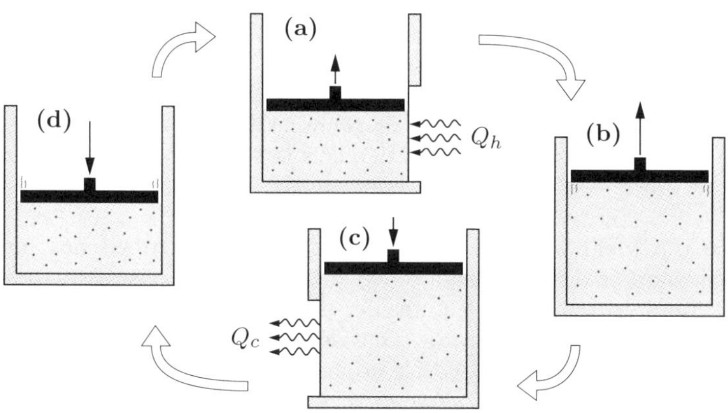

Abbildung 4.2: Die vier Schritte in einem Carnot-Kreisprozess: (a) isotherme Expansion bei T_h während der Aufnahme von Wärme; (b) adiabatische Expansion auf T_c; (c) isotherme Kompression auf T_c während der Abgabe von Wärme; und (d) adiabatische Kompression zurück zu T_h. Das System muss in Schritt (a) in thermischen Kontakt mit dem heißen Reservoir und in Schritt (c) in thermischen Kontakt mit dem kalten Reservoir gebracht werden.

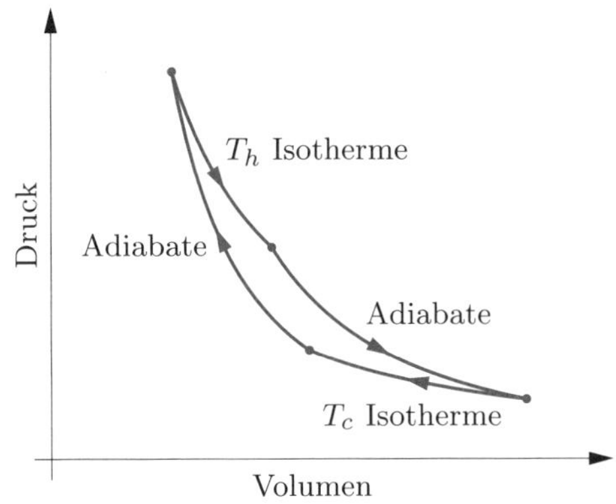

Abbildung 4.3: *PV*-Diagramm für ein ideales monoatomares Gas, das einen Carnot-Kreisprozess durchläuft.

isotherme Expansion bei T_h, adiabatische Expansion von T_h zu T_c, isotherme Kompression bei T_c und adiabatische Kompression von T_c wieder hoch zu T_h. Die theoretische Bedeutung dieses Kreisprozesses wurde zum ersten Mal von Sadi Carnot im Jahr 1824 gezeigt. Der Zyklus ist daher heute als **Carnot-(Kreis)prozess** bekannt.

Man kann direkt mittels der Formeln für adiabatische und isotherme Prozesse aus Abschnitt 1.5 zeigen, dass ein ideales Gas im Carnot-Kreisprozess den maximal möglichen Wirkungsgrad $1 - T_c/T_h$ erreicht. Der Beweis ist zwar eine interessante Übung (siehe Aufgabe 4.5), wird aber nicht wirklich benötigt, wenn man die Entropie und den zweiten Hauptsatz verstanden hat. Solange wir wissen, dass während des Kreisprozesses keine neue Entropie erzeugt wurde, muss in Gleichung 4.4 strikte Gleichheit gelten. Damit muss der Wirkungsgrad beim von Gleichung 4.5 erlaubten Maximum liegen. Diese Schlussfolgerung gilt auch, wenn das Gas nicht ideal ist; die Arbeitssubstanz muss nicht einmal ein Gas sein.

Obwohl ein Carnot-Prozess sehr *effizient* ist, ist er auch furchtbar *unpraktisch*. Die Wärme fließt während der isothermen Schritte so langsam, dass es eine Ewigkeit dauert, bis man eine signifikante Menge an Arbeit aus der Maschine bekommt. Bauen Sie sich also keine Carnot-Maschine in Ihr Auto ein. Ihr Benzinverbrauch würde sich verringern, aber Sie würden von Fußgängern überholt.

Aufgabe 4.5 Beweisen Sie direkt (durch Berechnung der aufgenommenen und abgeführten Wärme), dass eine Carnot-Maschine mit einem idealen Gas als Arbeitssubstanz einen Wirkungsgrad von $1 - T_c/T_h$ aufweist.

Aufgabe 4.6 Um mehr als eine infinitesimale Menge an Arbeit aus einer Carnot-Maschine herauszubekommen, müssten wir die Temperatur ihrer Arbeitssubstanz um einen nicht infinitesimalen Betrag unter der des heißen Reservoirs und über der des kalten Reservoirs halten. Schauen Sie sich also einen Carnot-Prozess an, in dem die Arbeitssubstanz bei Temperatur T_{hw} ist, wenn sie Wärme aus dem heißen Reservoir aufnimmt, und bei Temperatur T_{cw}, wenn sie Wärme an das kalte Reservoir abgibt. In den meisten Fällen werden die Raten des Wärmetransfers direkt proportional zu den Temperaturunterschieden sein:

$$\frac{Q_h}{\Delta t} = K(T_h - T_{hw}) \qquad \text{und} \qquad \frac{Q_c}{\Delta t} = K(T_{cw} - T_c)\,.$$

Der Einfachheit halber habe ich hier angenommen, dass die Proportionalitätsfaktoren K in beiden Schritten identisch sind. Wir nehmen auch an, dass beide Schritte gleich lange dauern, sodass die Δt's in beiden Gleichungen gleich sind.[1]

(a) Nehmen Sie an, dass während des Kreisprozesses keine neue Entropie außer während der beiden wärmeübertragenden Schritte erzeugt wird. Leiten Sie damit eine Gleichung her, die die vier Temperaturen T_{h}, T_{c}, T_{hw} und T_{cw} verknüpft.

(b) Nehmen Sie nun an, dass die Zeit für die zwei adiabatischen Schritte vernachlässigt werden kann, und leiten Sie einen Ausdruck für die Leistung (Arbeit pro Zeiteinheit) dieser Maschine her. Benutzen Sie den ersten und zweiten Hauptsatz, um die Leistung lediglich durch die vier Temperaturen und die Konstante K auszudrücken, und eliminieren Sie dann T_{cw} mittels des Ergebnisses aus Teil (a).

(c) Wenn die Kosten, eine Maschine zu bauen, wesentlich höher liegen als die Kosten des Brennstoffs (was oft der Fall ist), ist es wünschenswert, die Maschine auf maximale Leistung, nicht auf maximalen Wirkungsgrad hin zu optimieren. Zeigen Sie, dass der Ausdruck, den Sie in Teil (b) gewonnen haben, für festes T_{h} und T_{c} ein Maximum bei $T_{\mathrm{hw}} = \frac{1}{2}(T_{\mathrm{h}} + \sqrt{T_{\mathrm{h}} T_{\mathrm{c}}})$ aufweist. (*Hinweis:* Sie werden eine quadratische Gleichung lösen müssen.) Bestimmen Sie den entsprechenden Ausdruck für T_{cw}.

(d) Zeigen Sie, dass der Wirkungsgrad dieser Maschine $1 - \sqrt{T_{\mathrm{c}}/T_{\mathrm{h}}}$ beträgt. Werten Sie diesen Wirkungsgrad für eine typische kohlebasierte Dampfturbine mit $T_{\mathrm{h}} = 600\,°\mathrm{C}$ und $T_{\mathrm{c}} = 25\,°\mathrm{C}$ aus. Vergleichen Sie mit dem idealen Carnot-Wirkungsgrad für diese Temperaturen. Welcher Wert liegt näher am tatsächlichen Wirkungsgrad eines echten Kohlekraftwerks (etwa 40 %)?

4.2 Kältemaschinen

Eine **Kältemaschine** ist mehr oder weniger eine Wärmekraftmaschine, die man rückwärts laufen lässt. In der Praxis funktioniert sie vielleicht ganz anders, aber wenn es Ihnen nur darum geht, was sie bewirkt, nicht wie sie arbeitet, dann können Sie einfach die Pfeile in Abbildung 4.1 umdrehen, um ein verallgemeinertes Diagramm einer Kältemaschine zu erhalten. Es ist in Abbildung 4.4 dargestellt. Ich definiere wiederum alle Symbole so, dass sie für positive Größen stehen. Die Wärme, die dem kalten Reservoir entzogen wird (dem Inneren eines Kühlschranks), ist Q_{c}, hingegen ist die elektrische Energie, die von der Steckdose geliefert wird, gleich W.

Es gibt auch Abwärme Q_{h}, die in die Küche abgegeben wird. Das gleiche Diagramm passt auch auf eine Klimaanlage; dann ist das kalte Reservoir das Innere des Hauses und das heiße Reservoir draußen.[2]

Wie sollten wir den „Wirkungsgrad“ einer Kältemaschine definieren? Wiederum ist die relevante Zahl das Verhältnis von Nutzen und Kosten, aber dieses Mal ist der Nut-

1 Keine dieser Annahmen ist nötig, um das Endergebnis für den Wirkungsgrad aus Teil (d) zu erhalten. Schauen Sie sich die Veröffentlichung an, auf der diese Aufgabe basiert: F. L. Curzon und B. Ahlborn, „Efficiency of a Carnot engine at maximum power output“, *American Journal of Physics* **41**, 22–24 (1975).

2 Eine Klimaanlage hat normalerweise auch einen Ventilator, der Luft im Haus herumbläst, um auf dieser Seite den Wärmefluss zu beschleunigen. Verwechseln Sie nicht die Luft (die das kalte Reservoir nie verlässt) mit der Wärme (die sogar ohne den Ventilator nach außen fließt, wenn auch langsamer).

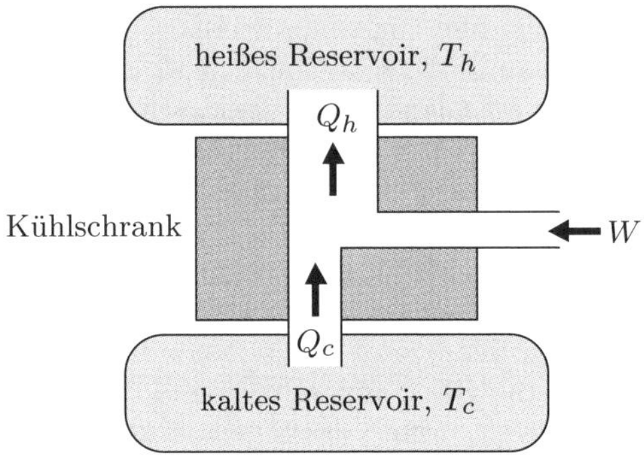

Abbildung 4.4: Energieflussdiagramm für einen Kühlschrank oder eine Klimaanlage. Bei einem Kühlschrank in der Küche ist der Innenraum das kalte Reservoir und der Raum darum herum (die Küche) das heiße Reservoir. Ein elektrisch betriebener Kompressor liefert die Arbeit.

zen Q_c und die Kosten W. Um also eine Verwechslung mit Gleichung 4.1 zu vermeiden, bezeichnen wir dieses Verhältnis als **Leistungszahl (LZ)** ϵ:[3]

$$\epsilon = \frac{\text{Nutzen}}{\text{Kosten}} = \frac{Q_c}{W}. \tag{4.6}$$

Genau wie bei einer Wärmekraftmaschine können wir nun den ersten und zweiten Hauptsatz verwenden, um eine Schranke für die Leistungszahl als Funktion der Temperaturen T_h und T_c herzuleiten. Der erste Hauptsatz besagt $Q_h = Q_c + W$, somit gilt

$$\epsilon = \frac{Q_c}{Q_h - Q_c} = \frac{1}{Q_h/Q_c - 1}. \tag{4.7}$$

Beachten Sie, dass es noch keine offensichtliche obere Schranke für diese Größe gibt. Insbesondere erlaubt der erste Hauptsatz, dass die Leistungszahl größer als 1 ist.

Zugleich besagt der zweite Hauptsatz, dass die an das heiße Reservoir abgegebene Entropie mindestens so groß sein muss wir die aus dem kalten Reservoir aufgenommene Entropie:

$$\frac{Q_h}{T_h} \geq \frac{Q_c}{T_c} \qquad \text{oder} \qquad \frac{Q_h}{Q_c} \geq \frac{T_h}{T_c}. \tag{4.8}$$

(Diese Beziehung ist die Umkehrung von Beziehung 4.4, weil die Entropie in die umgekehrte Richtung fließt.) Setzt man diese Ungleichung in Gleichung 4.7 ein, so ergibt sich

$$\epsilon \leq \frac{1}{T_h/T_c - 1} = \frac{T_c}{T_h - T_c}. \tag{4.9}$$

Bei einer typischen Gefrierkombi könnte T_h gleich 298 K sein, während T_c 255 K beträgt. In diesem Fall kann die Leistungszahl bis zu 5,9 betragen. Mit anderen Worten, für jedes Joule elektrischer Energie, die aus der Steckdose kommt, kann das Kühlmittel bis zu 5,9 J Wärme aus dem Inneren der Gefrierkombi ziehen. In diesem Fall würde eine

3 Die nun folgende Größe ist eigentlich als das Verhältnis von *Leistungen* definiert. Da diese aber über den jeweils gleichen Zeitraum, nämlich einen Zyklus, erbracht werden, können wir hier großzügig sein. In der deutschsprachigen Physikliteratur wird in der Regel wiederum vom Wirkungsgrad gesprochen. A.d.Ü.

Abwärme von 6,9 J an die Küche abgegeben. Wie Sie aus der Formel ersehen können, ist die Leistungszahl am größten, wenn T_h und T_c sich nicht stark unterscheiden. Eine Kältemaschine, die etwas bis auf die Temperatur von flüssigem Helium (4 K) herunterkühlt, müsste *viel* weniger effizient sein.

Um eine ideale Kältemaschine mit der maximal möglichen Leistungszahl herzustellen, kann man wieder einen Carnot-Prozess verwenden, der dieses Mal andersherum durchlaufen wird. Damit die Wärme in die umgekehrte Richtung fließt, muss die Arbeitssubstanz ein wenig *heißer* als T_h sein, während Wärme abgegeben wird, und ein wenig *kälter* als T_c, während Wärme aufgenommen wird. Das ist wiederum keine gute Art und Weise, wie man es in der Praxis machen sollte, weil der Wärmetransfer viel zu langsam ist. Ein praktischerer Kühlschrank wird in Abschnitt 4.4 beschrieben.

Historisch gesehen haben Wärme- und Kältemaschinen eine entscheidende Rolle bei der Formulierung des zweiten Hauptsatzes und der Identifizierung der Entropie als einer interessierenden Größe gespielt. Frühe Versionen des zweiten Hauptsatzes, die aus der Erfahrung gewonnen worden waren, beinhalteten die Aussagen, dass alle Wärmemaschinen Abwärme produzieren und dass alle Kältemaschinen Zufuhr von Arbeit benötigen. Carnot und andere entwickelten scharfsinnige Gedankengänge, um zu zeigen, dass diese Gesetze verletzt werden könnten, wenn es gelänge, eine Wärmemaschine oder eine Kältemaschine zu bauen, deren Wirkungsgrad den eines Carnot-Prozesses übersteigt (siehe Aufgaben 4.16 und 4.17). Carnot erkannte auch, dass es bei einer idealen Maschine eine Größe geben muss, die mit der Wärme verbunden ist, die aus dem heißen Reservoir einströmt und in gleicher Menge in das kalte Reservoir hinausfließt. Allerdings unterschied die Arbeit von Carnot im Jahr 1824 nicht hinreichend sorgfältig zwischen dieser Größe und dem, was wir heute einfach „Wärme“ nennen. Zu diesem Zeitpunkt war der Zusammenhang zwischen Wärme und anderen Energieformen noch umstritten, und die einfache Formel Q/T entging den Wissenschaftlern, die noch keine Temperaturskala eingeführt hatten, die vom absoluten Nullpunkt aus misst. Erst 1865, nachdem diese anderen Probleme vollständig gelöst waren, brachte Rudolf Clausius Carnots Größe der Gemeinschaft der Wissenschaftler voll ins Bewusstsein und gab ihr eine solide mathematische Grundlage. Er erfand den Begriff „Entropie“ für diese Größe, ausgehend von einem griechischen Wort, das „Umwandlung“ bedeutet (und weil das Wort der „Energie“ ähnelt). Clausius erklärte allerdings nicht, was die Entropie nun wirklich *ist*. Ludwig Boltzmann widmete sich dieser Frage in den darauffolgenden Jahren und fand es bis 1877 heraus.

Aufgabe 4.7 Warum müssen Sie eine Klimaanlage in ein Fenster eines Gebäudes einbauen und nicht einfach in die Mitte eines Zimmers?

Aufgabe 4.8 Können Sie Ihre Küche kühlen, indem Sie die Tür des Kühlschranks auflassen? Warum?

Aufgabe 4.9 Schätzen Sie die maximal mögliche Leistungszahl einer heimischen Klimaanlage ab. Verwenden Sie irgendwelche vernünftigen Werte für die Reservoirtemperaturen.

Aufgabe 4.10 Angenommen, Wärme leckt in Ihren Küchenkühlschrank mit einer mittleren Rate von 300 Watt. Wie viel Leistung muss er aus der Wand ziehen, wenn er ideal funktioniert?

Aufgabe 4.11 Wie hoch ist die maximal mögliche Leistungszahl für einen zyklisch betriebenen Kühlschrank, der zwischen einem Hochtemperaturreservoir bei 1 K und einem Niedertemperaturreservoir bei 0,01 K operiert?

Aufgabe 4.12 Erklären Sie, warum ein ideales Gas, das einen rechteckigen *PV*-Kreisprozess durchläuft (wie in den Aufgaben 1.34 und 4.1 behandelt), nicht (durch Umkehrung) zur Kühlung verwendet werden kann.

Aufgabe 4.13 Unter vielen Bedingungen ist die Rate, mit der Wärme in ein klimatisiertes Gebäude an einem heißen Sommertag eindringt, proportional zum Temperaturunterschied zwischen drinnen und draußen, $T_\mathrm{h} - T_\mathrm{c}$. (Wenn die Wärme gänzlich durch Wärmeleitung eindringt, ist diese Aussage sicherlich richtig. Strahlung aus direktem Sonnenlicht wäre eine Ausnahme.) Zeigen Sie, dass unter diesen Bedingungen die Kosten der Klimatisierung in etwa proportional zum *Quadrat* des Temperaturunterschieds sein sollten. Diskutieren Sie die Konsequenzen und geben Sie ein Zahlenbeispiel.

Aufgabe 4.14 Eine **Wärmepumpe** ist ein elektrisches Gerät, das ein Gebäude aufheizt, indem es aus der kalten Umwelt Wärme hineinpumpt. Mit anderen Worten ist sie wie ein Kühlschrank, aber ihre Aufgabe ist es, das heiße Reservoir zu erwärmen, und nicht, das kalte Reservoir abzukühlen (auch wenn sie beides macht). Definieren wir die folgenden Standardbezeichnungen, die alle positiv genommen werden sollen:

T_h = Temperatur drinnen

T_c = Temperatur draußen

Q_h = binnen eines Tages ins Gebäude gepumpte Wärme

Q_c = binnen eines Tages außen entnommene Wärme

W = binnen eines Tages von der Wärmepumpe verbrauchte elektrische Energie

(a) Erklären Sie, warum man die Leistungszahl einer Wärmepumpe als Q_h/W definieren sollte.

(b) Welche Beziehung zwischen Q_h, Q_c und W folgt allein aus der Energieerhaltung? Erlaubt die Energieerhaltung, dass die Leistungszahl größer als 1 ist?

(c) Verwenden Sie den zweiten Hauptsatz der Thermodynamik, um eine obere Schranke für die Leistungszahl, ausgedrückt alleine durch die Temperaturen T_h und T_c, herzuleiten.

(d) Erklären Sie, warum eine Wärmepumpe besser ist als ein Elektroofen, der einfach elektrische Arbeit direkt in Wärme umwandelt. (Geben Sie einige geschätzte Zahlen an.)

Aufgabe 4.15 In einem **Absorptionskühlschrank** wird die den Prozess treibende Energie nicht in Form von Arbeit, sondern als die Wärme einer Gasflamme zur Verfügung gestellt. (Solche Kühlschränke verwenden gemeinhin Propan als Treibstoff und werden an Orten verwendet, wo es keine Elektrizität gibt.[4]) Definieren wir die folgenden Bezeichnungen,

4 Eine Erklärung, wie ein Absorptionskühlschrank tatsächlich funktioniert, finden Sie in Büchern zur Thermodynamik für Ingenieure, wie etwa Moran und Shapiro (1995).

die alle positive Werte darstellen sollen:

Q_f = Wärmezufuhr von der Flamme

Q_c = dem Inneren des Kühlschranks entzogene Wärme

Q_r = an den Raum abgeführte Wärme

T_f = Temperatur der Flamme

T_c = Temperatur im Kühlschrank

T_r = Raumtemperatur

(a) Erklären Sie, warum die Leistungszahl eines Absorptionskühlschranks als Q_c/Q_f definiert werden sollte.

(b) Welche Beziehung zwischen Q_f, Q_c und Q_r folgt allein aus der Energieerhaltung? Gestattet die Energieerhaltung eine Leistungszahl größer als 1?

(c) Verwenden Sie den zweiten Hauptsatz der Thermodynamik, um für die Leistungszahl eine obere Schranke allein als Funktion der Temperaturen T_f, T_c und T_r herzuleiten.

Aufgabe 4.16 Beweisen Sie, dass Sie, *falls* Sie eine Wärmemaschine hätten, deren Wirkungsgrad den idealen Wert (4.5) übersteigt, die Maschine an einen normalen Carnot-Kühlschrank hängen und damit einen Kühlschrank konstruieren könnten, der keine Zufuhr von Arbeit braucht.

Aufgabe 4.17 Nehmen Sie an, dass Sie einen Kühlschrank hätten, dessen Leistungszahl den Idealwert (4.9) übersteigt. Beweisen Sie, dass Sie diesen an eine ganz normale Carnot-Maschine hängen könnten, um eine Maschine herzustellen, die keine Abwärme produziert.

4.3 Reale Wärmekraftmaschinen

Die vorhergehenden Abschnitte haben Wärmekraftmaschinen und Kältemaschinen in idealisierter Form behandelt und dabei die theoretischen Grenzen ihrer Leistungsfähigkeit gefunden. Diese theoretischen Grenzwerte sind sehr nützlich, denn sie sagen uns im Allgemeinen, wie der Wirkungsgrad einer Maschine oder eines Kühlschranks von den Arbeitstemperaturen abhängen wird. Sie dienen auch als Maßstab zur Bewertung des Wirkungsgrades einer realen Maschine oder eines realen Kühlschranks. Wenn Sie zum Beispiel eine Maschine haben, die zwischen $T_\text{c} = 300\,\text{K}$ und $T_\text{h} = 600\,\text{K}$ operiert und die einen Wirkungsgrad von 45 % hat, dann wissen Sie, dass es nicht viel Sinn macht, die Maschine weiter zu optimieren, weil der höchstmögliche Wirkungsgrad ohnehin nur 50 % beträgt.

Sie fragen sich aber vielleicht doch, wie reale Wärmemaschinen und Kühlschränke aufgebaut sind. Das ist ein sehr weites Feld, aber ich werde in diesem und dem nächsten Abschnitt einige Beispiele realer Maschinen und Kühlschränke beschreiben, um die Abstraktheit der vorhergehenden Abschnitte ein wenig zugänglicher zu machen.

Verbrennungsmotoren

Fangen wir mit dem vertrauten Benzinmotor an, der sich in den meisten Autos findet. Die Arbeitssubstanz ist ein Gas, anfangs eine Mischung aus Luft und Benzindampf. Diese

Mischung wird zunächst in einen Zylinder injiziert und adiabatisch durch einen Kolben komprimiert. Dann wird die Mischung von einer Zündkerze gezündet, was ihre Temperatur und ihren Druck bei festem Volumen erhöht. Als Nächstes schiebt das Gas mit hohem Druck den Kolben heraus, expandiert dabei adiabatisch und verrichtet mechanische Arbeit.

Zuletzt werden die heißen Abgase abgeführt und durch eine neue Mischung bei niedrigerer Temperatur und Druck ersetzt. Der gesamte Kreislauf ist in Abbildung 4.5 dargestellt, wo ich den letzten Schritt (Abfuhr der Abgase und Zufuhr einer neuen Mischung) so dargestellt habe, als würde es sich um eine einfache Druckerniedrigung durch Extraktion von Wärme handeln. Was wirklich passiert, ist, dass der Kolben die alte Mischung durch ein Ventil entfernt und durch ein anderes Ventil eine neue Mischung in den Zylinder zieht. Dabei wird Wärme abgeführt, aber netto keine Arbeit verrichtet. Dieser Kreisprozess wird nach dem deutschen Erfinder Nikolaus August Otto als **Otto-Kreisprozess** bezeichnet.

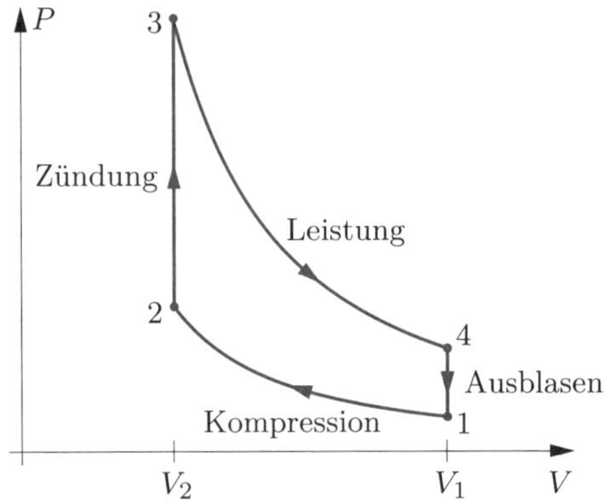

Abbildung 4.5: Der idealisierte Otto-Kreisprozess, eine Näherung dessen, was in einem Benzinmotor passiert. In realen Maschinen ist das Kompressionsverhältnis viel größer, typischerweise 8 oder 10.

Beachten Sie, dass es kein „heißes Reservoir“ gibt, das mit dieser Maschine verbunden ist. Stattdessen wird intern durch die Verbrennung von Treibstoff Wärme erzeugt. Das Ergebnis dieser Verbrennung ist allerdings ein Gas bei hoher Temperatur und hohem Druck, genau wie wenn Wärme aus einer externen Quelle absorbiert worden wäre.

Der Wirkungsgrad eines Benzinmotors ist die Nettoarbeit, die während eines Umlaufs produziert wird, geteilt durch die „Wärme“, die im Zündungsschritt erzeugt wird. Es ist nicht besonders schwer, diese Größen durch die diversen Temperaturen und Volumina auszudrücken, wenn das Gas ideal ist (siehe Aufgabe 4.18). Das Ergebnis ist ziemlich einfach:

$$e = 1 - \left(\frac{V_2}{V_1}\right)^{\gamma-1}, \tag{4.10}$$

wobei V_1/V_2 das **Kompressionsverhältnis** und γ der in Abschnitt 1.5 eingeführte Adiabatenexponent ist. Bei Luft gilt $\gamma = 7/5$; ein typisches Kompressionsverhältnis würde in etwa 8 sein. Das führt auf einen theoretischen Wirkungsgrad von $1 - (1/8)^{2/5} = 0{,}56$. Das ist gut, aber nicht so gut wie eine Carnot-Maschine, die zwischen den gleichen oberen und unteren Betriebstemperaturen arbeitet. Um die beiden zu vergleichen, denken Sie daran, dass in einem adiabatischen Prozess $TV^{\gamma-1}$ konstant ist. Wir können daher die Volumina in Gleichung 4.10 zugunsten der Temperaturen an den Enden eines der beiden adiabatischen Schritte eliminieren:

$$e = 1 - \frac{T_1}{T_2} = 1 - \frac{T_4}{T_3}. \tag{4.11}$$

Beide diese Temperaturverhältnisse sind größer als das Verhältnis der Extremtemperaturen T_1/T_3, das in der Carnot-Formel auftaucht. Der Ottomotor ist daher weniger effizient als die Carnot-Maschine. (In Wahrheit ist ein echter Benzinmotor noch ineffizienter, aufgrund von Reibung, Wärmeverlust durch Wärmeleitung und aufgrund unvollständiger Verbrennung des Treibstoffs. Heutige Benzinmotoren erreichen typische Wirkungsgrade von etwa 20–30 %.)

Der offensichtliche Weg, einen Benzinmotor effizienter zu machen, wäre ein höheres Kompressionsverhältnis. Leider wird sich die Treibstoffmischung spontan „selbst zünden" („klopfen", A.d.Ü.), wenn sie zu heiß wird. Der Kompressionsschritt ist dann noch nicht abgeschlossen und der Druck wird nach oben springen, bevor Punkt 2 im Kreislauf erreicht ist. Das Klopfen wird im **Dieselmotor** dadurch vermieden, dass nur Luft komprimiert wird und der Treibstoff erst dann in den Zylinder gesprüht wird, wenn die Luft heiß genug ist, den Treibstoff zu entzünden. Das Einsprühen und Zünden findet statt, wenn der Kolben gerade beginnt, sich nach außen zu bewegen. Es geschieht mit einer Rate, die so eingestellt ist, dass ungefähr ein konstanter Druck gehalten wird. Eine idealisierte Darstellung des Diesel-Kreisprozesses ist in Abbildung 4.6 dargestellt. Man kann eine ziemlich komplizierte Formel für den Wirkungsgrad des Diesel-Kreisprozesses ableiten, als Funktion des Kompressionsverhältnisses V_1/V_2 und des **Volldruckverhältnisses** V_3/V_2. Bei einem vorgegebenen Kompressionsverhältnis ist der Wirkungsgrad sogar geringer als beim Otto-Kreisprozess, aber Dieselmotoren haben allgemein höhere Kompressionsverhältnisse (typisch um die 20) und somit höhere Wirkungsgrade (in der Praxis bis zu etwa 40 %). Soweit ich weiß, rührt die einzige Limitierung des Kompressionsverhältnisses eines Dieselmotors von der Stärke und dem Schmelzpunkt des Materials, aus dem er gemacht ist. Ein keramischer Motor könnte im Prinzip höhere Temperaturen aushalten und damit einen höheren Wirkungsgrad erzielen.

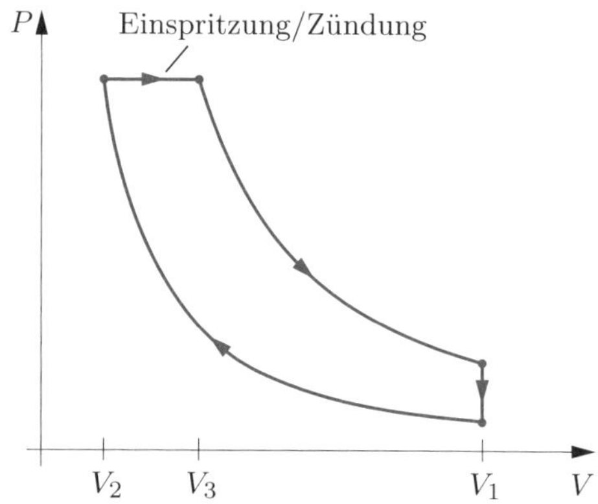

Abbildung 4.6: *PV*-Diagram für den Diesel-Kreisprozess.

Aufgabe 4.18 Leiten Sie Gleichung 4.10 für den Wirkungsgrad des Otto-Kreisprozesses her.

Aufgabe 4.19 Die bei jedem Takt eines Automotors verrichtete Arbeit wird durch die Menge des in den Zylinder injizierten Treibstoffs bestimmt: je mehr Treibstoff, um so höher die Temperatur und der Druck an den Punkten 3 und 4 im Kreisprozess. Aber nach Gleichung 4.10 hängt der Wirkungsgrad nur vom Kompressionsverhältnis ab (das für jeden einzelnen Motor immer gleich ist), nicht aber vom verbrauchten Treibstoff. Denken Sie, dass diese Schlussfolgerung noch gilt, wenn verschiedene andere Faktoren wie etwa Reibung berücksichtigt werden? Denken Sie, dass ein realer Motor am effizientesten ist, wenn er bei hoher oder niedriger Leistung arbeitet? Erklären Sie.

Aufgabe 4.20 Bestimmen Sie einen Ausdruck für den Wirkungsgrad des Diesel-Kreisprozesses als Funktion des Kompressionsverhältnisses V_1/V_2 und des Volldruckverhältnisses V_3/V_2. Zeigen Sie, dass der Diesel-Kreisprozess für ein vorgegebenes Kompressionsverhältnis weniger effizient als der Otto-Kreisprozess ist. Werten Sie den theoretischen Wirkungsgrad eines Dieselmotors mit einem Kompressionsverhältnis von 18 und einem Volldruckverhältnis von 2 aus.

Aufgabe 4.21 Die pfiffige **Stirling-Maschine** ist eine echte Wärmekraftmaschine, die Wärme von einer äußeren Quelle aufnimmt. Die Arbeitssubstanz kann Luft oder irgendein anderes Gas sein. Die Maschine besteht aus *zwei* Zylindern mit Kolben, die jeweils in Kontakt mit einem der Reservoire sind (siehe Abbildung 4.7). Die Kolben sind auf komplizierte Weise durch eine Kurbelwelle miteinander verbunden. Die Details ignorieren wir und überlassen sie den Ingenieuren. Zwischen den zwei Zylindern ist ein Durchlass, in dem das Gas an einem **Regenerator** vorbeifließt. Das ist ein zeitweiliges Wärmereservoir, das typischerweise aus einem Drahtgeflecht besteht, dessen Temperatur sich graduell von der heißen zur kalten Seite ändert.

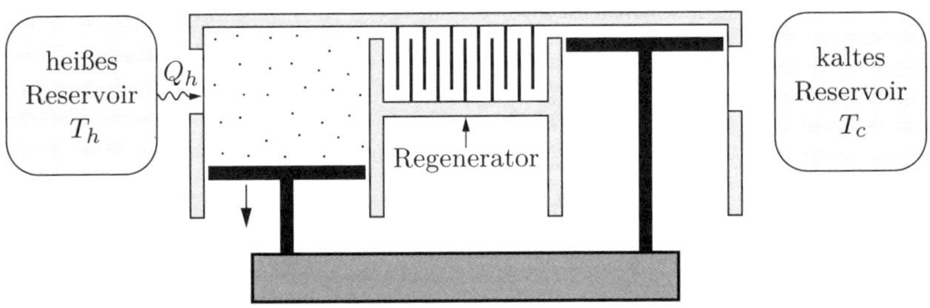

Abbildung 4.7: Eine Stirling-Maschine, gezeigt während des Leistungstaktes, wenn sich der heiße Kolben nach außen bewegt und der kalte Kolben in Ruhe ist. (Der Einfachheit halber sind die Verbindungen zwischen den zwei Kolben nicht dargestellt.)

Die Wärmekapazität des Regenerators ist sehr groß, sodass seine Temperatur sehr wenig von dem vorbeiströmenden Gas beeinflusst wird. Die vier Schritte des (idealisierten) Zyklus der Maschine gehen wie folgt:

1. Leistungstakt. Während sich das Gas bei Temperatur T_h im heißen Zylinder befindet, absorbiert es Wärme, expandiert isotherm und schiebt damit den heißen Kolben nach außen. Der Kolben im kalten Zylinder bleibt in Ruhe und ist ganz nach innen gedrückt, wie in der Abbildung dargestellt.

2. Transfer zum kalten Zylinder. Der heiße Kolben bewegt sich nach innen, während sich der kalte Kolben nach außen bewegt. Dadurch wird das Gas bei konstantem Volumen zum kalten Zylinder übertragen. Auf dem Wege strömt das Gas am Regenerator vorbei, verliert Wärme und kühlt auf T_c ab.
3. Kompressionstakt. Der kalte Kolben bewegt sich nach innen und komprimiert das Gas isotherm zu seinem Ausgangsvolumen zurück. Dabei gibt das Gas Wärme an das kalte Reservoir ab. Der heiße Kolben bleibt in Ruhe und ist ganz nach innen gedrückt.
4. Transfer zum heißen Zylinder. Der kalte Kolben bewegt sich die restliche Strecke hinein, während sich der heiße Kolben hinausbewegt und dabei das Gas bei konstantem Volumen in den heißen Zylinder zurückbringt. Auf dem Weg fließt das Gas am Regenerator vorbei und nimmt Wärme auf, bis es wieder bei T_h ist.

(a) Zeichnen Sie für diesen idealisierten Stirling-Kreisprozess ein PV-Diagramm.

(b) Ignorieren Sie den Regenerator für den Augenblick. Dann wird das Gas im zweiten Schritt Wärme an das kalte Reservoir anstatt an den Regenerator abgeben; im vierten Schritt wird das Gas Wärme aus dem heißen Reservoir aufnehmen. Berechnen Sie den Wirkungsgrad der Maschine für diesen Fall unter der Annahme, dass das Gas ideal ist. Drücken Sie Ihre Antwort als Funktion des Temperaturverhältnisses T_c/T_h und des Kompressionsverhältnisses (des Verhältnisses der maximalen und minimalen Volumina) aus. Zeigen Sie, dass der Wirkungsgrad kleiner als der einer Carnot-Maschine ist, die zwischen denselben Temperaturen arbeitet. Rechnen Sie ein Zahlenbeispiel durch.

(c) Bauen Sie jetzt den Regenerator wieder ein. Begründen Sie, dass der Wirkungsgrad einer Stirling-Maschine der gleiche ist wie der einer Carnot-Maschine, wenn der Regenerator perfekt funktioniert.

(d) Erörtern Sie (detailliert) die verschiedenen Vor- und Nachteile einer Stirling-Maschine im Vergleich zu anderen Maschinen.

Die Dampfmaschine

Learn a little ... do a little

Um eine ganz andere Art von Maschine handelt es sich bei der **Dampfmaschine**, die im neunzehnten Jahrhundert überall anzutreffen war und auch heute noch in Großkraftwerken verwendet wird. Der Dampf verrichtet Arbeit, indem er einen Kolben oder eine Turbine antreibt, wobei die Wärme durch das Verbrennen fossiler Treibstoffe oder die Spaltung von Uran erzeugt wird. Ein schematisches Diagramm des Kreisprozesses findet sich in Abbildung 4.8, zusammen mit einem idealisierten PV-Diagramm des Kreisprozesses (der als **Rankine-Kreisprozess** bezeichnet wird). Ausgehend von Punkt 1 wird Wasser auf hohen Druck gepumpt (2) und fließt dann in einen Boiler, wo Wärme bei konstantem Druck zugeführt wird. Bei Punkt 3 trifft der Dampf auf die Turbine, wo er adiabatisch expandiert, abkühlt und bei dem ursprünglichen niedrigen Druck endet (4). Zuletzt wird das teilweise kondensierte Fluid in einem „Kondensator" weiter abgekühlt (das ist ein Netzwerk von Rohren, die in gutem thermischen Kontakt mit dem Niedertemperaturreservoir sind).

Die Arbeitssubstanz in einer Dampfmaschine ist sicherlich *kein* ideales Gas – es kondensiert während des Kreisprozesses zu einer Flüssigkeit! Aufgrund dieses komplizierten Verhaltens gibt es keinen Weg, den Wirkungsgrad des Kreisprozesses direkt aus dem PV-Diagramm zu berechnen. Wenn Sie allerdings die Drücke überall kennen und auch die Temperatur an Punkt 3, so können Sie in sogenannten „Dampftafeln" die zur Berechnung des Wirkungsgrads benötigten Daten finden.

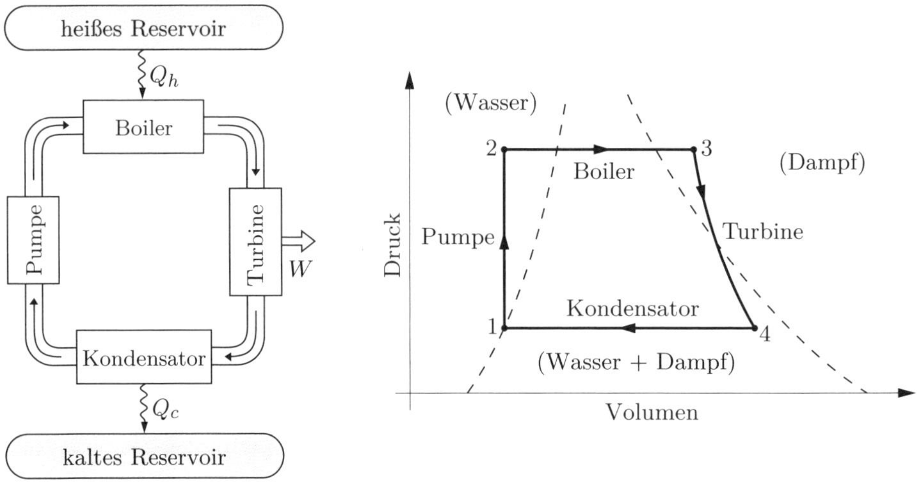

Abbildung 4.8: Schematisches Diagramm einer Dampfmaschine und des dazugehörigen *PV*-Kreisprozesses (nicht maßstabsgerecht), den man **Rankine-Kreisprozess** nennt. Die gestrichelten Linien zeigen, wo das Fluid flüssiges Wasser ist, wo es Dampf ist und wo es teilweise Wasser und teilweise Dampf ist.

Erinnern Sie sich an Abschnitt 1.6: Die **Enthalpie** einer Substanz ist $H = U + PV$, ihre Energie zuzüglich der Arbeit, die benötigt wird, um den Raum für sie in einer Umwelt bei konstantem Druck zu schaffen (unter der Annahme, dass keine „andere" Arbeit verrichtet wird). Im Rankine-Kreisprozess wird Wärme bei konstantem Druck im Boiler absorbiert und bei konstantem Druck im Kondensator abgegeben, sodass wir den Wirkungsgrad als

$$e = 1 - \frac{Q_c}{Q_h} = 1 - \frac{H_4 - H_1}{H_3 - H_2} \approx 1 - \frac{H_4 - H_1}{H_3 - H_1} \tag{4.12}$$

schreiben können. Die letzte Näherung, $H_2 \approx H_1$, ist ziemlich gut, weil die Pumpe dem Wasser sehr wenig Energie zuführt und der PV-Term in H für Flüssigkeiten im Vergleich zu Gasen sehr klein ist.

In der Regel werden zwei verschiedene Tabellen verwendet, um die benötigten Werte von H nachzuschauen. Die erste (siehe Tabelle 4.1) ist für „gesättigtes" Wasser und Dampf und deckt jeden Punkt zwischen den gestrichelten Linien im PV-Diagramm ab,

T (°C)	P (bar)	H_{Wasser} (kJ)	H_{Dampf} (kJ)	S_{Wasser} (kJ/K)	S_{Dampf} (kJ/K)
0	0,006	0	2501	0	9,156
10	0,012	42	2520	0,151	8,901
20	0,023	84	2538	0,297	8,667
30	0,042	126	2556	0,437	8,453
50	0,123	209	2592	0,704	8,076
100	1,013	419	2676	1,307	7,355

Tabelle 4.1: Eigenschaften von gesättigtem Wasser/Dampf. Drücke sind in Bar angegeben, wobei 1 bar = 10^5 Pa ≈ 1 atm. Alle Werte sind für 1 kg Fluid und relativ zu (flüssigem) Wasser am Tripelpunkt (0,01 °C und 0,006 bar) gemessen. Entnommen aus Keenan et al. (1978).

wo die Temperatur vom Druck bestimmt wird. Diese Tabelle listet die Enthalpie und Entropie für reines Wasser und reinen Dampf am Siedepunkt; bei Mischungen von Wasser und Dampf kann man zwischen diesen zwei Werten interpolieren.

Die andere Tabelle, die man braucht (siehe Tabelle 4.2), ist für „Heißdampf" ganz rechts im *PV*-Diagramm, wo Druck und Temperatur getrennt angegeben werden müssen. Die Tabelle führt wieder Enthalpie und Entropie an jedem Punkt an.

		Temperatur (°C)				
***P* (bar)**		**200**	**300**	**400**	**500**	**600**
1,0	*H* (kJ)	2875	3074	3278	3488	3705
	S (kJ/K)	7,834	8,216	8,544	8,834	9,098
3,0	*H* (kJ)	2866	3069	3275	3486	3703
	S (kJ/K)	7,312	7,702	8,033	8,325	8,589
10	*H* (kJ)	2828	3051	3264	3479	3698
	S (kJ/K)	6,694	7,123	7,465	7,762	8,029
30	*H* (kJ)		2994	3231	3457	3682
	S (kJ/K)		6,539	6,921	7,234	7,509
100	*H* (kJ)			3097	3374	3625
	S (kJ/K)			6,212	6,597	6,903
300	*H* (kJ)			2151	3081	3444
	S (kJ/K)			4,473	5,791	6,233

Tabelle 4.2: Eigenschaften von Heißdampf. Alle Werte sind für 1 kg Fluid und relativ zu flüssigem Wasser am Tripelpunkt gemessen. Entnommen aus Keenan et al. (1978).

Um den Wirkungsgrad des Rankine-Kreisprozesses zu berechnen, benötigen wir die Enthalpien an den Punkten 1, 3 und 4. Die Enthalpie bei Punkt 1 kann aus Tabelle 4.1 entnommen werden, während man die Enthalpie an Punkt 3 in Tabelle 4.2 finden kann. Um Punkt 4 festzulegen, verwenden wir, dass die Expansion des Dampfes in der Turbine nahezu adiabatisch ist ($Q = 0$), sodass sich idealerweise seine Entropie in diesem Schritt nicht ändert. Wir können die Entropie an Punkt 3 in Tabelle 4.2 nachschauen und dann in Tabelle 4.1 interpolieren, um herauszufinden, welche Mischung von Flüssigkeit und Gas die gleiche Entropie beim niedrigeren Druck hat.

Nehmen wir zum Beispiel an, dass der Kreisprozess zwischen einem Minimaldruck von 0,023 bar (wo die Siedetemperatur 20 °C beträgt) und einem Maximaldruck von 300 bar operiert, mit einer Maximaltemperatur des Heißdampfes von 600 °C. Dann beträgt pro Kilogramm Wasser/Dampf $H_1 = 84\,\mathrm{kJ}$ und $H_3 = 3444\,\mathrm{kJ}$. Die Entropie an Punkt 3 ist 6,233 kJ/K, und um dieselbe Entropie am Punkt 4 zu erhalten, brauchen wir eine Mischung von 29 % Wasser und 71 % Dampf. Diese Mischung weist eine Enthalpie von $H_4 = 1824\,\mathrm{kJ}$ auf, und somit beträgt der Wirkungsgrad des Kreisprozesses in etwa

$$e \approx 1 - \frac{1824 - 84}{3444 - 84} = 48\,\% \,. \tag{4.13}$$

Zum Vergleich: Eine ideale Carnot-Maschine, die im gleichen Temperaturbereich arbeitet, hätte einen Wirkungsgrad von 66 %. Auch wenn die hier angenommenen Temperaturen und Drücke für ein modernes fossiles Kraftwerk typisch sind, erreichen solche Kraftwerke einen tatsächlichen Wirkungsgrad von nur etwa 40 %; eine Anzahl von Komplikationen habe ich nämlich vernachlässigt. Kernkraftwerke operieren aus Sicherheitsgründen bei niedrigeren Temperaturen und erreichen daher Wirkungsgrade von nur etwa 34 %.

Aufgabe 4.22 Eine kleine Dampfmaschine soll zwischen den Temperaturen 20 °C und 300 °C bei einem Maximaldruck von 10 bar arbeiten. Berechnen Sie den Wirkungsgrad eines Rankine-Kreisprozesses mit diesen Parametern.

Aufgabe 4.23 Verwenden Sie die Definition der Enthalpie, um die Änderung der Enthalpie zwischen den Punkten 1 und 2 des Rankine-Kreisprozesses zu berechnen. Verwenden Sie die gleichen Zahlenwerte wie im Text. Berechnen Sie den Wirkungsgrad noch einmal neu, verwenden dazu aber Ihren korrigierten Wert von H_2. Kommentieren Sie die Genauigkeit der Näherung $H_2 \approx H_1$.

Aufgabe 4.24 Berechnen Sie den Wirkungsgrad eines Rankine-Kreisprozesses, der jeweils auf eine der drei folgenden Arten von den im Text verwendeten Parametern abweicht (und kommentieren Sie kurz): (a) reduzieren Sie die Maximaltemperatur auf 500 °C; (b) reduzieren Sie den Maximaldruck auf 100 bar; (c) reduzieren Sie die Minimaltemperatur auf 10 °C.

Aufgabe 4.25 In einer echten Turbine wird die Entropie des Dampfs ein wenig zunehmen. Wie wird sich das auf die Prozentanteile von Flüssigkeit und Gas am Punkt 4 des Kreisprozesses auswirken? Wie ändert sich der Wirkungsgrad?

Aufgabe 4.26 Ein Kohlekraftwerk mit ähnlichen Parametern, wie sie oben im Text verwendet wurden, soll 1 GW (10^9 Watt) Leistung bringen. Schätzen Sie ab, wie viel Dampf (in Kilogramm) pro Sekunde durch die Turbine(n) fließen muss.

Aufgabe 4.27 Warum nimmt die Entropie des Wassers in Tabelle 4.1 mit zunehmender Temperatur zu, wohingegen die Entropie des Dampfs mit zunehmender Temperatur abnimmt?

Aufgabe 4.28 Stellen Sie sich vor, dass Ihr Hund den Teil der Tabelle 4.1 aufgefressen hat, der die Entropiedaten enthält; nur die Daten zur Enthalpie verbleiben. Erklären Sie, wie Sie den fehlenden Teil der Tabelle rekonstruieren könnten. Verwenden Sie Ihre Methode, um einige der Einträge auf Konsistenz hin zu prüfen. Wie viel könnten Sie von der Tabelle 4.2 rekonstruieren, wenn sie fehlen würde? Erklären Sie.

4.4 Echte Kältemaschinen

Die Funktionsweise eines gewöhnlichen Kühlschranks oder einer Klimaanlage ist beinahe die Umkehrung des gerade besprochenen Rankine-Kreisprozesses. Die Arbeitssubstanz wechselt wiederum von Gas zu Flüssigkeit und zurück, aber die Flüssigkeit muss hier eine viel niedrigere Siedetemperatur haben.

Dutzende von Fluiden sind als Kühlmittel verwendet worden, einschließlich Kohlendioxid (das ziemlich hohe Drücke verlangt) und Ammoniak (das trotz seiner Giftigkeit immer noch in großen industriellen Systemen verwendet wird). Um 1930 herum entwickelten und fabrizierten General Motors und du Pont das erste einer Reihe von ungiftigen

Kühlmitteln auf Fluorchlorkohlenwasserstoff-Basis (FCKW) und gaben ihnen den Handelsnamen *Freon*. Das bekannteste ist Freon-12 (CCl_2F_2), das in heimischen Kühlschränken und Autoklimaanlagen verwendet wurde. Wir wissen heute aber, dass die FCKWs, die in die Atmosphäre entwichen sind, den Zusammenbruch der Ozonschicht verursachen. Die schädlichsten FCKWs werden daher durch chlorfreie Verbindungen ersetzt; der übliche Ersatz für Freon-12 ist ein Fluorkohlenwasserstoff, $F_3C_2FH_2$, der unter dem eingängigen Namen *HFC-134a* bekannt ist.

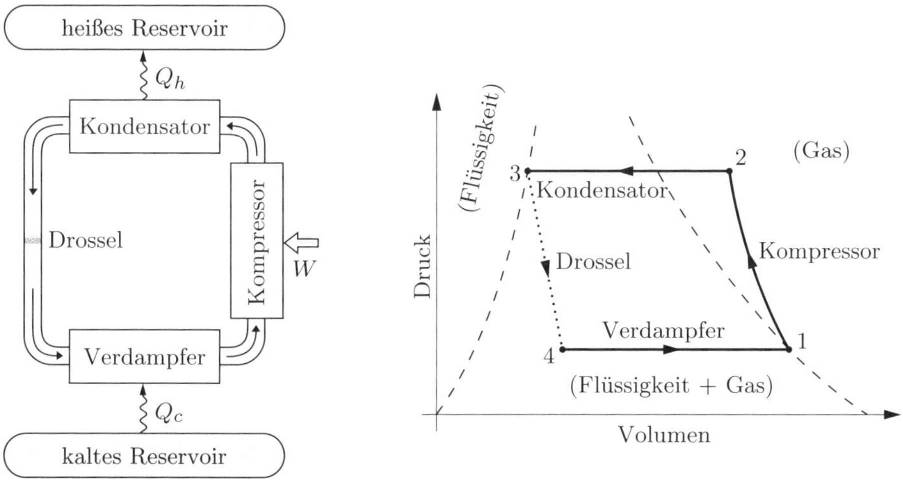

Abbildung 4.9: Eine schematische Darstellung und ein *PV*-Diagramm (nicht maßstabsgerecht) für den normalen Kühlkreisprozess. Die gestrichelten Linien deuten an, wo das Kühlmittel flüssig, gasförmig und eine Kombination davon ist.

Eine schematische Darstellung und das *PV*-Diagramm des Standard-Kühlkreisprozesses sind in Abbildung 4.9 dargestellt. Ausgehend von Punkt 1 wird das Fluid (hier ein Gas) zunächst adiabatisch komprimiert, wodurch sich Druck und Temperatur erhöhen. Es gibt dann Wärme ab und verflüssigt sich schrittweise im Kondensator (ein Netzwerk von Rohren in Kontakt mit dem heißen Reservoir). Als Nächstes läuft es durch eine „Drossel" – eine enge Öffnung oder ein poröser Stöpsel – und kommt auf der anderen Seite bei viel niedrigerem Druck und Temperatur heraus. Schließlich absorbiert es Wärme und verwandelt sich in einem Verdampfer (einem Netzwerk von Rohren in Kontakt mit dem kalten Reservoir) wieder in ein Gas.

Es ist leicht, die Leistungszahl eines normalen Kühlschranks durch die Enthalpien des Fluids an den verschiedenen Punkten im Kreisprozess auszudrücken. Da der Druck im Verdampfer konstant ist, beträgt die absorbierte Wärme $Q_c = H_1 - H_4$, die Änderung der Enthalpie. Analog beträgt die im Kondensator abgegebene Wärme $Q_h = H_2 - H_3$. Somit beträgt die Leistungszahl

$$\epsilon = \frac{Q_c}{Q_h - Q_c} = \frac{H_1 - H_4}{H_2 - H_3 - H_1 + H_4} . \tag{4.14}$$

Die Enthalpien an den Punkten 1, 2 und 3 kann man in Tabellen nachlesen, wobei der Punkt 2 dadurch lokalisiert wird, dass man annimmt, dass die Entropie während des Kompressionsschritts konstant ist. Um den Punkt 4 festzulegen, müssen wir die Drossel ein wenig genauer analysieren.

Der Drosselprozess

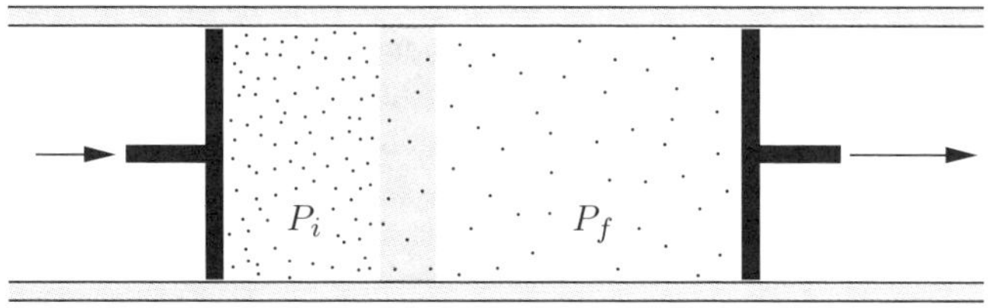

Abbildung 4.10: Der Drosselprozess, bei dem ein Fluid durch einen porösen Stöpsel gedrückt wird und dann in eine Region niedrigeren Drucks expandiert.

Der **Drosselprozess** (auch als **Joule-Thomson-Prozess** bekannt) ist in Abbildung 4.10 dargestellt. Ich finde es hilfreich, so zu tun, als ob das Fluid von einem Kolben mit Druck P_i durch den Stöpsel gedrückt wird, während sich auf der anderen Seite ein Kolben, der Druck P_f ausübt, zurückbewegt und dadurch Platz für das Gas schafft. Sei für eine bestimmte Menge des Fluids das Anfangsvolumen V_i (bevor das Fluid durch den Stöpsel geht), wohingegen das Endvolumen (auf der anderen Seite) V_f ist. Da während dieses Prozesses keine Wärme fließt, beträgt die Änderung der Energie des Fluids

$$U_\mathrm{f} - U_\mathrm{i} = Q + W = 0 + W_\mathrm{links} + W_\mathrm{rechts}\,, \tag{4.15}$$

wobei W_links die (positive) Arbeit ist, die der Kolben links verrichtet, und W_rechts die (negative) Arbeit, die vom Kolben rechts verrichtet wird. (Am Ende wird die Nettoarbeit vom Kompressor verrichtet, der sich auf der anderen Seite des Kreisprozesses befindet. Uns interessiert hier aber nur, was lokal passiert.) Aber die links verrichtete Arbeit ist $P_\mathrm{i}V_\mathrm{i}$ (das ganze Volumen V_i wird durch den Stöpsel gedrückt), wohingegen die von rechts verrichtete Arbeit gleich $-P_\mathrm{f}V_\mathrm{f}$ ist – sie ist negativ, weil sich der Kolben zurückbewegt. Die Energieänderung beträgt somit

$$U_\mathrm{f} - U_\mathrm{i} = P_\mathrm{i}V_\mathrm{i} - P_\mathrm{f}V_\mathrm{f}\,. \tag{4.16}$$

Bringen wir die f's auf die linke Seite und die i's auf die rechte, so wird daraus

$$U_\mathrm{f} + P_\mathrm{f}V_\mathrm{f} = U_\mathrm{i} + P_\mathrm{i}V_\mathrm{i} \qquad \text{oder} \qquad H_\mathrm{f} = H_\mathrm{i}\,. \tag{4.17}$$

Die Enthalpie ist während des Drosselprozesses konstant.

Der *Zweck* der Drossel ist, das Fluid unter die Temperatur des kalten Reservoirs zu kühlen, sodass es Wärme wie benötigt absorbieren kann. Wäre das Fluid ein ideales Gas, so würde das gar nicht funktionieren, denn

$$H = U + PV = \frac{f}{2}NkT + NkT = \frac{f+2}{2}NkT \qquad \text{(ideales Gas)}\,. \tag{4.18}$$

Konstante Enthalpie würde konstante Temperatur implizieren! In einem dichten Gas oder einer Flüssigkeit enthält die Energie U auch einen Beitrag der potentiellen Energie aufgrund der Wechselwirkung zwischen den Molekülen:

$$H = U_\mathrm{potentiell} + U_\mathrm{kinetisch} + PV\,. \tag{4.19}$$

Die Kraft zwischen zwei beliebigen Molekülen ist für größere Abstände schwach anziehend und für kleine Abstände stark abstoßend. Unter den meisten (aber nicht allen) Bedingungen dominiert die Anziehung; dann ist $U_{\text{potentiell}}$ negativ, wird aber weniger negativ, wenn der Druck abnimmt und der Abstand zwischen den Molekülen zunimmt. Um die Zunahme der potentiellen Energie zu kompensieren, nimmt die kinetische Energie im Allgemeinen ab, und die Flüssigkeit kühlt sich wie erwünscht ab.

Verwenden wir noch, dass im Kühlkreislauf $H_4 = H_3$ gilt, so vereinfacht sich die Leistungszahl zu

$$\epsilon = \frac{H_1 - H_3}{H_2 - H_1} . \tag{4.20}$$

Jetzt müssen wir nur drei Enthalpien nachschauen. Die Tabellen 4.3 und 4.4 geben die Enthalpie- und Entropiewerte für das Kühlmittel HFC-134a.

P (bar)	*T* (°C)	$H_{\text{flüssig}}$ (kJ)	H_{gas} (kJ)	$S_{\text{flüssig}}$ (kJ/K)	S_{gas} (kJ/K)
1,0	−26,4	16	231	0,068	0,940
1,4	−18,8	26	236	0,106	0,932
2,0	−10,1	37	241	0,148	0,925
4,0	8,9	62	252	0,240	0,915
6,0	21,6	79	259	0,300	0,910
8,0	31,3	93	264	0,346	0,907
10,0	39,4	105	268	0,384	0,904
12,0	46,3	116	271	0,416	0,902

Tabelle 4.3: Eigenschaften des Kühlmittels HFC-134a unter Sättigungsbedingungen (es ist bei jedem Druck an seinem Siedepunkt). Alle Werte beziehen sich auf 1 kg Fluid und sind relativ zu einem willkürlich festgelegten Referenzzustand gemessen, der gesättigten Flüssigkeit bei −40 °C. Entnommen aus Moran und Shapiro (1995).

		Temperatur (°C)		
P (bar)		40	50	60
8,0	*H* (kJ)	274	284	295
	S (kJ/K)	0,937	0,971	1,003
10,0	*H* (kJ)	269	280	291
	S (kJ/K)	0,907	0,943	0,977
12,0	*H* (kJ)		276	287
	S (kJ/K)		0,916	0,953

Tabelle 4.4: Eigenschaften des Kühlmittels HFC-134a als Heißdampf. Alle Werte beziehen sich auf 1 kg Fluid und sind relativ zu demselben willkürlich festgelegten Referenzzustand wie in Tabelle 4.3 gemessen. Entnommen aus Moran und Shapiro (1995).

Aufgabe 4.29 Flüssiges HFC-134a, das sich an seinem Siedepunkt bei 12 bar Druck befindet, wird auf einen Druck von einem bar gedrosselt. Wie hoch ist die Endtemperatur? Welcher Anteil der Flüssigkeit verdampft?

Aufgabe 4.30 Betrachten Sie einen Küchenkühlschrank, der HFC-134a als Kühlmittel verwendet und zwischen den Drücken 1,0 bar und 10 bar arbeitet.

(a) Der Kompressionsschritt des Kreisprozesses beginnt mir gesättigtem Dampf bei 1 bar und endet bei 10 bar. Nehmen Sie an, dass die Entropie während der Kompression konstant ist und bestimmten Sie die ungefähre Temperatur des Dampfs nach der Kompression. (Sie werden zwischen den Werten in Tabelle 4.4 interpolieren müssen.)

(b) Bestimmen Sie die Enthalpie an jedem der Punkte 1, 2, 3 und 4 und berechnen Sie die Leistungszahl. Vergleichen Sie sie mit der Leistungszahl eines Carnot-Kühlschranks, der zwischen denselben Reservoirtemperaturen arbeitet. Erscheint dieser Temperaturbereich für einen Haushaltskühlschrank vernünftig? Erklären Sie das kurz.

(c) Welcher Bruchteil der Flüssigkeit verdampft während des Drosselschritts?

Aufgabe 4.31 Nehmen Sie an, dass die Drossel im Kühlschrank der vorhergehenden Aufgabe durch einen kleinen Turbinengenerator ersetzt wird, in dem das Fluid adiabatisch expandiert und dabei Arbeit verrichtet, die dazu beiträgt, den Kompressor zu betreiben. Wird das die Leistungszahl des Kühlschranks beeinflussen? Wenn ja, um wie viel? Was denken Sie: Warum verwenden echte Kühlschränke eine Drossel anstelle einer Turbine?

Aufgabe 4.32 Angenommen, Sie sollen eine Klimaanlage für daheim entwerfen, die HFC-134a als Arbeitssubstanz verwendet. Über welchen Druckbereich müsste sie arbeiten? Erklären Sie Ihre Überlegungen. Berechnen Sie die Leistungszahl für Ihr Modell und vergleichen Sie es mit der Leistungszahl einer idealen Carnot-Kältemaschine, die zwischen denselben Reservoirtemperaturen arbeitet.

Gasverflüssigung

Wenn Sie etwas *wirklich* kalt machen wollen, stellen Sie es normalerweise nicht in einen Kühlschrank – stattdessen legen Sie es auf Trockeneis (195 K bei normalem Luftdruck) oder tauchen es in flüssigen Stickstoff (77 K) oder gar flüssiges Helium (4,2 K). Aber wie werden Gase wie Stickstoff und Helium erst einmal verflüssigt (oder im Fall von CO_2 verfestigt)? Die gängigsten Methoden verwenden alle den Drosselprozess.

Sie können Kohlendioxid bei Raumtemperatur verflüssigen, indem Sie es einfach isotherm auf etwa 60 Atmosphären komprimieren. Dann drosseln Sie es auf niedrigen Druck zurück, es kühlt dabei ab und verdampft teilweise, genau wie in dem oben besprochenen Kühlkreisprozess. Bei Drücken von weniger als 5,1 atm kann flüssiges CO_2 aber nicht existieren; die kondensierte Phase ist stattdessen festes, trockenes Eis. Alles, was Sie tun müssen, um Trockeneis zu erzeugen, ist also, einen Tank mit flüssigem CO_2 an eine Drossel zu hängen und zuzuschauen, wie sich Eis um die Düse herum bildet, wenn das Gas ausströmt.

Die Verflüssigung von Stickstoff (oder Luft) ist nicht so einfach. Komprimieren Sie ihn bei Raumtemperatur, so sehr Sie wollen; er wird nie eine plötzliche Phasenumwandlung zu einer Flüssigkeit durchmachen – er wird einfach stetig dichter und dichter. (Dieses Verhalten wird in Abschnitt 5.3 genauer behandelt.) Wenn Sie mit Stickstoff bei, sagen wir, 300 K und 100 atm loslegen und ihn auf 1 atm herunterdrosseln, wird er abkühlen, aber nur auf etwa 280 K. Um auch nur etwas Flüssigkeit zu bekommen, muss die Anfangstemperatur unter etwa 160 K liegen, wenn Sie bei diesem Druck starten. Bei höheren Anfangsdrücken kann die Anfangstemperatur ein wenig höher sein, aber muss immer noch deutlich unter der Raumtemperatur liegen. Die erste Verflüssigung von Sauerstoff und Stickstoff wurde im Jahre 1877 von Louis Cailletet erzielt, der mit einem Anfangsdruck von 300 atm begann und die Gase mittels anderer kalter Flüssigkeiten vorkühlte. Eine praktischere Methode besteht darin, das gedrosselte Gas selbst zu verwenden, um das einströmende Gas vorzukühlen. Eine Apparatur, die das macht, wurde unabhängig voneinander von William Hampson und Carl von Linde im Jahr 1895 erfunden; sie ist schematisch in Abbildung 4.11 dargestellt. Anstelle abgeführt zu werden, wird das gedrosselte Gas durch einen **Wärmetauscher** geschickt, in dem es das zuströmende Gas kühlt. Wenn das Gas durch die Drossel strömt, kühlt es noch mehr ab, und somit wird das System schrittweise immer kälter und kälter, bis sich das gedrosselte Gas zu verflüssigen beginnt.

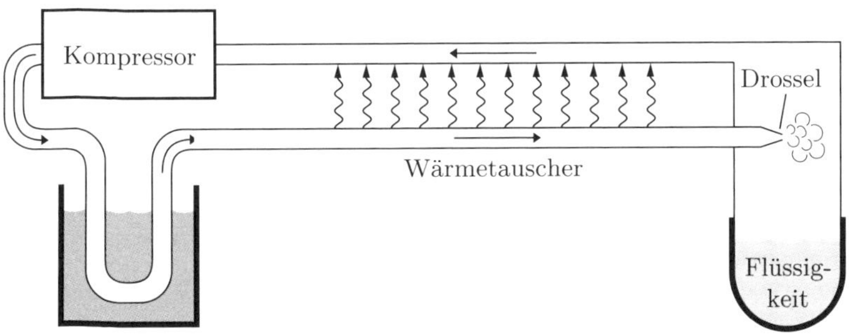

Abbildung 4.11: Schematisches Diagramm des Hampson-Linde-Kreisprozesses zur Gasverflüssigung. Komprimiertes Gas wird zunächst abgekühlt (Raumtemperatur ist bei Stickstoff und Sauerstoff ausreichend) und dann auf seinem Weg zu einer Drossel durch einen Wärmetauscher geführt. Das Gas kühlt sich beim Drosseln ab und strömt durch den Wärmetauscher wieder zurück, um das zugeführte Gas weiter abzukühlen. Schließlich wird das zugeführte Gas kalt genug, um sich beim Drosseln teilweise zu verflüssigen. Ab diesem Moment muss beim Kompressor neues Gas zugeführt werden, um den verflüssigten Anteil zu ersetzen.

Ausgehend von der Raumtemperatur kann man den Hampson-Linde-Kreisprozess verwenden, um alle Gase außer Wasserstoff und Helium zu verflüssigen. Diese beiden Gase werden, wenn man sie von der Raumtemperatur und einem beliebigen Druck aus drosselt, sogar *heißer*. Das passiert, weil die anziehenden Wechselwirkungen zwischen den Molekülen sehr schwach sind; bei hohen Temperaturen bewegen sich die Moleküle zu schnell, um viel Anziehung zu verspüren, sie stoßen aber immer noch hart zusammen, womit eine große *positive* potentielle Energie verbunden ist. Wenn das Gas expandiert, kommen die Kollisionen weniger häufig vor, somit nimmt die mittlere potentielle Energie ab und die mittlere kinetische Energie nimmt zu.

Um Wasserstoff oder Helium zu verflüssigen, ist es daher notwendig, das Gas zuerst deutlich unter Raumtemperatur abzukühlen und damit die Moleküle zu verlangsamen, bis die Anziehung wichtiger wird als die Abstoßung. Abbildung 4.12 zeigt den Bereich der Temperaturen und Drücke, wo sich Wasserstoff beim Drosseln abkühlt. Die Temperatur, unterhalb derer es zur Abkühlung kommt, wird als **Inversionstemperatur** bezeichnet; bei Wasserstoff ist die maximale Inversionstemperatur 204 K, bei Helium beträgt sie nur 43 K. Wasserstoff wurde zum ersten Mal im Jahr 1898 von James Dewar verflüssigt; er verwendete flüssige Luft zum Vorkühlen. Helium wurde 1908 zum ersten Mal von Heike Kamerlingh Onnes verflüssigt, der flüssigen Wasserstoff zum Vorkühlen verwendete. Heute wird die Vorkühlung von Helium normalerweise ohne flüssigen Wasserstoff (und manchmal auch ohne flüssigen Stickstoff) durchgeführt, indem man es dem

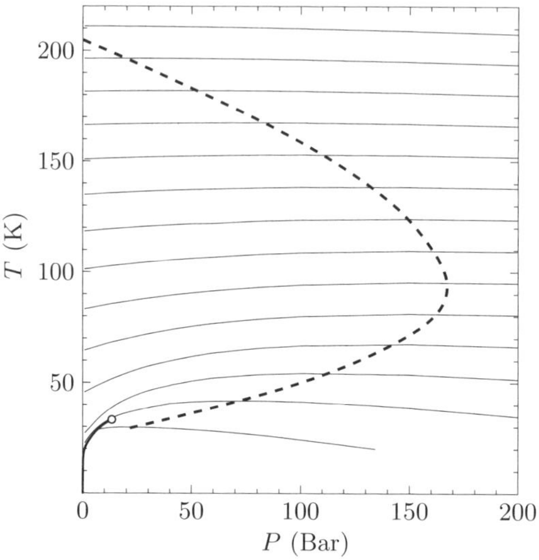

Abbildung 4.12: Linien konstanter Enthalpie (ungefähr horizontal, in Intervallen von 400 J/mol) und die Inversionskurve (gestrichelt) für Wasserstoff. Bei einem Drosselprozess ist die Enthalpie konstant, somit kommt es nur links von der Inversionskurve zu einer Kühlung: Dort haben die Enthalpielinien positive Steigungen. Die dicke durchgezogene Linie unten links ist die Phasengrenze zwischen Flüssigkeit und Gas. Daten aus Vargaftik (1975) und Woolley et al. (1948).

Helium ermöglicht, adiabatisch zu expandieren, während es einen Kolben drückt. Diese Technik stellt einen großen Sicherheitsfortschritt dar, ist aber mechanisch eine Herausforderung. Der Kolben muss bei Temperaturen von nur 8 K arbeiten, bei denen jedes normale Schmiermittel gefriert. Man verwendet daher das Helium selbst als Schmiermittel, mit sehr kleinem mechanischen Spielraum des Kolbens, damit keine signifikante Menge entweicht.

Aufgabe 4.33 Tabelle 4.5 enthält experimentelle Werte für die molare Enthalpie von Stickstoff bei 1 bar und 100 bar. Verwenden Sie diese Daten und beantworten Sie die folgenden Fragen zu einem Drosselprozess für Stickstoff, der zwischen diesen beiden Drücken verläuft:

(a) Was ist die Endtemperatur, wenn die Anfangstemperatur 300 K beträgt? (*Hinweis:* Sie werden zwischen den tabellierten Werten interpolieren müssen.)

(b) Was ist die Endtemperatur, wenn die Anfangstemperatur 200 K beträgt?

(c) Was ist die Endtemperatur, wenn die Anfangstemperatur 100 K beträgt? Welcher Bruchteil des Stickstoffs wird in diesem Fall verflüssigt?

	Temperatur (K)							
	77 (flüssig)	**77 (gas)**	**100**	**200**	**300**	**400**	**500**	**600**
1 bar	−3407	2161	2856	5800	8717	11.635	14.573	17.554
100 bar			−1946	4442	8174	11.392	14.492	17.575

Tabelle 4.5: Molare Enthalpie von Stickstoff (in Joule) bei 1 bar und 100 bar. Entnommen aus Lide (1994).

(d) Was ist die höchste Anfangstemperatur, bei der es zu einer teilweisen Verflüssigung kommt?

(e) Was würde bei einer Anfangstemperatur von 600 K passieren? Bitte erklären Sie.

Aufgabe 4.34 Betrachten Sie einen idealen Hampson-Linde-Kreisprozess, bei dem keine Wärme an die Umwelt verloren geht.

(a) Begründen Sie, warum die Kombination aus der Drossel und dem Wärmetauscher eine Apparatur mit konstanter Enthalpie ist, sodass die Gesamtenthalpie des Fluids, das aus dieser Kombination herauskommt, gleich der Enthalpie des hineingehenden Fluids ist.

(b) Sei x der Bruchteil der Flüssigkeit, der sich bei jedem Zyklus verflüssigt. Zeigen Sie, dass

$$x = \frac{H_{\text{aus}} - H_{\text{ein}}}{H_{\text{aus}} - H_{\text{fl}}} .$$

Dabei ist H_{ein} die Enthalpie jeden Mols komprimierten Gases, das in den Wärmetauscher strömt, H_{aus} die Enthalpie jedes Mols des Niederdruckgases, das aus dem Wärmetauscher herauskommt, und H_{fl} die Enthalpie jedes Mols produzierter Flüssigkeit.

(c) Verwenden Sie die Daten in Tabelle 4.5, um den Anteil des Stickstoffs zu berechnen, der bei einem Zyklus in einem Hampson-Linde-Kreisprozess zwischen 1 bar und 100 bar verflüssigt wird, wenn die Anfangstemperatur 300 K ist. Nehmen Sie an, dass der Wärmetauscher perfekt arbeitet, sodass die Temperatur des ausströmenden Niederdruckgases gleich der Temperatur des einströmenden Hochdruckgases ist. Wiederholen Sie die Berechnung für eine Anfangstemperatur von 200 K.

Dem absoluten Nullpunkt entgegen

Bei normalem Luftdruck kocht flüssiges Helium bei 4,2 K. Der Siedepunkt nimmt ab, wenn der Druck reduziert wird, es ist also nicht schwierig, die Temperatur von Helium weiter zu reduzieren, indem man den Dampf wegpumpt, um den Druck zu reduzieren; das Helium kühlt durch Verdampfen ab. Allerdings wird diese Prozedur unterhalb von etwa 1 K unpraktisch: Noch das kleinste Wärmeleck erhöht die Temperatur des Heliums deutlich und die besten Vakuumpumpen sind nicht in der Lage, den Dampf rasch genug zu entfernen, um das zu kompensieren. Das seltene Isotop Helium-3, dessen normaler Siedepunkt bei nur 3,2 K liegt, kann durch Abpumpen auf niedrigen Druck auf etwa 0,3 K abgekühlt werden.

Aber ist 1 K nicht kalt genug? Warum macht man sich die Mühe, noch tiefere Temperaturen zu erreichen? Es mag vielleicht überraschen, aber es gibt eine Vielzahl faszinierender Phänomene, die nur im Bereich von Millikelvin, Mikrokelvin oder sogar Nanokelvin auftreten. Dazu gehören Umwandlungen des Heliums selbst, das magnetische Verhalten von Atomen und Kernen und die Bose-Einstein-Kondensation verdünnter Gase. Um diese Phänomene zu untersuchen, haben Experimentatoren eine gleichermaßen faszinierende Vielfalt von Techniken entwickelt, um extrem niedrige Temperaturen zu erreichen.[5]

5 Einen guten Überblick über Methoden, Temperaturen im Subkelvin-Bereich zu erreichen, finden Sie in Olli V. Lounasmaa, „Towards the Absolute Zero", *Physics Today* **32**, 32–41 (Dezember, 1979). Mehr Details über Helium-Mischungskryostaten gibt John C. Wheatley, *American Journal of Physics* **36**, 181–210 (1968).

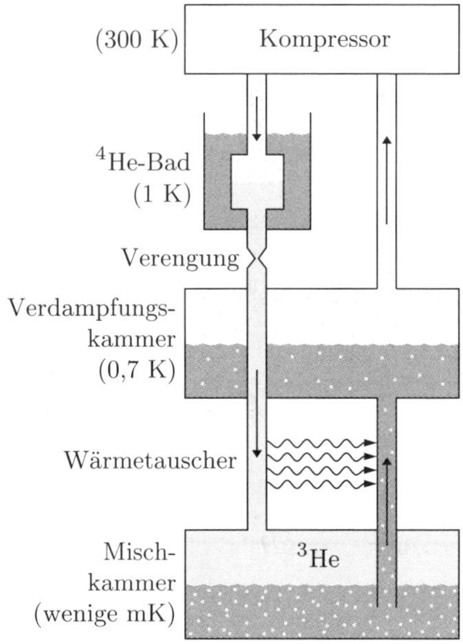

Abbildung 4.13: Schematisches Diagramm eines Helium-Mischungskryostaten. Die Arbeitssubstanz ist ^{3}He (hellgrau) und zirkuliert gegen den Uhrzeigersinn. Das ^{4}He (dunkelgrau) zirkuliert nicht.

Um von 1 K zu einigen Millikelvin zu gelangen, verwendet man in der Regel **Mischungskryostaten** wie in Abbildung 4.13 dargestellt. Die Kühlung geschieht durch die „Verdampfung" von flüssigem ^{3}He. Es verdampft aber nicht ins Vakuum, sondern löst sich in einem flüssigen Bad aus dem häufigeren Isotop ^{4}He. Bei Temperaturen unterhalb von 1 Kelvin mischen sich die beiden Isotope kaum, wie Öl und Wasser. Unter etwa 0,1 K wird sich im Wesentlichen kein ^{4}He in reinem ^{3}He auflösen, wohingegen sich eine kleine Menge von ^{3}He, etwa 6 %, in ansonsten reinem ^{4}He lösen wird. Das passiert in der „Mischkammer", wo sich ^{3}He kontinuierlich in ^{4}He löst („verdampft") und dabei Wärme aufnimmt. Das ^{3}He diffundiert durch einen Wärmetauscher in eine „Verdampfungskammer" bei 0,7 K, wo man ihm Wärme zuführt, damit es (im normalen Sinne) verdampft. Das ^{4}He ist im Wesentlichen während des ganzen Prozesses inert: in diesem Temperaturbereich ist es eine „Supraflüssigkeit", die der Diffusion der ^{3}He-Atome keinen nennenswerten Widerstand entgegensetzt; es ist auch weniger flüchtig als ^{3}He, sodass es nicht signifikant in die Verdampfungskammer verdampft. Das gasförmige ^{3}He wird, nachdem es in der Verdampfungskammer verdampft ist, komprimiert, durch ein separates Bad mit ^{4}He wieder in den flüssigen Zustand heruntergekühlt und schließlich wieder durch den Wärmetauscher in die Mischkammer zurückgeleitet.

Eine alternative Methode, um Temperaturen im Millikelvin-Bereich zu bekommen, ist das **magnetische Kühlen**, das auf den Eigenschaften paramagnetischer Materialien beruht. Erinnern Sie sich an Abschnitt 3.3: Die Gesamtmagnetisierung eines idealen Paramagneten mit zwei Zuständen ist eine Funktion des *Verhältnisses* der Stärke des Magnetfelds B und der Temperatur:

$$M = \mu(N_\uparrow - N_\downarrow) = N\mu \tanh\left(\frac{\mu B}{kT}\right). \tag{4.21}$$

(Bei einem idealen Paramagneten mit mehr als zwei Zuständen pro Teilchen ist die Formel komplizierter, weist aber qualitativ dasselbe Verhalten auf.) Bei einem *elektronischen* Paramagneten, dessen elementare Dipole Elektronen sind, ist der Wert von μ so, dass ein Magnetfeld von 1 T und eine Temperatur von 1 K auf $M/N\mu = 0{,}59$ führen: Eine deutliche Mehrheit der Dipole zeigt nach oben. Stellen Sie sich nun vor, dass wir mit dem System in einem solchen Zustand loslegen und dann das Magnetfeld reduzieren, ohne dass wir Wärmezufuhr zulassen. Die Bevölkerung der „oben"- und „unten"-Zustände ändert sich während dieses Prozesses nicht, sodass die Gesamtmagnetisierung konstant ist. Die Temperatur muss sich daher proportional zur Feldstärke verringern. Wenn also B um einen Faktor 1000 abnimmt, so gilt das auch für T.

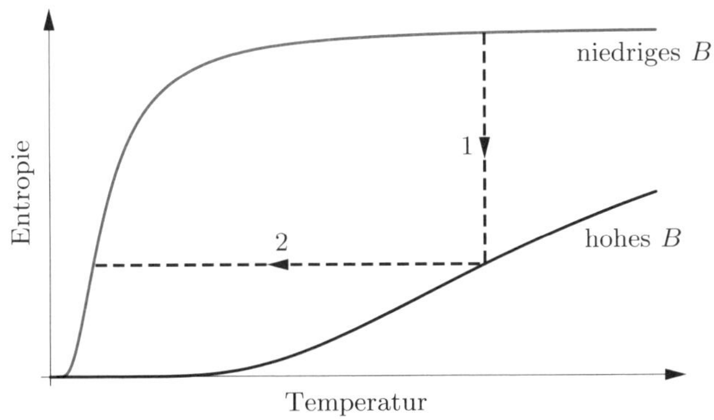

Abbildung 4.14: Die Entropie als eine Funktion der Temperatur für den idealen Paramagneten mit zwei Zuständen, gezeigt für zwei verschiedene Magnetfeldstärken. (Diese Kurven wurden mithilfe der in Aufgabe 3.23 hergeleiteten Formel erstellt.) Der magnetische Kühlvorgang besteht aus einer isothermen Zunahme der Feldstärke (Schritt 1), gefolgt von einer adiabatischen Abnahme (Schritt 2).

Ein gute Art und Weise, wie man sich diesen Prozess bildlich vorstellen kann, ist in Abbildung 4.14 dargestellt. Ich habe dort die Entropie des Systems als Funktion der Temperatur für zwei verschiedene Werte der magnetischen Feldstärke dargestellt. Bei einer beliebigen endlichen Feldstärke geht die Entropie für $T \to 0$ gegen null (weil sich alle Dipole ausrichten) und geht für hinreichend hohe Temperaturen gegen einen konstanten endlichen Wert (weil die Ausrichtung der Dipole zufällig wird). Je höher die Feldstärke, desto langsamer wächst die Entropie mit der Temperatur (aufgrund der größeren Tendenz der Dipole, entlang des Feldes ausgerichtet zu bleiben). In einem magnetischen Kühlprozess wird die Probe zunächst in guten thermischen Kontakt mit einem „Bad" bei konstanter Temperatur gebracht, zum Beispiel einem Bad aus flüssigem Helium. Das Magnetfeld wird dann hochgefahren, was zu einer Entropieabnahme in der Probe führt, da ihre Temperatur gleich bleibt. Die Probe wird dann von dem Bad isoliert und die Feldstärke reduziert. Das führt zu einer Temperaturabnahme bei konstanter Entropie. Der Prozess ist analog zum Kühlen eines idealen Gases durch adiabatische Expansion nach vorausgehender isothermer Kompression.

Aber warum *reduzieren* wir die Stärke des Magnetfelds nur – warum *eliminieren* wir es nicht gänzlich? Dann müsste die Temperatur des Paramagnets nach Gleichung 4.21 auf den *absoluten Nullpunkt* abfallen, um M konstant zu halten. Wie Sie sich vorstellen können, ist es nicht so leicht, den absoluten Nullpunkt zu erreichen. Hier besteht das Problem darin, dass kein Paramagnet bei sehr niedrigen Temperaturen wirklich *ideal* ist: Die elementaren Dipole wechselwirken *miteinander*, wodurch sie effektiv ein Magnetfeld erzeugen, dass auch da ist, wenn das *angelegte* Feld gleich null ist. Abhängig von den Details dieser Wechselwirkungen können sich die Dipole parallel oder antiparallel zu ihren nächsten Nachbarn ausrichten. In beiden Fällen geht ihre Entropie fast auf null zurück, wie wenn ein externes Magnetfeld anliegen würde. Um die niedrigstmöglichen Endtemperaturen zu erreichen, sollte das paramagnetische Material eines mit extrem schwachen Wechselwirkungen zwischen benachbarten Dipolen sein. Bei elektronischen Paramagneten beträgt die tiefste Temperatur, die durch magnetische Kühlung erreicht werden kann, etwa 1 mK (siehe Aufgabe 4.35).

In einem *nuklearen* Paramagneten sind die Dipol-Dipol-Wechselwirkungen viel schwächer, sodass viel niedrigere Temperaturen erreicht werden können. Der einzige Knackpunkt ist, dass Sie auch mit viel niedrigeren Temperaturen *starten* müssen, damit eine der beiden möglichen Spinausrichtungen signifikant überwiegt. Die ersten Experimente mit magnetischer Kühlung von Kernen erreichten Temperaturen von etwa 1 µK, und wie es ausschaut, verbessert alle paar Jahre jemand diese Technik so weit, dass noch niedrigere Temperaturen erreicht werden. Im Jahr 1993 verwendeten Forscher an der Universität Helsinki die magnetische Kühlung von Rhodiumkernen, um Temperaturen von nur 280 *Pico*kelvin zu erreichen, also $2{,}8 \cdot 10^{-10}$ K.[6]

Zwischenzeitlich haben andere Experimentatoren extrem niedrige Temperaturen mit einer ganz anderen Technik erreicht, der **Laserkühlung**. Hier ist das System keine Flüssigkeit oder Festkörper, sondern ein verdünntes Gas – eine kleine Wolke von Atomen, die aufgrund ihrer sehr niedrigen Dichte nicht zu einem Festkörper kondensieren können.

Stellen Sie sich vor, dass Sie ein Atom mit Laserlicht treffen, das genau auf die richtige Frequenz eingestimmt ist, um das Atom in einen Zustand höherer Energie anzuregen. Das Atom wird bei der Energiezunahme ein Photon absorbieren und dann spontan ein Photon gleicher Frequenz emittieren, wenn es die Energie einen Bruchteil einer Sekunde später wieder verliert. Photonen tragen auch Impuls, nicht nur Energie. Das Atom bekommt daher jedes Mal, wenn es ein Photon emittiert, einen Rückstoß. Während die absorbierten Photonen alle aus der gleichen Richtung (der des Lasers) kommen, gehen die emittierten Photonen in beliebige Richtung (siehe Abbildung 4.15). Im Mittel spürt das Atom daher eine aus der Richtung des Lasers kommende *Kraft*.

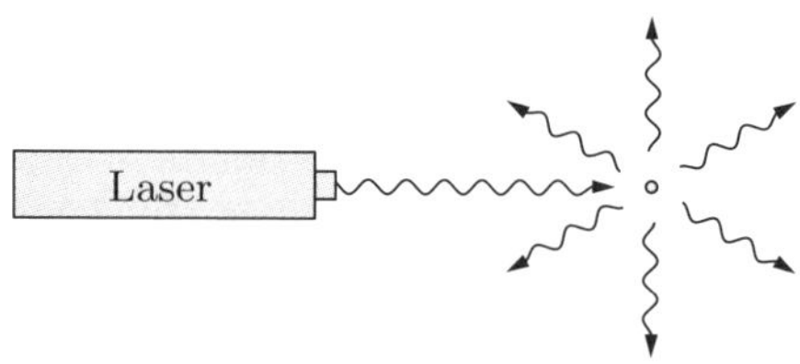

Abbildung 4.15: Ein Atom, das kontinuierlich Laserlicht absorbiert und reemittiert, verspürt eine Kraft aus der Richtung des Lasers, weil die absorbierten Photonen alle aus der gleichen Richtung kommen, wohingegen die emittierten Photonen in alle Richtungen fliegen.

Jetzt verstimmen wir den Laser zu einer geringfügig kleineren Frequenz (zu größerer Wellenlänge). Ein Atom in Ruhe wird selten Photonen dieser Frequenz absorbieren und spürt daher kaum eine Kraft. Allerdings wird ein Atom, das sich auf den Laser *zubewegt*, das Licht zu höheren Frequenzen dopplerverschoben sehen. Es wird daher viele Photonen absorbieren und eine rückwärts gerichtete Kraft verspüren, die seiner Bewegung entgegenwirkt. Ein Atom, das sich vom Laser wegbewegt, verspürt noch weniger eine

6 Pertti Hakonen und Olli V. Lounasmaa, *Science* **265**, 1821–1825 (23. September 1994).

Kraft als die Atome in Ruhe, aber wenn wir einen identischen Laser aus entgegengesetzter Richtung auf das Atom richten, wird es ebenfalls eine rücktreibende Kraft verspüren. Mit Laserstrahlen, die aus allen sechs Richtungen kommen, können wir rücktreibende Kräfte ausüben, die der Bewegung in *beliebige* Richtung entgegenwirken. Bringen Sie nun Tausende oder Millionen von Atomen in diesen Raumbereich, so werden sie alle langsamer und kühlen auf eine sehr niedrige Temperatur ab.

Allerdings würden die Atome auch bei sehr niedrigen Geschwindigkeiten sehr schnell die heißen Wände des Gefäßes treffen (oder nach unten fallen), gäbe es keine *Fallenkraft*, die sie in die Mitte treibt. Eine solche Kraft kann man mit inhomogenen Magnetfeldern erzeugen, die die atomaren Energieniveaus verschieben und damit ihre Neigung, Photonen zu absorbieren, abhängig vom Ort variieren. Mit einer Kombination aus Laserkühlung und Fallen kann man eine Atomwolke problemlos auf etwa 1 mK kühlen, ohne den ganzen Ärger mit flüssigem Helium oder konventioneller Kühltechnik. In jüngerer Zeit haben Verbesserungen dieser Technik auf Temperaturen im Mikrokelvin- und Nanokelvin-Bereich geführt.[7]

Aufgabe 4.35 Das Magnetfeld, das *von* einem Dipol erzeugt wird, hat eine Stärke von etwa $(\mu_0/4\pi)(\mu/r^3)$, wobei r der Abstand vom Dipol ist und μ_0 die magnetische Feldkonstante, die in SI-Einheiten exakt $4\pi{\cdot}10^{-7}$ beträgt. (In der Formel vernachlässige ich die Änderung der Feldstärke mit dem Winkel; sie macht maximal einen Faktor 2 aus.) Betrachten Sie ein paramagnetisches Salz wie Ammoniumeisen(III)-sulfat, in dem das magnetische Moment μ jedes Dipols in etwa ein Bohr'sches Magneton ($9{\cdot}10^{-24}$ J/T) beträgt und die Dipole sich in einem Abstand von 1 nm befinden. Nehmen Sie an, dass die Dipole nur über gewöhnliche magnetische Kräfte wechselwirken.

(a) Schätzen Sie am Ort eines Dipols die Stärke des Magnetfeldes ab, das auf seine Nachbardipole zurückgeht. Das ist die effektive Feldstärke, auch wenn es kein äußeres angelegtes Feld gibt.

(b) Um welchen Faktor wird die Temperatur in etwa abnehmen, wenn ein Experiment zur magnetischen Kühlung mit diesem Material bei einem äußeren Feld von 1 T anfängt und das Feld abgeschaltet wird?

(c) Schätzen Sie die Temperatur ab, bei der die Entropie dieses Materials als Funktion der Temperatur am steilsten ansteigt, wenn kein äußeres Feld anliegt.

(d) Ist die Endtemperatur in einem Kühlexperiment wesentlich niedriger als die Temperatur, die Sie in Teil (c) bestimmt haben, so endet das Material in einem Zustand, in dem $\partial S/\partial T$ sehr klein ist und somit auch seine Wärmekapazität. Erklären Sie, warum es unpraktisch wäre zu versuchen, mit diesem Material eine so niedrige Temperatur zu erreichen.

Aufgabe 4.36 An eine offensichtliche Grenze für die durch Laserkühlung erreichbare Temperatur kommt man, wenn die Rückstoßenergie eines Atoms bei der Absorption oder Emission eines einzelnen Photons seiner gesamten kinetischen Energie vergleichbar wird. Schätzen Sie diese Grenztemperatur für Rubidiumatome ab, die mit Laserlicht einer Wellenlänge von 700 nm gekühlt werden.

7 Einen elementaren Überblick über die Laserkühlung und ihre Anwendung gibt Steven Chu, „Laser Trapping of Neutral Particles“, *Scientific American* **266**, 71–76 (Februar 1992). Eine Bibliographie von Artikeln über Fallen für neutrale Atome wurde von N. R. Newbury und C. Wieman in *American Journal of Physics* **64**, 18–20 (1996) zusammengestellt.

Aufgabe 4.37 Eine oft verwendete (aber ungenaue) Weise, den dritten Hauptsatz zu formulieren, lautet „Man kann den absoluten Nullpunkt nicht erreichen." Diskutieren Sie, wie der dritte Hauptsatz, formuliert wie in Abschnitt 3.2, die niedrigste Temperatur begrenzt, die mit den verschiedenen Kühlverfahren erreicht werden kann.

Nach diesem Prinzip genügt es zur Gewinnung bewegender Kraft nicht,
Wärme hervorzubringen: man muss sich auch Kälte verschaffen;
ohne sie wäre die Wärme unnütz.

—Sadi Carnot, *Betrachtungen über die bewegende Kraft des Feuers* (1824), in der Übersetzung von Wilhelm Ostwald (1892).

Freie Energie und chemische Thermodynamik

5

ÜBERBLICK

» Das vorhergehende Kapitel wendete die Gesetze der Thermodynamik auf periodische Prozesse an: die Arbeit von Wärmemaschinen und Kältemaschinen, deren Energie und Entropie auf lange Sicht unverändert bleiben. Aber die meisten wichtigen thermodynamischen Prozesse sind nicht periodisch. Zum Beispiel werden chemische Reaktionen durch die Gesetze der Thermodynamik eingeschränkt, enden aber nicht damit, dass sich das System wieder im Ausgangszustand befindet.

Die Absicht dieses Kapitels besteht darin, die Gesetze der Thermodynamik auf chemische Reaktionen und andere Wandlungen von Materie anzuwenden. Eine Schwierigkeit, die sich unmittelbar ergibt, besteht darin, dass sich diese Wandlungen meist in Systemen abspielen, die nicht isoliert sind, sondern mit ihrer Umgebung thermisch und oft auch mechanisch wechselwirken. Die Energie des Systems selbst ist gewöhnlich nicht fixiert; es wird eher seine *Temperatur* konstant gehalten, und zwar durch Wechselwirkungen mit einer Umwelt bei konstanter Temperatur. In ähnlicher Weise wird in vielen Fällen nicht das Volumen eines Systems festgehalten, sondern vielmehr der Druck. Unsere erste Aufgabe besteht daher darin, die Konzepte zu entwickeln, die wir benötigen, um Prozesse bei konstanter Temperatur und konstantem Druck zu verstehen. «

5.1 Freie Energie als verfügbare Arbeit

In Abschnitt 1.6 habe ich die **Enthalpie** eines Systems als seine Energie plus die Arbeit beschrieben, ihm Raum in einer Umwelt bei konstantem Druck P zu schaffen:

$$H \equiv U + PV\,. \tag{5.1}$$

Das ist die Gesamtenergie, die Sie benötigen würden, um das System aus dem Nichts zu erschaffen und in eine solche Umgebung zu setzen. (Da das Anfangsvolumen des Systems null ist, gilt $\Delta V = V$.) Andersherum ist H die Energie, die Sie erlangen würden, wenn Sie das System vollständig annihilieren könnten: die Energie des Systems und die Arbeit, die durch die kollabierende Atmosphäre verrichtet wird.

Oft sind wir aber nicht an der benötigten Gesamtenergie oder der gewinnbaren Gesamtenergie interessiert. Wenn die Umwelt bei konstanter Temperatur ist, kann das System aus dieser Umwelt Wärme kostenlos abziehen. Alles, was *wir* liefern müssen, um das System aus dem Nichts zu erzeugen, ist eventuell benötigte zusätzliche *Arbeit*. Und wenn wir das System annihilieren, können wir im Allgemeinen nicht die gesamte Energie in Form von Arbeit gewinnen, weil wir seine Entropie loswerden müssen, indem wir Wärme in die Umwelt abführen.

Daher möchte ich zwei weitere nützliche Größen einführen, die mit der Energie verwandt und zu H analog sind. Eine davon ist die **Helmholtz'sche freie Energie**

$$F \equiv U - TS\,. \tag{5.2}$$

Das ist die Gesamtenergie, die zur Erzeugung des Systems benötigt wird, abzüglich der Wärme, die Sie umsonst aus einer Umgebung bei Temperatur T bekommen. Diese Wärme ist durch $T\Delta S = TS$ gegeben; dabei ist S die (End-)Entropie des Systems; je mehr Entropie ein System hat, desto mehr kann seine Energie in Form von Wärme zugeführt werden. Somit ist F die Energie, die als Arbeit zugeführt werden muss, wenn Sie das System aus dem Nichts erschaffen.[1] Wenn Sie nun das System annihilieren, beträgt die Energie, die als Arbeit herauskommt, gerade F, weil Sie etwas Wärme im Umfang von TS in die Umwelt loswerden müssen, um die Entropie des Systems abzuführen. Die *verfügbare* oder „freie“ Energie ist F.

Das Wort „Arbeit“ meint im vorstehenden Absatz *alle* Formen von Arbeit, einschließlich der Arbeit, die automatisch von der Umgebung des Systems verrichtet wird. Befindet sich das System in einer Umgebung bei konstantem Druck P und konstanter Temperatur T, dann ist die Arbeit, die *Sie* zu seiner Erzeugung aufbringen müssen oder die Sie bei seiner Vernichtung bekommen können, durch die **Gibbs'sche freie Energie** gegeben:

$$G \equiv U - TS + PV \,. \tag{5.3}$$

Das ist einfach die Energie des Systems abzüglich des Wärmebeitrags, der in F steckt, und zuzüglich der Verdrängungsarbeit in H (siehe Abbildung 5.1).

Abbildung 5.1: Um ein Kaninchen aus dem Nichts zu erzeugen und es auf den Tisch zu setzen, muss ein Zauberer nicht die ganze Enthalpie $H = U + PV$ herbeizaubern. Ein Teil der Energie, nämlich TS, kann spontan als Wärme zufließen; der Zauberer muss nur die Differenz $G = H - TS$ in Form von Arbeit aufbringen.

Die vier Funktionen U, H, F und G bezeichnet man zusammen als **thermodynamische Potentiale**. Abbildung 5.2 zeigt ein Diagramm, das ich als Gedächtnisstütze für die Definitionen verwende.

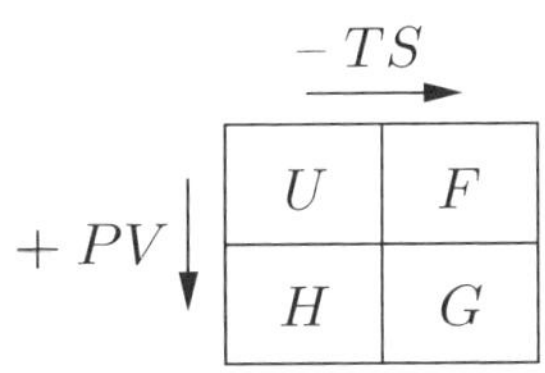

Abbildung 5.2: Um H aus U oder G aus F zu bekommen, addieren Sie PV; um F aus U oder G aus H zu erhalten, subtrahieren Sie TS.

1 Im Zusammenhang der Erzeugung eines Systems ist die Bezeichnung „*freie* Energie“ unglücklich. Diejenigen, die F benannt haben, dachten vielmehr an den umgekehrten Prozess, bei dem Sie das System annihilieren und F als Arbeit herausbekommen.

Meistens haben wir es natürlich mit Prozessen zu tun, die viel weniger dramatisch als die Erzeugung oder Vernichtung eines ganzen Systems sind. Anstatt uns F und G selbst anzuschauen, wollen wir lieber die *Änderungen* dieser Größen betrachten.

Bei einer beliebigen Änderung im System, die bei konstanter Temperatur T abläuft, beträgt die Änderung in F

$$\Delta F = \Delta U - T\,\Delta S = Q + W - T\,\Delta S\,, \tag{5.4}$$

wobei Q die zugeführte Wärme und W die am System verrichtete Arbeit darstellen. Wenn während des Prozesses keine *neue* Entropie erzeugt wird, dann gilt $Q = T\,\Delta S$. Dann ist die Änderung von F genau gleich der am System verrichteten Arbeit. *Wird* neue Entropie erzeugt, dann wird $T\,\Delta S$ größer als Q und ΔF kleiner als W. Im Allgemeinen gilt daher

$$\Delta F \leq W \qquad \text{bei konstantem } T\,. \tag{5.5}$$

Dieses W beinhaltet die *ganze* am System verrichtete Arbeit, einschließlich irgendwelcher Arbeit, die automatisch von seiner expandierenden und kollabierenden Umgebung verrichtet wird.

Befindet sich die Umwelt bei konstantem Druck und sind wir nicht daran interessiert, die Arbeit zu verfolgen, die die Umwelt automatisch verrichtet, sollten wir über G anstelle von F nachdenken. Bei einer beliebigen Änderung bei konstantem T und P beträgt die Änderung von G gerade

$$\Delta G = \Delta U - T\,\Delta S + P\,\Delta V = Q + W - T\,\Delta S + P\,\Delta V\,. \tag{5.6}$$

Die Differenz $Q - T\,\Delta S$ ist wiederum immer null oder negativ. Zugleich umfasst W die von der Umgebung verrichtete Arbeit $-P\,\Delta V$ zuzüglich jeder „anderen" Arbeit (wie etwa elektrischer Arbeit), die am System verrichtet wird:

$$W = -P\,\Delta V + W_{\text{andere}}\,. \tag{5.7}$$

Dieses $P\,\Delta V$ hebt dasjenige in (5.6) weg; es verbleibt

$$\Delta G \leq W_{\text{andere}} \qquad \text{bei konstantem } T, P\,. \tag{5.8}$$

Weil die freie Energie eine so nützliche Größe ist, hat man die Werte von ΔG für eine enorme Vielzahl chemischer Reaktionen und anderer Prozesse gemessen und tabelliert. Es gibt viele Weisen, ΔG zu messen. Die konzeptionell einfachste besteht darin, erst einmal ΔH für die Reaktion zu messen, indem Sie die Wärme messen, die absorbiert wird, wenn die Reaktion bei konstantem Druck stattfindet und keine „andere" Arbeit verrichtet wird. Dann berechnen Sie ΔS aus den Entropien der Anfangs- und Endzustände des Systems, die getrennt durch Daten zur Wärmekapazität bestimmt wurden, genau wie in den Abschnitten 3.2 und 3.4 beschrieben. Schließlich berechnen Sie

$$\Delta G = \Delta H - T\,\Delta S\,. \tag{5.9}$$

Werte von ΔG für die Bildung ausgewählter Verbindungen und Lösungen (bei $T = 298\,\text{K}$ und $P = 1\,\text{bar}$) sind am Ende dieses Buches tabelliert. Sie können sich ΔG-Werte für andere Reaktionen ausrechnen, indem Sie sich vorstellen, dass zuächst jeder Reaktand in elementare Form umgewandelt wird und dass diese Elemente dann in die Produkte verwandelt werden.

Wie bei U und H ist der tatsächliche *Wert* von F und G nur dann eindeutig, wenn wir die *gesamte* Energie des Systems berücksichtigen, einschließlich der Ruheenergie (mc^2) jedes Teilchens. Im Alltag wäre das lächerlich, wir messen daher U in Bezug auf einen anderen geeigneten, aber beliebigen Nullpunkt, und diese willkürliche Wahl legt auch die Nullpunkte für H, F und G fest. *Änderungen* in diesen Größen bleiben von unserer Wahl des Nullpunkts unberührt; in der Regel reden wir sowieso nur von Änderungen und können daher in der Praxis oft die Festlegung eines Nullpunkts vermeiden.

Aufgabe 5.1 Das System soll ein Mol Argongas bei Raumtemperatur und normalem Luftdruck sein. Berechnen Sie die gesamte Energie (nur die kinetische Energie, vernachlässigen Sie die atomaren Ruheenergien), Entropie, Enthalpie, Helmholtz'sche freie Energie und die Gibbs'sche freie Energie. Drücken Sie alle Antworten in SI-Einheiten aus.

Aufgabe 5.2 Betrachten Sie die Herstellung von Ammoniak aus Stickstoff und Wasserstoff,

$$\mathrm{N_2} + 3\,\mathrm{H_2} \longrightarrow 2\,\mathrm{NH_3}\,,$$

bei 298 K und 1 bar. Berechnen Sie aus den am Ende des Buchs tabellierten Werten von ΔH und S den Wert von ΔG für diese Reaktion und überprüfen Sie, dass er mit dem in der Tabelle gegebenen Wert konsistent ist.

Elektrolyse, Brennstoffzellen und Batterien

Betrachten Sie als ein Beispiel für die Verwendung von ΔG die chemische Reaktion

$$\mathrm{H_2O} \longrightarrow \mathrm{H_2} + \tfrac{1}{2}\,\mathrm{O_2}\,, \tag{5.10}$$

die Elektrolyse von flüssigem Wasser in Wasserstoffgas und Sauerstoffgas (siehe Abbildung 5.3). Nehmen Sie an, dass wir mit einem Mol Wasser anfangen und daher mit einem Mol Wasserstoff und einem halben Mol Sauerstoff enden.

Nach Standardtabellen beträgt ΔH für diese Reaktion (bei Raumtemperatur und normalem Luftdruck) 286 kJ. Das ist die Wärmemenge, die Sie herausbekommen würden,

Abbildung 5.3: Um Wasser in Wasserstoff und Sauerstoff zu zerlegen, müssen Sie nur einen elektrischen Strom hindurchschicken. In diesem Experiment bestehen die Elektroden aus mechanischen bleistiftartigen Zuleitungen (aus Graphit). Blasen von Wasserstoff (die man mit bloßem Auge nicht sehen kann) bilden sich an der negativen Elektrode (links), hingegen bilden sich Sauerstoffblasen an der positiven Elektrode (rechts).

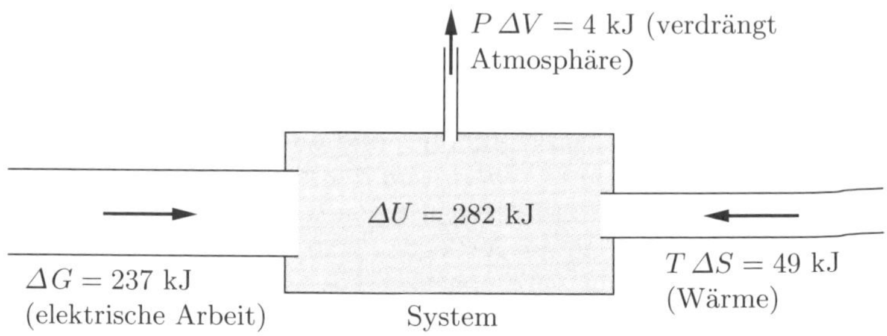

Abbildung 5.4: Energieflussdiagramm für die Elektrolyse von einem Mol Wasser. Unter Idealbedingungen werden 49 kJ der Energie als Wärme zugeführt ($T\Delta S$), somit werden nur 237 kJ in Form von elektrischer Arbeit benötigt: $\Delta G = \Delta H - T\Delta S$. Der Unterschied zwischen ΔH und ΔU beträgt $P\Delta V = 4$ kJ, die Arbeit, die verrichtet wird, um für die erzeugten Gase Platz zu machen.

wenn Sie ein Mol Wasserstoff verbrennen, also die Reaktion in umgekehrter Richtung laufen lassen. Wenn wir Wasserstoff und Sauerstoff aus Wasser *bilden*, müssen wir diesem System auf die eine oder andere Weise 286 kJ zuführen. Von den 286 kJ dient ein kleiner Betrag dazu, die Atmosphäre zu verdrängen, um für die erzeugten Gase Platz zu schaffen. Es handelt sich um $P\Delta V = 4$ kJ. Die restlichen 282 kJ verbleiben im System (siehe Abbildung 5.4). Müssen wir die benötigten 286 kJ nun ganz als Arbeit zuführen oder können wir auch einen Teil als Wärme liefern?

Um diese Frage zu beantworten, müssen wir die Änderung in der Entropie des Systems bestimmen. Die gemessenen tabellierten Entropiewerte lauten für ein Mol von jedem Stoff

$$S_{H_2O} = 70\,\text{J/K}\,; \qquad S_{H_2} = 131\,\text{J/K}\,; \qquad S_{O_2} = 205\,\text{J/K}\,. \tag{5.11}$$

Ziehen Sie 70 von $(131 + \frac{1}{2}\cdot 205)$ ab und Sie erhalten +163 J/K – die Entropie des Systems *nimmt* um diesen Betrag zu. Die maximale Wärmemenge, die dem System zugeführt werden kann, beträgt daher $T\Delta S = (298\,\text{K})(163\,\text{J/K}) = 49\,\text{kJ}$. Die Energiemenge, die als elektrische Arbeit zugeführt werden muss, ist die Differenz zwischen 49 und 286, also 237 kJ.

Diese Zahl, 237 kJ, ist die Änderung der Gibbs'schen freien Energie des Systems; sie ist die minimale „andere" Arbeit, die benötigt wird, um die Reaktion zum Laufen zu bringen.

$$\begin{aligned} \Delta G &= \Delta H \quad - \quad T \qquad \Delta S\,, \\ 237\,\text{kJ} &= 286\,\text{kJ} - (298\,\text{K})(163\,\text{J/K})\,. \end{aligned} \tag{5.12}$$

Aus praktischen Gründen beinhalten Standardtabellen (wie die am Ende dieses Buches) im Allgemeinen Werte für ΔG, sodass Sie solche Rechnungen nicht machen müssen.

Wir können ΔG auch auf die umgekehrte Reaktion anwenden. Wenn Sie Wasserstoffgas und Sauerstoffgas verbinden können, um Wasser kontrolliert zu erzeugen, können Sie im Prinzip 237 kJ elektrische Arbeit aus jedem Mol verbrauchten Wasserstoffs herausziehen. Das ist das Prinzip hinter der **Brennstoffzelle** (siehe Abbildung 5.5), die vielleicht den klassischen Verbrennungsmotor in zukünftigen Autos ersetzen könnte.[2] Bei der Erzeugung dieser elektrischen Arbeit wird die Brennstoffzelle ebenso 49 kJ Abwärme produzieren, um die überschüssige Entropie in den Gasen loszuwerden. Aber diese Abwärme

2 Siehe Sivan Kartha und Patrick Grimes, „Fuel Cells: Energy Conversion for the Next Century", *Physics Today* **47**, 54–61 (November, 1994).

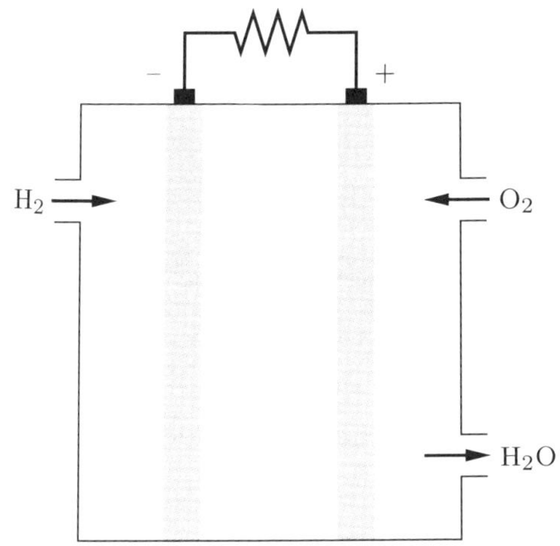

Abbildung 5.5: In einer Wasserstoffbrennzelle passieren Wasserstoffgas und Sauerstoffgas poröse Elektroden und reagieren zu Wasser; dabei entfernen sie Elektronen von der einen Elektrode und geben Elektronen an die andere Elektrode ab.

beträgt nur 17 % der 286 kJ Wärme, die erzeugt würden, wenn Sie den Wasserstoff verbrennen und damit eine Wärmekraftmaschine betreiben würden. Eine ideale Wasserstoffbrennstoffzelle hat somit einen „Wirkungsgrad" von 83 %, viel mehr als irgendeine reale Wärmekraftmaschine. (In der Praxis wird mehr Abwärme erzeugt und die Effizienz ist geringer, aber eine typische Brennstoffzelle hängt immer noch fast jede Wärmekraftmaschine ab.)

Eine ähnliche Analyse liefert Ihnen die Produktion elektrischer Energie durch eine **Batterie**, die wie eine Brennstoffzelle ist, aber nur eine feste Menge an gespeichertem Brennstoff (meist nicht gasförmig) aufweist. So benutzt zum Beispiel die vertraute Blei-Säure-Zelle in einer Autobatterie die Reaktion

$$\mathrm{Pb} + \mathrm{PbO_2} + 4\,\mathrm{H^+} + 2\,\mathrm{SO_4^{2-}} \longrightarrow 2\,\mathrm{PbSO_4} + 2\,\mathrm{H_2O}\,. \tag{5.13}$$

Nach den thermodynamischen Tabellen beträgt ΔG bei dieser Reaktion –394 kJ/mol bei normalem Druck, Raumtemperatur und normaler Konzentration der Lösung. Somit beträgt die pro Mol metallischen Bleis unter diesen Bedingungen erzeugte elektrische Arbeit 394 kJ. Zugleich ist ΔH bei dieser Reaktion –316 kJ/mol, somit ist die Energie, die aus den Chemikalien kommt, sogar *geringer* als die verrichtete Arbeit von 78 kJ. Diese Extraenergie kommt von Wärme, die aus der Umwelt absorbiert wird. Mit dieser Wärme kommt auch Entropie, aber das macht nichts, denn die Entropie der Produkte ist größer als die Entropie der Reaktanden, und zwar um (78 kJ)/(298 K) = 260 J/K (pro Mol). Diese Energieflüsse sind in Abbildung 5.6 dargestellt. Wenn Sie die Batterie *aufladen*, läuft die Reaktion rückwärts und bringt das System in seinen Ausgangszustand zurück. Dann müssen Sie die 78 kJ Wärme wieder an die Umwelt abführen, um die überschüssige Entropie loszuwerden.

Sie können auch die *Spannung* einer Batterie oder Brennstoffzelle berechnen, vorausgesetzt, Sie wissen, wie viele Elektronen pro reagierendem Molekül durch den Stromkreis gehen. Um diese Zahl zu bestimmen, hilft es, sich die Chemie genauer anzu-

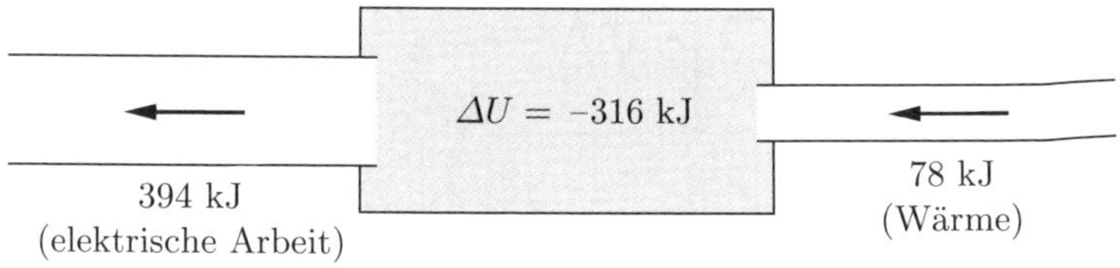

Abbildung 5.6: Energieflussdiagramm einer ideal operierenden Blei-Säure-Zelle. Pro reagierendem Mol nimmt die Energie des Systems um 316 kJ ab; seine Entropie nimmt um 260 J/K zu. Wegen der Entropiezunahme kann das System 78 kJ Wärme aus der Umwelt aufnehmen; die maximale Arbeit, die verrichtet wird, beträgt somit 394 kJ. (Weil in dieser Reaktion keine Gase vorkommen, sind Volumenänderungen vernachlässigbar; somit ist $\Delta U \approx \Delta H$ und $\Delta F \approx \Delta G$.)

schauen. Bei einer Blei-Säure-Zelle findet die Reaktion (5.13) in drei Schritten statt:

$$\begin{aligned}
\text{in Lösung:}\quad & 2\,SO_4^{2-} + 2\,H^+ \longrightarrow 2\,HSO_4^- ;\\
\text{an der} - \text{Elektrode:}\quad & Pb + HSO_4^- \longrightarrow PbSO_4 + H^+ + 2\,e^- ;\\
\text{an der} + \text{Elektrode:}\quad & PbO_2 + HSO_4^- + 3\,H^+ + 2\,e^- \longrightarrow PbSO_4 + 2\,H_2O\,.
\end{aligned} \tag{5.14}$$

Somit werden pro voller Reaktion zwei Elektronen durch den Stromkreis geschickt. Die *pro Elektron* erzeugte Arbeit beträgt

$$\frac{394\,\text{kJ}}{2 \cdot 6{,}02 \cdot 10^{23}} = 3{,}27 \cdot 10^{-19}\,\text{J} = 2{,}04\,\text{eV}\,. \tag{5.15}$$

Aber 1 Volt ist gerade die Spannung, die benötigt wird, um jedem Elektron 1 eV Energie mitzugeben, somit hat die Zelle eine Spannung von 2,04 V. In der Praxis ist die Spannung vielleicht ein wenig anders, weil die verwendeten Konzentrationen von der in den Tabellen angenommenen Standardkonzentration (ein Mol pro Kilogramm Wasser) abweichen. (Eine Autobatterie enthält sechs Blei-Säure-Zellen, was insgesamt etwa 12 V ergibt.)

Aufgabe 5.3 Verwenden Sie die Daten am Ende dieses Buchs, um die oben angegebenen Werte von ΔH und ΔG für die Blei-Säure-Reaktion zu überprüfen.

Aufgabe 5.4 In einer Wasserstoffbrennstoffzelle lauten die Schritte der chemischen Reaktion

$$\begin{aligned}
\text{an der} - \text{Elektrode:}\quad & H_2 + 2\,OH^- \longrightarrow 2\,H_2O + 2\,e^- ;\\
\text{an der} + \text{Elektrode:}\quad & \tfrac{1}{2}\,O_2 + H_2O + 2\,e^- \longrightarrow 2\,OH^-\,.
\end{aligned}$$

Berechnen Sie die Spannung dieser Zelle. Welche Minimalspannung wird für die Elektrolyse von Wasser benötigt? Erklären Sie kurz.

Aufgabe 5.5 Betrachten Sie eine Brennstoffzelle, die Methan („Naturgas") als Brennstoff verwendet. Die Reaktion lautet

$$CH_4 + O_2 \longrightarrow 2\,H_2O + CO_2\,.$$

(a) Verwenden Sie die Daten vom Ende dieses Buchs, um die Werte von ΔH und ΔG für diese Reaktion zu bestimmen (für ein Mol Methan). Nehmen Sie dabei an, dass die Reaktion bei Raumtemperatur und normalem Luftdruck stattfindet.

(b) Wie viel elektrische Arbeit können Sie pro Mol Methan aus dieser Zelle bekommen, wenn sie ideal arbeitet?

(c) Wie viel Abwärme wird pro Mol Methan produziert?
(d) Die Reaktionsschritte lauten

$$\text{an der} - \text{Elektrode:} \quad CH_4 + 2\,H_2O \longrightarrow CO_2 + 8\,H^+ + 8\,e^- \,;$$
$$\text{an der} + \text{Elektrode:} \quad 2\,O_2 + 8\,H^+ + 8\,e^- \longrightarrow 4\,H_2O\,.$$

Wie hoch ist die Zellenspannung?

Aufgabe 5.6 Man kann sich einen Muskel wie eine Brennstoffzelle vorstellen, die aus der Verarbeitung von Glukose Arbeit gewinnt:

$$C_6H_{12}O_6 + 6\,O_2 \longrightarrow 6\,CO_2 + 6\,H_2O\,.$$

(a) Verwenden Sie die Daten vom Ende dieses Buchs, um die Werte von ΔH und ΔG für diese Reaktion unter Verwendung von einem Mol Glukose zu bestimmen. Nehmen Sie an, dass die Reaktion bei Raumtemperatur und normalem Luftdruck stattfindet.
(b) Wie viel Arbeit kann ein Muskel pro verbrauchtem Mol Glukose unter Idealbedingungen verrichten?
(c) Wie viel Wärme wird von den Chemikalien bei der Umsetzung von einem Mol Glukose aufgegeben oder abgenommen (unter Idealbedingungen)? Geben Sie an, in welche Richtung die Wärme fließt.
(d) Verwenden Sie das Konzept der Entropie, um zu erklären, warum die Wärme in genau diese Richtung fließt.
(e) Wie würden sich die Antworten auf die Teile (b) und (c) ändern, wenn der Muskel nicht ideal funktionieren würde?

Aufgabe 5.7 Die Umsetzung eines Glukosemoleküls (siehe die vorhergehende Aufgabe) läuft in vielen Schritten ab und führt zur Synthese von 38 Molekülen ATP (Adenosintriphosphat) aus ADP (Adenosindiphosphat) und Phosphationen. Wenn das ATP wieder in ADP und Phosphat aufspaltet, setzt es Energie frei, die in einer Vielzahl wichtiger Prozesse eingesetzt wird: in der Proteinsynthese, beim aktiven Transport von Molekülen durch Zellmembranen und bei der Kontraktion eines Muskels. Im Muskel wird die Reaktion ATP $\rightarrow$ ADP + Phosphat durch ein Enzym namens Myosin katalysiert, das an einer Muskelfaser hängt. Wenn die Reaktion stattfindet, zieht das Myosinmolekül an einer benachbarten Faser und der Muskel zieht sich zusammen. Die von ihm ausgeübte Kraft beträgt im Mittel etwa 4 Piconewton und wirkt über eine Distanz von 11 nm. Berechnen Sie aus diesen Daten und den Ergebnissen der vorhergehenden Aufgabe den „Wirkungsgrad" eines Muskels, also das Verhältnis der tatsächlich verrichteten Arbeit zur maximalen Arbeit, die die Gesetze der Thermodynamik erlauben würden.

Thermodynamische Identitäten

Es gibt einige praktische Formeln, die oft nützlich sind, wenn Sie zum Beispiel die Enthalpie oder die freie Energie einer Substanz unter bestimmten Bedingungen haben, Sie aber den Wert für andere Bedingungen brauchen. Diese Formeln ähneln der thermodynamischen Identität

$$dU = T\,dS - P\,dV + \mu\,dN\,, \tag{5.16}$$

werden aber für H oder F oder G anstelle von U formuliert.

Ich fange damit an, dass ich die Formel für die Änderung von H herleite. Wenn wir uns vorstellen, dass wir H, U, P und V infinitesimal ändern, so folgt aus der Definition $H = U + PV$, dass

$$\mathrm{d}H = \mathrm{d}U + P\,\mathrm{d}V + V\,\mathrm{d}P\,. \tag{5.17}$$

Die beiden letzten Terme geben die Änderung des Produkts PV nach der Produktregel. Verwenden Sie nun die thermodynamische Identität 5.16, um $\mathrm{d}U$ loszuwerden. Die $P\,\mathrm{d}V$-Terme entfallen und Sie bekommen

$$\mathrm{d}H = T\,\mathrm{d}S + V\,\mathrm{d}P + \mu\,\mathrm{d}N\,. \tag{5.18}$$

Diese „thermodynamische Identität für H" sagt, um wie viel sich H ändert, wenn Sie die Entropie, den Druck und/oder die Teilchenzahl ändern.[3]

Eine ähnliche Logik kann man auf F oder G anwenden. Aus der Definition der Helmholtz'schen freien Energie ($F = U - TS$) folgt

$$\mathrm{d}F = \mathrm{d}U - T\,\mathrm{d}S - S\,\mathrm{d}T\,. \tag{5.19}$$

Setzen wir Gleichung 5.16 in $\mathrm{d}U$ ein und heben wir die Terme $T\,\mathrm{d}S$ weg, so erhalten wir

$$\mathrm{d}F = -S\,\mathrm{d}T - P\,\mathrm{d}V + \mu\,\mathrm{d}N\,. \tag{5.20}$$

Ich nenne dieses Ergebnis die „thermodynamische Identität für F". Aus ihr kann man eine Vielzahl von Formeln für partielle Ableitungen gewinnen. Halten Sie zum Beispiel V und N fest, so erhalten Sie die Gleichung

$$S = -\left(\frac{\partial F}{\partial T}\right)_{V,N}. \tag{5.21}$$

Das Festhalten von T und entweder N oder V gibt analog

$$P = -\left(\frac{\partial F}{\partial V}\right)_{T,N}, \qquad \mu = \left(\frac{\partial F}{\partial N}\right)_{T,V}. \tag{5.22}$$

Schließlich können Sie die thermodynamische Identität für G herleiten,

$$\mathrm{d}G = -S\,\mathrm{d}T + V\,\mathrm{d}P + \mu\,\mathrm{d}N\,, \tag{5.23}$$

und daraus wiederum die folgenden partiellen Ableitungen:

$$S = -\left(\frac{\partial G}{\partial T}\right)_{P,N}, \qquad V = \left(\frac{\partial G}{\partial P}\right)_{T,N}, \qquad \mu = \left(\frac{\partial G}{\partial N}\right)_{T,P}. \tag{5.24}$$

Diese Formeln sind besonders nützlich, um Gibbs'sche freie Energien bei anderen als den normalen Temperaturen und Drücken zu berechnen. Da zum Beispiel das Volumen von einem Mol Graphit $5{,}3\cdot10^{-6}\,\mathrm{m}^3$ beträgt, nimmt seine Gibbs'sche freie Energie um $5{,}3\cdot10^{-6}$ J pro Pascal ($\mathrm{N/m^2}$) zusätzlichen Drucks zu.

3 Wegen der thermodynamischen Identität für U ist es am natürlichsten, sich U als eine Funktion der Variablen S, V und N vorzustellen. Ähnlich ist es am natürlichsten, sich H als eine Funktion von S, P und N vorzustellen. Das Hinzuaddieren von PV zu U ist somit eine Art von Variablentransformation von V nach P. Analog ändert die Subtraktion von TS die Variablen von S auf T. Eine solche Transformation heißt **Legendre-Transformation**.

In all diesen Formeln habe ich implizit angenommen, dass das System nur eine Art von Teilchen enthält. Wenn eine Mischung mehrerer Stoffe vorliegt, so müssen Sie $\mu\,\mathrm{d}N$ in jeder thermodynamischen Identität durch $\sum \mu_i\,\mathrm{d}N_i$ ersetzen. In den partiellen Ableitungen bei festgehaltenem N müssen Sie dann *alle* N's festhalten. Und aus jeder Formel mit $\partial/\partial N$ werden mehrere Formeln; so zum Beispiel bei einer Mischung von zwei Stoffen:

$$\mu_1 = \left(\frac{\partial G}{\partial N_1}\right)_{T,P,N_2} \quad \text{und} \quad \mu_2 = \left(\frac{\partial G}{\partial N_2}\right)_{T,P,N_1}. \tag{5.25}$$

Aufgabe 5.8 Leiten Sie die thermodynamische Identität für G her (Gleichung 5.23) und daraus die drei partiellen Ableitungen (5.24).

Aufgabe 5.9 Skizzieren Sie eine qualitativ zutreffende Kurve von G über T für eine reine Substanz, wenn sie sich bei festem Druck von fest zu gasförmig ändert. Denken Sie sorgfältig über die Steigung der Kurve nach. Markieren Sie die Punkte der Phasenumwandlungen und diskutieren Sie kurz die Merkmale der Kurve.

Aufgabe 5.10 Nehmen Sie an, Sie hätten ein Mol Wasser bei 25 °C und normalem Luftdruck. Verwenden Sie die Daten am Ende dieses Buchs, um zu bestimmen, was mit seiner Gibbs'schen freien Energie passiert, wenn Sie die Temperatur auf 30 °C erhöhen. Um diese Änderung zu kompensieren, könnten Sie den Druck auf das Wasser erhöhen. Wie viel Druck würde benötigt?

Aufgabe 5.11 Nehmen Sie an, dass eine Wasserstoffbrennstoffzelle wie im Text beschrieben bei 75 °C und normalem Luftdruck betrieben werden soll. Wir wollen die maximale elektrische Arbeit abschätzen, die die Zelle verrichten kann, und dazu nur die Raumtemperaturdaten am Ende des Buchs verwenden. Es ist praktisch, zunächst für alle drei Substanzen H_2, O_2 und H_2O einen Nullpunkt festzulegen. Wir setzen G für H_2 und O_2 bei 25 °C auf null, sodass G für ein Mol H_2O bei 25 °C gleich −237 kJ ist.

(a) Schätzen Sie die Gibbs'sche freie Energie von einem Mol H_2 bei 75 °C ab. Wiederholen Sie das für O_2 und H_2O.

(b) Berechnen Sie unter Verwendung der Ergebnisse aus Teil (a) die maximale elektrische Arbeit, die von der Zelle bei 75 °C für ein Mol Wasserstoff verrichtet wird. Vergleichen Sie mit dem idealen Wirkungsgrad der Zelle bei 25 °C.

Aufgabe 5.12 Die Funktionen, die man in der Physik antrifft, verhalten sich normalerweise so anständig, dass ihre gemischten partiellen Ableitungen nicht davon abhängen, welche Ableitung zuerst genommen wird. Daher gilt zum Beispiel

$$\frac{\partial}{\partial V}\left(\frac{\partial U}{\partial S}\right) = \frac{\partial}{\partial S}\left(\frac{\partial U}{\partial V}\right),$$

wobei die $\partial/\partial V$ bei festgehaltenem S berechnet werden; die $\partial/\partial S$ werden bei festem V berechnet und N wird immer festgehalten. Aus der thermodynamischen Identität für U können Sie die partiellen Ableitungen in Klammern auswerten und bekommen

$$\left(\frac{\partial T}{\partial V}\right)_S = -\left(\frac{\partial P}{\partial S}\right)_V,$$

eine nichttriviale Gleichung, die man eine **Maxwell-Relation** nennt. Gehen Sie schrittweise durch die Herleitung dieser Beziehung. Leiten Sie dann eine analoge Maxwell-

Beziehung aus jeder der drei anderen im Text besprochenen thermodynamischen Identitäten her (für H, F und G). Halten Sie N in allen partiellen Ableitungen fest; andere Maxwell-Relationen *können* abgeleitet werden, wenn Sie die partiellen Ableitungen nach N anschauen, aber nachdem Sie vier gesehen haben, nimmt der Grad an Neuigkeit etwas ab. Anwendungen dieser Maxwell-Relationen finden Sie in den nächsten vier Aufgaben.

Aufgabe 5.13 Verwenden Sie eine Maxwell-Beziehung aus der vorhergehenden Aufgabe und den dritten Hauptsatz, um zu beweisen, dass der thermische Ausdehnungskoeffizient β (definiert in Aufgabe 1.7) bei $T = 0$ null sein muss.

Aufgabe 5.14 Die Beziehungen mit partiellen Ableitungen, die in den Aufgaben 1.46, 3.33 und 5.12 hergeleitet wurden, können mit ein wenig mehr Herumspielen dazu verwendet werden, eine vollkommen allgemeine Beziehung zwischen C_P und C_V herzuleiten.

(a) Schauen Sie sich noch einmal die Ausdrücke für die Wärmekapazität aus Aufgabe 3.33 an und betrachten Sie S als eine Funktion von T und V. Entwickeln Sie $\mathrm{d}S$ nach den partiellen Ableitungen $(\partial S/\partial T)_V$ und $(\partial S/\partial V)_T$. Beachten Sie, dass eine dieser Ableitungen mit C_V zusammenhängt.

(b) Damit C_P ins Spiel kommt, betrachten Sie V als Funktion von T und P und entwickeln Sie $\mathrm{d}V$ in ähnlicher Weise nach partiellen Ableitungen. Setzen Sie diesen Ausdruck für $\mathrm{d}V$ in das Ergebnis aus Teil (a) ein und setzen Sie dann $\mathrm{d}P = 0$ ein. Sie haben nun einen nichttrivialen Ausdruck für $(\partial S/\partial T)_P$ hergeleitet. Diese Ableitung ist mit C_P verwandt, somit haben Sie nun eine Formel für die Differenz $C_P - C_V$.

(c) Drücken Sie mittels einer Maxwell-Beziehung und dem Ergebnis aus Aufgabe 1.46 die übrigen partiellen Ableitungen durch messbare Größen aus. Als Endergebnis sollten Sie

$$C_P = C_V + \frac{TV\beta^2}{\kappa_T}$$

erhalten.

(d) Prüfen Sie, dass diese Formel den korrekten Wert von $C_P - C_V$ für ein ideales Gas ergibt.

(e) Verwenden Sie diese Formel, um zu begründen, warum C_P nicht kleiner als C_V sein kann.

(f) Verwenden Sie die Daten aus Aufgabe 1.46, um $C_P - C_V$ für Wasser und Quecksilber bei Raumtemperatur auszuwerten. Um wie viel Prozent unterscheiden sich die beiden Wärmekapazitäten?

(g) Abbildung 1.14 zeigt Messwerte von C_P für drei elementare Festkörper im Vergleich mit vorhergesagten Werten für C_V. Es stellt sich heraus, dass eine Kurve von β über T bei einem Festkörper qualitativ genauso aussieht wie eine Kurve der Wärmekapazität. Verwenden Sie dies, um zu erklären, warum C_P und C_V bei niedrigen Temperaturen übereinstimmen, aber in der beobachteten Weise bei höheren Temperaturen auseinanderlaufen.

Aufgabe 5.15 Man kann den Ausdruck für $C_P - C_V$, den Sie in der letzten Aufgabe hergeleitet haben, auch erhalten, indem man mit den Definitionen dieser Größen basierend auf U und H beginnt. Machen Sie das. Der Großteil der Herleitung ist sehr ähnlich, aber an einer Stelle müssen Sie die Beziehung $P = -(\partial F/\partial V)_T$ verwenden.

Aufgabe 5.16 Ein Ausdruck, der zu dem für $C_P - C_V$ analog ist, verknüpft die isotherme und die isentrope Kompressibilität eines Materials:

$$\kappa_T = \kappa_S + \frac{TV\beta^2}{C_P} .$$

(Hier ist $\kappa_S = -(1/V)(\partial V/\partial P)_S$ der Kehrwert des adiabatischen Kompressionsmoduls aus Aufgabe 1.39.) Leiten Sie diesen Ausdruck her. Prüfen Sie auch, dass er für ein ideales Gas zutrifft.

Aufgabe 5.17 Die Enthalpie und die Gibbs'sche freie Energie, so wie wir sie in diesem Abschnitt definiert haben, räumen der mechanischen Arbeit $-P\,\mathrm{d}V$ (Kompression und Expansion) einen besonderen Stellenwert ein. Analoge Ausdrücke kann man für andere Formen der Arbeit herleiten, zum Beispiel magnetische Arbeit.[4] Betrachten Sie die in Abbildung 5.7 dargestellte Situation, in der eine lange Spule (N Windungen, Gesamtlänge L) eine magnetische Probe (etwa einen paramagnetischen Festkörper) umgibt. Lautet das Magnetfeld in der Probe $\vec{B}$ und deren magnetisches Gesamtmoment $\vec{M}$, so können wir eine Hilfsgröße $\vec{\mathcal{H}}$ (die auch oft einfach Magnetfeld genannt wird) durch die Beziehung

$$\vec{\mathcal{H}} \equiv \frac{1}{\mu_0}\vec{B} - \frac{\vec{M}}{V} ,$$

einführen. Dabei ist μ_0 die magnetische Feldkonstante $4\pi\cdot 10^{-7}\,\mathrm{N/A^2}$. Wenn wir Zylindersymmetrie annehmen, so müssen alle Vektoren entweder nach links oder rechts zeigen, sodass wir die Vektorsymbole fallen lassen und uns darauf einigen können, dass nach rechts gerichtet positiv und nach links gerichtet negativ ist. Aus dem Ampère'schen Gesetz kann man auch herleiten, dass das $\mathcal{H}$-Feld in der Spule gleich NI/L ist, wenn der Strom im Draht I lautet, unabhängig davon, ob die Probe da ist oder nicht.

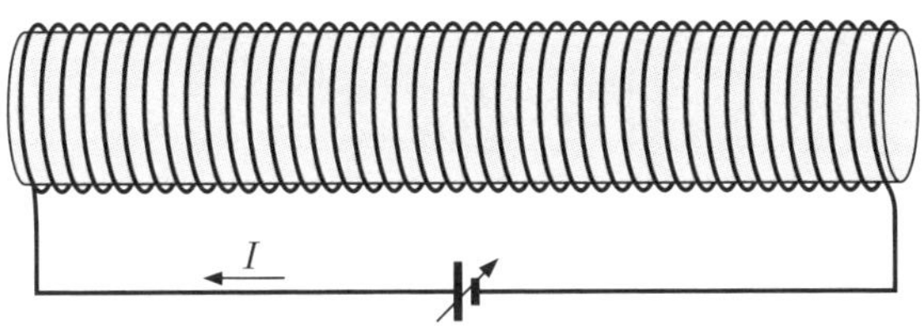

Abbildung 5.7: Eine lange Spule, die eine magnetische Probe umgibt, ist mit einer veränderlichen Stromquelle verbunden, die magnetische Arbeit verrichtet.

(a) Stellen Sie sich vor, dass Sie den Strom infinitesimal ändern, was zu infinitesimalen Änderungen von B, M und $\mathcal{H}$ führt. Verwenden Sie das Faraday'sche Gesetz, um zu zeigen, dass die von der Stromquelle für diese Änderung zu liefernde Arbeit $W_{\text{total}} = V\mathcal{H}\,\mathrm{d}B$ lautet. (Vernachlässigen Sie den Widerstand im Draht.)

(b) Drücken Sie das Ergebnis von Teil (a) durch $\mathcal{H}$ und M aus. Ziehen Sie dann die Arbeit ab, die benötigt würde, auch wenn die Probe nicht vorhanden wäre. Wir definieren

4 Diese Aufgabe verlangt eine gewisse Vertrautheit mit der Theorie des Magnetismus in Materie. Lesen Sie dazu zum Beispiel David J. Griffiths, *Elektrodynamik*, dritte Auflage (Pearson, München, 2011), Kapitel 6.

W, die am *System*[5] verrichtete Arbeit, als das, was übrig bleibt. Zeigen Sie, dass $W = \mu_0 \mathcal{H}\, \mathrm{d}M$.

(c) Wie lautet die thermodynamische Identität für dieses System? (Beziehen Sie die magnetische Arbeit, aber keine mechanische Arbeit oder einen Teilchenstrom ein.)

(d) Wie würden Sie die Analogien zur Enthalpie und zur Gibbs'schen freien Energie für ein magnetisches System definieren? (Die Helmholtz'sche freie Energie ist in der gleichen Weise wie für ein mechanisches System definiert.) Leiten Sie die thermodynamische Identität für jede dieser Größen her und diskutieren Sie Ihre Interpretation.

5.2 Die freie Energie treibt ins Gleichgewicht

In einem *isolierten* System nimmt die *Entropie* zu; es ist die Entropie des Systems, die die Richtung spontaner Änderungen festlegt. Aber wenn ein System nun *nicht* isoliert ist? Nehmen Sie nun an, dass unser System guten thermischen Kontakt zur Umwelt hat (siehe Abbildung 5.8). Nun kann Energie zwischen System und Umwelt fließen, und die Größe, die zunimmt, ist dann nicht die Entropie des *Systems*, sondern die *Gesamt*entropie von System und Umwelt. In diesem Abschnitt möchte ich diese Regel in eine brauchbarere Form bringen.

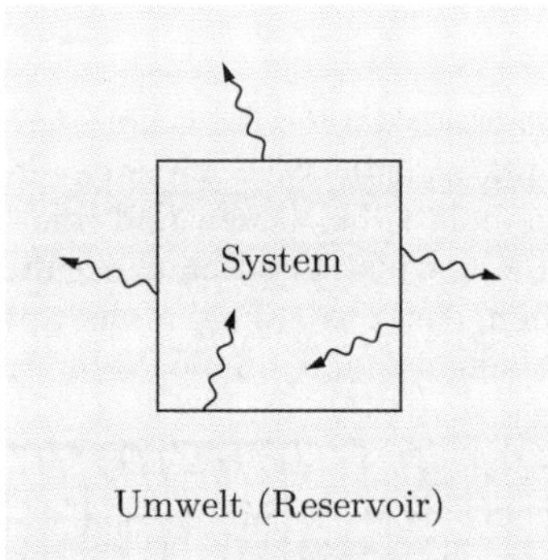

Abbildung 5.8: Bei einem System, das mit seiner Umwelt Energie austauschen kann, nimmt die Gesamtentropie von beiden zu.

Ich nehme an, dass die Umwelt als ein Energie„reservoir" agiert, das groß genug ist, um unbeschränkte Mengen von Energie aufnehmen zu können, ohne seine Temperatur zu ändern. Man kann die Gesamtentropie des Universums als $S + S_\mathrm{R}$ schreiben, wobei der Index R besagt, dass es sich um eine Eigenschaft des Reservoirs handelt, während sich eine Größe ohne Index alleine auf das System bezieht. Die Grundregel ist, dass die Gesamtentropie des Universums zunimmt. Schauen wir uns also eine kleine Änderung der Gesamtentropie an:

$$\mathrm{d}S_\mathrm{gesamt} = \mathrm{d}S + \mathrm{d}S_\mathrm{R}\,. \tag{5.26}$$

5 Das ist nicht die einzig mögliche Definition des „Systems". Andere Definitionen sind anderen physikalischen Situationen angemessener, was leider zu viel terminologischer Verwirrung führt. Eine ausführlichere Darstellung der Thermodynamik des Magnetismus findet sich in Mandl (1988), Carrington (1994) und/oder Pippard (1957).

Ich würde diese Größe gerne ausschließlich durch Systemvariable ausdrücken. Dazu wende ich die thermodynamische Identität in der Form

$$\mathrm{d}S = \frac{1}{T}\,\mathrm{d}U + \frac{P}{T}\,\mathrm{d}V - \frac{\mu}{T}\,\mathrm{d}N \tag{5.27}$$

auf das Reservoir an. Zuerst werde ich annehmen, dass V und N im Reservoir fest sind – nur Energie fließt aus dem System heraus oder in dieses hinein. Dann gilt $\mathrm{d}S_\mathrm{R} = \mathrm{d}U_\mathrm{R}/T_\mathrm{R}$ und Gleichung 5.26 kann

$$\mathrm{d}S_\mathrm{gesamt} = \mathrm{d}S + \frac{1}{T_\mathrm{R}}\,\mathrm{d}U_\mathrm{R} \tag{5.28}$$

geschrieben werden. Aber die Temperatur des Reservoirs ist die gleiche wie die des Systems, und die Änderung der Reservoirenergie $\mathrm{d}U_\mathrm{R}$ ist minus die Änderung der Systemenergie $\mathrm{d}U$. Somit ist

$$\mathrm{d}S_\mathrm{gesamt} = \mathrm{d}S - \frac{1}{T}\,\mathrm{d}U = -\frac{1}{T}(\mathrm{d}U - T\,\mathrm{d}S) = -\frac{1}{T}\,\mathrm{d}F\,. \tag{5.29}$$

Aha! Unter diesen Bedingungen (festes T, V und N) entspricht eine Zunahme der Gesamtentropie des Universums einer *Abnahme* der Helmholtz'schen freien Energie des Systems.

Wir können das Reservoir also vergessen und uns einfach merken, dass das System alles tun wird, um seine Helmholtz'sche freie Energie zu *minimieren.* Nebenbei bemerkt, hätten wir dieses Ergebnis aus Gleichung 5.5, $\Delta F \leq W$, erraten können. Wenn am System *keine* Arbeit verrichtet wird, so kann F nur abnehmen.

Wenn wir stattdessen zulassen, dass sich das Volumen des Systems ändert, aber es auf dem gleichen konstanten *Druck* wie das Reservoir halten, dann ergibt eine analoge Argumentation

$$\mathrm{d}S_\mathrm{gesamt} = \mathrm{d}S - \frac{1}{T}\,\mathrm{d}U - \frac{P}{T}\,\mathrm{d}V = -\frac{1}{T}(\mathrm{d}U - T\,\mathrm{d}S + P\,\mathrm{d}V) = -\frac{1}{T}\,\mathrm{d}G\,, \tag{5.30}$$

sodass es nun die *Gibbs'sche* freie Energie ist, die abnimmt. Auch das hätten wir erraten können, nämlich aus Gleichung 5.8, $\Delta G \leq W_\mathrm{andere}$.

Lassen Sie mich diese Punkte der Klarheit halber zusammenfassen:

- Bei konstanter Energie und Volumen nimmt S zu.
- Bei konstanter Temperatur und Volumen nimmt F ab.
- Bei konstanter Temperatur und Druck nimmt G ab.

Alle drei Aussagen nehmen an, dass keine Teilchen ins System hinein oder heraus gehen (schauen Sie sich jedoch Aufgabe 5.23 an).

Wir können diese Tendenzen intuitiv verstehen, indem wir uns noch einmal die Definitionen der Helmholtz'schen und Gibbs'schen freien Energie anschauen. Erinnern Sie sich, dass

$$F \equiv U - TS\,. \tag{5.31}$$

Damit ist es in einer Umgebung bei konstanter Temperatur dasselbe zu sagen, dass F zunimmt, wie zu sagen, dass F abnimmt und S zunimmt. Nun, wir wissen bereits, dass S tendenziell zunimmt. Aber neigt die Energie eines Systems dazu, spontan abzunehmen? Ihre Intuition sagt vermutlich ja, und das ist auch korrekt, aber *nur* weil die Energie der Umgebung zunimmt, wenn die Energie des Systems abnimmt, und damit auch die

Entropie der Umwelt zunimmt. Bei niedrigen Temperaturen ist dieser Effekt tendenziell wichtiger, denn die an die Umgebung übertragene Entropie ist bei einem vorgegebenen Energietransfer groß, da sie zu $1/T$ proportional ist. Bei hoher Temperatur gewinnt die Umgebung nicht so viel Entropie, somit wird die Entropie des Systems wichtiger, um das Verhalten von F zu bestimmen.

Ähnliche Überlegungen lassen sich auf die Gibbs'sche freie Energie

$$G \equiv U + PV - TS \tag{5.32}$$

übertragen. Nun kann die Entropie der Umgebung jedoch auf zwei Weisen zunehmen: die Umgebung kann Energie aus dem System gewinnen oder Volumen aus dem System übernehmen. Somit „wollen" U und V für das System abnehmen, während S zunehmen „will", immer um die Gesamtentropie des Universums zu maximieren.

Aufgabe 5.18 Stellen Sie sich vor, dass Sie einen Ziegelstein auf den Boden werfen, wo er mit einem Geräusch landet. Offensichtlich neigt die Energie dieses Systems dazu, spontan abzunehmen. Erklären Sie warum.

Aufgabe 5.19 Im vorangegangenen Abschnitt habe ich die Formel $(\partial F/\partial V)_T = -P$ hergeleitet. Erklären Sie, warum diese Formel intuitiv Sinn macht, indem Sie Kurven von F über V mit verschiedenen Steigungen anschauen.

Aufgabe 5.20 Der erste angeregte Zustand eines Wasserstoffatoms hat eine Energie von 10,2 eV, wenn wir die Grundzustandsenergie auf null setzen. In Wirklichkeit besteht der erste angeregte Zustand aus vier unabhängigen Zuständen gleicher Energie. Wir können ihm daher eine Entropie $S = k \ln 4$ zuordnen, da für diese Energie eine vierfache Entartung vorliegt. *Frage:* Für welche Temperaturen ist die Helmholtz'sche freie Energie eines Wasserstoffatoms im ersten angeregten Zustand positiv und für welche Temperaturen ist sie negativ? (*Anmerkung:* Wenn F für das Niveau negativ ist, so wird das Atom spontan aus dem Grundzustand in dieses Niveau gehen, da im Grundzustand $F = 0$ gilt und F zur Abnahme tendiert. Für ein so kleines System ist dieser Schluss immer eine Wahrscheinlichkeitsaussage; zufällige Fluktuationen werden sehr wichtig.)

Extensive und intensive Größen

Die Zahl der möglicherweise interessanten thermodynamischen Größen hat auf den letzten Seiten zugenommen. Unter anderem haben wir nun U, V, N, S, T, P, μ, H, F und G. Ein Weg, all diese Größen zu organisieren, besteht darin, diejenigen herauszusuchen, die sich verdoppeln, wenn Sie einfach die Stoffmenge verdoppeln, indem Sie das Neue neben das Alte setzen (siehe Abbildung 5.9). Bei dieser hypothetischen Operation bekommen Sie die doppelte Energie und das doppelte Volumen, aber *nicht* die doppelte Temperatur. Die Größen, die sich *verdoppeln*, nennt man **extensive Größen**. Diejenigen, die *unverändert* bleiben, heißen **intensive Größen**. Hier ist eine Aufstellung nach dieser Klassifizierung:

$$\text{extensiv: } V,\ N,\ S,\ U,\ H,\ F,\ G, \text{ Masse}$$

$$\text{intensiv: } T,\ P,\ \mu, \text{ Dichte}$$

Wenn Sie eine extensive Größe mit einer intensiven Größe multiplizieren, so erhalten Sie eine extensive Größe; zum Beispiel ergibt Volumen × Dichte = Masse. In gleicher Weise bekommen Sie eine intensive Größe, wenn Sie eine extensive Größe durch eine andere

V, U, S, P, T $\qquad$ $2V, 2U, 2S, P, T$

Abbildung 5.9: Zwei Kaninchen haben zweimal so viel Volumen, Energie und Entropie wie ein Kaninchen, aber nicht den doppelten Druck oder die doppelte Temperatur.

teilen. Wenn Sie zwei extensive Größen multiplizieren, so erhalten Sie etwas, das *weder* extensiv *noch* intensiv ist; wenn Sie in einer Ihrer Rechnungen auf ein solches Produkt stoßen, haben Sie vermutlich etwas falsch gemacht. Die Addition zweier Größen vom selben Typ führt auf eine andere Größe von diesem Typ; zum Beispiel $H = U + PV$. Es ist gar nicht erlaubt, eine additive Größe zu einer intensiven Größe zu addieren, daher werden Sie (zum Beispiel) niemals auf die Summe $G + \mu$ stoßen, obwohl G und μ dieselben Einheiten haben. Es ist nichts Falsches, eine extensive Größe zu exponenzieren; dann bekommen Sie eine *multiplikative* Größe wie zum Beispiel $\Omega = \mathrm{e}^{S/k}$.

Es ist eine gute Übung, sich noch einmal die verschiedenen Gleichungen mit F und G anzuschauen und zu zeigen, dass sie hinsichtlich Extensivität und Intensivität Sinn machen. In der thermodynamischen Identität für G,

$$\mathrm{d}G = -S\,\mathrm{d}T + V\,\mathrm{d}P + \sum_i \mu_i\,\mathrm{d}N_i\,, \tag{5.33}$$

ist jeder Term extensiv, weil jedes Produkt eine extensive und eine intensive Größe beinhaltet.

Aufgabe 5.21 Ist die Wärmekapazität (C) extensiv oder intensiv? Wie steht es mit der spezifischen Wärme (c)? Erklären Sie das kurz.

Die Gibbs'sche freie Energie und das chemische Potential

Mithilfe des Konzepts extensiver und intensiver Größen können wir nun eine andere nützliche Beziehung herleiten, in der die Gibbs'sche freie Energie vorkommt. Erinnern Sie sich zunächst an die partielle Ableitung

$$\mu = \left(\frac{\partial G}{\partial N}\right)_{T,P}. \tag{5.34}$$

Diese Gleichung besagt, dass die Gibbs'sche freie Energie des Systems um μ zunimmt, wenn Sie dem System ein Teilchen hinzufügen und dabei Temperatur und Druck konstant halten (siehe Abbildung 5.10). Wenn Sie immer mehr Teilchen hinzufügen, erhöht jeder wieder die Gibbs'sche freie Energie um μ. Sie könnten nun denken, dass sich bei dieser Prozedur der Wert von μ graduell ändert, μ also einen ganz anderen Wert als zu Beginn hat, wenn Sie die Teilchenzahl verdoppelt haben. Aber wenn Sie T und P

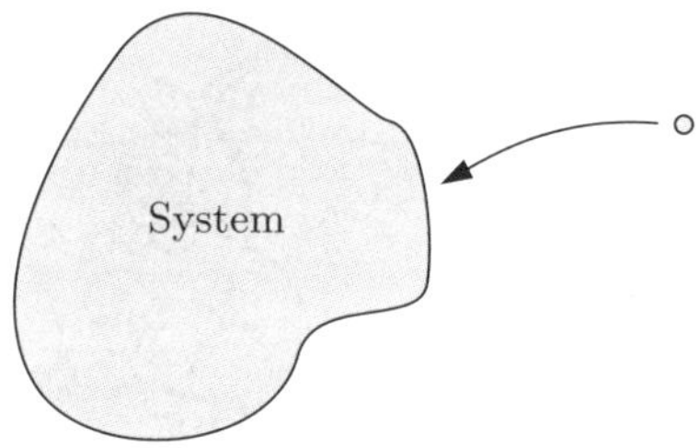

Abbildung 5.10: Wenn Sie einem System ein Teilchen hinzufügen und dabei Temperatur und Druck konstant halten, so nimmt die Gibbs'sche freie Energie um μ zu.

konstant halten, kann das nicht passieren: Jedes weitere Teilchen muss G exakt *denselben* Betrag hinzufügen, denn G ist eine extensive Größe, die einfach proportional zur Teilchenzahl wachsen muss. Die Proportionalitätskonstante ist gemäß Gleichung 5.34 einfach μ:

$$G = N\mu \,. \tag{5.35}$$

Diese erstaunlich einfache Gleichung gibt uns eine neue Deutung des chemischen Potentials, jedenfalls für ein reines System aus nur einem Stoff: μ ist gerade die Gibbs'sche freie Energie pro Teilchen.

Diese Argumentation ist subtil, denken Sie also bitte sorgfältig darüber nach. Vielleicht kann man sie am besten verstehen, indem man darüber nachdenkt, warum man sie nicht auf die Helmholtz'sche freie Energie anwenden kann, wenn man mit der zutreffenden Beziehung

$$\mu = \left(\frac{\partial F}{\partial N}\right)_{T,V} \tag{5.36}$$

anfängt. Das Problem liegt darin, dass Sie ein Teilchen hinzufügen und dabei Temperatur und *Volumen* konstant halten müssen, wenn Sie F um μ erhöhen wollen. Wenn Sie jetzt mehr und mehr Teilchen hinzufügen, wird sich μ graduell ändern, weil das System dichter wird. Es ist korrekt, dass F eine extensive Größe ist, aber das bedeutet *nicht*, dass sich F verdoppelt, wenn Sie die Dichte des Systems verdoppeln und dabei das Volumen konstant halten. Im vorigen Abschnitt war es entscheidend, dass T und P, die beiden Variablen, die in Gleichung 5.34 konstant gehalten wurden, intensiv waren, sodass alle extensiven Variablen proportional zu N zunehmen konnten.

In einem System, das mehr als eine Teilchensorte enthält, verallgemeinert sich Gleichung 5.35 auf natürliche Weise:

$$G = N_1\mu_1 + N_2\mu_2 + \cdots = \sum_i N_i\mu_i \,. \tag{5.37}$$

Der Beweis ist derselbe wie zuvor, außer dass wir uns vorstellen, dass wir das System in infinitesimalen Schritten aufbauen und dabei die Verhältnisse der verschiedenen Stoffe während des Prozesses konstant halten. Das Ergebnis bedeutet aber *nicht*, dass G für eine Mischung einfach gleich der Summe der G's der reinen Komponenten ist. Die μ's in Gleichung 5.37 *unterscheiden* sich im Allgemeinen von ihren Werten für die entsprechenden reinen Stoffe.

Als erste Anwendung von Gleichung 5.35 leiten wir nur eine sehr allgemeine Formel für das chemische Potential eines idealen Gases ab. Betrachten Sie eine konstante

Gasmenge bei konstanter Temperatur, bei der wir den Druck variieren. Aus den Gleichungen 5.35 und 5.24 folgt

$$\frac{\partial \mu}{\partial P} = \frac{1}{N}\frac{\partial G}{\partial P} = \frac{V}{N}\,. \tag{5.38}$$

Nach dem idealen Gasgesetz ist diese Größe aber gerade kT/P. Eine Integration beider Seiten von P° bis P ergibt daher

$$\mu(T,P) - \mu(T,P^\circ) = kT\ln(P/P^\circ)\,. \tag{5.39}$$

Hier kann P° irgendein geeigneter Referenzdruck sein. Meist nehmen wir den Luftdruck (1 bar, um genau zu sein) als P°. Die übliche Bezeichnung für das μ eines Gases bei Luftdruck ist μ°; somit können wir schreiben

$$\mu(T,P) = \mu^\circ(T) + kT\ln(P/P^\circ)\,. \tag{5.40}$$

Werte für μ° (zumindest für die Raumtemperatur) kann man aus Tabellen Gibbs'scher freier Energien erhalten ($\mu = G/N$). Gleichung 5.40 sagt Ihnen dann, wie sich μ mit dem Druck (oder – gleichbedeutend – mit der Dichte) ändert. In einer *Mischung* idealer Gase gilt Gleichung 5.40 für jede Spezies separat, wenn Sie für P den *Partialdruck* dieser Spezies einsetzen. Das funktioniert, weil ideale Gase weitestgehend leerer Raum sind: Wie ein ideales Gas mit seiner Umgebung Teilchen austauscht, hängt nicht von der Anwesenheit eines anderen idealen Gases ab.

Aufgabe 5.22 Zeigen Sie, dass Gleichung 5.40 mit der expliziten Formel für das chemische Potential eines monoatomaren idealen Gases aus Abschnitt 3.5 übereinstimmt. Zeigen Sie, wie man μ° für ein monoatomares ideales Gas berechnet.

Aufgabe 5.23 Sie können vier weitere thermodynamische Potentiale erhalten, indem Sie μN von U, H, F oder G abziehen. Das Nützlichste der vier ist das **großkanonische Potential**

$$\Phi \equiv U - TS - \mu N\,.$$

(a) Leiten Sie die thermodynamische Identität für Φ her, ebenso die dazugehörigen Formeln für die partiellen Ableitungen von Φ nach T, V und μ.

(b) Beweisen Sie, dass Φ in einem System im thermischen und diffusiven Gleichgewicht (mit einem Reservoir, das sowohl Energie als auch Teilchen liefern kann) zur Abnahme tendiert.

(c) Beweisen Sie, dass $\Phi = -PV$.

(d) Als eine einfache Anwendung betrachten Sie als System ein einzelnes Proton, das entweder von einem einzelnen Elektron „besetzt“ werden kann (und dann zu einem Wasserstoffatom mit einer Energie von −13,6 eV wird) oder keinem (mit Energie null). Vernachlässigen Sie die angeregten Zustände des Atoms und die zwei Spinzustände des Elektrons, sodass sowohl die besetzten als auch die unbesetzten Zustände des Protons Entropie null haben. Nehmen Sie an, dass sich dieses Proton in der Sonnenatmosphäre befindet, einem Reservoir mit einer Temperatur von 5800 K und einer Elektronendichte von etwa $2{\cdot}10^{19}$ pro Kubikmeter. Berechnen Sie Φ für die besetzen und für die unbesetzten Zustände, um den unter diesen Bedingungen stabileren zu bestimmen. Behandeln Sie die Elektronen als ein ideales Gas, um ihr chemisches Potential zu berechnen. Bei (in etwa) welcher Temperatur wären die besetzten und unbesetzten Zustände bei diesem Wert der Elektronendichte gleich stabil? (Wie in Aufgabe 5.20 ist die Vorhersage für so ein kleines System nur eine probabilistische.)

5.3 Phasenumwandlungen reiner Stoffe

Eine **Phasenumwandlung** ist eine unstetige Änderung in den Eigenschaften eines Stoffes, dessen Umwelt sich nur infinitesimal ändert. Bekannte Beispiele umfassen das Schmelzen von Eis und das Verdampfen von Wasser, die beide mit einer nur sehr kleinen Änderung der Temperatur erreicht werden können. Die unterschiedlichen Formen des Stoffs – in diesem Fall Eis, Wasser und Dampf – nennt man **Phasen**.

Oft gibt es mehr als eine Variable, die die Phase eines Stoffes beeinflussen kann. Sie können zum Beispiel Dampf kondensieren, indem Sie entweder die Temperatur erniedrigen oder den Druck erhöhen. Ein Diagramm, das die Gleichgewichtsphasen als Funktion von Temperatur und Druck zeigt, heißt **Phasendiagramm**.

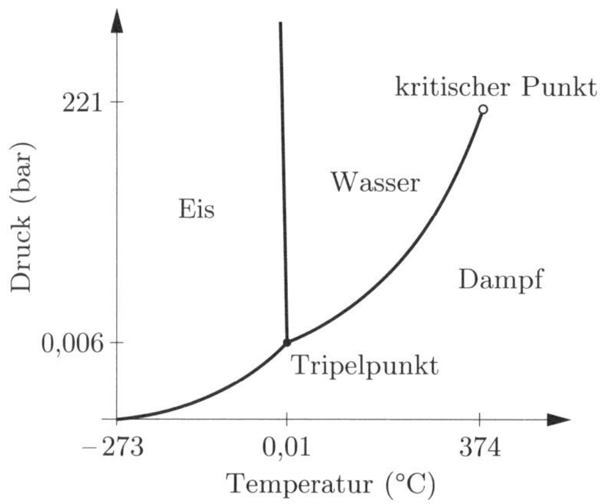

T (°C)	P_v (bar)	L (kJ/mol)
−40	0,00013	51,16
−20	0,00103	51,13
0	0,00611	51,07
0,01	0,00612	45,05
25	0,0317	43,99
50	0,1234	42,92
100	1,013	40,66
150	4,757	38,09
200	15,54	34,96
250	39,74	30,90
300	85,84	25,30
350	165,2	16,09
374	220,6	0,00

Abbildung 5.11: Phasendiagramn von H_2O (nicht maßstäblich). Die Tabelle gibt den Dampfdruck und die molare latente Wärme für die Umwandlung fest–gasförmig (erste drei Einträge) und die Umwandlung flüssig–gasförmig (verbleibende Einträge) an. Die Daten sind aus Keenan et al. (1978) und Lide (1994).

Abbildung 5.11 zeigt ein qualitatives Phasendiagramm von H_2O, zusammen mit einigen Zahlenwerten zu seinen Phasenumwandlungen. Das Diagramm unterteilt sich in drei Bereiche; es zeigt die Bedingungen auf, unter denen Eis, Wasser oder Wasserdampf die stabilsten Phasen sind. Es ist allerdings wichtig, sich darüber im Klaren zu sein, dass es auch „metastabile“ Phasen geben kann; Wasser kann zum Beispiel unter den Gefrierpunkt „unterkühlt“ werden, aber noch für einige Zeit flüssig bleiben. Bei hohen Drücken gibt es sogar mehrere verschiedene Eisphasen mit unterschiedlichen Kristallstrukturen und anderen physikalischen Eigenschaften.

Die Linien in einem Phasendiagramm stellen Bedingungen dar, unter denen zwei Phasen im Gleichgewicht koexistieren können; Wasser und Eis können zum Beispiel bei 0 °C und 1 atm ($\approx$ 1 bar) stabil koexistieren. Der Druck, bei dem ein Gas mit seiner festen oder flüssigen Phase koexistieren kann, heißt **Dampfdruck**; somit beträgt der Dampfdruck von Wasser bei Raumtemperatur in etwa 0,03 bar. Bei $T = 0{,}01$ °C und $P = 0{,}006$ bar können alle drei Phasen koexistieren; dieser Punkt heißt **Tripelpunkt**. Bei niedrigeren Drücken kann im Gleichgewicht kein flüssiges H_2O existieren: Eis „sublimiert“ direkt zu Dampf.

Sie haben vermutlich die Sublimation von „Trockeneis“, gefrorenem Kohlendioxid, beobachtet. Offensichtlich liegt der Tripelpunkt von Kohlendioxid oberhalb des normalen Luftdrucks; in der Tat liegt er bei 5,2 bar. Ein qualitatives Phasendiagramm von Kohlendioxid ist in Abbildung 5.12 dargestellt. Ein weiterer Unterschied zwischen CO_2

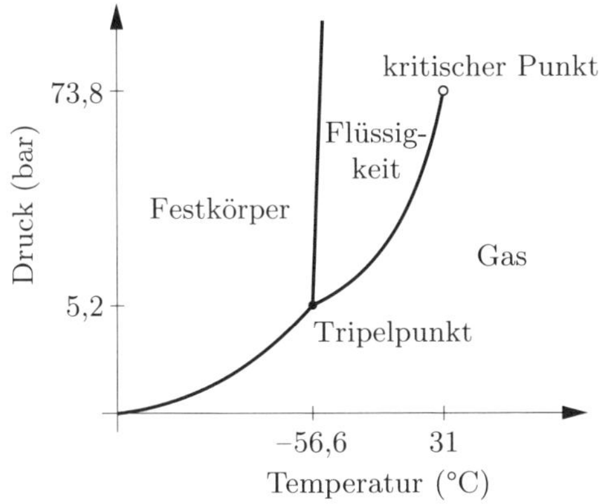

T (°C)	P_v (bar)
−120	0,0124
−100	0,135
−80	0,889
−78,6	1,000
−60	4,11
−56,6	5,18
−40	10,07
−20	19,72
0	34,85
20	57,2
31	73,8

Abbildung 5.12: Phasendiagramm von Kohlendioxid (nicht maßstäblich). Die Tabelle gibt den Dampfdruck entlang der Fest-gasförmig-Linie und der Flüssig-gasförmig-Linie. Die Daten stammen aus Lide (1994) und Reynolds (1979).

und H_2O besteht in der Steigung der Fest-Flüssig-Phasengrenze. Die meisten Stoffe sind wie Kohlendioxid: Wendet man mehr Druck an, so *steigt* die Schmelztemperatur. Eis ist hingegen ungewöhnlich: Wendet man Druck an, so *sinkt* die Schmelztemperatur. Wir werden bald sehen, dass das daher kommt, dass Eis weniger dicht als Wasser ist.

Die Phasengrenze zwischen Flüssigkeit und Gas hat immer eine positive Steigung: Wenn Sie Flüssigkeit und Gas im Gleichgewicht haben und die Temperatur erhöhen, müssen Sie *mehr* Druck anwenden, um die Flüssigkeit am Verdampfen zu hindern. Wenn der Druck zunimmt, wird das Gas aber dichter und der Unterschied zwischen Flüssigkeit und Gas wird geringer. Am Ende wird ein Punkt erreicht, an dem es keine unstetige Änderung von der Flüssigkeit zum Gas gibt. Dieser Punkt wird **kritischer Punkt** genannt und liegt für Wasser bei 374 °C und 221 bar. Der kritische Punkt von Kohlendioxid ist zugänglicher und liegt bei 31 °C und 74 bar, der von Stickstoff bei nur 126 K und 34 bar. Nahe am kritischen Punkt geht man am besten auf Nummer sicher und nennt den Stoff einfach ein „Fluid". Auf der Phasengrenze zwischen Festkörpern und Flüssigkeiten gibt es keinen kritischen Punkt, weil der Unterschied zwischen Festkörpern und Flüssigkeiten qualitativ (Festkörper haben Kristallstruktur, Flüssigkeiten haben zufällig angeordnete Moleküle) und nicht nur graduell ist. Einige Materialien, die aus langen Molekülen bestehen, können aber eine **Flüssigkristallphase** bilden, in der sich die Moleküle zufällig bewegen, aber eine Tendenz haben, parallel zueinander ausgerichtet zu sein.

Helium hat das exotischste Phasenverhalten aller Elemente. Abbildung 5.13 zeigt die Phasendiagramme der zwei Heliumisotope, dem häufigen Isotop ^{4}He und dem seltenen Isotop ^{3}He. Der Siedepunkt von ^{4}He liegt bei normalem Luftdruck bei nur 4,2 K und der kritische Punkt liegt nur ein wenig darüber, bei 5,2 K und 2,3 bar; bei ^{3}He liegen alle diese Parameter noch ein wenig niedriger. Helium ist das einzige Element, das am absoluten Nullpunkt eine Flüssigkeit bleibt: Es bildet eine feste Phase, aber nur bei ziemlich hohen Drücken, etwa 25 bar für ^{4}He und 30 bar für ^{3}He. Die Phasengrenze zwischen fest und flüssig ist für ^{4}He unter 1 K nahezu horizontal, wohingegen diese Grenze bei ^{3}He unter 0,3 K eine *negative* Steigung hat. Noch interessanter ist, dass ^{4}He zwei verschiedene flüssige Phasen hat: eine „normale" Phase namens Helium-I und eine **suprafluide** Phase namens Helium II unterhalb von etwa 2 K. Die suprafluide Phase hat einige bemer-

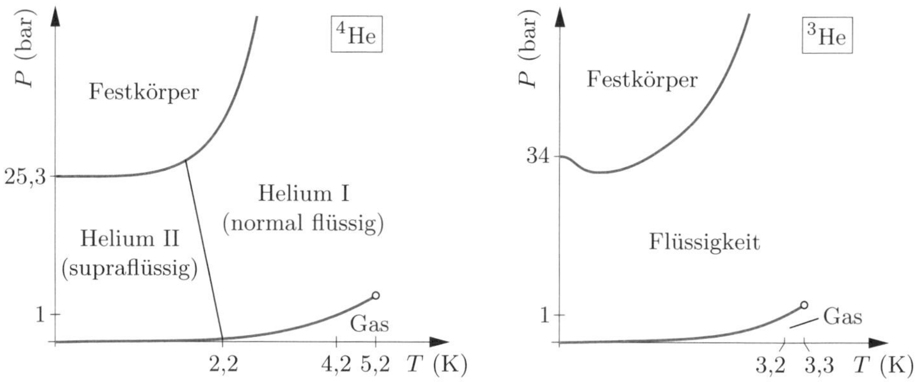

Abbildung 5.13: Phasendiagramme von ^{4}He (links) und ^{3}He (rechts). Beide Diagramme sind nicht maßstabstreu, aber die qualitativen Verhältnisse zwischen den Diagrammen sind korrekt dargestellt. Nicht dargestellt sind die drei verschiedenen festen (kristallinen) Phasen jedes Isotops und die suprafluiden Phasen von ^{3}He unter 3 mK.

kenswerte Eigenschaften, unter anderem eine verschwindende Viskosität und eine sehr hohe thermische Leitfähigkeit. Helium-3 hat sogar zwei verschiedene suprafluide Phasen, aber nur bei Temperaturen unterhalb von 3 mK.

Neben Druck und Temperatur kann auch die Veränderung anderer Variablen wie der Zusammensetzung oder der Stärke eines Magnetfeldes zu Phasenumwandlungen führen. Abbildung 5.14 zeigt Phasendiagramme für zwei verschiedene magnetische Systeme. Links ist das Diagramm eines typischen **Typ-I-Supraleiters** wie zum Beispiel Zinn, Quecksilber oder Blei. Die supraleitende Phase mit verschwindendem elektrischen Widerstand existiert nur, wenn sowohl die Temperatur als auch das angelegte äußere Magnetfeld hinreichend klein sind. Rechts findet sich das Diagramm eines **Ferromagneten** wie Eisen, der *magnetisierte* Phasen aufweist, deren Magnetisierung entweder nach oben oder unten zeigt, abhängig von der Richtung des angelegten Feldes. (Der Einfachheit halber nimmt dieses Diagramm an, dass das angelegte Feld immer entlang einer vorgegebenen Achse nach oben oder nach unten zeigt.) Ist das angelegte Feld null, so können Phasen mit Magnetisierung in beide Richtungen koexistieren. Wird die Temperatur erhöht, so wird die Magnetisierung beider Phasen jedoch schwächer.

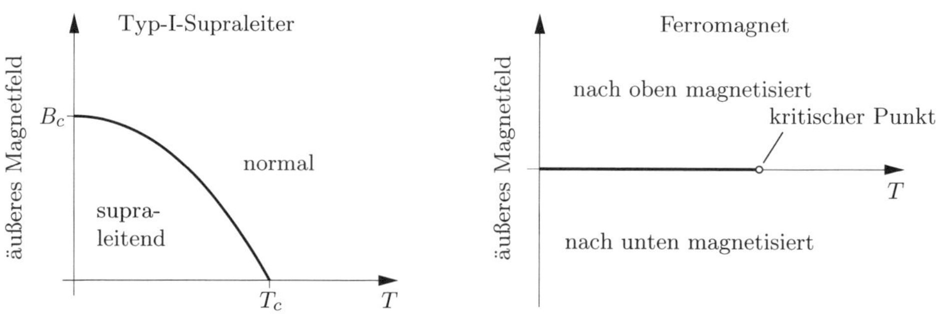

Abbildung 5.14: Links: Phasendiagramm eines typischen Typ-I-Supraleiters. Bei Blei sind $T_c = 7{,}2$ K und $B_c = 0{,}08$ T. Rechts: Phasendiagramm eines Ferromagneten, unter der Annahme, dass das angelegte Feld und die Magnetisierung immer entlang einer vorgegebenen Achse sind.

Schließlich verschwindet die Magnetisierung bei der **Curie-Temperatur** (1043 K für Eisen) vollständig. Somit endet die Phasengrenze an einem kritischen Punkt.[6]

Diamant und Graphit

Elementarer Kohlenstoff hat zwei bekannte Phasen, Diamant und Graphit (beide fest, aber mir unterschiedlicher Kristallstruktur). Bei normalem Druck ist Graphit die stabilere Phase, und daher wird sich Diamant spontan in Graphit umwandeln, auch wenn dieser Prozess bei Raumtemperatur extrem langsam abläuft. (Bei hohen Temperaturen läuft die Umwandlung schneller ab. Wenn Sie also Diamanten besitzen, werfen Sie sie nicht ins Kaminfeuer.[7])

Die Tatsache, dass Graphit bei Normalbedingungen stabiler als Diamant ist, schlägt sich in ihren Gibbs'schen freien Energien nieder: Die Gibbs'sche freie Energie eines Mols Diamant ist um 2900 J größer als die Gibbs'sche freie Energie eines Mols Graphit. Nach der Argumentation von Abschnitt 5.2 ist die stabile Phase bei vorgegebener Temperatur und vorgegebenem Druck immer die mit der niedrigeren Gibbs'schen freien Energie.

Aber der Unterschied von 2900 J ist für Standardbedingungen, 298 K und normalem Luftdruck (1 bar). Was passiert bei höheren Drücken? Die Druckabhängigkeit der Gibbs'schen freien Energie ist durch das Volumen des Stoffs bestimmt,

$$\left(\frac{\partial G}{\partial P}\right)_{T,N} = V\,, \tag{5.41}$$

und da ein Mol Graphit ein größeres Volumen als ein Mol Diamant hat, wird seine Gibbs'sche freie Energie bei Erhöhung des Drucks schneller zunehmen. Abbildung 5.15 zeigt eine Kurve von G über P für beide Stoffe. Nehmen wir die Volumen als konstant an (indem wir die Kompressibilität beider Stoffe vernachlässigen), so sind die Kurven jeweils Geraden. Die Steigungen sind $V = 5{,}31 \cdot 10^{-6}\,\mathrm{m}^3$ für Graphit und $V = 3{,}42 \cdot 10^{-6}\,\mathrm{m}^3$ für Diamant. Wie Sie sehen können, schneiden sich die beiden Linien bei einem Druck von etwa 15 Kilobar. Oberhalb dieses sehr hohen Drucks sollte Diamant stabiler als Graphit sein. Offensichtlich müssen sich natürliche Diamanten in sehr großer Tiefe bilden. Nimmt man an, dass Fels etwa dreimal so dicht wie Wasser ist, so kann man leicht abschätzen, dass Drücke im Untergrund um 3 bar pro 10 Meter Tiefe zunehmen. Somit braucht ein Druck von 15 kbar eine Tiefe von etwa 50 Kilometer.

Die Temperaturabhängigkeit der Gibbs'schen freien Energien kann man ähnlich bestimmen, indem man die Beziehung

$$\left(\frac{\partial G}{\partial T}\right)_{P,N} = -S \tag{5.42}$$

6 Jahrzehntelang hat man versucht, Phasenübergänge nach der Abruptheit der Änderung einzuteilen. Phasenübergänge zwischen fest und flüssig und flüssig und gasförmig werden als „erster Ordnung" bezeichnet, weil S und V, die *ersten* Ableitungen von G, an der Phasengrenze unstetig sind. Weniger abrupte Phasenübergänge (wie an kritischen Punkten und der Übergang von Helium I zu Helium II) bezeichnete man als „zweiter Ordnung" und so weiter, abhängig davon, wie viele Ableitungen man hintereinandernehmen musste, bevor man auf eine unstetige Größe traf. Wegen diverser Probleme mit dieser Einteilung ist es im Moment üblich, einfach alle Übergänge höherer Ordnung als „kontinuierlich" zu bezeichnen.

7 Die Temperatur, die man benötigt, um Diamant rasch in Graphit umzuwandeln, ist sogar recht hoch, etwa 1500 °C. In der Gegenwart von Sauerstoff werden aber sowohl Diamant als auch Graphit rasch zu Kohlendioxid verbrennen.

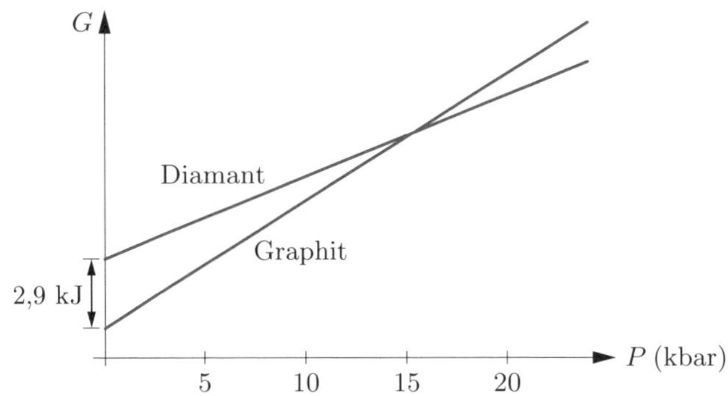

Abbildung 5.15: Molare Gibbs'sche freie Energien von Diamant und Graphit als Funktion des Drucks bei Raumtemperatur. Die Geraden sind Extrapolationen des Verhaltens bei niedrigen Drücken. Dabei werden die Volumenänderungen bei Druckerhöhung vernachlässigt.

verwendet. Bei zunehmender Temperatur nehmen beide Gibbs'sche freie Energien ab, aber die Abnahme ist bei Graphit schneller, weil es eine höhere Entropie hat. Somit macht eine Temperaturerhöhung Graphit im Verhältnis zu Diamant stabiler. Je höher die Temperatur ist, desto höherer Druck wird benötigt, damit Diamant die stabile Phase wird.

Derartige Analysen sind für Geochemiker sehr nützlich. Deren Aufgabe ist es, bei Gestein die Bedingungen seines Entstehens herauszufinden. Ganz allgemein ist die Gibbs'sche freie Energie der Schlüssel zu einem quantitativen Verständnis von Phasenumwandlungen.

Aufgabe 5.24 Rechnen Sie nach, dass Diamant bei etwa 15 kbar stabiler als Graphit wird.

Aufgabe 5.25 Bei der Bearbeitung geochemischer Problemstellungen ist es normalerweise praktischer, Volumina in Einheiten von kJ/kbar auszudrücken. Bestimmen Sie den Umrechnungsfaktor zwischen dieser Einheit und m^3.

Aufgabe 5.26 Wieso kann Diamant stabiler als Graphit sein, wenn es eine niedrigere Entropie hat? Erklären Sie, wieso bei hohem Druck die Verwandlung von Graphit in Diamant die *Gesamt*entropie von Kohlenstoff und seiner Umgebung erhöhen kann.

Aufgabe 5.27 Graphit ist kompressibler als Diamant.

(a) Würden Sie erwarten, dass der Übergang von Graphit zu Diamant bei niedrigerem oder höherem Druck als im Text vorhergesagt stattfindet, wenn Sie die Kompressibilitäten berücksichtigen?

(b) Die isotherme Kompressibilität von Graphit beträgt in etwa $3 \cdot 10^{-6}\,\text{bar}^{-1}$, die von Diamant ist mehr als zehnmal kleiner und daher im Vergleich vernachlässigbar. (Isotherme Kompressibilität ist der Bruchteil der Volumenabnahme bei der Erhöhung des Drucks um eine Einheit, wie in Aufgabe 1.46 definiert.) Verwenden Sie diese Information, um zu einer neuen Abschätzung des Drucks zu kommen, bei dem (bei Raumtemperatur) Diamant stabiler als Graphit wird.

Aufgabe 5.28 Kalziumkarbonat $CaCO_3$ tritt in zwei kristallinen Formem auf, Kalzit (Kalkspat) und Aragonit. Thermodynamische Daten für diese Phasen finden sich am Ende dieses Buchs.

(a) Was ist an der Erdoberfläche stabiler: Kalzit oder Aragonit?

(b) Berechnen Sie (immer noch bei Raumtemperatur) den Druck, bei dem die andere Phase stabil werden sollte.

Aufgabe 5.29 Aluminiumsilikat Al_2SiO_5 besitzt drei verschiedene kristalline Formen: Kyanit, Andalusit und Sillimanit. Weil jede unter anderen Bedingungen von Druck und Temperatur stabil ist und alle gemeinhin in metamorphen Gesteinen gefunden werden, sind diese Mineralien wichtige Indikatoren der geologischen Geschichte von Gesteinen.

(a) Verwenden Sie die thermodynamischen Daten am Ende dieses Buchs und begründen Sie, warum bei 298 K Kyanit unabhängig vom Druck die stabile Phase sein sollte.

(b) Betrachten Sie nun, was bei konstantem Druck passiert, wenn wir die Temperatur ändern. Sei ΔG der Unterschied zwischen den Gibbs'schen freien Energien zweier dieser Phasen und ebenso ΔS. Zeigen Sie, dass die T-Abhängigkeit von ΔG durch

$$\Delta G(T_2) = \Delta G(T_1) - \int_{T_1}^{T_2} \Delta S(T)\,\mathrm{d}T$$

gegeben ist. Obwohl die Entropie jeder der Phasen signifikant mit der Temperatur zunehmen wird, ist es oberhalb der Raumtemperatur oft eine gute Näherung, ΔS, die *Differenz* der Entropien zweier Phasen, als T-unabhängig anzunehmen. Das geht deshalb, weil die Temperaturabhängigkeit von S eine Funktion der Wärmekapazität ist (das haben wir in Kapitel 3 gesehen). Bei hohen Temperaturen hängt die Wärmekapazität eines Festkörpers in guter Näherung nur von der Anzahl Atome ab, aus denen er besteht.

(c) Nehmen Sie an, dass ΔS nicht von T abhängt, und bestimmen Sie den Temperaturbereich, in dem Kyanit, Andalusit und Sillimanit bei 1 bar stabil sein sollten.

(d) Diskutieren Sie die Genauigkeit der Näherung ΔS = konstant, indem Sie sich auf die Wärmekapazitäten der drei Formen von Al_2SiO_5 bei Raumtemperatur beziehen.

Aufgabe 5.30 Skizzieren Sie qualitativ korrekte Kurven von G über T für die drei Phasen von H_2O (Eis, Wasser und Dampf) bei normalem Luftdruck. Tragen Sie alle drei Kurven in dasselbe Diagramm ein und bezeichnen Sie die Temperaturen 0 °C und 100 °C. Wie würden die Kurven bei einem Druck von 0,001 bar anders aussehen?

Aufgabe 5.31 Skizzieren Sie qualitativ korrekte Kurven von G über P für die drei Phasen von H_2O (Eis, Wasser und Dampf) bei 0 °C. Tragen Sie alle drei Kurven in dasselbe Diagramm ein und bezeichnen Sie den Punkt, der dem normalen Luftdruck entspricht. Wie würden die Kurven bei einer etwas höheren Temperatur aussehen?

Die Clausius-Clapeyron-Gleichung

Da die Entropie die Temperaturabhängigkeit der Gibbs'schen freien Energie bestimmt und das Volumen ihre Druckabhängigkeit, hängt der Verlauf einer beliebigen Phasengrenzlinie in einem PT-Diagramm auf sehr einfache Weise von den Entropien und Drücken der beiden Phasen ab. Lassen Sie mich nun diese Beziehung herleiten.

Ich betrachte beispielhaft die Phasengrenze zwischen einer Flüssigkeit und einem Gas, es könnte aber eine beliebige andere Phasengrenze sein. Betrachten wir eine feste Menge des Stoffs, zum Beispiel ein Mol. An der Phasengrenze ist der Stoff als Flüssigkeit (l) und Gas (g) gleich stabil, sodass die Gibbs'sche freie Energie in beiden Phasen dieselbe sein muss:

$$G_\mathrm{l} = G_\mathrm{g} \qquad \text{an der Phasengrenze} . \tag{5.43}$$

(Sie können sich diese Bedingung auch anhand des chemischen Potentials vorstellen: Wenn eine Flüssigkeit und ein Gas im diffusiven Gleichgewicht miteinander sind, dann müssen ihre chemischen Potentiale, also ihre Gibbs'schen freien Energien pro Molekül, gleich sein.)

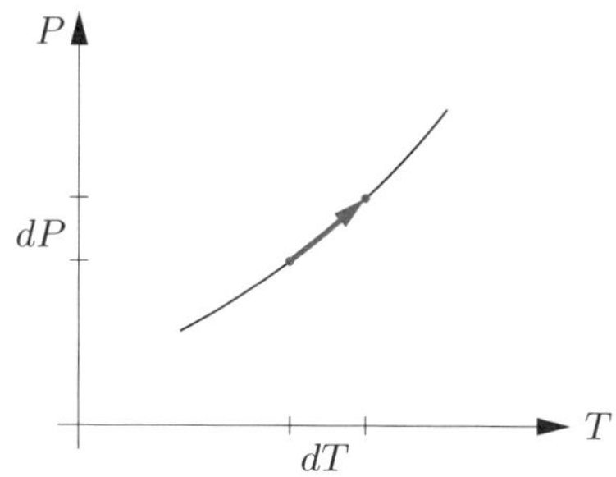

Abbildung 5.16: Infinitesimale Änderungen von Druck und Temperatur werden so miteinander verbunden, dass wir auf der Phasengrenze bleiben.

Stellen Sie sich nun vor, dass Sie die Temperatur um $\mathrm{d}T$ erhöhen und den Druck um $\mathrm{d}P$, sodass die beiden Phasen gleich stabil bleiben (siehe Abbildung 5.16). Bei dieser Veränderung müssen die Gibbs'schen freien Energien zueinander gleich bleiben, also

$$\mathrm{d}G_\mathrm{l} = \mathrm{d}G_\mathrm{g} \qquad \text{um auf der Phasengrenze zu bleiben} . \tag{5.44}$$

Daher gilt nach der thermodynamischen Identität für G (Gleichung 5.23)

$$-S_\mathrm{l}\,\mathrm{d}T + V_\mathrm{l}\,\mathrm{d}P = -S_\mathrm{g}\,\mathrm{d}T + V_\mathrm{g}\,\mathrm{d}P . \tag{5.45}$$

(Ich habe die $\mu\,\mathrm{d}N$-Terme ausgelassen, weil ich bereits angenommen habe, dass die Gesamtstoffmenge konstant ist.) Man kann nun leicht die Steigung der Phasengrenzlinie $\mathrm{d}P/\,\mathrm{d}T$ erhalten:

$$\frac{\mathrm{d}P}{\mathrm{d}T} = \frac{S_\mathrm{g} - S_\mathrm{l}}{V_\mathrm{g} - V_\mathrm{l}} . \tag{5.46}$$

Wie erwartet, wird die Steigung von den Entropien und Volumina der beiden Phasen bestimmt. Ein großer Entropieunterschied bedeutet, dass eine kleine Temperaturänderung das Gleichgewicht sehr deutlich von einer Phase zur anderen verschieben kann. Das führt zu einer steilen Phasengrenze, weil dann eine große Druckänderung nötig ist, um die kleine Temperaturänderung zu kompensieren. Auf der anderen Seite bedeutet ein großer Volumenunterschied, dass eine kleine Druckänderung signifikante Auswirkungen haben kann und die Phasengrenze flacher macht.

Es ist oft praktischer, die Differenz der Entropien $S_g - S_l$ als L/T zu schreiben, wobei L die (gesamte) latente Wärme ist, die benötigt wird, um den Stoff (in der betrachteten Menge) von Flüssigkeit zu Gas zu verwandeln. Dann nimmt Gleichung 5.46 die Gestalt

$$\frac{\mathrm{d}P}{\mathrm{d}T} = \frac{L}{T\,\Delta V} \tag{5.47}$$

an, wobei $\Delta V = V_g - V_l$. (Beachten Sie, dass das Verhältnis von L und ΔV intensiv, also unabhängig von der Stoffmenge ist, da beide extensiv sind.) Dieses Ergebnis wird als die **Clausius-Clapeyron-Gleichung** bezeichnet. Sie gilt für die Steigung jeder Phasengrenzlinie in einem PT-Diagramm, nicht nur für die Phasengrenze zwischen Flüssigkeit und Gas.

Betrachten Sie als ein Beispiel nochmals das Diamant-Graphit-System. Wenn sich ein Mol Diamant in Graphit umwandelt, so nimmt seine Entropie um 3,4 J/K zu, sein Volumen um $1{,}9 \cdot 10^{-6}\,\mathrm{m}^3$. (Beide Zahlenwerte gelten für Raumtemperatur; bei höheren Temperaturen ist der Unterschied in der Entropie etwas größer.) Die Steigung der Diamant-Graphit-Phasengrenze beträgt daher

$$\frac{\mathrm{d}P}{\mathrm{d}T} = \frac{\Delta S}{\Delta V} = \frac{3{,}4\,\mathrm{J/K}}{1{,}9 \cdot 10^{-6}\,m^3} = 1{,}8 \cdot 10^6\,\mathrm{Pa/K} = 18\,\mathrm{bar/K}\,. \tag{5.48}$$

Im letzten Unterabschnitt habe ich gezeigt, dass Diamant bei Raumtemperatur bei Drücken oberhalb von etwa 15 kbar stabil ist. Wir sehen nun, dass wir weitere 1,8 kbar brauchen, um Diamant stabil zu machen, wenn die Temperatur um 100 K höher liegt. Eine *rasche* Umwandlung von Graphit zu Diamant verlangt noch höhere Temperaturen und entsprechend höhere Drücke, wie im Phasendiagramm in Abbildung 5.17 dargestellt ist. Die erste Synthese von Diamant aus Graphit wurde bei etwa 1800 K und 60 kbar erreicht. Man geht davon aus, dass sich natürliche Diamanten bei ähnlichen Drücken,

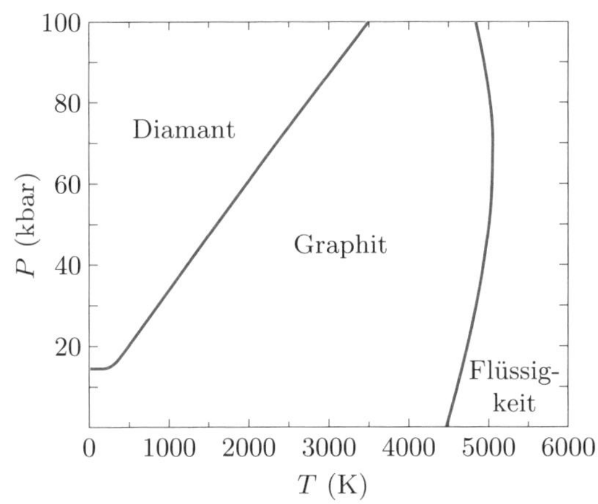

Abbildung 5.17: Das experimentelle Phasendiagramm von Kohlenstoff. Der Stabilitätsbereich der Gasphase ist auf dieser Skala nicht sichtbar, der Tripelpunkt (Graphit-Flüssigkeit-Gas) ist am unteren Ende der Phasengrenze zwischen Graphit und Flüssigkeit bei einem Druck von 110 bar. Aus: David A. Young, *Phase Diagrams of the Elements* (University of California Press, Berkeley, 1991).

aber etwas niedrigeren Temperaturen bilden, in einer Tiefe von 100–200 km unter der Erdoberfläche.[8]

Aufgabe 5.32 Die Dichte von Eis beträgt 917 kg/m^3.

(a) Verwenden Sie die Clausius-Clapeyron-Gleichung, um zu erklären, warum die Steigung der Phasengrenzlinie zwischen Wasser und Eis negativ ist.

(b) Wie viel Druck müssten Sie auf einen Eiswürfel ausüben, damit er bei −1 °C schmilzt?

(c) Wie tief müssten Sie in einem Gletscher sein, damit das Gewicht des Eises darüber den Druck ergibt, den Sie in Teil (b) ausgerechnet haben? (Beachten Sie, dass der Druck an einigen Stellen größer sein kann, wenn der Gletscher zum Beispiel über einen herausstehenden Felsen fließt.)

(d) Schätzen Sie grob den Druck ab, der unter der Kufe eines Schlittschuhs herrscht, und berechnen Sie die Schmelztemperatur von Eis bei diesem Druck. Es wird manchmal behauptet, dass Schlittschuhläufer deswegen mit sehr wenig Reibung gleiten, weil der erhöhte Druck das Eis unter der Kufe zum Schmelzen bringt und damit eine dünne Schicht Wasser erzeugt. Was halten Sie von dieser Erklärung?

Aufgabe 5.33 Ein Erfinder schlägt vor, eine Wärmekraftmaschine zu bauen, die Wasser und Eis als Arbeitssubstanz verwendet und dabei ausnutzt, dass sich Wasser beim Gefrieren ausdehnt. Ein Gewicht, das angehoben werden soll, wird auf einen Kolben über einen Zylinder voller Wasser bei 1 °C gesetzt. Das System wird dann in thermischen Kontakt mit einem Niedertemperaturreservoir bei −1 °C gebracht, bis das Wasser zu Eis gefriert und das Gewicht anhebt. Das Gewicht wird dann entfernt und das Eis wieder geschmolzen, indem es mit einem Hochtemperaturreservoir bei 1 °C in Kontakt gebracht wird. Der Erfinder ist hocherfreut über dieses Gerät, weil es anscheinend eine unbegrenzte Menge an Arbeit verrichten kann und dabei nur eine endliche Menge an Wärme absorbiert. Erklären Sie den Denkfehler des Erfinders und verwenden Sie die Clausius-Clapeyron-Gleichung, um zu beweisen, dass die maximale Effizienz dieser Maschine immer noch durch die Carnot'sche Formel $1 - T_c/T_h$ gegeben ist.

Aufgabe 5.34 Unterhalb von 0,3 K ist die Steigung der ^{3}He-Phasengrenze zwischen fest und flüssig negativ (siehe Abbildung 5.13).

(a) Welche Phase (fest oder flüssig) ist dichter? Welche Phase hat mehr Entropie (pro Mol)? Erklären Sie Ihre Überlegung sorgfältig.

(b) Verwenden Sie den dritten Hauptsatz der Thermodynamik, um zu begründen, dass die Steigung der Phasengrenze bei $T = 0$ gegen null gehen muss. (Beachten Sie, dass die Phasengrenzlinie zwischen fest und flüssig bei ^{4}He unter 1 K im Wesentlichen flach ist.)

(c) Nehmen Sie an, Sie könnten flüssiges ^{3}He adiabatisch so weit komprimieren, dass es fest wird. Angenommen, die Temperatur unmittelbar vor der Umwandlung beträgt 0,1 K, wird sie nach der Umwandlung höher oder niedriger sein? Erklären Sie Ihre Überlegung sorgfältig.

Aufgabe 5.35 Die Clausius-Clapeyron-Gleichung (5.47) ist eine Differentialgleichung, die man im Prinzip lösen kann, um die Gestalt der gesamten Phasengrenzlinie zu bestim-

8 Für mehr Informationen über die Bildung natürlicher Diamanten und die Prozesse, die sie in die Nähe der Erdoberfläche bringen, lesen Sie Keith G. Cox, „Kimberlite Pipes“, *Scientific American* **238**, 120–132 (April 1978).

men. Um Sie zu lösen, müssen Sie aber wissen, wie L und ΔV von Temperatur und Druck abhängen. Oft können Sie L für einen hinreichend kurzen Abschnitt der Kurve als konstant annehmen. Ist eine der beiden Phasen ein Gas, können sie normalerweise das Volumen der kondensierten Phase vernachlässigen und für ΔV einfach das Gasvolumen ansetzen, das Sie mittels des idealen Gasgesetzes durch Temperatur und Druck darstellen. Lösen Sie unter all diesen Annahmen die Differentialgleichung explizit, um die folgende Formel für die Phasengrenzlinie herauszubekommen:

$$P = (\text{konstant}) \times e^{-L/RT} .$$

Das Ergebnis wird als die **Dampfdruckgleichung** bezeichnet. *Vorsicht:* Verwenden Sie diese Formel nur, wenn all die gemachten Annahmen zutreffen.

Aufgabe 5.36 Die Auswirkung der Höhe auf das Wasserkochen.

(a) Verwenden Sie das Ergebnis aus der letzten Aufgabe und die Daten in Abbildung 5.11, um eine Kurve des Dampfdrucks von Wasser zwischen 50 °C und 100 °C zu zeichnen. Wie gut können Sie die Daten an den Endpunkten reproduzieren?

(b) Lesen Sie die Kurve rückwärts und schätzen Sie die Siedetemperatur von Wasser für alle die Orte, für die Sie den Druck in Aufgabe 1.16 bestimmt haben. Erklären Sie, warum es länger dauert, Nudeln zu kochen, wenn Sie in den Bergen campen.

(c) Zeigen Sie, dass die Abhängigkeit der Siedetemperatur von der Höhe beinahe (aber nicht exakt) eine lineare Funktion ist, und berechnen Sie die Steigung in Grad Celsius pro Kilometer.

Aufgabe 5.37 Verwenden Sie die Daten am Ende des Buchs, um die Steigung der Kalzit-Aragonit-Phasengrenze bei 298 K zu berechnen. Sie haben einen Punkt auf dieser Phasengrenze in Aufgabe 5.28 festgelegt; verwenden Sie diese Information, um das Phasendiagramm von Kalziumkarbonat zu skizzieren.

Aufgabe 5.38 In den Aufgaben 3.30 und 3.31 haben Sie die Entropien von Diamant und Graphit bei 500 K berechnet. Verwenden Sie diese Werte, um die Steigung der Graphit-Diamant-Phasengrenze bei 500 K zu berechnen, und vergleichen Sie sie mit Abbildung 5.17. Warum ist die Steigung bei noch höheren Temperaturen nahezu konstant? Warum ist die Steigung bei $T = 0$ null?

Aufgabe 5.39 Betrachten Sie noch einmal das Aluminiumsilikatsystem, das in Aufgabe 5.29 behandelt wurde. Berechnen Sie die Steigungen aller drei Phasengrenzen in diesem System: Kyanit-Andalusit, Kyanit-Sillimanit und Andalusit-Sillimanit. Skizzieren Sie das Phasendiagramm und berechnen Sie Temperatur und Druck des Tripelpunkts.

Aufgabe 5.40 Die Methoden aus diesem Abschnitt können auch auf Reaktionen angewandt werden, bei denen sich Festkörper ineinander umwandeln. Ein geologisch wichtiges Beispiel ist die Umwandlung von Albit in Jadeit und Quarz:

$$NaAlSi_3O_8 \longleftrightarrow NaAlSi_2O_6 + SiO_2 .$$

Verwenden Sie die Daten vom Ende dieses Buchs, um die Temperaturen und Drücke zu bestimmen, bei denen eine Mischung aus Jadeit und Quarz stabiler als Albit ist. Skizzieren Sie das Phasendiagramm dieses Systems. Vernachlässigen Sie der Einfachheit halber die Druck- und Temperaturabhängigkeit von ΔS und ΔV.

Aufgabe 5.41 Angenommen, Sie haben eine Flüssigkeit, zum Beispiel Wasser, die in einem geschlossenen Behälter im Gleichgewicht mit ihrer Gasphase ist. Sie pumpen dann ein inertes Gas (zum Beispiel Luft) hinein und erhöhen damit den Druck, der auf die Flüssigkeit ausgeübt wird. Was passiert?

(a) Damit die Flüssigkeit im diffusiven Gleichgewicht mit ihrer Gasphase verbleibt, müssen sich die chemischen Potentiale beider Phasen in gleicher Weise ändern: $d\mu_l = d\mu_g$. Verwenden Sie das zusammen mit Gleichung 5.40, um eine Differentialgleichung für den Dampfdruck P_v im Gleichgewicht in Abhängigkeit vom Gesamtdruck P herzuleiten. (Behandeln Sie die Gase als ideal und nehmen Sie an, dass sich von dem inerten Gas nichts in der Flüssigkeit löst.)

(b) Lösen Sie die Differentialgleichung, um

$$P_v(P) = P_v(P_v) \cdot e^{(P-P_v)V/NkT}$$

zu bekommen. Dabei ist das Verhältnis V/N im Exponenten das der *Flüssigkeit.* (Die Größe $P_v(P_v)$ ist gerade der Dampfdruck in Abwesenheit des inerten Gases.) Somit führt die Gegenwart des inerten Gases zu einer leichten Zunahme des Dampfdrucks: Sie führt dazu, dass mehr von der Flüssigkeit verdampft.

(c) Berechnen Sie in Prozent, um wie viel der Dampfdruck zunimmt, wenn Luft bei Normaldruck und 25 °C zu einem System von Wasser und Wasserdampf im Gleichgewicht hinzugeführt wird. Begründen Sie allgemeiner, dass die Zunahme des Dampfdrucks aufgrund der Gegenwart eines inerten Gases außer unter Extrembedingungen vernachlässigbar sein wird.

Aufgabe 5.42 Normalerweise ist der Partialdruck von Wasserdampf in der Luft niedriger als der Gleichgewichtsdampfdruck bei der Umgebungstemperatur; deswegen wird ein Glas Wasser spontan verdunsten. Das Verhältnis zwischen dem Partialdruck des Wasserdampfs und dem Gleichgewichtsdampfdruck wird als **relative Luftfeuchtigkeit** bezeichnet. Wenn die relative Luftfeuchtigkeit 100 % beträgt, sodass Wasserdampf in der Atmosphäre im diffusiven Gleichgewicht mit einem Glas Wasser wäre, nennen wir die Luft **gesättigt.**[9] Der **Taupunkt** ist die Temperatur, bei der die relative Luftfeuchtigkeit für einen vorgegebenen Partialdruck des Wasserdampfs 100 % wäre.

(a) Verwenden Sie die Dampfdruckgleichung (Aufgabe 5.35) und die Daten aus Abbildung 5.11, um eine Kurve des Dampfdrucks von Wasser zwischen 0 °C und 40 °C zu zeichnen. Sie werden sehen, dass sich der Dampfdruck pro 10° Temperaturzunahme ungefähr verdoppelt.

(b) An einem Sommertag betrage die Temperatur 30 °C. Was ist der Taupunkt, wenn die relative Luftfeuchtigkeit 90 % beträgt? Und bei 40 %?

Aufgabe 5.43 Nehmen Sie an, dass die von Ihnen ausgeatmete Luft 35 °C warm ist und eine relative Luftfeuchtigkeit von 90 % aufweist. Diese Luft mischt sich sofort mit Luft aus der Umgebung, die eine Temperatur von 10 °C und eine unbekannte Luftfeuchtigkeit aufweist; während des Mischvorgangs haben Sie zwischenzeitlich eine Vielfalt von dazwischenliegenden Temperaturen und Prozenten an Wasserdampf. Was können Sie über die relative Luftfeuchtigkeit in Ihrer Umgebung sagen, wenn Sie bei diesem Vorgang

9 Diese Bezeichnung ist weitverbreitet, aber ungeschickt und irreführend. Luft ist kein Schwamm, der nur eine bestimmte Menge an Flüssigkeit aufnehmen kann; auch „gesättigte" Luft besteht vor allem aus leerem Raum. Wie in der letzten Aufgabe gezeigt, hat die Dichte von Wasserdampf, der im Gleichgewicht existieren kann, fast nichts mit der Gegenwart von Luft zu tun.

„Ihren Atem sehen“ können, weil sich dabei kleine Wolkentröpfchen bilden? (Beziehen Sie sich auf die Dampfdruckkurve aus Aufgabe 5.42.)

Aufgabe 5.44 Nehmen Sie an, dass eine ungesättigte Luftmasse aufsteigt und sich dabei mit dem trockenadiabatischen Temperaturgradienten aus Aufgabe 1.40 abkühlt. Bei welcher Höhe wird diese Luftmasse sättigen, sodass die Kondensation beginnt und sich eine Wolke bildet, wenn die Temperatur am Boden 25 °C und die relative Luftfeuchtigkeit 50 % beträgt (siehe Abbildung 5.18)? (Beziehen Sie sich auf die Dampfdruckkurve aus Aufgabe 5.42.)

Abbildung 5.18: Kumuluswolken bilden sich, wenn sich aufsteigende Luft adiabatisch ausdehnt und bis auf den Taupunkt abkühlt (Aufgabe 5.44); das Einsetzen der Kondensation verzögert die Abkühlung und erhöht die Tendenz der Luft, noch weiter aufzusteigen (Aufgabe 5.45). Diese Wolken begannen sich am späten Morgen zu entwickeln; eine Stunde vor der Aufnahme war der Himmel wolkenlos. Im Lauf des Nachmittags hatten sie sich zu Gewittern weiterentwickelt.

Aufgabe 5.45 In Aufgabe 1.40 haben Sie den Temperaturgradienten der Atmosphäre berechnet, bei dem ungesättigte Luft spontan Konvektion erfährt. Wenn aber eine aufsteigende Luftmasse gesättigt wird, werden die kondensierenden Wassertropfen Energie abgeben und damit den adiabatischen Abkühlvorgang verzögern.

(a) Verwenden Sie den ersten Hauptsatz der Thermodynamik, um zu zeigen, dass sich die Temperatur einer Luftmasse um

$$\mathrm{d}T = \frac{2}{7}\frac{T}{P}\,\mathrm{d}P - \frac{2}{7}\frac{L}{nR}\,\mathrm{d}n_\mathrm{w}$$

ändert, wenn es während der adiabatischen Expansion zur Kondensation kommt. Dabei ist n_w die Anzahl an Mol Wasserdampf und L die latente Verdampfungswärme pro Mol. Ich habe ferner für Luft $\gamma = 7/5$ angesetzt. Sie dürfen annehmen, dass H_2O nur einen kleinen Bruchteil der Luftmasse ausmacht.

(b) Angenommen, dass die Luft bei diesem Prozess immer gesättigt ist, so ist das Verhältnis n_w/n eine bekannte Funktion von Temperatur und Druck. Drücken Sie $\mathrm{d}n_\mathrm{w}/\mathrm{d}z$ sorgfältig durch $\mathrm{d}T/\mathrm{d}z$, $\mathrm{d}P/\mathrm{d}z$ und den Dampfdruck $P_\mathrm{v}(T)$ aus. Verwenden Sie die Clausius-Clapeyron-Gleichung, um $\mathrm{d}P_\mathrm{v}/\mathrm{d}T$ zu eliminieren.

(c) Kombinieren Sie die Ergebnisse der Teile (a) und (b), um eine Formel zu erhalten, die den Temperaturgradienten $\mathrm{d}T/\mathrm{d}z$ mit dem Druckgradienten $\mathrm{d}P/\mathrm{d}z$ verbindet.

Eliminieren Sie letzteren, indem Sie die „barometrische Höhengleichung“ aus Aufgabe 1.16 verwenden. Sie sollten schließlich

$$\frac{\mathrm{d}T}{\mathrm{d}z} = -\left(\frac{2}{7}\frac{Mg}{R}\right)\frac{1+\dfrac{P_\mathrm{v}}{P}\dfrac{L}{RT}}{1+\dfrac{2}{7}\dfrac{P_\mathrm{v}}{P}\left(\dfrac{L}{RT}\right)^2}$$

erhalten, wobei M die Masse von einem Mol Luft ist. Der Vorfaktor ist gerade der trockenadiabatische Temperaturgradient, den wir in Aufgabe 1.40 berechnet haben. Der Rest des Ausdruck enthält die Korrektur aufgrund des Heizens durch den kondensierenden Wasserdampf. Das Gesamtergebnis wird als der **feuchtadiabatische Temperaturgradient** bezeichnet; es handelt sich um den kritischen Temperaturgradienten, oberhalb dessen gesättigte Luft spontan Konvektion zeigen wird.

(d) Berechnen Sie den feuchtadiabatischen Temperaturgradienten bei normalem Luftdruck (1 bar) und 25 °C, dann bei normalem Luftdruck und 0 °C. Erklären Sie, warum sich die Ergebnisse unterscheiden, und diskutieren Sie ihre Konsequenzen. Was passiert in größeren Höhen, wo der Druck niedriger ist?

Aufgabe 5.46 Alles in diesem Abschnitt hat bisher die *Grenze* zwischen zwei Phasen ignoriert, als ob jedes Molekül eindeutig Teil der einen oder der anderen Phase wäre. In Wirklichkeit ist die Grenze eine Art von Übergangszone, in der die Moleküle in einer Umgebung sind, die sich von beiden Phasen unterscheidet. Da die Grenzschicht nur einige Moleküle breit ist, kann man ihren Beitrag zur Gesamtenergie eines Systems oft vernachlässigen. Eine wichtige Ausnahme sind jedoch die ersten kleinen Tropfen, Blasen oder Körner, die sich bilden, wenn ein Stoff beginnt, eine Phasenumwandlung zu durchlaufen. Die Bildung dieser Anfangskeime einer neuen Phase bezeichnet man als **Nukleation**. In dieser Aufgabe schauen wir uns die Nukleation von Wassertropfen in einer Wolke an.

Die Oberfläche, die die Grenze zwischen zwei beliebigen Phasen bildet, hat im Allgemeinen eine feste Dicke, die nicht von ihrer Fläche abhängt. Die zusätzliche Gibbs'sche freie Energie dieser Oberfläche ist daher zu ihrer Fläche direkt proportional; die Proportionalitätskonstante nennt man die **Oberflächenspannung** σ:

$$\sigma \equiv \frac{G_\mathrm{Grenze}}{A}\,.$$

Wenn Sie einen Tropfen Flüssigkeit haben, der im Gleichgewicht mit ihrem Dampf ist, und Sie ihn in eine Gestalt dehnen wollen, die das gleiche Volumen, aber mehr Oberfläche hat, dann ist σ die minimale Arbeit, die Sie pro zusätzlicher Flächeneinheit bei fester Temperatur und festem Druck verrichten müssen. Für Wasser bei 20 °C ist $\sigma = 0{,}073\,\mathrm{J/m^2}$.

(a) Betrachten Sie ein kugelförmiges Wassertröpfchen, das N_l Moleküle enthält und von $N-N_\mathrm{l}$ Molekülen Wasserdampf umgeben ist. Vernachlässigen Sie zunächst die Oberflächenspannung und geben Sie eine Formel für die gesamte Gibbs'sche freie Energie dieses Systems als Funktion von N, N_l und den chemischen Potentialen der Flüssigkeit und des Dampfes an. Drücken Sie N_l durch v_l, das Volumen pro Molekül in der Flüssigkeit, und r, den Radius des Tröpfchens, aus.

(b) Fügen Sie nun Ihrem Ausdruck für G einen Term hinzu, der die Oberflächenspannung durch r und σ ausdrückt.

(c) Skizzieren Sie eine qualitative Kurve von G über r für beide Vorzeichen von $\mu_g - \mu_l$; diskutieren Sie die Konsequenzen. Für welches Vorzeichen von $\mu_g - \mu_l$ gibt es einen nicht verschwindenden Radius im Gleichgewicht? Ist das Gleichgewicht stabil?

(d) Sei r_c der kritische Gleichgewichtsradius, den Sie in Teil (c) qualitativ diskutiert haben. Drücken Sie r_c als Funktion von $\mu_g - \mu_l$ aus. Führen Sie dann die Differenz der chemischen Potentiale auf die relative Luftfeuchtigkeit (siehe Aufgabe 5.42) zurück; nehmen Sie dabei an, dass sich der Dampf wie ein ideales Gas verhält. (Die relative Luftfeuchtigkeit ist für das Gleichgewicht des Dampfes mit einer flachen Oberfläche bzw. einem unendlich großen Tröpfchen.) Skizzieren Sie den kritischen Radius als Funktion der relativen Luftfeuchtigkeit; geben Sie Zahlen an. Diskutieren Sie die Konsequenzen. Erklären Sie insbesondere, warum es unwahrscheinlich ist, dass sich die Wolken in unserer Atmosphäre durch die spontane Ansammlung von Wassermolekülen zu Tröpfchen bilden. (In Wirklichkeit bilden sich Wolkentröpfchen um Kerne von Staubteilchen oder anderes Fremdmaterial, wenn die relative Luftfeuchtigkeit nahe 100 % ist.)

Aufgabe 5.47 In einem *magnetischen* System bei festem T und $\mathcal{H}$ (siehe Aufgabe 5.17) wird ein magnetisches Analogon der Gibbs'schen freien Energie minimiert, das der thermodynamischen Identität

$$\mathrm{d}G_\mathrm{m} = -S\,\mathrm{d}T - \mu_0 M\,\mathrm{d}\mathcal{H}$$

genügt. Phasendiagramme zweier magnetischer Systeme sind in Abbildung 5.14 dargestellt; die senkrechte Achse ist in beiden Diagrammen $\mu_0\mathcal{H}$.

(a) Leiten Sie ein Analogon zur Clausius-Clapeyron-Gleichung für die Steigung einer Phasengrenze in der $\mathcal{H}$-T-Ebene her. Drücken Sie Ihre Gleichung durch den Entropieunterschied zwischen den beiden Phasen aus.

(b) Diskutieren Sie die Anwendung Ihrer Gleichung auf das Phasendiagramm des Ferromagneten in Abbildung 5.14.

(c) In einem Typ-I-Supraleiter fließen Oberflächenströme, die das Magnetfeld (B, nicht $\mathcal{H}$) im Inneren vollständig kompensieren. Nehmen Sie an, dass M vernachlässigbar ist, wenn das Material in seiner normalen (nicht supraleitenden) Phase ist, und diskutieren Sie die Anwendung Ihrer Gleichung auf das Phasendiagramm des Supraleiters in Abbildung 5.14. Welche Phase hat die größere Entropie? Was wird aus der Entropiedifferenz der Phasen an den beiden Enden der Phasengrenze?

Das Van-der-Waals-Modell

Learn a little ... do a little

Um Phasenumwandlungen genauer zu verstehen, ist es ein guter Zugang, ein spezifisches mathematisches Modell einzuführen. Für Systeme aus Flüssigkeit und Gas ist das berühmteste Modell die **Van-der-Waals-Gleichung**

$$\left(P + \frac{aN^2}{V^2}\right)(V - Nb) = NkT\,, \tag{5.49}$$

die von Johannes van der Waals im Jahr 1873 vorgeschlagen wurde. Es handelt sich dabei um eine Modifizierung des idealen Gasgesetzes, die molekulare Wechselwirkungen näherungsweise berücksichtigt. (Jede Beziehung zwischen P, V und T, wie das ideale Gasgesetz oder die Van-der-Waals-Gleichung, wird **Zustandsgleichung** genannt.)

Die Van-der-Waals-Gleichung nimmt zwei Änderungen am idealen Gasgesetz vor: aN^2/V^2 wird zu P hinzugefügt und Nb von V abgezogen. Die zweite Änderung ist

Abbildung 5.19: Wenn sich zwei Moleküle sehr nahe kommen, stoßen sie einander stark ab. Wenn sie ein wenig voneinander entfernt sind, ziehen sie sich an.

leichter zu verstehen: Ein Fluid kann nicht bis auf ein Volumen null herunterkomprimiert werden, daher haben wir das Volumen auf einen Minimalwert Nb beschränkt, bei dem der Druck unendlich wird. Die Konstante b stellt dann das Minimalvolumen eines Moleküls dar, wenn es alle seine Nachbarn „berührt“. Die erste Änderung, die Addition von aN^2/V^2 zu P, beschreibt die kurzreichweitigen anziehenden Kräfte zwischen Molekülen, wenn sie sich nicht berühren (siehe Abbildung 5.19). Stellen Sie sich vor, dass Sie alle Moleküle am Platz einfrieren, sodass die einzige Art von Energie die negative potentielle Energie aufgrund molekularer Anziehung ist. Würden wir nun die Dichte des Systems verdoppeln, hätte jedes Molekül doppelt so viele Nachbarn wie zuvor, sodass sich die potentielle Energie aufgrund der Wechselwirkungen mit all seinen Nachbarn verdoppeln würde. Mit anderen Worten: Die potentielle Energie, die von den Wechselwirkungen eines einzelnen Moleküls mit all seinen Nachbarn kommt, ist proportional zur Teilchendichte, also N/V. Die *gesamte* potentielle Energie, die zu allen molekularen Wechselwirkungen gehört, muss daher proportional zu N^2/V sein, da es N Moleküle gibt:

$$\text{gesamte potentielle Energie} = -\frac{aN^2}{V}\,, \tag{5.50}$$

wobei a eine positive Proportionalitätskonstante ist, die vom Typ des Moleküls abhängt. Um den Druck zu berechnen, stellen Sie sich vor, dass Sie das Volumen ein wenig variieren und dabei die Entropie festhalten (was kein Problem ist, weil wir die gesamte thermische Bewegung eingefroren haben); dann gilt aufgrund der thermodynamischen Identität $\mathrm{d}U = -P\,\mathrm{d}V$ oder $P = -(\partial U/\partial V)_S$. Der Beitrag zum Druck, der alleine von der potentiellen Energie kommt, lautet daher

$$P_{\text{aufgrund von pot. En.}} = -\frac{\mathrm{d}}{\mathrm{d}V}\left(-\frac{aN^2}{V}\right) = -\frac{aN^2}{V^2}\,. \tag{5.51}$$

Wenn wir diesen negativen Druck zu dem Druck addieren, den das Fluid in Abwesenheit anziehender Kräfte hätte (nämlich $NkT/(V - Nb)$), erhalten wir die Van-der-Waals-Gleichung

$$P = \frac{NkT}{V - Nb} - \frac{aN^2}{V^2}\,. \tag{5.52}$$

Auch wenn die Van-der-Waals-Gleichung die richtigen Eigenschaften hat, um das qualitative Verhalten realer Fluide zu beschreiben, muss ich betonen, dass sie alles andere als exakt ist. Bei ihrer „Herleitung“ habe ich eine Reihe von Effekten vernachlässigt, vor allem, dass ein Gas auf mikroskopischer Skala inhomogen werden kann, wenn seine Dichte zunimmt: Es bilden sich möglicherweise Molekülhaufen, was meine Annahme verletzt, dass die Anzahl der Nachbarn eines Moleküls direkt proportional zu N/V ist. Behalten Sie also bitte im gesamten Abschnitt im Kopf, dass wir keine quantitativ genauen Vorhersagen machen werden. Uns geht es hier um ein qualitatives Verständnis, das einen Ausgangspunkt darstellt, wenn Sie sich später Phasenumwandlungen von Flüssigkeiten und Gasen genauer anschauen wollen.

Die Konstanten a und b werden für verschiedene Stoffe unterschiedliche Werte annehmen und, da das Modell nicht exakt ist, sogar ein klein wenig andere Werte für den gleichen Stoff bei unterschiedlichen Bedingungen. Bei kleinen Molekülen wie N_2 und H_2O beträgt ein guter Wert für b etwa $6 \cdot 10^{-29}\,\mathrm{m}^3 \approx (4\,\text{Å})^3$, etwa die dritte Potenz der typischen Ausdehnung des Moleküls. Die Konstante a deckt einen viel größeren Wertebereich ab, weil sich einige Molekülarten viel stärker anziehen als andere. Bei N_2 beträgt ein guter Wert von a etwa $4 \cdot 10^{-49}\,\mathrm{J{\cdot}m^3}$ bzw. $2{,}5\,\mathrm{eV} \cdot \text{Å}^3$. Wenn wir uns a in etwa als das Produkt der durchschnittlichen Wechselwirkungsenergie mal dem Volumen vorstellen, in dem die Wechselwirkung wirkt, dann ist dieser Wert ziemlich vernünftig: ein Bruchteil eines Elektronvolts mal einiger Dutzend Kubikångström. Der Wert von a ist bei H_2O etwa viermal so groß aufgrund der permanenten elektrischen Polarisation des Moleküls. Helium ist am anderen Ende: Die Wechselwirkungen sind so schwach, dass der Wert von a bei Helium 40-mal kleiner ist als bei Stickstoff.

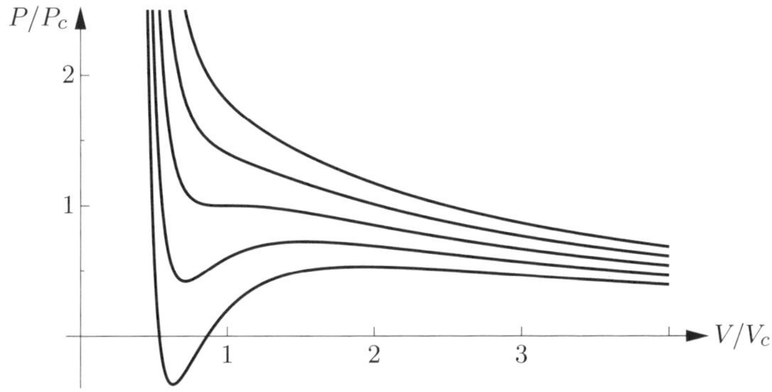

Abbildung 5.20: Isothermen (Linien konstanter Temperatur) für ein Van-der-Waals-Fluid. Von unten nach oben gelten die Linien für 0,8, 0,9, 1,0, 1,1 und 1,2 mal T_c, der Temperatur am kritischen Punkt. Die Achsen sind in Einheiten des Drucks und des Volumens am kritischen Punkt beschriftet; in diesen Einheiten beträgt das Minimalvolumen (Nb) 1/3.

Schauen wir uns nun die Konsequenzen des Van-der-Waals-Modells an. Ein guter Ausgangspunkt besteht darin, den vorhergesagten Druck als Funktion des Volumens für eine Vielzahl unterschiedlicher Temperaturen aufzutragen (siehe Abbildung 5.20). Bei Volumina, die viel größer als Nb sind, sind die Isothermen konvex wie bei einem idealen Gas. Bei hinreichend hohen Temperaturen führt eine Verringerung des Volumens zu einem stetigen Druckanstieg, wobei der Druck schließlich auf unendlich anwächst, wenn sich das Volumen Nb annähert. Bei niedrigeren Temperaturen ist das Verhalten allerdings viel komplizierter: Wenn V abnimmt, steigt die Isotherme an, fällt ab und steigt wieder an. Das scheint zu bedeuten, dass bei einigen Zuständen eine Kompression des Fluids zu einem Rückgang seines Drucks führt. Reale Fluide verhalten sich so nicht. Eine sorgfältigere Analyse zeigt aber, dass das Van-der-Waals-Modell das auch nicht vorhersagt.

Sind Temperatur und Druck vorgegeben, so wird der wahre Gleichgewichtszustand eines Systems durch seine Gibbs'sche freie Energie bestimmt. Um G für ein Van-der-Waals-Fluid zu berechnen, fangen wir mit der thermodynamischen Identität für G an:

$$\mathrm{d}G = -S\,\mathrm{d}T + V\,\mathrm{d}P + \mu\,\mathrm{d}N\,. \tag{5.53}$$

Bei einer festen Stoffmenge und vorgegebener fester Temperatur reduziert sich diese Gleichung auf $\mathrm{d}G = V\,\mathrm{d}P$. Teilt man beide Seiten durch $\mathrm{d}V$, so ergibt sich

$$\left(\frac{\partial G}{\partial V}\right)_{N,T} = V\left(\frac{\partial P}{\partial V}\right)_{N,T} . \tag{5.54}$$

Die rechte Seite kann man direkt aus der Van-der-Waals-Gleichung (5.52) berechnen, es ergibt sich

$$\left(\frac{\partial G}{\partial V}\right)_{N,T} = -\frac{NkTV}{(V-Nb)^2} + \frac{2aN^2}{V^2} . \tag{5.55}$$

Zur Integration der rechten Seite schreiben Sie das V in den Zähler des ersten Terms als $(V-Nb)+(Nb)$ und integrieren Sie dann jeden der zwei Teile separat. Das Ergebnis lautet

$$G = -NkT\ln(V-Nb) + \frac{(NkT)(Nb)}{V-Nb} - \frac{2aN^2}{V} + c(T) , \tag{5.56}$$

wobei die Integrationskonstante $c(T)$ von der Temperatur abhängen kann, was für unsere Zwecke aber unwichtig ist. Mit dieser Gleichung können wir die Gibbs'sche freie Energie für jedes feste T auftragen.

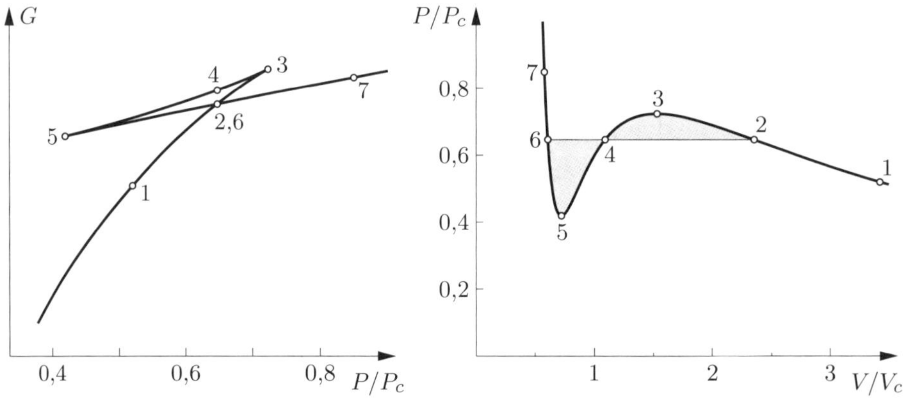

Abbildung 5.21: Die Gibbs'sche freie Energie für ein Van-der-Waals-Fluid bei $T = 0{,}9T_c$ als Funktion des Drucks. Die entsprechende Isotherme ist rechts dargestellt. Zustände im Bereich 2-3-4-5-6 sind instabil.

Es ist nützlicher, G entlang der y-Achse und P entlang der x-Achse aufzutragen und dabei beide als Funktion des Parameters V zu berechnen, und nicht G als Funktion des Volumens darzustellen. Abbildung 5.21 zeigt ein Beispiel für die Temperatur, deren Isotherme daneben gezeigt wird. Obwohl die Van-der-Waals-Gleichung einige Drücke mit mehr als einem Volumen assoziiert, ist der thermodynamisch stabile Zustand der mit der niedrigsten Gibbs'schen freien Energie; die dreieckige Schleife im Graphen von G (Eckpunkte 2-3-4-5-6) entspricht daher instabilen Zuständen. Wenn der Druck langsam zunimmt, wird das System unmittelbar vom Punkt 2 zum Punkt 6 gehen, wobei das Volumen abrupt abnimmt: eine Phasenumwandlung. Am Punkt 2 sollten wir das Fluid als Gas bezeichnen, weil sein Volumen bei einer starken Druckzunahme rasch abnimmt. Am Punkt 6 sollten wir das Fluid als Flüssigkeit bezeichnen, weil sich sein Volumen bei einer starken Druckzunahme nur langsam verringert. Bei dazwischenliegenden Volumina ist der thermodynamisch stabile Zustand eine Kombination aus einem Teil Gas und einem Teil Flüssigkeit, immer am Übergangsdruck, wie es die gerade Horizontale im PV-Diagramm anzeigt. Der gekrümmte Teil der Isotherme, der von dieser geraden Linie abgeschnitten wird, zeigt korrekt an, was die erlaubten Zustände *wären*, wenn das Fluid homogen wäre; aber diese homogenen Zustände sind instabil, denn es gibt immer einen anderen Zustand (Gas oder Flüssigkeit) beim gleichen Druck mit einer niedrigeren Gibbs'schen freien Energie.

Es ist einfach genug, den Druck bei der Phasenumwandung aus dem Graphen von G abzulesen, aber es gibt eine clevere Methode, ihn direkt aus dem PV-Diagramm zu bekommen, ohne jemals G zu zeichnen. Um diese Methode herzuleiten, halten wir fest, dass die Nettoänderung von G null ist, wenn wir um die dreieckige Schleife (2-3-4-5-6) herumgehen:

$$0 = \int_{\text{Schleife}} \mathrm{d}G = \int_{\text{Schleife}} \left(\frac{\partial G}{\partial P}\right)_T \mathrm{d}P = \int_{\text{Schleife}} V \,\mathrm{d}P\,. \tag{5.57}$$

In der letzten dargestellten Form kann man das Integral aus dem PV-Diagramm berechnen, obwohl es einfacher ist, das Diagramm zu kippen (siehe Abbildung 5.22). Das Integral von Punkt 2 bis Punkt 3 ergibt die Gesamtfläche unter diesem Segment, aber das Integral von Punkt 3 bis Punkt 4 hebt alles weg, bis auf die schattierte Region A. Das Integral von 4 bis 5 ergibt dann minus die Fläche unter diesem Segment, aber das Integral von 5 bis 6 bringt wieder alles zurück, bis auf die schattierte Region B. Damit ist das Gesamtintegral gleich der Fläche von A minus der Fläche von B, und wenn das gerade null sein soll, so schließen wir, dass die beiden schattierten Regionen gleiche Flächen haben müssen. Das Einzeichnen der Gerade auf eine Weise, dass gleiche Flächen eingeschlossen werden, nennt man nach James Clerk Maxwell die **Maxwell-Konstruktion**.

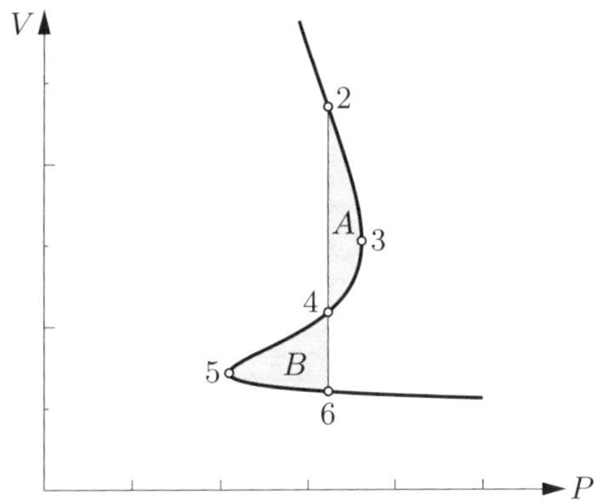

Abbildung 5.22: Die gleiche Isotherme wie in Abbildung 5.21, gedreht dargestellt. Die Bereiche A und B haben die gleiche Fläche.

Wiederholt man die Maxwell-Konstruktion für eine Reihe von Temperaturen, so erhält man die Ergebnisse aus Abbildung 5.23. Für jede Temperatur gibt es einen wohldefinierten Druck, den **Dampfdruck**, bei dem die Umwandlung flüssig-gasförmig stattfindet. Zeichnen wir diesen Druck als Funktion der Temperatur, so erhalten wir eine Vorhersage für die gesamte Phasengrenze zwischen Flüssigkeit und Gas. Zugleich füllen die geraden Abschnitte der Isothermen im PV-Diagramm eine Region aus, in der der stabile Zustand eine Kombination von Gas und Flüssigkeit ist, dargestellt durch das schattierte Gebiet.

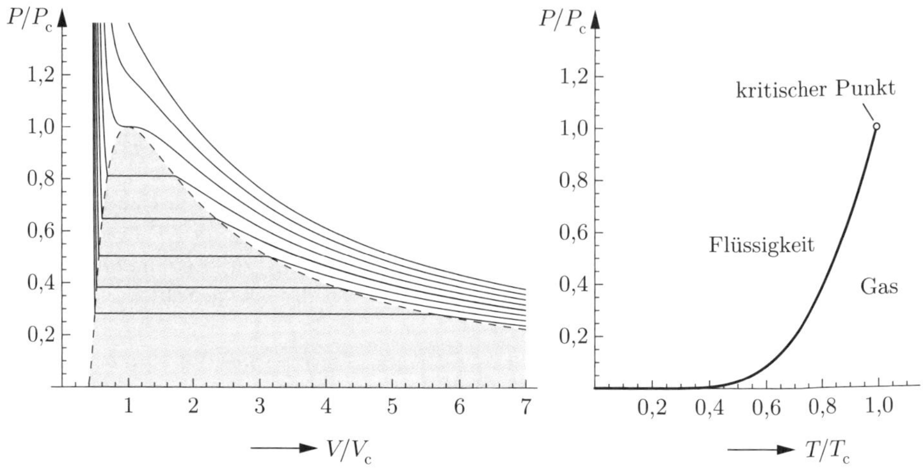

Abbildung 5.23: Vollständiges vom Van-der-Waals-Modell vorhergesagtes Phasendiagramm. Die links gezeigten Isothermen sind für T/T_c in einem Bereich von 0,75 bis 1,1 in Schritten von 0,05. In der schattierten Region ist der stabile Zustand eine Kombination von Gas und Flüssigkeit. Die vollständige Dampfdruckkurve ist rechts dargestellt. Alle Achsen sind in Einheiten der kritischen Werte beschriftet.

Aber was ist mit den *Hoch*temperaturisothermen los, die bei fallendem V monoton anwachsen? Bei diesen Temperaturen gibt es keinen abrupten Übergang von Zuständen niedriger Dichte zu Zuständen hoher Dichte, also keine Phasenumwandlung. Die Phasengrenze verschwindet daher oberhalb einer gewissen Temperatur, die man **kritische Temperatur** T_c nennt. Der Dampfdruck bei T_c wird **kritischer Druck** P_c genannt, wohingegen das entsprechende Volumen **kritisches Volumen** V_c heißt. Diese Werte definieren den **kritischen Punkt**, an dem die Eigenschaften der Flüssigkeit und des Gases identisch werden.

Ich finde es bemerkenswert, dass so ein einfaches Modell wie die Van-der-Waals-Gleichung *alle* wichtigen qualitativen Eigenschaften realer Fluide vorhersagt: die Phasenumwandlung von Flüssigkeit zu Gas, die allgemeine Gestalt der Phasengrenzlinie und sogar den kritischen Punkt. Leider versagt das Modell, wenn es um Zahlen geht. Zum Beispiel fällt die experimentell bestimmte Phasengrenze bei H_2O am kritischen Punkt steiler ab als die oben gezeigte vorhergesagte Phasengrenze; bei $T/T_c = 0{,}8$ beträgt der gemessene Dampfdruck nur etwa $0{,}2P_c$ anstelle der vorhergesagten $0{,}4P_c$. Genauere Modelle des Verhaltens dichter Fluide gehen über dieses Buch hinaus,[10] aber wir haben wenigstens einen ersten Schritt hin zu einem Verständnis der Phasenumwandlung von Flüssigkeit zu Gas gemacht.

Aufgabe 5.48 Wie Sie aus der Abbildung 5.20 ersehen können, ist der kritische Punkt der einzige Punkt auf den ursprünglichen Van-der-Waals-Isothermen (vor der Maxwell-Konstruktion), wo sowohl die erste als auch die zweite Ableitung von P nach V (bei

10 Kapitel 8 stellt ein genaues Näherungsverfahren zur Behandlung *schwach* wechselwirkender Gase vor, ebenso wie die allgemeinere Methode der Monte-Carlo-Simulation, die man auf dichte Fluide anwenden kann.

festem T) null sind. Verwenden Sie das, um zu zeigen, dass

$$V_c = 3Nb\,, \qquad P_c = \frac{1}{27}\frac{a}{b^2} \qquad \text{und} \qquad kT_c = \frac{8}{27}\frac{a}{b}\,.$$

Aufgabe 5.49 Verwenden Sie das Ergebnis der letzten Aufgabe und die im Text angegebenen Näherungswerte von a und b, um T_c, P_c und V_c/N für N_2, H_2O und He abzuschätzen. (Tabellierte Werte von a und b werden oft bestimmt, indem man sich von der gemessenen kritischen Temperatur und dem gemessenen kritischen Druck zurückarbeitet.)

Aufgabe 5.50 Der **Kompressionsfaktor** eines Fluids ist als das Verhältnis PV/NkT definiert; die Abweichung dieser Größe von 1 ist ein Maß dafür, wie sehr das Fluid von einem idealen Gas abweicht. Berechnen Sie den Kompressionsfaktor eines Van-der-Waals-Fluids am kritischen Punkt und zeigen Sie, dass der Wert nicht von a und b abhängt. (Experimentelle Werte für Kompressionsfaktoren am kritischen Punkt sind im Allgemeinen niedriger als die Van-der-Waals-Vorhersage, zum Beispiel 0,227 bei H_2O, 0,274 bei CO_2, 0,305 bei He.)

Aufgabe 5.51 Beim Erstellen von Kurven und bei numerischen Rechnungen ist es praktisch, mit den **reduzierten Variablen**

$$t \equiv T/T_c\,, \qquad p \equiv P/P_c\,, \qquad v \equiv V/V_c$$

zu arbeiten. Schreiben Sie die Van-der-Waals-Gleichung in diese Variablen um und zeigen Sie, dass die Konstanten a und b verschwinden.

Aufgabe 5.52 Zeichnen Sie die Van-der-Waals-Isotherme für $T/T_c = 0{,}95$; verwenden Sie dabei reduzierte Variablen. Führen Sie graphisch oder numerisch eine Maxwell-Konstruktion durch, um den Dampfdruck zu erhalten. Stellen Sie dann die Gibbs'sche freie Energie (in Einheiten von NkT_c) als Funktion des Drucks für diese Temperatur graphisch dar und überprüfen Sie, dass diese Kurve den gleichen Wert für den Dampfdruck vorhersagt.

Aufgabe 5.53 Wiederholen Sie die letzte Aufgabe für $T/T_c = 0{,}8$.

Aufgabe 5.54 Berechnen Sie die *Helmholtz'sche* freie Energie eines Van-der-Waals-Fluids bis auf eine unbestimmte Funktion der Temperatur wie in Gleichung 5.56. Tragen Sie unter Verwendung reduzierter Variablen sorgfältig die Helmholtz'sche freie Energie (in Einheiten von NkT_c) in Abhängigkeit vom Volumen für $T/T_c = 0{,}8$ auf. Identifizieren Sie auf der Kurve die zwei Punkte, die Flüssigkeit und Gas beim Dampfdruck entsprechen. (Wenn Sie die letzte Aufgabe nicht durchgerechnet haben, lesen Sie einfach die passenden Werte aus Abbildung 5.23 ab.) Zeigen Sie dann, dass die Helmholtz'sche freie Energie einer *Kombination* dieser zwei Zustände (teils Flüssigkeit, teils Gas) als Gerade durch diese zwei Punkte der Kurve dargestellt werden kann. Erklären Sie, warum diese Kombination bei vorgegebenem Volumen stabiler ist als der homogene Zustand, den die ursprüngliche Kurve darstellt. Beschreiben Sie, wie Sie die beiden Übergangsvolumina direkt aus der Kurve für F hätten ablesen können.

Aufgabe 5.55 In dieser Aufgabe werden Sie das Verhalten eines Van-der-Waals-Fluids nahe beim kritischen Punkt untersuchen. Es ist am einfachsten, wenn Sie durchgehend in reduzierten Variablen arbeiten.

(a) Entwickeln Sie die Van-der-Waals-Gleichung in eine Taylorreihe in $(V - V_c)$ bis zu Termen der Ordnung $(V - V_c)^3$. Begründen Sie, warum der in $(V - V_c)$ quadratische Term verglichen mit den anderen vernachlässigbar wird, sobald T hinreichend nahe bei T_c ist und daher weggelassen werden kann.

(b) Der resultierende Ausdruck für $P(V)$ ist um den Punkt $V = V_c$ herum antisymmetrisch. Leiten Sie mit dieser Beobachtung eine Näherungsformel für den Dampfdruck als Funktion der Temperatur her. (Es könnte nützlich sein, die Isotherme zu zeichnen.) Werten Sie die Steigung der Phasengrenze $\mathrm{d}P/\mathrm{d}T$ am kritischen Punkt aus.

(c) Bestimmen Sie im gleichen Grenzfall einen Ausdruck für den Unterschied der Volumina der gasförmigen und flüssigen Phase beim Dampfdruck. Sie sollten $(V_g - V_l) \propto (T_c - T)^\beta$ erhalten, wobei β als ein **kritischer Exponent** bezeichnet wird. Experimente zeigen, dass β einen universellen Wert von etwa 1/3 hat, aber das Van-der-Waals-Modell sagt einen größeren Wert voraus.

(d) Verwenden Sie das letzte Ergebnis, um die vorhergesagte latente Wärme der Umwandlung als Funktion der Temperatur zu berechnen. Skizzieren Sie diese Funktion.

(e) Die Gestalt der $T = T_c$-Isotherme definiert einen anderen kritischen Exponenten namens δ: $(P - P_c) \propto (V - V_c)^\delta$. Berechnen Sie δ für das Van-der-Waals-Modell. (Experimentelle Werte von δ liegen bei etwa 4 oder 5.)

(f) Ein dritter kritischer Exponent beschreibt die Temperaturabhängigkeit der isothermen Kompressibilität:

$$\kappa \equiv -\frac{1}{V}\left(\frac{\partial V}{\partial P}\right)_T .$$

Diese Größe divergiert am kritischen Punkt proportional zu einer Potenz von $(T - T_c)$, die im Prinzip davon abhängen könnte, ob man sich dem kritischen Punkt von oben oder unten nähert. Die kritischen Exponenten γ und γ' sind durch die Beziehungen

$$\kappa \propto \begin{cases} (T - T_c)^{-\gamma} & \text{wenn } T \to T_c \text{ von oben,} \\ (T_c - T)^{-\gamma'} & \text{wenn } T \to T_c \text{ von unten} \end{cases}$$

gegeben. Berechnen Sie κ im Van-der-Waals-Modell auf beiden Seiten des kritischen Punkts und zeigen Sie, dass in diesem Modell $\gamma = \gamma'$ gilt.

5.4 Phasenumwandlungen von Mischungen

Phasenumwandlungen werden viel komplizierter, wenn ein System zwei oder mehr Stoffe enthält. Betrachten Sie zum Beispiel Luft, eine Mischung von etwa 79 % Stickstoff und 21 % Sauerstoff (wobei wir diverse unwichtigere Komponenten der Einfachheit halber vernachlässigen). Was passiert, wenn Sie die Temperatur dieser Mischung bei normalem Luftdruck reduzieren? Sie könnten erwarten, dass sich der ganze Sauerstoff bei 90,2 K (dem Siedepunkt von reinem Sauerstoff) verflüssigt, sodass ein Gas aus reinem Stickstoff verbleibt, das sich dann bei 77,4 K (dem Siedepunkt von reinem Stickstoff) verflüssigt. In Wirklichkeit entsteht aber überhaupt keine Flüssigkeit, bevor die Temperatur unter 81,6 K fällt. Dann kondensiert eine Flüssigkeit mit 48 % Sauerstoff. Ein ähnliches Verhalten beobachtet man bei Flüssig-Fest-Übergängen, wie zum Beispiel bei der Kristallisation von Legierungen und Lava. Wie können wir das verstehen?

Freie Energie einer Mischung

Wie immer muss man sich die (Gibbs'sche) freie Energie anschauen:

$$G = U + PV - TS\,. \qquad (5.58)$$

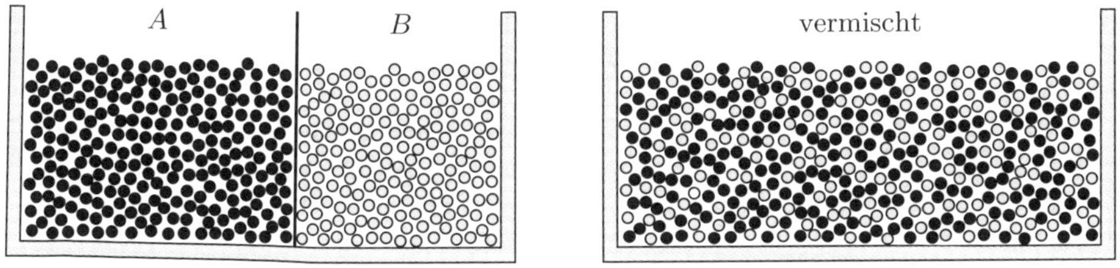

Abbildung 5.24: Eine Ansammlung von zwei Arten von Molekülen, vor und nach dem Mischen.

Stellen wir uns ein System von zwei Stoffen A und B vor und nehmen wir an, dass sie anfänglich getrennt sind und sich bei gleicher Temperatur und Druck nebeneinander befinden (siehe Abbildung 5.24). Stellen Sie sich vor, dass Sie die Anteile von A und B variieren, dabei aber die Gesamtzahl der Moleküle festhalten, sagen wir bei einem Mol. Sei G_A° die freie Energie von einem Mol reinem A und G_B° die freie Energie von einem Mol reinem B. Bei einer ungemischten Kombination von Teil A und Teil B ist die gesamte freie Energie einfach die Summe der einzelnen freien Energien der beiden Teilsysteme,

$$G = (1-x)G_A^\circ + xG_B^\circ \qquad \text{(ungemischt)}\,, \qquad (5.59)$$

wobei x der Anteil an B-Molekülen ist. Dann ist bei reinem A $x = 0$ und bei reinem B $x = 1$. Eine Kurve von G über x ist für dieses ungemischte System eine Gerade, wie man sie in Abbildung 5.25 sieht.

Nehmen Sie nun an, dass wir die Trennwand zwischen den beiden Seiten entfernen und die A- und B-Moleküle zu einer homogenen Mischung zusammenrühren. (Ich werde

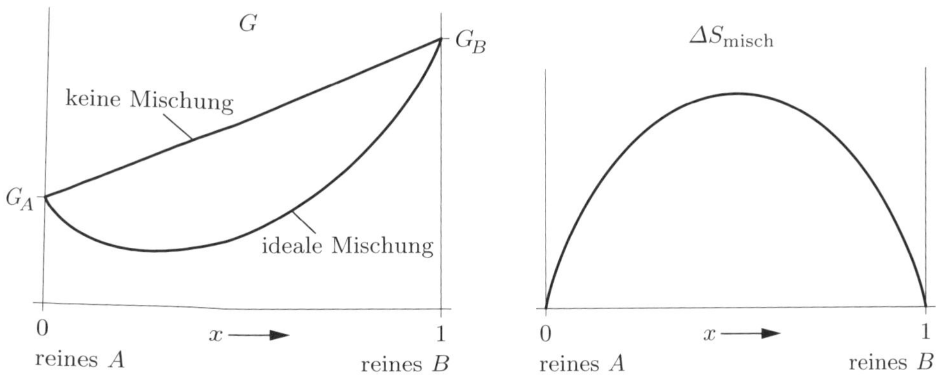

Abbildung 5.25: Vor dem Mischen ist die freie Energie einer Ansammlung von A- und B-Molekülen eine lineare Funktion von $x = N_B/(N_A + N_B)$. Nach dem Mischen liegt eine kompliziertere Funktion vor; hier ist der Fall einer „idealen" Mischung dargestellt, mit der Mischungsentropie rechts. Auch wenn es auf dieser Skala nicht offensichtlich ist: die Kurven von ΔS_{misch} und G (nach dem Mischen) haben an den Endpunkten senkrechte Steigungen.

die Bezeichnung **Mischung** nur verwenden, wenn sich die Stoffe auf molekularer Ebene mischen. Eine „Mischung" von Salz und Pfeffer fällt nicht darunter.) Was passiert mit der freien Energie? Aus der Definition $G = U+PV-TS$ ersehen wir, dass sich G ändern kann, weil sich U, V und/oder S ändern. Die Energie U könnte zunehmen oder abnehmen, je nachdem, wie sich die Kräfte zwischen unterschiedlichen Molekülen mit denen zwischen gleichen Molekülen vergleichen. Auch das Volumen kann zunehmen oder abnehmen, abhängig von diesen Kräften und den Formen der Moleküle. Die Entropie hingegen wird aller Voraussicht nach *zunehmen*, weil es nun viel mehr Möglichkeiten gibt, die Moleküle zu arrangieren.

In erster Näherung vernachlässigen wir daher alle Änderungen von U und V und nehmen an, dass die ganze Änderung von G von der Mischungsentropie herrührt. Als weitere Vereinfachung nehmen wir an, dass die Mischungsentropie wie in Aufgabe 2.38 berechnet werden kann, sodass für ein Mol

$$\Delta S_{\text{misch}} = -R\big[x \ln x + (1-x)\ln(1-x)\big] \tag{5.60}$$

gilt. Ein Graph dieses Ausdrucks ist in Abbildung 5.25 dargestellt. Dieser Ausdruck ist für ideale Gase korrekt, ebenso für Flüssigkeiten und Festkörper, wenn die zwei Arten von Molekülen von gleicher Größe sind und keine „Vorlieben" in Bezug auf ihre Nachbarn haben. Wenn dieser Ausdruck für die Mischungsentropie gilt und sich U und V bei der Mischung nicht ändern, so lautet die freie Energie der Mischung

$$G = (1-x)G_A^\circ + xG_B^\circ + RT\big[x \ln x + (1-x)\ln(1-x)\big] \quad \text{(ideale Mischung)}\,. \tag{5.61}$$

Diese Funktion ist in Abbildung 5.25 dargestellt. Eine Mischung, die diese einfache Funktion als freie Energie aufweist, nennt man eine **ideale Mischung**. Flüssige und feste Mischungen sind selten fast ideal, aber der ideale Fall ist trotzdem ein guter Ausgangspunkt für ein gewisses qualitatives Verständnis.

Eine wichtige Eigenschaft des Ausdrucks 5.60 für die Mischungsentropie ist, dass seine Ableitung nach x bei $x = 0$ nach unendlich geht und bei $x = 1$ nach minus unendlich. Der Graph dieses Ausdrucks hat daher an beiden Enden eine senkrechte Steigung. Entsprechend hat der Ausdruck 5.61 für die Gibbs'sche freie Energie an beiden Endpunkten eine unendliche Ableitung: Fügen wir einem der beiden reinen Stoffe eine kleine Verunreinigung durch den anderen hinzu, so nimmt die freie Energie signifikant ab, außer bei $T = 0$.[11] Auch wenn die oben genannten Formeln exakt nur für ideale Lösungen gelten, ist die unendliche Steigung an den Enden eine allgemeine Eigenschaft der freien Energie einer beliebigen Mischung. Weil sich ein System spontan den Zustand der niedrigsten freien Energie aussucht, zeigt uns diese Eigenschaft, dass Gleichgewichtsphasen fast immer Verunreinigungen enthalten werden.

Nicht ideale Mischungen haben oft die gleichen qualitativen Eigenschaften wie ideale Mischungen, aber nicht immer. Die wichtigste Ausnahme ist, wenn die Mischung der beiden Stoffe die Gesamtenergie erhöht. Das passiert in Flüssigkeiten, in denen sich ungleiche Moleküle weniger anziehen als gleiche, wie es etwa bei Öl und Wasser der Fall ist. Die Energieänderung beim Mischen ist dann eine konkave Funktion von x, wie in Abbildung 5.26 dargestellt. Bei $T = 0$ ist die freie Energie ($G = U+PV-TS$) eine konkave Funktion (wenn wir eventuelle Änderungen von V beim Mischen vernachlässigen). Bei nicht verschwindendem T gibt es einen Wettbewerb in G, und zwar zwischen dem

11 Wenn Sie eine Nadel im Heuhaufen verstecken, nimmt die Entropie viel mehr zu, als wenn Sie eine Nadel in einen Heuhaufen stecken, in dem schon Tausende von Nadeln sind.

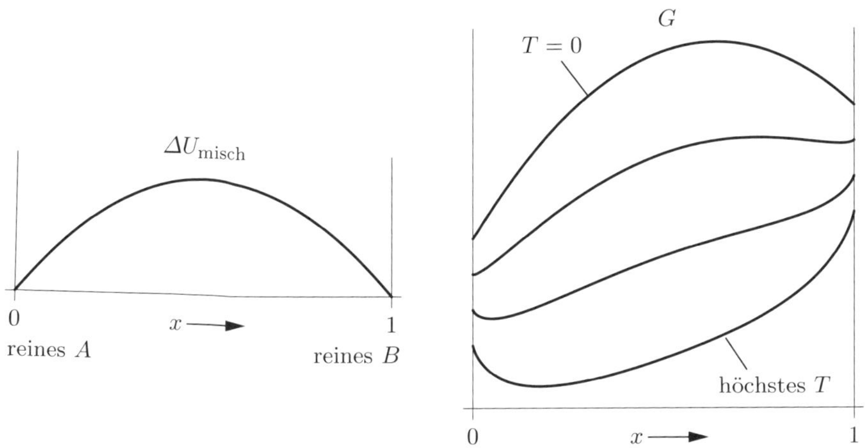

Abbildung 5.26: Mischt man A und B, so nimmt die Energie des Systems oftmals zu; links ist der einfache Fall dargestellt, in dem die Mischenergie eine quadratische Funktion ist (siehe Aufgabe 5.58). Rechts findet sich die dazugehörige freie Energie bei vier unterschiedlichen Temperaturen.

konkaven Beitrag von der Mischungsenergie und dem konvexen Beitrag von $-T$ mal der Mischungsentropie. Bei hinreichend hohem T wird der Entropiebeitrag immer dominieren und G ist überall konvex. Aber auch bei sehr niedrigen, nicht verschwindenden Temperaturen T dominiert der Entropiebeitrag *immer* noch die Gestalt von G in der Nähe der Endpunkte $x = 0$ und $x = 1$. Das kommt von der unendlichen Ableitung der Mischungsentropie an den Endpunkten, wo die Mischungsenergie nur eine endliche Ableitung aufweist: Bei geringen Verunreinigungen ist die Mischungsenergie einfach proportional zur Zahl der Verunreinigungsmoleküle. Somit ist die Funktion der freien Energie nahe der Endpunkte konvex und in der Mitte konkav, wie in Abbildung 5.26 dargestellt.

Eine konkave freie Energie weist aber auf eine instabile Mischung hin. Nehmen Sie zwei beliebige Punkte auf der Kurve von G und verbinden Sie diese durch eine Gerade. Diese Linie gibt die freie Energie einer *unvermischten* Kombination der zwei durch die Endpunkte dargestellten Phasen an (genau so, wie die Gerade in Abbildung 5.25 die freie Energie der unvermischten reinen Phasen angibt). Immer dann, wenn der Graph von G *konkav* ist, können Sie eine Gerade zeichnen, die *unterhalb* der Kurve liegt; somit hat die unvermischte Kombination eine niedrigere freie Energie als die homogene Mischung. Die niedrigste Verbindungsgerade liegt als Tangente an den Endpunkten der Kurve an (siehe Abbildung 5.27). Die Berührungspunkte geben die Zusammensetzungen der zwei voneinander separierten Phasen an. Sie sind in der Abbildung mit x_a und x_b bezeichnet. Wenn also die Zusammensetzung des Systems zwischen x_a und x_b liegt, so wird es spontan in eine A-reiche Phase mit Zusammensetzung x_A und eine B-reiche Phase mit Zusammensetzung x_B separieren. Wir sagen, dass das System eine **Mischungslücke** aufweist oder dass die zwei Phasen **nicht mischbar** sind. Verringert man die Temperatur dieses Systems, so verbreitert sich die Mischungslücke (siehe Abbildung 5.26), während eine Temperaturzunahme die Lücke verkleinert, bis sie verschwindet, wenn G überall konvex ist.

Zeichnen wir die Zusammensetzungen x_a und x_b bei jeder Temperatur, so erhalten wir ein T-x-Phasendiagramm ähnlich zu denen, die in Abbildung 5.28 dargestellt sind. Über der Kurve ist der Gleichgewichtszustand eine einzige homogene Mischung, während das

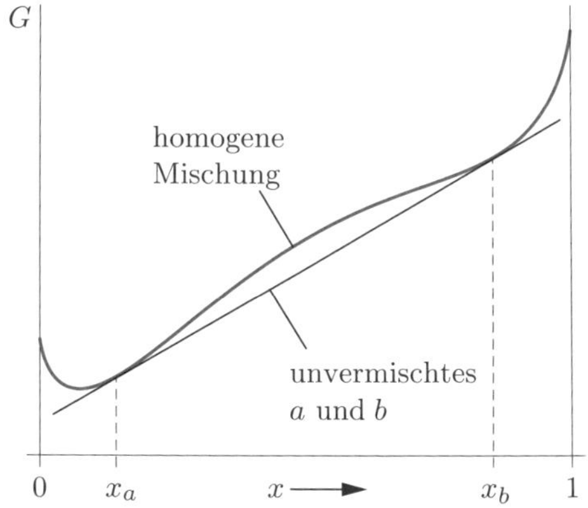

Abbildung 5.27: Um die Kurve für die freie Energie im Gleichgewicht zu konstruieren, zeichnet man die niedrigstmögliche Gerade im konkaven Bereich, die die Kurve an beiden Enden berührt. Bei Zusammensetzungen zwischen den Berührungspunkten separiert die Mischung spontan in Phasen, deren Zusammensetzung durch x_a und x_b gegeben ist, um seine freie Energie zu minimieren.

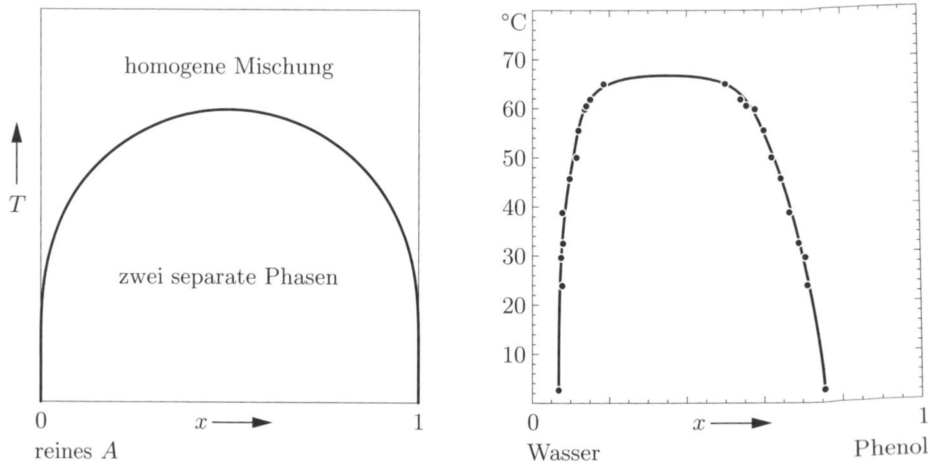

Abbildung 5.28: Links: Phasendiagramm für das einfache Modellsystem, dessen Mischungsenergie in Abbildung 5.26 dargestellt ist. Rechts: experimentelle Daten für ein reales System, Wasser und Phenol, das ein qualitativ ähnliches Verhalten zeigt. Mit freundlicher Genehmigung aus Alan N. Campbell und A. Jean R. Campbell, *Journal of the American Chemical Society* **59**, 2481 (1937) adaptiert. Copyright: American Chemical Society, 1937.

System unterhalb der Kurve in zwei Phasen separiert, deren Zusammensetzungen auf der Kurve liegen. Im vertrauten Fall von Öl und Wasser bei normalem Luftdruck liegt die kritische Temperatur, bei der es zur vollständigen Mischung käme, weit oberhalb des Siedepunkts von Wasser. Die Abbildung stellt eine weniger vertraute Mischung dar, Wasser und Phenol (C_6H_5OH), deren kritische Temperatur bei 67 °C liegt.

Mischungslücken gibt es in festen genauso wie in flüssigen Mischungen. Bei Festkörpern kommt jedoch oft noch die weitere Komplikation hinzu, dass die reinen A- und B-Festkörper qualitativ unterschiedliche Kristallstrukturen aufweisen. Bezeichnen wir diese Strukturen jeweils mit α und β. Es ist immer möglich, einige B-Moleküle

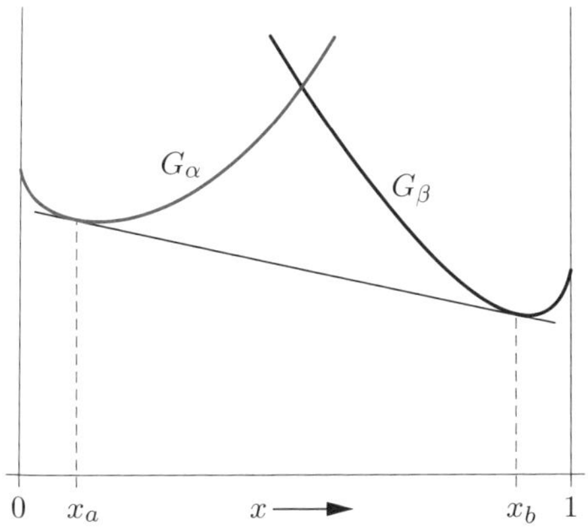

Abbildung 5.29: Kurven der freien Energie der Mischung zweier Festkörper mit unterschiedlichen Kristallstrukturen α und β. Die niedrigstliegende Verbindungsgerade gibt wieder den Bereich der Zusammensetzungen an, wo eine unvermischte Kombination aus a- und b-Phasen stabiler ist als eine homogene Mischung.

zur α-Phase hinzuzufügen oder umgekehrt einige A-Moleküle zur β-Phase, weil die Mischungsentropiefunktion eine unendliche Steigung hat.

Eine große Menge an Verunreinigungen wird aber normalerweise die Kristallstruktur signifikant unter Spannung setzen und ihre Energie deutlich anheben. Das Diagramm der freien Energie eines solchen Systems schaut daher wie Abbildung 5.29 aus. Wir können wieder eine Doppeltangente an die beiden konvexen Abschnitte anlegen; somit gibt es eine Mischungslücke: Die stabile Konfiguration ist bei dazwischenliegenden Zusammensetzungen eine unvermischte Kombination aus den zwei Phasen, die durch die Berührungspunkte gegeben sind. In einigen Festkörpern ist die Situation sogar noch komplizierter, weil bei dazwischenliegenden Zusammensetzungen andere Kristallstrukturen stabil sind. Messing, eine Legierung aus Kupfer und Zink, hat zum Beispiel fünf mögliche Kristallstrukturen, wobei jede in einem bestimmten Bereich von Zusammensetzungen stabil ist.

Aufgabe 5.56 Beweisen Sie, dass die Mischungsentropie einer idealen Mischung als Funktion von x bei $x = 0$ und $x = 1$ eine unendliche Steigung hat.

Aufgabe 5.57 Betrachten Sie eine ideale Mischung aus nur 100 Molekülen, die in der Zusammensetzung von reinem A zu reinem B variiert. Verwenden Sie einen Computer, um die Mischungsentropie als Funktion von N_A zu berechnen. Plotten Sie diese Funktion (in Einheiten von k). Angenommen, Sie starten ausschließlich mit A-Molekülen und verwandeln dann ein Molekül in den Typ B; um wie viel nimmt die Entropie zu? Um wie viel nimmt die Entropie zu, wenn Sie ein zweites Molekül von A nach B verwandeln? Und dann ein drittes? Diskutieren Sie.

Aufgabe 5.58 In dieser Aufgabe sollen Sie die Mischungsenergie einer Mischung auf relativ einfache Weise modellieren, um die Existenz einer Mischungslücke mit molekularem Verhalten in Verbindung zu bringen. Betrachten Sie eine Mischung von A- und B-Molekülen, die mit einer Ausnahme ideal ist: Die potentielle Energie aufgrund der Wechselwirkung mit benachbarten Molekülen hängt davon ab, ob die Moleküle gleich oder ungleich sind. Sei n die mittlere Anzahl nächster Nachbarn eines gegebenen Moleküls (etwa 6 oder 8 oder 10). Sei u_0 die mittlere potentielle Energie aus der Wechselwirkung zwischen gleichen benachbarten Molekülen (A–A oder B–B) und u_{AB} die potentielle Eerngie aus der Wechselwirkung eines ungleichen Paars (A–B). Es gibt keine Wechselwirkungen über den Abstand nächster Nachbarn hinaus; die Werte von u_0 und u_{AB} sind von den Mengen von A und B unabhängig; und die Mischungsentropie ist die einer idealen Lösung.

(a) Zeigen Sie für das ungemischte System, dass die potentielle Energie aufgrund aller Nachbar-Nachbar-Wechselwirkungen $\frac{1}{2}Nnu_0$ beträgt. (*Hinweis:* Geben Sie Acht, jedes Paar von Nachbarn nur einmal zu zählen.)

(b) Bestimmen Sie eine Formel für die gesamte potentielle Energie als Funktion von x, dem Bruchteil von B, wenn das System gemischt ist. (Nehmen Sie an, dass die Mischung völlig zufällig ist.)

(c) Ziehen Sie die Ergebnisse aus (a) und (b) voneinander ab, um die Entropieänderung bei der Mischung zu erhalten. Vereinfachen Sie das Ergebnis so weit wie möglich; Sie sollten einen Ausdruck proportional zu $x(1-x)$ erhalten. Skizzieren Sie diese Funktion von x für beide Vorzeichen von $u_{AB} - u_0$.

(d) Zeigen Sie, dass im Gegensatz zur Steigung der Mischungs*entropie* die Steigung der Mischungsenergie an beiden Endpunkten endlich ist.

(e) Zeichnen Sie für den Fall $u_{AB} > u_0$ einen Graphen der Gibbs'schen freien Energie für dieses System als Funktion von x bei verschiedenen Temperaturen. Diskutieren Sie die Konsequenzen.

(f) Bestimmen Sie einen Ausdruck für die Maximaltemperatur, bei der dieses System eine Mischungslücke aufweist.

(g) Geben Sie eine sehr grobe Anschätzung von $u_{AB} - u_0$ für eine flüssige Mischung, die unterhalb von 100 °C eine Mischungslücke hat.

(h) Zeichnen Sie das Phasendiagramm (T über x) für dieses System.

Phasenumwandlungen einer mischbaren Mischung

Kehren wir nun zu dem am Anfang dieses Abschnitts besprochenen Prozess zurück, der Verflüssigung einer Mischung von Stickstoff und Sauerstoff. Flüssiger Stickstoff und Sauerstoff sind vollständig mischbar, somit ist die freie Energie der flüssigen Mischung überall konvex. Die freie Energie der gasförmigen Mischung ist auch überall konvex. Wenn wir die Beziehung zwischen diesen beiden Funktionen bei verschiedenen Temperaturen anschauen, können wir das Verhalten dieses Systems verstehen und sein Phasendiagramm skizzieren.

Abbildung 5.30 zeigt die Funktionen der freien Energien eines Modellsystems, das sich sowohl in der gasförmigen wie auch der flüssigen Phase als ideale Mischung verhält. Denken Sie bei den Komponenten A und B an Stickstoff und Sauerstoff, deren Verhalten qualitativ ähnlich sein sollte. Die Siedepunkte von reinem A und reinem B werden jeweils mit T_A und T_B bezeichnet. Bei Temperaturen, die höher als T_B liegen, ist die stabile Phase völlig unabhängig von der Zusammensetzung ein Gas, damit liegt die Kurve der freien Energie des Gases zur Gänze unter der der Flüssigkeit. Wenn die Temperatur abnimmt, nehmen beide Funktionen der freien Energie zu ($\partial G/\partial T = -S$), aber die des Gases nimmt mehr zu, weil das Gas mehr Entropie hat. Bei $T = T_B$ schneiden sich die Kurven bei $x = 1$, wo die flüssige und die gasförmige Phase aus reinem B im Gleichgewicht sind. Wenn T weiter abnimmt, bewegt sich der Schnittpunkt nach links, bis sich

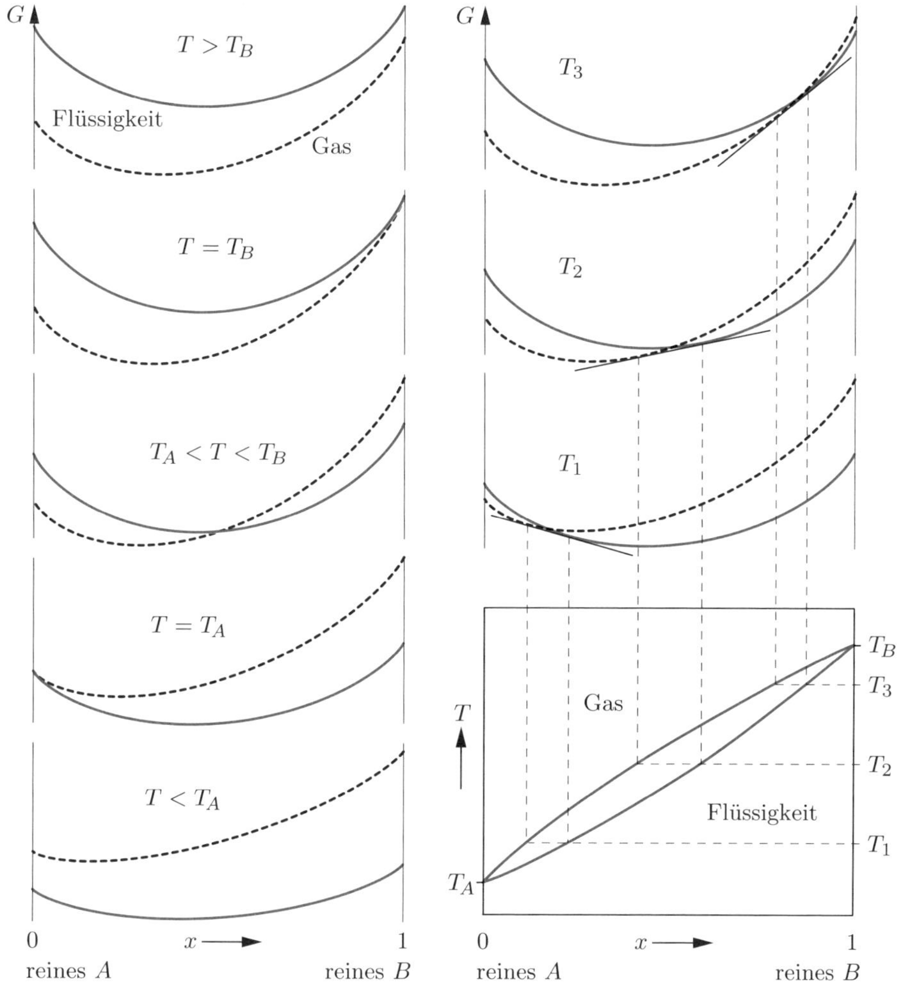

Abbildung 5.30: Die fünf Kurven auf der linken Seite zeigen die freien Energien einer idealen Mischung im flüssigen und gasförmigen Zustand für Temperaturen, über, unter, an und zwischen den Siedepunkten T_A und T_B. Drei Kurven bei dazwischenliegenden Temperaturen sind rechts zusammen mit der Konstruktion des Phasendiagramms dargestellt.

die Kurven für $T = T_A$ bei $x = 0$ schneiden. Bei noch niedrigeren Temperaturen ist die freie Energie der Flüssigkeit geringer als die des Gases bei allen Zusammensetzungen.

Bei Temperaturen, die zwischen T_A und T_B liegen, ist entweder die flüssige oder die gasförmige Phase stabiler, je nach Zusammensetzung. Beachten Sie aber, dass Sie aufgrund der Gestalt der Kurven eine Doppeltangente an beide Kurven zeichnen können, die unterhalb beider Kurven liegt. Zwischen den beiden Berührungspunkten ist die stabile Konfiguration daher eine *ungemischte* Kombination eines Gases, dessen Zusammensetzung durch den linken Berührungspunkt angegeben ist, und einer Flüssigkeit, deren Zusammensetzung durch den rechten Berührungspunkt angegeben ist. Die Gerade gibt die freie Energie dieser unvermischten Kombination. Indem wir eine solche Gerade für jede Temperatur zwischen T_A und T_B zeichnen, können wir das T-x-Phasendiagramm

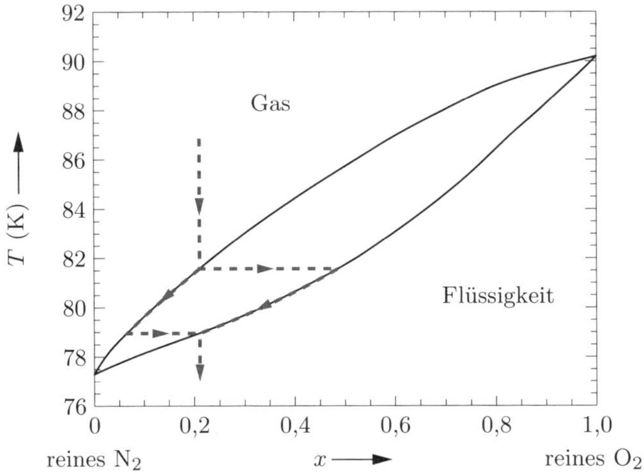

Abbildung 5.31: Experimentelles Phasendiagramm für Stickstoff und Sauerstoff bei normalem Luftdruck. Daten aus *International Critical Tables* (Band 3) mit an die Werte von Lide (1994) angepassten Endpunkten.

für dieses System zeichnen. Die Mischung ist gänzlich gasförmig im oberen Bereich des Diagramms, gänzlich flüssig im unteren Bereich und eine unvermischte Kombination im Bereich zwischen den zwei Kurven.

Abbildung 5.31 zeigt das *experimentelle* Phasendiagramm für das Stickstoff-Sauerstoff-System. Auch wenn dieses Diagramm nicht exakt dasselbe wie das des idealen A-B-Modellsystems ist, so hat es doch die gleichen qualitativen Eigenschaften. Wenn Sie mit einer luftartigen Mischung von 79 % Stickstoff und 21 % Sauerstoff starten und die Temperatur absenken, so können Sie aus diesem Diagramm ersehen, dass bis hinunter zu 81,6 K ein Gas vorliegt. An dieser Stelle beginnt eine Flüssigkeit zu kondensieren. Eine Horizontale bei dieser Temperatur schneidet die untere Kurve bei $x = 0{,}48$. Somit besteht die Flüssigkeit anfänglich aus 48 % Sauerstoff. Weil Sauerstoff leichter als Stickstoff kondensiert, ist die Flüssigkeit sauerstoffreicher als das Gas. Sie besteht aber nicht aus reinem Sauerstoff, weil die Mischungsentropie gemischten Phasen einen zu großen thermodynamischen Vorteil gibt. Wenn die Temperatur weiter abnimmt, wird das Gas sauerstoffärmer; seine Zusammensetzung folgt der oberen Kurve nach links unten. Parallel dazu folgt die Zusammensetzung der Flüssigkeit der unteren Kurve und erhöht dabei ebenso ihr Stickstoff-Sauerstoff-Verhältnis. Bei 79,0 K erreicht die Zusammensetzung der Flüssigkeit die Gesamtzusammensetzung von 21 % Sauerstoff, somit kann dann kein Gas mehr übrig sein; das letzte bisschen Gas, das kondensiert, enthält etwa 7 % Sauerstoff.

Die Übergänge von gasförmig zu flüssig verhalten sich für viele Mischungen ganz ähnlich. Bei einigen Mischungen verhält sich auch der Übergang von flüssig zu fest so. Beispiele solcher Mischungen sind unter anderem Kupfer-Nickel, Silizium-Germanium und die weitverbreiteten Mineralien Olivin (eine ganze Gruppe von Stoffen, die von Fe_2SiO_4 bis Mg_2SiO_4 variiert) und Plagioklas (ein Feldspat, siehe Aufgabe 5.64). In all diesen Systemen ist die Kristallstruktur des Festkörpers im Wesentlichen für alle Zusammensetzungen dieselbe, sodass die beiden reinen Festkörper bei allen Zusammensetzungen fast reine Mischungen bilden können. Eine solche Mischung wird als **Mischkristall** bezeichnet.

Aufgabe 5.59 Nehmen Sie an, dass Sie eine Mischung von 50 % Stickstoff und 50 % Sauerstoff bis zur Verflüssigung herunterkühlen. Beschreiben Sie den Kühlungsverlauf im Detail, inklusive der Temperaturen und Zusammensetzungen, bei denen die Verflüssigung beginnt und endet.

Aufgabe 5.60 Angenommen, Sie starten mit einer flüssigen Mischung von 60 % Stickstoff und 40 % Sauerstoff. Beschreiben Sie, was passiert, wenn die Temperatur dieser Mischung zunimmt. Geben Sie die Temperaturen und die Zusammensetzungen an, bei denen der Siedevorgang beginnt und endet.

Aufgabe 5.61 Angenommen, Sie brauchen einen Tank mit Sauerstoff, der 95 % rein ist. Beschreiben Sie einen Prozess, mit dem Sie ein solches Gas von Luft ausgehend erhalten könnten.

Aufgabe 5.62 Betrachten Sie ein vollständig mischendes Zweikomponentensystem, dessen Gesamtzusammensetzung x ist, bei einer Temperatur, bei der die flüssige und die gasförmige Phase koexistieren. Die Zusammensetzung der Gasphase beträgt bei dieser Temperatur x_a und die Zusammensetzung der flüssigen Phase ist x_b. Beweisen Sie das **Hebelgesetz**, das besagt, dass das Verhältnis von Flüssigkeit zu Gas gleich $(x-x_a)/(x_b-x)$ ist. Interpretieren Sie dieses Gesetz graphisch anhand eines Phasendiagramms.

Aufgabe 5.63 Die gesamte Diskussion in diesem Abschnitt geht davon aus, dass der Gesamtdruck des Systems konstant ist. Wie würde sich Ihrer Ansicht nach das Stickstoff-Sauerstoff-Phasendiagramm ändern, wenn Sie den Druck erhöhen oder erniedrigen? Begründen Sie Ihre Antwort.

Aufgabe 5.64 Abbildung 5.32 zeigt das Phasendiagramm von Plagioklas, das man sich als eine Mischung von Albit ($NaAlSi_3O_8$) und Anorthit ($CaAl_2Si_2O_8$) vorstellen kann.

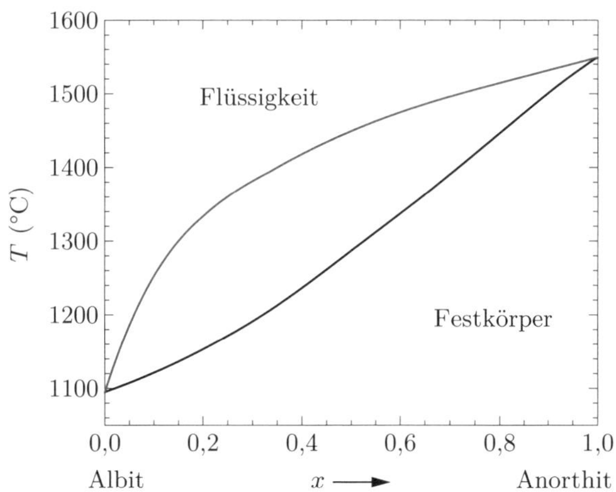

Abbildung 5.32: Das Phasendiagramm von Plagioklas (bei Normaldruck). Aus: N. L. Bowen, „The Melting Phenomena of the Plagioclase Feldspars", *American Journal of Science* **35**, 577–599 (1913).

(a) Angenommen, Sie entdecken einen Felsen, in dem sich jeder Plagioklas-Kristall in seiner Zusammensetzung vom Rand zur Mitte hin ändert, wobei die Kerne der größten Kristalle aus 70 % Anorthit bestehen und die äußeren Schichten aller Kristalle im Wesentlichen reiner Albit sind. Erklären Sie im Detail, wie diese Variation zustande kommen könnte. Was war die Zusammensetzung der flüssigen Magma, aus der das Feld entstand?

(b) Nehmen Sie an, dass Sie einen anderen Gesteinsbrocken entdecken, bei dem die Kristalle am oberen Ende reich an Albit und die Kristalle am unteren Ende reich an Anorthit sind. Erklären Sie, wie diese Variation entstehen könnte.

Aufgabe 5.65 Bei der Konstruktion des Phasendiagramms aus den Kurven für die freie Energie in Abbildung 5.30 habe ich angenommen, dass sowohl die Flüssigkeit als auch das Gas ideale Mischungen sind. Nehmen Sie stattdessen an, dass die Flüssigkeit eine merkliche positive Mischungsenergie hat, sodass die Kurve ihrer freien Energie zwar immer noch konvex, aber viel flacher ist. In diesem Fall kann ein Teil der Kurve bei T_A immer noch *über* der freien Energiekurve des Gases liegen. Zeichnen Sie ein qualitativ korrektes Phasendiagramm für ein solches System und zeigen Sie, wie Sie das Phasendiagramm aus den Kurven der freien Energie bekommen haben. Zeigen Sie, dass es eine bestimmte Zusammensetzung gibt, bei der diese Gasmischung ohne Änderung in der Zusammensetzung kondensieren wird. Diese spezielle Zusammensetzung wird als **Azeotrop** bezeichnet.

Aufgabe 5.66 Wiederholen Sie die Überlegungen aus der letzten Aufgabe für den entgegengesetzten Fall, dass die Flüssigkeit eine merkliche *negative* Mischenergie hat, sodass die Kurve ihrer freien Energie bei einer Temperatur über T_B unter die Kurve der freien Energie des Gases fällt. Konstruieren Sie das Phasendiagramm und zeigen Sie, dass dieses System auch einen Azeotrop aufweist.

Aufgabe 5.67 In dieser Aufgabe werden Sie Näherungsformeln für die Gestalt der Phasengrenzlinien in Diagrammen wie den Abbildungen 5.31 und 5.32 herleiten, unter der Annahme, dass sich beide Phasen wie ideale Mischungen verhalten. Nehmen Sie konkret an, dass die Phasen flüssig und gasförmig sind.

(a) Zeigen Sie, dass man in einer idealen Mischung von A und B das chemische Potential von Stoff A als

$$\mu_A = \mu_A^\circ + kT \ln(1-x)$$

schreiben kann, wobei μ_A° das chemische Potential von *reinem* A (bei gleicher Temperatur und Druck) und $x = N_B/(N_A + N_B)$ ist. Leiten Sie eine ähnliche Formel für das chemische Potential von Stoff B her. Beachten Sie, dass man beide Formeln entweder für die flüssige oder die gasförmige Phase aufstellen kann.

(b) Bei einer beliebigen Temperatur T sollen x_l und x_g die Zusammensetzungen der flüssigen und der gasförmigen Phasen sein, die miteinander im Gleichgewicht stehen. Setzen Sie die geeigneten chemischen Potentiale einander gleich und zeigen Sie damit, dass x_l und x_g den Gleichungen

$$\frac{1-x_l}{1-x_g} = e^{\Delta G_A^\circ/RT} \qquad \text{und} \qquad \frac{x_l}{x_g} = e^{\Delta G_B^\circ/RT}$$

genügen, wobei ΔG° die Änderung von G für den reinen Stoff darstellt, der bei Temperatur T eine Phasenänderung durchläuft.

(c) In einem begrenzten Temperaturbereich können wir oft annehmen, dass die hauptsächliche Temperaturabhängigkeit in $\Delta G^\circ = \Delta H^\circ - T\,\Delta S^\circ$ vom expliziten T herkommt; sowohl ΔH° als auch ΔS° sind näherungsweise konstant. Drücken Sie mit dieser Vereinfachung die Ergebnisse von Teil (b) gänzlich durch ΔH_A°, ΔH_B°, T_A und T_B aus (womit Sie ΔG und ΔS eliminieren). Lösen Sie nach x_l und x_g als Funktionen von T auf.

(d) Zeichnen Sie Ihre Ergebnisse für das Stickstoff-Sauerstoff-System. Die latenten Wärmen der reinen Stoffe lauten $\Delta H_{\mathrm{N}_2}^\circ = 5570\,\mathrm{J/mol}$ und $\Delta H_{\mathrm{O}_2}^\circ = 6820\,\mathrm{J/mol}$. Vergleichen Sie mit dem experimentellen Diagramm in Abbildung 5.31.

(e) Zeigen Sie, dass Sie die Gestalt von Abbildung 5.32 mit geeigneten Werten von ΔH° erklären können. Wie lauten diese Werte?

Phasenänderungen in einem eutektischen System

Die meisten zweikomponentigen festen Mischungen behalten nicht im gesamten Bereich der Zusammensetzungen die gleiche Kristallstruktur bei. Das in Abbildung 5.29 dargestellte Szenario ist häufiger: Es liegen zwei unterschiedliche Kristallstrukturen α und β für Zusammensetzungen nahe bei reinem A und reinem B vor; dazwischen ist eine ungemischte Zusammensetzung von α und β stabil. Wieder geht es darum, sich die Funktionen der freien Energie bei verschiedenen Temperaturen anzuschauen (siehe Abbildung 5.33). Nehmen Sie konkret an, dass T_B, die Schmelztemperatur von reinem B, höher liegt als T_A, die Schmelztemperatur von reinem A.

Bei hohen Temperaturen wird die freie Energie der Flüssigkeit unterhalb von der beider festen Phasen liegen. Wenn die Temperatur abnimmt, werden alle drei Funktionen der freien Energie zunehmen ($\partial G/\partial T = -S$), aber die freie Energie der Flüssigkeit wird am raschesten zunehmen, weil sie die meiste Entropie hat. Unterhalb von T_B schneidet die Kurve der freien Energie der Flüssigkeit die der β-Phase, somit gibt es einen Bereich von Zusammensetzungen, bei denen die stabile Konfiguration eine ungemischte Kombination von Flüssigkeit und β ist. Wenn die Temperatur weiter abnimmt, verbreitert sich dieser Bereich und erstreckt sich zunehmend auch in den Bereich der A-Seite des Diagramms. Schließlich schneidet die Kurve der Flüssigkeit auch die α-Kurve und es gibt einen Bereich von A-reichen Zusammensetzungen, bei denen die stabile Phase eine ungemischte Kombination von Flüssigkeit und α ist. Wenn T weiter abnimmt, breitet sich dieser Bereich in Richtung der B-Seite des Diagramms aus, bis er schließlich am **eutektischen Punkt** auf den Bereich von Flüssigkeit plus β trifft.

Bei noch niedrigeren Temperaturen ist die stabile Konfiguration eine unvermischte Kombination von einem α- und einem β-Festkörper; die freie Energie der Flüssigkeit ist größer als die dieser Kombination.

Der eutektische Punkt definiert eine spezielle Zusammensetzung, bei der die Schmelztemperatur so niedrig wie möglich liegt, unterhalb der Schmelztemperaturen der beiden reinen Stoffe. Eine Flüssigkeit mit fast eutektischer Zusammensetzung bleibt bei niedrigen Temperaturen stabil, weil sie mehr Mischungsentropie hat, als es bei der unvermischten Kombination der Festkörper der Fall wäre. (Ein Mischkristall hätte in etwa die gleiche Mischungsentropie, ist aber aufgrund großer positiver Mischungs*energie* verboten. Sie kommt aufgrund der Verspannungen im Kristallgitter zustande.)

Ein gutes Beispiel für eine eutektische Mischung ist der Lötzinn aus Blei und Zinn, den man bei Stromkreisen verwendet. Abbildung 5.34 zeigt das Phasendiagramm des Zinn-Blei-Systems. Normaler Lötzinn ist sehr nahe an der eutektischen Zusammensetzung mit 38 Gewichtsprozent Blei (bzw. 26 % der Atome). Die Verwendung dieser Zusammenset-

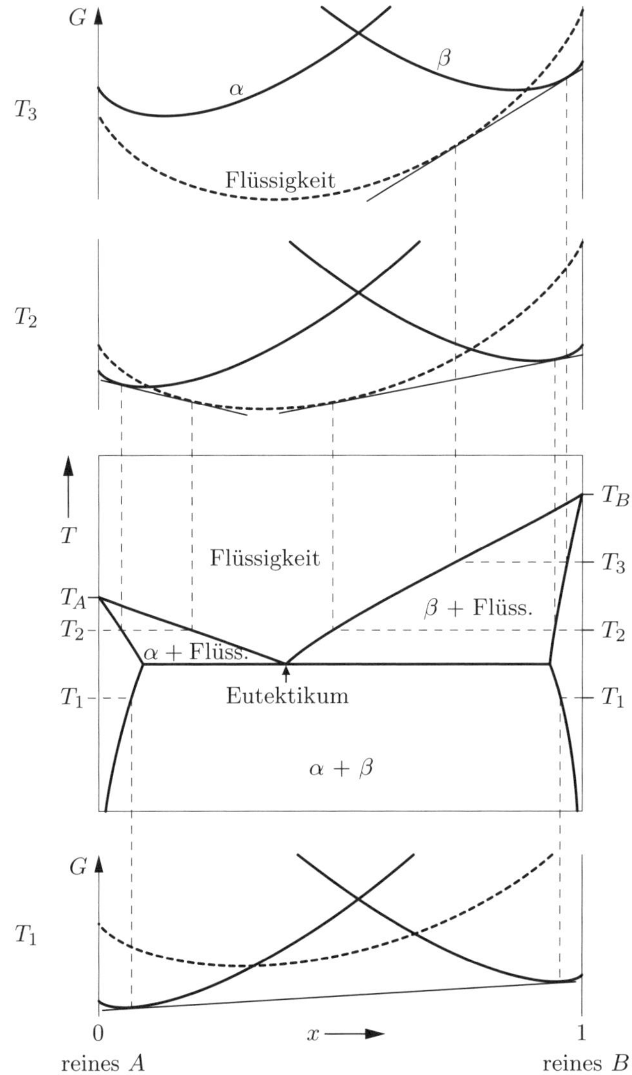

Abbildung 5.33: Konstruktion des Phasendiagramms eines eutektischen Systems aus Kurven der freien Energie.

zung hat mehrere Vorteile: die Schmelztemperatur ist so niedrig wie möglich (183 °C); der Lötzinn wird schlagartig und nicht langsam fest; das abgekühlte Metall ist ziemlich stark, wobei sich kleine Kristalle der beiden Phasen auf der mikroskopischen Skala gleichmäßig abwechseln.

Viele andere Mischungen verhalten sich ähnlich. Die meisten reinen Flüssigkristalle werden bei ungeeignet hohen Temperaturen fest, daher werden oftmals eutektische Mischungen verwendet, um Flüssigkristalle zur Verwendung bei Raumtemperatur zu erhalten. Eine weniger exotische Mischung besteht aus Wasser und Speisesalz (NaCl); sie kann bis zu −21 °C flüssig bleiben, verwendet man die eutektische Mischung von

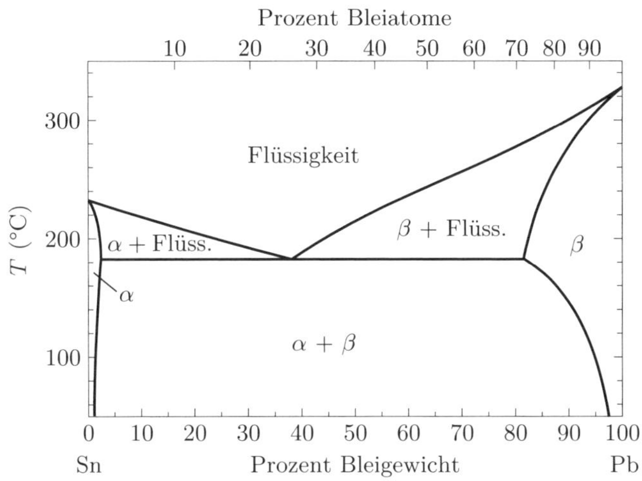

Abbildung 5.34: Phasendiagramm von Mischungen von Zinn und Blei. Aus Thaddeus B. Massalski, Hrsg., *Binary Alloy Phase Diagrams*, zweite Auflage (ASM International, Materials Park, OH, 1990).

23 Gewichtsprozent NaCl.[12] Ein anderes vertrautes Beispiel ist das in Automotoren verwendete Kühlmittel, eine Mischung aus Wasser und Ethylenglykol ($HOCH_2CH_2OH$). Reines Wasser gefriert bei 0 °C und reines Ethylenglykol bei −13 °C, somit würden beide in kalten Winternächten nicht flüssig bleiben. Erfreulicherweise gefriert eine 50-50-Mischung (dem Volumen nach) dieser beiden Flüssigkeiten erst bei −31 °C. Der eutektische Punkt liegt noch niedriger, bei −49 °C und einer Zusammensetzung mit 56 Volumenprozent Ethylenglykol.[13]

Auch wenn das Phasendiagramm eines eutektischen Systems hinreichend kompliziert erscheinen mag, treten bei vielen zweikomponentigen Systemen noch weitere Komplikationen durch die Existenz anderer Kristallstrukturen bei bestimmten Zusammensetzungen auf; die Aufgaben 5.71 und 5.72 loten einige der Möglichkeiten aus. Dann gibt es *drei*komponentige Systeme, bei denen im Phasendiagramm die Achse mit der Zusammensetzung zu einer Ebene wird (die normalerweise durch ein Dreieck dargestellt wird). Sie können Hunderte von komplizierten Phasendiagrammen in Büchern über Metallurgie, Keramik und Petrologie finden. Alle können qualitativ durch Kurven von freien Energien verstanden werden, so wie wir es hier gemacht haben. Da dies aber ein einführender Text ist, wollen wir nicht verweilen und stattdessen die Eigenschaften einiger einfacher Mischungen quantitativer untersuchen.

Aufgabe 5.68 Klempnerlot setzt sich aus 67 Gewichtsprozent Blei und 33 Gewichtsprozent Zinn zusammen. Beschreiben Sie, was mit dieser Mischung beim Abkühlen passiert, und erklären Sie, warum diese Zusammensetzung beim Verbinden von Rohren brauchbarer als die eutektische Mischung sein könnte.

12 Das Phasendiagramm von Wasser und Speisesalz ist in Zemansky und Dittman (1997) dargestellt.

13 Für ein vollständiges Phasendiagramm konsultieren Sie J. Bevan Ott, J. Rex Goates und John D. Lamb, *Journal of Chemical Thermodynamics* **4**, 123–126 (1972).

Aufgabe 5.69 Was passiert, wenn Sie Salzkristalle auf einen vereisten Bürgersteig streuen? Warum wird dieses Vorgehen bei *sehr* kaltem Klima selten verwendet?

Aufgabe 5.70 Was passiert, wenn Sie dem Eisbad in einer Eismaschine Salz hinzufügen? Wieso ist es möglich, dass die Temperatur *spontan* unter 0 °C fällt? Erklären Sie das, so detailliert Sie können.

Aufgabe 5.71 Abbildung 5.35 (links) zeigt bei einer bestimmten Temperatur die Kurven der freien Energie für ein zweikomponentiges System, das drei mögliche feste Phasen (Kristallstrukturen) aufweist, eine aus im Wesentlichem reinen A, eine aus im Wesentlichen reinen B und eine mit einer dazwischenliegenden Zusammensetzung. Zeichnen Sie Tangenten, um zu bestimmen, welche Phasen bei welchen Werten von x vorliegen. Um qualitativ zu bestimmen, was bei anderen Temperaturen passiert, können Sie einfach die Kurve der freien Energie für die Flüssigkeit nach oben oder unten verschieben (weil die Entropie der Flüssigkeit größer als die eines beliebigen Festkörpers ist). Machen Sie das und konstruieren Sie ein qualitatives Phasendiagramm für dieses System. Sie sollten zwei eutektische Punkte finden. Beispiele für Systeme mit einem solchen Verhalten sind zum Beispiel Wasser plus Ethylenglykol und Zinn plus Magnesium.

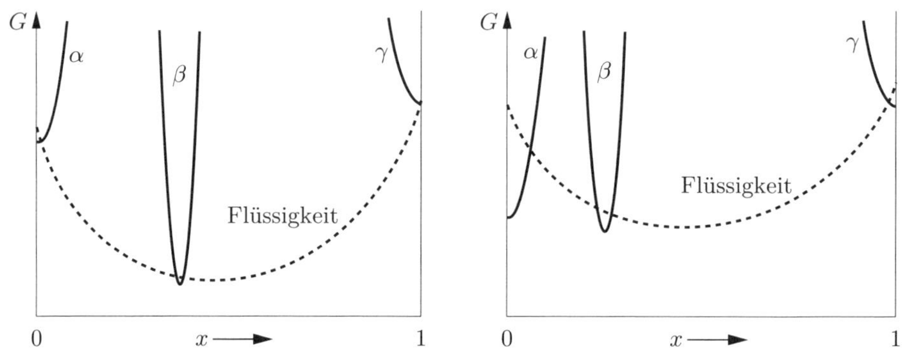

Abbildung 5.35: Diagramme der freien Energien für die Aufgaben 5.71 und 5.72.

Aufgabe 5.72 Wiederholen Sie das Vorgehen aus der letzten Aufgabe für das Diagramm aus Abbildung 5.35 (rechts), das einen wichtigen qualitativen Unterschied aufweist. Bei diesem Phasendiagramm sollten Sie herausfinden, dass β und die Flüssigkeit nur bei Temperaturen im Gleichgewicht sind, die *unterhalb* des Punktes liegen, an dem die Flüssigkeit mit infinitesimalen Mengen von α und β im Gleichgewicht ist. Man bezeichnet diesen Punkt als **peritektischen Punkt**. Beispiele für Systeme mit diesem Verhalten sind zum Beispiel Wasser plus Speisesalz und Leucit plus Quarz.

5.5 Verdünnte Lösungen

Eine **Lösung** ist dasselbe wie eine Mischung, außer dass wir eine Komponente als Hauptkomponente betrachten (das **Lösungsmittel**) und die anderen Komponenten (die **Solvate**) als weitere Komponenten. Eine Lösung heißt **verdünnt**, wenn die Solvatmoleküle wesentlich seltener sind als die Moleküle des Lösungsmittels (siehe Abbildung 5.36),

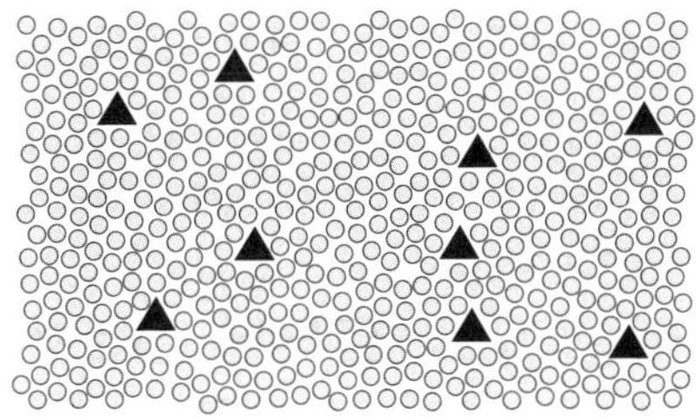

Abbildung 5.36: Eine verdünnte Lösung, bei der das Solvat wesentlich seltener ist als das Lösungsmittel.

sodass jedes Solvatmolekül „stets" von Lösungsmittelmolekülen umgeben ist und „nie" direkt mit anderen Solvatmolekülen wechselwirkt. In vielerlei Hinsicht verhält sich das Solvat in einer verdünnten Lösung wie ein ideales Gas. Wir können daher viele der Eigenschaften einer verdünnten Lösung, einschließlich ihrer Siede- und Schmelzpunkte, quantitativ vorhersagen.

Chemische Potentiale von Solvat und Lösungsmittel

Um die Eigenschaften einer verdünnten Lösung, die mit ihrer Umgebung wechselwirkt, vorhersagen zu können, müssen wir etwas über die chemischen Potentiale des Lösungsmittels und der Solvate wissen. Das chemische Potential μ_A von Stoff A hängt mit der Gibbs'schen freien Energie über $\mu_A = \partial G/\partial N_A$ zusammen. Was wir also brauchen, ist eine Formel für die Gibbs'sche freie Energie einer verdünnten Lösung in Abhängigkeit von der Anzahl der Lösungsmittelmoleküle und der Solvatmoleküle. Die Bestimmung der richtigen Formel für G ist ein wenig trickreich, lohnt sich aber: Wenn wir diese Formel haben, werden vielfältige Anwendungen möglich.

Angenommen, wir starten mit einem *reinen* Lösungsmittel aus A-Molekülen. Dann ist die Gibbs'sche freie Energie genau N_A-mal das chemische Potential:

$$G = N_A\mu_0(T,P) \qquad \text{(reines Lösungsmittel)}\,, \tag{5.62}$$

wobei μ_0 das chemische Potential des reinen Lösungsmittels ist, eine Funktion von Temperatur und Druck.

Stellen wir uns nun vor, dass wir ein einziges B-Molekül hinzufügen und dabei Temperatur und Druck konstant halten. Bei dieser Operation ändert sich die (Gibbs'sche) freie Energie um

$$\mathrm{d}G = \mathrm{d}U + P\,\mathrm{d}V - T\,\mathrm{d}S\,. \tag{5.63}$$

Das Wichtige an $\mathrm{d}U$ und $P\,\mathrm{d}V$ ist, dass beide nicht von N_A abhängen: Beide hängen nur davon ab, wie das B-Molekül mit seinen unmittelbaren Nachbarn wechselwirkt, egal, wie viele andere A-Moleküle es gibt. Beim $T\,\mathrm{d}S$-Term ist die Situation allerdings komplizierter. Ein Teil von $\mathrm{d}S$ ist von N_A unabhängig, ein anderer Teil kommt aber von unserer Freiheit auszuwählen, *wohin* wir das B-Molekül setzen. Die Anzahl der Möglichkeiten ist proportional zu N_A, somit erhöht diese Operation die Vielfachheit um einen Faktor proportional zu N_A. Damit beinhaltet $\mathrm{d}S$, die Zunahme der Entropie, einen Term $k\ln N_A$:

$$\mathrm{d}S = k\ln N_A + (\text{Terme unabhängig von } N_A)\,. \tag{5.64}$$

Die Änderung der freien Energie kann man daher

$$\mathrm{d}G = f(T,P) - kT\ln N_A \qquad \text{(Hinzufügung von einem } B\text{-Molekül)} \tag{5.65}$$

schreiben, wobei $f(T, P)$ eine Funktion von Temperatur und Druck, aber nicht von N_A ist.

Stellen Sie sich als Nächstes vor, dass wir *zwei* B-Moleküle zum reinen Lösungsmittel hinzufügen. Für diese Operation können wir beinahe das letzte Argument zweimal anwenden und schließen, dass

$$\mathrm{d}G = 2f(T, P) - 2kT \ln N_A \qquad \text{(falsch)}\,. \tag{5.66}$$

Das Problem besteht darin, dass es eine weitere Änderung der Entropie gibt, die von der Tatsache herrührt, dass die zwei B-Moleküle identisch sind. Eine Vertauschung dieser zwei Moleküle führt nicht auf einen neuen Zustand, somit müssen wir die Vielfachheit durch 2 teilen bzw. $k \ln 2$ von der Entropie abziehen. Mit dieser Modifizierung ergibt sich

$$\mathrm{d}G = 2f(T, P) - 2kT \ln N_A + kT \ln 2 \qquad \text{(Hinzufügung von zwei } B\text{-Molekülen)}\,. \tag{5.67}$$

Die Verallgemeinerung auf viele B-Moleküle ist nun einfach. In der freien Energie bekomment wir N_B mal $f(T, P)$ und N_B mal $-kT \ln N_A$. Um die Vertauschbarkeit der B-Moleküle zu berücksichtigen, bekommen wir auch einen Term $kT \ln N_B! \approx kTN_B(\ln N_B - 1)$. Addieren wir alle diese Terme zur freien Energie des reinen Lösungsmittels hinzu, so erhalten wir schließlich

$$G = N_A\mu_0(T, P) + N_B f(T, P) - N_B kT \ln N_A + N_B kT \ln N_B - N_B kT\,. \tag{5.68}$$

Dieser Ausdruck gilt im Limes $N_B \ll N_A$, also wenn die Lösung verdünnt ist. Bei einer nicht verdünnten Lösung wäre die Situation viel komplizierter, weil die B-Moleküle auch untereinander wechselwirken würden. Enthält eine Lösung mehr als ein Solvat, werden alle Terme in Gleichung 5.68 außer dem ersten wiederholt, wobei N_B durch N_C, N_D und so weiter ersetzt wird.

Die chemischen Potentiale von Lösungsmittel und Solvat folgen unmittelbar aus Gleichung 5.68:

$$\mu_A = \left(\frac{\partial G}{\partial N_A}\right)_{T,P,N_B} = \mu_0(T, P) - \frac{N_B kT}{N_A}\,; \tag{5.69}$$

$$\mu_B = \left(\frac{\partial G}{\partial N_B}\right)_{T,P,N_A} = f(T, P) + kT \ln(N_B/N_A)\,. \tag{5.70}$$

Wie wir erwarten würden, reduziert die Zufuhr von Solvat das chemische Potential von A und erhöht das chemische Potential von B. Beachten Sie auch, dass beide Größen nur vom Verhältnis N_B/N_A, nicht aber von der absoluten Anzahl der Lösungsmittelmoleküle oder Solvatmoleküle abhängen.

Es ist üblich, Gleichung 5.70 durch die **Molalität**[14] der Lösung auszudrücken. Sie ist als die Anzahl Mol Solvat pro Kilo Lösungsmittel definiert:

$$\text{Molalität} = m = \frac{\text{Molzahl Solvat}}{\text{Kilogramm Lösungsmittel}}\,. \tag{5.71}$$

Die Molalität ist eine Konstante mal dem Verhältnis N_B/N_A, und die Konstante kann in die Funktion $f(T, P)$ absorbiert werden, um eine neue Funktion namens $\mu^\circ(T, P)$ zu erhalten. Das chemische Potential des Solvats kann man dann als

$$\mu_B = \mu^\circ(T, P) + kT \ln m_B \tag{5.72}$$

14 Molalität ist nicht das Gleiche wie die **Molarität**, die Anzahl an Mol des Solvats pro Liter Lösung. Bei verdünnten Lösungen in Wasser sind die beiden aber fast identisch.

schreiben, wobei m_B die Molalität des Solvats (in Mol pro Kilogramm) ist und μ° das chemische Potential unter der „Standardbedingung“ $m_B = 1$. Werte von μ° kann man aus Tabellen von Gibbs'schen freien Energien erhalten, sodass Gleichung 5.72 die tabellierten Werte mit den Werten bei irgendeiner anderen Molalität verbindet (solange die Lösung verdünnt ist).

Aufgabe 5.73 Sollte der Ausdruck 5.68 zutreffen, so muss er extensiv sein: Wenn wir sowohl N_A als auch N_B um den gleichen Faktor erhöhen und dabei alle intensiven Variablen festhalten, sollte G um den gleichen Faktor zunehmen. Zeigen Sie, dass der Ausdruck 5.68 diese Eigenschaft hat. Zeigen Sie, dass er sie nicht hätte, wenn wir den Term proportional zu $\ln N_B!$ nicht hinzugefügt hätten.

Aufgabe 5.74 Überprüfen Sie, dass die Gleichungen 5.69 und 5.70 der Gleichung $G = N_A\mu_A + N_B\mu_B$ genügen (Gleichung 5.37).

Aufgabe 5.75 Vergleichen Sie den Ausdruck 5.68 für die Gibbs'sche freie Energie einer verdünnten Lösung mit dem Ausdruck 5.61 für die Gibbs'sche freie Energie einer idealen Mischung. Unter welchen Umständen sollten diese beiden Ausdrücke übereinstimmen? Zeigen Sie, dass sie unter diesen Umständen übereinstimmen und identifizieren Sie die Funktion $f(T, P)$ für diesen Fall.

Osmotischer Druck

Betrachten Sie als eine erste Anwendung der Gleichung 5.69 eine Lösung, die von einer Menge reinen Lösungsmittels durch eine Membran getrennt ist, die es lediglich Molekülen des Lösungsmittels, aber nicht Solvatmolekülen erlaubt, hindurchzutreten (siehe Abbildung 5.37). Ein Beispiel einer solchen semipermeablen Membran ist die Membran, die eine beliebige pflanzliche oder tierische Zelle umgibt. Sie ist für Wasser und andere sehr kleine Moleküle durchlässig, aber nicht für große Moleküle oder geladene Ionen. Andere semipermeable Membranen werden in der Industrie verwendet, zum Beispiel bei der Entsalzung von Meerwasser.

Learn a little ... do a little

Laut Gleichung 5.69 ist das chemische Potential des Lösungsmittels in der Lösung niedriger als das des reinen Lösungsmittels bei gleicher Temperatur und Druck. Teilchen fließen zu niedrigerem chemischen Potential, sodass in dieser Situation die Moleküle des Lösungsmittels spontan aus dem reinen Lösungsmittel in die Lösung fließen. Dieser

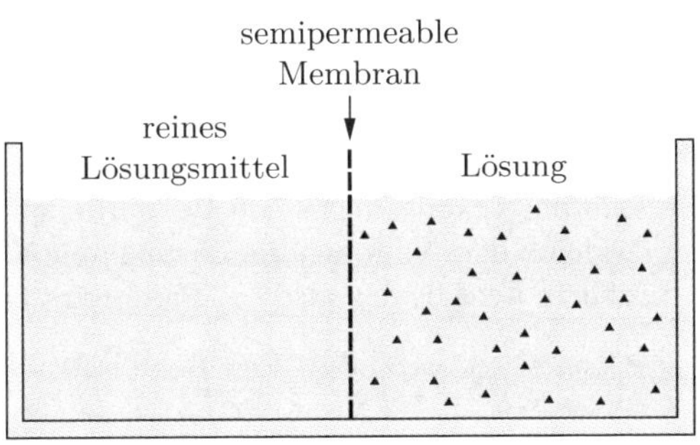

Abbildung 5.37: Wenn eine Lösung durch eine semipermeable Membran von reinem Lösungsmittel bei gleicher Temperatur und Druck abgetrennt wird, wird spontan Lösungsmittel in die Lösung fließen.

Molekülfluss wird als **Osmose** bezeichnet. Dass es Osmose geben sollte, ist kaum überraschend: Moleküle des Lösungsmittels bombardieren ständig die Membran auf beiden Seiten, aber häufiger auf der Seite, auf der das Lösungsmittel konzentrierter ist. So treffen sie natürlich häufiger auf die Löcher und treten häufiger auf die andere Seite über.

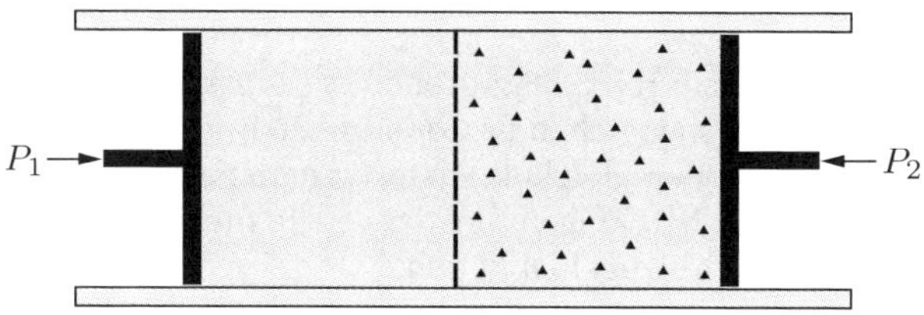

Abbildung 5.38: Um Osmose zu verhindern, muss P_2 den Druck P_1 um einen Betrag übersteigen, der als **osmotischer Druck** bezeichnet wird.

Wenn Sie *verhindern* wollen, dass es zur Osmose kommt, können Sie das erreichen, indem Sie etwas zusätzlichen Druck auf die Lösung ausüben (siehe Abbildung 5.38). Wie viel Druck wird benötigt? Nun, wenn der Druck gerade passt, dann muss das chemische Potential des Lösungsmittels auf beiden Seiten der Membran gerade gleich sein. Unter Verwendung der Gleichung 5.69 lautet diese Bedingung

$$\mu_0(T, P_1) = \mu_0(T, P_2) - \frac{N_B kT}{N_A}. \tag{5.73}$$

Dabei ist P_1 der Druck auf der Seite mit reinem Lösungsmittel und P_2 der Druck auf der Seite der Lösung. Nehmen wir an, dass diese beiden Drücke nicht *zu* unterschiedlich sind, so können wir nähern,

$$\mu_0(T, P_2) \approx \mu_0(T, P_1) + (P_2 - P_1)\frac{\partial \mu_0}{\partial P}, \tag{5.74}$$

und diesen Ausdruck in Gleichung 5.73 einsetzen, um

$$(P_2 - P_1)\frac{\partial \mu_0}{\partial P} = \frac{N_B kT}{N_A} \tag{5.75}$$

zu erhalten. Um die Ableitung $\partial\mu_0/\partial P$ auszuwerten, denken Sie daran, dass das chemische Potential eines reinen Stoffs gerade G/N ist, die Gibbs'sche freie Energie pro Teilchen ist. Da $\partial G/\partial P = V$ (bei festem T und N), ist unsere Ableitung

$$\frac{\partial \mu_0}{\partial P} = \frac{V}{N}, \tag{5.76}$$

das Volumen pro Molekül im reinen Lösungsmittel. Aber da die Lösung verdünnt ist, ist *ihr* Volumen pro Molekül des Lösungsmittels im Wesentlichen identisch. Setzen wir daher V in Gleichung 5.76 gleich dem Volumen der Lösung und N gleich der Anzahl der Moleküle des Lösungsmittels in der Lösung, also N_A. Dann wird Gleichung 5.75 zu

$$(P_2 - P_1)\frac{V}{N_A} = \frac{N_B kT}{N_A} \tag{5.77}$$

oder einfach

$$(P_2 - P_1) = \frac{N_B kT}{V} = \frac{n_B RT}{V} \tag{5.78}$$

(wobei n_B/V die Anzahl der *Mole* Solvat pro Einheitsvolumen ist). Diesen Druckunterschied bezeichnet man als **osmotischen Druck**. Er ist der Drucküberschuss, der auf der Seite der Lösung benötigt wird, um Osmose zu verhindern.

Gleichung 5.78 für den osmotischen Druck einer verdünnten Lösung wird nach Jacobus Hendricus van't Hoff als **Van't-Hoff-Gleichung** bezeichnet. Sie besagt, dass der osmotische Druck exakt der eines idealen Gases bei der gleichen Konzentration wie das Solvat ist. In der Tat ist es verlockend, sich den osmotischen Druck so vorzustellen, als würde er allein vom Solvat ausgeübt, sobald wir den Druck des Lösungsmittels auf beiden Seiten ausgeglichen haben. Diese Interpretation ist schlechte Physik, aber ich verwende sie trotzdem als eine Gedächtnisstütze.

Als ein Beispiel betrachten Sie die Lösung von Ionen, Zuckern, Aminosäuren und anderen Molekülen in einer biologischen Zelle. In einer typischen Zelle befinden sich etwa 200 Wassermoleküle pro andersartigem Molekül, somit ist diese Lösung in guter Näherung verdünnt. Da ein Mol Wasser eine Masse von 18 g und ein Volumen von 18 cm^3 hat, beträgt die Molanzahl des Solvats pro Einheitsvolumen

$$\frac{n_B}{V} = \left(\frac{1}{200}\right)\left(\frac{1\,\text{mol}}{18\,\text{cm}^3}\right)\left(\frac{100\,\text{cm}}{1\,\text{m}}\right)^3 = 278\,\text{mol/m}^3\,. \tag{5.79}$$

Wenn Sie eine Zelle in reines Wasser bringen, wird sie Wasser durch Osmose absorbieren, bis der Innendruck den Außendruck um den osmotischen Druck übersteigt. Bei Raumtemperatur beträgt er

$$(278\,\text{mol/m}^3)(8{,}3\,\text{J/mol}\cdot\text{K})(300\,\text{K}) = 6{,}9\cdot 10^5\,\text{N/m}^2 \tag{5.80}$$

oder etwa 7 atm. Die Membran einer tierischen Zelle, die einen solchen Druck erfährt, wird platzen, aber Pflanzenzellen haben starre Wände, die einem solchen Druck standhalten.

Aufgabe 5.76 Salzwasser hat einen Salzgehalt von 3,5 %. Das bedeutet, dass beim Sieden eines Kilogramms Salzwasser 35 g Feststoff (vor allem Kochsalz) übrig bleibt. Wenn es gelöst ist, dissoziiert Natrumchlorid in getrennte Na^+- und Cl^--Ionen.

(a) Berechnen Sie den osmotischen Druck zwischen Salzwasser und Süßwasser. Nehmen Sie der Einfachheit halber an, dass alle gelösten Salze NaCl sind.

(b) Wenn Sie einen Druckunterschied anwenden, der *größer* als der osmotische Druck einer Lösung ist, die vom reinen Lösungsmittel durch eine semipermeable Membran getrennt ist, bekommen Sie **umgekehrte Osmose**: einen Fluss des Lösungsmittels aus der Lösung *heraus*. Diesen Prozess kann man verwenden, um Meerwasser zu entsalzen. Berechnen Sie die minimale Arbeit, die man braucht, um einen Liter Meerwasser zu entsalzen. Diskutieren Sie einige Gründe, warum die tatsächliche Arbeit größer als dieses Minimum ist.

Aufgabe 5.77 Man kann osmotische Druckmessungen verwenden, um die molare Masse von großen Molekülen wie etwa Proteinen zu bestimmen. Damit eine Lösung großer Moleküle als „verdünnt" gelten kann, muss ihre molare Konzentration sehr niedrig und der osmotische Druck daher zu klein sein, um genau gemessen werden zu können. Daher ist das übliche Vorgehen, den osmotischen Druck bei verschiedenen Konzentrationen zu messen und die Ergebnisse dann in den Limes verschwindender Konzentration zu extrapolieren. Hier sind einige Daten[15] für das Protein Hämoglobin, gelöst in Wasser bei 3 °C:

Konzentration (Gramm/Liter)	Δh (cm)
5,6	2,0
16,6	6,5
32,5	12,8
43,4	17,6
54,0	22,6

Die Größe Δh ist der Höhenunterschied der Flüssigkeitsspiegel von Lösung und reinem Lösungsmittel im Gleichgewicht, wie in Abbildung 5.39 dargestellt. Bestimmen Sie aus diesen Messungen die ungefähre molare Masse von Hämoglobin (in Gramm pro Mol).

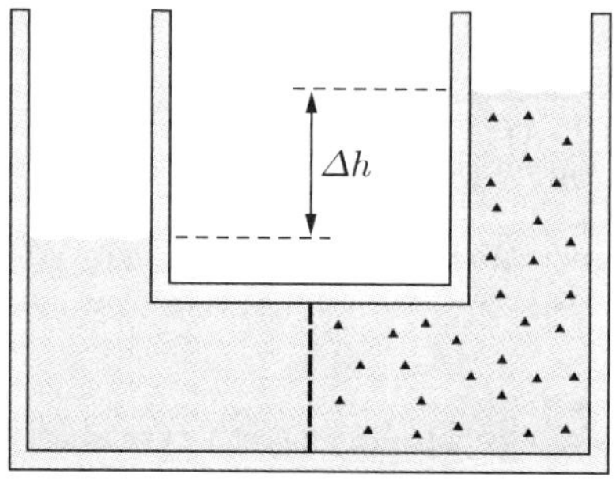

Abbildung 5.39: Eine Versuchsanordnung zur Messung des osmotischen Drucks. Lösungsmittel fließt durch die Membran von links nach rechts, bis der Unterschied Δh der Flüssigkeitsspiegel gerade ausreicht, um den osmotischen Druck zu kompensieren.

Aufgabe 5.78 Weil osmotische Drücke ziemlich groß sein können, fragen Sie sich vielleicht, ob die in Gleichung 5.74 gemachte Näherung in der Praxis stimmt: Ist μ_0 wirklich mit der nötigen Genauigkeit eine lineare Funktion von P? Beantworten Sie diese Frage, indem Sie anhand realistischer Beispiele diskutieren, ob sich die Ableitung dieser Funktion im relevanten Druckbereich signifikant ändert.

Schmelzpunkte und Siedepunkte

Learn a little … do a little

In Abschnitt 5.4 haben wir gesehen, wie Verunreinigungen die Schmelz- und Siedepunkte eines Stoffes verschieben können. Für verdünnte Lösungen können wir diese Verschiebung quantitativ berechnen.

Betrachten Sie zunächst den Fall einer verdünnten Lösung an ihrem Siedepunkt, die mit ihrer Gasphase im Gleichgewicht ist (siehe Abbildung 5.40). Nehmen Sie der Einfachheit halber an, dass das Solvat überhaupt nicht verdampft – das ist zum Beispiel für Salz in Wasser eine hervorragende Lösung. Dann enthält das Gas kein Solvat und wir müssen nur die Gleichgewichtsbedingung für das Lösungsmittel betrachten:

$$\mu_{A,\text{flüssig}}(T,P) = \mu_{A,\text{gas}}(T,P)\,. \tag{5.81}$$

15 Aus H. B. Bull, *An Introduction to Physical Biochemistry*, zweite Auflage (F. A. Davis, Philadelphia, 1971), S. 182. Die Messungen wurden von H. Gutfreund durchgeführt.

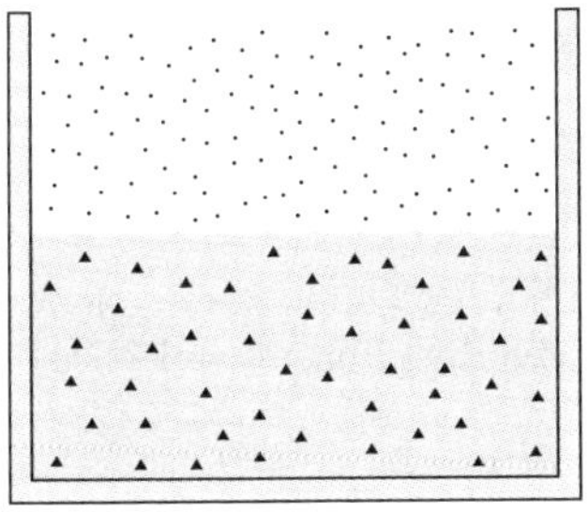

Abbildung 5.40: Die Gegenwart eines Solvats verringert die Tendenz eines Lösungsmittels zu verdampfen.

Verwenden wir Gleichung 5.69, um die linke Seite umzuschreiben, so wird aus dieser Bedingung

$$\mu_0(T,P) - \frac{N_B kT}{N_A} = \mu_{\text{gas}}(T,P)\,, \qquad (5.82)$$

wobei μ_0 das chemische Potential des reinen Lösungsmittels ist.

Wie bei der Herleitung des osmotischen Drucks vorhin ist die Prozedur nun, jede μ-Funktion um den nahegelegenen Punkt zu entwickeln, an dem das reine Lösungsmittel im Gleichgewicht wäre. Weil μ von Temperatur *und* Druck abhängt, können wir jeweils eine der beiden Größen festhalten und die andere variieren. Ändern wir zuerst den Druck. Sei P_0 der Dampfdruck des reinen Lösungsmittels bei Temperatur T, sodass

$$\mu_0(T,P_0) = \mu_{\text{gas}}(T,P_0)\,. \qquad (5.83)$$

Ausgedrückt durch die chemischen Potentiale bei P_0, wird Gleichung 5.82 zu

$$\mu_0(T,P_0) + (P-P_0)\frac{\partial \mu_0}{\partial P} - \frac{N_B kT}{N_A} = \mu_{\text{gas}}(T,P_0) + (P-P_0)\frac{\partial \mu_{\text{gas}}}{\partial P}\,. \qquad (5.84)$$

Der erste Term fällt auf beiden Seiten wegen Gleichung 5.83 weg, und jedes $\partial\mu/\partial P$ ist das Volumen pro Teilchen in der jeweiligen Phase, somit

$$(P-P_0)\left(\frac{V}{N}\right)_{\text{flüssig}} - \frac{N_B kT}{N_A} = (P-P_0)\left(\frac{V}{N}\right)_{\text{gas}}\,. \qquad (5.85)$$

Das Volumen pro Teilchen ist in der Gasphase gerade kT/P_0, während im Vergleich dazu das Volumen pro Teilchen in der Flüssigkeit vernachlässigbar ist. Diese Gleichung wird daher zu

$$P - P_0 = \frac{-N_B}{N_A}P_0 \qquad \text{oder} \qquad \frac{P}{P_0} = 1 - \frac{N_B}{N_A}\,. \qquad (5.86)$$

Der Dampfdruck wird um einen Bruchteil verringert, der gleich dem Verhältnis der Anzahlen der Solvatmoleküle und der Moleküle des Lösungsmittels ist. Dieses Ergebnis nennt man das **Gesetz von Raoult**. Auf dem molekularen Niveau kommt es zur Reduktion des Dampfdrucks, weil die Hinzufügung von Solvat die Anzahl der Moleküle des Lösungsmittels an der Oberfläche der Flüssigkeit reduziert – somit entweichen sie seltener in den Dampf.

Wir könnten stattdessen auch den Druck festhalten und nach der Temperaturänderung auflösen, die man braucht, um das Gleichgewicht in Gegenwart des Solvats aufrechtzuerhalten. Sei T_0 der Siedepunkt des reinen Lösungsmittels bei Druck P, sodass

$$\mu_0(T_0,P) = \mu_{\text{gas}}(T_0,P)\,. \qquad (5.87)$$

Ausgedrückt durch die chemischen Potentiale bei T_0, wird Gleichung 5.82 zu

$$\mu_0(T_0,P) + (T - T_0)\frac{\partial \mu_0}{\partial T} - \frac{N_B kT}{N_A} = \mu_{\text{gas}}(T_0,P) + (T - T_0)\frac{\partial \mu_{\text{gas}}}{\partial T} \,. \tag{5.88}$$

Wieder fällt der erste Term auf beiden Seiten heraus. Jedes $\partial\mu/\partial T$ ist gerade die negative Entropie pro Teilchen für die jeweilige Phase (weil $\partial G/\partial T = -S$). Somit gilt

$$-(T - T_0)\left(\frac{S}{N}\right)_{\text{flüssig}} - \frac{N_B kT}{N_A} = -(T - T_0)\left(\frac{S}{N}\right)_{\text{gas}} \,. \tag{5.89}$$

Es ist am einfachsten, die N unter jedem S gleich N_A zu setzen und daran zu denken, dass sich jedes S nun auf die N_A Moleküle des Lösungsmittels bezieht. Die *Differenz* der Entropien von Gas und Flüssigkeit beträgt L/T_0, wobei L die latente Verdampfungswärme ist. Die Temperaturverschiebung beträgt daher

$$T - T_0 = \frac{N_B k T_0^2}{L} = \frac{n_B R T_0^2}{L} \,, \tag{5.90}$$

wobei ich auf der rechten Seite $T \approx T_0$ genähert habe.

Berechnen wir als ein Beispiel die Siedetemperatur von Meerwasser. Eine praktische Größe für die Betrachtung ist ein Kilogramm; dann beträgt L 2260 kJ. Ein Kilogramm Meerwasser enthält 35 g gelöster Salze, vor allem NaCl. Die mittlere Massenzahl von Na und Cl ist etwa 29, somit lösen sich 35 g Salz in 35/29 = 1,2 mol Ionen auf. Somit verschiebt sich die Siedetemperatur relativ zu Süßwasser um

$$T - T_0 = \frac{(1{,}2\,\text{mol})(8{,}3\,\text{J/mol}\cdot\text{K})(373\,\text{K})^2}{2260\,\text{kJ}} = 0{,}6\,\text{K} \,. \tag{5.91}$$

Um die Änderung des Dampfdrucks bei einer gegebenen Temperatur zu berechnen, müssen wir wissen, dass ein Kilogramm Wasser 1000/18 = 56 mol Wassermoleküle enthält. Daher gilt wegen des Gesetzes von Raoult

$$\frac{\Delta P}{P_0} = -\frac{1{,}2\,\text{mol}}{56\,\text{mol}} = -0{,}022 \,. \tag{5.92}$$

Beide Effekte sind ziemlich klein: Meerwasser verdampft fast genauso leicht wie Süßwasser. Die Verschiebung der Siedetemperaturen wird nur für eine nicht verdünnte Lösung groß, wo die Formeln dieses Abschnitts ungenau werden (auch wenn sie immer noch eine grobe Abschätzung geben).

Eine Formel, die im Wesentlichen Gleichung 5.90 entspricht, gibt die Verschiebung der *Schmelztemperatur* einer verdünnten Lösung. Weil der Beweis so ähnlich ist, lasse ich Sie das machen (siehe Aufgabe 5.81). Ich lasse Sie auch darüber nachdenken, warum die Schmelztemperatur *abnimmt* und nicht zunimmt. Bei Wasser und den meisten anderen Lösungsmitteln ist die Verschiebung der Schmelztemperatur größer als die der Siedetemperatur. Das liegt an den kleineren Werten von L.

Zusammen mit dem osmotischen Druck werden die Verschiebungen im Dampfdruck, der Siedetemperatur und der Schmelztemperatur allesamt als **kolligative Eigenschaften** verdünnter Lösungen bezeichnet. Alle diese Effekte hängen nur von der *Menge* des Solvats ab, nicht aber davon, *was* das Solvat ist.

Aufgabe 5.79 Die meisten Nudelrezepte weisen Sie an, einen Esslöffel Salz ins kochende Wasser zu schütten. Hat das eine signifikante Auswirkung auf die Siedetemperatur? Begründen Sie Ihre Antwort mit einer groben numerischen Schätzung.

Aufgabe 5.80 Verwenden Sie die Clausius-Clapeyron-Gleichung, um Gleichung 5.90 direkt aus dem Raoult'schen Gesetz herzuleiten. Erklären Sie die Logik sorgfältig.

Aufgabe 5.81 Leiten Sie eine Formel ähnlich zu Gleichung 5.90 für die Verschiebung der Schmelztemperatur einer verdünnten Lösung her. Nehmen Sie an, dass die feste Phase reines Lösungsmittel ohne Solvat ist. Sie sollten herausbekommen, dass die Verschiebung negativ ist: Die Schmelztemperatur einer Lösung ist *niedriger* als die des reinen Lösungsmittels. Erklären Sie in allgemeinen Worten, warum die Verschiebung negativ sein sollte.

Aufgabe 5.82 Verwenden Sie das Ergebnis der letzten Aufgabe, um die Schmelztemperatur von Meerwasser zu berechnen.

5.6 Chemisches Gleichgewicht

Ein interessanter Aspekt von chemischen Reaktionen ist, dass sie kaum jemals vollständig ablaufen. Betrachten Sie zum Beispiel die Dissoziation von Wasser in H^+- und OH^--Ionen:

$$H_2O \longleftrightarrow H^+ + OH^- . \tag{5.93}$$

Unter Normalbedingungen tendiert diese Reaktion stark nach links. Ein normales Glas Wasser enthält etwa 500 Millionen Wassermoleküle pro Paar von H^+- und OH^--Ionen. Naiv würden wir denken, dass das Wassermolekül „stabiler" als die Ionen ist. Aber das kann nicht alles sein: sonst gäbe es *keine* Ionen in einem Glas voller Wasser, wohingegen es in Wirklichkeit Quadrillionen sind.

Eine Möglichkeit zu verstehen, warum es auch im Gleichgewicht immer einige „instabile" Ionen gibt, ist, sich die Kollisionen auf molekularer Ebene vorzustellen. Bei Raumtemperatur stoßen die Wassermoleküle ständig mit ziemlich hoher Geschwindigkeit zusammen. Von Zeit zu Zeit sind die Kollisionen heftig genug, dass ein Molekül in zwei Ionen zerbricht. Die Ionen werden dann voneinander getrennt und rekombinieren erst wieder, wenn sie in der sehr verdünnten Lösung zufällig neue Partner finden. Schließlich stellt sich ein Gleichgewicht zwischen dem Zerbrechen und dem Rekombinieren ein, wobei beide Vorgänge eher selten vorkommen.

Auf einem abstrakteren Niveau können wir uns das Gleichgewicht mittels der Gibbs'schen freien Energie vorstellen. Bei Raumtemperatur und normalem Luftdruck ist die Gleichgewichtskonzentration jedes Stoffs durch die Bedingung bestimmt, dass die gesamte Gibbs'sche freie Energie

$$G = U - TS + PV \tag{5.94}$$

minimal ist. Wir könnten uns vorstellen, dass das Minimum erreicht wird, wenn es nur Wassermoleküle ohne Ionen gibt. Es ist in der Tat wahr, dass ein Glas Wasser eine viel geringere Gibbs'sche freie Energie hat als ein Glas voller H^+- und OH^--Ionen, einfach weil es so viel weniger Energie hat. Wenn man aber nur *ein paar* Moleküle auseinanderbricht, kann man die Gibbs'sche freie Energie noch weiter absenken, weil die *Entropie*

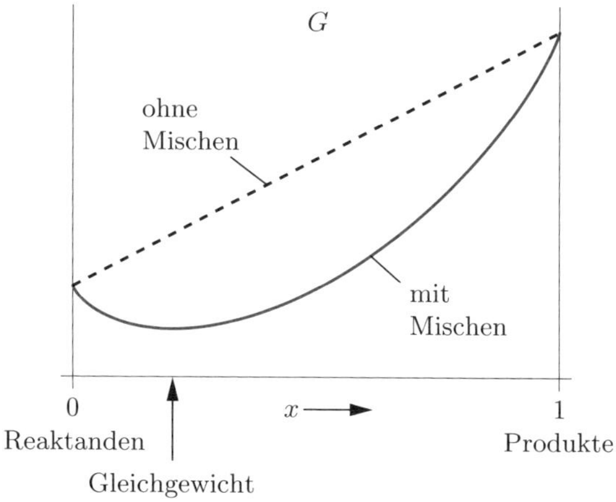

Abbildung 5.41: Würden Reaktanden und Produkte getrennt bleiben, wäre die freie Energie eine lineare Funktion des Reaktionsumsatzes. Aufgrund der Mischung hat G aber ein Minimum irgendwo zwischen $x = 0$ und $x = 1$.

substantiell zunimmt. Bei höheren Temperaturen wird diese Entropie mehr zu G beitragen; somit wird es mehr Ionen geben.

Es ist erhellend, die Gibbs'sche freie Energie als eine Funktion des **Umsatzes** der Reaktion darzustellen. Das ist in diesem Fall der Bruchteil x der Wassermoleküle, die in Ionen aufgespalten werden. Wenn jedes Wassermolekül intakt ist, dann ist $x = 0$, wohingegen x gleich 1 wäre, wenn jedes Molekül dissoziiert wäre. Würden wir die dissoziierten Ionen von dem intakten Wasser getrennt halten, dann wäre eine Kurve von G über x eine Gerade mit stark positiver Steigung (siehe Abbildung 5.41). Wenn wir aber zulassen, dass sich die Ionen mit den Molekülen mischen, so führt die Mischentropie einen zusätzlichen konvexen Term in G ein. Wie in Abschnitt 5.4 diskutiert, ist die Steigung dieses Terms an den Endpunkten $x = 0$ und $x = 1$ unendlich. Daher wird der Gleichgewichtspunkt – das Minimum von G – immer ein wenig innerhalb vom niedrigeren der beiden Endpunkte liegen, egal wie groß die Energiedifferenz zwischen Reaktanden und Produkten ist. (In der Praxis mag er näher an einem Endpunkt als das Verhältnis eins zur Avogadro-Zahl liegen; in solchen Fällen läuft die Reaktion effektiv vollständig ab.)

Wir können den Gleichgewichtspunkt durch die Bedingung charakterisieren, dass die Steigung der Gibbs'schen freien Energie null ist. Das bedeutet, dass sich G nicht ändert, wenn ein weiteres H_2O-Molekül dissoziiert:

$$0 = \mathrm{d}G = \sum_i \mu_i \, \mathrm{d}N_i \,. \tag{5.95}$$

Im letzten Ausdruck habe ich die thermodynamische Identität für G verwendet, unter der Annahme, dass Druck und Temperatur konstant sind. Die Summe läuft über alle drei Stoffe: H_2O, H^+ und OH^-. Die Änderungen der drei N_i's sind aber nicht unabhängig: eine Zunahme um ein H^+ wird immer von einer Zunahme um ein OH^- und eine Abnahme um ein H_2O begleitet. Ein möglicher Satz von Änderungen lautet

$$\mathrm{d}N_{H_2O} = -1\,, \qquad \mathrm{d}N_{H^+} = 1\,, \qquad \mathrm{d}N_{OH^-} = 1\,. \tag{5.96}$$

Setzen wir diese Zahlen in Gleichung 5.95 ein, so erhalten wir

$$\mu_{H_2O} = \mu_{H^+} + \mu_{OH^-}\,. \tag{5.97}$$

Diese Beziehung zwischen den chemischen Potentialen muss im Gleichgewicht erfüllt sein. Da jedes chemische Potential eine Funktion der Konzentration des jeweiligen Stoffs ist (eine höhere Konzentration impliziert ein höheres chemisches Potential), bestimmt diese Bedingung die jeweiligen Konzentrationen im Gleichgewicht.

Betrachten wir ein anderes Beispiel, bevor wir dieses Ergebnis auf beliebige chemische Reaktionen verallgemeinern: die Kombination von Stickstoff und Wasserstoff zu Ammoniak,

$$\mathrm{N_2} + 3\,\mathrm{H_2} \quad \longleftrightarrow \quad 2\,\mathrm{NH_3}\,. \tag{5.98}$$

Die Reaktion ist wieder im Gleichgewicht, wenn $\sum_i \mu_i \, dN_i = 0$. Eine mögliche Wahl von dN's ist

$$dN_{\mathrm{N_2}} = -1\,, \qquad dN_{\mathrm{H_2}} = -3\,, \qquad dN_{\mathrm{NH_3}} = +2\,, \tag{5.99}$$

was zur Gleichgewichtsbedingung

$$\mu_{\mathrm{N_2}} + 3\mu_{\mathrm{H_2}} = 2\mu_{\mathrm{NH_3}} \tag{5.100}$$

führt.

Mittlerweile erkennen Sie sicher das Muster: Die Gleichgewichtsbedingung ist immer die gleiche wie die Reaktion selbst, wobei die Namen der Chemikalien durch ihre chemischen Potentiale ersetzt werden und $\leftrightarrow$ durch $=$. Um diese Regel als Formel aufzuschreiben, brauchen wir ein wenig Notation. Sei X_i die chemische Bezeichnung des i-ten Stoffes, der die in der Reaktion vorkommt, und sei ν_i der dazugehörige stöchiometrische Koeffizient in der Reaktionsgleichung, also die Anzahl der i-Moleküle, die jedes mal beteiligt sind, wenn die Reaktion stattfindet. (So ist etwa im letzten Beispiel $\nu_{\mathrm{H_2}} = 3$.) Eine beliebige Reaktionsgleichung schaut dann so aus:

$$\nu_1 X_1 + \nu_2 X_2 + \cdots \longleftrightarrow \nu_3 X_3 + \nu_4 X_4 + \cdots\,. \tag{5.101}$$

In der entsprechenden Gleichgewichtsbedingung ersetzen wir einfach jeden Stoffnamen durch sein chemisches Potential:

$$\nu_1 \mu_1 + \nu_2 \mu_2 + \cdots = \nu_3 \mu_3 + \nu_4 \mu_4 + \cdots\,. \tag{5.102}$$

Der nächste Schritt zum Verständnis des chemischen Gleichgewichts besteht darin, jedes chemische Potential μ_i durch die Konzentration des Stoffs auszudrücken. Ich könnte das ganz allgemein erklären, aber weil Gase, Solvate, Lösungsmittel und reine Stoffe alle unterschiedlich behandelt werden müssen, ist es meiner Meinung nach einfacher (und interessanter), die Prozedur durch die vier im Rest dieses Abschnitts ausgearbeiteten Beispiele zu illustrieren.

Aufgabe 5.83 Schreiben Sie die Gleichgewichtsbedingung für jede der folgenden Reaktionen hin:

(a) $2\,\mathrm{H} \leftrightarrow \mathrm{H_2}$

(b) $2\,\mathrm{CO} + \mathrm{O_2} \leftrightarrow 2\,\mathrm{CO_2}$

(c) $\mathrm{CH_4} + 2\,\mathrm{O_2} \leftrightarrow 2\,\mathrm{H_2O} + \mathrm{CO_2}$

(d) $\mathrm{H_2SO_4} \leftrightarrow 2\,\mathrm{H^+} + \mathrm{SO_4^{2-}}$

(e) $2\,\mathrm{p} + 2\,\mathrm{n} \leftrightarrow {}^4\mathrm{He}$

Stickstofffixierung

Betrachten Sie zunächst die gasförmige Reaktion 5.98, bei der sich N_2 und H_2 zu Ammoniak (NH_3) vereinigen. Man nennt diese Reaktion „Stickstofffixierung“, weil sie Stickstoff in eine Form bringt, die von Pflanzen verwendet werden kann, um Aminosäuren und andere wichtige Moleküle herzustellen.

Die Gleichgewichtsbedingung für diese Reaktion steht in Gleichung 5.100. Wenn wir annehmen, dass jeder Stoff ein ideales Gas ist, so können wir Gleichung 5.40 für jedes chemische Potential verwenden, um

$$\mu^\circ_{N_2} + kT\ln\Big(\frac{P_{N_2}}{P^\circ}\Big) + 3\mu^\circ_{H_2} + 3kT\ln\Big(\frac{P_{H_2}}{P^\circ}\Big) = 2\mu^\circ_{NH_3} + 2kT\ln\Big(\frac{P_{NH_3}}{P^\circ}\Big) \tag{5.103}$$

zu bekommen. Hier stellt jedes μ° das chemische Potential dieses Stoffes in seinem „Standardzustand“ dar, wenn sein Partialdruck P° ist. Normalerweise setzen wir P° auf 1 bar. Bringen wir alle μ°'s nach rechts und alle Logarithmen nach links, so erhalten wir

$$kT\ln\Big(\frac{P_{N_2}}{P^\circ}\Big) + 3kT\ln\Big(\frac{P_{H_2}}{P^\circ}\Big) - 2kT\ln\Big(\frac{P_{NH_3}}{P^\circ}\Big) = 2\mu^\circ_{NH_3} - \mu^\circ_{N_2} - 3\mu^\circ_{H_2}\,. \tag{5.104}$$

Wenn wir nun mit der Avogadro-Zahl durchmultiplizieren, so steht auf der rechten Seite die Gibbs'sche freie Energie der Reaktion in „Standardform“, die man mit ΔG° bezeichnet. Diese Größe ist die hypothetische Änderung von G, wenn ein Mol reines N_2 mit drei Mol reinem H_2 reagiert, um zwei Mol reinen Ammoniak zu bilden, alle bei 1 bar. Das Wichtige an ΔG° ist, dass Sie es oft in Tabellenwerken nachschlagen können. Gleichzeitig können wir die Logarithmen auf der linken Seite zu einem großen Logarithmus zusammenfassen:

$$RT\ln\left(\frac{P_{N_2}P^3_{H_2}}{P^2_{NH_3}(P^\circ)^2}\right) = \Delta G^\circ \tag{5.105}$$

oder mit ein wenig weiterem Umstellen

$$\frac{P^2_{NH_3}(P^\circ)^2}{P_{N_2}P^3_{H_2}} = e^{-\Delta G^\circ/RT}\,. \tag{5.106}$$

Gleichung 5.106 ist unser Endergebnis. Auf der linken Seite finden sich die Partialdrücke der drei Gase im Gleichgewicht, zu der Potenz ihrer stöchiometrischen Koeffizienten erhoben, wobei die Edukte im Nenner und die Produkte im Zähler stehen. Es sind auch genügend Potenzen des Referenzdrucks P° vorhanden, um den Gesamtausdruck dimensionslos zu machen. Die Größe auf der rechten Seite ist die **Gleichgewichtskonstante** K:

$$K \equiv e^{-\Delta G^\circ/RT}\,. \tag{5.107}$$

Sie ist eine Funktion der Temperatur (und zwar durch ΔG° und das explizite T), aber nicht der vorliegenden Gasmengen. Oft berechnen wir K für ein gegebenes T ein für alle Mal und schreiben dann einfach

$$\frac{P^2_{NH_3}(P^\circ)^2}{P_{N_2}P^3_{H_2}} = K\,. \tag{5.108}$$

Diese Gleichung nennt man das **Massenwirkungsgesetz** (fragen Sie mich nicht, warum).

Auch wenn Sie den Wert von K nicht kennen, teilt Ihnen Gleichung 5.108 nicht wenig über diese Reaktion mit. Wenn die Gase anfangs im Gleichgewicht sind und Sie mehr Stickstoff oder Wasserstoff hinzufügen, dann muss einiges von dem, was Sie hinzufügen, reagieren, um zur Aufrechterhaltung des Gleichgewichts Ammoniak zu bilden. Wenn Sie mehr Ammoniak hinzufügen, dann muss sich ein Teil davon in Wasserstoff und Stickstoff verwandeln. Wenn Sie den Partialdruck von Wasserstoff und Stickstoff gleichzeitig verdoppeln, dann muss sich der Partialdruck des Ammoniaks *vervierfachen*, um das Gleichgewicht aufrechtzuerhalten. Eine Erhöhung des *Gesamt*drucks favorisiert daher die Produktion von mehr Ammoniak. Eine Möglichkeit, sich zu merken, wie ein System im Gleichgewicht auf solche Änderungen reagiert, ist das **Prinzip von Le Chatelier**:

> Wenn Sie ein System im Gleichgewicht stören, wird es in einer Weise reagieren, die die Störung teilweise kompensiert.

Wenn Sie zum Beispiel den Gesamtdruck *erhöhen*, werden mehr Stickstoff und Wasserstoff reagieren, um Ammoniak zu bilden, wodurch die Gesamtzahl der Moleküle *abnimmt* und damit auch der Gesamtdruck.

Um quantitativer zu sein, brauchen wir einen Zahlenwert für die Gleichgewichtskonstante K. Manchmal kann man tabellierte Werte der Gleichgewichtskonstanten finden, aber meistens müssen Sie sie aus ΔG°-Werten mittels Gleichung 5.107 berechnen. Für die Produktion von zwei Mol Ammoniak bei 298 K geben Standardtabellen den Wert $\Delta G^\circ = -32{,}9\,\mathrm{kJ}$. Die Gleichgewichtskonstante bei Raumtemperatur ist daher

$$K = \exp\left(\frac{+32.900\,\mathrm{J}}{(8{,}31\,\mathrm{J/K})(298\,\mathrm{K})}\right) = 5{,}9\cdot 10^5\,, \tag{5.109}$$

sodass diese Reaktion stark nach rechts tendiert und die Bildung von Ammoniak aus Stickstoff und Wasserstoff favorisiert.

Bei höheren Temperaturen wird K viel kleiner (siehe Aufgabe 5.82), sodass Sie denken könnten, dass die industrielle Produktion von Ammoniak bei relativ niedriger Temperatur durchgeführt wird. Die Gleichgewichtsbedingung sagt uns aber absolut nichts über die Reaktions*rate*. Es stellt sich heraus, dass die Reaktion ohne einen guten Katalysator bei Temperaturen unterhalb von 700 °C vernachlässigbar langsam abläuft. Einige Bakterien besitzen hervorragende Katalysatoren (Enzyme), die Stickstoff bei Raumtemperatur fixieren können. Bei der industriellen Produktion brauchen die besten bekannten Katalysatoren immer noch eine Temperatur von etwa 500 °C, um eine akzeptable Produktionsrate zu erreichen. Bei dieser Temperatur beträgt die Gleichgewichtskonstante nur $6{,}9\cdot 10^{-5}$; somit benötigt man sehr hohe Drücke, um eine vernünftige Menge Ammoniak zu produzieren. Der heute verwendete industrielle Prozess zur Stickstofffixierung verwendet Temperaturen von etwa 500 °C und Gesamtdrücke von etwa 400 atm. Er wurde im frühen 20. Jahrhundert von dem deutschen Chemiker Fritz Haber entwickelt. Dieser Prozess hat die Produktion von Düngemitteln und leider auch von Sprengstoffen revolutioniert.

Aufgabe 5.84 Eine Mischung aus einem Teil Stickstoff und drei Teilen Wasserstoff wird in Gegenwart eines geeigneten Katalysators auf eine Temperatur von 500 °C erhitzt. Welcher Bruchteil des Stickstoffs (Atom für Atom) wird in Ammoniak verwandelt, wenn der Gesamtdruck am Ende 400 atm ist? Nehmen Sie der Einfachheit halber an, dass sich die Gase trotz des sehr hohen Drucks ideal verhalten. Die Gleichgewichtskonstante bei

500 °C beträgt 6,9·10^{-5}. (*Hinweis:* Sie werden eine quadratische Gleichung lösen müssen.)

Aufgabe 5.85 Leiten Sie die **Van't-Hoff-Gleichung**

$$\frac{\mathrm{d}\ln K}{\mathrm{d}T} = \frac{\Delta H^\circ}{RT^2}$$

her. Sie gibt die Abhängigkeit der Gleichgewichtskonstante von der Temperatur an.[16] Hier ist ΔH° die Enthalpieänderung in der Reaktion für reine Stoffe in ihren Normalzuständen (Druck 1 bar bei Gasen). Beachten Sie, dass bei positivem ΔH° (grob gesprochen, wenn die Reaktion Wärme absorbiert) die Reaktion bei höheren Temperaturen mehr nach rechts tendiert, als Sie vielleicht erwarten würden. Oftmals können Sie die Temperaturabhängigkeit von ΔH° vernachlässigen; lösen Sie die Gleichung für diesen Fall, um

$$\ln K(T_2) - \ln K(T_1) = \frac{\Delta H^\circ}{R}\left(\frac{1}{T_1} - \frac{1}{T_2}\right)$$

zu erhalten.

Aufgabe 5.86 Verwenden Sie das Ergebnis der letzten Aufgabe, um die Gleichgewichtskonstante der Reaktion $N_2 + 3\,H_2 \leftrightarrow 2\,NH_3$ bei 500 °C abzuschätzen, wobei Sie nur die Raumtemperaturdaten am Ende dieses Buchs verwenden. Vergleichen Sie Ihr Ergebnis mit dem wahren Wert von K bei 500 °C, der im Text angegeben ist.

Dissoziation von Wasser

Als zweites Beispiel für das chemische Gleichgewicht betrachten wir noch einmal die Dissoziation von Wasser in H^+- und OH^--Ionen, die wir bereits kurz zu Beginn dieses Abschnitts diskutiert haben:

$$H_2O \longleftrightarrow H^+ + OH^- . \tag{5.110}$$

Im Gleichgewicht erfüllen die chemischen Potentiale der drei Stoffe

$$\mu_{H_2O} = \mu_{H^+} + \mu_{OH^-} . \tag{5.111}$$

Unter der Annahme, dass die Lösung verdünnt ist (unter Normalbedingungen eine sehr gute Annahme), sind die chemischen Potentiale durch die Gleichungen 5.69 (für H_2O) und 5.72 (für H^+ und OH^-) gegeben. Weiterhin ist die Abweichung von μ_{H_2O} vom Wert für reines Wasser vernachlässigbar. Die Gleichgewichtsbedingung lautet daher

$$\mu^\circ_{H_2O} = \mu^\circ_{H^+} + kT\ln m_{H^+} + \mu^\circ_{OH^-} + kT\ln m_{OH^-} , \tag{5.112}$$

wobei jedes μ° für das chemische Potential des Stoffes in seinem „Normalzustand" steht – reine Flüssigkeit für H_2O und eine Konzentration von einem Mol pro Kilogramm Lösungsmittel für die Ionen. Die m's sind Molalitäten, die in Einheiten von einem Mol Solvat pro Kilogramm Lösungsmittel gemessen werden.

16 Van't Hoffs Gleichung sollte man man nicht mit seiner Formel für den osmotischen Druck verwechseln. Gleiche Person, anderes physikalisches Prinzip.

Wie im letzten Beispiel besteht der nächste Schritt nun darin, die μ°'s rechts zu sammeln, die Logarithmen links, und mit der Avogadro-Zahl durchzumultiplizieren:

$$RT \ln(m_{H^+} m_{OH^-}) = -N_A(\mu^\circ_{H^+} + \mu^\circ_{OH^-} - \mu^\circ_{H_2O}) = -\Delta G^\circ . \tag{5.113}$$

Dabei ist ΔG° die Standardänderung von G bei dieser Reaktion, wiederum ein Wert, den man in Tabellen nachlesen kann. Ein wenig Umstellen ergibt

$$m_{H^+} m_{OH^-} = e^{-\Delta G^\circ/RT} , \tag{5.114}$$

die Gleichgewichtsbedingung für die Molalitäten der Ionen.

Bevor wir nun Zahlen einsetzen, lohnt es sich, kurz innezuhalten und dieses Ergebnis mit Gleichung 5.106, der Gleichgewichtsbedingung aus dem letzten Beispiel, zu vergleichen. In beiden Fällen bezeichnen wir die rechte Seite als die Gleichgewichtskonstante

$$K = e^{-\Delta G^\circ/RT} . \tag{5.115}$$

Sie ist durch die gleiche Exponentialfunktion der Standardänderung der Gibbs'schen freien Energie gegeben. Aber die „Standard"zustände sind jetzt ganz andere: eine reine Flüssigkeit für das Lösungsmittel und 1-molal für die Solvate anstelle von 1 bar Partialdruck für die Gase aus dem letzten Beispiel. Entsprechend kommen auf der linken Seite der Gleichung 5.114 Molalitäten anstelle von Partialdrücken vor (aber immer noch zur Potenz ihrer stöchiometrischen Koeffizienten erhoben, in diesem Fall beide gleich 1). Am wichtigsten ist, dass die Menge oder die Konzentration des Wassers auf der linken Seite von Gleichung 5.114 überhaupt nicht vorkommt. Das kommt daher, dass in einer verdünnten Lösung immer genügend Lösungsmittel für die Reaktion vorhanden ist, egal wie viel Materie bereits reagiert hat. (Das Gleiche würde für eine reine Flüssigkeit oder einen Festkörper gelten, der nur an seiner Oberfläche reagiert.)

Ein letzter Unterschied zwischen Reaktionen idealer Gase und Reaktionen in Lösung besteht darin, dass im zweiten Fall die Gleichgewichtskonstante im Prinzip vom Gesamtdruck abhängen kann. In der Praxis ist diese Abhängigkeit in der Regel vernachlässigbar, außer bei sehr hohen (d. h. geologischen) Drücken (siehe Aufgabe 5.88).

Der Wert von ΔG° für die Dissoziation von einem Mol Wasser bei Raumtemperatur und normalem Luftdruck beträgt 79,9 kJ, damit lautet die Gleichgewichtskonstante für diese Reaktion

$$K = \exp\left(-\frac{79.900\,\mathrm{J}}{(8{,}31\,\mathrm{J/K})(298\,\mathrm{K})}\right) = 1{,}0\cdot 10^{-14} . \tag{5.116}$$

Wenn alle H^+- und OH^--Ionen aus der Dissoziation der Wassermoleküle kommen, so müssen sie gleich häufig sein; daher ist in diesem Fall

$$m_{H^+} = m_{OH^-} = 1{,}0\cdot 10^{-7} . \tag{5.117}$$

Die 7 in diesem Resultat ist der **pH-Wert** von reinem Wasser. Allgemeiner ist der pH-Wert definiert als der negative dekadische Logarithmus der Molalität der H^+-Ionen:

$$\mathrm{pH} \equiv -\log_{10} m_{H^+} . \tag{5.118}$$

Wenn andere Stoffe in Wasser gelöst werden, kann sich der pH-Wert signifikant ändern. Ist der pH-Wert kleiner als 7 (was eine höhere H^+-Konzentration anzeigt), so sagen wir, dass die Lösung **sauer** ist. Ist hingegen der pH-Wert größer als 7 (was eine niedrigere H^+-Konzentration anzeigt), so nennen wir die Lösung **basisch**.

Aufgabe 5.87 Schwefelsäure H_2SO_4 dissoziiert leicht in H^+- und HSO_4^--Ionen:

$$H_2SO_4 \longrightarrow H^+ + HSO_4^- .$$

Das Wasserstoffsulfation kann wiederum dissoziieren:

$$HSO_4^- \longleftrightarrow H^+ + SO_4^{2-} .$$

Die Gleichgewichtskonstanten dieser Reaktionen betragen in wässriger Lösung bei 298 K etwa 10^2 und $10^{-1,9}$. (Bei der Dissoziation von Säuren ist es normalerweise praktischer, K anstelle von ΔG° nachzuschauen. Nebenbei bemerkt, wird der negative Logarithmus (Basis 10) von K für eine solche Reaktion **pK-Wert** genannt, in Analogie zum pH-Wert. Somit ist für die erste Reaktion pK $= -2$, wohingegen für die zweite Reaktion pK $= 1{,}9$ gilt.)

(a) Argumentieren Sie, dass die erste Reaktion so weit nach rechts tendiert, dass wir genauso gut annehmen können, dass sie in jeder Lösung, die man als verdünnt einstufen kann, vollständig abgelaufen ist. Bei welchen pH-Werten wäre ein signifikanter Anteil der Schwefelsäure *nicht* dissoziiert?

(b) In industrialisierten Regionen, in denen eine Menge Kohle verbrannt wird, beträgt die Sulfatkonzentration im Regenwasser typischerweise $5 \cdot 10^{-5}$ mol/kg. Die Sulfate können irgendeine der oben erwähnten chemischen Formen annehmen. Zeigen Sie, dass bei dieser Konzentration die zweite Reaktion im Wesentlichen auch vollständig abgelaufen ist, sodass das ganze Sulfat in der Form SO_4^{2-} vorliegt. Wie lautet der pH-Wert von diesem Regenwasser?

(c) Erklären Sie, warum Sie bei der Beantwortung der letzten Frage die Dissoziation von Wasser in H^+ und OH^- vernachlässigen können.

(d) Bei welchem pH-Wert wäre gelöstes Sulfat zwischen HSO_4^- und SO_4^{2-} gleich verteilt?

Aufgabe 5.88 Drücken Sie für eine chemische Reaktion von verdünnten Solvaten $\partial(\Delta G^\circ)/\partial P$ durch die Volumina der Lösungen von Reaktanden und Produkten aus. Setzen Sie vernünftige Zahlen ein und zeigen Sie damit, dass eine Druckerhöhung von 1 atm nur einen vernachlässigbaren Effekt auf die Gleichgewichtskonstante hat.

Sauerstoff, der sich in Wasser löst

Wenn sich Sauerstoffgas (O_2) in Wasser löst (siehe Abbildung 5.42), so findet an sich keine chemische Reaktion statt, aber wir können trotzdem die Techniken dieses Abschnitts anwenden, um herauszufinden, wie viel O_2 sich auflösen wird. Die „Reaktionsgleichung“ und tabellierte Werte für ΔG° lauten

$$O_2\,(g) \longleftrightarrow O_2\,(aq) , \qquad \Delta G^\circ = 16{,}4\,\mathrm{kJ} , \tag{5.119}$$

wobei g für „gasförmig“ und aq für „in wässriger Lösung“ steht. Der Wert von ΔG° bezieht sich auf 1 mol Sauerstoff bei einem Druck von 1 bar, der sich in 1 kg Wasser löst (um eine Lösung der Molalität 1 zu ergeben). Alles findet bei 298 K statt.

Wenn der gelöste Sauerstoff im Gleichgewicht mit dem Sauerstoff im angrenzenden Gas steht, so müssen ihre chemischen Potentiale gleich sein:

$$\mu_{\text{gas}} = \mu_{\text{gelöst}} . \tag{5.120}$$

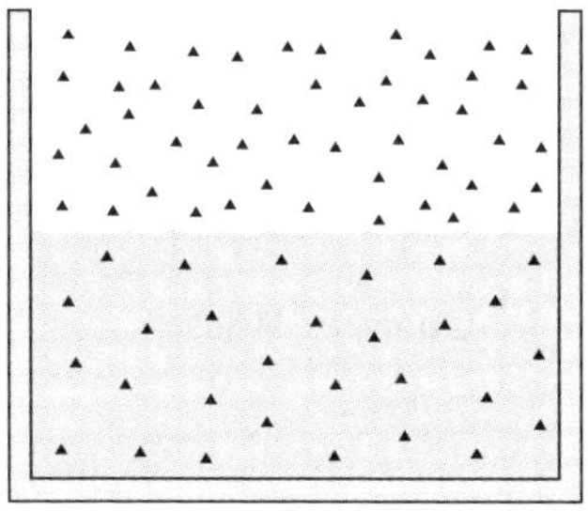

Abbildung 5.42: Die Lösung eines Gases in einer Flüssigkeit wie zum Beispiel von Sauerstoff in Wasser kann man als eine chemische Reaktion mit eigener Gleichgewichtskonstante behandeln.

Verwenden wir Gleichung 5.40 für μ_{gas} und Gleichung 5.72 für $\mu_{\text{gelöst}}$, so können wir beide chemische Potentiale durch Werte bei Standardbedingungen und den entsprechenden Konzentrationen ausdrücken:

$$\mu^\circ_{\text{gas}} + kT\ln(P/P^\circ) = \mu^\circ_{\text{gelöst}} + kT\ln m\,. \tag{5.121}$$

Hier ist P der Partialdruck von O_2 im Gas, P° ist der Normaldruck von 1 bar und m ist die Molalität des gelösten Sauerstoffs in Mol pro Kilogramm Wasser. Wieder besteht die Strategie darin, die μ°'s auf der rechten Seite zu sammeln und die Logarithmen auf der linken und dann mit der Avogadro-Zahl durchzumultiplizieren:

$$RT\ln\left(\frac{P/P^\circ}{m}\right) = N_A(\mu^\circ_{\text{gelöst}} - \mu^\circ_{\text{gas}}) = \Delta G^\circ\,; \tag{5.122}$$

oder, anders ausgedrückt,

$$\frac{m}{P/P^\circ} = e^{-\Delta G^\circ/RT}\,. \tag{5.123}$$

Gleichung 5.123 besagt, dass das Verhältnis des gelösten Sauerstoffs zur Menge im angrenzenden Gas eine Konstante ist, und zwar bei beliebiger Temperatur und Gesamtdruck. Dieses Resultat kennt man als das **Gesetz von Henry**. Wie im letzten Beispiel kann man die Abhängigkeit von ΔG° vom Gesamtdruck normalerweise vernachlässigen, außer der Druck ist sehr groß. Die Konstante auf der rechten Seite der Gleichung wird manchmal als Henry-Konstante bezeichnet, aber man findet oft, dass diese Konstanten auf sehr unterschiedliche Weisen tabelliert sind – zum Beispiel als Kehrwerte und/oder als Funktion des Molenbruchs anstatt der Molalität.

Für Wasserstoff in Raumtemperatur lautet die rechte Seite der Gleichung 5.123

$$\exp\left(-\frac{16.400\,\text{J}}{(8{,}31\,\text{J/K})(298\,\text{K})}\right) = 0{,}00133 = \frac{1}{750}\,. \tag{5.124}$$

Das bedeutet: Ist der Partialdruck des Sauerstoffs 1 bar, so wird sich etwa 1/750 Mol Sauerstoff in jedem Kilogramm Wasser lösen. In unserer Atmosphäre beträgt auf Meereshöhe der Partialdruck des Sauerstoffs nur etwa 1/5 davon und die gelöste Sauerstoffmenge ist proportional geringer. Trotzdem enthält jeder Liter Wasser das Äquivalent von etwa 7 cm^3 reinen Sauerstoffs (wenn er ein Gas bei normalem Luftdruck wäre), genug, damit Fische atmen können.

Aufgabe 5.89 Die Standardänderung der Enthalpie bei der Lösung von einem Mol Sauerstoff bei 25 °C beträgt −11,7 kJ. Verwenden Sie diese Zahl und die Van't-Hoff'sche Gleichung (Aufgabe 5.85), um die Gleichgewichtskonstante (Gesetz von Henry) für Sauerstoff in Wasser bei 0 °C und bei 100 °C zu berechnen. Diskutieren Sie die Ergebnisse kurz.

Aufgabe 5.90 Wenn sich fester (s) Quarz in Wasser „löst", vereinigt er sich mit Wassermolekülen in der Reaktion

$$SiO_2\,(s) + 2\,H_2O\,(l) \longleftrightarrow H_4SiO_4\,(aq)\,.$$

(a) Verwenden Sie die Daten am Ende dieses Buchs, um die Silikatmenge zu berechnen, die bei 25 °C in Wasser gelöst ist und in Gleichgewicht mit festem Quarz steht.
(b) Benutzen Sie die Van't-Hoff'sche Gleichung (Aufgabe 5.85), um die Silikatmenge zu berechnen, die bei 100 °C in Wasser gelöst ist und in Gleichgewicht mit festem Quarz steht.

Aufgabe 5.91 Wenn sich Kohlendioxid in Wasser „auflöst", reagiert fast die Gesamtmenge und bildet Kohlensäure H_2CO_3:

$$CO_2\,(g) + H_2O\,(l) \longleftrightarrow H_2CO_3\,(aq)\,.$$

Die Kohlensäure dissoziiert dann in H^+- und Bikarbonationen,

$$H_2CO_3\,(aq) \longleftrightarrow H^+\,(aq) + HCO_3^-\,(aq)\,.$$

(Die Tabelle am Ende dieses Buches gibt thermodynamische Daten für beide Reaktionen.) Betrachten Sie eine Menge anderweitig reinen Wassers (oder vielleicht einen Regentropfen), die im Gleichgewicht mit der Atmosphäre nahe der Meereshöhe steht, wo der Partialdruck von Kohlendioxid $3{,}4\cdot10^{-4}$ bar oder 340 ppm (*parts per million*) beträgt. Berechnen Sie die Molalität von Kohlensäure und Bikarbonationen im Wasser und bestimmen Sie den pH-Wert der Lösung. Sie werden sehen, dass auch „natürlicher" Regen ein wenig sauer ist.

Ionisierung von Wasserstoff

Als ein letztes Beispiel für das chemische Gleichgewicht betrachten wir die Ionisierung von atomarem Wasserstoff in ein Proton und ein Elektron,

$$H \longleftrightarrow p + e\,, \tag{5.125}$$

eine wichtige Reaktion in Sternen wie unserer Sonne. Diese Reaktion ist so einfach, dass wir die Gleichgewichtskonstante aus den Grundprinzipien berechnen können, ohne etwas in einer Tabelle nachschauen zu müssen.

Mit den gleichen Schritten wie in den vorigen Beispielen können wir die Gleichgewichtsbedingung für die Partialdrücke aufstellen,

$$kT \ln\left(\frac{P_H P^\circ}{P_p P_e}\right) = \mu_p^\circ + \mu_e^\circ - \mu_H^\circ\,, \tag{5.126}$$

wobei jedes μ° das chemische Potential des jeweiligen Stoffs bei einem Druck von 1 bar ist. Unter den meisten Bedingungen können wir alle drei Stoffe als strukturlose monoatomare Gase behandeln, für die wir in Abschnitt 3.5 eine explizite Formel für μ hergeleitet haben:

$$\mu = -kT\ln\left[\frac{V}{N}\left(\frac{2\pi mkT}{h^2}\right)^{3/2}\right] = -kT\ln\left[\frac{kT}{P}\left(\frac{2\pi mkT}{h^2}\right)^{3/2}\right]. \tag{5.127}$$

(Hier steht m für die Teilchenmasse, nicht die Molalität.) Die einzige Subtilität ist, dass diese Formel nur die kinetische Energie enthält und den Energienullpunkt mit dem Zustand assoziiert, in dem alle Teilchen in Ruhe sind. Bei der Berechnung der *Differenz* der μ°'s müssen wir auch die Ionisierungsenergie $I = 13{,}6\,\text{eV}$ berücksichtigen, die Sie brauchen, um H in $p + e$ auch ohne jegliche kinetische Energie zu verwandeln. Ich baue sie ein, indem ich I von μ_H abziehe:

$$\mu_\text{H}^\circ = -kT\ln\left[\frac{kT}{P^\circ}\left(\frac{2\pi m_\text{H}kT}{h^2}\right)^{3/2}\right] - I\,. \tag{5.128}$$

Die Formeln für μ° sind für p und e identisch, aber mit unterschiedlichen Massen und ohne das $-I$ am Ende.

Wenn wir die drei μ°'s in Gleichung 5.126 einsetzen, wird alles zunächst unübersichtlich. Da aber $m_\text{p} \approx m_\text{H}$, hebt sich bis auf $-I$ alles in den chemischen Potentialen dieser beider Stoffe weg. Teilen wir durch $-kT$, so verbleibt

$$-\ln\left(\frac{P_\text{H}P^\circ}{P_\text{p}P_\text{e}}\right) = \ln\left[\frac{kT}{P^\circ}\left(\frac{2\pi m_\text{e}kT}{h^2}\right)^{3/2}\right] - \frac{I}{kT}\,. \tag{5.129}$$

Ein wenig Algebra ergibt dann

$$\frac{P_\text{p}}{P_\text{H}} = \frac{kT}{P_\text{e}}\left(\frac{2\pi m_\text{e}kT}{h^2}\right)^{3/2} e^{-I/kT}\,. \tag{5.130}$$

Diese Formel ist die **Saha-Gleichung**. Sie gibt das Verhältnis von ionisiertem Wasserstoff (d. h. Protonen) und nicht ionisiertem Wasserstoff als Funktion der Temperatur und der Konzentration der Elektronen. (Beachten Sie, dass die Kombination P_e/kT dasselbe ist wie N_e/V, die Anzahl an Elektronen pro Einheitsvolumen.) An der Sonnenoberfläche beträgt die Temperatur etwa 5800 K, somit beträgt der Exponentialfaktor nur $e^{-I/kT} = 1{,}5\cdot 10^{-12}$. Zugleich liegt die Elektronenkonzentration bei etwa $2\cdot 10^{19}\,\text{m}^{-3}$; die Saha-Gleichung sagt also ein Verhältnis

$$\frac{P_\text{p}}{P_\text{H}} = \frac{(1{,}07\cdot 10^{27}\,\text{m}^{-3})(1{,}5\cdot 10^{-12})}{2\cdot 10^{19}\,\text{m}^{-3}} = 8\cdot 10^{-5} \tag{5.131}$$

voraus. Selbst an der Oberfläche der Sonne ist weniger als ein Wasserstoffatom von 10.000 ionisiert.

Aufgabe 5.92 Angenommen, Sie haben einen Kasten voll atomaren Wasserstoffs, der zunächst bei Raumtemperatur und normalem Luftdruck ist. Sie erhöhen dann die Temperatur und halten dabei das Volumen fest.

(a) Bestimmen Sie einen Ausdruck für den *Bruchteil* des Wasserstoffs, der ionisiert wird, als Funktion der Temperatur. (Sie müssen dazu eine quadratische Gleichung lösen.) Überprüfen Sie, dass Ihr Ausdruck bei sehr niedrigen und sehr hohen Temperaturen das erwartete Verhalten hat.

(b) Bei welcher Temperatur ist die Hälfte des Wasserstoffs ionisiert?

(c) Würde die Temperatur aus Teil (b) abnehmen oder zunehmen, wenn Sie den Anfangsdruck erhöhen? Erklären Sie.

(d) Zeichnen Sie den Ausdruck, den Sie in Teil (a) gefunden haben, als Funktion der dimensionslosen Variable $t = kT/I$. Wählen Sie den Bereich der t-Werte so, dass der interessante Teil des Graphen deutlich zu erkennen ist.

Thermodynamik hat über alles irgendetwas zu sagen,
aber sagt uns nicht alles über irgendetwas.

—Martin Goldstein und Inge F. Goldstein,
The Refrigerator and the Universe.

Boltzmann-Statistik

6

ÜBERBLICK

» Ein Großteil dieses Buches hat sich bisher mit dem zweiten Hauptsatz der Thermodynamik befasst: seinem Ursprung im statistischen Verhalten einer großen Anzahl von Teilchen, seinen Anwendungen in Physik, Chemie, den Geowissenschaften und den Ingenieurwissenschaften. Der zweite Hauptsatz an sich sagt uns aber normalerweise nicht alles, was wir gerne wissen würden. Vor allem in den letzten beiden Kapiteln mussten wir uns oft auf experimentelle Messungen (von Enthalpien, Entropien und so weiter) verlassen, bevor wir irgendwelche Vorhersagen aus dem zweiten Hauptsatz ziehen konnten. Dieser Zugang zur Thermodynamik kann extrem leistungsfähig sein, sofern man die benötigten Messungen mit hinreichender Genauigkeit machen kann.

Idealerweise würden wir aber in der Lage sein wollen, *alle* thermodynamischen Größen aus Grundprinzipien zu berechnen, wobei wir von mikroskopischen Modellen verschiedener interessanter Systeme ausgehen. Wir haben in diesem Buch bereits mit drei wichtigen mikroskopischen Modellen gearbeitet: dem Paramagneten mit zwei Zuständen, dem Einstein-Festkörper und dem monoatomaren idealen Gas. Für alle diese Modelle konnten wir explizite kombinatorische Formeln für die Vielfachheit Ω angeben und dann die Entropie, Temperatur und andere thermodynamische Größen berechnen. In diesem und den nächsten beiden Kapiteln werden wir einige kompliziertere Modelle untersuchen, die eine größere Vielfalt physikalischer Systeme abbilden. Bei diesen komplizierteren Modellen wäre der direkte kombinatorische Zugang aus den Kapiteln 2 und 3 mathematisch zu schwierig. Wir müssen daher einige neue theoretische Werkzeuge entwickeln. «

6.1 Der Boltzmann-Faktor

In diesem Abschnitt, werde ich das stärkste Werkzeug der ganzen statistischen Mechanik einführen: eine erstaunlich einfache Formel für die *Wahrscheinlichkeit*, ein System in einem bestimmten Mikrozustand zu finden, wenn das System im thermischen Gleichgewicht mit einem „Reservoir“ vorgegebener Temperatur ist (siehe Abbildung 6.1).

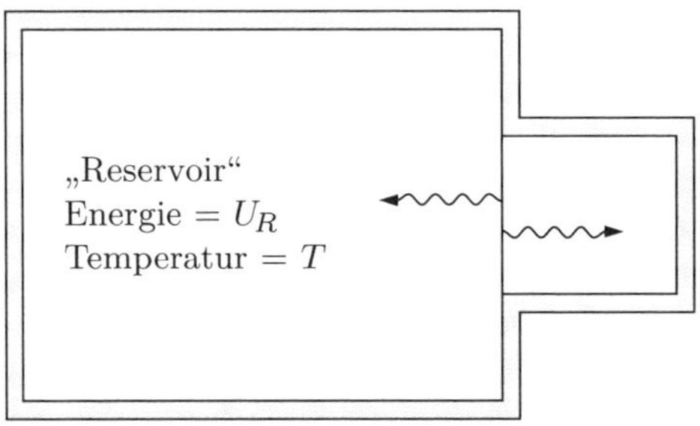

Abbildung 6.1: Ein „System“ in thermischem Kontakt mit einem viel größeren „Reservoir“ bei einer wohldefinierten Temperatur.

Das System kann fast beliebig gewählt werden, aber um konkret zu bleiben, sagen wir einmal, es ginge um ein einzelnes Atom. Die Mikrozustände des Systems entsprechen dann den verschiedenen Energieniveaus des Atoms, obwohl es für ein gegebenes Energieniveau oft mehr als einen unabhängigen Zustand gibt. Zum Beispiel hat ein Wasserstoffatom, wenn wir den Spin vernachlässigen, nur einen Grundzustand bei einer Energie von −13,6 eV. Es hat aber *vier* unabhängige Zustände mit Energie −3,4 eV, *neun*

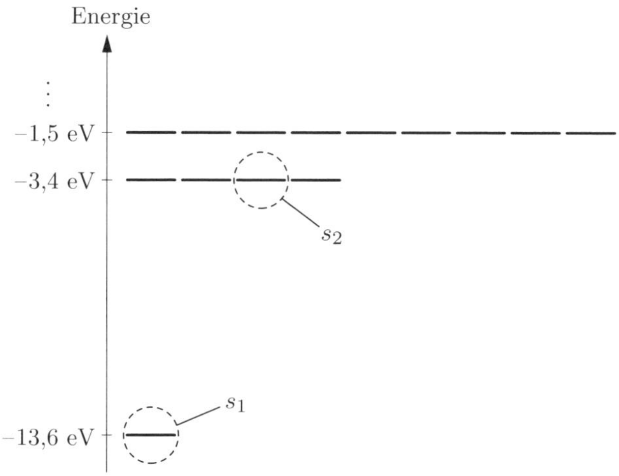

Abbildung 6.2: Termschema (Energieniveaudiagramm) eines Wasserstoffatoms. Es zeigt die drei untersten Niveaus. Es gibt vier unabhängige Zustände mit Energie −3,4 eV und neun unabhängige Zustände mit Energie −1,5 eV.

Zustände mit Energie −1,5 eV und so weiter (siehe Abbildung 6.2). Jeder dieser unabhängigen Zustände zählt als ein separater Mikrozustand. Wenn ein Energieniveau mehr als einem unabhängigen Zustand entspricht, nennen wir das Niveau **entartet**. (Eine genauere Definition der Entartung und eine gründlichere Diskussion des Wasserstoffatoms finden sich in Anhang A.)

Wenn unser Atom komplett vom Rest des Universums isoliert wäre, wäre seine Energie fest und alle Mikrozustände mit dieser Energie wären gleich wahrscheinlich. Jetzt interessieren wir uns aber für die Situation, in der das Atom nicht isoliert ist, aber stattdessen Energie mit einer Vielzahl anderer Atome austauscht. Diese bilden ein großes „Reservoir" bei fester Temperatur. In diesem Fall würde man das Atom mutmaßlich in irgendeinem seiner Mikrozustände vorfinden, aber einige werden abhängig von ihrer Energie wahrscheinlicher sein. (Mikrozustände *gleicher* Energie haben immer noch die gleiche Wahrscheinlichkeit.)

Da die Wahrscheinlichkeit, das Atom in einem bestimmten Mikrozustand zu finden, davon abhängt, wie viele andere Mikrozustände es gibt, vereinfache ich das Problem zunächst, indem ich mir nur das Verhältnis der Wahrscheinlichkeiten für zwei Mikrozustände von Interesse anschaue (wie denen, die in der Abbildung 6.2 eingekreist sind). Lassen Sie mich diese Zustände s_1 und s_2 nennen, ihre Energien $E(s_1)$ und $E(s_2)$ und ihre Wahrscheinlichkeiten $\mathcal{P}(s_1)$ und $\mathcal{P}(s_2)$. Wie kann ich eine Formel für das Verhältnis dieser Wahrscheinlichkeiten finden? Gehen wir ganz zurück bis zur Grundannahme der statistischen Mechanik: In einem *isolierten* System sind alle zugänglichen Mikrozustände gleich wahrscheinlich. Unser Atom ist kein isoliertes System, aber das Atom und das Reservoir zusammen bilden ein isoliertes System. Somit haben wir gleiche Wahrscheinlichkeiten, das zusammengesetzte System in einem seiner zugänglichen Mikrozustände zu finden.

Nun ist es uns egal, in welchem Zustand sich das Reservoir befindet; wir wollen nur wissen, in welchem Zustand das Atom ist. Wenn aber das Atom im Zustand s_1 ist, dann wird das Reservoir eine sehr große Anzahl von zugänglichen Zuständen haben, die alle gleich wahrscheinlich sind. Ich nenne diese Anzahl $\Omega_R(s_1)$: die Vielfachheit des *Reser-*

voirs, wenn das *Atom* im Zustand s_1 ist. Analog verwende ich $\Omega_R(s_2)$, um die Vielfachheit des Reservoirs zu bezeichnen, wenn sich das Atom im Zustand s_2 befindet. Diese zwei Vielfachheiten werden im Allgemeinen verschieden sein, weil mehr Energie für das Reservoir übrig ist, wenn sich das Atom in einem Zustand niedrigerer Energie befindet.

Nehmen Sie zum Beispiel an, dass Zustand s_1 die niedrigere Energie hat, sodass $\Omega_R(s_1) > \Omega_R(s_2)$. Als spezifisches Beispiel sagen wir $\Omega_R(s_1) = 100$ und $\Omega_R(s_2) = 50$ (auch wenn in einem wahren Reservoir die Vielfachheiten *viel* größer wären). Nun sind grundsätzlich alle Mikrozustände des kombinierten Systems gleich wahrscheinlich. Weil es doppelt so viele Zustände des zusammengesetzten Systems gibt, wenn das Atom in Zustand s_1 ist, als wenn es im Zustand s_2 ist, muss der erste Zustand doppelt so wahrscheinlich sein wie der zweite. Ganz allgemein ist die Wahrscheinlichkeit, das Atom in einem bestimmten Zustand zu finden, direkt proportional zur Anzahl der Mikrozustände, die im Reservoir zugänglich sind. Daher beträgt das Verhältnis der Wahrscheinlichkeiten für zwei beliebige Zustände

$$\frac{\mathcal{P}(s_2)}{\mathcal{P}(s_1)} = \frac{\Omega_R(s_2)}{\Omega_R(s_1)} . \tag{6.1}$$

Nun müssen wir nur diesen Ausdruck in eine praktischere Form bringen, wozu wir ein wenig Mathematik und ein bisschen Thermodynamik verwenden.

Als Erstes drücke ich jedes Ω durch die Entropie aus, indem ich die Definition $S = k \ln \Omega$ verwende:

$$\frac{\mathcal{P}(s_2)}{\mathcal{P}(s_1)} = \frac{e^{S_R(s_2)/k}}{e^{S_R(s_1)/k}} = e^{[S_R(s_2)-S_R(s_1)]/k} . \tag{6.2}$$

Der Exponent enthält nun die *Änderung* der Entropie des Reservoirs, wenn das Atom einen Übergang von Zustand 1 zu Zustand 2 macht. Diese Änderung wird winzig sein, denn das Atom ist im Vergleich zum Reservoir so winzig. Wir können daher die thermodynamische Identität verwenden:

$$\mathrm{d}S_R = \frac{1}{T}\left(\mathrm{d}U_R + P\,\mathrm{d}V_R - \mu\,\mathrm{d}N_R\right) . \tag{6.3}$$

Die rechte Seite beinhaltet die Änderungen der Energie, des Volumens und der Teilchenzahl des Reservoirs. Jedoch wird alles, was das Reservoir verliert, vom Atom gewonnen, sodass wir alle diese Änderungen als negative Änderungen derselben Größe für das Atom schreiben können.

Ich werde aus unterschiedlichen Gründen die Terme mit $P\,\mathrm{d}V$ und $\mu\,\mathrm{d}N$ weglassen. Die Größe $P\,\mathrm{d}V_R$ ist normalerweise nicht null, aber viel kleiner als $\mathrm{d}U_R$ und daher vernachlässigbar. Wenn zum Beispiel ein Atom in einen angeregten Zustand übergeht, so erhöht sich sein effektives Volumen vielleicht um einen Kubikångström, somit ist bei Normaldruck der Term $P\,\mathrm{d}V$ von der Ordnung 10^{-25} J. Das ist eine Million Mal kleiner als die typische Änderung der Energie des Atoms, einige wenige Elektronvolt. Zugleich ist $\mathrm{d}N$ wirklich null, zumindest wenn das kleine System ein einzelnes Atom ist, und auch in den anderen Fällen, die wir uns in diesem Kapitel anschauen werden. (In den folgenden Kapiteln werde ich den $\mathrm{d}N$-Term wieder einbauen, um andere Arten von Systemen behandeln zu können.)

Man kann somit den Unterschied der Entropien in Gleichung 7.1 als

$$S_R(s_2) - S_R(s_1) = \frac{1}{T}[U_R(s_2) - U_R(s_1)] = -\frac{1}{T}[E(s_2) - E(s_1)] \tag{6.4}$$

umschreiben, wobei E die Energie des Atoms ist. Setzen wir diesen Ausdruck wieder in Gleichung 7.1 ein, so erhalten wir

$$\frac{\mathcal{P}(s_2)}{\mathcal{P}(s_1)} = e^{-[E(s_2)-E(s_1)]/kT} = \frac{e^{-E(s_2)/kT}}{e^{-E(s_1)/kT}} . \tag{6.5}$$

Das Verhältnis der Wahrscheinlichkeiten ist gleich einem Verhältnis einfacher Exponentialfaktoren, die jeweils eine Funktion der Energie des entsprechenden Mikrozustands und der Temperatur des Reservoirs sind. Jeder dieser Exponentialfaktoren heißt **Boltzmann-Faktor**:

$$\text{Boltzmann-Faktor} = e^{-E(s)/kT} . \tag{6.6}$$

Es wäre schön, wenn wir einfach sagen könnten, dass die Wahrscheinlichkeit für jeden dieser Zustände *gleich* dem entsprechenden Boltzmann-Faktor wäre. Leider ist dem nicht so. Um auf die richtige Aussage zu kommen, formen wir Gleichung 6.5 um, um alles mit s_1 auf die eine Seite und alles mit s_2 auf die andere Seite zu bekommen:

$$\frac{\mathcal{P}(s_2)}{e^{-E(s_2)/kT}} = \frac{\mathcal{P}(s_1)}{e^{-E(s_1)/kT}} . \tag{6.7}$$

Beachten Sie, dass die linke Seite dieser Gleichung von s_1 unabhängig ist; damit muss es die rechte Seite auch sein. In gleicher Weise ist die linke Seite von s_2 unabhängig, weil es die rechte Seite ist. Wenn aber beide Seiten sowohl von s_1 als auch s_2 unabhängig sind, dann müssen beide Seiten gleich einer Konstante sein, die für alle Zustände gleich ist. Wir nennen diese Konstante $1/Z$; sie ist die Proportionalitätskonstante, die einen Boltzmann-Faktor in eine Wahrscheinlichkeit verwandelt. Somit gilt für einen beliebigen Zustand s

$$\mathcal{P}(s) = \frac{1}{Z} e^{-E(s)/kT} . \tag{6.8}$$

Das ist die nützlichste Formel der ganzen statistischen Mechanik. Lernen Sie sie auswendig.[1]

Um Gleichung 6.8 zu interpretieren, nehmen wir einen Moment lang an, dass die Grundzustandsenergie unseres Atoms $E_0 = 0$ ist, wohingegen die angeregten Zustände alle positive Energien haben. Die Wahrscheinlichkeit des Grundzustands ist dann $1/Z$, und alle anderen Zustände haben kleinere Wahrscheinlichkeiten. Zustände mit Energien, die viel kleiner als kT sind, haben Wahrscheinlichkeiten, die nur ein wenig kleiner als $1/Z$ sind, während Zustände mit Energien weit über kT vernachlässigbare Wahrscheinlichkeiten haben, die vom exponentiellen Boltzmann-Faktor unterdrückt werden. Abbildung 6.3 zeigt ein Säulendiagramm mit den Wahrscheinlichkeiten für die Zustände eines hypothetischen Systems.

Aber was, wenn die Grundzustandsenergie nicht null ist? Physikalisch würden wir erwarten, dass die Verschiebung aller Energien um eine Konstante keine Auswirkungen auf die Wahrscheinlichkeiten hat. In der Tat ändern sich die Wahrscheinlichkeiten nicht. Es trifft zu, dass alle Boltzmann-Faktoren mit einem zusätzlichen Faktor $e^{-E_0/kT}$ multipliziert werden, aber wir werden in einem Augenblick sehen, dass Z mit demselben Faktor multipliziert wird, sodass er in Gleichung 6.8 herausfällt. Somit hat der Grundzustand immer noch die höchste Wahrscheinlichkeit. Die verbleibenden Zustände haben Wahrscheinlichkeiten, die entweder ein wenig oder viel kleiner sind, abhängig davon, wie sich ihre vom Grundzustand aus gemessenen Energien zu kT verhalten.

1 Gleichung 6.8 wird manchmal als die **Boltzmann-Verteilung** bezeichnet oder als die **kanonische Verteilung**.

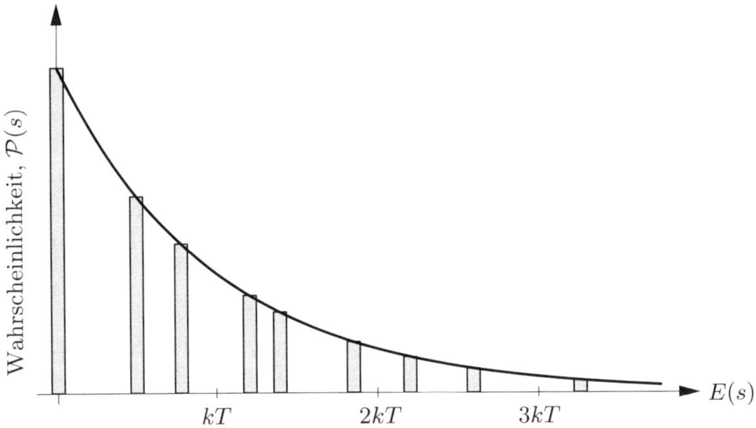

Abbildung 6.3: Säulendiagramm der relativen Wahrscheinlichkeiten der Zustände eines hypothetischen Systems. Die horizontale Achse ist die Energie. Die glatte Kurve stellt die Boltzmann-Verteilung, Gleichung 6.8, für eine bestimmte Temperatur dar. Bei niedrigeren Temperaturen würde sie plötzlicher abfallen, bei höheren Temperaturen langsamer.

Aufgabe 6.1 Betrachten Sie ein System von zwei Einstein-Festkörpern, in dem der erste „Festkörper" nur einen einzelnen Oszillator enthält, der zweite hingegen 100. Die Gesamtzahl der Energieeinheiten im zusammengesetzten System ist auf 500 festgelegt. Verwenden Sie einen Computer, um eine Tabelle der Vielfachheiten des zusammengesetzten Systems zu erstellen, und zwar für jeden denkbaren Energiewert für den ersten Festkörper zwischen 0 und 20 Einheiten. Erstellen Sie eine Kurve der Gesamtvielfachheit über der Energie des ersten Festkörpers und diskutieren Sie ausführlich, ob die Gestalt der Kurve Ihren Erwartungen entspricht. Zeichnen Sie auch den Logarithmus der totalen Vielfachheit und diskutieren Sie die Gestalt dieser Kurve.

Aufgabe 6.2 Beweisen Sie, dass die Wahrscheinlichkeit, ein Atom in einem bestimmten Energie*niveau* vorzufinden, durch $\mathcal{P}(E) = (1/Z)\mathrm{e}^{-F/kT}$ gegeben ist, wobei $F = E - TS$ ist und die „Entropie" eines Zustand k mal dem Logarithmus der Anzahl entarteter Zustände für dieses Niveau ist.

Die Zustandssumme

Mittlerweile fragen Sie sich vermutlich, wie man Z nun *berechnet*. Der Trick besteht darin, daran zu denken, dass die Gesamtwahrscheinlichkeit, das Atom in einem *beliebigen* Zustand vorzufinden, gleich 1 sein muss:

$$1 = \sum_s \mathcal{P}(s) = \sum_s \frac{1}{Z}\,\mathrm{e}^{-E(s)/kT} = \frac{1}{Z}\sum_s \mathrm{e}^{-E(s)/kT}\,. \tag{6.9}$$

Auflösen nach Z ergibt daher

$$Z = \sum_s \mathrm{e}^{-E(s)/kT} = \text{Summe } \textit{aller} \text{ Boltzmann-Faktoren}\,. \tag{6.10}$$

Diese Summe ist nicht immer leicht zu berechnen, da es eine unendliche Anzahl von Zuständen s geben kann und Sie vielleicht keine einfache Formel für ihre Energien haben. Aber die Terme in der Summe werden immer kleiner, wenn die Energien E_s größer werden; somit können Sie oft die ersten paar Terme numerisch berechnen und Zustände mit Energien weit oberhalb von kT vernachlässigen.

Man bezeichnet die Größe Z als die **Zustandssumme**. Sie erweist sich als weit nützlicher, als ich es vermutet hätte. Sie ist eine Konstante, insofern sie nicht von einem bestimmten Zustand s abhängt. Sie hängt aber von der Temperatur ab. Um sie weiter zu interpretieren, nehmen wir wieder an, dass der Grundzustand Energie null hat. Dann ist der Boltzmann-Faktor für den Grundzustand 1, und die anderen Boltzmann-Faktoren sind mehr oder weniger kleiner als 1, proportional zu den Wahrscheinlichkeiten der zugehörigen Zustände. Somit *zählt* die Zustandssumme im Wesentlichen, wie viele Zustände dem Atom zugänglich sind, und gewichtet jeden davon proportional zu seiner Wahrscheinlichkeit. Bei sehr niedrigen Temperaturen ist $Z \approx 1$, da alle angeregten Zustände sehr kleine Boltzmann-Faktoren haben. Bei hohen Temperaturen wird Z viel größer sein. Wenn wir nun alle Energien um eine Konstante E_0 verschieben, wird die ganze Zustandssumme nur mit einem uninteressanten Faktor $e^{-E_0/kT}$ multipliziert, der bei der Berechnung von Wahrscheinlichkeiten herausfällt.

Aufgabe 6.3 Betrachten Sie ein hypothetisches Atom, das nur zwei Zustände hat: einen Grundzustand mit Energie null und einen angeregten Zustand mit Energie 2 eV. Zeichnen Sie die Zustandssumme dieses Systems als Funktion der Temperatur und werten Sie die Zustandssumme numerisch bei $T = 300\,\text{K}$, 3000 K, 30.000 K und 300.000 K aus.

Aufgabe 6.4 Schätzen Sie die Zustandssumme für das hypothetische System ab, das in Abbildung 6.3 dargestellt ist. Schätzen Sie dann die Wahrscheinlichkeit ab, dass sich dieses System im Grundzustand befindet.

Aufgabe 6.5 Stellen Sie sich ein Teilchen vor, das nur in drei Zuständen sein kann, wobei die Energien –0,05 eV, 0 und 0,05 eV betragen. Dieses Teilchen ist im Gleichgewicht mit einem Reservoir bei 300 K.

(a) Berechnen Sie die Zustandssumme für dieses Teilchen.

(b) Berechnen Sie die Wahrscheinlichkeit, dass sich dieses Teilchen jeweils in einem der drei Zustände befindet.

(c) Weil der Nullpunkt für Energiemessungen beliebig ist, könnten wir genauso gut sagen, dass die Energien der drei Zustände 0, +0,05 eV und +0,10 eV betragen. Wiederholen Sie die Teile (a) und (b) unter Verwendung dieser Zahlen. Erklären Sie, was sich ändert und was nicht.

Thermische Anregungen von Atomen

Als eine einfache Anwendung von Boltzmann-Faktoren betrachten wir ein Wasserstoffatom in der Sonnenatmosphäre, wo die Temperatur etwa 5800 K beträgt. (Wir werden im nächsten Kapitel sehen, wie man diese Temperatur von der Erde aus messen kann.) Ich würde gerne die Wahrscheinlichkeit, das Atom in einem der ersten angeregten Zustände (s_2) zu finden, mit der Wahrscheinlichkeit vergleichen, es in seinem Grundzustand (s_1) vorzufinden. Das Verhältnis der Wahrscheinlichkeiten ist das Verhältnis der Boltzmann-Faktoren, somit ist

$$\frac{\mathcal{P}(s_2)}{\mathcal{P}(s_1)} = \frac{e^{-E_2/kT}}{e^{-E_1/kT}} = e^{-(E_2-E_1)/kT}\,. \tag{6.11}$$

Die Energiedifferenz beträgt 10,2 eV, wohingegen kT gleich $(8{,}62\cdot 10^{-5}\,\text{eV/K})(5800\,\text{K}) = 0{,}50\,\text{eV}$ ist. Somit ist das Verhältnis der Wahrscheinlichkeiten etwa $e^{-20{,}4} = 1{,}4\cdot 10^{-9}$. Pro einer Milliarde Atome im Grundzustand sind etwa 1,4 (im Mittel) in einem der ersten angeregten Zustände.

Da es vier solche angeregten Zustände gibt, alle mit der gleichen Energie, wird die *Gesamtzahl* der Atome in diesen Zuständen viermal so groß sein, also etwa 5,6 (pro 1 Milliarde Atome im Grundzustand).

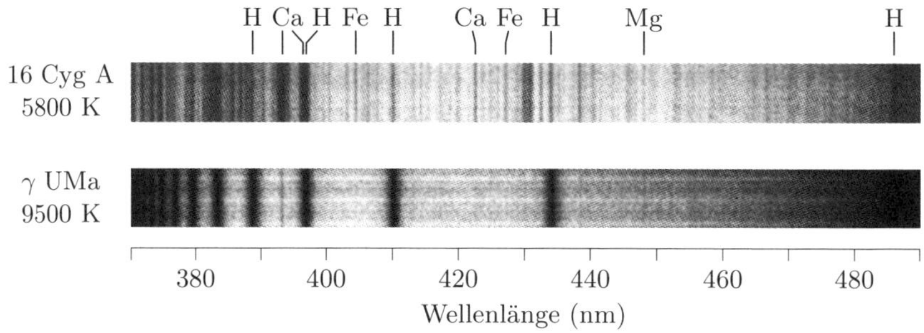

Abbildung 6.4: Photographien der Spektren zweier Sterne. Das obere Spektrum stammt von einem sonnenartigen Stern (aus dem Sternbild Schwan) mit einer Oberflächentemperatur von etwa 5800 K; beachten Sie, dass die Wasserstoffabsorptionslinien neben einer Anzahl Linien von anderen Elementen klar sichtbar sind. Das untere Spektrum stammt von einem heißeren Stern (im Großen Bären) mit einer Oberflächentemperatur von 9500 K. Bei dieser Temperatur sind viel mehr Wasserstoffatome in ihren ersten angeregten Zuständen. Die Wasserstofflinien sind daher viel auffälliger als irgendwelche anderen. Nachdruck mit Genehmigung von Helmut A. Abt et al., *An Atlas of Low-Dispersion Grating Stellar Spectra* (Kitt Peak National Observatory, Tucson, AZ, 1968).

Atome in der Sonnenatmosphäre können Sonnenlicht auf seinem Weg zur Erde absorbieren, aber nur bei Wellenlängen, die Übergänge der Atome in höhere angeregte Zustände induzieren können. Ein Wasserstoffatom in seinem ersten angeregten Zustand kann Wellenlängen der Balmerreihe absorbieren: 656 nm, 486 nm, 434 nm und so weiter. Diese Wellenlängen fehlen daher teilweise im Sonnenlicht, das wir empfangen. Wenn Sie einen schmalen Lichtstrahl von der Sonne durch ein gutes Beugungsgitter schicken, können Sie bei den fehlenden Wellenlängen dunkle Linien sehen (siehe Abbildung 6.4). Es gibt auch andere hervorstechende dunkle Linien, die von anderen Arten von Atomen in der Sonnenatmosphäre erzeugt werden: Eisen, Magnesium, Natrium, Kalzium und so weiter. Das Merkwürdige ist, dass alle diese anderen Wellenlängen von Atomen (oder Ionen) absorbiert werden, die entweder in ihren Grundzuständen oder sehr niedrig liegenden angeregten Zuständen (weniger als 3 eV über dem Grundzustand) starten. Die Balmerlinien hingegen kommen von den sehr seltenen Wasserstoffatomen, die auf mehr als 10 eV über dem Grundzustand angeregt sind. (Ein Wasserstoffatom in seinem Grundzustand absorbiert keine sichtbaren Wellenlängen.) Da die Balmerlinien unter den anderen ziemlich deutlich hervortreten, können wir daraus nur schließen, dass Wasserstoffatome in der Sonnenatmosphäre *sehr* viel häufiger als irgendwelche anderen Atome sind.[2]

2 Das Rezept der Sterne wurde erstmals 1924 von Cecilia Payne ausgearbeitet. Die Geschichte wird wunderschön erzählt in: Philip und Phylis Morrison, *The Ring of Truth* (Random House, New York, 1987).

Aufgabe 6.6 Schätzen Sie die Wahrscheinlichkeit ab, dass sich ein Wasserstoffatom bei Raumtemperatur in einem seiner niedrigsten angeregten Zustände befindet (relativ zur Wahrscheinlichkeit, dass es sich im Grundzustand befindet). Vergessen Sie nicht, die Entartung zu berücksichtigen. Wiederholen Sie dann die Berechnung für ein Wasserstoffatom, das sich in der Atmosphäre des Sterns γ UMa befindet, dessen Oberflächentemperatur etwa 9500 K beträgt.

Aufgabe 6.7 Jeder der Zustände des Wasserstoffatoms, die in Abbildung 6.2 dargestellt sind, ist in Wirklichkeit zweifach entartet, weil das Elektron sich in zwei unabhängigen Spinzuständen befinden kann, die im Wesentlichen die gleiche Energie haben. Wiederholen Sie die im Text vorgestellte Rechnung für die relative Wahrscheinlichkeit, im ersten angeregten Zustand zu sein, unter Berücksichtigung der Spinentartung. Zeigen Sie, dass sich an den Ergebnissen nichts ändert.

Aufgabe 6.8 Die zur Ionisierung eines Wasserstoffatoms benötigte Energie beträgt 13,6 eV. Sie könnten sich daher vorstellen, dass die Anzahl der ionisierten Wasserstoffatome in der Sonnenatmosphäre noch kleiner als die Anzahl im ersten angeregten Zustand ist. Am Ende von Kapitel 5 habe ich jedoch gezeigt, dass der Anteil von ionisiertem Wasserstoff viel größer ist, fast 1 von 10.000 Atomen. Erklären Sie, warum dieses Ergebnis kein Widerspruch ist und warum es nicht richtig wäre, den Bruchteil ionisierten Wasserstoffs mit den Methoden dieses Abschnitts zu berechnen.

Aufgabe 6.9 Im numerischen Beispiel im Text habe ich nur das *Verhältnis* der Wahrscheinlichkeiten berechnet, dass sich ein Wasserstoffatom in zwei verschiedenen Zuständen befindet. Bei einer so niedrigen Temperatur ist die *absolute* Wahrscheinlichkeit, sich im ersten angeregten Zustand zu befinden, im Wesentlichen dieselbe wie die relative Wahrscheinlichkeit verglichen mit dem Grundzustand. Es ist jedoch ein wenig schwierig, dies rigoros zu beweisen, weil ein Wasserstoffatom unendlich viele Zustände hat.

(a) Schätzen Sie die Zustandssumme eines Wasserstoffatoms bei 5800 K ab. Addieren Sie dazu die Boltzmann-Faktoren für alle explizit in Abbildung 6.2 dargestellten Zustände. (Der Einfachheit halber könnten Sie die Grundzustandsenergie auf null setzen und die anderen Energien entsprechend verschieben.)

(b) Zeigen Sie, dass die Zustandssumme eines Wasserstoffatoms bei jeder nicht verschwindenden Temperatur unendlich ist, wenn *alle* gebundenen Zustände in Betracht gezogen werden. (Schauen Sie sich in Anhang A die volle Struktur der Energieniveaus eines Wasserstoffatoms an.)

(c) Wenn sich ein Wasserstoffatom im Energieniveau n befindet, so ist der ungefähre Radius der elektronischen Wellenfunktion $a_0 n^2$, wobei a_0 der Bohrradius von etwa $5 \cdot 10^{-11}$ m ist. Gehen Sie auf Gleichung 6.3 zurück und begründen Sie, dass der $P\,\mathrm{d}V$-Term für die Zustände mit sehr hohem n *nicht* vernachlässigbar ist und somit die Ergebnisse aus Teil (a), nicht aus Teil (b), die physikalisch relevante Zustandssumme für dieses Problem darstellen. Diskutieren Sie das.

Aufgabe 6.10 Ein Wassermolekül kann auf verschiedene Weisen schwingen, aber der am einfachsten anregbare Schwingungstyp ist die „Biegemode“, bei der die Wasserstoffatome sich aufeinander zu- oder voneinander wegbewegen, sich die HO-Bonds aber nicht dehnen. Die Schwingungen dieser Mode sind näherungsweise harmonisch mit einer Frequenz von $4{,}8 \cdot 10^{13}$ Hz. Wie bei jedem quantenmechanischen Oszillator lauten die Energieniveaus $\frac{1}{2}hf$, $\frac{3}{2}hf$, $\frac{5}{2}hf$ und so weiter. Keines dieser Niveaus ist entartet.

(a) Berechnen Sie die Wahrscheinlichkeit, dass sich ein Wassermolekül im Grundzustand und in jedem der beiden ersten angeregten Zustände der Biegemode befindet; nehmen Sie dazu an, dass es sich im Gleichgewicht mit einem Reservoir (sagen wir, der Atmosphäre) bei einer Temperatur von 300 K befindet. (*Hinweis:* Berechnen Sie Z, indem Sie einige der ersten Boltzmann-Faktoren aufaddieren, bis der Rest vernachlässigbar ist.)

(b) Wiederholen Sie die Berechnung für ein Wassermolekül im Gleichgewicht mit einem Reservoir bei 700 K (vielleicht in einer Dampfturbine).

Aufgabe 6.11 Ein Lithiumkern hat vier unabhägige Spinorientierungen, die gewöhnlich durch die Quantenzahl $m = -3/2, -1/2, 1/2, 3/2$ bezeichnet werden. In einem Magnetfeld B lauten die Energien dieser vier Zustände $E = -m\mu B$, wobei die Konstante μ $1{,}03 \cdot 10^{-7}$ eV/T beträgt. Im Experiment von Purcell und Pound, das in Abschnitt 3.3 beschrieben wurde, betrug die maximale Magnetfeldstärke 0,63 T und die Temperatur 300 K. Berechnen Sie die Wahrscheinlichkeit, dass sich ein Lithiumkern unter diesen Bedingungen in jeweils einem der vier Spinzustände befindet. Zeigen Sie dann, dass die Wahrscheinlichkeiten der vier Zustände der Boltzmann-Verteilung bei einer Temperatur von $T = -300$ K entsprechen, wenn das Feld plötzlich umgedreht wird.

Aufgabe 6.12 Kalte interstellare Molekülwolken enthalten oft das Molekül Cyan (CN), dessen erste angeregte Rotationszustände eine Energie von $4{,}7 \cdot 10^{-4}$ eV (über dem Grundzustand) aufweisen. Es gibt drei solche angeregten Zustände, alle bei gleicher Energie. 1941 zeigten Studien des Absorptionsspektrums von Sternenlicht, das durch diese Molekülwolken hindurchging, dass auf zehn CN-Moleküle im Grundzustand ungefähr drei andere in den drei ersten angeregten Zuständen kommen (also im Mittel eines in jedem dieser Zustände). Um diese Daten zu erklären, schlugen die Astronomen vor, dass sich die Moleküle im thermischen Gleichgewicht mit einem „Reservoir“ mit wohldefinierter Temperatur befinden könnten. Wie hoch ist diese Temperatur?[3]

Aufgabe 6.13 Bei *sehr* hohen Temperaturen (wie im sehr frühen Universum) kann man sich das Proton und das Neutron als zwei unterschiedliche Zustände desselben Teilchens vorstellen, das wir das „Nukleon“ nennen. (Die Reaktionen, die ein Proton in ein Neutron verwandeln und umgekehrt, verlangen die Absorption eines Elektrons, eines Positrons oder eines Neutrinos, aber alle diese Teilchen sind bei hinreichend hoher Temperatur zur Genüge vorhanden.) Da die Neutronenmasse um $2{,}3 \cdot 10^{-30}$ kg größer als die des Protons ist, ist die Energie des Neutrons um diesen Betrag mal c^2 höher. Nehmen Sie nun an, dass zu einer sehr frühen Zeit die Nukleonen mit dem Rest des Universums bei einer Temperatur von 10^{11} K im thermischen Gleichgewicht waren. Welcher Anteil der Nukleonen bestand zu dieser Zeit aus Protonen und welcher aus Neutronen?

Aufgabe 6.14 Verwenden Sie Boltzmann-Faktoren, um die barometrische Höhenformel für die Dichte einer isothermen Atmosphäre herzuleiten, die bereits in den Aufgaben 1.16 und 3.37 vorkam. (*Hinweis:* Lassen Sie das System aus einem einzigen Luftmolekül bestehen. s_1 sei ein Zustand mit dem Molekül auf Meereshöhe und s_2 ein Zustand, in dem sich das Molekül auf Höhe z befindet.)

3 Eine Übersicht über diese Messungen und Berechnungen gibt Patrick Thaddeus, *Annual Reviews of Astronomy and Astrophysics* **10**, 305–334 (1972).

6.2 Mittelwerte

Im letzten Abschnitt haben wir gesehen, wie man die Wahrscheinlichkeit berechnet, dass sich ein System in irgendeinem speziellen seiner Mikrozustände befindet, sofern es im Gleichgewicht mit einem Reservoir bei Temperatur T ist:

$$\mathcal{P}(s) = \frac{1}{Z}\, \mathrm{e}^{-\beta E(s)}\,, \tag{6.12}$$

wobei β eine Abkürzung für $1/kT$ ist. Der Exponentialfaktor heißt **Boltzmann-Faktor**, wohingegen Z die **Zustandssumme** ist,

$$Z = \sum_s \mathrm{e}^{-\beta E(s)}\,. \tag{6.13}$$

Sie besteht also aus der Summe der Boltzmann-Faktoren für alle denkbaren Zustände.

Nehmen wir an, dass wir aber gar nicht an all den Wahrscheinlichkeiten all der Zustände interessiert sind, in denen sich unser System befinden könnte – nehmen wir an, dass wir nur den *Mittelwert* irgendeiner Eigenschaft unseres Systems, wie etwa seiner Energie, wissen wollen. Gibt es einen einfachen Weg, diesen Mittelwert zu berechnen, und wenn ja, wie?

Lassen Sie mich ein einfaches Beispiel geben. Angenommen, mein System ist ein Atom, das nur drei mögliche Zustände hat: den Grundzustand mit Energie 0 eV, einen Zustand mit Energie 4 eV und einen Zustand mit Energie 7 eV. Ich habe allerdings fünf solcher Atome und im Moment sind zwei davon im Grundzustand, zwei sind im 4-eV-Zustand und eines ist im 7-eV-Zustand (siehe Abbildung 6.5). Was ist der Mittelwert für alle meine Atome? Addieren Sie sie einfach auf und teilen Sie durch 5:

$$\overline{E} = \frac{(0\,\mathrm{eV})\cdot 2 + (4\,\mathrm{eV})\cdot 2 + (7\,\mathrm{eV})\cdot 1}{5} = 3\,\mathrm{eV}\,. \tag{6.14}$$

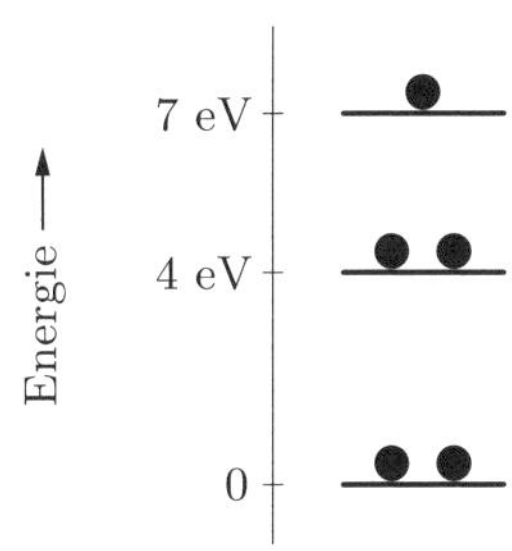

Abbildung 6.5: Fünf hypothetische Atome, die über drei verschiedene Zustände verteilt sind.

Man kann sich diese Berechnung aber auch anders vorstellen. Anstatt dass wir den Zähler zuerst berechnen und dann durch 5 teilen, können wir die 1/5 mit den Faktoren 2, 2 und 1 zusammenfassen, die die Anzahl der Atome in jedem Zustand darstellen:

$$\overline{E} = (0\,\mathrm{eV})\cdot\frac{2}{5} + (4\,\mathrm{eV})\cdot\frac{2}{5} + (7\,\mathrm{eV})\cdot\frac{1}{5} = 3\,\mathrm{eV}\,. \tag{6.15}$$

In diesem Ausdruck wird die Energie jedes Zustands mit der *Wahrscheinlichkeit* multipliziert, dass der Zustand vorkommt (in irgendeinem meiner Atome, das ich aus meiner

Menge von 5 entnommen habe); diese Wahrscheinlichkeiten sind jeweils gerade 2/5, 2/5 und 1/5.

Es ist nicht schwer, dieses Beispiel zu einer Formel zu verallgemeinern. Wenn ich eine große Menge von N Atomen habe und $N(s)$ die Anzahl der Atome in einem speziellen Zustand s ist, dann lautet der Mittelwert der Energie

$$\overline{E} = \frac{\sum_s E(s)N(s)}{N} = \sum_s E(s)\,\frac{N(s)}{N} = \sum_s E(s)\mathcal{P}(s)\,, \tag{6.16}$$

wobei $\mathcal{P}(s)$ die Wahrscheinlichkeit ist, ein Atom im Zustand s zu finden. Somit ist die mittlere Energie einfach die Summe aller Energien, gewichtet durch ihre Wahrscheinlichkeiten.

In den Systemen der statistischen Mechanik, die wir betrachten, ist jede Wahrscheinlichkeit durch Gleichung 6.12 gegeben, somit ist

$$\overline{E} = \frac{1}{Z}\sum_s E(s)\,\mathrm{e}^{-\beta E(s)}\,. \tag{6.17}$$

Beachten Sie, dass die Summe der Zustandssumme (6.13) ähnelt, aber mit einem Extrafaktor $E(s)$ in jedem Term.[4]

Der Mittelwert jeder anderen Variable von Interesse kann auf genau die gleiche Weise berechnet werden. Heißt die Variable X und hat sie im Zustand s den Wert $X(s)$, so gilt

$$\overline{X} = \sum_s X(s)\mathcal{P}(s) = \frac{1}{Z}\sum_s X(s)\,\mathrm{e}^{-\beta E(s)}\,. \tag{6.18}$$

Eine hübsche Eigenschaft von Mittelwerten ist, dass sie additiv sind; so ist zum Beispiel die mittlere Gesamtenergie zweier Objekte die Summe ihrer individuellen mittleren Energien. Wenn Sie also eine Ansammlung von vielen identischen unabhängigen Teilchen haben, so können Sie deren (mittlere) Gesamtenergie aus der mittleren Energie eines einzelnen berechnen, einfach indem Sie sie mit deren Anzahl multiplizieren:

$$U = N\overline{E}\,. \tag{6.19}$$

(Jetzt sehen Sie, warum ich das Symbol E für die Energie des Atoms benutzt habe; ich habe U für die Gesamtenergie des viel größeren Systems verwendet, das es enthält.) Wenn ich also im letzten Abschnitt Dinge in ein „Atom“ und ein „Reservoir“ eingeteilt habe, dann war das zum Teil nur ein Trick. Auch wenn Sie die Gesamtenergie des Systems wissen wollen, können Sie sie oft bekommen, indem Sie sich auf ein Teilchen im System konzentrieren und den Rest als Reservoir behandeln. Sobald Sie den Mittelwert der Sie interessierenden Größe für Ihr Teilchen kennen, multiplizieren Sie sie einfach mit N, um den Gesamtbetrag zu erhalten.

Technisch betrachtet ist das U in Gleichung 6.19 nur die *mittlere* Energie des Gesamtsystems. Wenn auch dieses große System in thermischem Kontakt mit anderen Objekten steht, dann wird der instantane Wert von U um den Mittelwert fluktuieren. Wenn

4 In diesem Kapitel wird die Menge der Systeme, über die wir mitteln, eine hypothetische Menge sein, deren Elementen Zustände nach der Boltzmann-Verteilung zugewiesen werden. Diese hypothetische Menge von Systemen wird oft als **kanonisches Ensemble** bezeichnet. In den Kapiteln 2 und 3 haben wir stattdessen mit isolierten Systemen gearbeitet, bei denen alle erlaubten Zustände die gleiche Wahrscheinlichkeit hatten; eine Menge aus hypothetischen Systemen mit dieser (trivialen) Wahrscheinlichkeitsverteilung nennt man ein **mikrokanonisches Ensemble**.

allerdings N groß ist, werden diese Fluktuationen fast immer vernachlässigbar sein. Aufgabe 6.17 zeigt, wie man die Größe typischer Fluktuationen berechnet.

Aufgabe 6.15 Angenommen, Sie haben 10 Atome Weberium: 4 mit Energie 0 eV, 3 mit Energie 1 eV, 2 mit Energie 4 eV und 1 mit Energie 6 eV.

(a) Berechnen Sie die mittlere Energie aller Ihrer Atome, indem Sie alle ihre Energien aufaddieren und durch 10 teilen.

(b) Berechnen Sie für alle vier vorkommenden Energien E die Wahrscheinlichkeit, dass ein zufällig ausgewähltes Atom Energie E hat.

(c) Berechnen Sie nochmals die mittlere Energie mithilfe der Formel $\overline{E} = \sum_s E(s)\mathcal{P}(s)$.

Aufgabe 6.16 Zeigen Sie, dass der Mittelwert der Energie für ein beliebiges System im Gleichgewicht mit einem Reservoir bei Temperatur T gleich

$$\overline{E} = -\frac{1}{Z}\frac{\partial Z}{\partial \beta} = -\frac{\partial}{\partial \beta}\ln Z$$

ist mit $\beta = 1/kT$. Diese Formeln können sehr nützlich sein, wenn Sie einen expliziten Ausdruck für die Zustandssumme vorliegen haben.

Aufgabe 6.17 Das verbreitetste Maß der *Fluktuationen* einer Menge von Zahlen um ihren Mittelwert herum ist die **Standardabweichung**, die wie folgt definiert ist:

(a) Berechnen Sie für jedes der Atome im fünfatomigen Spielzeugmodell von Abbildung 6.5 die *Abweichung* der Energie von der mittleren Energie, also $E_i - \overline{E}$ für $i = 1$ bis 5. Nennen Sie diese Abweichungen ΔE_i.

(b) Berechnen Sie den Mittelwert der *Quadrate* der fünf Abweichungen, also $\overline{(\Delta E_i)^2}$. Berechnen Sie dann die Quadratwurzel dieser Größe, sie ist die Standardabweichung (oder rms-Abweichung, für *root mean square*). Nennen Sie diese Zahl σ_E. Gibt σ_E ein vernünftiges Maß dafür, wie sehr sich die einzelnen Werte vom Mittelwert entfernen?

(c) Zeigen Sie allgemein, dass

$$\sigma_E^2 = \overline{E^2} - (\overline{E})^2$$

die quadrierte Standardabweichung ist, also der Mittelwert der Quadrate minus das Quadrat des Mittelwerts. Diese Formel ist in der Regel der einfachere Weg, eine Standardabweichung zu berechnen.

(d) Überprüfen Sie die letzte Formel für das fünfatomige Spielzeugmodell aus Abbildung 6.5.

Aufgabe 6.18 Zeigen Sie, dass bei einem beliebigen System im Gleichgewicht mit einem Reservoir bei Temperatur T der Mittelwert von E^2

$$\overline{E^2} = \frac{1}{Z}\frac{\partial^2 Z}{\partial \beta^2}$$

lautet. Verwenden Sie nun dieses Ergebnis und die Ergebnisse aus den letzten beiden Aufgaben, um eine Formel für σ_E ausgedrückt durch die Wärmekapazität $C = \partial\overline{E}/\partial T$ herzuleiten. Sie sollten

$$\sigma_E = kT\sqrt{C/k}$$

herausbekommen.

Aufgabe 6.19 Wenden Sie das Ergebnis von Aufgabe 6.18 an, um eine Formel für die Standardabweichung der Energie eines Systems aus N identischen harmonischen Oszillatoren (wie in einem Einstein-Festkörper) zu erhalten. Teilen Sie durch die mittlere Energie, um ein Maß der *relativen* Fluktuation der Energie zu erhalten. Werten Sie diesen Bruchteil numerisch für $N = 1$, 10^4 und 10^{20} aus. Diskutieren Sie kurz die Ergebnisse.

Paramagnetismus

Als eine erste Anwendung dieser Werkzeuge würde ich gerne einige unserer älteren Ergebnisse für den idealen Paramagneten mit zwei Zuständen (Abschnitt 3.3) herleiten.

Wir erinnern uns: Jeder elementare Dipol in einem idealen Paramagneten mit zwei Zuständen hat nur zwei mögliche Zustände: einen „oben"-Zustand mit Energie $-\mu B$ und einen „unten"-Zustand mit Energie $+\mu B$. (Hier ist B die Stärke des angelegten äußeren Magnetfelds und die Komponente des magnetischen Dipolmoments in Feldrichtung ist $\pm\mu$.) Die Zustandssumme eines einzelnen Dipols ist daher

$$Z = \sum_s e^{-\beta E(s)} = e^{+\beta\mu B} + e^{-\beta\mu B} = 2\cosh(\beta\mu B)\,. \tag{6.20}$$

Die Wahrscheinlichkeit, den Dipol im „oben"-Zustand zu finden, beträgt

$$\mathcal{P}_\uparrow = \frac{e^{+\beta\mu B}}{Z} = \frac{e^{+\beta\mu B}}{2\cosh(\beta\mu B)}\,, \tag{6.21}$$

während die Wahrscheinlichkeit, ihn im „unten"-Zustand zu finden,

$$\mathcal{P}_\downarrow = \frac{e^{-\beta\mu B}}{Z} = \frac{e^{-\beta\mu B}}{2\cosh(\beta\mu B)} \tag{6.22}$$

lautet. Sie können leicht überprüfen, dass sich die zwei Wahrscheinlichkeiten zu 1 aufaddieren.

Die mittlere Energie unseres Dipols ist

$$\begin{aligned}\overline{E} &= \sum_s E(s)\mathcal{P}(s) = (-\mu B)\mathcal{P}_\uparrow + (+\mu B)\mathcal{P}_\downarrow = -\mu B(\mathcal{P}_\uparrow - \mathcal{P}_\downarrow)\\ &= -\mu B\,\frac{e^{\beta\mu B} - e^{-\beta\mu B}}{2\cosh(\beta\mu B)} = -\mu B\tanh(\beta\mu B)\,. \end{aligned} \tag{6.23}$$

Haben wir eine Ansammlung von N solchen Dipolen, so beträgt die Gesamtenergie

$$U = -N\mu B\tanh(\beta\mu B)\,, \tag{6.24}$$

in Übereinstimmung mit Gleichung 3.31. In Abschnitt 3.3 mussten wir jedoch viel härter arbeiten, um dieses Ergebnis herzuleiten: Wir legten mit der exakten kombinatorischen Formel für die Vielfachheit los, wendeten dann die Stirling'sche Näherung an, um die Entropie zu vereinfachen, bildeten eine Ableitung und stellten eine Menge von Berechnungen an, um schließlich U als eine Funktion von T zu erhalten. Alles, was wir hier benötigten, waren Boltzmann-Faktoren.

Laut des Ergebnisses von Aufgabe 6.16 können wir die mittlere Energie auch berechnen, indem wir Z nach β ableiten und dann mit $-1/Z$ multiplizieren:

$$\overline{E} = -\frac{1}{Z}\frac{\partial Z}{\partial \beta}\,. \tag{6.25}$$

Überprüfen wir diese Formel für den Paramagneten mit zwei Zuständen:

$$\overline{E} = -\frac{1}{Z}\frac{\partial}{\partial\beta}\,2\cosh(\beta\mu B) = -\frac{1}{Z}(2\mu B)\sinh(\beta\mu B) = -\mu B\tanh(\beta\mu B)\,. \tag{6.26}$$

Und es passt!

Schließlich können wir den Mittelwert des magnetischen Dipolmoments entlang der Richtung von B berechnen:

$$\overline{\mu_z} = \sum_s \mu_z(s)\mathcal{P}(s) = (+\mu)\mathcal{P}_\uparrow + (-\mu)\mathcal{P}_\downarrow = \mu\tanh(\beta\mu B)\,. \tag{6.27}$$

Somit lautet die Gesamtmagnetisierung der Probe

$$M = N\overline{\mu_z} = N\mu\tanh(\beta\mu B)\,, \tag{6.28}$$

in Übereinstimmung mit Gleichung 3.32.

Aufgabe 6.20 In dieser Aufgabe geht es um einen Satz von N identischen harmonischen Oszillatoren (etwa einen Einstein-Festkörper oder die inneren Schwingungen von Gasmolekülen) bei Temperatur T. Wie in Abschnitt 2.2 betragen die erlaubten Energien bei jedem Oszillator 0, hf, $2hf$ und so weiter.

(a) Zeigen Sie durch Polynomialdivision, dass

$$\frac{1}{1-x} = 1 + x + x^2 + x^3 + \cdots\,.$$

Für welche Werte von x führt diese Reihe auf eine endliche Summe?

(b) Werten Sie die Zustandssumme für einen einzelnen harmonischen Oszillator aus. Benutzen Sie das Ergebnis aus Teil (a), um Ihre Antwort so weit wie möglich zu vereinfachen.

(c) Verwenden Sie Formel 6.25, um einen Ausdruck für die mittlere Energie eines einzelnen Oszillators bei Temperatur T zu erhalten. Vereinfachen Sie Ihre Antwort so weit wie möglich.

(d) Wie lautet die Gesamtenergie des Systems von N Oszillatoren bei Temperatur T? Ihr Ergebnis sollte mit dem, was Sie in Aufgabe 3.25 gefunden haben, übereinstimmen.

(e) Falls Sie es nicht schon in Aufgabe 3.25 gemacht haben sollten: Berechnen Sie die Wärmekapazität dieses Systems und überprüfen Sie, dass es für $T \to 0$ und $T \to \infty$ die erwarteten Grenzfälle hat.

Aufgabe 6.21 In der Realität sind die meisten Oszillatoren nicht perfekt harmonisch. Bei einem Quantenoszillator bedeutet das, dass die Abstände zwischen den Energieniveaus nicht exakt gleich sind. Die Schwingungszustände eines H_2-Moleküls werden zum Beispiel durch die Näherungsformel

$$E_n \approx \epsilon(1{,}03n - 0{,}03n^2)\,, \qquad n = 0, 1, 2, \ldots$$

genauer beschrieben, wobei ϵ der Abstand zwischen den beiden niedrigsten Niveaus ist. Die Niveaus rutschen daher mit zunehmender Energie immer näher zusammen. (Diese Formel ist nur bis etwa $n = 15$ hinreichend genau; für noch etwas höhere n würde sie besagen, dass E_n mit zunehmendem n abnimmt. In Wirklichkeit dissoziiert das Molekül und es gibt keine diskreten Niveaus jenseits von $n \approx 15$.) Verwenden Sie einen Computer, um die Zustandssumme, mittlere Energie und Wärmekapazität eines Systems mit diesem Satz von Energieniveaus zu berechnen. Beziehen Sie alle Niveaus bis $n = 15$ mit ein, überprüfen Sie jedoch, wie sich die Ergebnisse ändern, wenn Sie weniger Niveaus miteinbeziehen. Stellen Sie die Wärmekapazität als eine Funktion von kT/ϵ dar. Vergleichen Sie dies mit dem Fall eines perfekten harmonischen Oszillators mit gleichmäßigen Energieabständen und auch mit dem Teil der Kurve in Abbildung 1.13, der sich auf Schwingungen bezieht.

Aufgabe 6.22 In den meisten paramagnetischen Materialien haben die einzelnen magnetischen Teilchen mehr als zwei unabhängige Zustände (Orientierungen). Die Anzahl der unabhängigen Zustände hängt von der Drehimpulsquantenzahl j des Teilchens ab. Sie muss ein Vielfaches von 1/2 sein. Bei $j = 1/2$ gibt es gerade zwei unabhängige Zustände, wie im Text weiter oben und in Abschnitt 3.3 besprochen. Allgemeiner lauten die erlaubten Werte für die z-Komponente des magnetischen Moments eines Teilchens

$$\mu_z = -j\delta_\mu,\ (-j+1)\delta_\mu,\ \ldots,\ (j-1)\delta_\mu,\ j\delta_\mu\ ,$$

wobei δ_μ eine Konstante ist, die der Differenz von μ_z zwischen zwei benachbarten Zuständen entspricht. (Kommt der Drehimpuls des Teilchens nur von Elektronspins, so ist δ_μ gleich zweimal dem Bohr'schen Magneton. Wenn der Bahndrehimpuls auch beiträgt, so ist der Wert von δ_μ ein klein wenig anders, aber von vergleichbarer Größe. In einem Atomkern ist δ_μ etwa tausendmal kleiner.) Somit beträgt die Anzahl der Zustände $2j+1$. In Gegenwart eines Magnetfelds B, das in die z-Richtung weist, beträgt die magnetische Energie des Teilchens (unter Vernachlässigung der Wechselwirkung zwischen Dipolen) $-\mu_z B$.

(a) Beweisen Sie die folgende Gleichung für die Summe einer endlichen geometrischen Reihe:

$$1 + x + x^2 + \cdots + x^n = \frac{1 - x^{n+1}}{1 - x}\ .$$

(*Hinweis:* Beweisen Sie entweder diese Formel durch Induktion nach n oder schreiben Sie die Reihe als eine Differenz zwischen zwei unendlichen Reihen und verwenden Sie das Ergebnis aus Aufgabe 6.20(a).)

(b) Zeigen Sie, dass die Zustandssumme eines einzelnen magnetischen Teilchens

$$Z = \frac{\sinh[b(j + \frac{1}{2})]}{\sinh \frac{b}{2}}$$

lautet, wobei $b = \beta\delta_\mu B$.

(c) Zeigen Sie, dass die Gesamtmagnetisierung eines Systems aus N solchen Teilchen

$$M = N\delta_\mu\Big[(j + \tfrac{1}{2})\coth[b(j + \tfrac{1}{2})] - \tfrac{1}{2}\coth\tfrac{b}{2}\Big]$$

lautet, wobei $\coth x = \cosh x / \sinh x$ der Cotangens hyperbolicus ist. Zeichnen Sie die Größe $M/N\delta_\mu$ als Funktion von b für einige verschiedene Werte von j.

(d) Zeigen Sie, dass die Magnetisierung für $T \to 0$ das erwartete Verhalten hat.

(e) Zeigen Sie, dass die Magnetisierung im Limes $T \to \infty$ proportional zu $1/T$ ist (Curie'sches Gesetz). (*Hinweis:* Zeigen Sie zuerst, dass $\coth x \approx \frac{1}{x} + \frac{x}{3}$ für $x \ll 1$.)

(f) Zeigen Sie, dass das Ergebnis von Teil (c) für $j = 1/2$ die im Text hergeleitete Formel für einen Paramagneten mit zwei Zuständen reproduziert.

Rotationen diatomarer Moleküle

Schauen wir uns nun eine kniffligere Anwendung von Boltzmann-Faktoren und Mittelwerten an, die Rotationsbewegung eines diatomaren Moleküls (das wir als isoliert annehmen, wie in einem Gas niedriger Dichte).

Rotationsenergien sind quantisiert (Details finden Sie in Anhang A). Bei einem diatomaren Molekül wie CO oder HCl sind die erlaubten Rotationsenergien

$$E(j) = j(j+1)\epsilon\,, \tag{6.29}$$

wobei j 0, 1, 2 usw. sein kann; ϵ ist eine Konstante, die zum Trägheitsmoment des Moleküls invers proportional ist. Die Anzahl der entarteten Zustände für Niveau j beträgt $2j+1$, wie in Abbildung 6.6 dargestellt. (Ich nehme im Moment an, dass die beiden Atome, die das Molekül bilden, unterschiedlich sind. Bei Molekülen wie H_2 oder N_2, die aus identischen Atomen bestehen, gibt es eine Subtilität, die ich später angehen werde.)

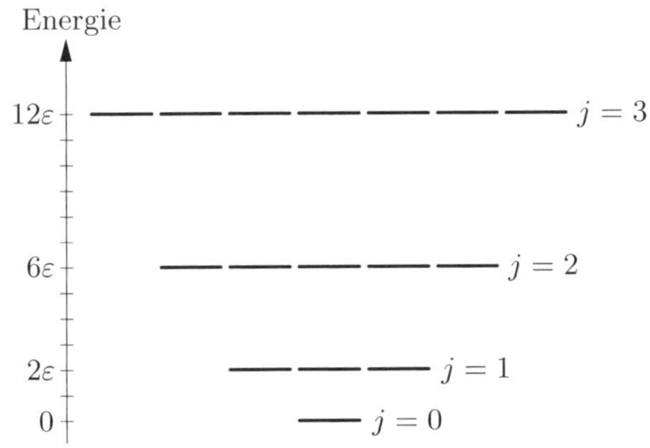

Abbildung 6.6: Die Energieniveaus der Rotationszustände eines diatomaren Moleküls.

Angesichts dieser Struktur der Energieniveaus können wir die Zustandssumme als eine Summe über j schreiben:

$$Z_{\mathrm{rot}} = \sum_{j=0}^{\infty}(2j+1)\mathrm{e}^{-E(j)/kT} = \sum_{j=0}^{\infty}(2j+1)\mathrm{e}^{-j(j+1)\epsilon/kT}\,. \tag{6.30}$$

Abbildung 6.7 zeigt eine bildliche Darstellung dieser Summe als der Fläche unterhalb des Balkendiagramms. Leider kann man diese Summe nicht in geschlossener Form exakt auswerten. Es ist aber einfach, diese Summe numerisch für irgendeine spezielle Temperatur auszuwerten. Was noch besser ist: In den meisten interessanten Fällen können wir die Summe als ein Integral nähern, das auf ein sehr einfaches Ergebnis führt.

Schauen wir uns einige Zahlen an. Die Konstante ϵ, die die Energieskala für Rotationsanregungen setzt, beträgt nie mehr als einen kleinen Bruchteil eines Elektronvolts. Bei einem CO-Molekül zum Beispiel ist $\epsilon = 0{,}00024\,\mathrm{eV}$, sodass $\epsilon/k = 2{,}8\,\mathrm{K}$ ist. Normalerweise interessieren wir uns nur für Temperaturen, die wesentlich höher als ϵ/k sind, somit wird die Größe kT/ϵ viel größer als 1 sein. In diesem Fall ist die Anzahl der Terme, die signifikant zur Zustandssumme beitragen, ziemlich groß, sodass wir in guter Näherung das Säulendiagramm in Abbildung 6.7 durch die glatte Kurve ersetzen können. Die

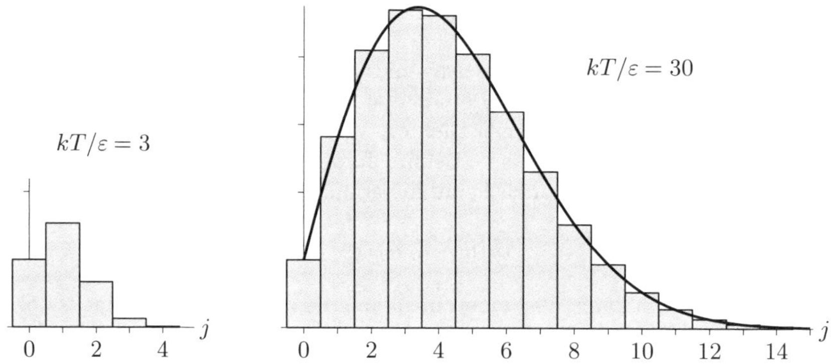

Abbildung 6.7: Säulendiagramme der Zustandssumme 6.30 für zwei verschiedene Temperaturen. Bei hohen Temperaturen kann die Summe durch die Fläche unter der glatten Kurve genähert werden.

Zustandssumme ist dann in etwa die Fläche unter dieser Kurve:

$$Z_{\text{rot}} \approx \int_0^\infty (2j+1)\mathrm{e}^{-j(j+1)\epsilon/kT}\,\mathrm{d}j = \frac{kT}{\epsilon} \qquad (\text{falls } kT \gg \epsilon)\,. \tag{6.31}$$

(Um das Integral auszuwerten, substituieren Sie $x = j(j+1)\epsilon/kT$.) Dieses Ergebnis sollte im Hochtemperaturlimes zutreffend sein, in dem $Z_{\text{rot}} \gg 1$. Wie erwartet, nimmt die Zustandssumme mit zunehmender Temperatur zu. Für CO bei Raumtemperatur ist Z_{rot} ein wenig größer als 100 (siehe Aufgabe 6.23).

Bleiben wir bei der Hochtemperaturnäherung, so können wir die mittlere Rotationsenergie eines Moleküls ausrechnen, indem wir die magische Formel 6.25 verwenden:

$$\overline{E}_{\text{rot}} = -\frac{1}{Z}\frac{\partial Z}{\partial \beta} = -(\beta\epsilon)\frac{\partial}{\partial \beta}\frac{1}{\beta\epsilon} = \frac{1}{\beta} = kT \qquad (\text{falls } kT \gg \epsilon)\,. \tag{6.32}$$

Das ist gerade die Vorhersage des Gleichverteilungssatzes, denn ein diatomares Molekül hat zwei Freiheitsgrade der Rotation. Die Ableitung von $\overline{E}$ nach T ergibt den Beitrag dieser Energie zur Wärmekapazität, einfach k (pro Molekül), wieder in Übereinstimmung mit dem Gleichverteilungssatz. Bei niedrigen Temperaturen muss aber die Wärmekapazität nach dem dritten Hauptsatz gegen *null* gehen; und das ist auch der Fall, wie Sie mittels des exakten Ausdrucks 6.30 (siehe Aufgabe 6.26) bestätigen können.

Soweit zu diatomaren Molekülen aus unterscheidbaren Atomen. Aber wie steht es mit identischen Atomen, wie bei den wichtigen Molekülen N_2 und O_2? Die Raffinesse besteht hier darin, dass eine Drehung des Moleküls um 180° seine räumliche Konfiguration nicht ändert, sodass das Molekül nur *halb* so viele Zustände hat, als es sonst hätte. Im Hochtemperaturlimes mit $Z \gg 1$ können wir diese Symmetrie einfach berücksichtigen, indem wir einen Faktor 1/2 in die Zustandssumme einsetzen:

$$Z_{\text{rot}} \approx \frac{kT}{2\epsilon} \qquad (\text{identische Atome, } kT \gg \epsilon)\,. \tag{6.33}$$

Der Faktor 1/2 fällt bei der mittleren Energie heraus (Gleichung 6.32) und hat somit keine Auswirkung auf die Wärmekapazität. Bei niedrigen Temperaturen werden die Dinge komplizierter: Man muss sich genau überlegen, welche Terme man aus der

Zustandssumme (Gleichung 6.30) auslassen sollte. Bei normalem Luftdruck verflüssigen alle diatomaren Gase außer Wasserstoff lange, bevor so niedrige Temperaturen erreicht werden. Das Verhalten von Wasserstoff bei niedrigen Temperaturen ist Gegenstand von Aufgabe 6.30.

Aufgabe 6.23 Für ein CO-Molekül beträgt die Konstante ϵ etwa 0,00024 eV. (Diese Zahl wird mit Mikrowellenspektroskopie gemessen, also durch Messung der Mikrowellenfrequenzen, die man benötigt, um das Molekül in höhere Rotationszustände anzuregen.) Berechnen Sie die Rotationszustandssumme für ein CO-Molekül bei Raumtemperatur (300 K), indem Sie zuerst die exakte Formel 6.30 und dann die Näherungsformel 6.31 verwenden.

Aufgabe 6.24 Für ein O_2-Molekül beträgt die Konstante ϵ etwa 0,00018 eV. Schätzen Sie die Rotationszustandssumme für ein O_2-Molekül bei Raumtemperatur ab.

Aufgabe 6.25 Die Analyse dieses Abschnitts trifft auch auf lineare Polymere zu, bei denen keine Rotation um die Symmetrieachse möglich ist. Ein Beispiel ist CO_2 mit $\epsilon = 0{,}000049$ eV. Schätzen Sie die Rotationszustandssumme für ein CO_2-Molekül bei Raumtemperatur ab. (Beachten Sie, dass die Anordnung der Atome OCO ist und die zwei Sauerstoffatome identisch sind.)

Aufgabe 6.26 Im *Nieder*temperaturlimes ($kT \ll \epsilon$) werden die Terme in der Rotationszustandssumme (Gleichung 6.30) sukzessive viel kleiner. Da der erste Term von T unabhängig ist, schneiden Sie die Summe nach dem zweiten Term ab und berechnen Sie die mittlere Energie und die Wärmekapazität in dieser Näherung. Behalten Sie bei jedem Lösungsschritt immer nur den größten T-anhängigen Term. Ist Ihr Ergebnis mit dem dritten Hauptsatz konsistent? Skizzieren Sie das Verhalten der Wärmekapazität bei allen Temperaturen; interpolieren Sie dazu zwischen den Ausdrücken für niedrige und hohe Temperaturen.

Aufgabe 6.27 Verwenden Sie einen Computer, um die exakte Rotationszustandssumme (Gleichung 6.30) numerisch aufzuaddieren, und zeichnen Sie das Ergebnis als Funktion von kT/ϵ. Nehmen Sie in der Summe hinreichend viele Terme mit, um sich sicher sein zu können, dass die Reihe konvergiert ist. Zeigen Sie, dass die Näherung in Gleichung 6.31 ein wenig zu niedrig liegt, und schätzen Sie ab, um wie viel. Erklären Sie den Unterschied, indem Sie sich auf Abbildung 6.7 beziehen.

Aufgabe 6.28 Verwenden Sie einen Computer, um die Rotationszustandssumme (Gleichung 6.30) algebraisch aufzusummieren; behalten Sie dazu Terme bis einschließlich $j = 6$. Berechnen Sie dann die mittlere Energie und die Wärmekapazität. Zeichnen Sie die Wärmekapazität für Werte von kT/ϵ von 0 bis 3. Haben Sie genug Terme in Z mitgenommen, um in diesem Temperaturbereich genaue Ergebnisse zu erhalten?

Aufgabe 6.29 Obwohl ein gewöhnliches H_2-Molekül aus zwei identischen Atomen besteht, trifft das auf das HD-Molekül mit einem Deuterium-Atom (also schwerem Wasserstoff ^{2}H) nicht zu. Wegen seines kleinen Trägheitsmoments hat das HD-Molekül einen recht großen Wert für ϵ: 0,0057 eV. Bei welcher Temperatur erwarten Sie in etwa, dass die Rotationswärmekapazität eines Gases von HD-Molekülen „ausfriert“, d. h. signifikant unter den konstanten Wert fällt, den der Gleichverteilungssatz vorhersagt?

Aufgabe 6.30 In dieser Aufgabe werden Sie das Verhalten von gewöhnlichem Wasserstoff H_2 bei niedrigen Temperaturen untersuchen. Die Konstante ϵ lautet 0,0076 eV. Wie im Text bemerkt, trägt für ein gegebenes Molekül nur die Hälfte der Terme in der Rotationszustandssumme bei. Genauer gesagt wird die Menge der erlaubten Werte von j durch die *Spin*konfiguration der zwei Atomkerne bestimmt. Es gibt vier unabhängige Spinkonfigurationen, die in einen „Singulett"-Zustand und drei „Triplett"-Zustände eingeteilt werden. Die Zeit, die ein Molekül braucht, um sich vom Singulett- in den Triplettzustand (und umgekehrt) zu verwandeln, ist normalerweise ziemlich lang, sodass man die Eigenschaften der beiden Arten von Molekülen unabhängig voneinander untersuchen kann. Die Singulettmoleküle bezeichnet man als **Parawasserstoff**, die Triplettmoleküle als **Orthowasserstoff**.

(a) Bei Parawasserstoff sind nur die Rotationszustände mit geraden Werten von J erlaubt.[5] Verwenden Sie (wie in Aufgabe 6.28) einen Computer, um die Rotationszustandssumme, die mittlere Energie und die Wärmekapazität eines Parahydrogenmoleküls zu berechnen. Zeichnen Sie die Wärmekapazität als Funktion von kT/ϵ.[6]

(b) Für Orthowasserstoff sind nur die Rotationszustände mit ungeraden Werten von j erlaubt. Wiederholen Sie Teil (a) für Orthowasserstoff.

(c) Bei hohen Temperaturen, bei denen die Anzahl der zugänglichen Zustände mit geradem j in etwa die der zugänglichen Zustände mit ungeradem j ist, wird Wasserstoffgas normalerweise eine Mischung aus 1/4 Parawasserstoff und 3/4 Orthowasserstoff sein. Eine Mischung mit diesen Verhältnissen nennt man **normalen Wasserstoff.** Nehmen Sie an, dass normaler Wasserstoff auf eine niedrige Temperatur heruntergekühlt wird, ohne dass sich die Spinkonfigurationen der Moleküle ändern können. Zeichnen Sie die Rotationswärmekapazität dieser Mischung als Funktion der Temperatur. Bei welcher Temperatur fällt die Rotationswärmekapazität auf die Hälfte des Wertes für hohe Temperaturen (also auf $k/2$ pro Molekül)?

(d) Nehmen Sie nun an, dass Wasserstoff in Gegenwart eines Katalysators abgekühlt wird, der es den Kernspins erlaubt, ihre Ausrichtung häufig zu ändern. In diesem Fall sind *alle* Terme in der ursprünglichen Zustandssumme erlaubt, aber die Terme mit ungeradem j müssen wegen der Entartung des Kernspins dreifach gezählt werden. Berechnen Sie die Rotationszustandssumme, mittlere Energie und Wärmekapazität dieses Systems und zeichnen Sie die Wärmekapazität als Funktion von kT/ϵ.

(e) Ein Deuteriummolekül D_2 hat neun unabhängige Kernspinkonfigurationen, von denen sechs „symmetrisch" und drei „antisymmetrisch" sind. Die Regel für die Benennung ist, dass die Art, die mehr unabhängige Zustände aufweist, „ortho-" genannt wird und die andere „para-". In Orthodeuterium sind nur Rotationszustände mit geradem j erlaubt, bei Paradeuterium nur solche mit ungeradem j.[7] Nehmen Sie also

---

5 Für die, die Quantenmechanik studiert haben, folgt der Grund: Wellenfunktionen mit geradem j sind unter der Ersetzung von $\vec{r}$ durch $-\vec{r}$, was der Vertauschung der zwei Kerne entspricht, symmetrisch. Wellenfunktionen mit ungeradem j sind unter dieser Operation antisymmetrisch. Die zwei Wasserstoffkerne (Protonen) sind Fermionen, somit muss ihre Gesamtwellenfunktion unter Austausch antisymmetrisch sein. Der Singulettzustand ($\uparrow\downarrow - \downarrow\uparrow$) ist bereits im Spin antisymmetrisch, somit muss die räumliche Wellenfunktion symmetrisch sein, wohingegen die Triplettzustände ($\uparrow\uparrow$, $\downarrow\downarrow$ und $\uparrow\downarrow + \downarrow\uparrow$) symmetrisch im Spin sind, sodass ihre räumlichen Wellenfunktionen antisymmetrisch sein müssen.

6 Bei einem Molekül wie O_2 mit Spin-0-Kernen, ist das die ganze Geschichte; die einzige Kernspinkonfiguration ist ein Singulett und nur die geraden-j-Zustände sind erlaubt.

7 Deuteriumkerne sind Bosonen, sodass die Gesamtwellenfunktion unter Austausch symmetrisch sein muss.

an, dass ein D_2-Gas, das aus einer normalen Gleichgewichtsmischung von 2/3 ortho und 1/3 para besteht, abgekühlt wird, ohne dass sich die Kernspinkonfigurationen ändern können. Berechnen und zeichnen Sie die Rotationswärmekapazität dieses Systems als Funktion der Temperatur.[8]

6.3 Der Gleichverteilungssatz

Ich habe den Gleichverteilungssatz in diesem Buch immer wieder verwendet; wir haben auch überprüft, dass er in einer Reihe von Spezialfällen zutrifft, aber einen echten Beweis habe ich Ihnen noch nicht vorgelegt. Der Beweis ist mithilfe von Boltzmann-Faktoren ziemlich einfach.

Der Gleichverteilungssatz gilt nicht für alle Systeme. Er gilt nur für Systeme, deren Energie in der Form quadratischer „Freiheitsgrade" der Gestalt

$$E(q) = cq^2 \tag{6.34}$$

vorliegt, wobei c ein konstanter Koeffizient und q irgendeine Orts- oder Impulsvariable ist, wie x, p_x oder L_x (Drehimpuls). Ich werde genau diesen einzelnen Freiheitsgrad als mein „System" betrachten und annehmen, dass er im Gleichgewicht mit einem Reservoir bei Temperatur T sei. Dann werde ich seine mittlere Energie $\overline{E}$ berechnen.

Ich werde dieses System in der klassischen Mechanik analysieren, wo jeder Wert von q einem anderen unabhängigen Zustand entspricht. Um die Zustände zu *zählen*, werde ich so tun, als ob sie diskret und durch kleine Intervalle Δq voneinander getrennt wären, wie in Abbildung 6.8 dargestellt. Solange Δq extrem klein ist, erwarten wir, dass es sich aus dem Endergebnis für $\overline{E}$ heraushebt.

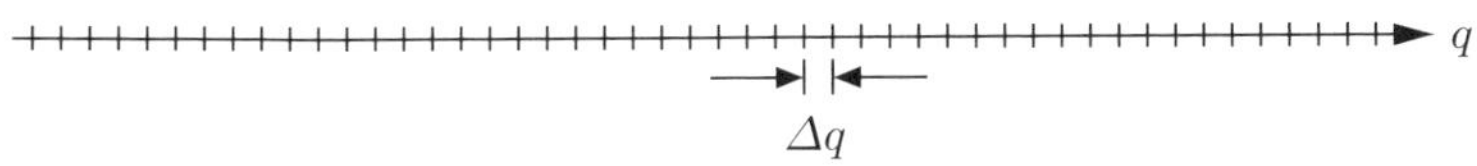

Abbildung 6.8: Um Zustände für eine kontinuierliche Variable q abzuzählen, tun wir so, als wären sie diskret und durch Δq voneinander getrennt.

Die Zustandssumme dieses Systems lautet

$$Z = \sum_q e^{-\beta E(q)} = \sum_q e^{-\beta c q^2} . \tag{6.35}$$

Um die Summe auszuwerten, werde ich innerhalb der Summe mit Δq multiplizieren und außerhalb der Summe durch Δq teilen:

$$Z = \frac{1}{\Delta q} \sum_q e^{-\beta c q^2} \Delta q . \tag{6.36}$$

Nun kann die Summe als die Fläche eines Säulendiagramms interpretiert werden, wobei die Höhe durch den Boltzmann-Faktor bestimmt ist (siehe Abbildung 6.9). Da Δq sehr

8 Eine gute Diskussion von Wasserstoff bei niedrigen Temperaturen mit Bezügen zum Experiment findet sich in Gopal (1966).

klein ist, können wir die Säulen durch eine glatte Kurve annähern und die Summe in ein Integral verwandeln:

$$Z = \frac{1}{\Delta q} \int_{-\infty}^{\infty} \mathrm{e}^{-\beta c q^2}\, \mathrm{d}q\,. \tag{6.37}$$

Bevor wir uns an die Auswertung des Integrals machen, substituieren wir $x = \sqrt{\beta c}\, q$, sodass $\mathrm{d}q = \mathrm{d}x/\sqrt{\beta c}$. Dann ist

$$Z = \frac{1}{\Delta q} \frac{1}{\sqrt{\beta c}} \int_{-\infty}^{\infty} \mathrm{e}^{-x^2}\, \mathrm{d}x\,. \tag{6.38}$$

Das Integral über x ist jetzt einfach eine Zahl, deren Wert nicht sehr wichtig ist, soweit es um die Physik geht. Das Integral ist allerdings mathematisch recht interessant. Die Funktion e^{-x^2} ist die **Gauß-Funktion** und ihre Stammfunktion kann leider nicht durch elementare Funktionen ausgedrückt werden. Aber es gibt einen Trick (beschrieben in Anhang B), wie Sie das *bestimmte* Integral von $-\infty$ bis ∞ auswerten können; das Ergebnis ist einfach $\sqrt{\pi}$. Unser Endergebnis für die Zustandssumme lautet daher

$$Z = \frac{1}{\Delta q} \sqrt{\frac{\pi}{\beta c}} = C\beta^{-1/2}\,, \tag{6.39}$$

wobei C nur eine Abkürzung für $\sqrt{\pi/c}/\Delta q$ ist.

Sobald Sie eine explizite Formel für die Zustandssumme haben, ist es leicht, die mittlere Energie zu berechnen, indem Sie die magische Formel 6.25 verwenden:

$$\begin{aligned} \overline{E} &= -\frac{1}{Z}\frac{\partial Z}{\partial \beta} = -\frac{1}{C\beta^{-1/2}} \frac{\partial}{\partial \beta} C\beta^{-1/2} \\ &= -\frac{1}{C\beta^{-1/2}}\left(-\tfrac{1}{2}\right)C\beta^{-3/2} = \tfrac{1}{2}\beta^{-1} = \tfrac{1}{2}kT\,. \end{aligned} \tag{6.40}$$

Das ist gerade der Gleichverteilungssatz. Beachten Sie: Die Konstanten c, Δq und $\sqrt{\pi}$ haben sich alle herausgemittelt.

Der wichtigste Aspekt dieses Beweises ist, dass er nicht auf quantenmechanische Systeme übertragbar ist. Sie können das letztlich in Abbildung 6.9 sehen: Ist die Anzahl

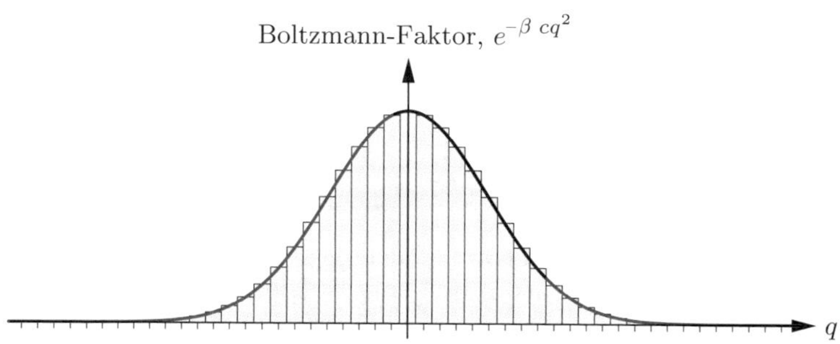

Abbildung 6.9: Die Zustandssumme ist die Fläche unter einem Säulendiagramm, dessen Höhe den Boltzmann-Faktor $\mathrm{e}^{-\beta c q^2}$ darstellt. Wir tun so, als ob das Diagramm eine glatte Kurve darstellen würde.

unterschiedlicher Zustände mit signifikanten Wahrscheinlichkeiten zu klein, dann wird die glatte Gauß-Kurve keine gute Näherung für das Säulendiagramm sein.

Und in der Tat ist der Gleichverteilungssatz nur im Hochtemperaturlimes zutreffend, wo viele unterschiedliche Zustände beitragen und der Abstand zwischen den Zuständen unwichtig ist. Wir haben das beim Einstein-Festkörper gesehen. Im Allgemeinen gilt der Gleichverteilungssatz nur, wenn die Abstände zwischen den Energieniveaus sehr viel kleiner als kT sind.

Aufgabe 6.31 Betrachten Sie einen klassischen „Freiheitsgrad“, der linear anstelle von quadratisch ist: $E = c\,|\,q\,|$ mit einer Konstanten c. (Ein Beispiel wäre die kinetische Energie eines hochrelativistischen Teilchens in einer Dimension, ausgedrückt durch seinen Impuls.) Wiederholen Sie die Herleitung des Gleichverteilungssatzes und zeigen Sie, dass die mittlere Energie $\overline{E} = kT$ lautet.

Aufgabe 6.32 Betrachten Sie ein klassisches Teilchen, dass sich in einem eindimensionalen Potentialtopf $u(x)$ bewegt, wie in Abbildung 6.10 gezeigt. Das Teilchen ist im thermischen Gleichgewicht mit einem Reservoir mit Temperatur T, sodass die Wahrscheinlichkeiten seiner verschiedenen Zustände durch die Boltzmann-Statistik bestimmt sind.

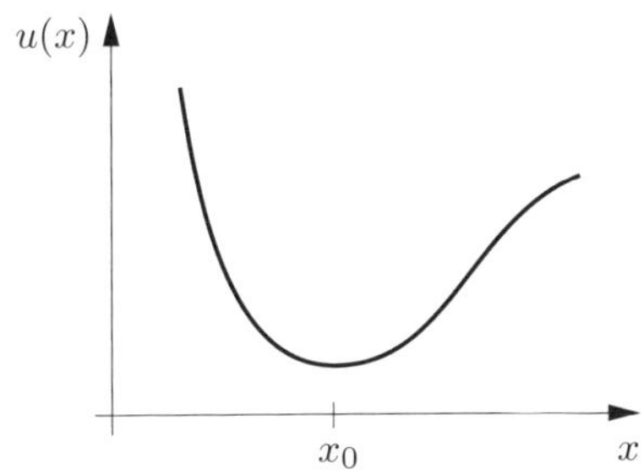

Abbildung 6.10: Ein eindimensionaler Potentialtopf. Je höher die Temperatur ist, desto weiter wird sich das Teilchen vom Gleichgewichtspunkt entfernen.

(a) Zeigen Sie, dass die mittlere Position des Teilchens durch

$$\overline{x} = \frac{\int x e^{-\beta u(x)}\,dx}{\int e^{-\beta u(x)}\,dx}$$

gegeben ist, wobei sich jedes Integral über die ganze x-Achse erstreckt.

(b) Ist die Temperatur eher niedrig (aber immer noch hoch genug, dass klassische Mechanik gilt), wird sich das Teilchen die meiste Zeit weit unten im Potentialtopf befinden. In diesem Fall können wir $u(x)$ als Taylorreihe um den Gleichgewichtspunkt x_0 entwickeln:

$$u(x) = u(x_0) + (x - x_0)\left.\frac{du}{dx}\right|_{x_0} + \frac{1}{2}(x - x_0)^2\left.\frac{d^2u}{dx^2}\right|_{x_0} + \frac{1}{3!}(x - x_0)^3\left.\frac{d^3u}{dx^3}\right|_{x_0} + \cdots .$$

Zeigen Sie, dass der lineare Term null sein muss und dass ein Abschneiden der Reihe nach dem quadratischen Term zur trivialen Vorhersage $\overline{x} = x_0$ führt.

(c) Nehmen wir den kubischen Term in der Taylorreihe ebenfalls mit, so werden die Integrale in der Formel für $\overline{x}$ schwierig. Nehmen Sie zur Vereinfachung an, dass der kubische Term klein ist, sodass sein Exponential in eine Taylorreihe entwickelt werden kann (wobei der quadratische Term im Exponenten verbleibt). Nehmen Sie nur den führenden temperaturabhängigen Term mit und zeigen Sie, dass sich in diesem Limes $\overline{x}$ von x_0 durch einen Term proportional zu kT unterscheidet. Drücken Sie den Koeffizienten dieses Terms durch die Terme der Taylorreihe von $u(x)$ aus.

(d) Die Wechselwirkung von Edelgasatomen kann durch das **Lennard-Jones-Potential**

$$u(x) = u_0\left[\left(\frac{x_0}{x}\right)^{12} - 2\left(\frac{x_0}{x}\right)^{6}\right]$$

modelliert werden. Skizzieren Sie diese Funktion und zeigen Sie, dass sich das Minimum des Potentialtopfs bei $x = x_0$ befindet und Tiefe u_0 hat. Für Argon gilt $x_0 = 3{,}9\,\text{Å}$ und $u_0 = 0{,}010\,\text{eV}$. Entwickeln Sie das Lennard-Jones-Potential in eine Taylorreihe um den Gleichgewichtspunkt und verwenden Sie das Ergebnis von Teil (c), um den linearen thermischen Ausdehnungskoeffizienten (siehe Aufgabe 1.8) eines Edelgaskristalls durch u_0 auszudrücken. Werten Sie das Ergebnis für Argon numerisch aus und vergleichen Sie es mit dem Messwert $\alpha = 0{,}0007\,\text{K}^{-1}$ (bei 80 K).

6.4 Die Maxwell'sche Geschwindigkeitsverteilung

Learn a little ... do a little

Als unsere nächste Anwendung von Boltzmann-Faktoren möchte ich einen genaueren Blick auf die Bewegung von Molekülen in einem idealen Gas werfen. Wir wissen bereits (aus dem Gleichverteilungssatz), dass die rms-Geschwindigkeit der Moleküle durch die Formel

$$v_{\text{rms}} = \sqrt{\frac{3kT}{m}} \tag{6.41}$$

gegeben ist. Aber das ist nur eine Art von Mittelwert. Einige der Moleküle werden sich schneller, andere langsamer bewegen. In der Praxis möchten wir vielleicht wissen, genau wie viele Moleküle sich mit einer gegebenen Geschwindigkeit bewegen.

Äquivalent dazu fragen wir, was die Wahrscheinlichkeit dafür ist, dass sich ein Molekül mit einer gegebenen Geschwindigkeit bewegt.

Technisch gesprochen ist die Wahrscheinlichkeit, dass sich ein Molekül *exakt* mit einer Geschwindigkeit v bewegt, *null.* Da sich die Geschwindigkeit kontinuierlich ändern kann, gibt es unendlich viele mögliche Geschwindigkeiten. Daher hat jede von ihnen eine infinitesimale Wahrscheinlichkeit (die letztlich gleich null ist). Einige Geschwindigkeiten sind aber weniger wahrscheinlich als andere, und wir können immer noch die *relative* Wahrscheinlichkeiten verschiedener Geschwindigkeiten durch eine Kurve darstellen. Er schaut dann wie in Abbildung 6.11 aus. Die wahrscheinlichste Geschwindigkeit ist da, wo die Kurve ihr Maximum hat, und andere Geschwindigkeiten sind proportional zur Höhe der Kurve weniger wahrscheinlich. Wenn wir nun die Kurve richtig normieren (d. h. die vertikale Skala anpassen), so bekommt sie eine genauere Interpretation: Die *Fläche* unter der Kurve zwischen zwei Geschwindigkeiten v_1 und v_2 ist gleich der Wahrscheinlichkeit, dass die Geschwindigkeit des Moleküls zwischen v_1 und v_2 liegt:

$$\text{Wahrscheinlichkeit } (v_1 \ldots v_2) = \int_{v_1}^{v_2} \mathcal{D}(v)\,\mathrm{d}v\,, \tag{6.42}$$

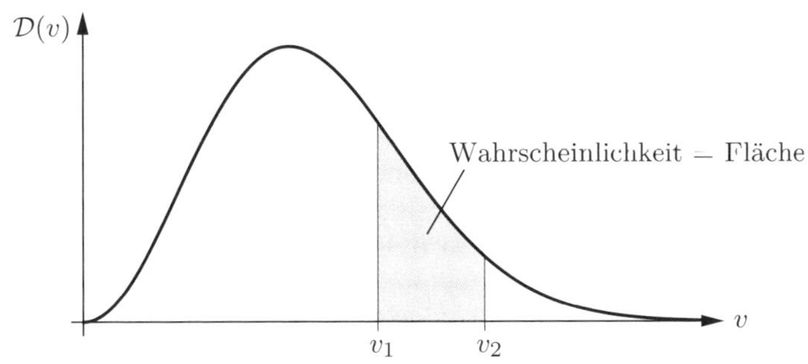

Abbildung 6.11: Eine Kurve für die relativen Wahrscheinlichkeiten, dass ein Gasmolekül eine bestimmte Geschwindigkeit hat. Genauer gesagt ist die vertikale Skala so definiert, dass die Fläche unter der Kurve in einem beliebigen Intervall der Wahrscheinlichkeit entspricht, dass das Molekül eine Geschwindigkeit in diesem Intervall hat.

wobei $\mathcal{D}(v)$ die Höhe der Kurve ist. Ist das Intervall zwischen v_1 und v_2 infinitesimal, dann ändert sich $\mathcal{D}(v)$ im Intervall nicht merklich und Sie können einfach schreiben:

$$\text{Wahrscheinlichkeit } (v \ldots v + \mathrm{d}v) = \mathcal{D}(v)\,\mathrm{d}v\,. \tag{6.43}$$

Die Funktion $\mathcal{D}(v)$ wird als **Verteilungsfunktion** bezeichnet. Ihr tatsächlicher *Wert* an irgendeinem Punkt ist an sich nicht sehr bedeutungsvoll. $\mathcal{D}(v)$ ist vielmehr eine Funktion, deren Lebenszweck darin besteht, *integriert zu werden.* Um $\mathcal{D}(v)$ in eine Wahrscheinlichkeit zu verwandeln, *müssen* Sie sie über ein Intervall von v's integrieren (oder, falls das Intervall klein ist, einfach mit der Breite des Intervalls multiplizieren). Die Funktion $\mathcal{D}(v)$ selbst hat nicht einmal die richtige *Einheit* einer Wahrscheinlichkeit (nämlich keine); stattdessen hat sie die Einheit $1/v$ oder $(\mathrm{m/s})^{-1}$.

Jetzt, da wir wissen, wie wir die Antwort zu interpretieren haben, würde ich gerne eine Formel für die Funktion $\mathcal{D}(v)$ herleiten. Der wichtigste Bestandteil der Herleitung ist der Boltzmann-Faktor. Eine andere wichtige Zutat ist jedoch die Tatsache, dass Raum dreidimensional ist, woraus folgt, dass es für einen gegebenen Geschwindigkeits*betrag* viele verschiedene Geschwindigkeits*vektoren* gibt. In der Tat können wir die Funktion $\mathcal{D}(v)$ schematisch als

$$\mathcal{D}(v) \propto \begin{pmatrix} \text{Wahrscheinlichkeit,} \\ \text{dass ein Molekül} \\ \text{Geschwindigkeit } \vec{v} \text{ hat} \end{pmatrix} \times \begin{pmatrix} \text{Anzahl der Vektoren } \vec{v}, \\ \text{die Geschwindigkeits-} \\ \text{betrag } v \text{ entsprechen} \end{pmatrix} \tag{6.44}$$

schreiben. Es gibt auch eine Proportionalitätskonstante, um die wir uns später kümmern werden. Der erste Faktor in Gleichung 6.44 ist einfach der Boltzmann-Faktor. Jeder Geschwindigkeitsvektor entspricht einem anderen Molekularzustand, und die Wahrscheinlichkeit, dass ein Molekül in einem bestimmten Zustand s ist, ist zum Boltzmann-Faktor $\mathrm{e}^{-E(s)/kT}$ proportional. In diesem Fall ist die Energie einfach die kinetische Energie der Translation, $\frac{1}{2}mv^2$ (wobei $v = |\vec{v}\,|$), sodass

$$\begin{pmatrix} \text{Wahrscheinlichkeit,} \\ \text{dass ein Molekül} \\ \text{Geschwindigkeit } \vec{v} \text{ hat} \end{pmatrix} \propto \mathrm{e}^{-mv^2/2kT}\,. \tag{6.45}$$

Ich habe alle Variablen außer der Geschwindigkeit, die den Zustand des Moleküls beeinflussen könnten, ausgelassen, wie etwa seine Position im Raum oder seine interne Bewegung. Diese Vereinfachung ist für ein ideales Gas gültig, bei dem die Translationsbewegung von allen anderen Variablen unabhängig ist.

Gleichung 6.45 besagt, dass der wahrscheinlichste Geschwindigkeits*vektor* eines Moleküls in einem idealen Gas *null* ist. Angesichts dessen, was wir über Boltzmann-Faktoren wissen, sollte dieses Ergebnis kaum überraschen: niederenergetische Zustände sind immer wahrscheinlicher als hochenergetische Zustände. Das gilt für jedes System bei positiver (nicht verschwindender) Geschwindigkeit. Der wahrscheinlichste Geschwindigkeits*vektor* entspricht *nicht* dem wahrscheinlichsten Geschwindigkeits*betrag, weil es für manche Geschwindigkeiten* mehr *unterschiedliche Geschwindigkeitsvektoren als für andere gibt.*

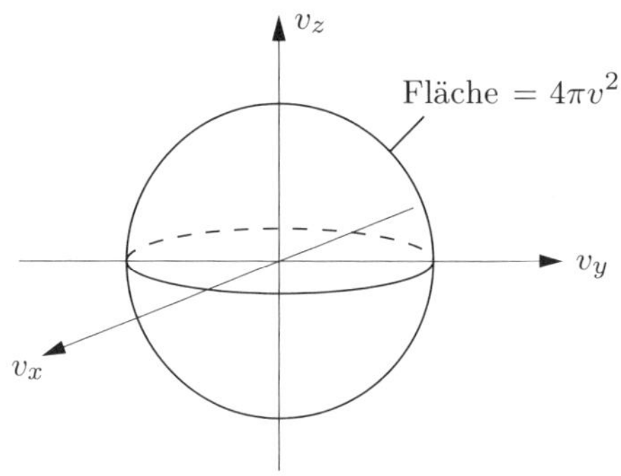

Abbildung 6.12: Im „Geschwindigkeitsraum" stellt jeder Punkt einen möglichen Geschwindigkeitsvektor dar. Die Menge aller Vektoren mit einem gegebenen Geschwindigkeitsbetrag v liegt auf der Oberfläche einer Kugel mit Radius v.

Wenden wir uns also dem zweiten Faktor in Gleichung 6.44 zu. Um diesen Faktor auszuwerten, stellen wir uns einen dreidimensionalen „Geschwindigkeitsraum" vor, in dem jeder Punkt einen Geschwindigkeitsvektor darstellt (siehe Abbildung 6.12). Die Menge der Geschwindigkeitsvektoren, die einem gegebenen Geschwindigkeitsbetrag v entsprechen, lebt auf der Oberfläche einer Kugel mit Radius v. Je größer v ist, umso größer ist die Kugel und umso mehr Geschwindigkeitsvektoren gibt es. Ich behaupte also, dass der zweite Faktor in Gleichung 6.44 die Oberfläche der Kugel im Geschwindigkeitsraum ist:

$$\begin{pmatrix} \text{Anzahl der Vektoren } \vec{v}, \\ \text{die dem Betrag } v \\ \text{entsprechen} \end{pmatrix} \propto 4\pi v^2 \,. \tag{6.46}$$

Setzen wir diesen „Entartungsfaktor" mit dem Boltzmann-Faktor (6.45) zusammen, so erhalten wir

$$\mathcal{D}(v) = C \cdot 4\pi v^2 \, \mathrm{e}^{-mv^2/2kT} \,, \tag{6.47}$$

wobei C eine Proportionalitätskonstante ist. Um C zu bestimmen, stellen wir fest, dass die Gesamtwahrscheinlichkeit, das Molekül bei *irgendeiner* Geschwindigkeit zu finden, gleich 1 sein muss:

$$1 = \int_0^\infty \mathcal{D}(v) \, \mathrm{d}v = 4\pi C \int_0^\infty v^2 \, \mathrm{e}^{-mv^2/2kT} \, \mathrm{d}v \,. \tag{6.48}$$

Wechseln wir zur Variable $x = v\sqrt{m/2kT}$, so erhält dieses Integral die Gestalt

$$1 = 4\pi C\left(\frac{2kT}{m}\right)^{3/2} \int_0^\infty x^2\, e^{-x^2}\, dx\,. \tag{6.49}$$

Wie die reine Gauß-Funktion e^{-x^2} hat die Funktion $x^2 e^{-x^2}$ keine Stammfunktion, die man durch elementare Funktionen ausdrücken kann. Es gibt aber wieder Tricks (die in Anhang B erklärt werden), wie man das *bestimmte* Integral von 0 bis ∞ auswerten kann; in diesem Falle lautet die Antwort $\sqrt{\pi}/4$. Die 4 hebt sich weg, es verbleibt $C = (m/2\pi kT)^{3/2}$.

Unser Endergebnis für die Verteilungsfunktion $\mathcal{D}(v)$ lautet daher

$$\mathcal{D}(v) = \left(\frac{m}{2\pi kT}\right)^{3/2} 4\pi v^2\, e^{-mv^2/2kT}\,. \tag{6.50}$$

Dieses Resultat nennt man die **Maxwell-Verteilung** (nach James Clerk Maxwell) für die Geschwindigkeitsbeträge von Molekülen in einem idealen Gas. Es handelt sich um eine komplizierte Formel, aber ich hoffe, dass Sie es nicht schwierig finden, sich die wichtigen Teile zu merken: den Boltzmann-Faktor, der die kinetische Energie der Translation beinhaltet, und den geometrischen Faktor der Kugeloberfläche im Geschwindigkeitsraum.

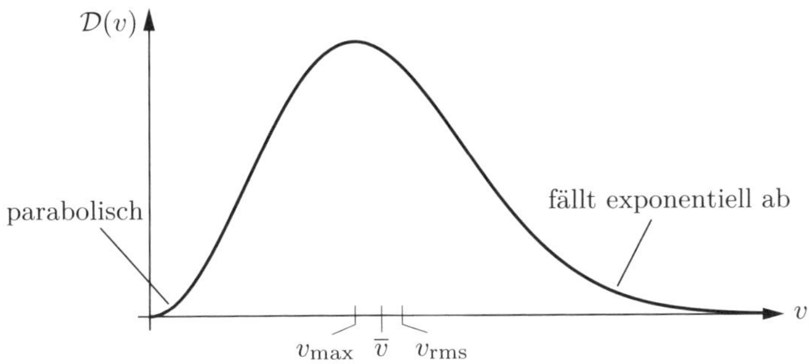

Abbildung 6.13: Die Maxwell'sche Geschwindigkeitsverteilung fällt für $v \to 0$ und $v \to \infty$ ab. Die mittlere Geschwindigkeit ist ein wenig größer als die wahrscheinlichste Geschwindigkeit und die rms-Geschwindigkeit ist noch ein wenig größer.

Abbildung 6.13 zeigt eine andere Darstellung der Maxwell-Verteilung. Bei sehr kleinem v ist der Boltzmann-Faktor etwa 1 und somit ist die Kurve eine Parabel; insbesondere geht die Verteilung bei $v = 0$ nach null. Dieses Ergebnis widerspricht nicht der Tatsache, dass null der *wahrscheinlichste* Geschwindigkeitsvektor ist, weil wir nun von Geschwindigkeits*beträgen* sprechen: Es gibt einfach zu wenige Geschwindigkeitsvektoren, die sehr kleinen Geschwindigkeiten entsprechen.

Zugleich geht die Maxwell-Verteilung auch bei sehr hohen Geschwindigkeiten (viel größer als $\sqrt{kT/m}$) gegen null, da der Boltzmann-Faktor exponentiell abfällt.

Zwischen $v = 0$ und $v = \infty$ nimmt die Maxwell-Verteilung erst zu und fällt dann ab. Setzen Sie die Ableitung von Gleichung 6.50 zu null, so können Sie zeigen, dass der Maximalwert von $\mathcal{D}(v)$ bei $v_{max} = \sqrt{2kT/m}$ auftritt. Wie man erwarten würde, verschiebt sich das Maximum mit zunehmender Temperatur nach rechts. Die wahrscheinlichste

Geschwindigkeit ist nicht gleich der rms-Geschwindigkeit; mit Gleichung 6.41 sehen wir, dass die rms-Geschwindigkeit die größere der beiden ist (etwa 22 % größer). Die *mittlere* Geschwindigkeit ist wieder anders; um sie zu berechnen, addieren Sie alle möglichen Geschwindigkeitsbeträge gewichtet mit ihren Wahrscheinlichkeiten auf:

$$\overline{v} = \sum_{\text{alle } v} v\,\mathcal{D}(v)\,\mathrm{d}v\,. \tag{6.51}$$

In dieser Gleichung stelle ich mir vor, dass die verschiedenen Geschwindigkeitsbeträge diskrete Abstände $\mathrm{d}v$ aufweisen. Wenn Sie die Summe in ein Integral verwandeln und auswerten, so erhalten Sie

$$\overline{v} = \sqrt{\frac{8kT}{\pi m}}\,, \tag{6.52}$$

was zwischen $v_{\max}$ und v_{rms} liegt.

Betrachten Sie als ein Beispiel Stickstoffmoleküle in Luft bei Raumtemperatur. Sie können leicht den wahrscheinlichsten Geschwindigkeitsbetrag ermitteln, der sich bei 300 K zu 422 m/s ergibt. Aber einige der Moleküle bewegen sich viel schneller und andere viel langsamer. Was ist die Wahrscheinlichkeit, dass sich ein bestimmtes Molekül schneller als 1000 m/s bewegt?

Machen wir zuerst eine graphische Schätzung. Die Geschwindigkeit 1000 m/s übersteigt $v_{\max}$ um einen Faktor

$$\frac{1000\,\text{m/s}}{422\,\text{m/s}} = 2{,}37\,. \tag{6.53}$$

Wenn Sie sich Abbildung 6.13 anschauen, so können Sie sehen, dass die Maxwell-Verteilung an diesem Punkt rasch ausstirbt, aber noch nicht tot ist. Die Fläche unter dem Graphen jenseits von $2{,}37v_{\max}$ schaut nach nur etwa ein oder zwei Prozent der Gesamtfläche unter der Kurve aus.

Quantitativ ist die Wahrscheinlichkeit durch das Integral der Maxwell-Verteilung von 1000 m/s bis unendlich gegeben:

$$\text{Wahrscheinlichkeit}(v > 1000\,\text{m/s}) = 4\pi\left(\frac{m}{2\pi kT}\right)^{3/2}\int_{1000\,\text{m/s}}^{\infty} v^2\,\mathrm{e}^{-mv^2/2kT}\,\mathrm{d}v\,. \tag{6.54}$$

Mit dieser nichttrivialen Untergrenze kann das Integral *nicht* analytisch ausgewertet werden; der beste Weg ist eine numerische Auswertung mit Taschenrechner oder Computer. Sie *könnten* an dieser Stelle loslegen, Zahlen einsetzen und den Computer in Einheiten von m/s arbeiten lassen. Es ist aber viel sauberer, erst zur Variable $x = v\sqrt{m/2kT} = v/v_{\max}$ zu wechseln, genau wie in Gleichung 6.49. Das Integral wird dann zu

$$4\pi\left(\frac{m}{2\pi kT}\right)^{3/2}\left(\frac{2kT}{m}\right)^{3/2}\int_{x_{\min}}^{\infty} x^2\,\mathrm{e}^{-x^2}\,\mathrm{d}x = \frac{4}{\sqrt{\pi}}\int_{x_{\min}}^{\infty} x^2\,\mathrm{e}^{-x^2}\,\mathrm{d}x\,, \tag{6.55}$$

wobei die untere Schranke der Wert von x ist, wenn $v = 1000\,\text{m/s}$ ist, also $x_{\min} = (1000\,\text{m/s})/(422\,\text{m/s}) = 2{,}37$. Jetzt ist es *leicht*, das Integral auf einen Computer zu bringen. Ich habe das gemacht und für die Wahrscheinlichkeit 0,0105 als Antwort erhalten. Nur etwa 1 % der Stickstoffmoleküle bewegen sich schneller als 1000 m/s.

Aufgabe 6.33 Berechnen Sie den wahrscheinlichsten Geschwindigkeitsbetrag, den mittleren Geschwindigkeitsbetrag und die rms-Geschwindigkeit für Sauerstoffmoleküle (O_2) bei Raumtemperatur.

Aufgabe 6.34 Stellen Sie die Maxwell'sche Geschwindigkeitsverteilung für Stickstoffmoleküle bei $T = 300\,\text{K}$ und bei $T = 600\,\text{K}$ sauber dar. Zeichnen Sie beide Kurven mit den gleichen Achsen und beziffern Sie die Achsen.

Aufgabe 6.35 Überprüfen Sie anhand der Maxwell'schen Geschwindigkeitsverteilung, dass der wahrscheinlichste Geschwindigkeitsbetrag eines Moleküls $\sqrt{2kT/m}$ ist.

Aufgabe 6.36 Führen Sie die Schritte zwischen den Gleichungen 6.51 und 6.52 aus, um den mittleren Geschwindigkeitsbetrag der Moleküle in einem idealen Gas zu bestimmen.

Aufgabe 6.37 Verwenden Sie die Maxwell-Verteilung, um für Moleküle in einem idealen Gas den Mittelwert von v^2 zu bestimmen. Überprüfen Sie, dass Ihre Antwort mit Gleichung 6.41 übereinstimmt.

Aufgabe 6.38 Welcher Bruchteil der Stickstoffmoleküle in der Luft bewegt sich bei Raumtemperatur mit weniger als $300\,\text{m/s}$?

Aufgabe 6.39 Ein Teilchen, das sich nahe der Erdoberfläche schneller als etwa $11\,\text{km/s}$ bewegt, hat genügend kinetische Energie, um der Erde trotz der Schwerkraft vollständig zu entkommen. Moleküle in der oberen Atmosphäre werden daher entkommen, wenn sie sich schneller bewegen und auf dem Weg nach draußen keine Kollisionen erfahren.

(a) Die Temperatur der oberen Erdatmosphäre ist sogar ziemlich hoch, etwa $1000\,\text{K}$. Berechnen Sie die Wahrscheinlichkeit, dass sich ein Stickstoffmolekül bei dieser Temperatur schneller als $11\,\text{km/s}$ bewegt, und kommentieren Sie das Ergebnis.

(b) Wiederholen Sie die Berechnung für ein Wasserstoffmolekül (H_2) und für ein Heliumatom und diskutieren Sie die Konsequenzen.

(c) Die Fluchtgeschwindigkeit beträgt auf der Mondoberfläche nur etwa $2{,}4\,\text{km/s}$. Erklären Sie, warum der Mond keine Atmosphäre hat.

Aufgabe 6.40 Sie fragen sich vielleicht, warum nicht alle Moleküle in einem Gas im thermischen Gleichgewicht exakt den *gleichen* Geschwindigkeitsbetrag haben. Ist es nicht so, dass bei der Kollision zweier Moleküle das schnellere immer Energie verliert und das langsamere Energie gewinnt? Und wenn dem so ist: würden wiederholte Kollisionen dann nicht alle auf einen gemeinsamen Geschwindigkeitsbetrag bringen? Beschreiben Sie ein Beispiel einer Billardkugelkollision, wo das *nicht* zutrifft: Die schnellere Kugel gewinnt Energie und die langsamere verliert Energie. Benutzen Sie Zahlenwerte und beachten Sie, dass Ihre Kollision Energie *und* Impuls erhält.

Aufgabe 6.41 Stellen Sie sich eine Welt vor, in der der Raum zweidimensional ist, aber die Gesetze der Physik ansonsten gleich sind. Leiten Sie eine Formel für die Geschwindigkeitsverteilung eines idealen Gases nichtrelativistischer Teilchen in dieser fiktiven Welt her und zeichnen Sie sie. Erklären Sie sorgfältig die Ähnlichkeiten und Unterschiede für den zweidimensionalen und den dreidimensionalen Fall. Was ist der wahrscheinlichste Geschwindigkeitsvektor? Was ist der wahrscheinlichste Geschwindigkeitsbetrag?

6.5 Zustandssummen und freie Energie

Die grundlegendste statistische Größe eines isolierten Systems mit fester Energie U ist die Vielfachheit $\Omega(U)$ – die Zahl der verfügbaren Mikrozustände. Der Logarithmus der Vielfachheit gibt die Entropie, die zur Zunahme tendiert.

Bei einem System im Gleichgewicht mit einem Reservoir bei Temperatur T (siehe Abbildung 6.14) ist die Größe, die Ω am meisten analog ist, die Zustandssumme $Z(T)$. Wie $\Omega(U)$ ist die Zustandssumme mehr oder weniger gleich der Zahl der Mikrozustände, die dem System zur Verfügung stehen (aber bei fester Temperatur, nicht fester Energie). Wir könnten daher erwarten, dass ihr Logarithmus eine Größe ist, der unter diesen Bedingungen tendenziell zunimmt. Wir kennen aber schon eine Größe, die unter diesen Bedingungen tendenziell abnimmt: die Helmholtz'sche freie Energie F. Die Größe, die tendenziell zunimmt, wäre also $-F$ oder $-F/kT$, wenn wir eine dimensionslose Größe wollen. Machen wir nun einen gigantischen intuitiven Sprung, so könnten wir nun die Formel

$$F = -kT \ln Z \qquad \text{oder} \qquad Z = e^{-F/kT} \tag{6.56}$$

erraten. Diese Formel stellt sich in der Tat als richtig heraus. Lassen Sie mich das beweisen.

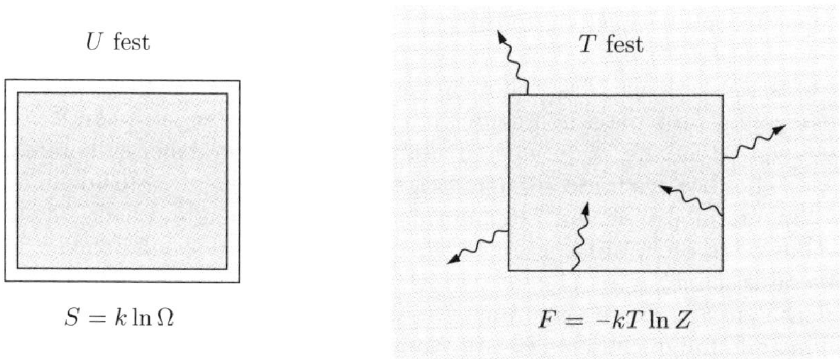

Abbildung 6.14: In einem abgeschlossenen System (links) nimmt S tendenziell zu. In einem System bei konstanter Temperatur (rechts) nimmt F tendenziell ab. Wie S, so kann man F als den Logarithmus einer statistischen Größe schreiben, in diesem Fall Z.

Erinnern wir uns zuerst an die Definition von F:

$$F \equiv U - TS\,. \tag{6.57}$$

Erinnern wir uns ebenso an folgende partielle Ableitung:

$$\left(\frac{\partial F}{\partial T}\right)_{V,N} = -S\,. \tag{6.58}$$

Lösen Sie Gleichung 6.57 nach S auf und setzen Sie es in Gleichung 6.58 ein, so erhalten Sie

$$\left(\frac{\partial F}{\partial T}\right)_{V,N} = \frac{F-U}{T}\,. \tag{6.59}$$

Das ist eine Differentialgleichung für die Funktion $F(T)$, für irgendein festes V und N. Um Gleichung 6.56 zu beweisen, werde ich zeigen, dass die Größe $-kT \ln Z$ der gleichen Differentialgleichung genügt; die Anfangsbedingung bei $T = 0$ ist die gleiche.

Lassen Sie mich das Symbol $\widetilde{F}$ als Abkürzung der Größe $-kT\ln Z$ einführen. Ich möchte bei festgehaltenem V und N eine Formel für die Ableitung dieser Größe nach T finden:

$$\frac{\partial \widetilde{F}}{\partial T} = \frac{\partial}{\partial T}(-kT\ln Z) = -k\ln Z - kT\,\frac{\partial}{\partial T}\ln Z\,. \tag{6.60}$$

Im zweiten Term verwende ich die Kettenregel, um die Ableitung nach $\beta = 1/kT$ umzuschreiben:

$$\frac{\partial}{\partial T}\ln Z = \frac{\partial \beta}{\partial T}\,\frac{\partial}{\partial \beta}\ln Z = \frac{-1}{kT^2}\,\frac{1}{Z}\,\frac{\partial Z}{\partial \beta} = \frac{U}{kT^2}\,. \tag{6.61}$$

(Hier verwende ich U anstelle von $\overline{E}$ für die mittlere Energie des Systems, weil diese Ideen am nützlichsten sind, wenn sie auf ziemlich große Systeme angewendet werden.) Setzen wir dieses Ergebnis wieder in Gleichung 6.60 ein, so erhalten wir

$$\frac{\partial \widetilde{F}}{\partial T} = -k\ln Z - kT\frac{U}{kT^2} = \frac{\widetilde{F}}{T} - \frac{U}{T}\,, \tag{6.62}$$

somit genügt $\widetilde{F}$ exakt der gleichen Differentialgleichung wie F.

Eine Differentialgleichung erster Ordnung hat eine unendlich große Familie von Lösungen, die unterschiedlichen „Anfangsbedingungen" entsprechen. Um den Beweis, dass $\widetilde{F} = F$ ist, zu vervollständigen, muss ich zeigen, dass sie zumindest für einen speziellen Wert von T übereinstimmen. Bei $T = 0$ ist das ursprüngliche F einfach gleich U, der Energie des Systems bei Temperatur null. Diese Energie muss die niedrigstmögliche Energie U_0 sein, denn die Boltzmann-Faktoren $\mathrm{e}^{-U(s)/kT}$ werden für alle angeregten Zustände im Vergleich zum Grundzustand unendlich unterdrückt sein. Zugleich ist die Zustandssumme bei $T = 0$ einfach gleich $\mathrm{e}^{-U_0/kT}$, wiederum weil alle anderen Boltzmann-Faktoren im Vergleich unendlich unterdrückt sind. Daher ist

$$\widetilde{F}(0) = -kT\ln Z(0) = U_0 = F(0)\,, \tag{6.63}$$

was den Beweis vervollständigt, dass $\widetilde{F} = F$ für alle T.

Die Nützlichkeit der Formel $F = -kT\ln Z$ besteht darin, dass wir aus F die Entropie, den Druck und das chemische Potential berechnen können, indem wir die partiellen Ableitungen

$$S = -\left(\frac{\partial F}{\partial T}\right)_{V,N}, \qquad P = -\left(\frac{\partial F}{\partial V}\right)_{T,N}, \qquad \mu = +\left(\frac{\partial F}{\partial N}\right)_{T,V} \tag{6.64}$$

verwenden. Auf diese Weise können wir alle thermodynamischen Eigenschaften eines Systems berechnen, wenn wir seine Zustandssumme kennen. In Abschnitt 6.7 werde ich diese Technik anwenden, um ein ideales Gas zu analysieren.

Aufgabe 6.42 In Aufgabe 6.20 haben Sie die Zustandssumme für einen quantenmechanischen harmonischen Oszillator berechnet: $Z_{\text{h.o.}} = 1/(1-\mathrm{e}^{-\beta\epsilon})$, wobei $\epsilon = hf$ der Abstand zwischen den Energieniveaus ist.

(a) Bestimmen Sie einen Ausdruck für die Helmholtz'sche freie Energie eines Systems von N harmonischen Oszillatoren.

(b) Bestimmen Sie einen Ausdruck für die Entropie dieses Systems als eine Funktion der Temperatur. (Machen Sie sich keine Sorgen, das Ergebnis ist ziemlich kompliziert.)

Aufgabe 6.43 Manche fortgeschrittene Lehrbücher definieren Entropie über die Formel

$$S = -k \sum_s \mathcal{P}(s) \ln \mathcal{P}(s) ,$$

wobei die Summe über alle Mikrozustände läuft, die dem System zugänglich sind. $P(s)$ ist die Wahrscheinlichkeit, dass das System im Mikrozustand s ist.

(a) In einem isolierten System ist $\mathcal{P}(s) = 1/\Omega$ für alle zugänglichen Zustände s. Zeigen Sie, dass sich in diesem Fall obige Formel in unsere vertraute Entropiedefinition wandelt.

(b) Für ein System im thermischen Gleichgewicht mit einem Reservoir bei Temperatur T gilt $\mathcal{P}(s) = \mathrm{e}^{-E(s)/kT}/Z$. Zeigen Sie, dass auch in diesem Fall obige Formel mit dem übereinstimmt, was wir bereits über die Entropie wissen.

6.6 Zustandssummen für zusammengesetzte Systeme

Bevor wir versuchen, die Zustandssumme für ein ideales Gas hinzuschreiben, ist es nützlich zu fragen, wie sich die Zustandssumme eines Systems aus mehreren Teilchen zu der Zustandssumme jedes einzelnen Teilchens verhält. Betrachten Sie zum Beispiel ein System aus nur zwei Teilchen, 1 und 2. Wenn diese Teilchen nicht miteinander wechselwirken, so ist ihre Gesamtenergie einfach $E_1 + E_2$, somit

$$Z_{\text{gesamt}} = \sum_s \mathrm{e}^{-\beta[E_1(s)+E_2(s)]} = \sum_s \mathrm{e}^{-\beta E_1(s)} \mathrm{e}^{-\beta E_2(s)} , \tag{6.65}$$

wobei die Summe über alle Zustände s des zusammengesetzten Systems läuft. Wenn die beiden Teilchen weiterhin unterscheidbar sind (entweder aufgrund ihrer festen Positionen oder einer intrinsischen Eigenschaft), dann ist die Menge der Zustände des zusammengesetzten Systems äquivalent zu der Menge aller Paare von Zuständen (s_1, s_2) für die beiden einzelnen Teilchen. In diesem Fall ist

$$Z_{\text{gesamt}} = \sum_{s_1} \sum_{s_2} \mathrm{e}^{-\beta E_1(s_1)} \mathrm{e}^{-\beta E_2(s_2)} , \tag{6.66}$$

wobei s_1 die Zustände von Teilchen 1 darstellt und s_2 die Zustände von Teilchen 2. Der erste Boltzmann-Faktor kann aus der Summe über s_2 herausgezogen werden. Diese Summe, nun nur über den zweiten Boltzmann-Faktor, ist einfach die Zustandssumme für Teilchen 2 alleine, Z_2. Diese Zustandssumme ist von s_1 unabhängig und kann daher aus der verbleibenden Summe herausgezogen werden. Zuletzt gibt die Summe über s_1 einfach Z_1, und wir verbleiben mit

$$Z_{\text{gesamt}} = Z_1 Z_2 \qquad \text{(nicht wechselwirkende, unterscheidbare Teilchen)} . \tag{6.67}$$

Wenn die Teilchen jedoch *un*unterscheidbar sind, ist der Schritt, in dem wir von Gleichung 6.65 zu Gleichung 6.66 gehen, ungültig. Das Problem ist das gleiche, dem wir begegnet sind, als wir in Abschnitt 2.5 die Vielfachheit eines idealen Gases berechnet haben: Setzen wir Teilchen 1 in Zustand A und Teilchen 2 in Zustand B, so ist das das Gleiche, als wenn wir Teilchen 2 in Zustand A und Teilchen 1 in Zustand B setzen (siehe Abbildung 6.15). Gleichung 6.66 zählt daher fast jeden Zustand zweimal und eine genauere Formel wäre

$$Z_{\text{gesamt}} = \frac{1}{2} Z_1 Z_2 \qquad \text{(nicht wechselwirkende, ununterscheidbare Teilchen)} . \tag{6.68}$$

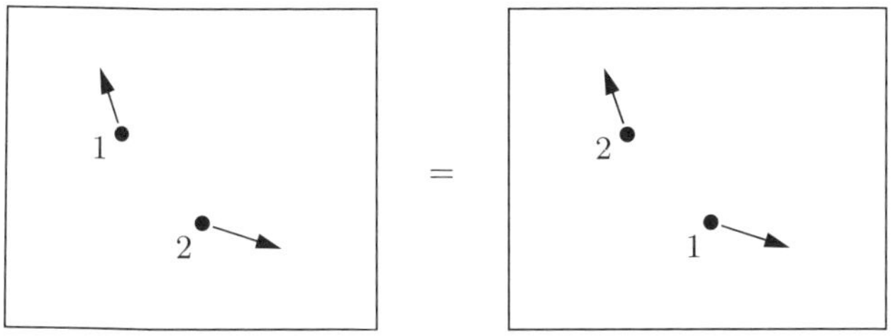

Abbildung 6.15: Tauscht man die Zustände von zwei ununterscheidbaren Teilchen aus, so verbleibt das System im gleichen Zustand wie zuvor.

Diese Formel ist immer noch nicht ganz korrekt, weil es einige Terme in der Doppelsumme von Gleichung 6.66 gibt, bei denen beide Teilchen im *gleichen* Zustand sind, also $s_1 = s_2$. Diese Zustände sind *nicht* doppelt gezählt worden, wir sollten ihre Anzahl daher nicht durch 2 teilen. Aber bei idealen Gasen und vielen anderen vertrauten Systemen ist die Dichte hinreichend niedrig, dass die Wahrscheinlichkeit dafür, dass beide Teilchen im gleichen Zustand sind, vernachlässigbar ist. Die Terme mit $s_1 = s_2$ sind daher nur ein kleiner Bruchteil aller Terme in Gleichung 6.66, und es ist ziemlich egal, ob wir sie korrekt zählen oder nicht.[9]

Die Verallgemeinerung der Gleichungen 6.67 und 6.68 auf Systeme von mehr als zwei Teilchen ist unmittelbar. Wenn die Teilchen unterscheidbar sind, ist die Gesamtzustandssumme das Produkt aller individuellen Zustandssummen:

$$Z_{\text{gesamt}} = Z_1 Z_2 Z_3 \cdots Z_N \qquad \text{(nicht wechselwirkende, unterscheidbare Systeme)}\,. \tag{6.69}$$

Diese Gleichung gilt auch für die Gesamtzustandssumme eines *einzelnen* Teilchens, das Energie auf verschiedene Weisen speichern kann; zum Beispiel könnte Z_1 die Zustandssumme für seine Bewegung in x-Richtung sein, Z_2 die für seine Bewegung in y-Richtung und so weiter.

Für ein nicht zu dichtes System von N ununterscheidbaren Teilchen lautet die allgemeine Formel

$$Z_{\text{gesamt}} = \frac{1}{N!} Z_1^N \qquad \text{(nicht wechselwirkende, ununterscheidbare Teilchen)}\,, \tag{6.70}$$

wobei Z_1 die Zustandssumme für irgendeines der Teilchen alleine ist. Die Anzahl der Möglichkeiten, N Teilchen untereinander auszutauschen, beträgt $N!$, daher der Vorfaktor.

Wenn wir Vielteilchensysteme behandeln, kann ein terminologischer Punkt verwirrend sein. Es ist wichtig, den „Zustand" eines einzelnen Teilchens vom „Zustand" des gesamten Systems zu unterscheiden. Leider kenne ich keinen eleganten Weg, zwischen diesen beiden Konzepten zu unterscheiden. Wenn der Kontext unklar ist, werde ich je nachdem **Einteilchenzustand** oder **Systemzustand** schreiben. In der gerade geführten Diskussion ist s der Systemzustand, s_1 und s_2 hingegen sind Einteilchenzustände. Im Allgemeinen müssen Sie die Einteilchenzustände aller Teilchen im System spezifizieren, um den Systemzustand festzulegen.

9 Das folgende Kapitel befasst sich mit sehr dichten Systemen, bei denen dieses Thema wichtig ist. Bis dahin machen Sie sich keine Gedanken.

Aufgabe 6.44 Betrachten Sie ein großes System von N ununterscheidbaren, nicht wechselwirkenden Molekülen (vielleicht in einem idealen Gas oder einer verdünnten Lösung). Bestimmen Sie einen Ausdruck für die Helmholtz'sche freie Energie dieses Systems, ausgedrückt durch Z_1, die Zustandssumme eines einzelnen Moleküls. (Verwenden Sie die Stirling'sche Näherung, um die $N!$ zu eliminieren.) Benutzen Sie Ihr Resultat dann, um das chemische Potential (wiederum durch Z_1) auszudrücken.

6.7 Noch einmal: das ideale Gas

Die Zustandssumme

Wir haben nun alle Werkzeuge beisammen, um die Zustandssumme und damit alle anderen thermischen Größen eines idealen Gases zu berechnen. Ein *ideales* Gas ist wie zuvor eines, bei dem die Moleküle normalerweise weit genug voneinander entfernt sind, dass wir die Energiebeiträge aufgrund der Kräfte zwischen ihnen vernachlässigen können. Wenn das Gas N identische Moleküle enthält, dann hat seine Zustandssumme die Gestalt

$$Z = \frac{1}{N!} Z_1^N \, , \tag{6.71}$$

wobei Z_1 die Zustandssumme für ein einzelnes Molekül ist.

Um Z_1 zu berechnen, müssen wir die Boltzmann-Faktoren für alle möglichen Mikrozustände eines einzelnen Moleküls aufaddieren. Jeder Boltzmann-Faktor hat die Gestalt

$$\mathrm{e}^{-E(s)/kT} = \mathrm{e}^{-E_{\mathrm{tr}}(s)/kT} \mathrm{e}^{-E_{\mathrm{int}}(s)/kT} \, , \tag{6.72}$$

wobei E_{tr} die kinetische Energie des Moleküls aufgrund von Translationen ist und E_{int} seine **interne Energie** (Rotationen, Schwingungen usw.) für den Zustand s. Man kann die Summe über alle Einteilchenzustände als Doppelsumme über Translationszustände und innere Zustände schreiben, was es uns wie im letzten Abschnitt erlaubt, die Zustandssumme zu faktorisieren. Das Resultat ist einfach

$$Z_1 = Z_{\mathrm{tr}} Z_{\mathrm{int}} \, , \tag{6.73}$$

wobei

$$Z_{\mathrm{tr}} = \sum_{\substack{\text{Translations-}\\ \text{zustände}}} \mathrm{e}^{-E_{\mathrm{tr}}/kT} \quad \text{und} \quad Z_{\mathrm{int}} = \sum_{\substack{\text{innere}\\ \text{Zustände}}} \mathrm{e}^{-E_{\mathrm{int}}/kT} \, . \tag{6.74}$$

Die inneren Zustandssummen für Rotations- und Schwingungszustände werden in Abschnitt 6.2 behandelt. Bei einem vorgegebenen Rotations- und Schwingungszustand kann ein Molekül auch verschiedene *elektronische* Zustände haben, in denen seine Elektronen in verschiedenen unabhängigen Wellenfunktionen sind. Bei den meisten Molekülen bei gewöhnlichen Temperaturen haben *elektronische* angeregte Zustände vernachlässigbare Boltzmann-Faktoren, da ihre Energien ziemlich hoch sind. Der elektronische *Grundzustand* kann jedoch manchmal entartet sein. Ein Sauerstoffmolekül hat zum Beispiel einen dreifach entarteten Grundzustand, der zu seiner inneren Zustandssumme einen Faktor 3 beiträgt.

Lassen wir nun die innere Zustandssumme beiseite und konzentrieren uns auf den Translationsanteil Z_{tr}. Um Z_{tr} zu berechnen, müssen wir die Boltzmann-Faktoren aller möglichen Translationszustände eines Moleküls aufaddieren. Ein Weg, diese Zustände aufzuzählen, besteht darin, alle möglichen Orts- und Impulsvektoren für ein Molekül zu zählen und dabei wie in Abschnitt 2.5 einen Faktor $1/h^3$ einzubauen, der die Quantenmechanik berücksichtigt. Stattdessen würde ich nun lieber die strengere Methode verwenden, alle unabhängigen Wellenfunktionen mit fester Energie zu zählen. Genauso haben wir es bei den inneren Zuständen von Atomen und Molekülen gemacht. Ich beginne mit dem Fall eines Moleküls, das in einen eindimensionalen Kasten eingesperrt ist, und werde das dann auf drei Dimensionen verallgemeinern.

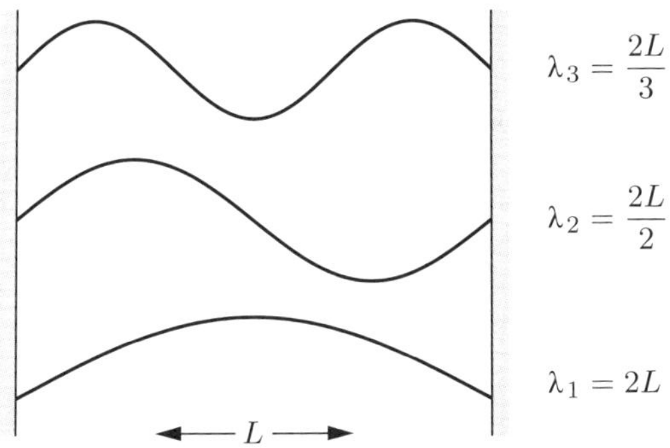

Abbildung 6.16: Die drei Wellenfunktionen niedrigster Energie für ein Teilchen, das in einem eindimensionalen Kasten eingeschlossen ist.

Einige der Wellenfunktionen fester Energie eines Moleküls in einem eindimensionalen Kasten sind in Abbildung 6.16 dargestellt. Weil das Molekül im Kasten eingesperrt ist, muss seine Wellenfunktion an beiden Rändern auf null gehen, und damit sind die erlaubten stehenden Wellen auf die Wellenlängen

$$\lambda_n = \frac{2L}{n}, \qquad n = 1, 2, \ldots \tag{6.75}$$

beschränkt. Dabei ist L die Länge des Kastens und n die Anzahl der „Wellenberge“. Man kann sich jede dieser stehenden Wellen als eine Überlagerung linkslaufender und rechtslaufender Wellen mit entgegengesetzt gleichen Impulsen vorstellen: Der Impulsbetrag ist durch die De-Broglie-Beziehung $p = h/\lambda$ gegeben, das heißt

$$p_n = \frac{h}{\lambda_n} = \frac{hn}{2L}. \tag{6.76}$$

Schließlich lautet die Beziehung zwischen Energie und Impuls bei einem nichtrelativistischen Teilchen $E = p^2/2m$, wobei m seine Masse ist. Die erlaubten Energien für ein Molekül in einem eindimensionalen Kasten lauten somit

$$E_n = \frac{p_n^2}{2m} = \frac{h^2 n^2}{8mL^2}. \tag{6.77}$$

Da wir nun die Energien kennen, können wir sofort die Translationszustandssumme für dieses Molekül angeben (immer noch in einer Dimension):

$$Z_{1\mathrm{d}} = \sum_n \mathrm{e}^{-E_n/kT} = \sum_n \mathrm{e}^{-h^2n^2/8mL^2kT}. \tag{6.78}$$

Außer wenn L und/oder T *extrem* klein sind, sind die Energieniveaus extrem nahe beieinander, sodass wir die Summe ebenso gut als ein Integral annähern können:

$$Z_{1d} = \int_0^\infty e^{-h^2 n^2/8mL^2kT}\,dn = \frac{\sqrt{\pi}}{2}\sqrt{\frac{8mL^2kT}{h^2}} = \sqrt{\frac{2\pi mkT}{h^2}}\,L \equiv \frac{L}{\ell_Q}\,, \tag{6.79}$$

wobei ℓ_Q als das Inverse der Quadratwurzel im letzten Ausdruck definiert ist:

$$\ell_Q \equiv \frac{h}{\sqrt{2\pi mkT}}\,. \tag{6.80}$$

Ich nenne ℓ_Q gerne die **Quantenlänge**; abgesehen von einem Faktor π handelt es sich um die De-Broglie-Wellenlänge eines Teilchens der Masse m, dessen kinetische Energie kT beträgt. Bei einem Stickstoffmolekül bei Raumtemperatur kommt die Quantenlänge zu $1{,}9\cdot 10^{-11}$ m heraus. Das Verhältnis L/ℓ_Q ist daher für jede realistische Box ziemlich groß, was bedeutet, dass dem Molekül unter diesen Bedingungen *viele* Translationszustände zur Verfügung stehen: in etwa die Zahl der De-Broglie-Wellenlängen, die in die Box passen würden.

So viel zu einem Molekül, das sich in einer Dimension bewegt. Bei einem Molekül, das sich in drei Dimensionen bewegt, lautet die kinetische Gesamtenergie

$$E_{tr} = \frac{p_x^2}{2m} + \frac{p_y^2}{2m} + \frac{p_z^2}{2m}\,, \tag{6.81}$$

wobei jede Impulskomponente gemäß Formel 6.76 unendlich viele unterschiedliche Werte annehmen kann. Da die n's für die drei Impulskomponenten unabhängig gewählt werden können, können wir die Zustandssumme wieder faktorisieren, jeweils ein Teil für eine der drei Dimensionen:

$$\begin{aligned} Z_{tr} &= \sum_s e^{-E_{tr}/kT} = \sum_{n_x}\sum_{n_y}\sum_{n_z} e^{-h^2 n_x^2/8mL_x^2kT} e^{-h^2 n_y^2/8mL_y^2kT} e^{-h^2 n_z^2/8mL_z^2kT} \\ &= \frac{L_x}{\ell_Q}\frac{L_y}{\ell_Q}\frac{L_z}{\ell_Q} = \frac{V}{v_Q}\,. \end{aligned} \tag{6.82}$$

Dabei ist V das Gesamtvolumen des Kastens und v_Q das **Quantenvolumen**

$$v_Q = \ell_Q^3 = \left(\frac{h}{\sqrt{2\pi mkT}}\right)^3. \tag{6.83}$$

Das Quantenvolumen ist einfach die dritte Potenz der Quantenlänge und somit für ein Molekül bei Raumtemperatur sehr klein. Die Translationszustandssumme ist im Wesentlichen die Anzahl der De-Broglie-Wellenlängenwürfel, die in das Gesamtvolumen des Kastens passen würde, und daher unter Normalbedingungen wieder ziemlich groß.

Kombinieren wir dieses Ergebnis mit Gleichung 6.73, so erhalten wir für die Einteilchenzustandsfunktion

$$Z_1 = \frac{V}{v_Q} Z_{int}\,, \tag{6.84}$$

wobei Z_{int} die Summe über alle relevanten inneren Zustände ist. Die Zustandssumme für das gesamte Gas aus N Molekülen lautet dann

$$Z = \frac{1}{N!}\left(\frac{VZ_{int}}{v_Q}\right)^N. \tag{6.85}$$

Da wir ihn immer wieder benötigen werden, geben wir auch den Logarithmus der Zustandssumme an:

$$\ln Z = N\big[\ln V + \ln Z_{\text{int}} - \ln N - \ln v_Q + 1\big]\,. \tag{6.86}$$

Vorhersagen

An dieser Stelle können wir alle thermischen Eigenschaften eines idealen Gases berechnen. Fangen wir mit der (mittleren) Gesamtenergie an, wofür wir die in Aufgabe 6.16 hergeleitete Formel verwenden:

$$U = -\frac{1}{Z}\frac{\partial Z}{\partial \beta} = -\frac{\partial}{\partial \beta}\ln Z\,. \tag{6.87}$$

Die Größen in Gleichung 6.86, die von β abhängen sind Z_{int} und v_Q; somit

$$U = -N\frac{\partial}{\partial \beta}\ln Z_{\text{int}} + N\frac{1}{v_Q}\frac{\partial v_Q}{\partial \beta} = N\overline{E}_{\text{int}} + N\cdot\frac{3}{2}\frac{1}{\beta} = U_{\text{int}} + \frac{3}{2}NkT\,. \tag{6.88}$$

Hier ist $\overline{E}_{\text{int}}$ die mittlere innere Energie eines Moleküls. Die mittlere kinetische Energie der Translation beträgt $\frac{3}{2}kT$, wie wir bereits aus dem Gleichverteilungssatz wussten. Leiten wir noch einmal ab, so erhalten wir die Wärmekapazität

$$C_V = \frac{\partial U}{\partial T} = \frac{\partial U_{\text{int}}}{\partial T} + \frac{3}{2}Nk\,. \tag{6.89}$$

Bei einem diatomaren Gas kommt der innere Beitrag zur Wärmekapazität von Rotationen und Vibrationen. Wie in Abschnitt 6.2 gezeigt, trägt jeder dieser Beiträge bei hinreichend hohen Temperaturen in etwa Nk zur Wärmekapazität bei, geht aber bei niedrigeren Temperaturen auf null. Der Beitrag der Translation könnte im Prinzip auch ausfrieren, aber erst bei Temperaturen, die so niedrig sind, dass ℓ_Q etwa so groß wie L ist. Dann ist es nicht mehr zulässig, die Summe in Gleichung 6.79 durch ein Integral zu ersetzen. Wir haben nun alle Details der Kurve von C_V für Wasserstoff aus Abbildung 1.13 erklärt.

Um die verbleibenden thermischen Eigenschaften eines idealen Gases zu erklären, benötigen wir die Helmholtz'sche freie Energie

$$\begin{aligned} F = -kT\ln Z &= -NkT\big[\ln V + \ln Z_{\text{int}} - \ln N - \ln v_Q + 1\big] \\ &= -NkT\big[\ln V - \ln N - \ln v_Q + 1\big] + F_{\text{int}}\,, \end{aligned} \tag{6.90}$$

wobei F_{int} der innere Beitrag zu F ist, genauer gesagt $-NkT\ln Z_{\text{int}}$. Aus diesem Ausdruck kann man leicht den Druck berechnen:

$$P = -\left(\frac{\partial F}{\partial V}\right)_{T,N} = \frac{NkT}{V}\,. \tag{6.91}$$

Ich überlasse Ihnen die Berechnung von Entropie und chemischem Potential. Die Ergebnisse lauten

$$S = -\left(\frac{\partial F}{\partial T}\right)_{V,N} = Nk\left[\ln\left(\frac{V}{Nv_Q}\right) + \frac{5}{2}\right] - \frac{\partial F_{\text{int}}}{\partial T} \tag{6.92}$$

und

$$\mu = \left(\frac{\partial F}{\partial N}\right)_{T,V} = -kT\ln\left(\frac{VZ_{\text{int}}}{Nv_Q}\right). \tag{6.93}$$

Vernachlässigen wir die inneren Beiträge, so reduzieren sich beide auf unsere früheren Ergebnisse für ein monoatomares ideales Gas.

Aufgabe 6.45 Leiten Sie die Ausdrücke 6.92 und 6.93 für die Entropie und das chemische Potential eines idealen Gases her.

Aufgabe 6.46 In den Gleichungen 6.92 und 6.93 für die Entropie und das chemische Potential kommt der Logarithmus der Größe $VZ_{\text{int}}/Nv_{\text{Q}}$ vor. Ist dieser Logarithmus normalerweise positiv oder negativ? Setzen Sie einige Zahlen für ein gewöhnliches Gas ein und diskutieren Sie.

Aufgabe 6.47 Schätzen Sie ab, bei welcher Temperatur die Translationsbewegung eines Stickstoffmoleküls in einem Kasten der Breite 1 cm ausfrieren würde.

Aufgabe 6.48 Die innere Zustandssumme für ein diatomares Gas bei Raumtemperatur ist einfach die Rotationszustandssumme, die wir in Abschnitt 6.2 berechnet haben, multipliziert mit der Entartung Z_{e} des elektronischen Grundzustands.

(a) Zeigen Sie, dass die Entropie in diesem Fall

$$S = Nk\left[\ln\left(\frac{VZ_{\text{e}}Z_{\text{rot}}}{Nv_{\text{Q}}}\right) + \frac{7}{2}\right]$$

lautet. Berechnen Sie die Entropie eines Mols Sauerstoff ($Z_{\text{e}} = 3$) bei Raumtemperatur und normalem Luftdruck und vergleichen Sie sie mit dem Messwert am Ende dieses Buches.[10]

Aufgabe 6.49 Berechnen Sie U, H, F, G, S und μ für ein Mol Stickstoffgas (N_2) bei Raumtemperatur und normalem Luftdruck. (Die Rotationskonstante ϵ beträgt 0,00025 eV für N_2. Der elektronische Grundzustand ist nicht entartet.)

Aufgabe 6.50 Zeigen Sie mittels der Ergebnisse dieses Abschnitts explizit, dass in einem idealen Gas $G = N\mu$ gilt.

Aufgabe 6.51 In diesem Abschnitt haben wir die Translationszustandssumme Z_{tr} für ein Teilchen berechnet, indem wir über alle Wellenfunktionen fester Energie summiert haben. Ein alternativer Zugang besteht jedoch darin, über alle möglichen Orts- und Impulsvektoren zu summieren, wie wir es in Abschnitt 2.5 gemacht haben. Weil Ort und Impuls kontinuierliche Variablen sind, sind die Summen wirklich Integrale, und wir müssen einen Faktor $1/h^3$ hinzufügen, um eine dimensionslose Zahl zu erhalten, die konkret die unabhängigen Wellenfunktionen abzählt. Damit könnten wir die Formel

$$Z_{\text{tr}} = \frac{1}{h^3}\int \mathrm{d}^3r\,\mathrm{d}^3p\,\mathrm{e}^{-E_{\text{tr}}/kT}$$

erraten, in der das einzelne Integralzeichen in Wirklichkeit sechs Integrale darstellt, drei über die Ortskoordinaten (bezeichnet mit d^3r) und drei über die Impulskoordinaten (bezeichnet mit d^3p). Der Integrationsbereich umfasst alle Impulsvektoren, aber nur die

10 Siehe Rock (1983) oder Gopal (1966) für eine Diskussion des Vergleichs von theoretischen und experimentellen Entropien.

Ortsvektoren, die in einem Kasten mit Volumen V liegen. Werten Sie die Integrale explizit aus und zeigen Sie, dass dieser Ausdruck für die Translationszustandssumme das gleiche Ergebnis wie im Text ergibt. (Die einzige Situation, in der diese Formel nicht gültig wäre, ist, wenn der Kasten so klein ist, dass wir die Umwandlung von einer Summe zu einem Integral in Gleichung 6.78 nicht rechtfertigen können.)

Aufgabe 6.52 Betrachten Sie ein ideales Gas von hochrelativistischen Teilchen (z. B. Photonen oder sehr schnelle Elektronen), deren Energie-Impuls-Beziehung gleich $E = pc$ anstelle von $E = p^2/2m$ ist. Nehmen Sie an, dass diese Teilchen in einem eindimensionalen Universum leben. Leiten Sie nach der gleichen Logik wie zuvor eine Formel für die Einteilchenzustandssumme Z_1 eines Teilchens in diesem Gas her.

Aufgabe 6.53 Man kann die Dissoziation von molekularem Wasserstoff in atomaren Wasserstoff,

$$H_2 \longleftrightarrow 2\,H\,,$$

als eine Reaktion idealer Gase mit den Techniken aus Abschnitt 5.6 behandeln. Die Gleichgewichtskonstante K dieser Reaktion ist als

$$K = \frac{P_{\mathrm{H}}^2}{P^\circ P_{\mathrm{H}_2}}$$

definiert, wobei P° ein Referenzdruck ist, der normalerweise als 1 bar angenommen wird. Die anderen P's sind die Partialdrücke der zwei Stoffe im Gleichgewicht. Sie können nun K mithilfe der Methoden der Boltzmann-Statistik mikroskopisch herleiten. Machen Sie das. Genauer gesagt: Leiten Sie eine Formel für K her, wobei Sie es durch grundlegendere Größen wie zum Beispiel die zur Dissoziation eines Moleküls benötigte Energie (siehe Aufgabe 1.53) und die innere Zustandssumme von molekularem Wasserstoff ausdrücken. Diese innere Zustandssumme ist ein Produkt der Beiträge von Rotation und Schwingung, die Sie mithilfe der Methoden und Daten aus Abschnitt 6.2 abschätzen können. (Ein H_2-Molekül hat keine Entartung des elektronischen Spins, ein H-Atom schon – das Elektron kann in zwei verschiedenen Zuständen sein. Vernachlässigen Sie angeregte elektronische Zustände, die nur bei sehr hohen Temperaturen wichtig sind. Die Entartung aufgrund der Ausrichtung der Kernspins hebt sich weg, aber nehmen Sie sie mit, wenn Sie wollen.) Berechnen Sie K numerisch bei $T = 300\,\mathrm{K}$, $1000\,\mathrm{K}$, $3000\,\mathrm{K}$ und $6000\,\mathrm{K}$. Diskutieren Sie die Konsequenzen und arbeiten Sie dazu ein paar numerische Beispiele aus, um zu zeigen, wann Wasserstoff großteils dissoziiert ist und wann nicht.

Quantenstatistik

7

ÜBERBLICK

7.1 Der Gibbs-Faktor

Bei der Herleitung des Boltzmann-Faktors in Abschnitt 6.1 habe ich dem kleinen System und dem Reservoir erlaubt, Energie auszutauschen, hingegen keine Teilchen. Oft ist es aber nützlich, ein System zu betrachten, das Teilchen mit seiner Umgebung austauschen kann (siehe Abbildung 7.1). Lassen Sie mich die vorige Herleitung modifizieren, um diese Möglichkeit zuzulassen.

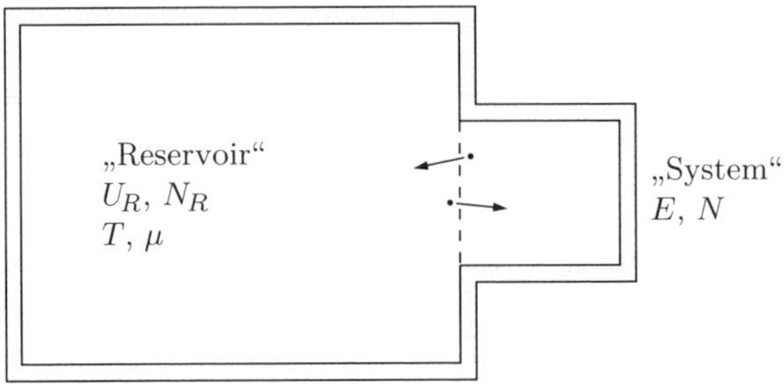

Abbildung 7.1: Ein System in thermischem und diffusivem Kontakt mit einem viel größeren Reservoir, dessen Temperatur und chemisches Potential effektiv konstant sind.

Wie in Abschnitt 6.1 können wir das Verhältnis der Wahrscheinlichkeiten für zwei verschiedene Mikrozustände als

$$\frac{\mathcal{P}(s_2)}{\mathcal{P}(s_1)} = \frac{\Omega_R(s_2)}{\Omega_R(s_1)} = \frac{e^{S_R(s_2)/k}}{e^{S_R(s_1)/k}} = e^{[S_R(s_2)-S_R(s_1)]/k} \tag{7.1}$$

schreiben. Der Exponent enthält nun die Änderung der Entropie des Reservoirs, wenn das System aus Zustand 1 in Zustand 2 übergeht. Das ist eine infinitesimale Änderung aus Sicht des Reservoirs, wir können also die thermodynamische Identität anwenden:

$$dS_R = \frac{1}{T}(dU_R + P\,dV_R - \mu\,dN_R)\,. \tag{7.2}$$

Da jede Energie, jedes Volumen und alle Teilchen, die das Reservoir gewinnt, vom System verloren werden müssen, kann man jede der Änderungen auf der rechten Seite als negative Änderung im System schreiben.

Wie in Abschnitt 6.1 werde ich den $P\,dV$-Term weglassen; dieser Term ist oft null oder zumindest im Vergleich mit den anderen sehr klein. Dieses Mal werde ich aber den $\mu\,dN$-Term behalten. Dann kann man die Änderung der Entropie als

$$S_R(s_2) - S_R(s_1) = -\frac{1}{T}\big[E(s_2) - E(s_1) - \mu N(s_2) + \mu N(s_1)\big] \tag{7.3}$$

schreiben. Auf der rechten Seite beziehen sich sowohl E als auch N auf das kleine System, daher das globale Minuszeichen. Einsetzen dieses Ausdrucks in Gleichung 7.1 ergibt

$$\frac{\mathcal{P}(s_2)}{\mathcal{P}(s_1)} = \frac{e^{-[E(s_2)-\mu N(s_2)]/kT}}{e^{-[E(s_1)-\mu N(s_1)]/kT}}\,. \tag{7.4}$$

Wie zuvor ist das Verhältnis der Wahrscheinlichkeiten ein Verhältnis einfacher Exponentialfaktoren, die beide eine Funktion der Temperatur des Reservoirs und der Energie der entsprechenden Mikrozustände ist. Nun hängt der Faktor auch von der Anzahl der Teilchen im System für Zustand s ab.

Dieser neue Exponentialfaktor wird als **Gibbs-Faktor** bezeichnet:

$$\text{Gibbs-Faktor} = \mathrm{e}^{-[E(s)-\mu N(s)]/kT} \,. \tag{7.5}$$

Wenn wir eine absolute Wahrscheinlichkeit anstelle eines Verhältnisses von Wahrscheinlichkeiten schreiben wollen, müssen wir wieder eine Proportionalitätskonstante vor den Exponentialausdruck setzen:

$$\mathcal{P}(s) = \frac{1}{\mathcal{Z}}\,\mathrm{e}^{-[E(s)-\mu N(s)]/kT} \,. \tag{7.6}$$

Die Größe $\mathcal{Z}$ heißt **großkanonische Zustandssumme**[1] oder **Gibbs-Summe**. Wenn Sie fordern, dass die Summe der Wahrscheinlichkeiten aller Zustände gleich 1 ist, können Sie leicht zeigen, dass

$$\mathcal{Z} = \sum_s \mathrm{e}^{-[E(s)-\mu N(s)]/kT} \,, \tag{7.7}$$

wobei die Summe über alle möglichen Zustände (inklusive aller möglichen Werte von N) läuft.

Wenn mehr als eine Teilchensorte im System vorliegen kann, so wird aus dem $\mu\,\mathrm{d}N$-Term in Gleichung 7.2 eine Summe von $\mu_i\,\mathrm{d}N_i$ über die Teilchensorten, und jede nachfolgende Gleichung wird in gleicher Weise modifiziert. Zum Beispiel haben wir den Gibbs-Faktor

$$\text{Gibbs-Faktor} = \mathrm{e}^{-[E(s)-\mu_A N_A(s)-\mu_B N_B(s)]/kT} \quad \text{(zwei Sorten)} \,, \tag{7.8}$$

wenn es zwei Teilchensorten gibt.

Ein Beispiel: Kohlenmonoxidvergiftung

Learn a little ... do a little

Ein gutes Beispiel für ein System zur Veranschaulichung der Verwendung von Gibbs-Faktoren ist ein Adsorptionsplatz auf einem Hämoglobinmolekül, das Sauerstoff im Blut trägt. Ein einzelnes Hämoglobinmolekül weist vier Adsorptionsplätze auf, die jeweils aus einem Fe^{2+}-Ion bestehen, das von verschiedenen anderen Atomen umgeben ist. Jeder Platz kann ein O_2-Molekül tragen. Der Einfachheit halber nehme ich an, dass das System aus nur einem der vier Plätze besteht, und wir tun so, als ob er von den anderen drei völlig unabhängig wäre.[2] Ist dann Sauerstoff das einzige Molekül, das den Platz einnehmen kann, so hat das System nur zwei mögliche Zustände: besetzt und unbesetzt (siehe Abbildung 7.2). Ich nehme die Energien dieser beiden Zustände als 0 und ϵ an mit $\epsilon = -0{,}7\,\mathrm{eV}$.[3]

1 In Analogie zu den Begriffen „mikrokanonisch“ und „kanonisch“, die zur Beschreibung der Methoden aus den Kapiteln 2–3 und 6 verwendet wurden, wird dieser Zugang **großkanonisch** genannt. Eine hypothetische Menge von Systemen, denen Wahrscheinlichkeiten gemäß Gleichung 7.6 zugewiesen werden, nennt man ein **großkanonisches Ensemble**.

2 Die Annahme unabhängiger Plätze ist für Myoglobin ziemlich genau, einem verwandten Protein, das Sauerstoff in Muskeln bindet und nur einen Adsorptionsplatz pro Molekül aufweist. Ein genaueres Modell von Hämoglobin wird in Aufgabe 7.2 vorgestellt.

3 Biochemiker drücken Energien *niemals* in Elektronvolt aus. Sie sprechen insgesamt sehr selten von individuellen Bindungsenergien (vielleicht weil sich diese Energien unter verschiedenen Umständen sehr stark ändern können). Ich habe die ϵ-Werte in diesem Abschnitt so gewählt, dass die Ergebnisse in etwa mit experimentellen Messungen übereinstimmen.

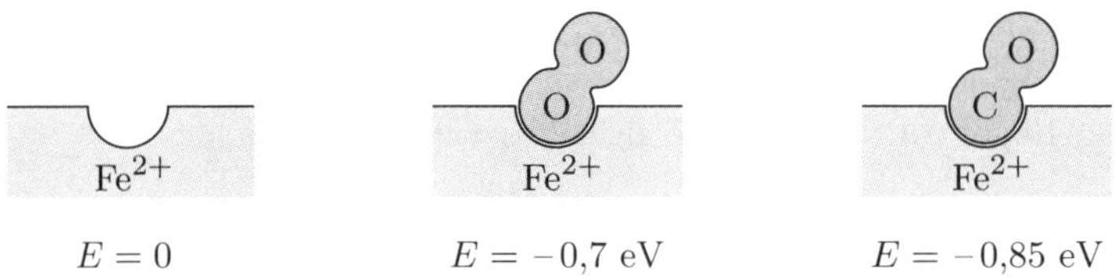

Abbildung 7.2: Ein einzelner Hämplatz kann unbesetzt, von Sauerstoff besetzt oder von Kohlenmonoxid besetzt sein. (Die Energiewerte sind nur genähert.)

Die großkanonische Zustandssumme dieses Systems mit einem einzigen Platz hat nur zwei Terme:

$$\mathcal{Z} = 1 + e^{-(\epsilon-\mu)/kT} . \tag{7.9}$$

Das chemische Potential μ ist in der Lunge, wo Sauerstoff reichlich vorhanden ist, relativ hoch, aber in den Zellen, wo der Sauerstoff verbraucht wird, viel niedriger. Stellen wir uns die Situation nahe den Lungen vor. Dort ist der Sauerstoff im Blut nahezu im diffusiven Gleichgewicht mit der Atmosphäre, einem idealen Gas, in dem der Partialdruck von Sauerstoff in etwa 0,2 atm ist. Das chemische Potential kann daher aus Gleichung 6.93 errechnet werden:

$$\mu = -kT \ln\left(\frac{VZ_{\text{int}}}{Nv_Q}\right) \approx -0{,}6\,\text{eV} \tag{7.10}$$

bei Körpertemperatur 310 K. Einsetzen dieser Zahlen ergibt für den zweiten Gibbs-Faktor

$$e^{-(\epsilon-\mu)/kT} \approx e^{(0{,}1\,\text{eV})/kT} \approx 40 . \tag{7.11}$$

Die Wahrscheinlichkeit, dass irgendein gegebener Gitterplatz besetzt ist, ist daher

$$\mathcal{P}(\text{durch } O_2 \text{ besetzt}) = \frac{40}{1+40} = 98\,\% . \tag{7.12}$$

Nehmen Sie nun an, dass auch etwas Kohlenmonoxid präsent ist, das ebenfalls durch den Hämplatz absorbiert werden kann. Nun stehen dem System drei Zustände zur Verfügung: unbesetzt, von O_2 besetzt und von CO besetzt. Die großkanonische Zustandssumme lautet

$$\mathcal{Z} = 1 + e^{-(\epsilon-\mu)/kT} + e^{-(\epsilon'-\mu')/kT} , \tag{7.13}$$

wobei ϵ' die negative Energie eines gebundenen CO-Moleküls ist und μ' das chemische Potential von CO in der Umgebung. Auf der einen Seite wird CO niemals so reichlich wie Sauerstoff vorhanden sein. Wenn es etwa hundertmal weniger häufig ist, dann ist sein chemisches Potential um *etwa* $kT \ln 100 = 0{,}12\,\text{eV}$ niedriger. Somit ist μ' etwa $-0{,}72$ eV. Auf der anderen Seite ist CO stärker als Sauerstoff an den Adsorptionsplatz gebunden mit $\epsilon' \approx -0{,}85\,\text{eV}$. Setzt man diese Zahlen ein, so kommt für den dritten Gibbs-Faktor

$$e^{-(\epsilon'-\mu')/kT} \approx e^{(0{,}13\,\text{eV})/kT} \approx 120 \tag{7.14}$$

heraus. Die Wahrscheinlichkeit, dass der Platz durch ein *Sauerstoff*molekül besetzt ist, fällt daher auf

$$\mathcal{P}(\text{von } O_2 \text{ besetzt}) = \frac{40}{1+40+120} = 25\,\% . \tag{7.15}$$

Aufgabe 7.1 In der Nähe der Zellen, in denen der Sauerstoff verbraucht wird, ist sein chemisches Potential deutlich niedriger als in der Nähe der Lungen. Auch wenn es in der Nähe dieser Zellen keinen gasförmigen Sauerstoff gibt, ist es üblich, die Sauerstoffkonzentration durch den Partialdruck von gasförmigem Sauerstoff auszudrücken, der im Gleichgewicht mit dem Blut *wäre*. Verwenden Sie das Modell unabhängiger Adsorptionsplätze, das gerade vorgestellt wurde, und berechnen und zeichnen Sie den Anteil der besetzten Hämplätze als Funktion des Partialdrucks von Sauerstoff. Nur Sauerstoff sei anwesend. Diese Kurve heißt **Langmuir'sche Adsorptionsisotherme** („isotherm", weil die Temperatur fest ist). Experimente zeigen, dass die Absorption durch *Myoglobin* der Gestalt dieser Kurve ziemlich genau folgt.

Aufgabe 7.2 In einem echten Hämoglobinmolekül nimmt die Tendenz von Sauerstoff, an einen Hämplatz zu binden, zu, wenn die anderen drei Hämplätze besetzt werden. Um diesen Effekt auf einfache Weise zu modellieren, stellen wir uns vor, dass ein Hämoglobinmolekül nur zwei Plätze hat, die beide besetzt werden können. Dieses System hat vier mögliche Zustände (wenn nur Sauerstoff anwesend ist). Setzen Sie die Energie des unbesetzten Zustands als null an, die der zwei einfach besetzten Zustände als $-0{,}55\,\text{eV}$ und die Energie des doppelt besetzten Zustands als $-1{,}3\,\text{eV}$ (sodass die Energieänderung bei der Bindung des *zweiten* Sauerstoffs $-0{,}75\,\text{eV}$ beträgt). Berechnen und zeichnen Sie wie in der letzten Aufgabe den Anteil der besetzten Plätze als Funktion des effektiven Partialdrucks von Sauerstoff. Vergleichen Sie Ihr Ergebnis mit der Kurve aus der letzten Aufgabe (für unabhängige Plätze). Haben Sie eine Vorstellung, warum dieses Verhalten für die Aufgabe von Hämoglobin vorteilhaft ist?

Aufgabe 7.3 Stellen Sie sich ein System vor, dass aus einem einzelnen Wasserstoffatom/-ion besteht und zwei mögliche Zustände hat: unbesetzt (d. h. kein Elektron anwesend) und besetzt (d. h. ein Elektron im Grundzustand anwesend). Berechnen Sie das Verhältnis der Wahrscheinlichkeiten dieser zwei Zustände, um die Saha-Gleichung zu erhalten, die wir bereits in Abschnitt 5.6 hergeleitet haben. Behandeln Sie die Elektronen zur Bestimmung von μ als ein ideales monoatomares Gas. Vernachlässigen Sie, dass ein Elektron zwei unabhängige Spinzustände hat.

Aufgabe 7.4 Wiederholen Sie die letzte Aufgabe und berücksichtigen Sie jetzt die zwei unabhängigen Spinzustände des Elektrons. Nun hat das System zwei „besetzte" Zustände, jeweils mit dem Elektron in einem der beiden Spinzustände. Allerdings ist auch das chemische Potential des Elektronengases ein wenig anders. Zeigen Sie, dass das Verhältnis der Wahrscheinlichkeiten das gleiche wie zuvor ist: Die Spinentartung fällt aus der Saha-Gleichung heraus.

Aufgabe 7.5 Betrachten Sie ein System, das aus einem einzigen Verunreinigungsatom/-ion in einem Halbleiter besteht. Nehmen Sie an, dass das Verunreinigungsatom ein „Extra"elektron im Vergleich zu den benachbarten Atomen hat, wie es bei einem Phosphoratom der Fall wäre, das in einem Siliziumkristall einen Gitterplatz besetzt. Das Extraelektron wird dann leicht entfernt und lässt ein positiv geladenes Ion zurück. Das ionisierte Elektron nennt man ein **Leitungselektron**, weil es sich frei durch das Material bewegen kann; das Verunreinigungsatom nennt man **Donor**, weil es ein Leitungselektron „geben" kann. Dieses System entspricht dem Wasserstoffatom, das wir in den letzten zwei Aufgaben behandelt haben, außer dass die Ionisierungsenergie viel geringer ist, hauptsächlich wegen der Abschirmung der Ionenladung durch das dielektrische Verhalten des Mediums.

(a) Stellen Sie eine Formel für die Wahrscheinlichkeit auf, dass ein einzelnes Donoratom ionisiert wird. Vernachlässigen Sie nicht, dass das Elektron, falls anwesend, zwei unabhängige Spinzustände haben kann. Drücken Sie Ihre Formel durch die Temperatur, die Ionisierungsenergie I und das chemische Potential des „Gases" ionisierter Elektronen aus.

(b) Nehmen Sie an, dass sich die Leitungselektronen wie ein gewöhnliches ideales Gas (mit zwei Spinzuständen pro Teilchen) verhalten und drücken Sie ihr chemisches Potential durch die Anzahl der Leitungselektronen pro Einheitsvolumen N_c/V aus.

(c) Nehmen Sie nun an, dass jedes Leitungselektron von einem ionisierten Donoratom kommt. In diesem Fall ist die Anzahl der Leitungselektronen gleich der Anzahl der ionisierten Donoren. Verwenden Sie diese Bedingung, um eine quadratische Gleichung für N_c, ausgedrückt durch die Anzahl der Donoratome N_d, herzuleiten und dabei μ zu eliminieren. Lösen Sie die quadratische Gleichung nach N_c auf. (*Hinweis:* Es ist hilfreich, einige Abkürzungen für dimensionslose Größen einzuführen. Verwenden Sie $x = N_c/N_d$, $t = kT/I$ und so weiter.)

(d) Phosphor in Silizium hat eine Ionisierungsenergie von 0,044 eV. Nehmen Sie an, dass es 10^{17} P-Atome pro Kubikzentimeter gibt. Verwenden Sie diese Zahlen und berechnen und zeichnen Sie den Anteil ionisierter Donoren als Funktion der Temperatur. Diskutieren Sie die Ergebnisse.

Aufgabe 7.6 Zeigen Sie, dass die mittlere Teilchenzahl in einem System, das in thermischem und diffusivem Gleichgewicht mit einem Bad ist,

$$\overline{N} = \frac{kT}{\mathcal{Z}} \frac{\partial \mathcal{Z}}{\partial \mu}$$

beträgt. Dabei wird die partielle Ableitung bei fester Temperatur und festem Volumen berechnet. Zeigen Sie auch, dass das mittlere *Quadrat* der Teilchenzahl

$$\overline{N^2} = \frac{(kT)^2}{\mathcal{Z}} \frac{\partial^2 \mathcal{Z}}{\partial \mu^2}$$

lautet. Verwenden Sie diese Ergebnisse, um analog zu Aufgabe 6.18 zu zeigen, dass die Standardabweichung von N gleich

$$\sigma_N = \sqrt{kT(\partial \overline{N}/\partial \mu)}$$

ist. Wenden Sie diese Formel schließlich auf ein ideales Gas an, um einen einfachen Ausdruck für σ_N als Funktion von $\overline{N}$ zu erhalten. Diskutieren Sie kurz Ihr Ergebnis.

Aufgabe 7.7 In Abschnitt 6.5 habe ich die nützliche Beziehung $F = -kT \ln Z$ zwischen der Helmholtz'schen freien Energie und der gewöhnlichen Zustandssumme hergeleitet. Verwenden Sie ein analoges Argument, um zu beweisen, dass

$$\Phi = -kT \ln \mathcal{Z} \, ,$$

wobei $\mathcal{Z}$ die großkanonische Zustandssumme und Φ das großkanonische Potential ist, das in Aufgabe 5.23 eingeführt wurde.

7.2 Bosonen und Fermionen

Die wichtigste Anwendung der Gibbs-Faktoren ist in der **Quantenstatistik**, der Untersuchung dichter Systeme, in dem zwei oder mehr identische Teilchen eine reale Wahrscheinlichkeit haben, den gleichen Einteilchenzustand besetzen zu wollen. In dieser Situation bricht meine Herleitung der Zustandssumme eines Systems von N ununterscheidbaren, nicht wechselwirkenden Teilchen (aus Abschnitt 6.6),

$$Z = \frac{1}{N!} Z_1^N , \qquad (7.16)$$

zusammen. Das Problem ist, dass der kombinatorische Faktor $N!$ (die Anzahl der Möglichkeiten, die Teilchen unter ihren verschiedenen Zuständen auszutauschen) nur dann korrekt ist, wenn die Teilchen immer in *verschiedenen* Zuständen sind. (In diesem Abschnitt werde ich das Wort „Zustand" zur Bezeichnung eines Einteilchenzustands verwenden. Den Zustand des gesamten Systems werde ich immer als „Systemzustand" bezeichnen.)

Um dieses Problem besser zu verstehen, betrachten wir ein sehr einfaches Beispiel: ein System, das zwei nicht wechselwirkende Teilchen enthält, die jeweils einen von fünf Zuständen besetzen können (siehe Abbildung 7.3). Stellen Sie sich vor, dass alle diese fünf Zustände Energie null haben, sodass jeder Boltzmann-Faktor gleich 1 ist (und somit Z gleich Ω).

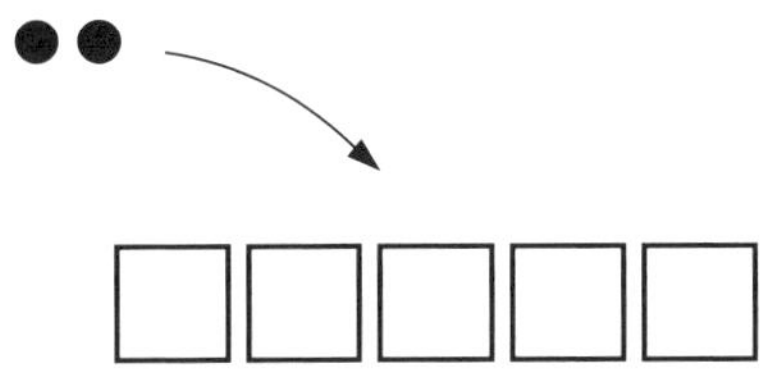

Abbildung 7.3: Ein einfaches Modell von fünf Einteilchenzuständen, die von zwei Teilchen besetzt werden können.

Wenn die zwei Teilchen *unterscheidbar* sind, dann hat jedes fünf verfügbare Zustände und die Gesamtanzahl der *System*zustände beträgt $Z = 5 \times 5 = 25$. Wenn die zwei Teilchen *ununterscheidbar* sind, würde Gleichung 7.16 $Z = 5^2/2 = 12{,}5$ vorhersagen. Das kann nicht stimmen, denn Z muss (für dieses System) eine ganze Zahl sein.

Zählen wir also die Systemzustände sorgfältiger. Da die Teilchen ununterscheidbar sind, kommt es nur auf die Anzahl der Teilchen in einem bestimmten Zustand an. Ich kann daher jeden Systemzustand durch eine Sequenz von fünf ganzen Zahlen darstellen, wobei jede die Anzahl von Teilchen in einem der Zustände angibt. 01100 würde zum Beispiel für den Systemzustand stehen, in dem der zweite und der dritte Zustand jeweils ein Teilchen enthalten und die anderen Zustände keines.

Hier sind nun alle erlaubten Systemzustände:

11000	01010	20000
10100	01001	02000
10010	00110	00200
10001	00101	00020
01100	00011	00002

(Wenn Sie so tun, als ob die Zustände harmonische Oszillatoren wären und die Teilchen Energieeinheiten darstellen würden, können Sie die Systemzustände in der gleichen

Weise wie für den Einstein-Festkörper zählen.) Es gibt insgesamt 15 Systemzustände, von denen 10 die zwei Teilchen in unterschiedlichen Zuständen haben und 5 beide Teilchen im gleichen Zustand. Jeder der ersten 10 Zustände stünde in Wirklichkeit für *zwei* unabhängige Systemzustände, wenn die Teilchen unterscheidbar wären, denn sie könnten dann in beiden Reihenfolgen angeordnet werden. Diese 20 Systemzustände, plus die letzten 5, die oben aufgelistet sind, ergeben die 25, die im letzten Absatz gezählt wurden. Der Faktor $1/N!$ in Gleichung 7.16 reduziert die 20 korrekt auf 10, aber wirft auch inkorrekterweise die Hälfte der letzten 5 Zustände heraus.

Hier nehme ich implizit an, dass die zwei identischen Teilchen den gleichen Zustand besetzen können. Es stellt sich heraus, dass einige Teilchensorten das können und andere nicht. Teilchen, die einen Zustand mit einem anderen Teilchen der gleichen Spezies teilen können, heißen **Bosonen**[4] und umfassen Photonen, Pionen, Helium-4-Atome und diverse andere Teilchen. Die Anzahl identischer Bosonen in einem gegebenen Zustand ist unbegrenzt. Experimente zeigen aber, dass viele Arten von Teilchen *nicht* in der Lage sind, einen Zustand mit einem anderen Teilchen gleicher Art zu teilen – nicht weil sie sich physikalisch abstoßen, sondern wegen einer Besonderheit der Quantenmechanik, die ich hier nicht zu erklären versuchen werde (siehe Anhang A für eine weiterführende Diskussion dieses Punkts). Diese Teilchen heißen **Fermionen**,[5] und umfassen Elektronen, Protonen, Neutronen, Neutrinos, Helium-3-Atome und andere. Wenn die Teilchen im letzten Beispiel identische Fermionen sind, dann sind die fünf Systemzustände in der letzten Spalte der Tabelle nicht erlaubt, und Z ist nur 10, nicht 15. (In Gleichung 7.16 wird ein Systemzustand mit zwei Teilchen im gleichen Zustand als ein halber Systemzustand gezählt; somit interpoliert diese Formel zwischen dem korrekten Resultat für Fermionen und dem korrekten Resultat für Bosonen.)

Die Regel, dass zwei identische Fermionen nicht den gleichen Zustand besetzen können, bezeichnet man als **Paulis Ausschlussprinzip** oder auch Pauli-Verbot.

Sie können feststellen, welche Teilchen Bosonen und welche Fermionen sind, indem Sie sich ihre *Spins* anschauen. Teilchen mit ganzzahligem Spin (0, 1, 2 etc. in Einheiten von $h/2\pi$) sind Bosonen, während Teilchen mit halbzahligem Spin (1/2, 3/2 etc.) Fermionen sind. Diese Regel ist aber *nicht* die *Definition* eines Bosons oder eines Fermions; es handelt sich um eine nichttriviale Eigenschaft der Natur, eine tiefe Konsequenz der Relativitätstheorie und der Quantenmechanik (die zuerst von Wolfgang Pauli hergeleitet wurde).

In vielen Situationen kommt es aber einfach nicht darauf an, ob die Teilchen in einem Fluid Bosonen oder Fermionen sind. Wenn die Anzahl der verfügbaren Einteilchenzustände viel größer ist als die Anzahl der Teilchen,

$$Z_1 \gg N\,, \tag{7.17}$$

dann ist die Wahrscheinlichkeit, dass irgendwelche zwei Teilchen den gleichen Zustand besetzen wollen, vernachlässigbar. Genauer gesagt, nur ein winziger Bruchteil aller Systemzustände hat eine signifikante Anzahl von doppelt besetzten Zuständen. Für ein ideales Gas lautet die Einteilchenzustandssumme $Z_1 = VZ_{\text{int}}/v_{\text{Q}}$, wobei Z_{int} eine vernünftig

4 Nach Satyendra Nath Bose, der im Jahre 1924 die in Abschnitt 7.4 vorgeführte Methode zur Behandlung eines Photonengases einführte. Die Verallgemeinerung auf andere Bosonen wurde kurz danach von Einstein angegeben.

5 Nach Enrico Fermi, der im Jahre 1926 die grundlegenden Konsequenzen des Austauschprinzips für die statistische Mechanik ausarbeitete. Paul A. M. Dirac machte dasselbe unabhängig davon ein wenig später im selben Jahr.

kleine Zahl ist und v_Q das Quantenvolumen

$$v_Q = \ell_Q^3 = \left(\frac{h}{\sqrt{2\pi m k T}} \right)^3 , \tag{7.18}$$

in etwa die dritte Potenz der mittleren De-Broglie-Wellenlänge. Die Bedingung (7.17), dass die Forrmel $Z = Z_1^N/N!$ gilt, übersetzt sich dann in

$$\frac{V}{N} \gg v_Q , \tag{7.19}$$

was besagt, dass der mittlere Abstand zwischen Teilchen viel größer als die mittlere De-Broglie-Wellenlänge sein muss. In unserer Atemluft beträgt der mittlere Molekülabstand etwa 3 nm, wohingegen die mittlere De-Broglie-Wellenlänge weniger als 0,02 nm ist. Somit ist diese Bedingung definitiv erfüllt. Beachten Sie übrigens, dass diese Bedingung nicht nur von der Dichte des Systems, sondern auch von der Temperatur und der Masse der Teilchen abhängt, jeweils durch v_Q.

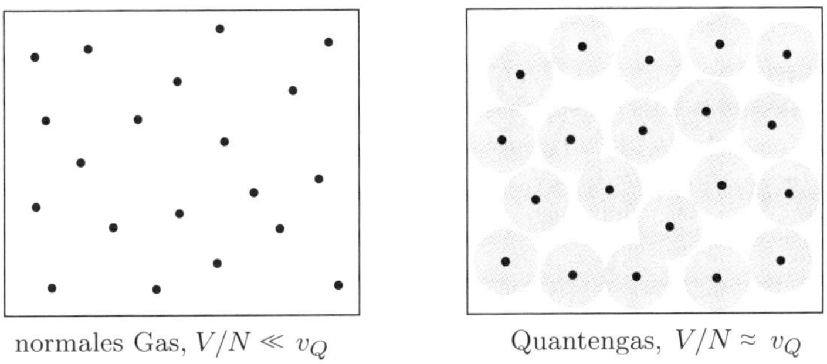

Abbildung 7.4: In einem normalen Gas ist der Raum zwischen den Teilchen viel größer als die typische Größe der Wellenfunktion eines Teilchens. Wenn die Wellenfunktionen anfangen, sich zu „berühren" und zu überlappen, nennen wir es ein **Quantengas**.

Es ist schwer, zu veranschaulichen, was genau in einem Gas passiert, wenn Bedingung 7.17 zusammenbricht und mehrere Teilchen in den gleichen Zustand gelangen wollen. Abbildung 7.4 ist nicht perfekt, aber das Beste, was ich hinbekomme. Stellen Sie sich jedes Teilchen ausgeschmiert als quantale Wellenfunktion vor, die ein Volumen der Größe v_Q ausfüllt. (Dem entspricht der Versuch, die Teilchen in Wellenfunktionen zu setzen, die im Raum so stark wie möglich lokalisiert sind. Um sie in engere Wellenfunktionen zu quetschen, müssten wir Impulsunbestimmtheiten einführen, die im Vergleich zum mittleren Impuls h/ℓ_Q groß sind und damit die Energie und die Temperatur des Systems erhöhen.) In einem normalen Gas wird daher das auf diese Weise von allen Teilchen ausgefüllte effektive Volumen viel kleiner sein als das Volumen des Behälters. (Oft ist das Quantenvolumen kleiner als das physikalische Volumen eines Moleküls.) Wenn aber das Gas hinreichend dicht oder v_Q hinreichend groß ist, werden die Wellenfunktionen anfangen, sich zu berühren und zu überlappen. An dieser Stelle wird es nun wichtig, ob die Teilchen Fermionen oder Bosonen sind. In jedem Fall wird sich das Verhalten sehr deutlich von dem eines normalen Gases unterscheiden.

Es gibt eine Vielzahl von Systemen, die Bedingung 7.17 verletzen, entweder weil sie sehr dicht sind (wie ein Neutronenstern) oder weil sie sehr kalt sind (wie flüssiges Helium) oder aus sehr leichten Teilchen bestehen (wie die Elektronen in einem Metall oder die Photonen in einem heißen Ofen). Der Rest dieses Kapitels ist der Betrachtung dieser faszinierenden Systeme gewidmet.

Aufgabe 7.8 Angenommen, Sie haben einen „Kasten", in dem jedes Teilchen einen von 10 Einteilchenzuständen besetzen kann. Nehmen Sie der Einfachheit halber an, dass jeder dieser Zustände Energie null hat.

(a) Wie lautet die Zustandssumme dieses Systems, wenn der Kasten nur ein Teilchen enthält?

(b) Wie lautet die Zustandssumme dieses Systems, wenn der Kasten zwei unterscheidbare Teilchen enthält?

(c) Wie lautet die Zustandssumme, wenn der Kasten zwei identische Bosonen enthält?

(d) Wie lautet die Zustandssumme, wenn der Kasten zwei identische Fermionen enthält?

(e) Wie würde die Zustandssumme dieses Systems nach Gleichung 7.16 lauten?

(f) Wie groß ist die Wahrscheinlichkeit, beide Teilchen im gleichen Einteilchenzustand zu finden, in jedem der drei Fälle: unterscheidbare Teilchen, identische Bosonen und identische Fermionen?

Aufgabe 7.9 Berechnen Sie das Quantenvolumen für ein N_2-Molekül bei Raumtemperatur und argumentieren Sie, dass ein Gas aus solchen Molekülen bei normalem Luftdruck mit der Boltzmann-Statistik behandelt werden kann. In etwa bei welcher Temperatur würde Quantenstatistik für dieses System relevant werden (bei konstanter Dichte und unter der Annahme, dass sich das Gas nicht verflüssigt)?

Aufgabe 7.10 Betrachten Sie ein System aus fünf Teilchen in einem Behälter, in dem die erlaubten Energieniveaus nicht entartet und in gleichem Abstand voneinander sind. Die Teilchen könnten zum Beispiel in einem eindimensionalen harmonischen Oszillatorpotential gefangen sein. In dieser Aufgabe werden Sie sich die erlaubten Zustände für dieses System anschauen, abhängig davon, ob die Teilchen identische Fermionen, identische Bosonen oder unterscheidbare Teilchen sind.

(a) Beschreiben Sie den Grundzustand dieses Systems für jeden der drei Fälle.

(b) Angenommen, das System hat eine Energieeinheit (über dem Grundzustand). Beschreiben Sie die erlaubten Zustände des Systems in jedem der drei Fälle. Wie viele mögliche Systemzustände gibt es in jeden Fall?

(c) Wiederholen Sie Teil (b) für zwei Energieeinheiten und für drei Energieeinheiten.

(d) Nehmen Sie an, dass die Temperatur dieses Systems niedrig ist, sodass die Gesamtenergie niedrig ist (aber nicht notwendigerweise null). Auf welche Weise wird sich das Verhalten des bosonischen Systems von dem System aus unterscheidbaren Teilchen unterscheiden? Erklären Sie.

Die Verteilungsfunktionen

Learn a little ... do a little

Wenn ein System die Bedingung $Z_1 \gg N$ verletzt, sodass wir es nicht mit den Methoden aus Kapitel 6 behandeln können, so können wir stattdessen Gibbs-Faktoren verwenden. Die Idee ist, sich zuerst ein „System" aus *Einteilchenzuständen* anzuschauen und nicht ein Teilchen selbst. Somit wird das System aus einer bestimmten räumlichen Wellenfunktion bestehen (und, im Fall von Teilchen mit Spin, einer bestimmten Spinausrichtung). Diese Idee erscheint zunächst merkwürdig, weil wir normalerweise mit Wellenfunktionen einer festen Energie arbeiten, und jede dieser Wellenfunktionen teilt ihren

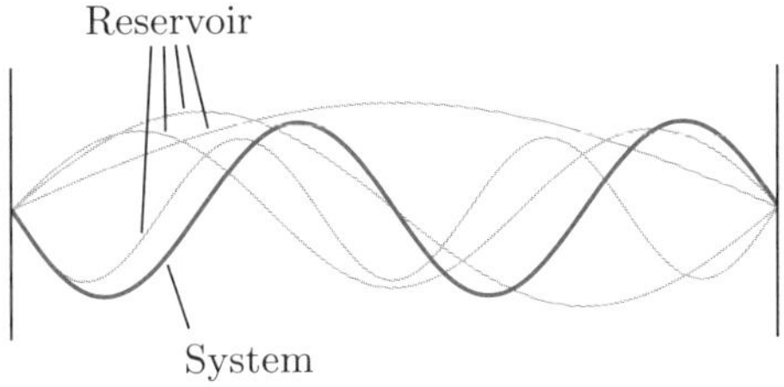

Abbildung 7.5: Um ein Quantengas mittels Gibbs-Faktoren zu behandeln, betrachten wir ein „System", das aus einem Einteilchenzustand (oder -wellenfunktion) besteht. Das „Reservoir" besteht aus allen anderen möglichen Einteilchenzuständen.

Raum mit allen anderen Wellenfunktionen. Das „System" und das „Reservoir" besetzen daher den gleichen physikalischen Raum, wie in Abbildung 7.5 dargestellt. Glücklicherweise ist es der Mathematik, die in die Herleitung des Gibbs-Faktors einging, völlig gleichgültig, ob das System räumlich vom Reservoir getrennt ist, sodass alle Formeln auch für ein System aus einem Einteilchenzustand gelten.

Konzentrieren wir uns also auf nur einen Einteilchenzustand eines Systems (etwa eines Teilchens im Kasten), dessen Energie ϵ ist, wenn er von einem einzelnen Teilchen besetzt ist. Ist der Zustand unbesetzt, so ist seine Energie 0, wenn er von n Teilchen besetzt werden kann, dann wird die Energie $n\epsilon$ lauten. Die Wahrscheinlichkeit, dass der Zustand von n Teilchen besetzt ist, lautet

$$\mathcal{P}(n) = \frac{1}{\mathcal{Z}} e^{-(n\epsilon - \mu n)/kT} = \frac{1}{\mathcal{Z}} e^{-n(\epsilon-\mu)/kT} , \tag{7.20}$$

wobei $\mathcal{Z}$ die großkanonische Zustandssumme ist, also die Summe der Gibbs-Faktoren für alle möglichen n.

Sind die fraglichen Teilchen Fermionen, so kann n nur 0 oder 1 sein, somit lautet die großkanonische Zustandssumme

$$\mathcal{Z} = 1 + e^{-(\epsilon-\mu)/kT} \qquad \text{(Fermionen)} . \tag{7.21}$$

Daraus können wir die Wahrscheinlichkeit, dass der Zustand besetzt oder unbesetzt ist, als Funktion von ϵ, μ und T errechnen. Wir können auch die *mittlere* Teilchenzahl im Zustand berechnen, die auch die **Besetzung** des Zustands genannt wird:

$$\begin{aligned} \overline{n} &= \sum_n n\mathcal{P}(n) = 0 \cdot \mathcal{P}(0) + 1 \cdot \mathcal{P}(1) = \frac{e^{-(\epsilon-\mu)/kT}}{1 + e^{-(\epsilon-\mu)/kT}} \\ &= \frac{1}{e^{(\epsilon-\mu)/kT} + 1} \qquad \text{(Fermionen)} . \end{aligned} \tag{7.22}$$

Diese wichtige Formel wird als **Fermi-Dirac-Verteilung** bezeichnet; ich werde Sie $\overline{n}_{\text{FD}}$ nennen:

$$\overline{n}_{\text{FD}} = \frac{1}{e^{(\epsilon-\mu)/kT} + 1} . \tag{7.23}$$

Die Fermi-Dirac-Verteilung geht auf null, wenn $\epsilon \gg \mu$, und nach eins, wenn $\epsilon \ll \mu$. Damit sind Zustände mit einer Energie sehr viel kleiner als μ tendenziell besetzt und Zustände mit einer Energie sehr viel größer als μ tendenziell unbesetzt. Ein Zustand mit einer Energie, die exakt gleich μ ist, wird mit einer Wahrscheinlichkeit von 50 % besetzt

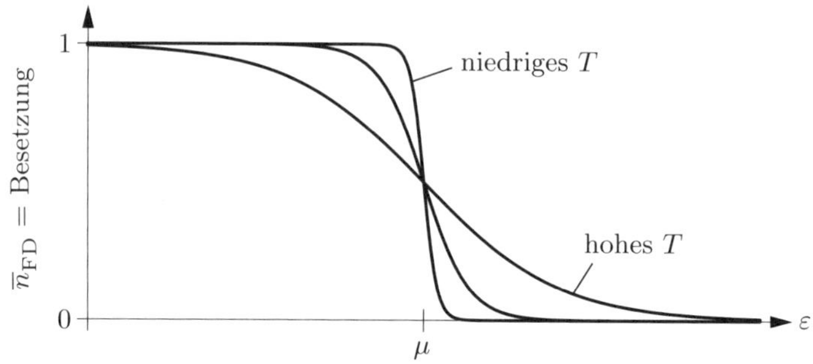

Abbildung 7.6: Die Fermi-Dirac-Verteilung geht für sehr niederenergetische Zustände gegen 1 und für sehr hochenergetische Zustände gegen 0. Sie ist gleich 1/2 für einen Zustand mit Energie μ, fällt für niedrige T plötzlich und für hohe T langsam ab. (Obwohl μ in diesem Graphen festgehalten wird, werden wir im nächsten Abschnitt sehen, dass sich μ normalerweise mit der Temperatur ändert.)

sein. Die Breite des Abfalls von 1 nach 0 beträgt einige kT. Ein Graph der Fermi-Dirac-Verteilung als Funktion von ϵ ist in Abbildung 7.6 für drei verschiedene Temperaturen dargestellt.

Wenn es hingegen um Bosonen geht, dann kann n eine beliebige, nicht negative ganze Zahl sein, und somit lautet die großkanonische Zustandssumme

$$\begin{aligned} \mathcal{Z} &= 1 + e^{-(\epsilon-\mu)/kT} + e^{-2(\epsilon-\mu)/kT} + \cdots \\ &= 1 + e^{-(\epsilon-\mu)/kT} + (e^{-(\epsilon-\mu)/kT})^2 + \cdots \\ &= \frac{1}{1 - e^{-(\epsilon-\mu)/kT}} \qquad \text{(Bosonen)}\,. \end{aligned} \tag{7.24}$$

(Da die Gibbs-Faktoren nicht unbegrenzt wachsen können, muss μ geringer als ϵ sein, und somit muss die Reihe konvergieren.) Gleichzeitig ist die mittlere Teilchenzahl im Zustand gleich

$$\overline{n} = \sum_n n\mathcal{P}(n) = 0 \cdot \mathcal{P}(0) + 1 \cdot \mathcal{P}(1) + 2 \cdot \mathcal{P}(2) + \cdots\,. \tag{7.25}$$

Um diese Summe auszuwerten, kürzen wir $x \equiv (\epsilon - \mu)/kT$ ab. Dann ist

$$\overline{n} = \sum_n n \frac{e^{-nx}}{\mathcal{Z}} = -\frac{1}{\mathcal{Z}} \sum_n \frac{\partial}{\partial x} e^{-nx} = -\frac{1}{\mathcal{Z}} \frac{\partial \mathcal{Z}}{\partial x}\,. \tag{7.26}$$

Sie können leicht nachprüfen, dass diese Formel für Fermionen funktioniert. Bei Bosonen haben wir

$$\begin{aligned} \overline{n} &= -(1 - e^{-x}) \frac{\partial}{\partial x}(1 - e^{-x})^{-1} = (1 - e^{-x})(1 - e^{-x})^{-2}(e^{-x}) \\ &= \frac{1}{e^{(\epsilon-\mu)/kT} - 1} \qquad \text{(Bosonen)}\,. \end{aligned} \tag{7.27}$$

Diese wichtige Formel heißt **Bose-Einstein-Verteilung**; ich werde sie $\overline{n}_{\text{BE}}$ nennen:

$$\overline{n}_{\text{BE}} = \frac{1}{e^{(\epsilon-\mu)/kT} - 1}\,. \tag{7.28}$$

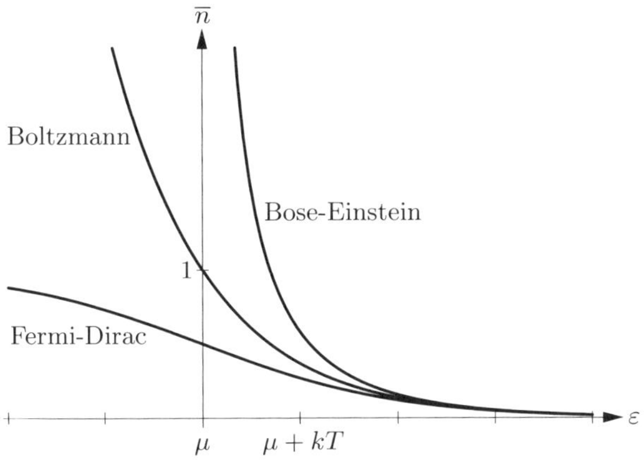

Abbildung 7.7: Vergleich der Fermi-Dirac-, Bose-Einstein- und Boltzmann-Verteilungen für den gleichen Wert von μ. Ist $(\epsilon - \mu)/kT \gg 1$, so werden die drei Verteilungen gleich.

Wie die Fermi-Dirac-Verteilung geht die Bose-Einstein-Verteilung gegen null, wenn $\epsilon \gg \mu$. Anders als die Fermi-Dirac-Verteilung geht sie aber nach unendlich, wenn sich ϵ von unten an μ annähert (siehe Abbildung 7.7). Sie wäre negativ, wenn ϵ weniger als μ sein könnte, aber wir haben bereits gesehen, dass dies nicht passieren kann.

Um die Fermi-Dirac-Verteilung und die Bose-Einstein-Verteilung besser zu verstehen, ist es nützlich zu fragen, was $\overline{n}$ für Teilchen wäre, die der *Boltzmann*-Statistik genügen. In diesem Fall beträgt die Wahrscheinlichkeit, dass sich irgendein einzelnes Teilchen in einem bestimmten Zustand der Energie ϵ befindet,

$$\mathcal{P}(s) = \frac{1}{Z_1}\,\mathrm{e}^{-\epsilon/kT} \qquad \text{(Boltzmann)}\,, \tag{7.29}$$

somit lautet die mittlere Anzahl in diesem Zustand, wenn es insgesamt N unabhängige Teilchen gibt,

$$\overline{n}_{\text{Boltzmann}} = N\mathcal{P}(s) = \frac{N}{Z_1}\,\mathrm{e}^{-\epsilon/kT}\,. \tag{7.30}$$

Aber laut der Lösung von Aufgabe 6.44 ist das chemische Potential eines solchen Systems $\mu = -kT\ln(Z_1/N)$. Man kann die mittlere Besetzung daher auch als

$$\overline{n}_{\text{Boltzmann}} = \mathrm{e}^{\mu/kT}\,\mathrm{e}^{-\epsilon/kT} = \mathrm{e}^{-(\epsilon-\mu)/kT} \tag{7.31}$$

schreiben. Wenn ϵ hinreichend größer als μ ist, sodass dieser Exponentialausdruck sehr klein ist, können wir die 1 im Nenner entweder der Fermi-Dirac-Verteilung (7.23) oder der Bose-Einstein-Verteilung (7.28) vernachlässigen; beide reduzieren sich auf die Boltzmann-Verteilung (7.31). Die Gleichheit der drei Verteilungsfunktionen in diesem Grenzfall ist in Abbildung 7.7 dargestellt. Die genaue Bedingung dafür, dass die drei Verteilungen übereinstimmen, ist, dass der Exponent $(\epsilon - \mu)/kT$ viel größer als 1 sein muss. Nehmen wir an, dass der Zustand niedrigster Energie $\epsilon \approx 0$ hat, so wird diese Bedingung von allen Zuständen erfüllt, wann immer $\mu \ll -kT$, das heißt, wenn $Z_1 \gg N$. Das ist die gleiche Bedingung, zu der wir am Anfang dieses Abschnitts durch eine andere Überlegung gelangt sind.

Wir wissen nun, wie wir die mittlere Anzahl der Teilchen in einem Einteilchenzustand berechnen können, seien sie Bosonen oder Fermionen: als Funktion der Energie des Zustands, der Temperatur und des chemischen Potentials. Um diese Ideen auf ein bestimmtes System anzuwenden, müssen wir noch wissen, wie die Energien all der Zustände lauten. Das ist ein quantenmechanisches Problem, das in vielen Fällen sehr schwierig ist. In diesem Buch befassen wir uns zumeist mit Teilchen in einem „Kasten", bei denen die quantenmechanischen Wellenfunktionen einfache Sinuswellen sind und man die entsprechenden Energien leicht bestimmen kann. Die Teilchen könnten Elektronen in einem Metall, Neutronen in einem Neutronenstern, Atome in einem Fluid bei sehr niedriger Temperatur, Photonen in einem heißen Ofen oder auch „Phononen" sein, die quantisierten Einheiten der Schwingungsenergie in einem Festkörper.

In jeder dieser Anwendungen müssen wir auch herausfinden, was das chemische Potential ist, bevor wir die Fermi-Dirac- oder Bose-Einstein-Verteilung anwenden können. In manchen Fällen ist das ziemlich einfach, in anderen verlangt das eine Menge Arbeit. Wie wir sehen werden, wird μ in der Regel indirekt durch die Gesamtzahl der Teilchen im System bestimmt.

Aufgabe 7.11 Berechnen Sie für ein System von Fermionen bei Raumtemperatur die Wahrscheinlichkeit, dass ein Einteilchenzustand besetzt ist, wenn seine Energie folgende Werte hat:

(a) 1 eV weniger als μ
(b) 0,01 eV weniger als μ
(c) gleich μ
(d) 0,01 eV größer als μ
(e) 1 eV größer als μ

Aufgabe 7.12 Betrachten Sie zwei Einteilchenzustände A und B in einem System von Fermionen, wobei $\epsilon_A = \mu - x$ und $\epsilon_B = \mu + x$ ist; somit liegt Niveau A um den gleichen Betrag unter μ, um den Niveau B darüber liegt. Beweisen Sie, dass die Wahrscheinlichkeit, dass Niveau B besetzt ist, dieselbe ist wie die Wahrscheinlichkeit, dass Niveau A *un*besetzt ist. In anderen Worten: Die Fermi-Dirac-Verteilung ist „symmetrisch" um den Punkt, an dem $\epsilon = \mu$ ist.

Aufgabe 7.13 Berechnen Sie für ein System von Bosonen bei Raumtemperatur die mittlere Besetzungszahl und die Wahrscheinlichkeit, dass ein Einteilchenzustand 0, 1, 2 oder 3 Teilchen enthält, wenn seine Energie folgende Werte hat:

(a) 0,001 eV größer als μ
(b) 0,01 eV größer als μ
(c) 0,1 eV größer als μ
(d) 1 eV größer als μ

Aufgabe 7.14 Wie groß muss bei einem System von Teilchen bei Raumtemperatur $\epsilon - \mu$ sein, bevor die Fermi-Dirac-, Bose-Einstein- und Boltzmann-Verteilungen bis auf 1 % übereinstimmen? Ist diese Bedingung für die Gase in unserer Atmosphäre jemals verletzt? Erklären Sie.

Aufgabe 7.15 Wir wissen aus Kapitel 6, wie μ für ein System lautet, das der Boltzmann-Statistik gehorcht. Nehmen Sie nun an, dass Sie die Verteilungsfunktion (Gleichung 7.31) kennen, aber nicht μ. Sie könnten immer noch μ bestimmen, indem Sie verlangen, dass die Gesamtzahl aller Teilchen, aufsummiert über alle Einteilchenzustände, gleich N sein muss. Führen Sie diese Berechnung durch und leiten Sie so die Formel $\mu = -kT \ln(Z_1/N)$ noch einmal her. (So wird μ normalerweise in der Quantenstatistik bestimmt, auch wenn die Mathematik normalerweise schwieriger ist.)

Aufgabe 7.16 Betrachten Sie ein isoliertes System aus N identischen Fermionen im Inneren eines Behälters, in dem die erlaubten Energieniveaus nicht entartet und in gleichen Abständen sind.[6] Die Fermionen könnten zum Beispiel in einem eindimensionalen harmonischen Potential gefangen sein. Vernachlässigen Sie der Einfachheit halber, dass Fermionen vielfache Spinorientierungen haben können (oder nehmen Sie an, dass sie alle die gleiche Spinorientierung haben müssen). Dann ist jedes Energieniveau entweder besetzt oder unbesetzt und jeder erlaubte Systemzustand kann durch eine Säule von Punkten dargestellt werden. Dabei steht ein ausgefüllter Punkt für ein besetztes Niveau und ein unausgefüllter Punkt für ein unbesetztes Niveau. Im Systemzustand niedrigster Energie sind alle Zustände unterhalb eines bestimmten Punkts besetzt und darüber unbesetzt. Sei η der Abstand zwischen den Energieniveaus und sei q die Anzahl der Energieeinheiten (jede von der Größe η) über dem Grundzustand. Nehmen Sie an, dass $q < N$. Abbildung 7.8 zeigt alle Systemzustände bis $q = 3$.

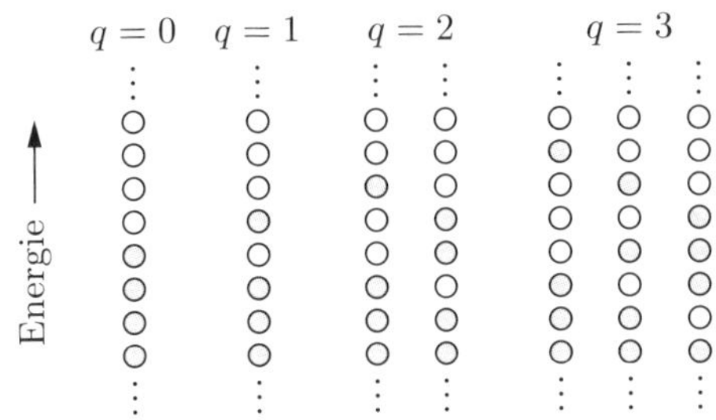

Abbildung 7.8: Eine Darstellung der Systemzustände eines fermionischen Systems mit nicht entarteten, in gleichen Abständen liegenden Energieniveaus. Ein ausfüllter Punkt steht für einen besetzten Einteilchenzustand, ein unausgefüllter Punkt für einen unbesetzten Einteilchenzustand.

(a) Zeichnen Sie Punktdiagramme wie in der Abbildung für alle erlaubten Systemzustände mit $q = 4$, $q = 5$ und $q = 6$.

(b) Nach der Grundannahme sind alle erlaubten Systemzustände mit einem vorgegebenen Wert von q gleich wahrscheinlich. Berechnen Sie für $q = 6$ die Wahrscheinlichkeit, dass die Energieniveaus besetzt sind. Zeichnen Sie eine Kurve dieser Wahrscheinlichkeit als eine Funktion der Energie des Niveaus.

(c) Im thermodynamischen Limes, in dem q groß ist, sollte die Wahrscheinlichkeit, dass ein Niveau besetzt ist, durch die Fermi-Dirac-Verteilung gegeben sein. Auch wenn 6 keine große Zahl ist: Schätzen Sie die Werte von μ und T ab, die Sie in die Fermi-Dirac-Verteilung einsetzen müssten, um die beste Passung Ihrer Kurve aus Teil (b) zu bekommen.

(d) Berechnen Sie die Entropie dieses Systems für jeden Wert von q zwischen 0 und 6 und zeichnen Sie eine Entropiekurve als Funktion der Energie. Schätzen Sie die Steigung dieser Kurve bei $q = 6$ grob ab, um eine andere Schätzung der Tempera-

6 Diese Aufgabe und Aufgabe 7.27 beruhen auf einem Artikel von J. Arnaud et al., *American Journal of Physics* **67**, 215 (1999).

tur des Systems an diesem Punkt zu erhalten. Überprüfen Sie, dass sie in grober Übereinstimmung mit Ihrer Antwort auf Teil (c) ist.

Aufgabe 7.17 Betrachten Sie analog zur letzten Aufgabe ein System identischer Spin-0-*Bosonen*, die in einer Gegend gefangen sind, in der die Energieniveaus gleiche Abstände haben. Nehmen Sie an, dass N eine große Zahl ist; q sei wieder die Anzahl der Energieeinheiten.

(a) Zeichnen Sie Diagramme, die alle erlaubten Systemzustände zwischen $q = 0$ und $q = 6$ darstellen. Benutzen Sie anstelle der Punkte aus der letzten Aufgabe Zahlen, um die Anzahl der Bosonen in jedem Niveau darzustellen.

(b) Berechnen Sie für $q = 6$ die Besetzung jedes Energieniveaus. Zeichnen Sie eine Kurve der Besetzung als Funktion der Energie des Niveaus.

(c) Schätzen Sie die Werte von μ und T ab, die Sie in die Bose-Einstein-Verteilung einsetzen müssten, um den Graphen aus Teil (b) am besten zu reproduzieren.

(d) Zeichnen Sie wie in Teil (d) aus der letzten Aufgabe eine Kurve der Entropie als Funktion der Energie und schätzen Sie die Temperatur bei $q = 6$ aus dieser Kurve ab.

Aufgabe 7.18 Stellen Sie sich vor, dass es eine dritte Art von Teilchen gibt, die sich einen Einteilchenzustand mit einem weiteren Teilchen der gleichen Sorte, aber nicht mehr davon, teilen kann. Dann kann die Anzahl dieser Teilchen in jedem Zustand 0, 1 oder 2 betragen. Leiten Sie die Verteilungsfunktion für die mittlere Besetzung eines Zustands durch solche Teilchen her und zeichnen Sie für mehrere verschiedene Temperaturen die Besetzung als Funktion der Energie des Zustands.

7.3 Entartete Fermi-Gase

Als erste Anwendung der Quantenstatistik und der Fermi-Dirac-Verteilung würde ich mir gerne ein „Gas" aus Fermionen bei sehr niedriger Temperatur anschauen wollen. Die Fermionen könnten Helium-3-Atome, Protonen und Neutronen in einem Atomkern, Elektronen in einem weißen Zwergstern oder Neutronen in einem Neutronenstern sein. Das vertrauteste Beispiel sind allerdings die Leitungselektronen in einem Stück Metall. In diesem Abschnitt werde ich konkret von „Elektronen" sprechen, auch wenn die Ergebnisse auch auf andere Arten von Fermionen zutreffen.

Mit einer „sehr niedrigen Temperatur" meine ich *nicht* notwendigerweise sehr niedrig im Vergleich zur Raumtemperatur. Ich meine damit, dass die Bedingung $V/N \gg v_Q$ für die Anwendbarkeit der Boltzmann-Statistik auf ein ideales Gas schwer verletzt ist, sodass in Wirklichkeit $V/N \ll v_Q$ gilt. Für ein Elektron bei Raumtemperatur beträgt das Quantenvolumen

$$v_Q = \left(\frac{h}{\sqrt{2\pi mkT}}\right)^3 = (4{,}3\ \mathrm{nm})^3\,. \tag{7.32}$$

In einem typischen Metall gibt es aber in etwa ein Leitungselektron pro Atom, somit entspricht das Volumen eines Leitungselektrons in etwa dem Volumen eines Atoms, $(0{,}2\ \mathrm{nm})^3$. Damit ist die Temperatur *viel* zu niedrig für eine Anwendung der Boltzmann-Statistik. Wir sind vielmehr im entgegengesetzten Limes, wo wir für viele Zwecke so tun können, als wäre $T = 0$. Betrachten wir daher zuerst die Eigenschaften eines Elektronengases *bei* $T = 0$ und fragen wir später, was bei kleinen Temperaturen über null passiert.

Temperatur null

Bei $T = 0$ wird die Fermi-Dirac-Verteilung zu einer Stufenfunktion (siehe Abbildung 7.9). Alle Einteilchenzustände mit einer Energie weniger als μ sind besetzt, wohingegen alle Zustände mit Energien größer als μ unbesetzt sind. In diesem Zusammenhang wird μ auch als **Fermi-Energie** bezeichnet, für die wir als Symbol ϵ_F verwenden:

$$\epsilon_F \equiv \mu(T = 0)\,. \tag{7.33}$$

Wenn ein Fermionengas so kalt ist, dass nahezu alle Zustände unterhalb von ϵ_F besetzt sind, wird es als **entartet** bezeichnet. (Diese Verwendung des Worts hat gar nichts mit seiner anderen Verwendung zu tun, nämlich der Beschreibung einer Menge von Quantenzuständen, die die gleiche Energie haben.)

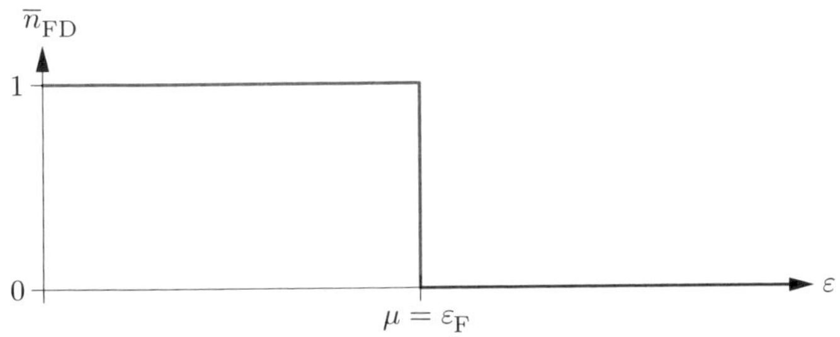

Abbildung 7.9: Bei $T = 0$ ist die Fermi-Dirac-Verteilung gleich 1 für alle Zustände mit $\epsilon < \mu$ und gleich 0 für alle Zustände mit $\epsilon > \mu$.

Der *Wert* von ϵ_F wird durch die Gesamtzahl der vorhandenen Elektronen bestimmt. Stellen Sie sich einen leeren Kasten vor, dem Sie ein Elektron nach dem anderen hinzufügen, ohne überschüssige Energie. Jedes Elektron geht in den niedrigsten verfügbaren Zustand, bis das letzte Elektron in einen Zustand geht, dessen Energie gerade unterhalb von ϵ_F liegt. Um ein weiteres Elektron hinzuzufügen, müssten Sie ihm im Wesentlichen die Energie $\epsilon_F = \mu$ geben; in diesem Zusammenhang macht die Gleichung $\mu = (\partial U/\partial N)_{S,V}$ physikalisch perfekt Sinn, denn $\mathrm{d}U = \mu$, wenn $\mathrm{d}N = 1$ (und S ist auf null fixiert, wenn alle Elektronen in die niedrigstliegenden Zustände gepackt werden).

Um ϵ_F ebenso wie andere interessante Größen wie die Gesamtenergie und den Druck des Elektronengases zu berechnen, werde ich die Näherung vornehmen, dass die Elektronen *freie* Teilchen sind, die keinerlei Kräften unterliegen, außer dass sie sich in einem Kasten mit Volumen $V = L^3$ aufhalten müssen. Diese Näherung ist für die Leitungselektronen in einem Metall nicht besonders genau. Auch wenn es vernünftig ist, langreichweitige elektrostatische Kräfte in einem elektrisch neutralen Material zu vernachlässigen, spürt dennoch jedes Leitungselektron anziehende Kräfte von benachbarten Ionen im Kristallgitter. Diese Kräfte vernachlässige ich.[7]

Die Wellenfunktionen fester Energie eines freien Elektrons in einem Kasten sind einfach Sinuswellen, genau wie für die Gasmoleküle, die in Abschnitt 6.7 behandelt wurden. In einem eindimensionalen Kasten sind die erlaubten Wellenlängen und Impulse

7 Die Aufgaben 7.33 und 7.34 behandeln einige der Effekte des Kristallgitters auf die Leitungselektronen. Für viel mehr Details konsultieren Sie ein Lehrbuch der Festkörperphysik wie Kittel (1996) oder Ashcroft und Mermin (1976).

(wie zuvor)

$$\lambda_n = \frac{2L}{n}, \qquad p_n = \frac{h}{\lambda_n} = \frac{hn}{2L}, \tag{7.34}$$

wobei n irgendeine positive ganze Zahl ist. In einem dreidimensionalen Kasten gelten diese Gleichungen separat für die x-, y- und z-Richtung, sodass

$$p_x = \frac{hn_x}{2L}, \qquad p_y = \frac{hn_y}{2L}, \qquad p_z = \frac{hn_z}{2L}, \tag{7.35}$$

wobei (n_x, n_y, n_z) ein Triplett positiver ganzer Zahlen ist. Die erlaubten Energien lauten somit

$$\epsilon = \frac{|\vec{p}|^2}{2m} = \frac{h^2}{8mL^2}(n_x^2 + n_y^2 + n_z^2). \tag{7.36}$$

Um die Menge der erlaubten Zustände zu visualisieren, zeichne ich gerne ein Bild des „n-Raums", des dreidimensionalen Raums, dessen Achsen n_x, n_y und n_z sind (siehe Abbildung 7.10). Jeder erlaubte $\vec{n}$-Vektor entspricht einem Punkt in diesem Raum mit positiven ganzzahligen Koordinatem; die Menge aller erlaubten Zustände bildet ein großes Gitter, das den ersten Oktanten im n-Raum ausfüllt. Jeder Gitterpunkt stellt in Wirklichkeit *zwei* Zustände dar, denn für jede räumliche Wellenfunktion gibt es zwei unabhängige Spinrichtungen.

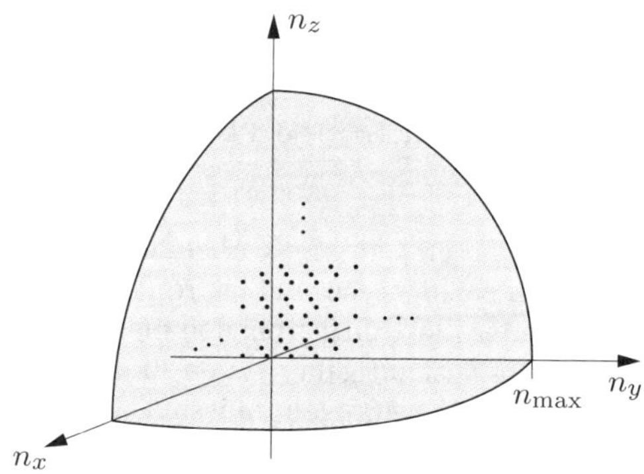

Abbildung 7.10: Jedes Triplett von Ganzzahlen (n_x, n_y, n_z) stellt ein Paar von elektronischen Zuständen mit fester Energie dar (einer für jede Spinausrichtung). Die Menge aller unabhängigen Zustände füllt den positiven Oktanten des n-Raums aus.

Im n-Raum ist die Energie eines Zustands proportional zum Quadrat des *Abstands* vom Ursprung, $n_x^2 + n_y^2 + n_z^2$. Wenn wir also Elektronen in den Kasten bringen, so siedeln sie sich zunächst am Ursprung beginnend in Zuständen an und arbeiten sich allmählich nach außen vor. Sind wir fertig, ist die Gesamtzahl der besetzten Zustände so groß, dass die besetzte Region des n-Raums im Wesentlichen ein Achtel der Kugel darstellt. (Die rauhe Kante ist im Vergleich zur enormen Größe der gesamten Kugel vernachlässigbar.) Ich werde den Radius dieser Kugel mit n_{max} bezeichnen.

Es ist nun ziemlich einfach, die Gesamtzahl der Elektronen N in Verbindung zum chemischen Potential oder zur Fermi-Energie $\mu = \epsilon_F$ zu setzen. Auf der einen Seite ist ϵ_F die Energie eines Zustands, der gerade auf der Oberfläche der Kugel im n-Raum sitzt, sodass

$$\epsilon_F = \frac{h^2 n_{max}^2}{8mL^2}. \tag{7.37}$$

Auf der anderen Seite entspricht das Gesamtvolumen der Achtelkugel im n-Raum der Anzahl der eingeschlossenen Gitterpunkten, weil der Abstand zwischen den Gitterpunkten in allen drei Richtungen 1 ist. Daher ist die Gesamtzahl der besetzten Zustände das Doppelte dieses Volumens (wegen der zwei Spinorientierungen):

$$N = 2 \times (\text{Volumen der Achtelkugel}) = 2 \cdot \frac{1}{8} \cdot \frac{4}{3}\pi n_{\max}^3 = \frac{\pi n_{\max}^3}{3} \,. \tag{7.38}$$

Kombinieren wir diese zwei Gleichungen, so erhalten wir die Fermi-Energie als eine Funktion von N und $V = L^3$, dem Volumen des Kastens:

$$\epsilon_{\mathrm{F}} = \frac{h^2}{8m}\left(\frac{3N}{\pi V}\right)^{2/3} . \tag{7.39}$$

Beachten Sie, dass diese Größe intensiv ist, denn sie hängt nur von der Teilchendichte der Elektronen N/V ab. Für einen größeren Behälter mit entsprechend mehr Elektronen kommt das gleiche ϵ_{F} heraus. Auch wenn ich dieses Ergebnis nur für Elektronen in einem kubischen Kasten hergeleitet habe, gilt es in Wirklichkeit für makroskopische Behälter (oder Metallstücke) beliebiger Form.

Die Fermi-Energie ist die *höchste* Energie aller Elektronen. Im Mittel werden sie eine geringere Energie haben, ein wenig mehr als die Hälfte von ϵ_{F}. Um genauer zu sein, müssen wir ein Integral auswerten, um die *Gesamt*energie aller Elektronen zu finden; die mittlere Energie ist einfach die Gesamtenergie geteilt durch N.

Um die Gesamtenergie aller Elektronen zu berechnen, addiere ich die Energien der Elektronen in allen besetzten Zuständen auf. Das führt auf eine dreifache Summe über n_x, n_y und n_z:

$$U = 2\sum_{n_x}\sum_{n_y}\sum_{n_z}\epsilon(\vec{n}) = 2\iiint \epsilon(\vec{n})\,\mathrm{d}n_x\,\mathrm{d}n_y\,\mathrm{d}n_z \,. \tag{7.40}$$

Der Faktor 2 steht für die zwei Spinorientierungen für jedes $\vec{n}$. Ich kann die Summe in ein Integral verwandeln, weil die Anzahl der Terme so riesig ist, dass es sich genauso gut um eine stetige Funktion handeln könnte. Um das dreifache Integral auszuwerten, verwende ich Kugelkoordinaten wie in Abbildung 7.11 dargestellt. Beachten Sie, dass

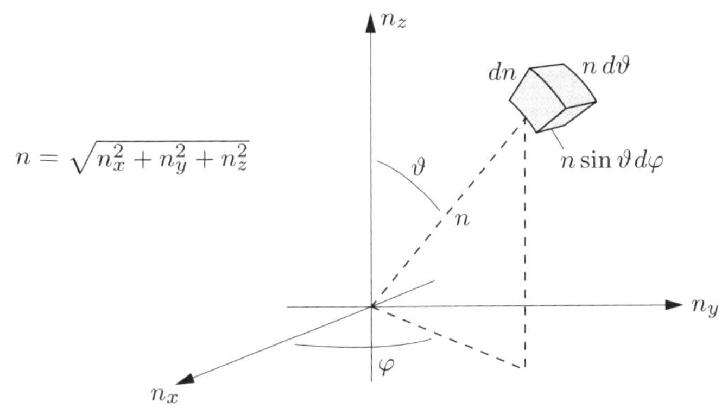

Abbildung 7.11: In Kugelkoordinaten (n, θ, ϕ) lautet das infinitesimale Volumenelement $(\mathrm{d}n)(n\,\mathrm{d}\theta)(n\,\sin\theta\,\mathrm{d}\phi)$.

aus dem Volumenelement $\mathrm{d}n_x\,\mathrm{d}n_y\,\mathrm{d}n_z$ nun $n^2 \sin\theta\,\mathrm{d}n\,\mathrm{d}\theta\,\mathrm{d}\phi$ wird. Die Gesamtenergie aller Elektronen lautet daher

$$U = 2 \int_0^{n_{\max}} \mathrm{d}n \int_0^{\pi/2} \mathrm{d}\theta \int_0^{\pi/2} \mathrm{d}\phi\, n^2 \sin\theta\, \epsilon(n)\,. \tag{7.41}$$

Die Winkelintegrale ergeben $\pi/2$, ein Achtel der Oberfläche einer Einheitskugel. Damit verbleibt

$$U = \pi \int_0^{n_{\max}} \epsilon(n)\, n^2\, \mathrm{d}n = \frac{\pi h^2}{8mL^2} \int_0^{n_{\max}} n^4\, \mathrm{d}n = \frac{\pi h^2 n_{\max}^5}{40mL^2} = \frac{3}{5} N\epsilon_{\mathrm{F}}\,. \tag{7.42}$$

Die *mittlere* Energie der Elektronen beträgt daher 3/5 der Fermi-Energie.

Wenn Sie ein paar Zahlen einsetzen, werden Sie herausbekommen, dass die Fermi-Energie für Leitungselektronen in einem typischen Metall ein paar Elektronvolt beträgt. Das ist *riesig* im Vergleich zur mittleren *thermischen* Energie eines Teilchens bei Raumtemperatur, in etwa $kT \approx 1/40\,\mathrm{eV}$. Tatsächlich ist der Vergleich der Fermi-Energie mit der mittleren thermischen Energie im Wesentlichen dasselbe wie der Vergleich des Quantenvolumens mit dem mittleren Volumen pro Teilchen, wie ich ihn zu Beginn des Abschnitts durchgeführt habe:

$$\frac{V}{N} \ll v_Q \qquad \text{ist dasselbe wie} \qquad kT \ll \epsilon_{\mathrm{F}}\,. \tag{7.43}$$

Wenn diese Bedingung erfüllt ist, ist die Näherung $T \approx 0$ für viele Zwecke ziemlich genau, und man sagt, das Gas sei entartet. Die Temperatur, die ein Fermi-Gas haben müsste, damit kT gleich ϵ_{F} wäre, nennt man die **Fermi-Temperatur**: $T_{\mathrm{F}} \equiv \epsilon_{\mathrm{F}}/k$. Diese Temperatur ist für Elektronen in einem Metall rein hypothetisch, denn Metalle verflüssigen und verdampfen, lange bevor sie erreicht wird.

Mittels der Formel $P = -(\partial U/\partial V)_{S,N}$, die Sie aus der thermodynamischen Identität oder direkt aus der klassischen Mechanik herleiten können, können wir den Druck eines entarteten Elektronengases berechnen:

$$P = -\frac{\partial}{\partial V}\left[\frac{3}{5} N \frac{h^2}{8m}\left(\frac{3N}{\pi}\right)^{2/3} V^{-2/3}\right] = \frac{2N\epsilon_{\mathrm{F}}}{5V} = \frac{2}{3}\frac{U}{V}\,. \tag{7.44}$$

Diese Größe nennt man den **Entartungsdruck**. Er ist positiv, weil die Wellenlängen aller Wellenfunktionen reduziert werden und damit die Energien aller Wellenfunktionen zunehmen, wenn Sie ein entartetes Elektronengas komprimieren. Der Entartungsdruck verhindert, dass Materie unter den enormen elektrostatischen Kräften kollabiert, die versuchen, Elektronen und Protonen zusammenzubringen. Beachten Sie, dass der Entartungsdruck absolut nichts mit der elektrostatischen Abstoßung zwischen den Elektronen zu tun hat (die wir auch komplett ignoriert haben); er entsteht allein aufgrund des Ausschlussprinzips.

Numerisch erhalten wir den Entartungsdruck für ein typisches Metall zu einigen *Milliarden* $\mathrm{N/m^2}$. Aber diese Zahl ist nicht direkt messbar – er wird von den elektrostatischen Kräften, die die Elektronen im Inneren des Metalls zusammenhalten, kompensiert. Eine messbarere Größe ist der **Kompressionsmodul**, das ist die Druckänderung bei einer Kompression des Materials, geteilt durch die relative Volumenänderung:

$$B = -V\left(\frac{\partial P}{\partial V}\right)_T = \frac{10}{9}\frac{U}{V}\,. \tag{7.45}$$

Diese Größe ist auch in SI-Einheiten ziemlich groß, aber sie wird *nicht* vollständig durch die elektrostatischen Kräfte weggehoben; die Formel stimmt sogar für die meisten Metalle mit dem Experiment bis auf einen Faktor von der Ordnung 3 überein.

Aufgabe 7.19 Jedes Atom in einem Stück Kupfer trägt ein Leitungselektron bei. Schlagen Sie die Dichte und die atomare Masse von Kupfer nach und berechnen Sie die Fermi-Energie, die Fermi-Temperatur, den Entartungsdruck und den Beitrag des Entartungsdrucks zum Kompressionsmodul. Ist die Raumtemperatur hinreichend niedrig, um dieses System als ein entartetes Elektronengas behandeln zu können?

Aufgabe 7.20 Am Mittelpunkt der Sonne beträgt die Temperatur etwa 10^7 K und die Konzentration der Elektronen ist etwa 10^{32} pro Kubikmeter. Wäre es (näherungsweise) zulässig, diese Elektronen als ein „klassisches" ideales Gas (unter Verwendung der Boltzmann-Statistik) zu behandeln oder als ein entartetes Fermi-Gas (mit $T \approx 0$) oder keines von beiden?

Aufgabe 7.21 Man kann einen Atomkern stark vereinfachend als ein Gas von Nukleonen mit einer Teilchendichte von $0{,}18\,\text{fm}^{-3}$ (mit $1\,\text{fm} = 10^{-15}\,\text{m}$) modellieren. Weil Nukleonen in zwei verschiedenen Varianten (Protonen und Neutronen) kommen, jede davon mit Spin 1/2, kann jede räumliche Wellenfunktion *vier* Nukleonen aufnehmen. Berechnen Sie die Fermi-Energie dieses Systems in MeV. Berechnen Sie auch die Fermi-Temperatur und kommentieren Sie das Ergebnis.

Aufgabe 7.22 Betrachten Sie ein entartetes Elektronengas, in dem im Wesentlichen alle Elektronen ultrarelativistisch sind ($\epsilon \gg mc^2$), sodass ihre Energien $\epsilon = pc$ lauten (wobei p der Betrag des Impulsvektors ist).

(a) Modifizieren Sie die oben vorgestellte Herleitung, um zu zeigen, dass das chemische Potential (bzw. die Fermi-Energie) eines ultrarelativistischen Elektronengases bei Temperatur null durch $\mu = hc(3N/8\pi V)^{1/3}$ gegeben ist.

(b) Bestimmen Sie eine Formel für die Gesamtenergie dieses Systems als Funktion von N und μ.

Aufgabe 7.23 Ein **weißer Zwergstern** (siehe Abbildung 7.12) ist im Wesentlichen ein entartetes Elektronengas, in das einige Kerne hineingemischt sind, um die Ladung aus-

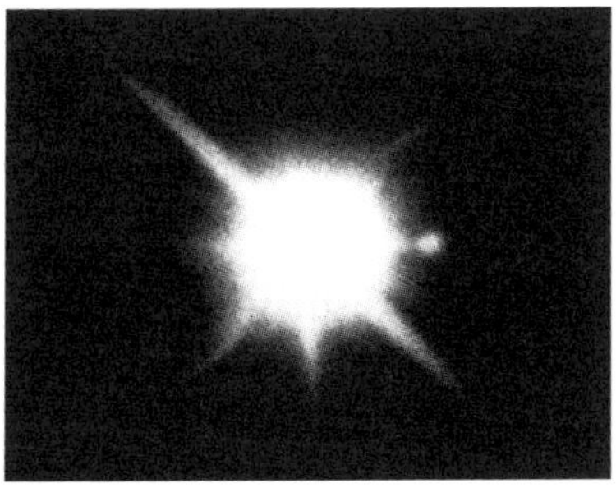

Abbildung 7.12: Das Doppelsternsystem Sirius A und B. Sirius A (im Photo stark überbelichtet) ist der hellste Stern an unserem Nachthimmel. Sein Begleiter Sirius B ist heißer, aber sehr lichtschwach, was andeutet, dass er sehr klein sein muss – ein weißer Zwerg. Aus der Bahnbewegung des Paars wissen wir, dass Sirius B in etwa die gleiche Masse wie unsere Sonne hat. (Aufnahme: UCO/Lick Observatory)

zugleichen und die Schwerkraft zu erzeugen, die den Stern zusammenhält. In dieser Aufgabe werden Sie eine Beziehung zwischen der Masse und dem Radius eines weißen Zwerges herstellen, indem Sie den Stern als eine Kugel gleichmäßiger Dichte modellieren. Weiße Zwerge sind nach unseren Maßstäben extrem heiß; trotzdem ist es eine gute Näherung, in dieser Aufgabe $T = 0$ zu setzen.

(a) Verwenden Sie eine Dimensionsanalyse, um zu argumentieren, dass die potentielle Energie der Schwerkraft einer Kugel gleichförmiger Dichte (Masse M, Radius R) gleich

$$U_{\text{grav}} = -(\text{konstant})\frac{GM^2}{R}$$

sein muss, wobei (konstant) eine numerische Konstante ist. Vergessen Sie nicht, das Minuszeichen zu erklären. Die Konstante ergibt sich zu 3/5; Sie können sie herleiten, indem Sie die (negative) Arbeit berechnen, die man braucht, um die Kugel Schale um Schale von innen nach außen aufzubauen.

(b) Zeigen Sie unter der Annahme, dass der Stern ein Proton und ein Neutron pro Elektron enthält und dass die Elektronen nichtrelativistisch sind, dass die (kinetische) Gesamtenergie der entarteten Elektronen gleich

$$U_{\text{kinetisch}} = (0{,}0088)\frac{h^2 M^{5/3}}{m_e m_p^{5/3} R^2}$$

ist. Der Zahlenwert kann exakt durch π, Kubikwurzeln und dergleichen ausgedrückt werden, was sich aber nicht lohnt.

(c) Der Gleichgewichtsradius des weißen Zwergs ist der Radius, der die Gesamtenergie $U_{\text{grav}} + U_{\text{kinetisch}}$ minimiert. Skizzieren Sie die Gesamtenergie als Funktion von R und bestimmen Sie eine Formel für den Gleichgewichtsradius als Funktion der Masse. Nimmt der Radius zu oder ab, wenn die Masse zunimmt? Macht das Sinn?

(d) Werten Sie den Gleichgewichtsradius für $M = 2{\cdot}10^{30}$ kg, die Sonnenmasse, aus. Werten Sie auch die Dichte aus. Wie verhält sich die Dichte zu der von Wasser?

(e) Berechnen Sie die Fermi-Energie und die Fermi-Temperatur für den in Teil (d) betrachteten Fall. Diskutieren Sie, ob die Näherung $T = 0$ gültig ist.

(f) Nehmen Sie nun an, dass die Elektronen im weißen Zwergstern ultrarelativistisch sind. Verwenden Sie das Ergebnis aus der letzten Aufgabe und zeigen Sie, dass die kinetische Gesamtenergie der Elektronen nun proportional zu $1/R$ anstelle von $1/R^2$ ist. Argumentieren Sie, dass es keinen stabilen Gleichgewichtsradius für einen solchen Stern gibt.

(g) Der Übergang vom nichtrelativistischen zum ultrarelativistischen Bereich passiert in etwa dort, wo die mittlere kinetische Energie eines Elektrons gleich seiner Ruheenergie mc^2 ist. Ist die nichtrelativistische Näherung für einen weißen Zwerg mit einer Sonnenmasse gültig? Ab welcher Masse würden Sie erwarten, dass ein weißer Zwerg relativistisch und damit instabil wird?

Aufgabe 7.24 Ein Stern, der zu schwer ist, um sich als weißer Zwerg zu stabilisieren, kann weiter kollabieren und einen **Neutronenstern** bilden: ein Stern, der nur aus Neutronen besteht und gegen den Gravitationskollaps durch den Entartungsdruck der Neutronen geschützt wird. Wiederholen Sie die Schritte aus der letzten Aufgabe für einen Neutronenstern, um die folgenden Größen zu bestimmen: die Beziehung zwischen Masse und Radius; den Radius, die Dichte, die Fermi-Energie und Fermi-Temperatur eines Neutronensterns von einer Sonnenmasse und die kritische Masse, oberhalb derer ein Neutronenstern relativistisch wird und daher instabil gegen weiteren Kollaps.

Kleine Temperaturen über null

Eine Eigenschaft eines Fermi-Gases, die wir in der $T = 0$-Näherung nicht berechnen können, ist die Wärmekapazität, da sie ein Maß ist, wie die Energie des Systems von T abhängt. Schauen wir uns also an, was passiert, wenn die Temperatur sehr klein, aber nicht null ist. Bevor wir irgendeine sorgfältige Rechnung machen, werde ich erklären, was qualitativ passiert, und versuchen, einige Plausibilitätsargumente zu geben.

Bei Temperatur T bekommen alle Teilchen typischerweise eine thermische Energie von etwa kT. In einem entarteten Elektronengas können die meisten Elektronen einen so kleinen Energiebeitrag gar nicht aufnehmen, weil alle Zustände, in die sie hineinspringen könnten, bereits besetzt sind (erinnern Sie sich an die Gestalt der Fermi-Dirac-Verteilung, Abbildung 7.6). Die einzigen Elektronen, die etwas thermische Energie bekommen können, sind diejenigen, die bereits innerhalb eines Abstandes kT von der Fermi-Energie sind – sie können in unbesetzte Zustände oberhalb von ϵ_F springen. (Die Lücken, die sie zurücklassen, ermöglichen es *einigen*, aber nicht vielen von den niedriger liegenden Elektronen, ebenfalls Energie zu gewinnen.) Beachten Sie, dass die Anzahl der Elektronen, die von der Zunahme von T beeinflusst werden kann, proportional zu T ist. Diese Anzahl muss auch proportional zu N sein, weil es sich um eine extensive Größe handelt.

Daher ist die zusätzliche Energie, die ein entartetes Elektronengas aufnimmt, wenn seine Temperatur von null auf T erhöht wird, *doppelt* proportional zu T:

$$\begin{aligned} \text{zusätzliche Energie} &\propto (\text{Anzahl der betroffenen Elektronen}) \\ &\quad \times (\text{von jedem aufgenommene Energie}) \\ &\propto (NkT) \times (kT) \\ &\propto N(kT)^2 \,. \end{aligned} \tag{7.46}$$

Wir können die Proportionalitätskonstante mittels einer Dimensionsanalyse erraten. Die Größe $N(kT)^2$ hat die Einheit einer $(\text{Energie})^2$; damit wir also etwas bekommen, was die Einheit $(\text{Energie})^1$ hat, müssen wir durch eine Konstante mit Einheit Energie teilen. Die einzige derartige Konstante, die zur Verfügung steht, ist ϵ_F, somit muss die zusätzliche Energie $N(kT)^2/\epsilon_F$ sein, mal einer Konstante von der Ordnung 1. In ein paar Seiten werden wir sehen, dass diese Konstante $\pi^2/4$ ist, somit lautet die Gesamtenergie eines entarteten Fermi-Gases für $T \ll \epsilon_F/k$

$$U = \frac{3}{5}N\epsilon_F + \frac{\pi^2}{4}N\frac{(kT)^2}{\epsilon_F} \,. \tag{7.47}$$

Aus diesem Resultat können wir leicht die Wärmekapazität errechnen:

$$C_V = \left(\frac{\partial U}{\partial T}\right)_V = \frac{\pi^2 N k^2 T}{2\epsilon_F} \,. \tag{7.48}$$

Beachten Sie, dass die Wärmekapazität bei $T = 0$ gegen null geht, wie es der dritte Hauptsatz der Thermodynamik verlangt. Die Annäherung an die Null ist *linear* in T. Diese Vorhersage stimmt mit Experimenten an Metallen bei niedrigen Temperaturen gut überein. (Oberhalb von ein paar Kelvin tragen auch Gitterschwingungen signifikant zur Wärmekapazität eines Metalls bei.) Der numerische Koeffizient $\pi^2/2$ stimmt normalerweise bis auf 50 % oder besser mit dem Experiment überein, wobei es Ausnahmen gibt.

Aufgabe 7.25 Verwenden Sie die Ergebnisse dieses Abschnitts, um den Beitrag der Leitungselektronen zur Wärmekapazität von einem Mol Kupfer bei Raumtemperatur abzuschätzen. Wie vergleicht sich dieser Betrag mit dem der Gitterschwingungen, wenn wir annehmen, dass diese nicht ausgefroren sind? (Der elektronische Beitrag ist bei niedrigen Temperaturen gemessen worden und liegt etwa 40 % höher als von dem hier verwendeten Modell freier Elektronen vorhergesagt.)

Aufgabe 7.26 In dieser Aufgabe werden Sie Helium-3 als ein wechselwirkungsfreies Fermi-Gas modellieren. Obwohl ^{3}He bei niedrigen Temperaturen flüssig wird, hat die Flüssigkeit eine ungewöhnlich niedrige Dichte und verhält sich in vielerlei Hinsicht wie ein Gas, weil die Kräfte zwischen den Atomen so schwach sind. Helium-3-Atome sind Spin-1/2-Fermionen aufgrund des ungepaarten Neutrons im Kern.

(a) Berechnen Sie die Fermi-Energie und die Fermi-Temperatur unter der Annahme, dass flüssiges ^{3}He ein nicht wechselwirkendes Fermi-Gas ist. Das Molvolumen beträgt 37 cm^3 bei niedrigen Drücken.

(b) Berechnen Sie die Wärmekapazität für $T \ll T_\mathrm{F}$ und vergleichen Sie sie mit dem experimentellen Ergebnis $C_V = (2{,}8\,\mathrm{K}^{-1})NkT$ (im Niedertemperaturlimes). (Erwarten Sie keine perfekte Übereinstimmung.)

(c) Die Entropie von *festem* ^{3}He unter 1 K ist fast ausschließlich auf die Vielfachheit der Kernspinausrichtungen zurückzuführen. Skizzieren Sie eine Kurve von S als Funktion von T für flüssiges und festes ^{3}He bei niedriger Temperatur und schätzen Sie die Temperatur ab, bei der die Flüssigkeit und der Festkörper die gleiche Entropie haben. Diskutieren Sie die Gestalt der in Abbildung 5.13 gezeigten Phasengrenze zwischen fest und flüssig.

Aufgabe 7.27 Das oben vorgestellte Argument für den Zusammenhang $C_V \propto T$ hängt nicht von den Details der den Fermionen zur Verfügung stehenden Energieniveaus ab, somit sollte es auch auf das in Aufgabe 7.16 betrachtete Modell zutreffen:

Ein Gas von Fermionen ist in einer solchen Weise gefangen, dass die Energieniveaus gleichen Abstand haben und nicht entartet sind.

(a) Zeigen Sie, dass in diesem Modell die Anzahl der möglichen Systemzustände für einen gegebenen Wert von q gleich der Anzahl der verschiedenen Weisen ist, auf die man q als eine Summe positiver ganzer Zahlen schreiben kann. (Es gibt zum Beispiel drei Systemzustände für $q = 3$, die den Summen 3, $2+1$ und $1+1+1$ entsprechen. Beachten Sie, dass $2+1$ und $1+2$ nicht separat gezählt werden.) Diese kombinatorische Funktion ist die Anzahl der **uneingeschränkten Partitionen** von q und wird mit $p(q)$ bezeichnet. Zum Beispiel ist $p(3) = 3$.

(b) Berechnen Sie durch explizites Aufzählen der Partitionen $p(7)$ und $p(8)$.

(c) Erstellen Sie eine Tabelle von $p(q)$ für Werte von q bis 100. Schauen Sie die Werte dazu entweder in einem mathematischen Tabellenwerk nach, verwenden Sie ein Softwarepaket, das sie berechnen kann, oder schreiben Sie Ihr eigenes Programm, um sie zu berechnen. Bestimmen Sie aus dieser Tabelle die Entropie, die Temperatur und die Wärmekapazität des Systems; verwenden Sie dazu die gleichen Methoden wie in Abschnitt 3.3. Stellen Sie die Wärmekapazität als Funktion der Temperatur graphisch dar und schauen Sie, ob sie in etwa linear ist.

(d) Ramanujan und Hardy (zwei berühmte Mathematiker) haben gezeigt, dass für großes q die Anzahl der uneingeschränkten Partitionen von q näherungsweise durch

$$p(q) \approx \frac{\mathrm{e}^{\pi\sqrt{2q/3}}}{4\sqrt{3}\,q}$$

gegeben ist. Überprüfen Sie die Genauigkeit dieser Formel für $q = 10$ und für $q = 100$. Verwenden Sie diese Näherung und berechnen Sie die Entropie, Temperatur und Wärmekapazität dieses Systems. Drücken Sie die Wärmekapazität als eine Reihe in abnehmenden Potenzen von kT/η aus. Nehmen Sie an, dass dieses Verhältnis groß ist und behalten Sie die zwei größten Terme. Vergleichen Sie das mit den numerischen Ergebnissen, die Sie in Teil (c) erhalten haben. Warum hängt die Wärmekapazität dieses Systems nicht von N ab, anders als die des dreidimensionalen Kastens von Fermionen, den wir im Text diskutiert haben?

Die Zustandsdichte

Learn a little

...do a little

Um das Verhalten eines Fermi-Gases bei niedrigen Temperaturen besser zu veranschaulichen und zu quantifizieren, muss ich ein neues Konzept einführen. Gehen wir zum Energieintervall (7.42) zurück und ändern die Variablen von n auf die Elektronenenergie ϵ:

$$\epsilon = \frac{h^2}{8mL^2}n^2\,, \qquad n = \sqrt{\frac{8mL^2}{h^2}}\,\sqrt{\epsilon}\,, \qquad \mathrm{d}n = \sqrt{\frac{8mL^2}{h^2}}\,\frac{1}{2\sqrt{\epsilon}}\,\mathrm{d}\epsilon\,. \tag{7.49}$$

Mit dieser Ersetzung können Sie zeigen, dass das Energieintegral für ein Fermi-Gas bei Temperatur null zu

$$U = \int_0^{\epsilon_\mathrm{F}} \epsilon \left[\frac{\pi}{2}\left(\frac{8mL^2}{h^2}\right)^{3/2}\sqrt{\epsilon}\right]\mathrm{d}\epsilon \qquad (T = 0) \tag{7.50}$$

wird. Die Größe in eckigen Klammern hat eine schöne Interpretation: Es ist die Anzahl der Einteilchenzustände pro Energieeinheit. Um die Gesamtenergie des Systems zu berechnen, summieren wir über alle Werte der in Frage stehenden Energie, multipliziert mit der Anzahl der Zustände mit dieser Energie.

Die Anzahl der Einteilchenzustände pro Energieeinheit heißt **Zustandsdichte**. Ihr Symbol ist $g(\epsilon)$ und sie kann auf verschiedene Weisen geschrieben werden:

$$g(\epsilon) = \frac{\pi(8m)^{3/2}}{2h^3}\,V\sqrt{\epsilon} = \frac{3N}{2\epsilon_\mathrm{F}^{3/2}}\,\sqrt{\epsilon}\,. \tag{7.51}$$

Der zweite Ausdruck ist kompakt und handlich, aber vielleicht ein wenig verwirrend, weil er suggeriert, dass $g(\epsilon)$ von N abhängt, wohingegen die N-Abhängigkeit in Wirklichkeit von ϵ_F weggehoben wird. Ich mag den ersten Ausdruck lieber, weil er explizit zeigt, dass $g(\epsilon)$ proportional zu V und unabhängig von N ist. Wie auch immer, der wichtigste Punkt ist, dass $g(\epsilon)$ für einen dreidimensionalen Kasten mit freien Teilchen proportional zu $\sqrt{\epsilon}$ ist. Eine Kurve der Funktion ist eine sich nach rechts öffnende Parabel, wie in Abbildung 7.13 dargestellt. Wenn Sie wissen wollen, wie viele Zustände sich zwischen zwei Energien ϵ_1 und ϵ_2 befinden, integrieren Sie einfach diese Funktion über den erwünschten Bereich. Die Zustandsdichte ist eine Funktion, deren Lebenszweck es ist, integriert zu werden.

Die Idee von der Zustandsdichte kann auch in zahlreichen anderen Systemen angewandt werden, Gleichung 7.51 und Abbildung 7.13 sind für den speziellen Fall eines Gases „freier" Elektronen, die in einem festen Volumen eingesperrt sind, aber keine anderen Kräfte verspüren. In realistischeren Modellen von Metallen würden wir berücksichtigen, dass die Elektronen von den positiven Ionen des Kristallgitters angezogen

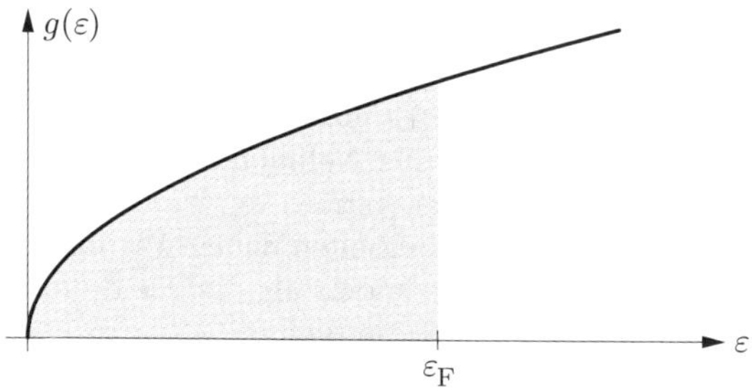

Abbildung 7.13: Zustandsdichte für ein System nicht wechselwirkender, nichtrelativistischer Teilchen in einem dreidimensionalen Kasten. Die Anzahl der Zustände in einem Energieintervall ist die Fläche unter der Kurve. Bei einem Fermi-Gas bei $T = 0$ sind alle Zustände mit $\epsilon < \epsilon_F$ besetzt, wohingegen alle Zustände mit $\epsilon > \epsilon_F$ unbesetzt sind.

werden. Dann wären die Wellenfunktionen und ihre Energien ziemlich anders und $g(\epsilon)$ somit eine viel kompliziertere Funktion. Das Schöne ist, dass die Bestimmung von g ein rein quantenmechanisches Problem ist und nicht mit thermischen Effekten oder der Temperatur zu tun hat.

Und wenn Sie g für ein System erst einmal kennen, können Sie die Quantenmechanik vergessen und sich auf die thermischen Effekte konzentrieren.

Für ein Elektronengas bei Temperatur *null* können wir die Gesamtzahl der Elektronen erhalten, indem wir einfach die Zustandsdichte bis zur Fermi-Energie integrieren:

$$N = \int_0^{\epsilon_F} g(\epsilon)\, d\epsilon \qquad (T = 0)\,. \tag{7.52}$$

(Für ein freies Elektronengas ist das dasselbe wie Gleichung 7.50 für die Energie, aber ohne den Extrafaktor ϵ.) Aber was machen wir, wenn T nicht null ist? Dann müssen wir $g(\epsilon)$ mit der *Wahrscheinlichkeit* multiplizieren, dass ein Zustand mit dieser Energie besetzt ist, also mit der Fermi-Dirac-Verteilungsfunktion. Wir müssen auch bis unendlich integrieren, denn jeder Zustand könnte möglicherweise besetzt sein:

$$N = \int_0^{\infty} g(\epsilon)\, \overline{n}_{FD}(\epsilon)\, d\epsilon = \int_0^{\infty} g(\epsilon)\, \frac{1}{e^{(\epsilon-\mu)/kT}+1}\, d\epsilon \qquad (\text{beliebiges } T)\,. \tag{7.53}$$

Und um die Gesamtenergie aller Elektronen zu erhalten, setzen Sie einfach ein ϵ ein:

$$U = \int_0^{\infty} \epsilon\, g(\epsilon)\, \overline{n}_{FD}(\epsilon)\, d\epsilon = \int_0^{\infty} \epsilon\, g(\epsilon)\, \frac{1}{e^{(\epsilon-\mu)/kT}+1}\, d\epsilon \qquad (\text{beliebiges } T)\,. \tag{7.54}$$

Abbildung 7.14 zeigt eine Kurve des Integranden des N-Integrals (7.53) für ein freies Elektronengas bei nicht verschwindendem T. Anstatt bei $\epsilon = \epsilon_F$ unmittelbar auf null abzufallen, nimmt die Anzahl der Elektronen pro Energieeinheit nun gradueller über eine Breite von einigen kT ab. Das chemische Potential μ ist der Punkt, an dem die Wahrscheinlichkeit, dass ein Zustand besetzt ist, exakt 1/2 ist, und es ist wichtig, sich darüber im Klaren zu sein, dass dieser Punkt nicht mehr der für $T = 0$ ist:

$$\mu(T) \neq \epsilon_F \qquad \text{außer wenn } T = 0\,. \tag{7.55}$$

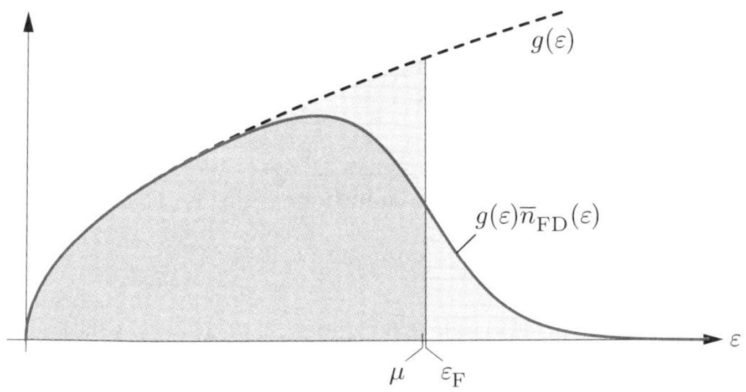

Abbildung 7.14: Für nicht verschwindendes T ist die Zahl der Fermionen pro Energieeinheit durch die Zustandsdichte mal der Fermi-Dirac-Verteilung gegeben. Weil eine Erhöhung der Temperatur die Gesamtzahl der Fermionen nicht ändert, müssen die beiden hell schattierten Flächen gleich sein. Da $g(\epsilon)$ oberhalb von ϵ_{F} größer als unterhalb ist, bedeutet das, dass das chemische Potential abnimmt, wenn T zunimmt. Der Graph ist für $T/T_{\mathrm{F}} = 0{,}1$ dargestellt; bei dieser Temperatur ist μ etwa 1 % weniger als ϵ_{F}.

Warum nicht? Erinnern Sie sich an Aufgabe 7.12: die Fermi-Dirac-Verteilung ist symmetrisch um $\epsilon = \mu$: Die Wahrscheinlichkeit, dass ein Zustand oberhalb von μ besetzt ist, ist gleich der Wahrscheinlichkeit, dass ein Zustand, der ebenso weit unterhalb von μ liegt, unbesetzt ist. Nehmen Sie nun an, dass μ konstant bliebe, wenn T von null anwächst. Da die Zustandsdichte rechts von μ größer als links davon ist, wäre die Anzahl der Elektronen, die wir bei $\epsilon > \mu$ hinzufügen, größer als die Anzahl, die wir bei $\epsilon < \mu$ verlieren. Mit anderen Worten, wir könnten die Gesamtzahl der Elektronen einfach dadurch erhöhen, dass wir die Temperatur erhöhen! Um solchen Unsinn zu verhindern, muss das chemische Potential ein wenig abnehmen und damit alle Wahrscheinlichkeiten ein klein wenig verringern.

Die genaue Formel für $\mu(T)$ wird implizit durch das Integral für N, Gleichung 7.53, bestimmt. *Falls* wir dieses Integral berechnen könnten, könnten wir die resultierende Formel hernehmen und nach $\mu(T)$ auflösen (da N eine festgehaltene Größe ist). Dann könnten wir unseren Wert für $\mu(T)$ in das Energieintegral (7.54) einsetzen und versuchen, *dieses* Integral auszurechnen, um $U(T)$ (und damit die Wärmekapazität) zu bekommen. Die schlechte Nachricht ist, dass diese Integrale nicht exakt ausgewertet werden können, auch nicht für den einfachen Fall eines freien Elektronengases. Die gute Nachricht ist, dass man sie im Grenzfall $kT \ll \epsilon_{\mathrm{F}}$ näherungsweise berechnen kann. In diesem Grenzfall ist die Antwort für das Energieintegral das, was ich in Gleichung 7.47 geschrieben habe.

Aufgabe 7.28 Betrachten Sie ein freies Fermi-Gas in zwei Dimensionen, das auf eine quadratische Fläche $A = L^2$ beschränkt ist.

(a) Bestimmen Sie die Fermi-Energie (abhängig von N und A), und zeigen Sie, dass die mittlere Energie der Teilchen gleich $\epsilon_{\mathrm{F}}/2$ ist.

(b) Leiten Sie eine Formel für die Zustandsdichte her. Sie sollten herausbekommen, dass es sich um eine von ϵ unabhängige Konstante handelt.

(c) Erklären Sie, wie sich das chemische Potential dieses Systems als Funktion der Temperatur verhalten sollte, sowohl wenn $kT \ll \epsilon_{\mathrm{F}}$ als auch wenn T viel höher ist.

(d) Weil $g(\epsilon)$ für dieses System eine Konstante ist, ist es möglich, das Integral 7.53 für die Anzahl der Teilchen analytisch auszuwerten. Machen Sie das und lösen Sie nach μ als Funktion von N auf. Zeigen Sie, dass die resultierende Formel das erwartete qualitative Verhalten hat.

(e) Zeigen Sie, dass im Hochtemperaturlimes $kT \gg \epsilon_F$ das chemische Potential dieses Systems das gleiche wie das eines gewöhnlichen idealen Gases ist.

Die Sommerfeld-Entwicklung

Nachdem ich so viel über die Integrale 7.53 und 7.54 gesprochen habe, wird es Zeit zu erklären, wie man sie auswertet, um das chemische Potential und die Gesamtenergie eines freien Elektronengases zu erhalten. Die Methode, wie man das im Limes $kT \ll \epsilon_F$ macht, stammt von Arnold Sommerfeld und wird daher **Sommerfeld-Entwicklung** genannt. Keiner der Schritte ist besonders schwierig, aber als Ganzes betrachtet ist die Rechnung ziemlich trickreich. Bleiben Sie dran!

Ich beginne mit dem Integral für N:

$$N = \int_0^\infty g(\epsilon)\,\overline{n}_{FD}(\epsilon)\,d\epsilon = g_0 \int_0^\infty \epsilon^{1/2}\,\overline{n}_{FD}(\epsilon)\,d\epsilon\,. \tag{7.56}$$

(Im zweiten Ausdruck habe ich die Abkürzung g_0 für die Konstante eingeführt, die $\sqrt{\epsilon}$ in Gleichung 7.51 für die Zustandsdichte multipliziert.) Obwohl dieses Integral über alle positiven ϵ läuft, ist die interessanteste Gegend bei $\epsilon = \mu$, wo $\overline{n}_{FD}(\epsilon)$ steil abfällt (falls $T \ll \epsilon_F$). Der erste Trick besteht darin, diese Gegend zu isolieren, indem wir partiell integrieren:

$$N = \frac{2}{3} g_0 \epsilon^{3/2} \overline{n}_{FD}(\epsilon)\Big|_0^\infty + \frac{2}{3} g_0 \int_0^\infty \epsilon^{3/2} \left(-\frac{d\,\overline{n}_{FD}}{d\epsilon}\right) d\epsilon\,. \tag{7.57}$$

Der Randterm verschwindet an beiden Grenzen und wir bekommen ein viel netteres Integral, weil $d\,\overline{n}_{FD}/\,d\epsilon$ überall vernachlässigbar ist, außer in einer engen Region um $\epsilon = \mu$ herum (siehe Abbildung 7.15). Explizit können wir

$$-\frac{d\,\overline{n}_{FD}}{d\epsilon} = -\frac{d}{d\epsilon}\left(e^{(\epsilon-\mu)/kT} + 1\right)^{-1} = \frac{1}{kT}\frac{e^x}{(e^x + 1)^2} \tag{7.58}$$

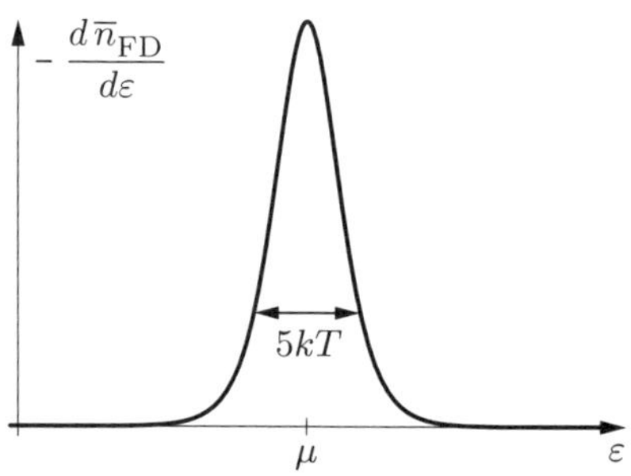

Abbildung 7.15: Die Ableitung der Fermi-Dirac-Verteilung ist überall vernachlässigbar, außer innerhalb von ein paar kT um μ herum.

berechnen, wobei $x = (\epsilon - \mu)/kT$ ist. Somit lautet das Integral, das wir auswerten müssen,

$$N = \frac{2}{3} g_0 \int_0^\infty \frac{1}{kT} \frac{e^x}{(e^x+1)^2} \epsilon^{3/2} \, d\epsilon = \frac{2}{3} g_0 \int_{-\mu/kT}^\infty \frac{e^x}{(e^x+1)^2} \epsilon^{3/2} \, dx \,, \tag{7.59}$$

wobei ich im letzten Ausdruck die Integrationsvariable zu x geändert habe.

Weil der Integrand in diesem Ausdruck für $|\epsilon - \mu| \gg kT$ exponentiell unterdrückt ist, können wir nun zwei Näherungen machen. Als Erstes können wir die untere Integralgrenze nach $-\infty$ schieben; dadurch schauen die Dinge symmetrischer aus, und es ist harmlos, das zu tun, weil der Integrand bei negativen Werten von ϵ ohnehin vollkommen vernachlässigbar ist. Als Zweites können wir die Funktion $\epsilon^{3/2}$ in eine Taylorreihe um den Punkt $\epsilon = \mu$ entwickeln und nur die ersten paar Terme behalten:

$$\begin{aligned} \epsilon^{3/2} &= \mu^{3/2} + (\epsilon - \mu) \frac{d}{d\epsilon} \epsilon^{3/2} \bigg|_{\epsilon=\mu} + \frac{1}{2}(\epsilon - \mu)^2 \frac{d^2}{d\epsilon^2} \epsilon^{3/2} \bigg|_{\epsilon=\mu} + \cdots \\ &= \mu^{3/2} + \frac{3}{2}(\epsilon - \mu)\mu^{1/2} + \frac{3}{8}(\epsilon - \mu)^2 \mu^{-1/2} + \cdots \,. \end{aligned} \tag{7.60}$$

Mit diesen Näherungen wird unser Integral zu

$$N = \frac{2}{3} g_0 \int_{-\infty}^\infty \frac{e^x}{(e^x+1)^2} \left[\mu^{3/2} + \frac{3}{2} xkT\mu^{1/2} + \frac{3}{8}(xkT)^2 \mu^{-1/2} + \cdots \right] dx \,. \tag{7.61}$$

Nun, wo nur ganzzahlige Potenzen von x auftauchen, können wir die Integrale tatsächlich Term für Term auswerten.

Der erste Term ist leicht:

$$\int_{-\infty}^\infty \frac{e^x}{(e^x+1)^2} \, dx = \int_{-\infty}^\infty -\frac{d\,\overline{n}_{FD}}{d\epsilon} \, d\epsilon = \overline{n}_{FD}(-\infty) - \overline{n}_{FD}(\infty) = 1 - 0 = 1 \,. \tag{7.62}$$

Der zweite Term ist auch leicht, weil der Integrand eine ungerade Funktion von x ist:

$$\int_{-\infty}^\infty \frac{x\,e^x}{(e^x+1)^2} \, dx = \int_{-\infty}^\infty \frac{x}{(e^x+1)(1+e^{-x})} \, dx = 0 \,. \tag{7.63}$$

Das dritte Integral ist das schwierige. Es *kann* analytisch ausgewertet werden, wie in Anhang B gezeigt wird:

$$\int_{-\infty}^\infty \frac{x^2\,e^x}{(e^x+1)^2} \, dx = \frac{\pi^2}{3} \,. \tag{7.64}$$

Sie können es auch in Tabellen nachschauen oder numerisch auswerten.

Setzen wir die Teile von Gleichung 7.61 zusammen, so erhalten wir für die Anzahl der Elektronen

$$\begin{aligned} N &= \frac{2}{3} g_0 \mu^{3/2} + \frac{1}{4} g_0 (kT)^2 \mu^{-1/2} \cdot \frac{\pi^2}{3} + \cdots \\ &= N \left(\frac{\mu}{\epsilon_F} \right)^{3/2} + N \frac{\pi^2}{8} \frac{(kT)^2}{\epsilon_F^{3/2} \mu^{1/2}} + \cdots \,. \end{aligned} \tag{7.65}$$

(In der zweiten Zeile habe ich $g_0 = 3N/2\epsilon_F^{3/2}$ aus Gleichung 7.51 eingesetzt.) Kürzen wir die N's heraus, so sehen wir, dass μ/ϵ_F in etwa gleich 1 ist, mit einer Korrektur proportional zu $(kT/\epsilon_F)^2$ (von der wir annehmen, dass sie sehr klein ist). Da der Korrekturterm bereits ziemlich klein ist, können wir in diesem Term $\mu \approx \epsilon_F$ nähern und dann nach μ/ϵ_F auflösen. Wir erhalten

$$\begin{aligned}\frac{\mu}{\epsilon_F} &= \left[1 - \frac{\pi^2}{8}\left(\frac{kT}{\epsilon_F}\right)^2 + \cdots\right]^{2/3} \\ &= 1 - \frac{\pi^2}{12}\left(\frac{kT}{\epsilon_F}\right)^2 + \cdots . \end{aligned} \tag{7.66}$$

Wie vorhergesagt, nimmt das chemische Potential mit zunehmendem T allmählich ab. Das Verhalten von μ ist in Abbildung 7.16 für einen großen Temperaturbereich gezeigt.

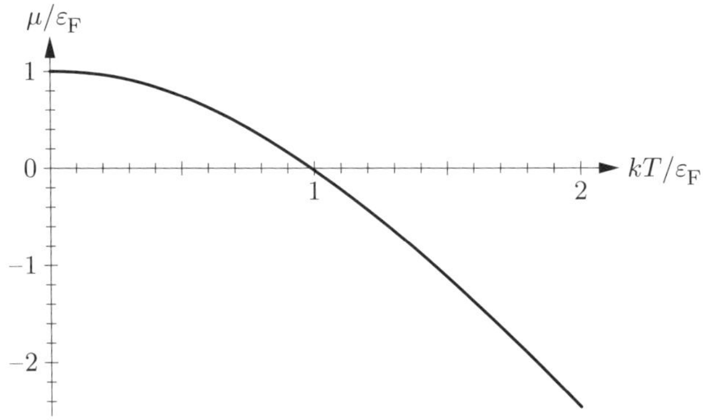

Abbildung 7.16: Chemisches Potential eines nicht wechselwirkenden, nichtrelativistischen Fermi-Gases in einem dreidimensionalen Kasten, numerisch wie in Aufgabe 7.32 beschrieben berechnet. Bei niedrigen Temperaturen ist μ näherungsweise durch Gleichung 7.66 gegeben, wohingegen μ bei hohen Temperaturen negativ wird und sich der Form für ein gewöhnliches Gas annähert, das der Boltzmann-Statistik genügt.

Das Integral (7.54) für die Gesamtenergie kann mit exakt der gleichen Abfolge von Tricks ausgewertet werden. Ich überlasse es Ihnen, das in Aufgabe 7.29 zu machen; das Ergebnis lautet

$$U = \frac{3}{5}N\frac{\mu^{5/2}}{\epsilon_F^{3/2}} + \frac{3\pi^2}{8}N\frac{(kT)^2}{\epsilon_F} + \cdots . \tag{7.67}$$

Am Ende können Sie Formel 7.66 für μ einsetzen und noch ein wenig weiterrechnen. Sie bekommen dann

$$U = \frac{3}{5}N\epsilon_F + \frac{\pi^2}{4}N\frac{(kT)^2}{\epsilon_F} + \cdots , \tag{7.68}$$

wie ich in Gleichung 7.47 behauptet habe.

Das war nun zugegebenermaßen ziemlich viel Arbeit, um am Ende nur einen Faktor $\pi^2/4$ zu bekommen (da wir den Rest bereits durch eine Dimensionsanalyse herausbekommen hatten). Ich habe diese Rechnung aber nicht deswegen so detailliert dargestellt, weil die *Antwort* wichtig wäre, sondern weil die Methoden so typisch dafür sind, was professionelle Physiker (und viele andere Wissenschaftler und Ingenieure) oft machen. Sehr wenig Probleme aus der Realität können exakt gelöst werden, daher ist es für Wissenschaftler entscheidend zu lernen, wann und wie man nähert. Und sehr oft entwickelt man erst *nach* der harten Rechnung genügend Intuition, um zu erkennen, wie man einen Großteil der Antwort hätte erraten können.

Aufgabe 7.29 Führen Sie die Sommerfeld-Entwicklung für das Energieintegral (7.54) aus, um Gleichung 7.67 zu bekommen. Setzen Sie dann die Entwicklung für μ ein, um das Endergebnis, Gleichung 7.68, zu erhalten.

Aufgabe 7.30 Die Sommerfeld-Entwicklung ist eine Entwicklung nach Potenzen von kT/ϵ_F, das als klein angenommen wird. In diesem Abschnitt habe ich alle Terme bis einschließlich der Ordnung $(kT/\epsilon_F)^2$ mitgenommen und Terme höherer Ordnung ausgelassen. Zeigen Sie bei jedem relevanten Schritt, dass der Term proportional zu T^3 gleich null ist, sodass die nächsten nicht verschwindenden Terme in den Entwicklungen von μ und U proportional zu T^4 sind. (Wenn Ihnen solche Dinge Spaß machen, können Sie auch versuchen, die Terme in T^4 auszuwerten, gegebenenfalls mittels eines Computeralgebraprogramms.)

Aufgabe 7.31 In Aufgabe 7.28 haben Sie die Zustandsdichte und das chemische Potential für ein zweidimensionales Fermi-Gas ermittelt. Berechnen Sie die Wärmekapazität dieses Gases im Limes $kT \ll \epsilon_F$. Zeigen Sie auch, dass die Wärmekapazität das erwartete Verhalten hat, wenn $kT \gg \epsilon_F$. Skizzieren Sie die Wärmekapazität als Funktion der Temperatur.

Aufgabe 7.32 Obwohl die Integrale (7.53 und 7.54) für N und U nicht analytisch für alle T berechnet werden können, ist es nicht schwierig, sie numerisch mithilfe eines Computers auszuwerten. Diese Berechnung hat wenig Bedeutung für Elektronen in Metallen (für die der Limes $kT \ll \epsilon_F$ immer ausreicht), wird aber für flüssiges ^{3}He und für astrophysikalische Systeme wie die Elektronen im Zentrum der Sonne benötigt.

(a) Werten Sie zum Aufwärmen das N-Integral (7.53) für den Fall $kT = \epsilon_F$ und $\mu = 0$ aus und überprüfen Sie, dass Ihre Antwort mit der oben gezeigten Kurve konsistent ist. (*Hinweis:* Wie immer, wenn Sie ein Problem auf dem Computer lösen, ist es am besten, zunächst alles durch dimensionslose Variablen auszudrücken. Setzen Sie also $t = kT/\epsilon_F$, $c = \mu/\epsilon_F$ und $x = \epsilon/\epsilon_F$. Drücken Sie alles durch diese Variablen aus und setzen Sie die Formeln *dann* auf den Computer.)

(b) Der nächste Schritt besteht darin, μ bei festem T zu variieren, bis das Integral den gesuchten Wert N ergibt. Führen Sie das für Werte von kT/ϵ_F zwischen 0,1 und 2 durch und zeichnen Sie die Ergebnisse, um Abbildung 7.16 zu reproduzieren. (Es ist vermutlich keine gute Idee, numerische Methoden auszuprobieren, wenn kT/ϵ_F viel kleiner als 0,1 ist, denn Sie bekommen irgendwann Overflow-Fehler, da große Zahlen in den Exponenten kommen. Aber in diesem Bereich haben wir das Problem bereits analytisch gelöst.)

(c) Setzen Sie Ihre berechneten μ-Werte in das Energieintegral (7.54) ein und werten Sie es numerisch aus, um die Energie als Funktion der Temperatur für kT bis zu $2\epsilon_F$ zu erhalten. Zeichnen Sie die Ergebnisse und werten Sie die Steigung aus, um die Wärmekapazität zu erhalten. Überprüfen Sie, dass die Wärmekapazität das erwartete Verhalten bei niedrigen und hohen Temperaturen hat.

Aufgabe 7.33 Berücksichtigt man die anziehenden Kräfte der Ionen in einem Kristall, so sind die erlaubten Elektronenenergien nicht mehr durch die einfache Formel 7.36 gegeben; stattdessen werden die erlaubten Energien in **Bänder** zusammengefasst. Sie sind durch **Lücken** voneinander getrennt, in denen es keine erlaubten Energien gibt. In einem *Leiter* befindet sich die Fermi-Energie in einem der Bänder; in diesem Abschnitt haben wir die Elektronen in diesem Band als „freie" Teilchen behandelt, die in ein festes Volumen eingesperrt sind. In einem **Isolator** liegt die Fermi-Energie hingegen in einer Lücke, sodass bei $T = 0$ das Band unterhalb der Lücke vollständig besetzt ist, das Band oberhalb der Lücke hingegen leer. Weil es keine leeren Zustände mit ähnlicher Energie wie die besetzten Zustände gibt, „stecken" die Elektronen „fest" und das Material leitet keine Elektrizität. Ein **Halbleiter** ist ein Isolator, in dem die Lücke eng genug ist, dass sie bei Raumtemperatur von einigen Elektronen übersprungen werden kann. Abbildung 7.17 zeigt die Zustandsdichte in der Nähe der Fermi-Energie für einen idealisierten Halbleiter und definiert einige Terminologie und Notation, die in dieser Aufgabe verwendet werden sollen.

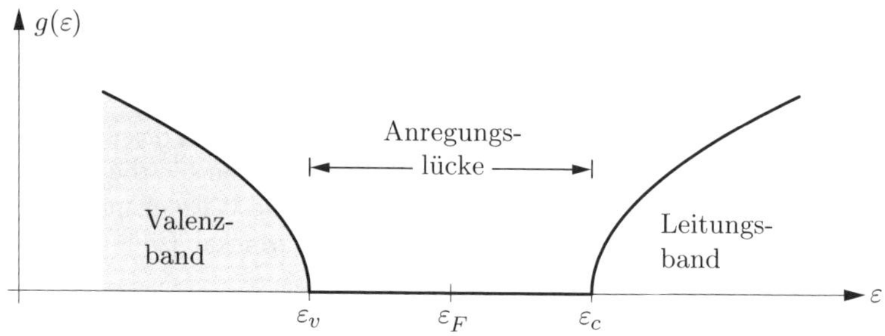

Abbildung 7.17: Das periodische Potential eines Kristallgitters führt auf eine Zustandsdichtenfunktion, die aus „Bändern" (mit vielen Zuständen) und „Lücken" (ohne Zustände) führt. Bei einem Isolator oder einem Halbleiter liegt die Fermi-Energie in der Mitte einer Lücke, sodass bei $T = 0$ das „Valenzband" vollständig gefüllt ist, wohingegen das „Leitungsband" vollständig leer ist.

(a) Als erste Näherung modellieren wir die Zustandsdichte nahe der unteren Kante des Leitungsbands, indem wir die gleiche Funktion wie für ein freies Fermi-Gas mit einem geeigneten Nullpunkt verwenden: $g(\epsilon) = g_0\sqrt{\epsilon - \epsilon_c}$, wobei g_0 dieselbe Konstante wie in Gleichung 7.51 ist. Wir modellieren ebenso die Zustandsdichte nahe der Oberkante des Valenzbands als ein Spiegelbild dieser Funktion. Erklären Sie, warum in dieser Näherung das chemische Potential unabhängig von der Temperatur immer exakt in der Mitte der Lücke liegen muss.

(b) Normalerweise ist die Breite der Lücke viel größer als kT. Leiten Sie für diesen Grenzfall einen Ausdruck für die Anzahl der Leitungselektronen pro Einheitsvolumen als Funktion der Temperatur und der Breite der Lücke her.

(c) Silizium hat bei Raumtemperatur eine Lücke von etwa 1,11 eV zwischen dem Valenzband und dem Leitungsband. Wie viele Leitungselektronen finden sich in etwa in einem Kubikzentimeter Silizium bei Raumtemperatur? Wie vergleicht sich diese Zahl mit der Anzahl der Leitungselektronen in einer ähnlichen Menge Kupfer?

(d) Erklären Sie, warum ein Halbleiter bei höheren Temperaturen viel besser leitet. Unterstützen Sie Ihre Erklärung mit einigen Zahlen. (Gewöhnliche Leiter wie Kupfer wiederum leiten bei *niedrigen* Temperaturen besser.)

(e) Ganz grob gesprochen: Wie groß müsste die Lücke zwischen dem Valenzband und dem Leitungsband sein, damit man ein Material als Isolator und nicht als Halbleiter einstuft?

Aufgabe 7.34 In einem realen Halbleiter wird sich die Zustandsdichte an der unteren Kante des Leitungsbands von dem in der letzten Aufgabe verwendeten Modell durch einen numerischen Faktor unterscheiden, der materialabhängig groß oder klein sein kann. Schreiben wir also für das Leitungsband $g(\epsilon) = g_{0c}\sqrt{\epsilon - \epsilon_c}$, wobei g_{0c} eine neue Normierungskonstante ist, die sich von g_0 durch einen „Fummelfaktor" unterscheidet. In ähnlicher Weise schreiben wir $g(\epsilon)$ an der Oberkante des Valenzbands mittels einer neuen Normierungskonstante g_{0v}.

(a) Erklären Sie, warum sich das chemische Potential nun mit der Temperatur ändert, falls $g_{0v} \neq g_{0c}$ gilt. Wann nimmt es zu, wann nimmt es ab?

(b) Geben Sie einen Ausdruck für die Anzahl der Leitungselektronen als Funktion von T, μ, ϵ_c und g_{0c} an. Vereinfachen Sie diesen Ausdruck so weit wie möglich; nehmen Sie dabei $\epsilon_c - \mu \gg kT$ an.

(c) Ein leerer Zustand im Valenzband wird **Loch** genannt. Leiten Sie analog zu Teil (b) einen Ausdruck für die Anzahl der Löcher her und vereinfachen Sie ihn im Limes $\mu - \epsilon_v \gg kT$.

(d) Verbinden Sie die Ergebnisse der Teile (b) und (c), um einen Ausdruck für das chemische Potential als Funktion der Temperatur herzuleiten.

(e) In Silizium sind $g_{0c}/g_0 = 1{,}09$ und $g_{0v}/g_0 = 0{,}44$.[8] Berechnen Sie die Verschiebung von μ in Silizium bei Raumtemperatur.

Aufgabe 7.35 Die ersten zwei Probleme haben sich mit reinen Halbleitern befasst, die auch als **intrinsische** Halbleiter bezeichnet werden. Nützliche halbleiterbasierte Geräte werden hingegen aus **dotierten** Halbleitern hergestellt, die eine substantielle Anzahl an Verunreinigungsatomen enthalten. Ein Beispiel eines dotierten Halbleiters wurde in Aufgabe 7.5 behandelt. Schauen wir uns dieses System noch einmal an. (Beachten Sie, dass wir in Aufgabe 7.5 alle Energien bezüglich der Unterkante des Leitungsbandes ϵ_c berechnet haben. Wir haben auch den Unterschied zwischen g_0 und g_{0c} vernachlässigt; diese Vereinfachung ist für Leitungselektronen in Silizium in Ordnung.)

(a) Berechnen und zeichnen Sie das chemische Potential als Funktion der Temperatur für Silizium, das mit 10^{17} Phosphoratomen pro cm^3 dotiert wurde (wie in Aufgabe 7.5). Nehmen Sie weiterhin an, dass die Leitungselektronen wie ein normales ideales Gas behandelt werden können.

(b) Diskutieren Sie, ob es in diesem System legitim ist anzunehmen, dass die Leitungselektronen als ein gewöhnliches ideales Gas (und nicht als Fermi-Gas) behandelt werden können. Geben Sie einige numerische Beispiele.

(c) Schätzen Sie die Temperatur ab, bei der die Anzahl der Valenzlelektronen, die ins Leitungsband angeregt werden, mit der Anzahl der Leitungselektronen aus Verunreinigungen vergleichbar würde. Welche Quelle von Leitungselektronen ist bei Raumtemperatur wichtiger?

Aufgabe 7.36 Die meisten Spin-1/2-Fermionen, einschließlich Elektronen und Helium-3-Atome, haben nicht verschwindende magnetische Momente. Ein Gas aus solchen Teilchen ist somit paramagnetisch. Betrachten Sie zum Beispiel ein Gas aus freien Elektronen, das in einem dreidimensionalen Kasten eingeschlossen ist. Die z-Komponente des magnetischen Moments jedes Elektrons beträgt $\pm\mu_B$. In Gegenwart eines Magnetfeldes B,

8 Diese Werte kann man aus den „effektiven Massen" der Elektronen und Löcher herleiten. Siehe z. B. S. M. Sze, *Physics of Semiconductor Devices*, 2. Auflage (Wiley, New York, 1981).

das in die z-Richtung weist, bekommt jeder „oben"-Zustand eine zusätzliche Energie von $-\mu_B B$, wohingegen jeder „unten"-Zustand eine zusätzliche Energie $+\mu_B B$ bekommt.

(a) Erklären Sie, warum Sie erwarten würden, dass bei gleicher Teilchenzahl und Feldstärke die Magnetisierung eines entarteten Elektronengases deutlich niedriger als die der elektronischen Paramagneten aus den Kapiteln 3 und 6 sein sollte.

(b) Stellen Sie eine Formel für die Zustandsdichte dieses Systems in Gegenwart eines Magnetfeldes B auf und deuten Sie Ihre Formel graphisch.

(c) Die Magnetisierung dieses Systems beträgt $\mu_B(N_\uparrow - N_\downarrow)$, wobei $N_\uparrow$ und $N_\downarrow$ die Anzahlen der Elektronen mit nach „oben" und „unten" weisenden magnetischen Momenten sind. Bestimmen Sie eine Formel für die Magnetisierung dieses Systems bei $T = 0$ als Funktion von N, μ_B, B und der Fermi-Energie.

(d) Bestimmen Sie die erste temperaturabhängige Korrektur für Ihre Antwort aus Teil (c) im Grenzfall $T \ll T_F$. Sie können annehmen, dass $\mu_B B \ll kT$; das impliziert, das die Gegenwart eines Magnetfeldes vernachlässigbare Auswirkungen auf das chemische Potential μ hat. (Um Verwechslungen zwischen μ_B und μ zu vermeiden, sollten Sie für die Größe $\mu_B B$ eine Abkürzung wie δ verwenden.)

7.4 Schwarzkörperstrahlung

Als nächste Anwendung der Quantenstatistik möchte ich die elektromagnetische Strahlung in einem „Kasten" (zum Beispiel einem Ofen) bei gegebener Temperatur untersuchen. Lassen Sie mich zunächst diskutieren, was wir von einem solchen System in der klassischen (nicht quantalen) Physik erwarten würden.

Die Ultraviolett-Katastrophe

In der klassischen Physik behandeln wir elektromagnetische Strahlung als kontinuierliches „Feld", das den ganzen Raum durchdringt. In einem Kasten können wir uns dieses Feld als eine Kombination verschiedener Muster aus stehenden Wellen vorstellen, wie in Abbildung 7.18 gezeigt. Jedes Muster aus stehenden Wellen verhält sich wie ein harmonischer Oszillator mit Frequenz $f = c/\lambda$. Wie ein mechanischer Oszillator hat jede ste-

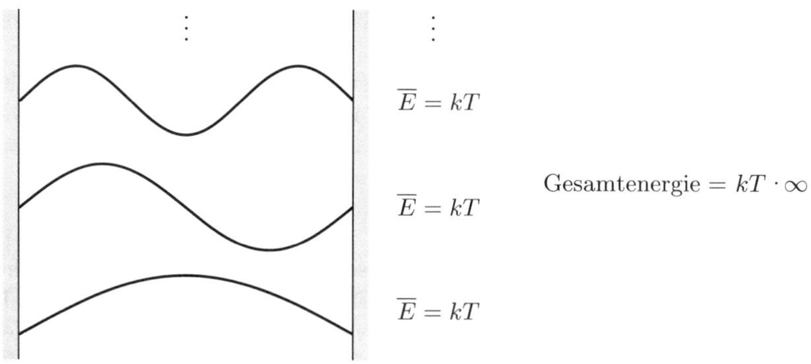

Abbildung 7.18: Wir können das elektromagnetische Feld in einem Kasten als eine Überlagerung von stehenden Wellenmoden bei verschiedenern Wellenlängen ansehen. Jede Mode ist ein harmonischer Oszillator mit einer wohldefinierten Frequenz. Klassisch betrachtet sollte jeder Oszillator eine mittlere Energie kT haben. Da die Gesamtzahl der Moden unendlich ist, ist auch die Gesamtenergie im Kasten unendlich.

hende elektromagnetische Welle zwei Freiheitsgrade mit mittlerer thermischer Energie $2 \cdot \frac{1}{2}kT$. Da die Gesamtzahl der Oszillatoren im elektromagnetischen Feld unendlich ist, sollte die Gesamtenergie auch unendlich sein. Experimentell betrachtet werden wir aber nicht von einer unendlichen Menge an elektromagntischer Strahlung gegrillt, wenn wir die Ofentür öffnen, um nach den Plätzchen zu schauen. Dieser Widerspruch zwischen klassischer Theorie und Experiment wird als **Ultraviolett-Katastrophe** bezeichnet (weil die unendliche Energie hauptsächlich von sehr kurzen Wellenlängen kommen würde).

Die Planck-Verteilung

Die Lösung für die Ultraviolett-Katastrophe kommt aus der Quantenmechanik. (Historisch betrachtet führte die Ultraviolett-Katastrophe zur *Geburt* der Quantenmechanik.) In der Quantenmechanik kann ein harmonischer Oszillator nicht irgendwelche Energiemengen tragen; seine erlaubten Energieniveaus lauten

$$E_n = 0,\ hf,\ 2hf,\ \ldots\,. \tag{7.69}$$

(Wie üblich messe ich alle Energien relativ zur Grundzustandsenergie. Siehe Anhang A für weitere Diskussion zu diesem Punkt.) Die Zustandssumme eines einzelnen Oszillators lautet daher

$$\begin{aligned} Z &= 1 + \mathrm{e}^{-\beta hf} + \mathrm{e}^{-2\beta hf} + \cdots \\ &= \frac{1}{1-\mathrm{e}^{-\beta hf}} \end{aligned} \tag{7.70}$$

und die mittlere Energie beträgt

$$\overline{E} = -\frac{1}{Z}\frac{\partial Z}{\partial \beta} = \frac{hf}{\mathrm{e}^{hf/kT}-1}\,. \tag{7.71}$$

Wenn wir uns die Energie in „Einheiten" von hf vorstellen, ist die mittlere *Anzahl* der Energieeinheiten im Oszillator gleich

$$\overline{n}_{\mathrm{Pl}} = \frac{1}{\mathrm{e}^{hf/kT}-1}\,. \tag{7.72}$$

Diese Formel wird nach Max Planck als **Planck-Verteilung** bezeichnet.

Nach der Planck-Verteilung werden kurzwellige Moden des elektromagnetischen Feldes mit $hf \gg kT$ *exponentiell* unterdrückt: Sie sind „ausgefroren" und könnten genauso gut nicht existieren. Somit ist die Gesamtzahl der elektromagnetischen Oszillatoren, die effektiv zur Energie im Kasten beitragen, endlich und die Ultraviolett-Katastrophe findet nicht statt. Beachten Sie, dass diese Lösung *verlangt*, dass die Oszillatorenergien quantisiert sind: Es ist die Größe der Energieeinheiten im Vergleich zu kT, die auf den unterdrückenden exponentiellen Faktor führt.

Photonen

Man kann sich „Einheiten" von Energie im elektromagnetischen Feld auch als *Teilchen* vorstellen, die **Photonen** genannt werden. Es handelt sich um Bosonen, somit sollte ihre Anzahl in einer beliebigen „Mode" oder Wellenmuster des Feldes durch die Bose-Einstein-Verteilung gegeben sein:

$$\overline{n}_{\mathrm{BE}} = \frac{1}{\mathrm{e}^{(\epsilon-\mu)/kT}-1}\,. \tag{7.73}$$

Hier ist ϵ die Energie jedes Teilchens in der Mode, das heißt $\epsilon = hf$. Ein Vergleich mit Gleichung 7.72 führt daher auf

$$\mu = 0 \qquad \text{für Photonen}\,. \tag{7.74}$$

Aber warum sollte das stimmen? Ich werde Ihnen zwei Gründe nennen, die beide auf der Tatsache beruhen, dass Photonen in beliebiger Menge erzeugt oder vernichtet werden können; ihre Gesamtzahl ist nicht erhalten.

Betrachten Sie zunächst die Helmholtz'sche freie Energie, die im Gleichgewicht den niedrigstmöglichen Wert für festgehaltenes T und V erreichen muss. In einem System von Photonen ist die Anzahl N der Teilchen nicht festgelegt, sondern nimmt den Wert an, der F minimiert. Wenn sich N dann infinitesimal ändert, sollte sich F nicht ändern:

$$\left(\frac{\partial F}{\partial N}\right)_{T,V} = 0 \qquad \text{(im Gleichgewicht)}\,. \tag{7.75}$$

Aber diese Ableitung ist exakt gleich dem chemischen Potential.

Ein zweites Argument benutzt die Bedingung für das chemische Gleichgewicht, die in Abschnitt 5.6 hergeleitet wurde. Betrachten Sie eine typische Reaktion, bei der ein Photon (γ) von einem Elektron erzeugt oder absorbiert werden kann:

$$\mathrm{e} \longleftrightarrow \mathrm{e} + \gamma\,. \tag{7.76}$$

Wie wir in Abschnitt 5.6 gesehen haben, ist die Gleichgewichtsbedingung für so eine Reaktion dieselbe wie in einer Reaktionsgleichung, wobei der Name jeder Stoffart durch ihr chemisches Potential ersetzt wird. In diesem Fall gilt

$$\mu_\mathrm{e} = \mu_\mathrm{e} + \mu_\gamma \qquad \text{(im Gleichgewicht)}\,. \tag{7.77}$$

Mit anderen Worten ist das chemische Potential für Photonen null.

Nach beiden Argumenten ist das chemische Potential eines Photonen„gases" in einem Kasten bei fester Temperatur gleich null, sodass sich die Bose-Einstein-Verteilung wie verlangt auf die Planck-Verteilung reduziert.

Aufsummierung über Moden

Die Planck-Verteilung sagt uns, wie viele Photonen in einer einzelnen „Mode" (oder „Einteilchenzustand") des elektromagnetischen Feldes sind. Als Nächstes wollen wir die *Gesamt*zahl der Photonen im Kasten wissen und ebenso die Gesamt*energie* aller Photonen. In beiden Fällen müssen wir über alle möglichen Zustände summieren, genauso wie wir es bei den Elektronen gemacht haben. Ich werde die Gesamtenergie berechnen und überlasse Ihnen die Berechnung der Gesamtzahl der Photonen in Aufgabe 7.44.

Fangen wir in einer Dimension an mit einem „Kasten" der Länge L. Die erlaubten Wellenlängen und Impulse sind für Photonen die gleichen wie für alle anderen Teilchen:

$$\lambda = \frac{2L}{n}\,; \qquad p = \frac{hn}{2L}\,. \tag{7.78}$$

(Hier ist n eine positive ganze Zahl, die die Moden, von denen wir reden, durchnummeriert. Verwechseln Sie sie nicht mit $\overline{n}_\mathrm{Pl}$, der mittleren Photonenzahl in einer gegebenen Mode.) Photonen sind jedoch ultrarelativistische Teilchen. Somit sind ihre Energien durch

$$\epsilon = pc = \frac{hcn}{2L} \tag{7.79}$$

anstelle von $\epsilon = p^2/2m$ gegeben. (Sie können dieses Ergebnis auch unmittelbar aus der Einstein-Beziehung $\epsilon = hf$ zwischen der Energie und der Frequenz eines Photons herleiten. Bei Licht ist $f = c/\lambda$ und somit $\epsilon = hc/\lambda = hcn/2L$.)

In drei Dimensionen wird aus dem Impuls ein Vektor, bei dem jede Komponente durch $h/2L$ mal einer ganzen Zahl gegeben ist. Die Energie ist c mal die *Größe* des Impulsvektors:

$$\epsilon = c\sqrt{p_x^2 + p_y^2 + p_z^2} = \frac{hc}{2L}\sqrt{n_x^2 + n_y^2 + n_z^2} = \frac{hcn}{2L} , \tag{7.80}$$

wobei ich im letzten Ausdruck wie in Abschnitt 7.3 n für die Länge des Vektors $\vec{n}$ verwende.

Nun ist die mittlere Energie in irgendeiner Mode gleich ϵ mal der Besetzung dieser Mode, und die Besetzung ist durch die Planck-Verteilung gegeben. Um die Gesamtenergie in allen Moden zu erhalten, summieren wir über n_x, n_y und n_z. Wir müssen auch einen Faktor 2 einschleusen, denn jede Wellengestalt kann Photonen zweier unabhängiger Polarisierungen tragen. Somit beträgt die Gesamtenergie

$$U = 2\sum_{n_x}\sum_{n_y}\sum_{n_z} \epsilon\, \bar{n}_{\text{Pl}}(\epsilon) = \sum_{n_x,n_y,n_z} \frac{hcn}{L}\frac{1}{e^{hcn/2LkT} - 1} . \tag{7.81}$$

Wie in Abschnitt 7.3 können wir die Summen in Integrale umwandeln und die Integration in Kugelkoordinaten ausführen (siehe Abbildung 7.11). Dieses Mal ist die Obergrenze bei der Integration über n unendlich:

$$U = \int_0^\infty dn \int_0^{\pi/2} d\theta \int_0^{\pi/2} d\phi\, n^2 \sin\theta\, \frac{hcn}{L}\frac{1}{e^{hcn/2LkT} - 1} . \tag{7.82}$$

Die Winkelintegrale ergeben wieder $\pi/2$, die Oberfläche eines Achtels einer Einheitskugel.

Das Planck-Spektrum

Das Integral über n schaut ein wenig netter aus, wenn wir die Variablen auf die Photonenenergie $\epsilon = hcn/2L$ ändern. Wir erhalten dann einen globalen Faktor $L^3 = V$, somit beträgt die Gesamtenergie pro Einheitsvolumen

$$\frac{U}{V} = \int_0^\infty \frac{8\pi\epsilon^3/(hc)^3}{e^{\epsilon/kT} - 1}\, d\epsilon . \tag{7.83}$$

In diesem Fall hat der Integrand eine hübsche Interpretation: Es handelt sich um die Energiedichte pro (Photonen-)Energieeinheit oder das **Spektrum** der Photonen:

$$u(\epsilon) = \frac{8\pi}{(hc)^3}\frac{\epsilon^3}{e^{\epsilon/kT} - 1} . \tag{7.84}$$

Diese Funktion, die von Planck als Erstem hergeleitet wurde, gibt die relative Intensität der Strahlung als Funktion der Photonenenergie an (oder als Funktion der Frequenz, wenn Sie die Variablen wieder auf $f = \epsilon/h$ ändern). Wenn Sie $u(\epsilon)$ von ϵ_1 bis ϵ_2 integrieren, so erhalten Sie die Energie pro Einheitsvolumen für diesen Bereich von Photonenenergien.

Um das Integral über ϵ auszuwerten, ist es praktisch, die Variablen wieder zu ändern, jetzt auf $x = \epsilon/kT$. Dann wird die Gleichung 7.83 zu

$$\frac{U}{V} = \frac{8\pi(kT)^4}{(hc)^3} \int_0^\infty \frac{x^3}{e^x - 1}\, dx\,. \tag{7.85}$$

Der Integrand ist immer noch zum Planck-Spektrum proportional; diese Funktion ist in Abbildung 7.19 dargestellt. Das Spektrum hat sein Maximum bei $x = 2{,}82$ bzw. $\epsilon = 2{,}82kT$. Wenig überraschend ergeben höhere Temperaturen höhere Photonenenergien. (Diese Tatsache wird **Wien'sches Gesetz** genannt.) Sie können die Temperatur in einem Ofen messen, indem Sie ein wenig von der Strahlung herauslassen und sich die Farbe anschauen. Ein typischer Keramikbrennofen (Kiln) hat eine Temperatur von 1500 K und ein Spektrum mit einem Maximum bei $\epsilon = 0{,}36\,\text{eV}$ im nahen Infrarot. (Photonen im Sichtbaren haben höhere Energien, die bei etwa 2–3 eV liegen.)

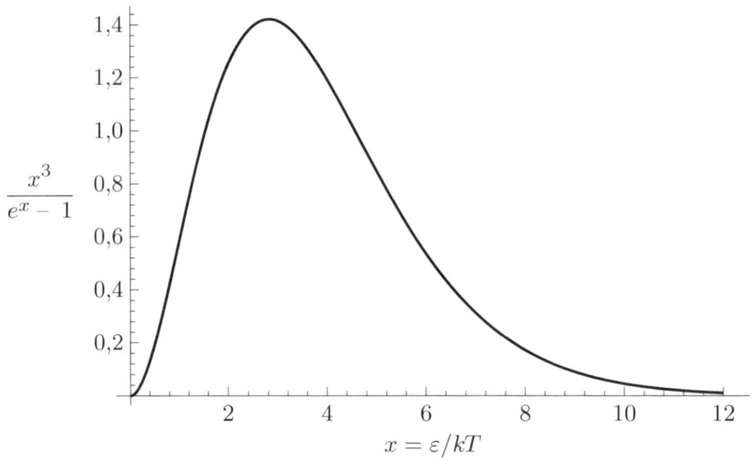

Abbildung 7.19: Das Planck-Spektrum, dargestellt als Funktion der dimensionslosen Variable $x = \epsilon/kT = hf/kT$. Die Fläche unter jedem Abschnitt der Kurve ist, wenn sie mit $8\pi(kT)^4/(hc)^3$ multipliziert wird, gleich der Energiedichte der elektromagnetischen Strahlung im entsprechenden Frequenz- (oder Photonenenergie-)Bereich; siehe Gleichung 7.85.

Aufgabe 7.37 Beweisen Sie, dass das Maximum des Planck-Spektrums bei $x = 2{,}82$ liegt.

Aufgabe 7.38 Es ist aus Abbildung 7.19 nicht ersichtlich, wie sich das Planck-Spektrum als Funktion der Temperatur ändert. Erstellen Sie zur Untersuchung der Temperaturabhängigkeit eine quantitative Graphik der Funktion $u(\epsilon)$ für $T = 3000\,\text{K}$ und $T = 6000\,\text{K}$ (beide im selben Schaubild). Verwenden Sie Elektronvolt als Einheit für die x-Achse.

Aufgabe 7.39 Wechseln Sie in Gleichung 7.83 zur Variable $\lambda = hc/\epsilon$ und leiten Sie damit eine Formel für das Photonenspektrum als Funktion der Wellenlänge her. Stellen Sie dieses Spektrum graphisch dar und bestimmen Sie eine numerische Formel für die Wellenlänge, bei der das Spektrum sein Maximum hat, als Funktion von hc/kT. Erklären Sie, warum das Maximum nicht bei $hc/(2{,}82kT)$ auftritt.

Aufgabe 7.40 Leiten Sie ausgehend von Gleichung 7.83 eine Formel für die Zustandsdichte eines Photonengases (oder irgendeines anderen Gases ultrarelativistischer Teilchen mit zwei Polarisationszuständen) her. Skizzieren Sie diese Funktion.

Aufgabe 7.41 Betrachten Sie zwei innere Zustände eines Atoms, s_1 und s_2. s_2 sei der höherenergetische Zustand, sodass $E(s_2) - E(s_1) = \epsilon$ mit einer positiven Konstante ϵ. Wenn das Atom momentan im Zustand s_2 ist, so gibt es eine gewisse Wahrscheinlichkeit pro Zeiteinheit, dass das Atom spontan in den Zustand s_1 übergeht und dabei ein Photon der Energie ϵ emittiert. Diese Wahrscheinlichkeit pro Zeiteinheit wird als der **Einstein'sche *A*-Koeffizient** bezeichnet:

$$A = \text{Wahrscheinlichkeit einer spontanen Emission pro Zeiteinheit.}$$

Auf der anderen Seite besteht, wenn das Atom momentan im Zustand s_1 ist und wir es mit Licht der Frequenz $f = \epsilon/h$ bestrahlen, die Möglichkeit, dass es ein Photon absorbiert und in den Zustand s_2 springt. Die Wahrscheinlichkeit, dass das passiert, ist nicht nur zur Länge der verstrichenen Zeit proportional, sondern auch zur Intensität des Lichts oder genauer gesagt, zur Energiedichte des Lichts pro Frequenzeinheit, $u(f)$. (Das ist die Funktion, die bei Integration über ein beliebiges Frequenzintervall die Energie pro Einheitsvolumen in diesem Frequenzintervall ergibt. Bei unserem atomaren Übergang kommt es lediglich auf den Wert von $u(f)$ bei $f = \epsilon/h$ an.) Die Wahrscheinlichkeit pro Zeiteinheit und Intensitätseinheit, ein Photon zu absorbieren, wird als **Einstein'scher *B*-Koeffizient** bezeichnet:

$$B = \frac{\text{Wahrscheinlichkeit einer Absorption pro Zeiteinheit}}{u(f)} .$$

Schließlich kann es auch vorkommen, dass das Atom einen *stimulierten* Übergang von s_2 nach s_1 hinunter vollführt, wiederum mit einer Wahrscheinlichkeit, die proportional zu der Intensität des Lichtes bei Frequenz f ist. (Stimulierte Emission ist der fundamentale Mechanismus des Lasers: *Light Amplification by Stimulated Emission of Radiation.*) Daher definieren wir einen dritten Koeffizienten B', der zu B analog ist:

$$B' = \frac{\text{Wahrscheinlichkeit einer stimulierten Emission pro Zeiteinheit}}{u(f)} .$$

Wie Einstein 1917 gezeigt hat, reicht es, einen der drei Koeffizienten zu kennen – dann kennt man alle.

(a) Stellen Sie sich eine Ansammlung von vielen solchen Atomen vor, sodass N_1 davon im Zustand s_1 sind und N_2 im Zustand s_2. Schreiben Sie eine Formel für $\mathrm{d}N_1/\mathrm{d}t$ auf, ausgedrückt durch A, B, B', N_1, N_2 und $u(f)$.

(b) Einsteins Trick besteht darin, sich vorzustellen, dass diese Atome *thermischer* Strahlung ausgesetzt sind, sodass $u(f)$ die Planck'sche Spektralfunktion ist. Im Gleichgewicht sollten N_1 und N_2 zeitlich konstant sein und ihr Verhältnis ein einfacher Boltzmann-Faktor sein. Zeigen Sie damit, dass die Koeffizienten wie

$$B' = B \qquad \text{und} \qquad \frac{A}{B} = \frac{8\pi h f^3}{c^3}$$

verknüpft sind.

Gesamtenergie

Genug zum Spektrum – wie steht es mit der elektromagnetischen Gesamtenergie im Kasten? Gleichung 7.85 ist im Wesentlichen die abschließende Antwort, bis auf das Integral über x, das nur irgendeine dimensionslose Zahl ergibt. Aus Abbildung 7.19 können Sie abschätzen, dass diese Zahl um die 6,5 beträgt. Eine schöne, aber sehr trickreiche Berechnung (siehe Anhang B) ergibt exakt $\pi^4/15$. Somit beträgt die über alle Frequenzen aufsummierte Gesamtenergie

$$\frac{U}{V} = \frac{8\pi^5(kT)^4}{15(hc)^3}\,. \tag{7.86}$$

Der wichtigste Aspekt dieses Ergebnisses ist seine Abhängigkeit von der *vierten* Potenz der Temperatur. Verdoppeln Sie die Temperatur Ihres Ofens, nimmt die darin befindliche Menge an elektromagnetischer Energie um einen Faktor von $2^4 = 16$ zu.

Numerisch betrachtet ist die elektromagnetische Gesamtenergie in einem typischen Ofen ziemlich klein. Beim Plätzchenbacken (so um die 190 Grad oder 460 K) ergibt sich die Energie pro Volumeneinheit zu $3{,}5\cdot10^{-5}\,\text{J/m}^3$. Das ist im Vergleich zur thermischen Energie der Luft im Ofen *winzig*.

Formel 7.86 sieht vielleicht kompliziert aus, aber abgesehen vom numerischen Faktor hätten Sie die Antwort mittels einer Dimensionsanalyse erraten können. Die mittlere Energie pro Photon muss etwas von der Ordnung kT sein, somit muss die Gesamtenergie proportional zu NkT sein, wobei N die Gesamtzahl der Photonen ist. Da N extensiv ist, muss es zum Volumen V des Kastens proportional sein; daher muss die Gesamtenergie die Gestalt

$$U = (\text{Konstante}) \cdot \frac{V\,kT}{\ell^3} \tag{7.87}$$

haben, wobei ℓ eine Größe mit Einheit Länge sein muss. (Wenn Sie wollen, können Sie so tun, als ob jedes Photon ein Volumen ℓ^3 besetzt.) Aber die einzige relevante Länge in der Problemstellung ist die typische De-Broglie-Wellenlänge der Photonen: $\lambda = h/p = hc/E \propto hc/kT$. Setzt man das für ℓ ein, so kommt bis auf einen Faktor $8\pi^5/15$ Gleichung 7.86 heraus.

Aufgabe 7.42 Betrachten Sie die elektromagnetische Strahlung in einem Kiln (Brennofen) mit einem Volumen von $1\,\text{m}^3$ und einer Temperatur von 1500 K.

(a) Wie groß ist die Gesamtenergie der Strahlung?

(b) Skizzieren Sie das Spektrum der Strahlung als Funktion der Photonenenergie.

(c) Welcher Bruchteil der Gesamtenergie liegt im *sichtbaren* Teil des Spektrums mit Wellenlängen zwischen 400 nm und 700 nm?

Aufgabe 7.43 Auf der Sonnenoberfläche beträgt die Temperatur in etwa 5800 K.

(a) Wie viel Energie enthält die elektromagnetische Strahlung, die einen Kubikmeter Raum an der Sonnenoberfläche ausfüllt?

(b) Skizzieren Sie das Spektrum dieser Strahlung als Funktion der Photonenenergie. Markieren Sie den Bereich des Spektrums, der den sichtbaren Wellenlängen zwischen 400 nm und 700 nm entspricht.

(c) Welcher Bruchteil der Energie befindet sich im sichtbaren Teil des Spektrums? (*Hinweis:* Führen Sie das Integral numerisch aus.)

Entropie eines Photonengases

Neben der Gesamtenergie eines Photonengases möchten wir eine Reihe anderer Größen wissen, zum Beispiel die Gesamtzahl der Photonen oder die Gesamtentropie. Es stellt sich heraus, dass diese beiden Größen bis auf einen konstanten Faktor gleich sind. Lassen Sie mich nun die Entropie berechnen.

Der einfachste Weg, die Entropie zu berechnen, geht von der Wärmekapazität aus. Für einen Kasten voll thermischer Photonen mit Volumen V gilt

$$C_V = \left(\frac{\partial U}{\partial T}\right)_V = 4aT^3\,, \tag{7.88}$$

wobei a eine Abkürzung für $8\pi^5k^4V/15(hc)^3$ darstellt. Dieser Ausdruck trifft bis hinunter zum absoluten Nullpunkt zu, sodass wir ihn integrieren können, um die absolute Entropie zu erhalten. Führen wir das Symbol T' für die Integrationsvariable ein, so erhalten wir

$$S(T) = \int_0^T \frac{C_V(T')}{T'}\,\mathrm{d}T' = 4a\int_0^T (T')^2\,\mathrm{d}T' = \frac{4}{3}aT^3 = \frac{32\pi^5}{45}V\left(\frac{kT}{hc}\right)^3 k\,. \tag{7.89}$$

Die Gesamt*zahl* der Photonen ist durch die gleiche Formel gegeben, allerdings mit einem anderen numerischen Vorfaktor und ohne das k am Ende (siehe Aufgabe 7.44).

Die kosmische Hintergrundstrahlung

Das überwältigendste Beispiel eines Photonengases ist die Strahlung, die das gesamte beobachtbare Universum erfüllt und ein beinahe perfektes thermisches Spektrum bei einer Temperatur von 2,73 K aufweist. Es ist allerdings nicht so ganz einfach, diese Temperatur zu interpretieren: Es gibt keinen Mechanismus mehr, der die Photonen im thermischen Gleichgewicht untereinander oder mit etwas anderem hält; man geht vielmehr davon aus, dass die Strahlung ein Überbleibsel aus einer Zeit ist, zu der das Universum voller ionisiertem Gas war, das stark mit der elektromagnetischen Strahlung wechselwirkte. Zu der Zeit betrug die Temperatur eher 3000 K; seitdem hat sich das Universum in alle Richtungen etwa um einen Faktor tausend ausgedehnt, und die Photonenwellenlängen wurden entsprechend gestreckt (dopplerverschoben, wenn Sie sich das so vorstellen wollen). Dabei wurde die Gestalt des Spektrums bewahrt, aber die effektive Temperatur nach 2,73 K verschoben.

Die Photonen, aus denen die kosmische Hintergrundstrahlung besteht, haben ziemlich niedrige Energien: Das Spektrum hat sein Maximum bei $\epsilon = 2{,}82kT = 6{,}6\cdot 10^{-4}$ eV. Das entspricht einer Wellenlänge von etwa einem Millimeter im fernen Infrarot. Diese Wellenlängen durchdringen unsere Atmosphäre nicht, aber der langwellige Schwanz des Spektrums im Mikrowellenbereich von ein paar Zentimetern Wellenlänge kann ohne viel Schwierigkeit beobachtet werden. Er wurde zufällig im Jahr 1965 von Radioastronomen entdeckt. Abbildung 7.20 zeigt eine jüngere Messreihe über einen breiten Bereich von Wellenlängen, die oberhalb der Erdatmosphäre vom *Cosmic Background Explorer*-Satelliten durchgeführt wurde.

Gemäß Formel 7.86 beträgt die Gesamtenergie der kosmischen Hintergrundstrahlung nur 0,26 MeV/m^3. Dem muss man die mittlere Energiedichte normaler Materie gegenüberstellen, die auf kosmischen Skalen von der Größenordnung von einem Proton pro Kubikmeter oder 1000 MeV/m^3 ist. (Es ist eine Ironie des Schicksals, dass man die Dichte

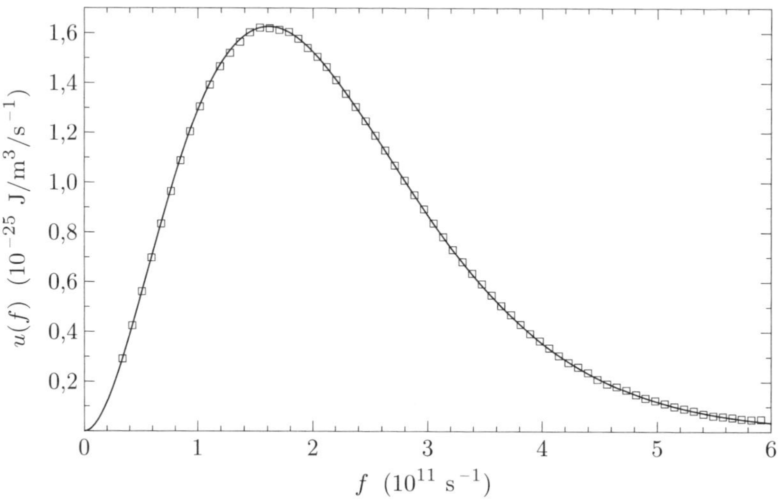

Abbildung 7.20: Spektrum der kosmischen Hintergrundstrahlung, gemessen vom *Cosmic Background Explorer*-Satelliten. Auf der y-Achse ist die Energiedichte pro Frequenzeinheit in SI-Einheiten aufgetragen. Beachten Sie, dass eine Frequenz von $3{\cdot}10^{11}\,\mathrm{s}^{-1}$ einer Wellenlänge von $\lambda = c/f = 1{,}0\,\mathrm{mm}$ entspricht. Jedes Quadrat entspricht einem gemessenen Datenpunkt. Die Ungenauigkeiten von Punkt zu Punkt sind zu klein, um auf dieser Skala sichtbar zu sein; die Größe der Quadrate stellt stattdessen eine großzügige Schätzung der Ungenauigkeit aufgrund systematischer Effekte dar. Die durchgezogene Linie ist das theoretische Planck-Spektrum, wobei die Temperatur auf 2,735 K gesetzt ist, um den besten Fit zu ergeben. Aus J. C. Mather et al., *Astrophysical Journal Letters* **354**, L37 (1990); angepasst mit Genehmigung der NASA/GSFC und der COBE Science Working Group. Nachfolgende Messungen aus diesem und anderen Experimenten ergeben nun eine Temperatur von $2{,}728 \pm 0{,}002$ K für den besten Fit.

der exotischen Hintergrundstrahlung auf drei gültige Ziffern kennt, wohingegen die mittlere Dichte gewöhnlicher Materie eine Unsicherheit von beinahe einem Faktor 10 aufweist.) Auf der anderen Seite ist die *Entropie* der Hintergrundstrahlung viel größer als die gewöhnlicher Materie: Nach Gleichung 7.89 enthält jeder Kubikmeter Raum eine Photonenentropie von $(1{,}49{\cdot}10^9)k$, fast drei Milliarden Entropie„einheiten". Es ist nicht so leicht, die Entropie gewöhnlicher Materie auszurechnen, aber wenn wir so tun, als ob die Materie ein gewöhnliches ideales Gas wäre, so können wir abschätzen, dass ihre Entropie gleich Nk mal einer kleinen Zahl ist, mit anderen Worten, nur ein paar k pro Kubikmeter.

Aufgabe 7.44 Anzahl der Photonen in einem Photonengas.

(a) Zeigen Sie, dass die Anzahl der Photonen in einem Kasten mit Volumen V im Gleichgewicht bei Temperatur T gleich

$$N = 8\pi V\left(\frac{kT}{hc}\right)^3 \int_0^\infty \frac{x^2}{e^x - 1}\,dx$$

ist. Das Integral kann nicht analytisch ausgewertet werden; schauen Sie es entweder in einer Tabelle nach oder werten Sie es numerisch aus.

(b) Wie vergleicht sich dieses Ergebnis mit der Formel, die im Text für die Entropie eines Photonengases hergeleitet wurde? (Wie groß ist die Entropie pro Photon in Einheiten von k?)

(c) Berechnen Sie die Anzahl der Photonen pro Kubikmeter bei den folgenden Temperaturen: 300 K; 1500 K (ein typischer Brennofen); 2,73 K (die kosmische Hintergrundstrahlung).

Aufgabe 7.45 Verwenden Sie die Formel $P = -(\partial U/\partial V)_{S,N}$, um zu zeigen, dass der Druck eines Photonengases ein Drittel der Energiedichte U/V beträgt. Berechnen Sie den Druck, der von der Strahlung im Inneren eines Brennofens bei 1500 K ausgeübt wird, und vergleichen Sie ihn mit dem normalen Gasdruck, der von der Luft ausgeübt wird. Berechnen Sie dann den Strahlungsdruck im Mittelpunkt der Sonne, an dem die Temperatur 15 Millionen K beträgt. Vergleichen Sie ihn mit dem Gasdruck des ionisierten Wasserstoffs, dessen Dichte in etwa 10^5 kg/m^3 beträgt.

Aufgabe 7.46 Manchmal ist es nützlich, die freie Energie eines Photonengases zu kennen.

(a) Berechnen Sie die (Helmholtz'sche) freie Energie direkt aus der Definition $F = U - TS$. (Drücken Sie die Antwort durch T und V aus.)

(b) Überprüfen Sie die Formel $S = -(\partial F/\partial T)_V$ für dieses System.

(c) Leiten Sie F nach V ab, um den Druck eines Photonengases zu erhalten. Prüfen Sie, ob Ihr Ergebnis mit dem aus der letzten Aufgabe übereinstimmt.

(d) Ein interessanterer Weg, f zu berechnen, ist, die Formel $F = -kT \ln Z$ auf jede Mode separat anzuwenden (das heißt, auf jeden effektiven Oszillator) und dann über alle Moden zu summieren. Führen Sie diese Berechnung durch, um

$$F = 8\pi V \frac{(kT)^4}{(hc)^3} \int_0^\infty x^2 \ln(1 - e^{-x})\, dx$$

zu erhalten. Integrieren Sie partiell und prüfen Sie, ob Ihre Antwort mit Teil (a) übereinstimmt.

Aufgabe 7.47 Im Text habe ich behauptet, dass das Universum von ionisiertem Gas erfüllt war, bis seine Temperatur auf etwa 3000 K absank. Um zu verstehen warum, nehmen Sie an, dass das Universum nur Photonen und Wasserstoffatome enthält, und zwar mit einem konstanten Verhältnis von 10^9 Photonen pro Wasserstoffatom. Berechnen und stellen Sie den Anteil der ionisierten Atome als Funktion der Temperatur für Temperaturen zwischen 0 und 6000 K graphisch dar. Wie ändert sich das Ergebnis, wenn das Verhältnis von Photonen zu Atomen 10^8 oder 10^{10} beträgt? (*Hinweis:* Drücken Sie alles durch dimensionslose Variable wie $t = kT/I$ aus, wobei I die Ionisierungsenergie des Wasserstoffs ist.)

Aufgabe 7.48 Es wird angenommen, dass das Universum zusätzlich zur kosmischen Hintergrundstrahlung der Photonen auch von einer Hintergrundstrahlung der Neutrinos (ν) und der Antineutrinos ($\bar{\nu}$) durchdrungen wird, die momentan eine effektive Temperatur von 1,95 K hat. Es gibt drei Neutrinoarten, von denen jede ein Antiteilchen hat, wobei nur ein Polarisationszustand für jedes Teilchen oder Antiteilchen erlaubt ist. Nehmen Sie für die folgenden Teile (a) bis (c) an, dass alle drei Arten exakt masselos sind.

(a) Es ist vernünftig anzunehmen, dass für jede Art die Konzentration der Neutrinos gleich der der Antineutrinos ist, sodass ihre chemischen Potentiale gleich sind: $\mu_\nu = \mu_{\bar{\nu}}$. Ferner werden Neutrinos und Antineutrinos paarweise gemäß der Reaktion

$$\nu + \bar{\nu} \leftrightarrow 2\gamma$$

erzeugt oder vernichtet (dabei ist γ ein Photon). Zeigen Sie unter der Annahme, dass diese Reaktion im Gleichgewicht ist (wie sie es im frühen Universum gewesen wäre), dass $\mu = 0$ sowohl für Neutrinos als auch für Antineutrinos gilt.

(b) Sind Neutrinos masselos, so müssen sie auch ultrarelativistisch sein. Sie sind ebenfalls Fermionen und gehorchen dem Ausschlussprinzip. Verwenden Sie diese Tatsachen, um eine Formel für die Gesamtenergiedichte (Energie pro Volumeneinheit) der Hintergrundstrahlung von Neutrinos und Antineutrinos herzuleiten. (*Hinweis:* Es gibt sehr wenige Unterschiede zwischen diesem „Neutrinogas" und einem Photonengas. Antiteilchen haben immer noch positive Energie, somit reicht ein Faktor 2, um die Antineutrinos zu berücksichtigen. Um die drei Arten zu berücksichtigen, multiplizieren Sie einfach mit 3.) Um das letzte Integral auszuwerten, gehen Sie erst zu einer dimensionslosen Variable über und verwenden Sie dann einen Computer, schauen das Integral in einem Tabellenwerk nach oder konsultieren Sie Anhang B.

(c) Leiten Sie eine Formel für die *Anzahl* der Neutrinos pro Einheitsvolumen in der Neutrinohintergrundstrahlung her. Werten Sie Ihr Ergebnis numerisch für die momentane Neutrinotemperatur von 1,95 K her.

(d) Es ist mittlerweile erwiesen, dass Neutrinos sehr kleine, aber nicht verschwindende Massen haben. Das hatte keine Auswirkungen auf die Neutrinoproduktion im frühen Universum, als mc^2 im Vergleich zu den thermischen Energien vernachlässigbar war. Heute könnte die Gesamtmasse all der Hintergrundneutrinos jedoch signifikant sein. Nehmen Sie an, dass genau eine der drei Neutrinoarten (und das entsprechende Antineutrino) eine nicht verschwindende Masse m hat. Wie groß müsste mc^2 sein (in eV), damit die Gesamtmasse der Neutrinos im Universum mit der Gesamtmasse gewöhnlicher Materie vergleichbar wäre?

Aufgabe 7.49 In einem kurzen Zeitraum im frühen Universum war die Temperatur hoch genug, dass es zur Erzeugung großer Zahlen von Elektron-Positron-Paaren kam. Diese Paare bildeten eine dritte Art von „Hintergrundstrahlung" zusätzlich zu den Photonen und Neutrinos (siehe Abbildung 7.21). Elektronen und Positronen sind wie Neutrinos Fermionen. Sie haben beide dieselbe Masse und jedes hat zwei unabhängige Polarisierungszustände. In dem uns interessierenden Zeitraum waren die Dichten von Elektronen

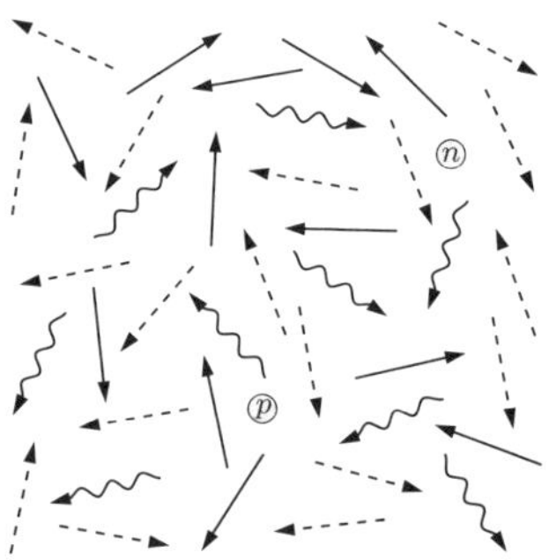

Abbildung 7.21: Als die Temperatur größer als die Elektronenmasse mal c^2/k war, war das Universum von drei Arten von Strahlung erfüllt: Elektronen und Positronen (durchgezogene Pfeile), Neutrinos (gestrichelte Pfeile) und Photonen (wellenartige Pfeile). In dieser Strahlung wurden einige wenige Protonen und Neutronen gebadet, in etwa eines pro einer Milliarde Strahlungsteilchen.

und Positronen in etwa gleich, sodass es eine gute Näherung ist, die chemischen Potentiale wie in der letzten Aufgabe gleich null zu setzen.

Erinnern Sie sich aus der speziellen Relativitätstheorie daran, dass die Energie eines massiven Teilchens gleich $\epsilon = \sqrt{(pc)^2 + (mc^2)^2}$ ist.

(a) Zeigen Sie, dass die Energiedichte der Elektronen und Positronen bei Temperatur T durch

$$\frac{U}{V} = \frac{16\pi(kT)^4}{(hc)^3}\, u(T)$$

gegeben ist, wobei

$$u(T) = \int_0^\infty \frac{x^2\sqrt{x^2 + (mc^2/kT)^2}}{e^{\sqrt{x^2+(mc^2/kT)^2}} + 1}\, dx\,.$$

(b) Zeigen Sie, dass $u(T)$ gegen null geht, wenn $kT \ll mc^2$, und erklären Sie, warum das ein vernünftiges Ergebnis ist.

(c) Werten Sie $u(T)$ im Limes $kT \gg mc^2$ aus und vergleichen Sie es mit dem Ergebnis aus der letzten Aufgabe für die Neutrinostrahlung.

(d) Verwenden Sie einen Computer, um $u(T)$ bei mittleren Temperaturen zu berechnen und darzustellen.

(e) Verwenden Sie die Methode aus Aufgabe 7.46, Teil (d), um zu zeigen, dass die Dichte der freien Energie der Elektron-Positron-Strahlung

$$\frac{F}{V} = -\frac{16\pi(kT)^4}{(hc)^3}\, f(T)$$

beträgt, wobei

$$f(T) = \int_0^\infty x^2 \ln\left(1 + e^{-\sqrt{x^2+(mc^2/kT)^2}}\right) dx\,.$$

Werten Sie $f(T)$ in beiden Limites aus und verwenden Sie einen Computer, um $f(t)$ bei mittleren Temperaturen zu berechnen und darzustellen.

(f) Drücken Sie die Entropie der Elektron-Positron-Strahlung durch die Funktionen $u(T)$ und $f(T)$ aus. Werten Sie die Entropie im Hochtemperaturlimes explizit aus.

Aufgabe 7.50 Man kann die Ergebnisse der letzten Aufgabe verwenden, um zu erklären, warum die momentane Temperatur der kosmischen Neutrinohintergrundstrahlung (Aufgabe 7.48) 1,95 K und nicht 2,73 K beträgt. Ursprünglich waren die Temperaturen der Photonen und der Neutrinos gleich, aber als sich das Universum ausdehnte und abkühlte, wurden die Wechselwirkungen der Neutrinos mit anderen Teilchen rasch vernachlässigbar. Kurz danach fiel die Temperatur bis zu dem Punkt, an dem kT/c^2 nicht mehr größer als die Elektronenmasse war. Als die Elektronen und Positronen in den nächsten paar Minuten verschwanden, „heizten" sie die Photonenstrahlung, aber nicht die Neutrinostrahlung.

(a) Stellen Sie sich vor, dass das Universum ein endliches Gesamtvolumen V hat, V jedoch mit der Zeit zunimmt. Stellen Sie eine Formel für die Gesamtentropie der Elektronen, Positronen und Photonen als Funktion von V und T auf. Verwenden Sie dazu die Hilfsfunktionen $u(T)$ und $f(T)$, die in der letzten Aufgabe eingeführt wurden. Argumentieren Sie unter der Annahme, dass keine anderen Teilchen mit den oben aufgeführten wechselwirkten, dass diese Gesamtentropie im frühen Universum eine Erhaltungsgröße war.

(b) Die Entropie der Neutrinostrahlung wurde zu dieser Zeit separat erhalten, weil die Neutrinos mit nichts wechselwirken konnten. Verwenden Sie das, um zu zeigen, dass die Neutrinotemperatur T_ν und die Photonentemperatur T während der Expansion und Abkühlung des Universums durch

$$\left(\frac{T}{T_\nu}\right)^3 \left[\frac{2\pi^4}{45} + u(T) + f(T)\right] = \text{konstant}$$

verbunden sind. Werten Sie die Konstante aus, indem Sie annehmen, dass bei sehr hohen Temperaturen $T = T_\nu$ ist.

(c) Berechnen Sie das Verhältnis T/T_ν im Limes niedriger Temperaturen, um zu bestätigen, dass die momentane Neutrinotemperatur gleich 1,95 K sein sollte.

(d) Verwenden Sie einen Computer, um das Verhältnis T/T_ν als Funktion von T darzustellen, wobei kT/mc^2 von 0 bis 3 gehen soll.[9]

Photonen, die durch ein Loch entwischen

Bis jetzt habe ich in diesem Abschnitt das Photonengas *in* einem Ofen oder irgendeinem anderen Kasten im thermischen Gleichgewicht untersucht. Letztlich würden wir aber gerne die Photonen verstehen, die von einem heißen Objekt *emittiert* werden. Beginnen wir damit, dass wir fragen, was passiert, wenn wir von einem Photonengas in einem Kasten ausgehen und dann ein Loch in den Kasten bohren, um einige Photonen herauszulassen (siehe Abbildung 7.22).

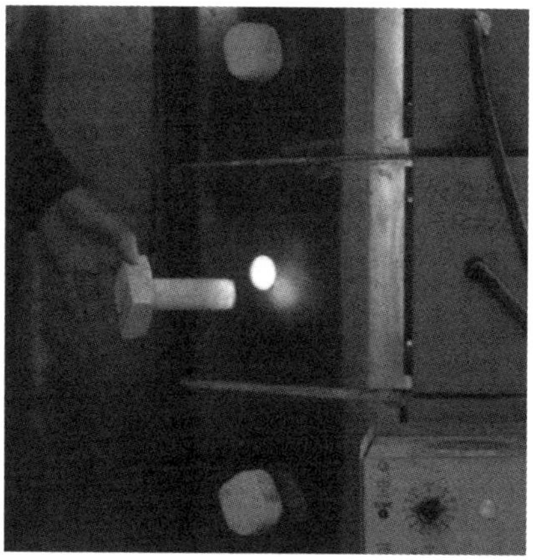

Abbildung 7.22: Wenn Sie ein Loch in einem Behälter voller Strahlung (hier ein Brennofen) aufmachen, so ist das Spektrum des entweichenden Lichts dasselbe wie das Spektrum des Lichts drinnen. Die Gesamtmenge an Energie, die entweicht, ist proportional zur Größe des Lochs und der verstreichenden Zeit.

Alle Photonen bewegen sich (im Vakuum) mit derselben Geschwindigkeit, unabhängig von ihren Wellenlängen. Somit werden niederenergetische Photonen mit der gleichen Wahrscheinlichkeit durch das Loch entwischen wie hochenergetische Photonen, und somit wird das Spektrum der Photonen, die herauskommen, genauso aussehen wie das

9 Nachdem Sie diese Aufgabe beendet haben, wird es Ihnen relativ leichtfallen zu bestimmen, *wann* genau das alles passiert ist. Die Grundannahme ist, dass das Universum mit „Fluchtgeschwindigkeit" expandiert. Alles, was Sie wissen müssen, findet sich in Weinberg (1977).

der Photonen drinnen. Es ist schwieriger, die Gesamt*menge* der entweichenden Strahlung herauszubekommen; die Rechnung enthält nicht viel Physik, aber die Geometrie ist ziemlich knifflig.

Die Photonen, die jetzt in einem Zeitraum $\mathrm{d}t$ entweichen, waren einmal auf das Loch von irgendwoher in einer halbkugelförmigen Schale gerichtet, wie in Abbildung 7.23 dargestellt. Der Radius R der Schale hängt davon ab, wie weit in der Vergangenheit wir schauen, wohingegen die Dicke der Schale gleich $c\,\mathrm{d}t$ ist. Ich werde wie gezeigt sphärische Koordinaten verwenden, um verschiedene Punkte auf der Schale zu bezeichnen. Der Winkel θ geht von 0, am linken Ende der Schale, bis $\pi/2$, an der äußersten Kante rechts. Es gibt auch einen Azimutwinkel ϕ (nicht dargestellt), der von 0 bis 2π läuft, wenn Sie von der oberen Kante der Schale in die Seite hineingehen, bis ganz unten, dann aus der Seite heraus und zurück zum Anfang.

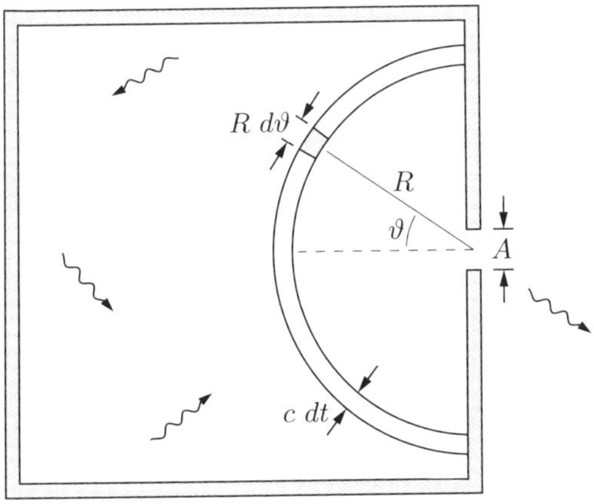

Abbildung 7.23: Die Photonen, die jetzt entweichen, waren einmal irgendwo in einer halbkugelförmigen Schale im Kasten. Die Wahrscheinlichkeit, von einem gegebenen Punkt in dieser Schale zu entkommen, hängt vom Abstand zum Loch und dem Winkel θ ab.

Betrachten Sie nun den schattierten Teil der Schale, der in Abbildung 7.23 dargestellt ist. Sein Volumen beträgt

$$\text{Volumen des Schalenteils} = (R\,\mathrm{d}\theta) \times (R\sin\theta\,\mathrm{d}\phi) \times (c\,\mathrm{d}t)\,. \tag{7.90}$$

(Die Tiefe des Teils senkrecht zur Seite beträgt $R\sin\theta\,\mathrm{d}\phi$, da $R\sin\theta$ der Radius eines Rings mit konstantem θ ist, der durchlaufen wird, wenn ϕ von 0 nach 2π läuft.) Die Energiedichte der Photonen in diesem Stück ist durch Gleichung 7.86 gegeben:

$$\frac{U}{V} = \frac{8\pi^5}{15}\frac{(kT)^4}{(hc)^3}\,. \tag{7.91}$$

Im Folgenden werde ich diese Größe einfach U/V nennen; die Gesamtenergie in dem Teil ist daher

$$\text{Energie im Teil} = \frac{U}{V}\,c\,\mathrm{d}t\,R^2\sin\theta\,\mathrm{d}\theta\,\mathrm{d}\phi\,. \tag{7.92}$$

Aber nicht die gesamte Energie in diesem Teil des Raums wird durch das Loch entkommen, weil die meisten Photonen in die falsche Richtung gehen. Die Wahrscheinlichkeit, dass ein Photon in die richtige Richtung läuft, ist gleich der Fläche des Lochs aus der Perspektive des Teils, geteilt durch die Gesamtfläche einer imaginären Kugel mit Radius R mit dem Raumteil als Mittelpunkt:

$$\text{Wahrscheinlichkeit zu entweichen} = \frac{A\cos\theta}{4\pi R^2}\,. \tag{7.93}$$

Hier ist A die Fläche des Lochs und $A\cos\theta$ die projizierte Fläche, so wie sie von dem Raumteil aus gesehen wird. Die Energiemenge, die aus dem Raumteil entweicht, lautet daher

$$\text{Energie, die aus Raumteil entweicht} = \frac{A\cos\theta}{4\pi}\,\frac{U}{V}\,c\,\mathrm{d}t\,\sin\theta\,\mathrm{d}\theta\,\mathrm{d}\phi\,. \tag{7.94}$$

Um nun die *Gesamt*energie zu erhalten, die durch das Loch im Zeitraum $\mathrm{d}t$ entweicht, integrieren wir einfach über θ und ϕ:

$$\begin{aligned}\text{entweichende Gesamtenergie} &= \int_0^{2\pi}\mathrm{d}\phi\int_0^{\pi/2}\mathrm{d}\theta\,\frac{A\cos\theta}{4\pi}\,\frac{U}{V}\,c\,\mathrm{d}t\,\sin\theta\\ &= 2\pi\,\frac{A}{4\pi}\,\frac{U}{V}\,c\,\mathrm{d}t\int_0^{\pi/2}\cos\theta\,\sin\theta\,\mathrm{d}\theta\\ &= \frac{A}{4}\,\frac{U}{V}\,c\,\mathrm{d}t\,.\end{aligned} \tag{7.95}$$

Die entweichende Energiemenge ist natürlich proportional zur Fläche A des Lochs und auch zur Länge des Zeitintervalls $\mathrm{d}t$. Teilen wir durch diese Größen, so erhalten wir die pro Flächeneinheit emittierte *Leistung:*

$$\text{Leistung pro Flächeneinheit} = \frac{c}{4}\,\frac{U}{V}\,. \tag{7.96}$$

Sehen wir einmal vom Faktor 1/4 ab, so hätten Sie dieses Ergebnis mittels Dimensionsanalyse erraten können: Um aus Energie/Volumen Leistung/Fläche zu machen, müssen Sie mit irgendetwas mit der Einheit Länge/Zeit multiplizieren. In dieser Problemstellung ist die Lichtgeschwindigkeit die einzige relevante Geschwindigkeit.

Setzen wir die Formel 7.91 für die Energiedichte im Kasten ein, so erhalten wir das explizitere Ergebnis

$$\text{Leistung pro Flächeneinheit} = \frac{2\pi^5}{15}\,\frac{(kT)^4}{h^3c^2} = \sigma T^4\,, \tag{7.97}$$

wobei σ als **Stefan-Boltzmann-Konstante**

$$\sigma = \frac{2\pi^5k^4}{15h^3c^2} = 5{,}67\cdot 10^{-8}\,\frac{\mathrm{W}}{\mathrm{m^2\,K^4}} \tag{7.98}$$

bekannt ist. (Diese Zahl kann man sich leicht merken: Denken Sie einfach „5–6–7–8" und vergessen Sie das Minuszeichen nicht.)

Die Abhängigkeit der abgestrahlten Leistung von der vierten Potenz der Temperatur ist das **Stefan-Boltzmann-Gesetz**. Es wurde 1879 empirisch entdeckt.

Strahlung von anderen Objekten

Obwohl ich das Stefan-Boltzmann-Gesetz für Photonen hergeleitet habe, die von einem Loch in einem Kasten emittiert werden, so gilt es auch für Photonen, die von irgendeiner nicht reflektierenden („schwarzen“) Oberfläche bei Temperatur T emittiert werden. Solche Strahlung wird daher als **Schwarzkörperstrahlung** bezeichnet. Der Beweis, dass ein Schwarzkörper Photonen exakt so emittiert wie ein Loch in einem Kasten, ist erstaunlich einfach.

Stellen Sie sich vor, dass Sie einerseits ein Loch in einem Kasten haben und andererseits ein schwarzes Objekt, die beide die gleiche Temperatur haben und sich wie in Abbildung 7.24 gegenüberstehen. Jedes Objekt emittiert Photonen, von denen einige vom anderen absorbiert werden. Wenn die Objekte die gleiche Größe haben, wird jedes den gleichen Anteil der Strahlung des anderen absorbieren. Stellen Sie sich nun vor, dass der Schwarzkörper *nicht* die gleiche Leistung wie das Loch emittiert; vielleicht emittiert er etwas weniger. Dann wird mehr Energie vom Loch zum Schwarzkörper fließen als umgekehrt und der Schwarzkörper wird allmählich heißer. Oha! Dieser Vorgang würde den zweiten Hauptsatz der Thermodynamik verletzen. Und wenn der Schwarzkörper *mehr* Strahlung emittiert als das Loch, dann kühlt der Schwarzkörper allmählich ab, wohingegen der Kasten mit dem Loch heißer wird; das kann auch nicht passieren.

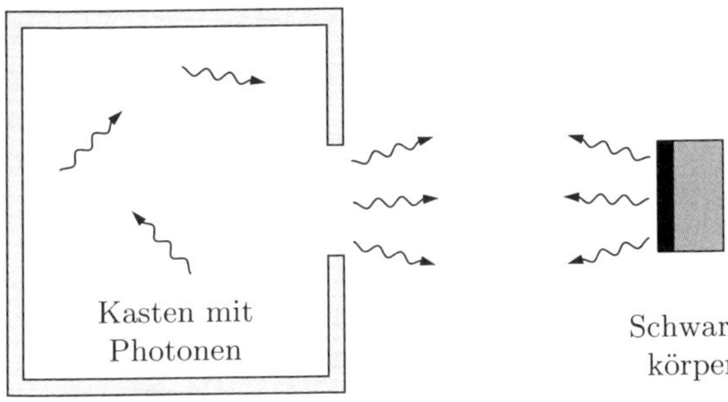

Abbildung 7.24: Ein Gedankenexperiment, das zeigt, dass eine perfekt schwarze Oberfläche Strahlung emittiert, die identisch zu der ist, die von einem Loch in einem Kasten voller thermischer Photonen emittiert wird.

Somit muss die Gesamtleistung, die vom Schwarzkörper pro Flächeneinheit und bei einer gegebenen Temperatur emittiert wird, dieselbe sein wie die, die vom Loch emittiert wird. Aber wir können noch mehr sagen. Stellen Sie sich vor, dass Sie einen Filter zwischen Loch und Schwarzkörper einsetzen, der nur einen bestimmten Bereich von Wellenlängen durchlässt. Wiederum wird die Temperatur eines Objekts abnehmen, falls es bei diesen Wellenlängen mehr Strahlung emittiert als das andere, und die des anderen Objekts zunehmen und damit den zweiten Hauptsatz verletzen. Damit muss das ganze Spektrum der Strahlung des Schwarzkörpers dasselbe wie das der Strahlung aus dem Loch sein.

Falls ein Objekt *nicht* schwarz ist und somit einige Photonen reflektiert, anstatt sie zu absorbieren, so wird die Sache etwas komplizierter. Sagen wir, dass bei einer gegebenen Wellenlänge eines von drei Photonen, die das Objekt treffen, reflektiert wird; die anderen beiden werden absorbiert. Nun muss das Objekt nur zwei Photonen emittieren, um im thermischen Gleichgewicht mit dem Loch zu bleiben. Sie kommen zu dem einen reflektierten Photon hinzu. Allgemein gilt: Ist e der Bruchteil der absorbierten Photonen (bei einer gegebenen Wellenlänge), so ist e auch der emittierte Bruchteil relativ zum perfekten Schwarzkörper. Diese Zahl e wird als die **Emissivität** des Materials bezeichnet. Sie ist gleich 1 für einen perfekten Schwarzkörper und gleich 0 für eine perfekt reflektierende Oberfläche. Somit ist ein guter Reflektor ein schlechter Emitter und umgekehrt. Allgemein hängt die Emissivität von der Wellenlänge des Lichts ab, somit wird sich das Spektrum der emittierten Strahlung von einem perfekten Schwarzkörperspektrum unterscheiden. Verwenden wir einen gewichteten Mittelwert von e über alle relevanten Wellenlängen, so kann man die von einem Objekt abgestrahlte Gesamtleistung als

$$\text{Leistung} = \sigma e A T^4 \tag{7.99}$$

schreiben, wobei A die Oberfläche des Objekts ist.

Aufgabe 7.51 Der Wolframfaden einer Glühbirne hat eine Temperatur von etwa 3000 K. Die Emissivität von Wolfram ist etwa 1/3 und Sie können annehmen, dass sie von der Wellenlänge unabhängig ist.

(a) Wenn die Glühbirne insgesamt 100 Watt abstrahlt, wie groß ist dann die Oberfläche des Glühfadens in Quadratmillimeter?

(b) Bei welchem Wert der Photonenenergie befindet sich das Maximum des Spektrums der Glühbirne? Welcher Wellenlänge entspricht diese Photonenenergie?

(c) Stellen Sie (gegebenenfalls unter Verwendung eines Computers) das Spektrum des vom Faden abgegebenen Lichts graphisch dar. Geben Sie den Bereich der Kurve an, der sichtbaren Wellenlängen zwischen 400 und 700 nm entspricht.

(d) Berechnen Sie den Bruchteil der Energie der Glühbirne, der als sichtbares Licht abgegeben wird. (Führen Sie das Integral numerisch auf einem Taschenrechner oder Computer aus.) Überprüfen Sie Ihr Resultat qualitativ mithilfe der Kurve aus Teil (c).

(e) Würden Sie die Temperatur erhöhen oder verringern wollen, um die Effizienz einer Glühbirne zu erhöhen? (Einige Glühbirnen erreichen in der Tat geringfügig höhere Effizienz, indem sie eine andere Temperatur verwenden.)

(f) Schätzen Sie die maximal mögliche Effizienz einer Glühbirne (d. h. den Anteil der Energie im sichtbaren Spektrum) sowie die dazugehörige Temperatur des Glühfadens ab. Vernachlässigen Sie die Tatsache, dass Wolfram bei 3695 K schmilzt.

Aufgabe 7.52

(a) Schätzen Sie (grob) die von Ihrem Körper abgestrahlte Gesamtleistung ab und vernachlässigen Sie dabei jegliche Energie, die von Ihrer Kleidung und der Umwelt zurückkommt. (Was auch immer Sie für eine Hautfarbe haben: Im Infraroten ist ihre Emissivität ziemlich nahe bei 1; fast jedes Nichtmetall ist bei diesen Wellenlängen ein nahezu perfekter Schwarzkörper.)

(b) Vergleichen Sie die von Ihrem Körper an einem Tag abgestrahlte Gesamtenergie (in Kilokalorien ausgedrückt) mit der Energie in der Nahrung, die Sie essen. Warum gibt es da so einen großen Unterschied?

(c) Die Sonne hat eine Masse von $2{\cdot}10^{30}$ kg und strahlt Energie mit einer Rate von $3{,}9{\cdot}10^{26}$ Watt ab. Wer erzeugt *pro Masseneinheit* mehr Leistung – die Sonne oder Ihr Körper?

Aufgabe 7.53 Ein schwarzes Loch ist der perfekte Schwarzkörper, also sollte es Schwarzkörperstrahlung emittieren, die sogenannte **Hawking-Strahlung**. Ein schwarzes Loch der Masse M hat eine Gesamtenergie von Mc^2, eine Oberfläche von $16\pi G^2M^2/c^4$ und eine Temperatur von $hc^3/16\pi^2 kGM$ (wie in Aufgabe 3.7 gezeigt).

(a) Schätzen Sie die typische Wellenlänge der Hawking-Strahlung ab, die von einem schwarzen Loch mit einer Sonnenmasse ($2{\cdot}10^{30}$ kg) emittiert wird. Vergleichen Sie Ihre Antwort mit der Größe des schwarzen Lochs.

(b) Berechnen Sie die Gesamtleistung, die von einem schwarzen Loch mit einer Sonnenmasse abgestrahlt wird.

(c) Stellen Sie sich ein schwarzes Loch im leeren Raum vor, wo es Strahlung emittiert, aber nichts absorbiert. Da es Energie verliert, muss seine Masse abnehmen; man könnte sagen, dass es „verdampft“. Leiten Sie eine Differentialgleichung für die Masse als Funktion der Zeit her und lösen Sie diese Gleichung, um einen Ausdruck für die Lebenszeit eines schwarzen Lochs als Funktion seiner Anfangsmasse zu erhalten.

(d) Berechnen Sie die Lebensdauer eines schwarzen Lochs mit einer Sonnenmasse und vergleichen Sie sie mit dem geschätzten Alter des bekannten Universums (10^{10} Jahre).

(e) Nehmen Sie an, dass ein schwarzes Loch, das früh in der Geschichte des Universums entstand, heute aufhört zu verdampfen. Wie groß war seine anfängliche Masse? In welchem Teil des elektromagnetischen Spektrums ist ein Großteil seiner Strahlung emittiert worden?

Sonne und Erde

Aus der Menge der Sonneneinstrahlung, die die Erde empfängt (1370 W/m^2, diese Größe wird als **Solarkonstante** bezeichnet), und dem Abstand der Erde von der Sonne (150 Millionen Kilometer) kann man ziemlich leicht die Gesamtenergieproduktion der Sonne, ihre **Luminosität**, berechnen: $3{,}9{\cdot}10^{26}$ Watt. Der Radius der Sonne ist ein wenig mehr als das Hundertfache des Erdradius: $7{,}0{\cdot}10^{8}$ m; somit beträgt ihre Oberfläche $6{,}1{\cdot}10^{18}\,\mathrm{m}^2$. Aus dieser Information können wir die Oberflächentemperatur der Sonne berechnen, wenn wir eine Emissivität von 1 annehmen (das ist nicht besonders genau, reicht aber für unsere Zwecke aus):

$$T = \left(\frac{\text{Luminosität}}{\sigma A}\right)^{1/4} = 5800\,\mathrm{K}\,. \tag{7.100}$$

Mithilfe der Temperatur können wir vorhersagen, dass das Spektrum des Sonnenlichts bei einer Photonenenergie von

$$\epsilon = 2{,}82\,kT = 1{,}41\,\mathrm{eV} \tag{7.101}$$

sein Maximum haben sollte. Das entspricht einer Wellenlänge von 880 nm im nahen Infrarot. Diese Vorhersage kann man überprüfen; sie stimmt mit dem Experiment überein: Das Spektrum der Sonne ist näherungsweise durch die Planck-Formel gegeben, die bei dieser Energie ihr Maximum hat. Da das Maximum so nahe am roten Ende des sichtbaren Spektrums ist, wird ein großer Teil der Energie der Sonne als sichtbares Licht emittiert. (Sollten Sie woanders gelernt haben, dass sich das Maximum des Sonnenspektrums in der Mitte des sichtbaren Spektrums bei etwa 500 nm befindet, und Ihnen diese Diskrepanz Sorgen bereiten, gehen Sie bitte einen Schritt zurück und bearbeiten Sie Aufgabe 7.39.)

Ein kleiner Anteil der Sonnenstrahlung wird von der Erde absorbiert und wärmt die Oberfläche der Erde auf eine für Leben geeignete Temperatur auf. Aber die Erde wird nicht einfach immer heißer und heißer; sie *emittiert* auch Strahlung im Mittel mit der gleichen Rate in den Raum. Das Gleichgewicht zwischen Absorption und Emission gibt uns eine Möglichkeit, die Gleichgewichtstemperatur der Erdoberfläche abzuschätzen.

Tun wir für eine erste grobe Abschätzung so, als ob die Erde bei allen Wellenlängen ein perfekter Schwarzkörper wäre. Dann ist die absorbierte Leistung gleich der Solarkonstante mal der Querschnittsfläche der Erde, wie sie von der Sonne aus gesehen wird, πR^2. Zugleich ist die emittierte Leistung durch das Stefan-Boltzmann-Gesetz gegeben, wobei A die Gesamtoberfläche der Erde $4\pi R^2$ ist; T ist die mittlere effektive Oberflächentemperatur. Setzen wir emittierte und absorbierte Leistung gleich, so erhalten wir

$$
\begin{aligned}
(\text{Solarkonstante}) \cdot \pi R^2 &= 4\pi R^2 \sigma T^4 \\
\Rightarrow \quad T &= \left(\frac{1370\,\mathrm{W/m^2}}{4 \cdot 5{,}67 \cdot 10^{-8}\,\mathrm{W/m^2 \cdot K^4}} \right)^{1/4} = 279\,\mathrm{K}\,. \qquad (7.102)
\end{aligned}
$$

Das ist extrem nahe an der gemessenen mittleren Temperatur von 288 K (15 °C).

Die Erde ist allerdings *kein* perfekter Schwarzkörper. Etwa 30 % des Sonnenlichts, das auf der Erde eintrifft, wird unmittelbar in den Weltraum zurückreflektiert, vor allem von Wolken. Berücksichtigen wir die Reflektion, so fällt die vorhergesagte mittlere Temperatur der Erde auf frische 255 K.

Da ein schlechter Absorber auch ein schlechter Emitter ist, könnten Sie sich vorstellen, dass wir die vorhergesagte Temperatur der Erde wieder nach oben treiben, wenn wir auf der rechten Seite von Gleichung 7.102 die nicht perfekte Emissivität berücksichtigen. Leider funktioniert das nicht. Es gibt keinen besonderen Grund, warum die Emissivität der Erde für emittiertes infrarotes Licht die gleiche wie für das absorbierte sichtbare Licht sein sollte, und die Oberfläche der Erde ist in Wirklichkeit auch (wie fast jede nichtmetallische Substanz) bei infraroten Wellenlängen ein sehr effizienter Emitter. Es gibt aber noch einen anderen Mechanismus, der uns rettet: Wasserdampf und Kohlendioxid machen die Atmosphäre bei Wellenlängen von mehr als ein paar Mikrometern nahezu undurchsichtig. Wenn Sie also aus dem Weltraum auf die Erde mit einem Auge schauen, das für infrarotes Licht empfindlich ist, so werden Sie hauptsächlich die Atmosphäre und nicht die Oberfläche sehen. Die Gleichgewichtstemperatur von 255 K gilt (ungefähr) für die Atmosphäre, wohingegen die Oberfläche darunter sowohl vom einfallenden Sonnenlicht als auch von der atmosphärischen „Decke" aufgeheizt wird. Modellieren wir die Atmosphäre als eine einzige Schicht, die für sichtbares Licht durchlässig, aber für infrarotes Licht undurchlässig ist, so bekommen wir die Situation, die in Abbildung 7.25 dargestellt ist. Das Gleichgewicht verlangt, dass die Energie des einfallenden Sonnenlichts (abzüglich dessen, was reflektiert wird) gleich der nach oben durch

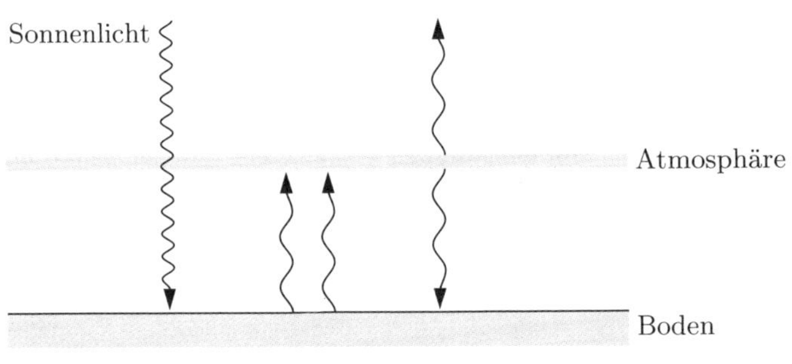

Abbildung 7.25: Die Atmosphäre der Erde ist für einfallendes Sonnenlicht hauptsächlich durchsichtig, aber undurchsichtig für das infrarote Licht, das von der Oberfläche der Erde nach oben gestrahlt wird. Modellieren wir die Atmosphäre als eine einzige Schicht, so verlangt das Gleichgewicht, dass die Oberfläche der Erde von der Atmosphäre genauso viel Energie wie von der Sonne bekommt.

die Atmosphäre emittierten Energie ist, die wiederum gleich der Energie ist, die von der Atmosphäre nach unten emittiert wird. Somit empfängt die Oberfläche der Erde (in diesem vereinfachten Modell) doppelt so viel Energie, als sie vom Sonnenlicht alleine bekäme. Laut Gleichung 7.102 erhöht dieser Mechanismus die Oberflächentemperatur um einen Faktor $2^{1/4}$ auf 303 K. Das ist ein wenig zu hoch, aber die Atmosphäre ist nicht einfach eine einzige perfekt undurchsichtige Schicht. Dieser Effekt wird übrigens als **Treibhauseffekt** bezeichnet, auch wenn die meisten Treibhäuser vor allem auf einem anderen Mechanismus beruhen (nämlich begrenzter konvektiver Kühlung).

Aufgabe 7.54 Die Sonne ist der einzige Stern, dessen Größe wir direkt messen können; Astronomen schätzen daher die Größe anderer Sterne mittels des Stefan-Boltzmann-Gesetzes ab.

(a) Das Spektrum von Sirius A hat als Funktion der Energie aufgetragen ein Maximum bei einer Photonenenergie von 2,4 eV. Zugleich ist Sirius A etwa 24-mal leuchtkräftiger als die Sonne. Wie vergleicht sich der Radius von Sirius A mit dem der Sonne?

(b) Sirius B, der Begleiter von Sirius A (siehe Abbildung 7.12), hat nur etwa 3 % der Leuchtkraft der Sonne. Sein Spektrum hat als Funktion der Energie aufgetragen ein Maximum bei etwa 7 eV. Wie vergleicht sich sein Radius mit dem der Sonne?

(c) Das Spektrum des Sterns Beteigeuze hat als Funktion der Energie aufgetragen ein Maximum bei einer Photonenenergie von etwa 0,8 eV. Beteigeuze ist etwa 100.000-mal leuchtkräftiger als die Sonne. Wie vergleicht sich der Radius von Beteigeuze mit dem der Sonne? Warum wird Beteigeuze als „roter Überriese" bezeichnet?

Aufgabe 7.55 Nehmen Sie an, dass sich die Konzentration der Gase, die infrarote Strahlung absorbieren, in der Atmosphäre verdoppeln würde und damit effektiv eine zweite „Decke" erzeugen würde, um die Atmosphäre aufzuwärmen. Schätzen Sie die aus dieser Katastrophe resultierende Oberflächentemperatur der Erde im Gleichgewicht ab. (*Hinweis:* Zeigen Sie zunächst, dass die untere atmosphärische Decke um etwa einen Faktor $2^{1/4}$ wärmer als die obere ist. Die Oberfläche ist nur um einen kleinen Faktor wärmer als die untere Decke.)

Aufgabe 7.56 Der Planet Venus unterscheidet sich von der Erde auf verschiedene Weise. Zunächst befindet sich die Venus in einem Sonnenabstand, der nur 70 % beträgt. Weiterhin reflektieren ihre dicken Wolken 77 % des einfallenden Sonnenlichts. Zuletzt ist ihre Atmosphäre für infrarotes Licht viel undurchsichtiger.

(a) Berechnen Sie die Solarkonstante am Ort der Venus und schätzen Sie ab, was die mittlere Oberflächentemperatur der Venus wäre, wenn sie keine Atmosphäre hätte und kein Sonnenlicht reflektieren würde.

(b) Schätzen Sie die Oberflächentemperatur wiederum ab und berücksichtigen Sie dabei die Reflektivität der Wolken.

(c) Die Undurchsichtigkeit der Atmosphäre der Venus ist bei infraroten Wellenlängen etwa 70-mal die der Erdatmosphäre. Sie können daher die Atmosphäre der Venus als 70 aufeinanderfolgende „Decken" von der im Text besprochenen Art modellieren, wobei jede Decke eine andere Gleichgewichtstemperatur hat. Verwenden Sie dieses Modell, um die Oberflächentemperatur der Venus abzuschätzen. (*Hinweis:* Die Temperatur der obersten Schicht ist die, die Sie in Teil (b) gefunden haben. Die nächste Schicht darunter ist um einen Faktor $2^{1/4}$ wärmer. Die *nächste* Schicht darunter ist um einen kleineren Faktor wärmer. Arbeiten Sie sich hinunter, bis Sie das Muster erkennen.)

7.5 Debye-Theorie der Festkörper

In Abschnitt 2.2 habe ich das **Einstein-Modell** für einen Festkörperkristall eingeführt, in dem jedes Atom als ein unabhängiger dreidimensionaler harmonischer Oszillator behandelt wird. In Aufgabe 3.25 haben Sie dieses Modell verwendet, um eine Vorhersage für die Wärmekapazität herzuleiten:

$$C_V = 3Nk \frac{(\epsilon/kT)^2 e^{\epsilon/kT}}{(e^{\epsilon/kT} - 1)^2} \qquad \text{(Einstein-Modell)}\,, \tag{7.103}$$

wobei N die Anzahl der *Atome* und $\epsilon = hf$ die universelle Größe der Energieeinheiten für die identischen Oszillatoren ist. Für $kT \gg \epsilon$ nähert sich die Wärmekapazität einem konstanten Wert $3Nk$ in Übereinstimmung mit dem Gleichverteilungssatz. Unterhalb von $kT \approx \epsilon$ fällt die Wärmekapazität ab und nähert sich null, wenn die Temperatur gegen null geht. Diese Vorhersage stimmt in erster Näherung mit dem Experiment überein, aber nicht im Detail. Insbesondere sagt Gleichung 7.103 vorher, dass die Wärmekapazität im Limes $T \to 0$ *exponentiell* gegen null geht, wohingegen Experimente zeigen, dass das wahre Niederenergieverhalten kubisch ist: $C_V \propto T^3$.

Das Problem des Einstein-Modells besteht darin, dass die Atome in einem Kristall *nicht* unabhängig voneinander schwingen. Wenn Sie ein Atom bewegen, werden sich seine Nachbarn auch auf eine komplizierte Weise bewegen, die von der Schwingungsfrequenz abhängt. Es gibt niederfrequente Schwingungsmoden, bei denen sich große Gruppen von Atomen alle zusammen bewegen, und auch hochfrequente Moden, bei denen sich die Atome entgegengesetzt zu ihren Nachbarn bewegen. Die Energieeinheiten kommen in verschiedenen Größen proportional zu den Frequenzen der Schwingungsmoden. Auch bei sehr niedrigen Temperaturen, wenn die Hochfrequenzmoden ausgefroren sind, gibt es noch ein paar Niederfrequenzmoden, die noch aktiv sind. Das ist der Grund dafür, warum die Wärmekapazität weniger dramatisch gegen null geht, als es das Einstein-Modell vorhersagt.

Auf viele Weisen sind die Schwingungsmoden eines Festkörperkristalls ähnlich zu den Schwingungsmoden des elektromagnetischen Felds im Vakuum. Diese Ähnlichkeit legt nahe, dass wir versuchen, unsere eben vorgestellte Behandlung der elektromagnetischen Strahlung an die mechanischen Schwingungen des Kristalls anzupassen. Mechanische Schwingungen werden auch Schallwellen genannt und verhalten sich sehr ähnlich wie Lichtwellen. Es gibt aber ein paar Unterschiede:

- Schallwellen breiten sich viel langsamer als Lichtwellen aus. Die Geschwindigkeit hängt von der Steifigkeit und Dichte des Materials ab. Ich werde diese Geschwindigkeit c_s nennen und als Konstante behandeln. Dabei vernachlässige ich, dass sie von der Wellenlänge und Richtung abhängen kann.
- Während Licht transversal polarisiert sein muss, können Schallwellen auch longitudinal polarisiert sein. (In der Seismologie werden transversal polarisierte Wellen Scherwellen oder S-Wellen genannt, wobei longitudinal polarisierte Wellen auch Druckwellen oder P-Wellen genannt werden.) Somit haben wir drei anstelle von zwei Polarisierungen. Der Einfachheit halber werde ich so tun, als ob alle drei Polarisierungen auf die gleiche Geschwindigkeit führen würden.
- Während Licht beliebig kurze Wellenlängen haben kann, können Schallwellen in Festkörpern keine Wellenlängen haben, die kürzer als der doppelte Atomabstand sind.

Die ersten zwei Unterschiede kann man leicht einbauen. Der dritte wird einige Überlegung nötig machen.

Von diesen drei Unterschieden abgesehen, verhalten sich Schallwellen fast identisch zu Lichtwellen. Jede Schwingungsmode weist eine Menge von Energieniveaus mit gleichem Abstand auf, wobei die Energieeinheit gleich

$$\epsilon = hf = \frac{hc_s}{\lambda} = \frac{hc_s n}{2L} \tag{7.104}$$

ist. Im letzten Ausdruck ist L die Länge des Kristalls und $n = |\vec{n}|$ die Größe des Vektors im n-Raum, der die Gestalt der Welle festlegt. Ist diese Mode bei Temperatur T im Gleichgewicht, so ist die Anzahl der Energieeinheiten, die sie enthält, im Mittel durch die Planck-Verteilung gegeben:

$$\overline{n}_{\text{Pl}} = \frac{1}{e^{\epsilon/kT} - 1}\,. \tag{7.105}$$

(Das $\overline{n}$ darf nicht mit dem n aus der letzten Gleichung verwechselt werden.) Wie bei elektromagnetischen Wellen können wir uns diese Energieeinheiten als Teilchen vorstellen, die der Bose-Einstein-Statistik mit $\mu = 0$ genügen. Dieses Mal werden die „Teilchen" als **Phononen** bezeichnet.

Um die gesamte thermische Energie des Kristalls zu berechnen, addieren wir die Energien aller erlaubten Moden auf:

$$U = 3\sum_{n_x}\sum_{n_y}\sum_{n_z} \epsilon\, \overline{n}_{\text{Pl}}(\epsilon)\,. \tag{7.106}$$

Der Faktor 3 zählt die drei Polarisierungszustände für jedes $\vec{n}$. Der nächste Schritt besteht darin, die Summe in ein Integral umzuwandeln. Aber zuerst sollten wir uns eher Gedanken darüber machen, über welche Werte von $\vec{n}$ summiert wird.

Würde es sich um elektromagnetische Schwingungen handeln, gäbe es eine unendliche Anzahl von erlaubten Moden und jede Summe würde nach unendlich laufen. In einem Kristall setzt der Atomabstand aber eine strikte Untergrenze für die Wellenlänge. Betrachten Sie ein Gitter von Atomen in nur einer Dimension (siehe Abbildung 7.26).

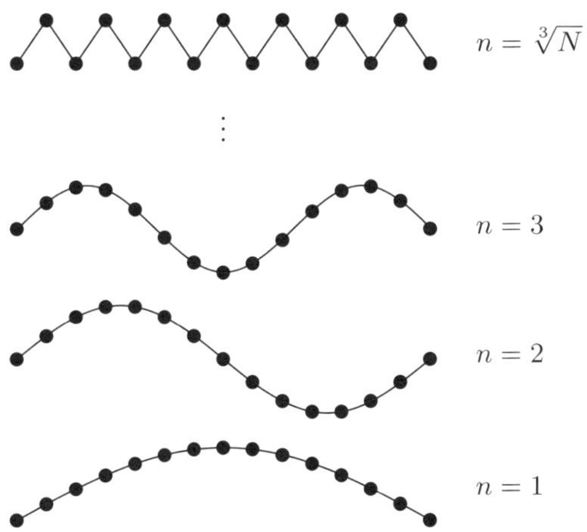

Abbildung 7.26: Schwingungsmoden einer Kette von Atomen in einem Kristall. Ist der Kristall ein Würfel, dann beträgt die Anzahl der Atome entlang jeder Richtung $\sqrt[3]{N}$. Das ist auch die Gesamtzahl der Moden entlang dieser Richtung, weil jeder „Berg" in der Wellenform mindestens ein Atom enthalten muss.

Jede Schwingungsmode hat ihre eigene Gestalt, wobei die Zahl der „Berge“ gleich n ist. Weil jeder „Berg“ mindestens ein Atom enthalten muss, kann n die Anzahl der Atome in einer Reihe nicht übersteigen. Ist der dreidimensionale Kristall ein perfekter Würfel, so beträgt die Anzahl der Atome entlang aller Richtungen $\sqrt[3]{N}$, sodass jede Summe in Gleichung 7.106 von 1 bis $\sqrt[3]{N}$ laufen sollte. Mit anderen Worten: Wir summieren über einen *Würfel* im n-Raum. Ist der Kristall selbst kein perfekter Würfel, dann ist das entsprechende Volumen im n-Raum auch keins. Dennoch wird die Summe auch wieder über eine Region im n-Raum laufen, deren Gesamtvolumen N ist.

Jetzt kommt die knifflige Näherung. Es ist nicht angenehm, über einen Würfel oder irgendeine andere komplizierte Region des n-Raums zu summieren (oder zu integrieren), weil die Funktion, die wir aufsummieren, auf sehr komplizierte Weise von n_x, n_y und n_z abhängt (eine Exponentialfunktion einer Quadratwurzel). Auf der anderen Seite hängt die Funktion von der *Größe* von $\vec{n}$ auf viel einfachere Weise ab und vom *Winkel* im n-Raum gar nicht. Das führte Peter Debye auf die schlaue Idee, so zu tun, als ob die relevante Region im n-Raum eine Kugel oder, genauer gesagt, ein Achtel einer Kugel wäre. Damit die Gesamtzahl der Freiheitsgrade erhalten bleibt, wählte er eine Kugel mit Volumen N. Sie können leicht zeigen, dass der Radius der Kugel

$$n_{\max} = \left(\frac{6N}{\pi}\right)^{1/3} \tag{7.107}$$

sein muss.

Abbildung 7.27 stellt den Würfel im n-Raum und die ihn annähernde Kugel dar.

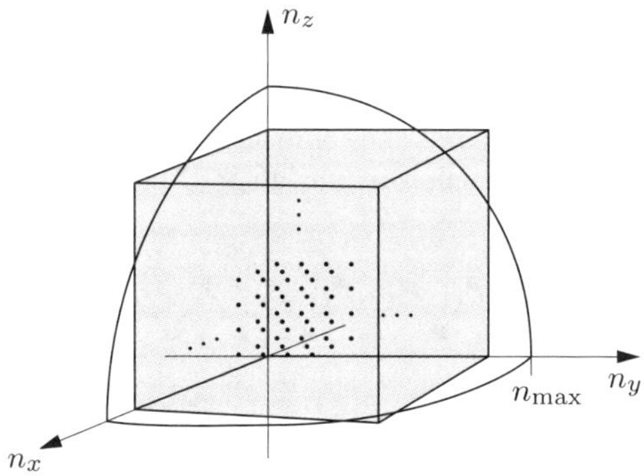

Abbildung 7.27: Die Summe in Gleichung 7.106 läuft technisch betrachtet über einen Würfel im n-Raum, dessen Breite $\sqrt[3]{N}$ beträgt. Als Näherung summieren wir stattdessen über eine Achtelkugel mit dem gleichen Volumen.

Bemerkenswerterweise ist die Näherung von Debye sowohl im Hochtemperaturlimes als auch im Niedertemperaturlimes exakt. Bei hohen Temperaturen kommt es nur auf die Gesamtzahl der Moden an, das heißt die Gesamtzahl aller Freiheitsgrade; diese Anzahl bleibt erhalten, wenn für die Kugel das richtige Volumen gewählt wird. Bei niedrigen Temperaturen sind Moden mit großem $\vec{n}$ ohnehin ausgefroren, somit können wir sie zählen, wie wir wollen. Bei Temperaturen dazwischen bekommen wir Ergebnisse, die zwar nicht exakt, aber trotzdem überraschend gut sind.

Wenn wir Debyes Näherung machen und die Summen in Integrale in Kugelkoordinaten umwandeln, so wird Gleichung 7.106 zu

$$U = 3 \int_0^{n_{\max}} \mathrm{d}n \int_0^{\pi/2} \mathrm{d}\theta \int_0^{\pi/2} \mathrm{d}\phi \; n^2 \sin\theta \, \frac{\epsilon}{\mathrm{e}^{\epsilon/kT} - 1} \, . \tag{7.108}$$

Die Winkelintegrale ergeben (wieder einmal) $\pi/2$ und führen uns auf

$$U = \frac{3\pi}{2} \int_0^{n_{\max}} \frac{hc_s}{2L} \frac{n^3}{\mathrm{e}^{hc_s n/2LkT} - 1} \, \mathrm{d}n \, . \tag{7.109}$$

Dieses Integral kann nicht analytisch ausgewertet werden, es ist aber ein wenig sauberer, wenn wir zu der dimensionslosen Variable

$$x = \frac{hc_s n}{2LkT} \tag{7.110}$$

übergehen. Die obere Schranke des Integrals wird dann zu

$$x_{\max} = \frac{hc_s n_{\max}}{2LkT} = \frac{hc_s}{2kT}\left(\frac{6N}{\pi V}\right)^{1/3} \equiv \frac{T_D}{T} \, , \tag{7.111}$$

wobei die letzte Gleichung die **Debye-Temperatur** T_D definiert – im Wesentlichen ist sie eine Abkürzung für alle Konstanten. Die Durchführung des Variablenwechsel und die Sammlung aller Konstanten ist nun einfach. Am Ende vom Tag erhalten wir

$$U = \frac{9NkT^4}{T_D^3} \int_0^{T_D/T} \frac{x^3}{\mathrm{e}^x - 1} \, \mathrm{d}x \, . \tag{7.112}$$

Wenn Sie wollen, können Sie an dieser Stelle das Integral für beliebige Temperaturen auf einem Computer auswerten. Ohne Computer können wir immerhin den Niedertemperaturlimes und den Hochtemperaturlimes überprüfen.

Ist $T \gg T_D$, so ist die Obergrenze des Integrals viel kleiner als 1, somit ist x immer sehr klein und wir können im Nenner $\mathrm{e}^x \approx 1 + x$ nähern. Die 1 fällt heraus, sodass x eine Potenz von x im Zähler kürzen kann. Das Integral ergibt dann einfach $\frac{1}{3}(T_D/T)^3$ und somit das Endergebnis

$$U = 3NkT \qquad \text{falls } T \gg T_D \, , \tag{7.113}$$

in Übereinstimmung mit dem Gleichverteilungssatz (und dem Einstein-Modell). Die Wärmekapazität ist in diesem Grenzfall gerade $C_V = 3Nk$.

Ist $T \ll T_D$, so ist die obere Schranke des Integrals so groß, dass der Integrand (aufgrund des e^x im Nenner) null ist, bis wir dort ankommen. Somit können wir die obere Schranke des Integrals auch gleich unendlich setzen – die Extramoden, die wir hinzufügen, leisten ohnehin keinen Beitrag. In dieser Näherung ist das Integral dasselbe, das wir bereits für das Photonengas ausgeführt haben (Gleichung 7.85). Es liefert $\pi^4/15$. Somit beträgt die Gesamtenergie

$$U = \frac{3\pi^4}{5} \frac{NkT^4}{T_D^3} \qquad \text{falls } T \ll T_D \, . \tag{7.114}$$

Um die Wärmekapazität zu erhalten, leiten wir nach T ab:

$$C_V = \frac{12\pi^4}{5}\left(\frac{T}{T_D}\right)^3 Nk \qquad \text{falls } T \ll T_D\,. \tag{7.115}$$

Die Vorhersage $C_V \propto T^3$ stimmt für fast jeden Festkörper sehr schön mit Experimenten bei niedrigen Temperaturen überein. Bei Metallen gibt es jedoch wie in Abschnitt 7.3 beschrieben noch von den Leitungselektronen einen linearen Betrag zur Wärmekapazität. Die gesamte Wärmekapazität beträgt bei niedrigen Temperaturen daher

$$C = \gamma T + \frac{12\pi^4 Nk}{5T_D^3}T^3 \qquad (\text{Metall, } T \ll T_D)\,, \tag{7.116}$$

wobei $\gamma = \pi^2 Nk^2/2\epsilon_F$ im Modell freier Elektronen ist. Abbildung 7.28 zeigt Kurven von C/T als Funktion von T^2 für drei vertraute Metalle. Die Linearität der Daten bestätigt die Debye-Theorie der Gitterschwingungen, wohingegen die y-Achsenabschnitte uns die experimentellen Werte von γ geben.

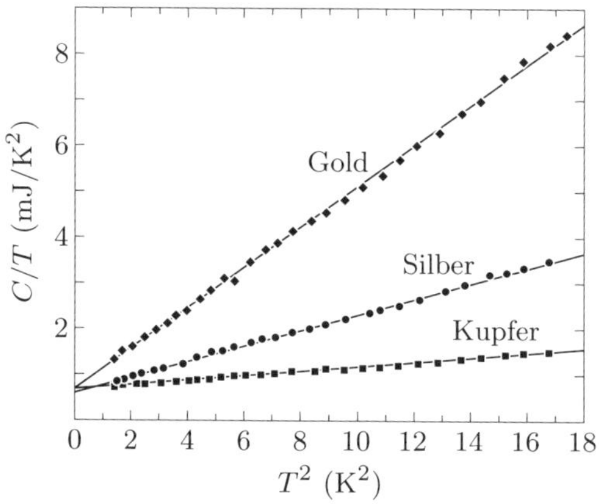

Abbildung 7.28: Messungen der Wärmekapazität (pro Mol) von Kupfer, Silber und Gold bei niedrigen Temperaturen. Mit freundlicher Genehmigung angepasst aus: William S. Corak et al., *Physical Review* **98**, 1699 (1955).

Bei dazwischenliegenden Temperaturen müssen Sie ein Integral numerisch auswerten, um die gesamte thermische Energie im Kristall zu erhalten. Wenn Sie in Wirklichkeit die Wärmekapazität wollen, ist es am besten, Gleichung 7.109 analytisch zu differenzieren und dann die Variablen auf x umzuschreiben. Das Ergebnis lautet

$$C_V = 9Nk\left(\frac{T}{T_D}\right)^3 \int_0^{T_D/T} \frac{x^4\,e^x}{(e^x-1)^2}\,dx\,. \tag{7.117}$$

Eine Computergraphik dieser Funktion ist in Abbildung 7.29 dargestellt. Zum Vergleich ist auch die Vorhersage aus dem Einstein-Modell, Gleichung 7.103, dargestellt, wobei die Konstante ϵ so gewählt wurde, dass die Kurven bei ziemlich hohen Temperaturen übereinstimmen. Wie Sie sehen können, unterscheiden sich die beiden Kurven bei niedrigen Temperaturen immer noch signifikant. Abbildung 1.14 zeigt weitere Vergleiche von experimentellen Daten mit den Vorhersagen des Debye-Modells.

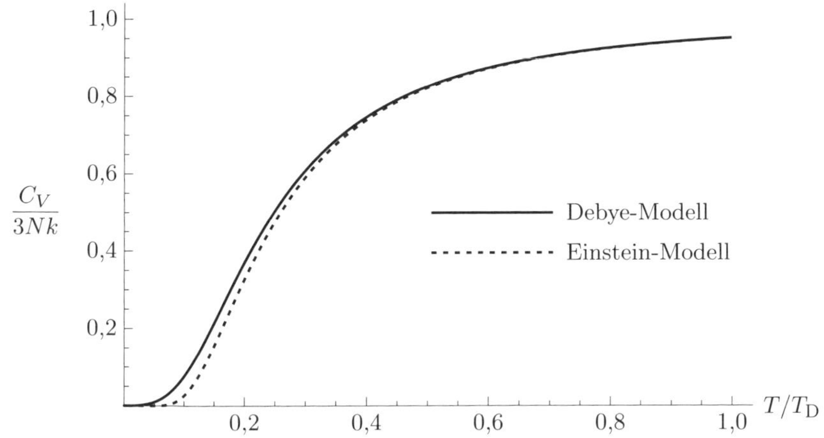

Abbildung 7.29: Die Vorhersage von Debye für die Wärmekapazität eines Festkörpers, verglichen mit der Vorhersage des Einstein-Modells. Die Konstante ϵ wurde im Einstein-Modell so gewählt, dass bei hohen Temperaturen die Übereinstimmung mit dem Debye-Modell am besten ist. Beachten Sie, dass die Einstein-Kurve bei niedrigen Temperaturen viel flacher als die Debye-Kurve ist.

Die Debye-Temperatur eines Stoffes kann aus der Schallgeschwindigkeit des Stoffes vorhergesagt werden, indem man Gleichung 7.111 verwendet. Normalerweise bekommt man aber einen besseren Fit an die Daten, indem man T_D so wählt, dass die gemessene Wärmekapazität der theoretischen Vorhersage am besten entspricht. Typische Werte von T_D reichen von 88 K für Blei (das weich und dicht ist) bis zu 1860 K für Diamant (der steif und leicht ist). Da die Wärmekapazität bei $T = T_D$ 95 % von ihrem Maximalwert erreicht, gibt Ihnen die Debye-Temperatur eine grobe Idee davon, wann Sie mit dem Gleichverteilungssatz durchkommen. Wenn Sie das nicht tun, gibt Debyes Formel normalerweise eine gute, aber nicht großartige Abschätzung der Wärmekapazität im gesamten Temperaturbereich. Um besser zu werden, müssten wir eine Menge mehr arbeiten und berücksichtigen, dass die Geschwindigkeit eines Phonons von seiner Wellenlänge, seiner Polarisierung und seiner Ausbreitungsrichtung relativ zu den Kristallachsen abhängt. Eine derartige Analyse gehört in ein Buch für Festkörperphysik.

Aufgabe 7.57 Führen Sie die Zwischenschritte bei der Herleitung der Gleichungen 7.112 und 7.117 aus.

Aufgabe 7.58 Die Schallgeschwindigkeit in Kupfer beträgt 3560 m/s. Verwenden Sie diesen Wert, um die theoretische Debye-Temperatur von Kupfer zu bestimmen. Bestimmen Sie dann die experimentelle Debye-Temperatur aus Abbildung 7.28 und vergleichen Sie.

Aufgabe 7.59 Erklären Sie detailliert, warum die drei Kurven in Abbildung 7.28 die y-Achse alle in etwa an der gleichen Stelle schneiden, wohingegen sich ihre Steigungen deutlich unterscheiden.

Aufgabe 7.60 Skizzieren Sie die Wärmekapazität von Kupfer als Funktion der Temperatur von 0 bis 5 K und zeigen Sie die Beiträge der Gitterschwingungen und der Leitungselektronen separat. Bei welcher Temperatur sind diese beiden Beiträge gleich?

Aufgabe 7.61 Die Wärmekapazität von flüssigem ^{4}He ist unterhalb von 0,6 K proportional zu T^3 mit einem gemessenen Wert $C_V/Nk = (T/4{,}67\,\mathrm{K})^3$. Dieses Verhalten legt nahe, dass die dominierenden Anregungen bei niedrigen Temperaturen langwellige Phononen sind. Der eine wichtige Unterschied zwischen Phononen in einer Flüssigkeit und in einem Festkörper besteht darin, dass eine Flüssigkeit keine transversal polarisierten Wellen transportieren kann – Schallwellen müssen longitudinal sein. Die Schallgeschwindigkeit in flüssigem ^{4}He beträgt 238 m/s und seine Dichte ist 0,145 g/cm^3. Berechnen Sie aus diesen Zahlen den Beitrag der Phononen zur Wärmekapazität von ^{4}He im Niedertemperaturlimes und vergleichen Sie ihn mit dem Messwert.

Aufgabe 7.62 Werten Sie den Integranden in Gleichung 7.112 als Potenzreihe in x aus. Nehmen Sie Terme bis x^4 mit. Berechnen Sie dann das Integral, um einen genaueren Ausdruck für die Energie im Hochtemperaturlimes zu bekommen. Leiten Sie diesen Ausdruck ab, um die Wärmekapazität zu erhalten, und verwenden Sie das Ergebnis, um abzuschätzen, um wie viel Prozent C_V bei $T = T_\mathrm{D}$ und $T = 2T_\mathrm{D}$ von $3Nk$ abweicht.

Aufgabe 7.63 Betrachten Sie einen zweidimensionalen Festkörper, wie zum Beispiel ein gespanntes Trommelfell, oder eine Schicht Schiefer oder Graphit. Bestimmen Sie einen Ausdruck (in Form eines Integrals) für die thermische Energie eines quadratischen Stücks dieses Materials mit einer Fläche $A = L^2$. Werten Sie das Ergebnis näherungsweise für sehr niedrige und sehr hohe Temperaturen aus. Bestimmen Sie auch einen Ausdruck für die Wärmekapazität und verwenden Sie einen Computer, um die Wärmekapazität als Funktion der Temperatur darzustellen. Nehmen Sie an, dass das Material nur senkrecht zu seiner eigenen Ebene schwingen kann, es also nur eine „Polarisierung“ gibt.

Aufgabe 7.64 Ein **Ferromagnet** ist ein Material (wie Eisen), das sich auch in Abwesenheit eines äußeren magnetischen Feldes spontan magnetisiert. Das passiert, weil jeder elementare Dipol eine starke Tendenz hat, sich parallel zu seinen Nachbarn auszurichten. Bei $T = 0$ weist die Magnetisierung eines Ferromagneten den maximal möglichen Wert auf; alle Dipole sind perfekt ausgerichtet. Wenn N Atome vorliegen, so beträgt die Gesamtmagnetisierung typischerweise $\sim 2\mu_\mathrm{B}N$, wobei μ_B das Bohr'sche Magneton ist. Bei einer etwas höheren Temperatur haben die Anregungen die Gestalt von **Spinwellen**, die man sich klassisch wie in Abbildung 7.30 vorstellen kann. Spinwellen sind genauso

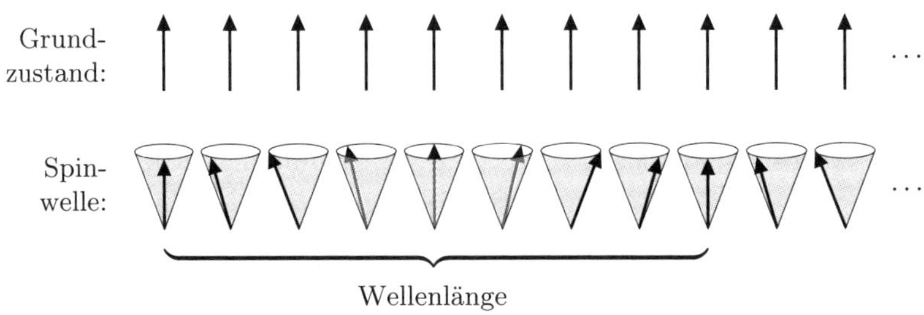

Abbildung 7.30: Im Grundzustand eines Ferromagneten zeigen alle elementaren Dipole in die gleiche Richtung. Die niedrigstliegenden Anregungen über dem Grundzustand sind **Spinwellen**, bei denen die Dipole in einer kegelförmigen Bewegung präzedieren. Eine langwellige Spinwelle trägt sehr wenig Energie, weil der Unterschied in der Ausrichtung benachbarter Dipole sehr klein ist.

quantisiert wie Schallwellen: Jede Mode kann nur ganzzahlige Vielfache einer grundlegenden Energieeinheit aufweisen. In Analogie zu den Phononen stellen wir uns die Energieeinheiten als Teilchen vor, die **Magnonen** genannt werden. Jedes Magnon reduziert den Gesamtspin des Systems um eine Einheit von $h/2\pi$ und damit die Magnetisierung um $\sim 2\mu_B$. Während die Frequenz einer Schallwelle invers proportional zu ihrer Wellenlänge ist, ist die Frequenz einer Spinwelle (im Limes großer Wellenlängen) proportional zum *Quadrat* von $1/\lambda$. Weil $\epsilon = hf$ und $p = h/\lambda$ für jedes „Teilchen" gelten, ist die Energie eines Magnons somit proportional zum Quadrat seines Impulses. Analog zur Energie-Impuls-Beziehung eines gewöhnlichen nichtrelativistischen Teilchens können wir $\epsilon = p^2/2m^*$ schreiben, wobei m^* eine Konstante ist, die zu der Spin-Spin-Wechselwirkungsenergie und dem Atomabstand in Beziehung steht. Es stellt sich heraus, dass m^* für Eisen gleich $1{,}24 \cdot 10^{-29}$ kg ist, etwa 14-mal die Masse eines Elektrons. Ein weiterer Unterschied zwischen Magnonen und Phononen besteht darin, dass jedes Magnon (oder Spinwellenmode) nur eine einzige Polarisierung hat.

(a) Zeigen Sie, dass bei niedrigen Temperaturen die Anzahl der Magnonen pro Volumeneinheit in einem dreidimensionalen Ferromagneten durch

$$\frac{N_m}{V} = 2\pi\left(\frac{2m^*kT}{h^2}\right)^{3/2}\int_0^\infty \frac{\sqrt{x}}{e^x - 1}\,dx$$

gegeben ist. Werten Sie das Integral numerisch aus.

(b) Verwenden Sie das Ergebnis aus Teil (a), um einen Ausdruck für $(M(0)-M(T))/M(0)$, die relative Reduktion der Magnetisierung, zu erhalten. Schreiben Sie Ihre Antwort in der Gestalt $(T/T_0)^{3/2}$ und schätzen Sie die Konstante T_0 für Eisen ab.

(c) Berechnen Sie die Wärmekapazität aufgrund von magnetischen Anregungen in einem Festkörper bei niedriger Temperatur. Sie sollten $C_V/Nk = (T/T_1)^{3/2}$ erhalten, wobei sich T_1 von T_0 nur durch eine numerische Konstante unterscheidet. Schätzen Sie T_1 für Eisen ab und vergleichen Sie den magnonischen und den phononischen Beitrag zur Wärmekapazität. (Die Debye-Temperatur von Eisen beträgt 470 K.)

(d) Betrachten Sie ein *zwei*dimensionales Gitter von magnetischen Dipolen bei niedriger Temperatur. Nehmen Sie an, dass jeder elementare Dipol noch in eine beliebige Richtung (in drei Dimensionen) zeigen kann, sodass Spinwellen noch möglich sind. Zeigen Sie, dass das Integral für die Gesamtzahl der Magnonen in diesem Fall divergiert. (Dieses Ergebnis ist ein Anzeichen dafür, dass es in einem solchen zweidimensionalen System keine spontane Magnetisierung geben kann. Wir werden jedoch in Abschnitt 8.2 ein anderes zweidimensionales Modell betrachten, in dem Magnetisierung vorkommt.)

7.6 Bose-Einstein-Kondensation

Die beiden letzten Abschnitte haben sich mit Bosonen (Photonen und Phononen) befasst, die in beliebigen Anzahlen erzeugt werden können – ihre Gesamtzahl wird durch die Bedingung des thermischen Gleichgewichts bestimmt. Aber wie steht es mit „gewöhnlicheren" Bosonen, wie etwa Atomen mit ganzzahligem Spin, deren Anzahl von Anfang an festgelegt ist?

Ich habe mir diesen Fall bis zuletzt aufgehoben, weil er schwieriger ist. Um die Bose-Einstein-Verteilung anwenden zu können, müssen wir das chemische Potential bestimmen, das (anstatt bei null festzuliegen) nun eine nichttriviale Funktion von Dichte und

Temperatur ist. Die Bestimmung von μ wird eine sorgfältige Analyse verlangen, aber die Mühe lohnt sich: Wir werden herausfinden, dass es sich auf eine ganz besondere Weise verhält, die anzeigt, dass ein Gas von Bosonen abrupt in den Grundzustand „kondensieren" wird, wenn die Temperatur unter einen bestimmten kritischen Wert fällt.

Am einfachsten schauen wir uns zuerst den Grenzfall $T \to 0$ an. Bei Temperatur null werden alle Atome im energetisch niedrigsten zur Verfügung stehenden Zustand sein. Da beliebig viele Bosonen in einem Zustand sein können, bedeutet das, dass *alle* Atome im Grundzustand sein werden (Hier meine ich wieder einen Einteilchenzustand, wenn ich einfach „Zustand" sage.) Bei Atomen, die in einem Kasten mit Volumen $V = L^3$ eingesperrt sind, lautet die Energie des Grundzustands

$$\epsilon_0 = \frac{h^2}{8mL^2}(1^2 + 1^2 + 1^2) = \frac{3h^2}{8mL^2}\,, \tag{7.118}$$

was auf eine *sehr* kleine Energie hinausläuft, sofern L makroskopisch ist. Bei jeder Temperatur ist die mittlere Anzahl der Atome in diesem Zustand, die ich N_0 nennen werde, durch die Bose-Einstein-Verteilung gegeben:

$$N_0 = \frac{1}{e^{(\epsilon_0-\mu)/kT} - 1}\,. \tag{7.119}$$

Ist T hinreichend niedrig, so wird N_0 ziemlich groß sein. In diesem Fall muss der Nenner dieses Ausdrucks sehr klein sein, was bedeutet, dass das Exponential sehr nahe bei der 1 liegt. Das bedeutet wiederum, dass der Exponent $(\epsilon_0 - \mu)/kT$ sehr klein ist. Wir können das Exponential daher in eine Taylorreihe entwickeln und nur die ersten zwei Terme behalten. Das ergibt

$$N_0 = \frac{1}{1 + (\epsilon_0 - \mu)/kT - 1} = \frac{kT}{\epsilon_0 - \mu} \qquad (\text{für } N_0 \gg 1)\,. \tag{7.120}$$

Das chemische Potential μ muss daher bei $T = 0$ gleich ϵ_0 sein und nur eine *Winzigkeit* kleiner als ϵ_0, falls T nicht null ist, aber immer noch hinreichend klein, dass fast alle Atome im Grundzustand sind. Die verbleibende Frage ist nun: Wie klein muss die Temperatur sein, damit N_0 groß ist?

Die allgemeine Bedingung, die μ bestimmt, ist, dass die Summe der Bose-Einstein-Verteilung über *alle* Zustände N, die Gesamtzahl der Atome, ergeben muss:

$$N = \sum_{\text{alle } s} \frac{1}{e^{(\epsilon_s-\mu)/kT} - 1}\,. \tag{7.121}$$

Im Prinzip könnten wir Werte für μ raten, bis die Summe korrekt herauskommt (und diesem Prozess für jeden Wert von T wiederholen). In der Praxis ist es normalerweise leichter, die Summe in ein Integral zu verwandeln:

$$N = \int_0^\infty g(\epsilon)\frac{1}{e^{(\epsilon-\mu)/kT} - 1}\,d\epsilon\,. \tag{7.122}$$

Diese Näherung sollte gültig sein, falls $kT \gg \epsilon_0$, sodass die Anzahl der Terme, die signifikant zu der Summe beitragen, groß ist. Die Funktion $g(\epsilon)$ ist die **Zustandsdichte**: die Anzahl der Einteilchenzustände pro Energieeinheit. Für Bosonen mit Spin null, die in einem Kasten mit Volumen V eingesperrt sind, ist diese Funktion dieselbe wie die, die wir für Elektronen in Abschnitt 7.3 (Gleichung 7.51) verwendet haben, nun aber durch 2 geteilt, weil es nur eine Spinausrichtung gibt:

$$g(\epsilon) = \frac{2}{\sqrt{\pi}}\left(\frac{2\pi m}{h^2}\right)^{3/2} V\sqrt{\epsilon}\,. \tag{7.123}$$

Abbildung 7.31 zeigt Kurven der Zustandsdichte, der Bose-Einstein-Verteilung (für ein μ ein wenig kleiner als null) und des Produkts der beiden; das ist dann die Verteilung der Teilchen als Funktion der Energie.

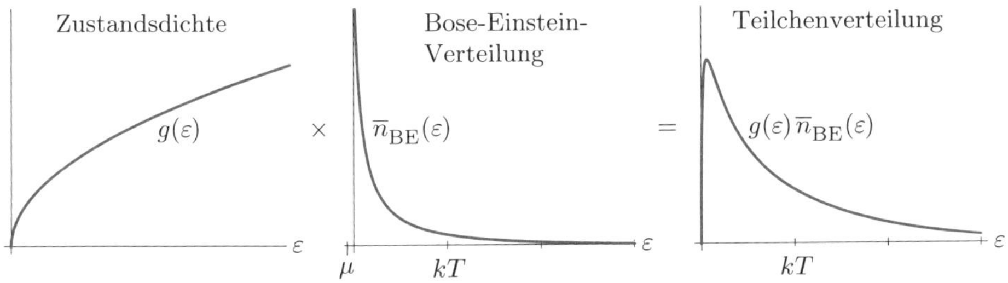

Abbildung 7.31: Die Verteilung der Bosonen als Funktion der Energie ist das Produkt zweier Funktionen, der Zustandsdichte und der Bose-Einstein-Verteilung.

Leider kann man das Integral 7.122 nicht analytisch ausrechnen. Wir müssen daher Werte von μ erraten, bis wir einen finden, der funktioniert, und das Integral dazu jedes Mal numerisch auswerten. Der interessanteste (und leichteste) erratene Wert ist $\mu = 0$, was (in guter Näherung) bei Temperaturen funktionieren sollte, die für ein großes N_0 niedrig genug sind. Setzen wir $\mu = 0$ ein und wechseln wir zur Variable $x = \epsilon/kT$, so erhalten wir

$$\begin{aligned} N &= \frac{2}{\sqrt{\pi}}\left(\frac{2\pi m}{h^2}\right)^{3/2} V\int_0^\infty \frac{\sqrt{\epsilon}\,\mathrm{d}\epsilon}{\mathrm{e}^{\epsilon/kT}-1} \\ &= \frac{2}{\sqrt{\pi}}\left(\frac{2\pi mkT}{h^2}\right)^{3/2} V\int_0^\infty \frac{\sqrt{x}\,\mathrm{d}x}{\mathrm{e}^{x}-1}\,. \end{aligned} \tag{7.124}$$

Das Integral über x ergibt 2,315; verbindet man diese Zahl mit dem Faktor $2/\sqrt{\pi}$, so kommt die Formel

$$N = 2{,}612\left(\frac{2\pi mkT}{h^2}\right)^{3/2} V \tag{7.125}$$

heraus. Dieses Ergebnis ist offensichtlich falsch: Alles auf der rechten Seite hängt von der Temperatur nicht ab, außer T selbst. Somit besagt das Ergebnis, dass die Anzahl der Atome von der Temperatur abhängt, was absurd ist. Es kann in der Tat nur eine einzige Temperatur geben, für die Gleichung 7.125 korrekt ist; ich nenne diese Temperatur T_c:

$$N = 2{,}612\left(\frac{2\pi mkT_c}{h^2}\right)^{3/2} V \qquad \text{oder} \qquad kT_c = 0{,}527\left(\frac{h^2}{2\pi m}\right)\left(\frac{N}{V}\right)^{2/3}. \tag{7.126}$$

Aber was ist an Gleichung 7.125 falsch, wenn $T \neq T_c$ ist? Bei Temperaturen *oberhalb* von T_c muss das chemische Potential deutlich kleiner als null sein; aus Gleichung 7.122

können Sie ersehen, dass ein negativer Wert von μ für N ein Ergebnis ergeben wird, das wie erwünscht kleiner als die rechte Seite von Gleichung 7.125 ist. Bei Temperaturen *unterhalb* von T_c ist die Lösung des Paradoxes hingegen subtiler. In diesem Fall ist es nicht zulässig, die diskrete Summe 7.121 durch das Integral 7.122 zu ersetzen.

Schauen wir uns den Integranden in Gleichung 7.124 sorgfältig an. Wenn ϵ nach null geht, so geht die Zustandsdichte (die proportional zu $\sqrt{\epsilon}$ ist) gegen null, wohingegen die Bose-Einstein-Verteilung explodiert (proportional zu $1/\epsilon$). Obwohl das Produkt eine integrable Funktion ist, ist es überhaupt nicht klar, dass diese unendlich hohe Spitze bei $\epsilon = 0$ die Summe 7.121 über die wahren Zustände mit diskreten Abständen korrekt wiedergibt. Wir haben in der Tat bereits in Gleichung 7.120 gesehen, dass die Anzahl der Atome im Grundzustand enorm sein kann, wenn $\mu \approx 0$, und diese enorme Zahl ist in unserem Integral nicht enthalten. Auf der anderen Seite *sollte* das Integral die Anzahl der Teilchen in der großen Mehrheit der Zustände korrekt darstellen, die nicht bei der Spitze liegen und bei denen $\epsilon \gg \epsilon_0$ gilt. Stellen wir uns vor, dass wir das Integral bei einer unteren Grenze abschneiden, die etwas größer als ϵ_0 ist, aber viel kleiner als kT, so bekommen wir trotzdem noch *in etwa* die gleiche Antwort,

$$N_{\text{angeregt}} = 2.612\left(\frac{2\pi mkT}{h^2}\right)^{3/2} V \qquad (\text{falls } T < T_c)\,. \tag{7.127}$$

Das ist somit die Anzahl der Atome in angeregten Zuständen, unter Ausschluss des Grundzustands. (Ob dieser Ausdruck die Handvoll *niedrigster* angeregter Zustände korrekt berücksichtigt, ist nicht ganz klar. Nehmen wir an, dass der Unterschied zwischen N und dem obigen Ausdruck für N_{angeregt} hinreichend groß ist, so folgt, dass μ viel näher an der Grundzustandsenergie als an der Energie des ersten angeregten Zustands liegen muss und dass daher kein angeregter Zustand auch nur annähernd so viele Atome wie der Grundzustand enthalten kann. Dennoch wird es einen kleinen Bereich von Temperaturen gerade unterhalb von T_c geben, bei denen diese Bedingung nicht erfüllt ist. Ist die Gesamtzahl der Atome nicht besonders groß, so ist dieser Temperaturbereich womöglich noch nicht einmal so klein. Diese Fragen werden in Aufgabe 7.66 untersucht.)

Unterm Strich kommt also heraus: Bei Temperaturen oberhalb von T_c ist das chemische Potential negativ und im Wesentlichen befinden sich alle Atome in angeregten Zuständen. Bei Temperaturen unterhalb von T_c ist das chemische Potential ziemlich nahe bei null und die Anzahl der Atome in angeregten Zuständen ist durch Gleichung 7.127 gegeben; man kann diese Formel einfacher als

$$N_{\text{angeregt}} = \left(\frac{T}{T_c}\right)^{3/2} N \qquad (T < T_c) \tag{7.128}$$

schreiben.

Alle anderen Atome müssen im Grundzustand sein, somit gilt

$$N_0 = N - N_{\text{angeregt}} = \left[1 - \left(\frac{T}{T_c}\right)^{3/2}\right] N \qquad (T < T_c)\,. \tag{7.129}$$

Abbildung 7.32 zeigt Kurven für N_0 und N_{angeregt} als Funktionen der Temperatur; Abbildung 7.33 zeigt die Temperaturabhängigkeit des chemischen Potentials.

Die abrupte Ansammlung von Atomen im Grundzustand bei Temperaturen unterhalb von T_c wird als **Bose-Einstein-Kondensation** bezeichnet. Die Übergangstemperatur T_c wird als **Kondensationstemperatur** bezeichnet, wohingegen die Grundzustandsatome selbst als **Kondensat** bezeichnet werden. Aus Gleichung 7.126 können Sie ersehen, dass

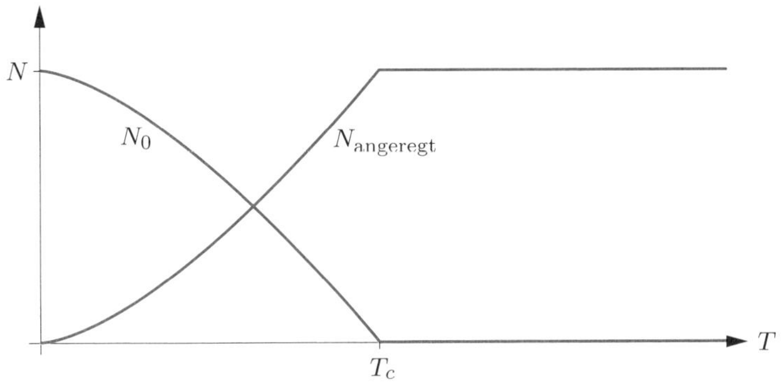

Abbildung 7.32: Anzahl der Atome im Grundzustand (N_0) und in angeregten Zuständen für ein ideales Bose-Gas in einem dreidimensionalen Kasten. Unterhalb von T_c ist die Anzahl der Atome in angeregten Zuständen proportional zu $T^{3/2}$.

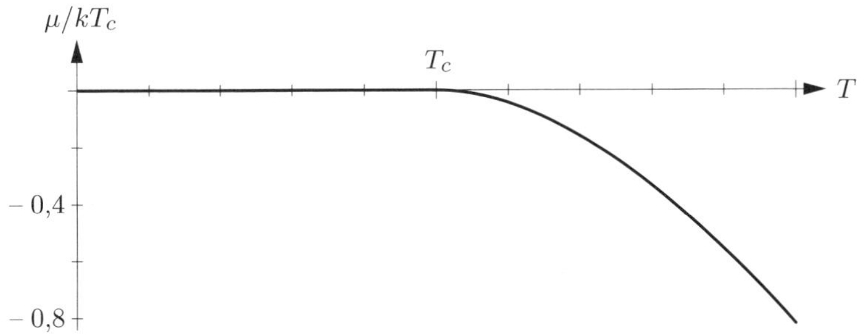

Abbildung 7.33: Chemisches Potential eines idealen Bose-Gases in einem dreidimensionalen Kasten. Unterhalb der Kondensationstemperatur unterscheidet sich μ durch einen auf dieser Skala nicht darstellbaren Betrag von null. Oberhalb der Kondensationstemperatur wird μ negativ; die hier gezeigten Werte wurden numerisch wie in Aufgabe 7.69 beschrieben berechnet.

die Kondensationstemperatur (bis auf den Faktor 2,612) exakt die Temperatur ist, bei der das Quantenvolumen ($v_Q = (h^2/2\pi mkT)^{3/2}$) V/N, dem mittleren Volumen pro Teilchen, entspricht. Stellen wir uns mit anderen Worten vor, dass die Atome in Wellenfunktionen sind, die im Raum so lokalisiert wie möglich sind (wie in Abbildung 7.4), dann setzt die Kondensation gerade dann ein, wenn die Wellenfunktionen anfangen, substantiell zu überlappen. (Die Kondensatatome selber haben Wellenfunktionen, die den ganzen Kasten ausfüllen; ich versuche nicht, das zu zeichnen.)

Es stellt sich numerisch heraus, dass die Kondensationstemperatur in allen experimentell realistischen Situationen sehr klein ist. Sie ist aber nicht so niedrig, wie wir vielleicht denken. Setzen Sie ein *einziges* Teilchen in einen Kasten mit Volumen V, so findet es sich ziemlich wahrscheinlich nur dann im Grundzustand, wenn kT von der Größenordung ϵ_0 oder kleiner ist (sodass die angeregten Zustände, die Energien von $2\epsilon_0$ und mehr haben, deutlich weniger wahrscheinlich sind). Wenn Sie jedoch eine *große* Anzahl identischer Bosonen in den gleichen Kasten stecken, so können Sie die meisten von ihnen bei Temperaturen in den Grundzustand bringen, die nur unwesentlich kleiner als T_c sind, obwohl T_c viel höher liegt: Aus den Gleichungen 7.118 und 7.126 ersehen wir, dass kT_c um einen Faktor von der Größenordnung $N^{2/3}$ größer als ϵ_0 ist. Die

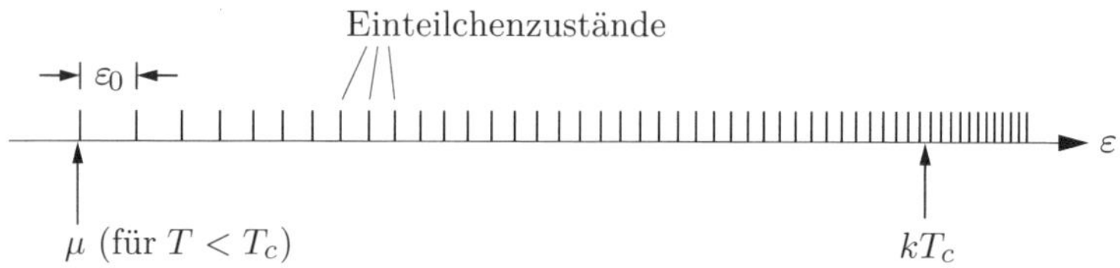

Abbildung 7.34: Schematische Darstellung der Energieskalen, die bei der Bose-Einstein-Kondensation eine Rolle spielen. Die kurzen senkrechten Linien bezeichnen die Energien der diversen Einteilchenzustände. (Abgesehen davon, dass sie (im Mittel) bei zunehmender Energie näher zusammenrücken, sind die Positionen dieser Linien quantitativ nicht zutreffend.) Die Kondensationstemperatur (mal k) ist viele Male größer als der Abstand zwischen den niedrigsten Energieniveaus, wohingegen das chemische Potential nur ein ganz klein wenig unterhalb der Grundzustandsenergie liegt, wenn $T < T_c$ ist.

Hierarchie der Energieskalen – $(\epsilon_0 - \mu) \ll \epsilon_0 \ll kT_c$ – ist in Abbildung 7.34 schematisch dargestellt.

Reale Beispiele

Die Bose-Einstein-Kondensation eines Gases schwach wechselwirkender Atome gelang das erste Mal im Jahr 1995 mit Rubidium-87.[10] In diesem Experiment wurden etwa 10^4 Atome in einem Volumen der Größenordnung $10^{-15}\,\mathrm{m}^3$ eingeschlossen (und zwar mit der in Abschnitt 4.4 beschriebenen Laserkühlungs- und Fallentechnik). Es wurde beobachtet, dass ein großer Teil der Atome bei einer Temperatur von etwa $10^{-7}\,\mathrm{K}$ im Grundzustand kondensierte. Diese Temperatur ist etwa hundertmal größer als die Temperatur, bei der ein *einzelnes* isoliertes Atom mit guter Wahrscheinlichkeit im Grundzustand gelandet wäre. Abbildung 7.35 zeigt die Geschwindigkeitsverteilung der Atome in diesem Experiment bei Temperaturen oberhalb, ein wenig unterhalb und deutlich unterhalb der Kondensationstemperatur. Stand 2018 wurde Bose-Einstein-Kondensation in zahlreichen verdünnten Gasen wie (unter anderem) atomarem Natrium, Lithium, Kalium, Caesium, Rubidium, Chrom, Strontium, Ytterbium und Wasserstoff erzielt.

Bose-Einstein-Kondensation tritt auch in Systemen auf, in denen die Teilchenwechselwirkungen signifikant sind, sodass die quantitative Behandlung in diesem Abschnitt nicht sehr akkurat ist. Das berühmteste Beispiel ist flüssiges Helium-4, das bei Temperaturen unterhalb von 2,17 K eine **suprafluide** Phase mit im Wesentlichen verschwindender Viskosität bildet (siehe Abbildung 5.13). Genauer gesagt ist die Flüssigkeit unterhalb dieser Temperatur eine Mischung aus normalen und suprafluiden Komponenten, wobei die Supraflüssigkeit bei sinkenden Temperaturen dominiert. Dieses Verhalten legt nahe, dass die suprafluide Komponente ein Bose-Einstein-Kondensat ist; in der Tat sagt eine naive Rechnung, die zwischenatomare Kräfte vernachlässigt, vorher, dass die Kondensationstemperatur nur geringfügig größer als der beobachtete Wert ist (siehe Aufgabe 7.68). Leider kann man die Suprafluidität selbst nicht verstehen, wenn man die Wechselwirkungen zwischen den Heliumatomen nicht berücksichtigt.

Ist die supraflüssige Komponente von Helium-4 ein Bose-Einstein-Kondensat, so würden Sie meinen, dass Helium-3, das ein Fermion ist, keine solche Phase hat. Und in der Tat hat es in der Nähe von 2 K keinen Übergang zu einer Supraflüssigkeit. Unterhalb von

10 Eine schöne Beschreibung dieses Experiments finden Sie in: Carl E. Wieman, „The Richtmyer Memorial Lecture: Bose-Einstein Condensation in an Ultracold Gas", *American Journal of Physics* **64**, 847–855 (1996).

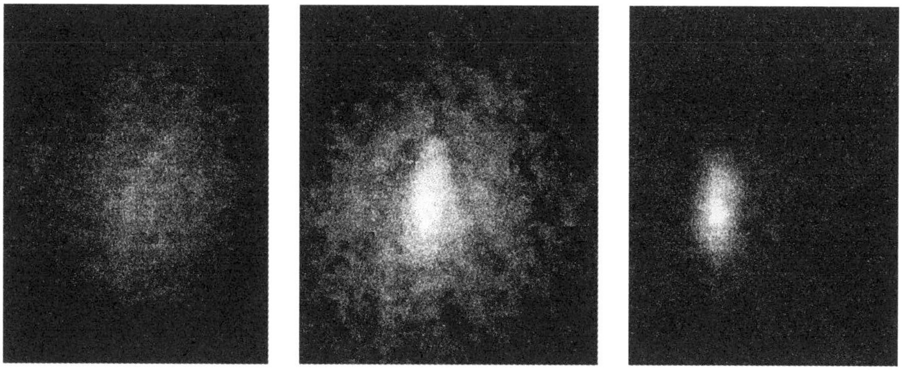

$T = 200$ nK $T = 100$ nK $T = 0$

Abbildung 7.35: Nachweis der Bose-Einstein-Kondensation von Rubidium-87-Atomen. Diese Bilder wurden folgendermaßen erstellt: Das Magnetfeld, das die Atome einsperrt, wurde abgeschaltet. Das Gas expandierte nun für einen Moment. Dann wurde Licht auf die expandierte Wolke eingestrahlt, um ihre Verteilung abzubilden. Somit geben die Positionen der Atome in diesen Bildern ein Maß ihrer *Geschwindigkeiten* unmittelbar vor dem Abschalten des Feldes. Oberhalb der Kondensationstemperatur (links) ist die Geschwindigkeitsverteilung breit und isotrop, in Übereinstimmung mit der Maxwell-Boltzmann-Verteilung. Unterhalb der Kondensationstemperatur (Mitte) fällt ein substantieller Teil der Atome in eine kleine, elongierte Region im Geschwindigkeitsraum. Diese Atome bilden das Kondensat; die Elongation tritt auf, weil die Falle in der senkrechten Richtung schmaler ist. Damit ist die Grundzustandswellenfunktion im Ortsraum schmaler und damit im Geschwindigkeitsraum breiter. Bei den niedrigsten erreichten Temperaturen (rechts) sind fast alle Atome in der Grundzustandswellenfunktion. Aus Carl E. Wieman, *American Journal of Physics* **64**, 854 (1996).

3 *Milli*kelvin hat ^{3}He jedoch nicht nur eine, sondern *zwei* unterschiedliche supraflüssige Phasen.[11] Wie ist das für ein System von Fermionen möglich? Es stellt sich heraus, dass die Teilchen, die kondensieren, in Wirklichkeit *Paare* von ^{3}He-Atomen sind, die von der Wechselwirkung ihrer magnetischen Kernspinmomente mit den Atomen in der Umgebung zusammengehalten werden.[12] Ein Paar von Fermionen hat einen ganzzahligen Spin und ist daher ein Boson. Ein analoges Phänomen tritt in einem Supraleiter auf, wo Paare von Elektronen durch Wechselwirkungen mit dem schwingenden Ionengitter zusammengehalten werden. Bei niedrigen Temperaturen „kondensieren" diese Paare in einem supraleitenden Zustand, noch einem Beispiel für die Bose-Einstein-Kondensation.[13]

Warum findet die Kondensation statt?

Lassen Sie mich nun, da ich Ihnen gezeigt habe, *dass* die Bose-Einstein-Kondensation stattfindet, zu der Frage zurückkehren, *warum* sie stattfindet. Die Herleitung oben beruhte ausschließlich auf der Bose-Einstein-Verteilungsfunktion – ein leistungsfähiges Werkzeug, aber kein sehr intuitives. Es ist allerdings nicht schwierig, dieses Phänomen mit elementareren Methoden besser zu verstehen.

11 Diese Phasen wurden in den frühen siebziger Jahren entdeckt. Um so niedrige Temperaturen zu erreichen, verwendeten die Experimentatoren einen Mischkryostaten (siehe Abschnitt 4.4) in Verbindung mit der in Aufgabe 5.34 beschriebenen Kühltechnik.

12 Einen Überblick über die Physik beider Isotope flüssigen Heliums geben Wilks und Betts (1987).

13 Übersichtsartikel zur Bose-Einstein-Kondensation in verschiedenen Systemen finden Sie in: A. Griffin, D. W. Snoke und S. Stringari, Hrsg., *Bose-Einstein Condensation* (Cambridge University Press, Cambridge, 1995).

Nehmen Sie an, dass wir eine Ansammlung von N *unterscheidbaren*, in einem Kasten eingesperrten Teilchen anstelle der identischen Bosonen hätten. (Vielleicht sind sie alle in unterschiedlichen Farben angemalt.) Dann können wir jedes der Teilchen, sofern sie untereinander nicht wechselwirken, als ein separates System mittels der Boltzmann-Statistik behandeln. Bei Temperatur T hat ein Teilchen eine gute Chance, irgendeinen Zustand zu besetzen, der eine Energie von der Ordnung kT hat, und die Anzahl solcher Zustände wird unter allen realistischen Bedingungen ziemlich groß sein. (Diese Anzahl ist im Wesentlichen gleich der Einteilchenzustandssumme Z_1.) Die Wahrscheinlichkeit, dass das Teilchen im Grundzustand ist, ist daher sehr klein, nämlich $1/Z_1$. Da diese Schlussfolgerung separat für jedes der N unterscheidbaren Teilchen gilt, wird sich nur ein winziger Bruchteil der Teilchen im Grundzustand befinden. Es kommt zu keiner Bose-Einstein-Kondensation.

Es ist nützlich, die gleiche Situation aus einer anderen Perspektive zu analysieren, in der Sie das ganze System auf einmal anschauen, anstatt ein Teilchen nach dem anderen. Von diesem Standpunkt aus gesehen hat jeder *System*zustand seine eigene Wahrscheinlichkeit und seinen eigenen Boltzmann-Faktor. Der Systemzustand mit allen Teilchen im Grundzustand weist einen Boltzmann-Faktor 1 auf (hierbei setzen wir die Grundzustandsenergie der Einfachheit halber gleich 0), wohingegen ein Systemzustand mit Gesamtenergie U einen Boltzmann-Faktor $e^{-U/kT}$ hat. Nach der Schlussfolgerung des letzten Absatzes dominieren die Systemzustände, bei denen fast alle Teilchen in angeregten Zuständen mit Energien der Größenordnung kT sind; die Gesamtenergie des Systems lautet daher $U \sim NkT$, sodass der Boltzmann-Faktor eines typischen Systemzustands etwas von der Art $e^{-NkT/kT} = e^{-N}$ ist. Das ist eine *sehr* kleine Zahl! Wie kann es sein, dass das System diese Zustände vorzieht, anstatt in den Grundzustand mit seinem sehr viel größeren Boltzmann-Faktor zu kondensieren?

Die Antwort lautet: Während jeder *spezielle* Systemzustand mit einer Energie von der Größenordnung NkT hoch unwahrscheinlich ist, ist die *Anzahl* solcher Zustände so riesig, dass sie insgesamt ziemlich wahrscheinlich sind (siehe Abbildung 7.36). Die Anzahl der Möglichkeiten, N unterscheidbare Teilchen in Z_1 Einteilchenzuständen unterzubringen, ist Z_1^N, was den Boltzmann-Faktor e^{-N} dominiert, sofern $Z_1 \gg 1$.

Lassen Sie mich nun zum Fall der identischen Bosonen zurückkehren. Hier hat der Systemzustand wieder einen Boltzmann-Faktor von der Größenordnung e^{-N}, wenn im Wesentlichen alle Teilchen in Einteilchenzuständen mit Energien von der Größenord-

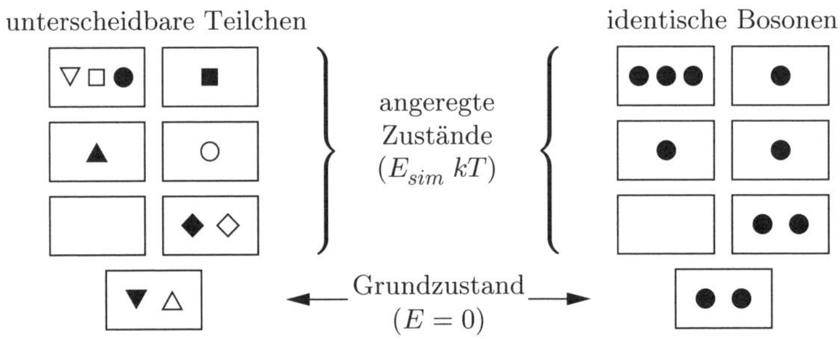

Abbildung 7.36: Wenn die meisten Teilchen in angeregten Zuständen sind, ist der Boltzmann-Faktor für das Gesamtsystem immer sehr klein (von der Größenordnung e^{-N}). Bei unterscheidbaren Teilchen ist die Zahl der Anordnungen in diesen Zuständen so groß, dass Systemzustände von dieser Art immer noch sehr wahrscheinlich sind. Bei identischen Bosonen ist die Anzahl der Anordnungen jedoch viel kleiner.

nung kT sind. Aber nun ist die *Anzahl* solcher Systemzustände viel kleiner. Diese Zahl ist im Wesentlichen die Anzahl der Möglichkeiten, N ununterscheidbare Teilchen in Z_1 Einteilchenzuständen unterzubringen. Mathematisch ist das dasselbe wie die Anzahl der Möglichkeiten, N Energieeinheiten in den Z_1 Oszillatoren eines Einstein-Festkörpers unterzubringen:

$$\begin{pmatrix} \text{Anzahl der} \\ \text{Systemzustände} \end{pmatrix} \sim \binom{N+Z_1-1}{N} \sim \begin{cases} (eZ_1/N)^N & \text{falls } Z_1 \gg N\,; \\ (eN/Z_1)^{Z_1} & \text{falls } Z_1 \ll N\,. \end{cases} \tag{7.130}$$

Ist die Anzahl der verfügbaren Einteilchenzustände viel größer als die Anzahl der Bosonen, so ist der kombinatorische Faktor wieder groß genug, um den Boltzmann-Faktor e^{-N} zu dominieren. Somit werden wieder Systemzustände mit fast allen Bosonen in angeregten Zuständen vorherrschen. Wenn auf der anderen Seite die Anzahl der verfügbaren Einteilchenzustände viel kleiner als die Anzahl der Bosonen ist, dann ist der kombinatorische Faktor nicht groß genug, um den Boltzmann-Faktor zu kompensieren. Somit werden diese Systemzustände, auch wenn man sie alle zusammen betrachtet, exponentiell unwahrscheinlich sein. (Diese letzte Schlussfolgerung ist nicht ganz offensichtlich, wenn man auf die Formeln schaut. Hier ist ein einfaches numerisches Beispiel: Ist $N = 100$ und $Z_1 = 25$, so hat ein Systemzustand mit allen Bosonen in angeregten Zuständen einen Boltzmann-Faktor der Größenordnung $e^{-100} = 4{\cdot}10^{-44}$, wohingegen die Anzahl solcher Systemzustände nur $\binom{124}{100} = 3{\cdot}10^{25}$ beträgt.) Im Allgemeinen wird der kombinatorische Faktor hinreichend groß sein, um im Mittel ein Boson in jeden verfügbaren angeregten Zustand zu bekommen. Alle verbleibenden Bosonen kondensieren im Grundzustand, wegen der Weise, in der der Boltzmann-Faktor Systemzustände mit niedrigerer Energie favorisiert.

Somit besteht die Erklärung der Bose-Einstein-Kondensation in der Kombinatorik des Abzählens von Anordnungen identischer Teilchen: Da die Anzahl der Möglichkeiten, identische Teilchen auf die angeregten Zustände zu verteilen, relativ klein ist, ist der Grundzustand viel mehr favorisiert, als wenn die Teilchen unterscheidbar wären. Sie fragen sich vielleicht noch, woher wir *wissen*, dass Bosonen einer gegebenen Spezies wirklich identisch sind und daher auf diese Weise gezählt werden müssen. Oder, anders gefragt, woher *wissen* wir, dass die Grundannahme, allen unterschiedlichen Zuständen (des Systems und seiner Umwelt) das gleiche statistische Gewicht zu geben, auch auf Systeme identischer Bosonen zutrifft? Auf diese Fragen gibt es gute theoretische Antworten, aber die Antworten verlangen ein Verständnis der Quantenmechanik, das jenseits dieses Buches liegt. Auch dann sind die Antworten nicht vollständig wasserdicht – es besteht immer die Möglichkeit, dass *irgendeine* unentdeckte Wechselwirkung die Unterscheidung vermeintlich identischer Bosonen erlaubt. Ein Bose-Einstein-Kondensat würde spontan verdampfen. Bis jetzt ist der experimentelle Stand, dass solche Wechselwirkungen nicht zu existieren scheinen. Bemühen wir daher Occams Prinzip und schließen vorläufig, dass Bosonen einer gegebenen Sorte wirklich ununterscheidbar sind; wie David Griffith geschrieben hat,[14] kann sie nicht einmal Gott auseinanderhalten.

Aufgabe 7.65 Werten Sie das Integral in Gleichung 7.124 numerisch aus, um den im Text angegebenen Wert zu bestätigen.

Aufgabe 7.66 Betrachten Sie eine Ansammlung von 10.000 Atomen Rubidium-87, die in einem Kasten mit Volumen $(10^{-5}\ \text{m})^3$ eingesperrt sind.

14 *Introduction to Quantum Mechanics* (Prentice-Hall, Englewood Cliffs, NJ, 1995), Seite 179.

(a) Berechnen Sie ϵ_0, die Energie des Grundzustands. (Drücken Sie Ihre Antwort sowohl in Joule als auch Elektronvolt aus.)
(b) Berechnen Sie die Kondensationstemperatur und vergleichen Sie kT_c mit ϵ_0.
(c) Angenommen, wir hätten $T = 0{,}9T_c$. Wie viele Atome sind im Grundzustand? Wie nahe ist das chemische Potential an der Grundzustandsenergie? Wie viele Atome sind in jedem der (dreifach entarteten) ersten angeregten Zustände?
(d) Wiederholen Sie (b) und (c) für den Fall von 10^6 Atomen, die im gleichen Volumen eingesperrt sind. Diskutieren Sie die Bedingungen, unter denen die Anzahl der Atome im Grundzustand viel größer als die Anzahl im ersten angeregten Zustand sein wird.

Aufgabe 7.67 Als die Bose-Einstein-Kondensation von atomarem Wasserstoff zum ersten Mal gelang,[15] wurde ein Gas von etwa $2{\cdot}10^{10}$ Atomen eingesperrt und gekühlt, bis die Maximaldichte bei $1{,}8{\cdot}10^{14}$ Atome/cm^3 lag. Berechnen Sie die Kondensationstemperatur für dieses System und vergleichen Sie sie mit dem gemessenen Wert 50 µK.

Aufgabe 7.68 Berechnen Sie die Kondensationstemperatur von flüssigem Helium-4, wobei Sie die Flüssigkeit als ein Gas nicht wechselwirkender Atome behandeln. Vergleichen Sie mit 2,17 K, der beobachteten Temperatur des Übergangs zur Suprafluidität. (Die Dichte von flüssigem Helium-4 beträgt 0,145 g/cm^3.)

Aufgabe 7.69 Sofern Ihr Computer numerisch Integrale berechnen kann, ist es nicht besonders schwierig, μ für $T > T_c$ auszuwerten.
(a) Wie üblich ist es beim Lösen eines Problems auf einem Computer am besten, erst einmal alles durch dimensionslose Variablen auszudrücken. Definieren Sie also $t = T/T_c$, $c = \mu/kT_c$ und $x = \epsilon/kT_c$. Drücken Sie das Integral, das μ definiert (Gleichung 7.122), durch diese Variablen aus. Sie sollten die Gleichung

$$2{,}315 = \int_0^\infty \frac{\sqrt{x}\,\mathrm{d}x}{\mathrm{e}^{(x-c)/t} - 1}$$

erhalten.
(b) Gemäß Abbildung 7.33 ist der korrekte Wert von c für $T = 2T_c$ in etwa –0,8. Setzen Sie diese Werte ein und überprüfen Sie, dass die Gleichung oben näherungsweise erfüllt ist.
(c) Variieren Sie nun μ bei festem T, um den genauen Wert von μ für $T = 2T_c$ zu finden. Wiederholen Sie das für Werte von T/T_c zwischen 1,2 und 3,0 in Schritten von 0,2. Zeichnen Sie eine Kurve von μ als Funktion der Temperatur.

Aufgabe 7.70 Abbildung 7.37 zeigt die Wärmekapazität eines Bose-Gases als Funktion der Temperatur. In dieser Aufgabe werden Sie die Gestalt dieser ungewöhnlichen Kurve berechnen.
(a) Schreiben Sie einen Ausdruck für die Gesamtenergie eines Gases von N Bosonen in einem Volumen V als Integral (analog zu Gleichung 7.122) auf.
(b) Für $T < T_c$ können Sie $\mu = 0$ setzen. Werten Sie das Integral in diesem Fall numerisch aus, leiten Sie dann das Ergebnis nach T ab, um die Wärmekapazität zu erhalten. Vergleichen Sie mit Abbildung 7.37.

15 Dale G. Fried et al., *Physical Review Letters* **81**, 3811 (1998).

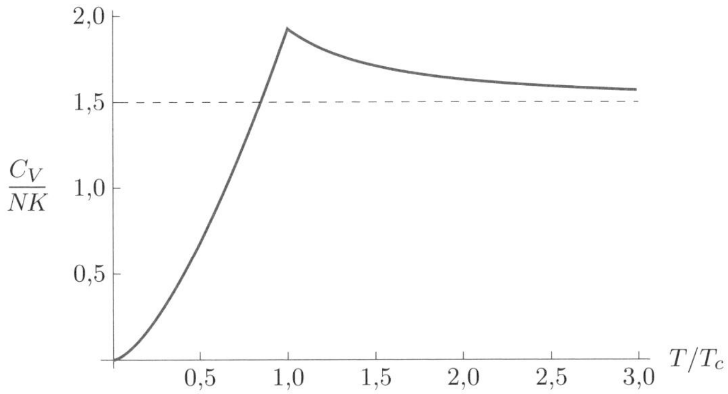

Abbildung 7.37: Wärmekapazität eines idealen Bose-Gases in einem dreidimensionalen Kasten.

(c) Erklären Sie, warum sich die Wärmekapazität im Hochtemperaturlimes $\frac{3}{2}Nk$ annähern muss.

(d) Für $T > T_c$ können Sie das Integral auswerten, indem Sie die in Aufgabe 7.69 berechneten Werte von μ verwenden. Machen Sie das, um die Energie als Funktion der Temperatur zu erhalten, leiten Sie dann das Ergebnis numerisch ab, um die Wärmekapazität zu erhalten. Zeichnen Sie die Wärmekapazität und überprüfen Sie, dass Ihre Kurve mit Abbildung 7.37 übereinstimmt.

Aufgabe 7.71 Berechnen Sie ausgehend von der in Aufgabe 7.70(b) hergeleiteten Formel für C_V die Entropie, die Helmholtz'sche freie Energie und den Druck eines Bose-Gases für $T < T_c$. Beachten Sie, dass der Druck vom Volumen unabhängig ist; wie kann das der Fall sein?

Aufgabe 7.72 Bei einem Gas von Teilchen, die in einem *zwei*dimensionalen Kasten eingesperrt sind, ist die Zustandsdichte konstant, unabhängig von ϵ (siehe Aufgabe 7.28). Untersuchen Sie das Verhalten eines Gases nicht wechselwirkender Bosonen in einem zweidimensionalen Kasten. Sie sollten herausfinden, dass das chemische Potential signifikant kleiner als null bleibt, solange T signifikant größer als null ist, und es somit keine abrupte Kondensation von Teilchen in den Grundzustand gibt. Erklären Sie, woher Sie wissen, dass das der Fall ist, und beschreiben Sie, was mit diesem System passiert, wenn die Temperatur abnimmt. Welche Eigenschaft muss $g(\epsilon)$ haben, damit es zu einer abrupten Bose-Einstein-Kondensation kommt?

Aufgabe 7.73 Betrachten Sie ein Gas von N identischen Spin-0-Bosonen, die von einem isotropen dreidimensionalen harmonischen Oszillatorpotential eingeschlossen sind. (In dem oben besprochenen Rubidium-Experiment war das Einschlusspotential in der Tat harmonisch, allerdings nicht isotrop.) Die Energieniveaus in diesem Potential lauten $\epsilon = nhf$, wobei n irgendeine nicht negative ganze Zahl ist; f ist die klassische Oszillatorfrequenz. Die Entartung von Niveau n lautet $(n + 1)(n + 2)/2$.

(a) Bestimmen Sie für ein von diesem Potential eingeschlossenes Atom einen Ausdruck für die Zustandsdichte $g(\epsilon)$. (Sie dürfen $n \gg 1$ annehmen.)

(b) Leiten Sie eine Formel für die Kondensationstemperatur dieses Systems als Funktion der Oszillatorfrequenz f her.

(c) Dieses Potential schließt effektiv Teilchen in einem Volumen von etwa der dritten Potenz der Schwingungsamplitude ein. Die Schwingungsamplitude kann man wiederum abschätzen, indem man die Gesamtenergie des Teilchens (von der Ordnung kT) gleich der potentiellen Energie der „Feder" setzt. Zeigen Sie unter diesen Annahmen, dass Ihre Antwort in Teil (b) in etwa äquivalent zu der im Text hergeleiteten Formel für die Kondensationstemperatur von Bosonen in einem Kasten mit starren Wänden ist. Vernachlässigen Sie dabei alle Faktoren 2 und π und so weiter.

Aufgabe 7.74 Betrachten Sie ein Bose-Gas, das wie in der letzten Aufgabe in einer isotropen harmonischen Falle eingesperrt ist. Dieses System hat eine viel einfachere Niveaustruktur als der dreidimensionale Kasten. Es ist für dieses System daher möglich, die Summe in Gleichung 7.121 *numerisch* auszuwerten, ohne sie als ein Integral zu approximieren.[16]

(a) Schreiben Sie Gleichung 7.121 für dieses System als eine Summe über Energieniveaus. Berücksichtigen Sie Entartungen. Ersetzen Sie T und μ durch die dimensionslosen Variablen $t = kT/hf$ und $c = \mu/hf$.

(b) Programmieren Sie einen Computer, um diese Summe für beliebige Werte von t und c auszuwerten. Zeigen Sie, dass Gleichung 7.121 für $N = 2000$ bei $t = 15$ erfüllt ist, falls $c = -10.534$ ist. (*Hinweis:* Sie werden in etwa die ersten 200 Energieniveaus in der Summe mitnehmen müssen.)

(c) Stellen Sie für die gleichen Parameter wie in Teil (b) die Anzahl der Teilchen in jedem Energieniveau als Funktion der Energie dar.

(d) Reduzieren Sie nun t auf 14 und passen Sie den Wert von c so lange an, bis die Summe wieder 2000 erreicht. Stellen Sie die Anzahl der Teilchen als Funktion der Energie dar.

(e) Wiederholen Sie Teil (d) für $t = 13, 12, 11$ und 10. Sie sollten herausbekommen, dass der benötigte Wert von c Richtung null anwächst, die Null aber nie ganz erreicht. Diskutieren Sie die Ergebnisse in gewissem Detail.

Aufgabe 7.75 Betrachten Sie ein Gas nicht wechselwirkender Spin-0-Bosonen bei *hohen* Temperaturen, wenn $T \gg T_c$ ist. (Beachten Sie, dass „hoch" in diesem Sinne immer noch unter 1 K bedeuten kann.)

(a) Zeigen Sie, dass man in diesem Limes die Bose-Einstein-Verteilungsfunktion näherungsweise als

$$\overline{n}_{\mathrm{BE}} = \mathrm{e}^{-(\epsilon-\mu)/kT}\left[1 + \mathrm{e}^{-(\epsilon-\mu)/kT} + \cdots\right]$$

schreiben kann.

(b) Behalten Sie nur die oben dargestellten Terme und setzen Sie dieses Ergebnis in Gleichung 7.122 ein. Leiten Sie damit die erste Quantenkorrektur am chemischen Potential eines Gases von Bosonen her.

(c) Verwenden Sie die Eigenschaften der Gibbs'schen freien Energie (Aufgaben 5.23 und 7.7), um zu zeigen, dass der Druck eines beliebigen Systems durch $P = (kT/V) \ln \mathcal{Z}$ gegeben ist, wobei $\mathcal{Z}$ die großkanonische Zustandssumme ist. Begründen Sie, warum man bei einem Gas nicht wechselwirkender Teilchen $\ln \mathcal{Z}$ als die Summe von $\ln \mathcal{Z}_i$ über alle Moden (oder Einteilchenzuständen) berechnen kann. Dabei ist $\mathcal{Z}_i$ die großkanonische Zustandssumme für die i-te Mode.

16 Diese Aufgabe beruht auf einem Aufsatz von Martin Ligare, *American Journal of Physics* **66**, 185–190 (1998).

(d) Fahren Sie mit dem Ergebnis aus Teil (c) fort und schreiben Sie die Summe über die Moden als ein Integral über die Energie, wobei Sie die Zustandssumme verwenden. Werten Sie dieses Integral explizit für ein Gas nicht wechselwirkender Bosonen im Hochtemperaturlimes aus. Verwenden Sie dazu das Ergebnis für das chemische Potential aus Teil (b) und entwickeln Sie den Logarithmus in angemessener Weise. Am Ende sollten Sie

$$P = \frac{NkT}{V}\left(1 - \frac{Nv_{\mathrm{Q}}}{4\sqrt{2}V}\right)$$

herausbekommen, wobei wiederum Terme höherer Ordnung vernachlässigt werden. Somit führt die Quantenstatistik auf eine *Absenkung* des Drucks eines Bose-Gases, wie man erwarten würde.

(e) Drücken Sie das Ergebnis aus Teil (d) in Gestalt der in Aufgabe 1.17 eingeführten Virialentwicklung aus und lesen Sie den zweiten Virialkoeffizienten $B(T)$ ab. Skizzieren Sie das vorhergesagte $B(T)$ für ein hypothetisches Gas nicht wechselwirkender Helium-4-Atome.

(f) Wiederholen Sie die ganze Aufgabe für ein Gas aus Spin-1/2-Fermionen. (Sehr wenige Modifikationen sind nötig.) Diskutieren Sie die Ergebnisse und stellen Sie den vorhergesagten Virialkoeffizienten für ein hypothetisches Gas nicht wechselwirkender Helium-3-Atome dar.

Zehn oder mehr Prozent eines vollständigen Inventars der Sterne bestehen aus weißen Zwergen, die einfach dasitzen und die thermische (kinetische) Energie ihrer Kohlenstoff- und Sauerstoffkerne unterhalb sehr dünner Häute aus Wasserstoff und Helium abstrahlen. Sie werden dieses ereignisarme Leben weiterführen, bis sich das Universum wieder zusammenzieht, ihre Baryonen zerfallen oder sie durch Tunneln zu schwarzen Löchern kollabieren. (Vermutliche Zeitskalen für diese drei Ereignisse sind 10^{14}, 10^{33} und $10^{10^{76}}$ – Jahre bei den ersten beiden; bei der dritten kommt es auf die Einheit nicht an.)

—Virginia Trimble, *SLAC Beam Line* **21**, 3 (Herbst 1991).

Systeme wechselwirkender Teilchen

8

ÜBERBLICK

» Ein **ideales** System ist in der statistischen Mechanik ein System, in dem die Teilchen (egal ob Moleküle, Elektronen, Photonen, Phononen oder magnetische Dipole) keine relevanten Kräfte aufeinander ausüben. Alle Systeme, die wir uns in den letzten beiden Kapiteln angeschaut haben, waren in diesem Sinne „ideal". Aber die Welt wäre langweilig, wenn alles in ihr ideal wäre. Zum Beispiel würden Gase nie zu Flüssigkeiten kondensieren und kein Material würde sich spontan magnetisieren. Somit ist es an der Zeit, dass wir uns einige nicht ideale Systeme anschauen.

Es ist nicht leicht, das Verhalten eines nicht idealen Systems aus vielen miteinander wechselwirkenden Teilchen vorherzusagen. Sie können das System nicht einfach in eine Vielzahl von unabhängigen Teilsystemen zerlegen (Teilchen oder Moden), diese Teilsysteme eines nach dem anderen behandeln und schließlich über die Teilsysteme aufsummieren, wie wir es in den letzten zwei Kapiteln gemacht haben. Stattdessen müssen Sie das ganze System auf einmal behandeln. Normalerweise bedeutet das, dass Sie thermodynamische Größen nicht exakt berechnen können – Sie müssen auf Näherungen zurückgreifen. Die Anwendung geeigneter Näherungsverfahren auf verschiedene Systeme wechselwirkender Teilchen ist ein Hauptgebiet moderner statistischer Mechanik. Ferner werden analoge Näherungsverfahren in anderen Forschungsgebieten vielfach benutzt, insbesondere bei der Anwendung der Quantenmechanik auf Vielteilchensysteme.

In diesem Kapitel werde ich nur zwei Beispiele wechselwirkender Systeme einführen: ein Gas schwach wechselwirkender Moleküle und ein Gitter magnetischer Dipole, die dazu neigen, sich parallel zu ihren Nachbarn auszurichten. In jedem dieser Fälle gibt es ein Näherungsverfahren (diagrammatische Störungstheorie und Monte-Carlo-Simulation), das nicht nur das vorliegende Problem löst, sondern sich auch bei der Behandlung einer Vielzahl anderer Probleme der theoretischen Physik als nützlich erwiesen hat.[1] «

8.1 Schwach wechselwirkende Gase

In Abschnitt 5.3 machten wir einen ersten Anlauf, nicht ideale Gase mithilfe der Van-der-Waals-Gleichung zu verstehen. Diese Gleichung ist qualitativ sehr erfolgreich und sagt sogar die Kondensation eines dichten Gases zu einer Flüssigkeit voraus. Aber sie ist quantitativ nicht besonders gut und ihr Bezug zu den fundamentalen molekularen Wechselwirkungen ist bestenfalls schwach. Können wir das besser machen? Genauer gesagt, können wir das Verhalten eines nicht idealen Gases aus Grundprinzipien herleiten, indem wir die starken Werkzeuge der statistischen Mechanik verwenden?

Die Antwort lautet: ja, aber es ist nicht leicht. Zumindest auf dem Niveau dieses Buchs ist eine Berechnung der Eigenschaften eines nicht idealen Gases aus den Grundprinzipien nur im Limes niedriger Dichte möglich, wenn die Wechselwirkungen zwischen den Molekülen noch relativ schwach sind. In diesem Abschnitt werde ich so eine Berechnung durchführen und schließlich eine Korrektur zum idealen Gasgesetz herleiten, die im Limes niedriger Dichte gilt. Dieser Zugang wird uns nicht helfen, den Phasenübergang zwischen Gas und Flüssigkeit zu verstehen, aber zumindest werden die Ergebnisse im Rahmen ihrer begrenzten Gültigkeit sehr genau sein. Kurz gesagt opfern wir Allgemeingültigkeit, um Genauigkeit und Strenge zu bekommen.

1 Die zwei Abschnitte dieses Kapitels sind voneinander unabhängig; lesen Sie sie in der Reihenfolge, die Ihnen gefällt. Von ein paar Aufgaben abgesehen, hängt in diesem Kapitel auch nichts von Kapitel 7 ab.

Die Zustandssumme

Wie immer beginnen wir damit, dass wir die Zustandssumme aufschreiben. Nehmen wir den Standpunkt von Abschnitt 2.5 und Aufgabe 6.51 ein und beschreiben den „Zustand" eines Moleküls durch seinen Orts- und Impulsvektor. Dann lautet die Zustandssumme für ein *einzelnes* Molekül

$$Z_1 = \frac{1}{h^3} \int \mathrm{d}^3 r \, \mathrm{d}^3 p \, \mathrm{e}^{-\beta E} \,, \tag{8.1}$$

wobei das eine Integralzeichen in Wirklichkeit für sechs Integrale steht, drei über die Ortskomponenten (mit $\mathrm{d}^3 r$ bezeichnet) und drei über die Impulskomponenten (mit $\mathrm{d}^3 p$ bezeichnet). Der Integrationsbereich geht über alle Impulsvektoren, aber nur die Ortsvektoren, die sich innerhalb eines Kastens mit Volumen V befinden. Wir benötigen den Faktor $1/h^3$, um eine dimensionslose Zahl zu bekommen, die die unabhängigen Wellenfunktionen zählt. Der Einfachheit halber habe ich alle Summen über innere Zustände des Moleküls (wie zum Beispiel Rotationszustände) ausgelassen.

Für ein einzelnes Molekül ohne innere Freiheitsgrade entspricht Gleichung 8.1 dem, was ich in Abschnitt 6.7 für ein ideales Gas hergeleitet habe (wie in Aufgabe 6.51 dargestellt). Für ein Gas aus N identischen Teilchen ist der entsprechende Ausdruck leicht hinzuschreiben, aber ziemlich schrecklich anzusehen:

$$Z = \frac{1}{N!} \frac{1}{h^{3N}} \int \mathrm{d}^3 r_1 \cdots \mathrm{d}^3 r_N \, \mathrm{d}^3 p_1 \cdots \mathrm{d}^3 p_N \, \mathrm{e}^{-\beta U} \,. \tag{8.2}$$

Jetzt gibt es $6N$ Integrale über die Orts- und Impulskoordinaten aller N Moleküle. Es gibt auch N Faktoren $1/h^3$ und einen Vorfaktor $1/N!$, der die Ununterscheidbarkeit identischer Moleküle berücksichtigt. Der Boltzmann-Faktor enthält U, die Gesamtenergie des Gesamtsystems.

Wäre das jetzt ein *ideales* Gas, so wäre U einfach die Summe von kinetischen Energiebeiträgen:

$$U_{\mathrm{kin}} = \frac{|\vec{p}_1|^2}{2m} + \frac{|\vec{p}_2|^2}{2m} + \cdots + \frac{|\vec{p}_N|^2}{2m} \,. \tag{8.3}$$

In einem *nicht* idealen Gas gibt es aber auch potentielle Energie aufgrund der Wechselwirkungen zwischen den Molekülen. Bezeichnen wir die gesamte potentielle Energie als U_{pot}, so kann die Zustandssumme als

$$Z = \frac{1}{N!} \frac{1}{h^{3N}} \int \mathrm{d}^3 r_1 \cdots \mathrm{d}^3 r_N \, \mathrm{d}^3 p_1 \cdots \mathrm{d}^3 p_N \, \mathrm{e}^{-\beta |\vec{p}_1|^2/2m} \cdots \mathrm{e}^{-\beta |\vec{p}_N|^2/2m} \, \mathrm{e}^{-\beta U_{\mathrm{pot}}} \tag{8.4}$$

geschrieben werden.

Die gute Nachricht ist, dass die $3N$ Impulsintegrale leicht auszuwerten sind. Weil die potentielle Energie nur von den Orten der Moleküle, nicht jedoch von ihren Impulsen abhängt, taucht jeder Impuls $\vec{p}_i$ nur in $\mathrm{e}^{-\beta |\vec{p}_i|^2/2m}$, dem Boltzmann-Faktor der kinetischen Energie, auf. Dann kann man das Integral über diesen Impuls exakt wie für ein ideales Gas auswerten und bekommt das gleiche Ergebnis:

$$\int \mathrm{d}^3 p_i \, \mathrm{e}^{-\beta |\vec{p}_i|^2/2m} = \left(\sqrt{2\pi m k T}\right)^3 . \tag{8.5}$$

Setzen wir N dieser Faktoren zusammen, so erhalten wir

$$Z = \frac{1}{N!}\left(\frac{\sqrt{2\pi mkT}}{h}\right)^{3N} \int d^3r_1 \cdots d^3r_N \, e^{-\beta U_{\text{pot}}}$$
$$= Z_{\text{ideal}} \cdot \frac{1}{V^N} \int d^3r_1 \cdots d^3r_N \, e^{-\beta U_{\text{pot}}} , \tag{8.6}$$

wobei Z_{ideal} die Zustandssumme eines idealen Gases ist, siehe Gleichung 6.85. Somit reduziert sich unsere Aufgabe auf die Auswertung des restlichen Ausdrucks,

$$Z_c = \frac{1}{V^N} \int d^3r_1 \cdots d^3r_N \, e^{-\beta U_{\text{pot}}} , \tag{8.7}$$

den man als das **Konfigurationsintegral** bezeichnet (weil er ein Integral über alle Konfigurationen, oder Positionen, der Moleküle darstellt).

Die Clusterentwicklung

Um das Konfigurationsintegral expliziter hinzuschreiben, nehme ich an, dass die potentielle Energie des Gases als eine Summe potentieller Energien geschrieben werden kann, die auf Wechselwirkungen zwischen *Paaren* von Molekülen zurückgehen:

$$U_{\text{pot}} = u_{12} + u_{13} + \cdots + u_{1N} + u_{23} + \cdots + u_{N-1,N}$$
$$= \sum_{\text{Paare}} u_{ij} . \tag{8.8}$$

Jeder Term u_{ij} stellt die potentielle Energie aufgrund der Wechselwirkung von Molekül i mit Molekül j dar. Ich nehme an, dass sie nur von $|\vec{r}_i - \vec{r}_j|$, dem Abstand dieser zwei Moleküle, abhängt. Das ist eine massive Vereinfachung. Auf der einen Seite vernachlässige ich jegliche denkbare Abhängigkeit der potentiellen Energie von der Orientierung eines Moleküls. Auf der anderen Seite vernachlässige ich auch, dass sich zwei Moleküle gegenseitig verformen, wenn sie sich sehr nahekommen, und sich damit ihrer beider Wechselwirkung mit einem dritten Molekül ändert. Trotzdem schaut das Konfigurationsintegral nach dieser „Vereinfachung" nicht hübscher aus; jetzt haben wir

$$Z_c = \frac{1}{V^N} \int d^3r_1 \cdots d^3r_N \prod_{\text{Paare}} e^{-\beta u_{ij}} , \tag{8.9}$$

wobei das $\prod$-Symbol für ein Produkt über alle verschiedenen Paare i, j steht.

Am Ende werden wir eine explizite Formel für die Funktion u_{ij} annehmen müssen. Im Moment müssen wir aber nur wissen, dass sie gegen null geht, wenn der Abstand zwischen den Molekülen i und j groß wird. Insbesondere in einem Gas niedriger Dichte werden praktisch alle Paare von Molekülen weit genug voneinander entfernt sein, dass $u_{ij} \ll kT$ gilt und der Boltzmann-Faktor $e^{-\beta u_{ij}}$ daher sehr nahe bei der 1 liegt. Das legt nahe, als nächsten Schritt die *Abweichung* jedes Boltzmann-Faktors von der 1 zu isolieren, indem wir

$$e^{-\beta u_{ij}} = 1 + f_{ij} \tag{8.10}$$

schreiben, was eine neue Größe f_{ij} definiert, die als die **Mayer'sche f-Funktion** bezeichnet wird. Das Produkt all dieser Boltzmann-Faktoren lautet dann

$$\prod_{\text{Paare}} e^{-\beta u_{ij}} = \prod_{\text{Paare}} (1 + f_{ij})$$
$$= (1 + f_{12})(1 + f_{13}) \cdots (1 + f_{1N})(1 + f_{23}) \cdots (1 + f_{N-1,N}) . \tag{8.11}$$

Wenn wir uns vorstellen, dass wir alle diese Faktoren ausmultiplizieren, so wird der erste Term gerade 1 sein. Ferner wird es eine Menge Terme mit nur einer f-Funktion geben, dann eine Menge Terme mit zwei f-Funktionen und so weiter:

$$\prod_{\text{Paare}} \mathrm{e}^{-\beta u_{ij}} = 1 + \sum_{\text{Paare}} f_{ij} + \sum_{\substack{\text{unterschiedliche}\\ \text{Paare}}} f_{ij} f_{kl} + \cdots . \tag{8.12}$$

Setzen wir diese Entwicklung wieder in das Konfigurationsintegral ein, so bekommen wir

$$Z_{\mathrm{c}} = \frac{1}{V^N} \int \mathrm{d}^3 r_1 \cdots \mathrm{d}^3 r_N \left(1 + \sum_{\text{Paare}} f_{ij} + \sum_{\substack{\text{unterschiedliche}\\ \text{Paare}}} f_{ij} f_{kl} + \cdots \right). \tag{8.13}$$

Unsere Hoffnung ist, dass die Terme dieser Reihe weniger wichtig werden, wenn sie mehr f-Funktionen erhalten, sodass wir mit der Auswertung des ersten oder der ersten beiden Terme davonkommen.

Der allererste Term in Gleichung 8.13, der keine f-Funktionen enthält, ist leicht auswertbar: Jedes $\mathrm{d}^3 r$-Integral ergibt einen Faktor, der dem Volumen des Kastens entspricht, somit

$$\frac{1}{V^N} \int \mathrm{d}^3 r_1 \cdots \mathrm{d}^3 r_N \, (1) = 1 . \tag{8.14}$$

In jedem der Terme mit einer f-Funktion ergeben alle bis auf zwei der Integrale triviale Faktoren V; zum Beispiel

$$\begin{aligned} \frac{1}{V^N} \int \mathrm{d}^3 r_1 \cdots \mathrm{d}^3 r_N \, f_{12} &= \frac{1}{V^N} \, V^{N-2} \int \mathrm{d}^3 r_1 \, \mathrm{d}^3 r_2 \, f_{12} \\ &= \frac{1}{V^2} \int \mathrm{d}^3 r_1 \, \mathrm{d}^3 r_2 \, f_{12} , \end{aligned} \tag{8.15}$$

weil f_{12} nur von $\vec{r}_1$ und $\vec{r}_2$ abhängt. Es ist sogar so, dass jeder der Terme mit einer f-Funktion gleich diesem ist, weil es nicht darauf ankommt, welche Moleküle wir 1 und 2 nennen. Die Summe von ihnen allen ist dann gleich diesem Ausdruck mal $N(N-1)/2$, der Anzahl der unterschiedlichen Paare:

$$\frac{1}{V^N} \int \mathrm{d}^3 r_1 \cdots \mathrm{d}^3 r_N \left(\sum_{\text{Paare}} f_{ij} \right) = \frac{1}{2} \frac{N(N-1)}{V^2} \int \mathrm{d}^3 r_1 \, \mathrm{d}^3 r_2 \, f_{12} . \tag{8.16}$$

Bevor ich weitermache, würde ich gerne ein Piktogramm für diesen Ausdruck einführen, der uns auch eine physikalische Interpretation geben wird. Das Piktogramm ist einfach ein Paar von Punkten, die die Moleküle 1 und 2 darstellen und durch eine Linie verbunden sind. Sie stellt die Wechselwirkung zwischen diesen Molekülen dar:

$$= \frac{1}{2} \frac{N(N-1)}{V^2} \int \mathrm{d}^3 r_1 \, \mathrm{d}^3 r_2 \, f_{12} . \tag{8.17}$$

Die Regeln für die Übersetzung des Piktogramms in eine Formel lauten wie folgt:

1. Nummerieren Sie die Punkte mit 1 beginnend. Schreiben Sie für jeden Punkt i den Ausdruck $(1/V) \int \mathrm{d}^3 r_i$ hin. Multiplizieren Sie mit N für den ersten Punkt, $N-1$ für den zweiten Punkt, $N-2$ für den dritten Punkt und so weiter.

2. Für eine Linie, die Punkte i und j verbindet, schreiben Sie einen Faktor f_{ij} auf.

3. Teilen Sie durch den **Symmetriefaktor** des Diagramms. Das ist die Anzahl der Möglichkeiten, die Punkte durchzunummerieren, ohne das entsprechende Produkt von f-Funktionen zu ändern. (Anders ausgedrückt: Der Symmetriefaktor ist die Anzahl der Permutationen der Punkte, die das Diagramm unverändert lassen.)

Für das einfache Diagramm in Gleichung 8.17 ergeben diese Regeln genau den hingeschriebenen Ausdruck. Der Symmetriefaktor ist 2, weil $f_{12} = f_{21}$ ist. Physikalisch betrachtet steht dieses Diagramm für eine Konfiguration, in der nur zwei Moleküle miteinander wechselwirken.

Betrachten Sie nun die Terme mit zwei f-Funktionen im Konfigurationsintegral (8.13). Jeder dieser Terme involviert zwei Paare von Molekülen. Diese Paare könnten ein Molekül oder keines gemeinsam haben. In einem Term, in dem sich die Paare ein Molekül teilen, geben alle Integrale bis auf drei triviale Faktoren V; die Anzahl solcher Terme beträgt $N(N-1)(N-2)/2$, sodass die Summe dieser Terme gleich dem Diagramm

$$= \frac{1}{2}\frac{N(N-1)(N-2)}{V^3}\int d^3r_1\, d^3r_2\, d^3r_3\, f_{12}f_{23} \qquad (8.18)$$

ist. Dieses Diagramm stellt eine Konfiguration dar, in der ein Molekül simultan mit zwei anderen wechselwirkt. In einem Term, in dem die Paare kein Molekül teilen, bleiben vier Integrale übrig. Die Anzahl solcher Terme beträgt $N(N-1)(N-2)(N-3)/8$, sodass die Summe dieser Terme

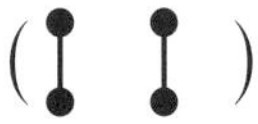

$$= \frac{1}{8}\frac{N(N-1)(N-2)(N-3)}{V^4}\int d^3r_1\, d^3r_2\, d^3r_3\, d^3r_4\, f_{12}f_{34} \qquad (8.19)$$

lautet. Dieses Diagramm stellt zwei simultane Wechselwirkungen zwischen Paaren von Molekülen dar. Bei beiden Diagrammen ergeben die oben eingeführten Regeln exakt den korrekten Ausdruck.

Mittlerweile können Sie nun vermutlich erraten, dass das ganze Konfigurationsintegral als eine Summe von Diagrammen geschrieben werden kann:

$Z_c = 1 +$

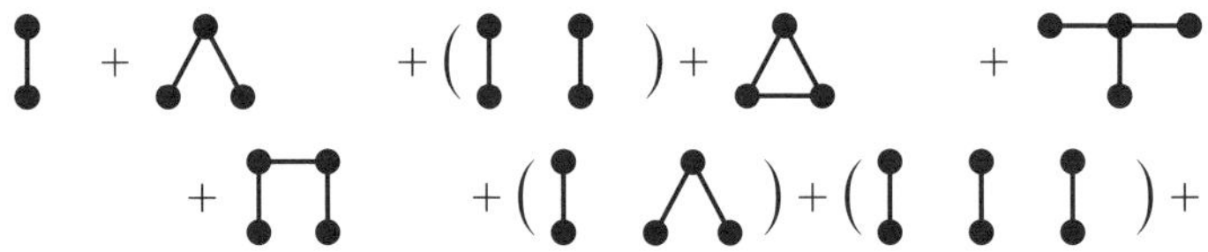

(8.20)

Jedes mögliche Diagramm kommt exakt einmal in dieser Summe vor, mit der Randbedingung, dass jeder Punkt mit mindestens einem anderen Punkt verbunden werden muss und dass kein Paar von Punkten mehr als einmal miteinander verbunden werden kann. Ich werde nicht versuchen zu beweisen, dass die kombinatorischen Faktoren in allen Fällen richtig herauskommen, aber sie tun es. Diese Darstellung des Konfigurationsintegrals ist ein Beispiel für eine **diagrammatische Störungsreihe**: Der erste Term (1) stellt den „idealen" Fall eines Gases nicht wechselwirkender Moleküle dar; die weiteren Terme, die von Diagrammen dargestellt werden, stehen für die Wechselwirkungen, die das ideale System „stören". Wir erwarten, dass die einfacheren Diagramme wichtiger als die komplizierteren sein werden, zumindestens für ein Gas niedriger Dichte, in dem gleichzeitige Wechselwirkungen einer großen Zahl von Molekülen selten sein sollten. Obwohl Sie die komplizierteren Diagramme niemals *ausrechnen* wollen, so stellen sie dennoch eine Möglichkeit dar, Wechselwirkungen zwischen beliebigen Anzahlen von Molekülen zu veranschaulichen.

Aber auch in einem Gas niedriger Dichte kommen wir nicht damit durch, dass wir nur die ersten paar Terme in der diagrammatischen Entwicklung von Z_c mitnehmen. Wir werden bald sehen, dass auch die einfachsten Zweipunktdiagramme auf eine Zahl führen, die viel größer als 1 ist. Somit wird die Teilreihe

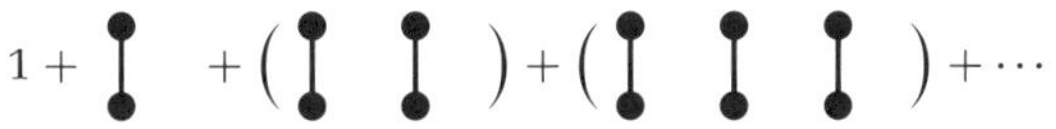
(8.21)

erst nach vielen Termen konvergieren, wenn die Symmetriefaktoren sehr groß werden. Physikalisch gesehen passiert das, weil gleichzeitige Wechselwirkungen zwischen vielen isolierten Paaren sehr häufig sind, wenn N groß ist. Erfreulicherweise kann man diese Summe vereinfachen. Zumindest als erste Näherung können wir $N = N - 1 = N - 2 = \cdots$ setzen. Weil ein nicht zusammenhängendes Diagramm n identische Teildiagramme enthält, bekommt es einen Symmetriefaktor $n!$ im Nenner. Dann wird diese Reihe einfach zu

(8.22)

Mit anderen Worten lassen sich die nicht zusammenhängenden Diagramme als eine einfache Exponentialfunktion des zugrundeliegenden zusammenhängenden Diagramms schreiben. Das ist aber nicht alles. Auf der nächsten Stufe der Näherung, bei der wir Terme mitnehmen, die um einen Faktor N kleiner sind, stellt es sich heraus, dass die Reihe 8.22 auch das zusammenhängende Diagramm 8.18 beinhaltet (siehe Aufgabe 8.7). Ähnliche Löschungen treten bei den komplizierteren Diagrammen auf. Das Endergebnis ist: Wir können Z_c durch das Exponenzieren einer Summe erhalten, in der nur die Diagramme vorkommen, die zusammenhängend sind und auch zusammenhängend bleiben würden, wenn irgendein einzelner Punkt entfernt würde:

(8.23)

Diese Formel ist nicht ganz exakt, aber die ausgelassenen Terme gehen im thermodynamischen Limes ($N \to \infty$ bei festem N/V) gegen null. In gleicher Weise ist es an dieser Stelle zulässig, in allen weiteren Rechnungen $N = N - 1 = N - 2 = \cdots$ zu setzen. Leider geht der allgemeine Beweis dieser Formel über den Rahmen dieses Buchs hinaus.

Jedes Diagramm in Gleichung 8.23 wird ein **Cluster** genannt, weil es eine Ansammlung (engl. *cluster*) von gleichzeitig wechselwirkenden Molekülen darstellt. Die Formel selbst wird als die **Clusterentwicklung** des Konfigurationsintegrals bezeichnet. Die Clusterentwicklung ist eine sich anständig verhaltende Reihe: Bei einem Gas niedriger Dichte ist ein Clusterdiagramm mit mehr Punkten immer kleiner als eines mit weniger Punkten.

Setzen wir alle Stücke wieder zusammen: Erinnern Sie sich aus Gleichung 8.6 daran, dass die gesamte Zustandssumme des Gases gleich dem Konfigurationsintegral mal der Zustandssumme eines idealen Gases ist:

$$Z = Z_{\text{ideal}} \cdot Z_c \,. \tag{8.24}$$

Um den Druck auszurechnen, wollen wir in Wirklichkeit die Helmholtz'sche freie Energie haben:

$$F = -kT \ln Z = -kT \ln Z_{\text{ideal}} - kT \ln Z_c \,. \tag{8.25}$$

Wir haben Z_{ideal} in Abschnitt 6.7 berechnet; setzen wir dieses Ergebnis und die Clusterentwicklung für Z_c ein, so erhalten wir

$$F = -NkT\ln\left(\frac{V}{Nv_Q}\right) - kT\Big($$  $+$  $+$  $+\cdots\Big)\,.$ (8.26)

Der Druck ist somit

$$P = -\left(\frac{\partial F}{\partial V}\right)_{N,T} = \frac{NkT}{V} + kT\frac{\partial}{\partial V}\Big($$  $+$  $+$  $+\cdots\Big)\,.$ (8.27)

Wenn wir also einige der Clusterdiagramme explizit auswerten können, können wir das ideale Gasgesetz verbessern.

Aufgabe 8.1 Schreiben Sie für jedes der in Gleichung 8.20 gezeigten Diagramme die entsprechende Formel unter Verwendung der f-Funktionen auf und erklären Sie, warum der Symmetriefaktor den korrekten globalen Koeffizienten ergibt.

Aufgabe 8.2 Zeichnen Sie alle Diagramme (zusammenhängend oder nicht), die Terme im Konfigurationsintegral mit vier Faktoren f_{ij} darstellen. Sie sollten insgesamt 11 Diagramme erhalten, von denen 5 zusammenhängend sind.

Aufgabe 8.3 Behalten Sie nur die ersten zwei Diagramme in Gleichung 8.23 und nähern Sie $N \approx N-1 \approx N-2 \approx \cdots$. Entwickeln Sie dann die Exponentialfunktion in eine Potenzreihe bis zur dritten Potenz. Multiplizieren Sie jeden Term aus und zeigen Sie, dass alle numerischen Koeffizienten exakt die richtigen Symmetriefaktoren für die nicht zusammenhängenden Diagramme ergeben.

Aufgabe 8.4 Zeichnen Sie alle zusammenhängenden Diagramme, die vier Punkte enthalten. Es gibt insgesamt sechs Diagramme. Achten Sie sorgfältig darauf, nicht zwei Diagramme zu zeichnen, die oberflächlich betrachtet anders aussehen, aber in Wirklichkeit gleich sind. Welches der Diagramme bliebe zusammenhängend, wenn ein beliebiger einzelner Punkt entfernt würde?

Der zweite Virialkoeffizient

Betrachten wir nun nur das einfachste Diagramm mit zwei Punkten:

 $= \frac{1}{2}\frac{N^2}{V^2}\int d^3r_1\, d^3r_2\, f_{12}\,.$ (8.28)

Weil die f-Funktion nur vom Abstand zwischen den beiden Molekülen abhängt, definiere ich $\vec{r} \equiv \vec{r}_2 - \vec{r}_1$ und ändere die Variable im zweiten Integral von $\vec{r}_2$ auf $\vec{r}$:

 $= \frac{1}{2}\frac{N^2}{V^2}\int d^3r_1\left(\int d^3r\, f(r)\right),$ (8.29)

wobei

$$f(r) = e^{-\beta u(r)} - 1 \tag{8.30}$$

ist; $u(r)$ ist die potentielle Energie, die auf die Wechselwirkung eines beliebigen Molekülpaars als Funktion des Abstands zwischen ihren Mittelpunkten zurückgeht. Um das

Integral über $\vec{r}$ auszuwerten, müssen wir ein wenig arbeiten, aber eine Sache können wir schon sagen: Das Resultat wird eine intensive Größe sein, die unabhängig von $\vec{r}_1$ und von V sein wird. Das kommt daher, weil $f(r)$ auf null geht, wenn r nur wenig mehr als ein paar Vielfache der Molekülgröße beträgt; die Wahrscheinlichkeit, dass sich $\vec{r}_1$ näher an der Wand des Kastens befindet, ist vernachlässigbar. Was auch immer dieses Integral also für einen Wert ergibt, wird das verbleibende Integral über $\vec{r}_1$ einfach einen Faktor V ergeben:

$$= \frac{1}{2}\frac{N^2}{V}\int d^3r\, f(r)\,. \tag{8.31}$$

Nachdem wir alle V explizit aufgeschrieben haben, können wir den Ausdruck in die Gleichung 8.27 für den Druck einsetzen:

$$\begin{aligned} P &= \frac{NkT}{V} + kT\frac{\partial}{\partial V}\left(\frac{1}{2}\frac{N^2}{V}\int d^3r\, f_{12}(r)\right) + \cdots \\ &= \frac{NkT}{V} - kT\cdot\frac{1}{2}\frac{N^2}{V^2}\int d^3r\, f(r) + \cdots \\ &= \frac{NkT}{V}\left(1 - \frac{1}{2}\frac{N}{V}\int d^3r\, f(r) + \cdots\right). \end{aligned} \tag{8.32}$$

Es ist üblich, diese Reihe in Gestalt der **Virialentwicklung** zu schreiben, die in Aufgabe 1.17 eingeführt wurde:

$$P = \frac{NkT}{V}\left(1 + \frac{B(T)}{(V/N)} + \frac{C(T)}{(V/N)^2} + \cdots\right). \tag{8.33}$$

Wir können nun $B(T)$, den **zweiten Virialkoeffizienten**, berechnen:

$$B(T) = -\frac{1}{2}\int d^3r\, f(r)\,. \tag{8.34}$$

Um dieses verbleibende Dreifachintegral auszuwerten, werde ich Kugelkoordinaten verwenden, bei denen das Integrationsmaß

$$d^3r = (dr)(r\, d\theta)(r \sin\theta\, d\phi) \tag{8.35}$$

lautet (siehe Abbildung 7.11). Der Integrand $f(r)$ ist von den Winkeln θ und ϕ unabhängig, sodass die Winkelintegrale einfach 4π ergeben, die Oberfläche der Einheitskugel. Noch expliziter haben wir also

$$B(T) = -2\pi\int_0^\infty r^2 f(r)\, dr = -2\pi\int_0^\infty r^2\left(e^{-\beta u(r)} - 1\right) dr\,. \tag{8.36}$$

So weit kommen wir, ohne eine explizite Formel für die intermolekulare potentielle Energie $u(r)$ anzugeben.

Um die intermolekulare potentielle Energie realistisch zu modellieren, wollen wir eine Funktion betrachten, die auf großen Abständen schwach anziehend und auf kurzen Distanzen stark abstoßend ist (wie in Abschnitt 5.3 besprochen). Für Moleküle, die kein permanentes elektrisches Dipolmoment haben, rührt die langreichweitige Kraft von einem spontan fluktuierenden Dipolmoment in einem Molekül, das im anderen ein

Dipolmoment induziert und es dann anzieht; man kann zeigen, dass diese Kraft wie $1/r^7$ geht und somit die entsprechende potentielle Energie wie $1/r^6$. Es stellt sich heraus, dass es nicht besonders darauf ankommt, mit welcher Formel genau man den abstoßenden Teil des Potentials modelliert; aus mathematischer Bequemlichkeit wird meistens ein Term proportional zu $1/r^{12}$ verwendet. Die Summe dieser anziehenden und abstoßenden Terme führt auf das sogenannte **Lennard-Jones-6-12-Potential**; mit passend benannten Konstanten kann man es als

$$u(r) = u_0\left[\left(\frac{r_0}{r}\right)^{12} - 2\left(\frac{r_0}{r}\right)^6\right] \tag{8.37}$$

schreiben. Abbildung 8.1 zeigt diese Funktion und die entsprechende Mayer'sche f-Funktion für drei verschiedene Temperaturen. Der Parameter r_0 steht für den Abstand zwischen den Molekülmittelpunkten, bei denen die Energie minimal ist – grob gesprochen, der Durchmesser eines Moleküls. Der Parameter u_0 ist die Maximaltiefe des Potentialtopfes.

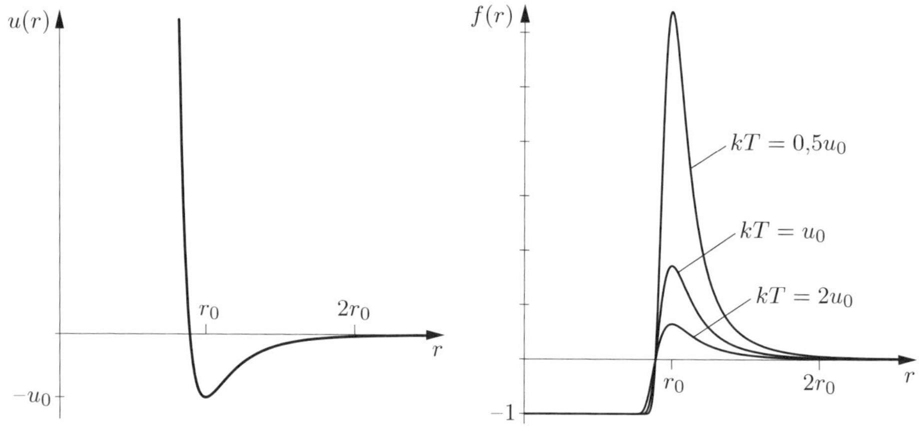

Abbildung 8.1: Links: Die Lennard-Jones-Funktion für das intermolekulare Potential mit einer stark abstoßenden Region für kleine Abstände und einer schwach anziehenden Region für etwas größere Abstände. Rechts: Die entsprechende Mayer'sche f-Funktion für drei verschiedene Temperaturen.

Wenn Sie die Funktion für das Lennard-Jones-Potential in Gleichung 8.36 für den zweiten Virialkoeffizienten einsetzen und numerisch für verschiedene Temperaturen integrieren, so erhalten wir die in Abbildung 8.2 dargestellte durchgezogene Linie. Bei niedrigen Temperaturen wird das Integral der f-Funktion von ihrer großen, nach oben gerichteten Spitze bei r_0, also von dem anziehenden Potentialtopf, dominiert. Ein positives mittleres f führt auf einen negativen Virialkoeffizienten, was anzeigt, dass der Druck niedriger als der eines idealen Gases ist. Bei hohen Temperaturen zeigt sich der negative Potentialtopf in f weniger dramatisch, sodass das Integral vom negativen Teil von f dominiert wird, der von der abstoßenden kurzreichweitigen Wechselwirkung kommt; dann ist der Virialkoeffizient positiv und der Druck größer als der eines idealen Gases. Bei *sehr* hohen Temperaturen wird dieser Effekt jedoch dadurch ein wenig abgeschwächt, dass die hochenergetischen Moleküle teilweise in die Region der Abstoßung eindringen können.

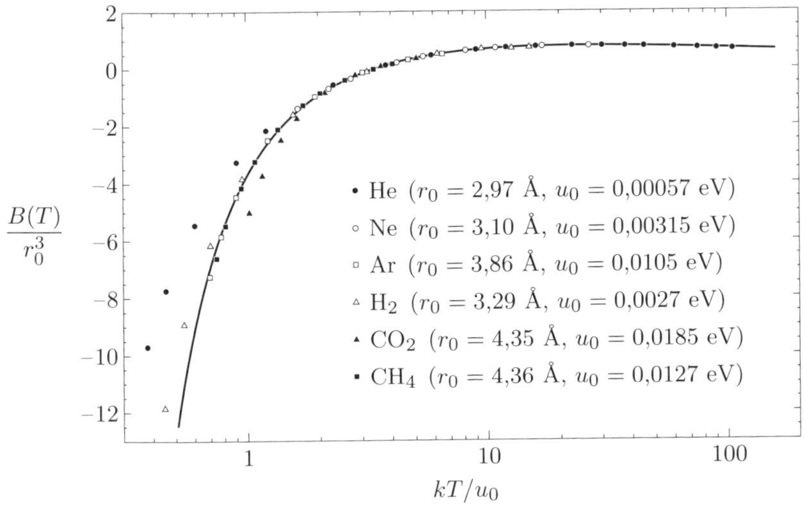

Abbildung 8.2: Messungen des zweiten Virialkoeffizienten ausgewählter Gase im Vergleich mit der Vorhersage von Gleichung 8.36, wobei $u(r)$ durch die Lennard-Jones-Funktion gegeben ist. Beachten Sie, dass die x-Achse logarithmisch ist. Die Konstanten r_0 und u_0 wurden für jedes Gas separat gewählt, um die beste Übereinstimmung zu ergeben. Das schlechte Ergebnis für Kohlendioxid hat mit der asymmetrischen Gestalt der Moleküle zu tun. Bei Wasserstoff und Helium sind die Unterschiede bei niedrigen Temperaturen auf Quanteneffekte zurückzuführen. Daten aus: J. H. Dymond und E. B. Smith, *The Virial Coefficients of Pure Gases and Mixtures: A Critical Compilation* (Oxford University Press, Oxford, 1980).

Abbildung 8.2 zeigt ebenfalls für einige Gase experimentelle Werte von $B(T)$, die gezeichnet wurden, nachdem r_0 und u_0 für jedes Gas so gewählt wurden, dass sich die beste Übereinstimmung mit der theoretischen Kurve ergab. Bei den meisten einfachen Gasen stimmt die mithilfe des Lennard-Jones-Potentials ermittelte Gestalt von $B(T)$ sehr gut mit Experimenten überein. (Bei Molekülen mit stark asymmetrischer Gestalt und/oder permanenten Dipolmomenten wären andere Potentialfunktionen angemessener, wohingegen für die leichten Gase Wasserstoff und Helium bei niedrigen Temperaturen Quanteneffekte wichtig werden.[2]) Diese Übereinstimmung zeigt uns, dass das Lennard-Jones-Potential ein brauchbar genaues Modell zwischenmolekularer Wechselwirkungen ist. Dabei geben uns die Werte von r_0 und u_0, die zur Reproduktion der Daten verwendet werden, quantitative Information über die Größe und Polarisierbarkeit der Moleküle. Hier, wie auch sonst immer, arbeitet die statistische Mechanik in beide Richtungen: Ausgehend von unserem theoretischen Verständnis der mikro-

2 Wie in Aufgabe 7.75 gezeigt, sollte der Beitrag der Quanten*statistik* zu $B(T)$ bei einem Gas aus Bosonen wie Wasserstoff oder Helium *negativ* sein. Es gibt allerdings noch einen weiteren Quanteneffekt, der in der Aufgabe nicht berücksichtigt wird. Die De-Broglie-Welle eines Moleküls kann nicht in das physikalische Volumen eines anderen eindringen. Wenn also die mittlere De-Broglie-Wellenlänge ℓ_Q größer als der physikalische Durchmesser r_0 wird, gibt es mehr Abstoßung, als man klassisch erwarten würde. Der Effekt der Quantenstatistik dominiert dann bei noch niedrigeren Temperaturen, wenn ℓ_Q mit dem mittleren Abstand zwischen Molekülen vergleichbar ist. Wasserstoff und Helium haben beide die unangenehme Eigenschaft, dass sie flüssig werden, bevor so niedrige Temperaturen erreicht werden. Eine gründliche Diskussion der Virialkoeffizienten einschließlich der Quanteneffekte finden Sie in Joseph O. Hirschfelder, Charles F. Curtiss und R. Byron Bird, *Molecular Theory of Gases and Liquids* (Wiley, New York, 1954).

skopischen Physik erlaubt sie uns Vorhersagen über das großskalige Verhalten einer großen Zahl von Moleküle; und sie ermöglicht uns, aus Messungen der Eigenschaften von makroskopischer Materie etwas über die Moleküle selbst zu schließen.

Prinzipiell könnten wir nun fortfahren und den dritten und weitere Virialkoeffizienten für ein Gas niedriger Dichte mithilfe der Clusterentwicklung berechnen. In der Praxis würden wir aber auf zwei größere Probleme stoßen. Das erste besteht darin, dass es sehr schwierig ist, die verbleibenden Diagramme in Gleichung 8.27 explizit auszuwerten. Schlimmer ist jedoch das zweite Problem: Wenn Cluster von drei oder mehr Molekülen wechselwirken, ist es oft *nicht* zulässig, die potentielle Energie als eine Summe paarweiser Wechselwirkungen zu schreiben, wie ich es in Gleichung 8.8 gemacht habe. Beide Probleme kann man lösen,[3] aber eine angemessene Berechnung des dritten Virialkoeffizienten geht weit über dieses Buch hinaus.

Aufgabe 8.5 Drücken Sie durch Variablensubstitution wie im Text das Diagramm in Gleichung 8.18 durch das gleiche Integral wie in Gleichung 8.31 aus. Machen Sie das Gleiche für die beiden letzten Diagramme in der ersten Zeile von Gleichung 8.20. Welche Diagramme können nicht durch dieses grundlegende Integral ausgedrückt werden?

Aufgabe 8.6 Sie können den Beitrag jedes Diagramms *abschätzen*, indem Sie sich darüber klarwerden, dass $f(r)$ bis zu einem Abstand, der etwa dem Durchmesser eines Moleküls entspricht, von der Größenordnung 1 ist und darüber hinaus $f \approx 0$ gilt. Ein dreidimensionales Integral eines Produkts aus f-Funktionen wird daher im Allgemeinen ein Resultat ergeben, das von der Größenordnung des Volumens eines Moleküls ist. Schätzen Sie die Größe aller Diagramme, die explizit in Gleichung 8.20 dargestellt sind, und erklären Sie, warum es notwendig war, die Reihe in Exponentialform umzuschreiben.

Aufgabe 8.7 Zeigen Sie, dass die Exponentialreihe in Gleichung 8.22 das Dreipunktdiagramm in Gleichung 8.18 beinhaltet, wenn Sie nicht zu viele Näherungen machen. Es gibt einige überzählige Terme; zeigen Sie, dass sie im thermodynamischen Limes verschwinden.

Aufgabe 8.8 Zeigen Sie, dass der n-te Virialkoeffizient von den Diagrammen in Gleichung 8.23 abhängt, die n Punkte haben. Drücken Sie den dritten Virialkoeffizienten $C(T)$ durch ein Integral aus f-Funktionen aus. Warum wäre es schwierig, dieses Integral auszurechnen?

Aufgabe 8.9 Zeigen Sie, dass das Lennard-Jones-Potential seinen Minimalwert bei $r = r_0$ erreicht und dass dieser Minimalwert gleich $-u_0$ ist. Bei welchem Wert von r ist das Potential gleich null?

Aufgabe 8.10 Benutzen Sie einen Computer zur Berechnung und Darstellung des zweiten Virialkoeffizienten eines Gases von Molekülen, die durch ein Lennard-Jones-Potential wechselwirken. Die Werte von kT/u_0 sollen von 1 bis 7 laufen. Tragen Sie in das gleiche Bild die Daten ein, die in Aufgabe 1.17 für Stickstoff angegeben sind, und wählen Sie die Parameter r_0 und u_0 so, dass sich eine gute Übereinstimmung ergibt.

3 Konsultieren Sie Reichl (1998) für eine Diskussion der Berechnung des dritten Virialkoeffizienten und für Vergleiche zwischen Theorie und Experiment.

Aufgabe 8.11 Betrachten Sie ein Gas aus „harten Kugeln“, die nicht miteinander wechselwirken, außer ihr Abstand ist geringer als r_0; dann ist ihre Wechselwirkungsenergie unendlich. Skizzieren Sie die Mayer'sche f-Funktion für dieses Gas und berechnen Sie den zweiten Virialkoeffizienten. Diskutieren Sie kurz das Ergebnis.

Aufgabe 8.12 Betrachten Sie ein Gas von Molekülen, deren Wechselwirkungsenergie $u(r)$ für $r < r_0$ unendlich und für $r > r_0$ mit einem Minimalwert von $-u_0$ negativ ist. Nehmen Sie ferner an, dass $kT \gg u_0$, sodass Sie den Boltzmann-Faktor für $r > r_0$ mittels $e^x \approx 1 + x$ annähern können. Zeigen Sie, dass der zweite Virialkoeffizient unter diesen Bedingungen die Gestalt $B(T) = b - (a/kT)$ hat, wie Sie es für ein Van-der-Waals-Gas in Aufgabe 1.17 gefunden haben. Drücken Sie die Van-der-Waals-Konstanten a und b durch r_0 und $u(r)$ aus und diskutieren Sie die Ergebnisse kurz.

Aufgabe 8.13 Verwenden Sie die Clusterentwicklung, um die Gesamtenergie eines monoatomaren, nicht idealen Gases durch eine Summe von Diagrammen auszudrücken. Behalten Sie nur das erste Diagramm und zeigen Sie, dass die Energie ungefähr

$$U \approx \frac{3}{2}NkT + \frac{N^2}{V} \cdot 2\pi \int_0^\infty r^2\, u(r)\, e^{-\beta u(r)}\, dr$$

beträgt. Verwenden Sie einen Computer, um dieses Integral für das Lennard-Jones-Potential als Funktion von T numerisch auszuwerten. Stellen Sie den temperaturabhängigen Teil des Korrekturterms dar und erklären Sie die Gestalt der Kurve physikalisch. Diskutieren Sie die Korrektur der Wärmekapazität bei konstantem Volumen und berechnen Sie diese Korrektur für Argon bei Raumtemperatur und normalem Luftdruck numerisch.

Aufgabe 8.14 In diesem Abschnitt habe ich die Clusterentwicklung für ein Gas mit einer festen Teilchenzahl formuliert und dazu den „kanonischen“ Formalismus aus Kapitel 6 verwendet. Ein etwas sauberer Zugang besteht jedoch darin, den in Abschnitt 7.1 verwendeten „großkanonischen“ Formalismus zu verwenden, bei dem das System Teilchen mit einem viel größeren Reservoir austauschen kann.

(a) Stellen Sie eine Formel für die großkanonische Zustandssumme $\mathcal{Z}$ eines schwach wechselwirkenden Gases in thermischem und diffusivem Gleichgewicht mit einem Reservoir bei festem T und μ auf. Drücken Sie $\mathcal{Z}$ als eine Summe über alle möglichen Teilchenzahlen N aus; dabei soll jeder Term die normale Zustandssumme $Z(N)$ enthalten.

(b) Verwenden Sie die Gleichungen 8.6 und 8.20, um $Z(N)$ als eine Summe von Diagrammen darzustellen, führen Sie dann die Summe über N für ein Diagramm nach dem anderen aus. Drücken Sie das Ergebnis als eine Summe ähnlicher Diagramme aus, aber mit einer neuen Regel 1, die jeden Punkt mit dem Ausdruck $(\lambda/v_Q) \int d^3 r_i$ verknüpft. Dabei ist $\lambda = e^{\beta\mu}$. Nachdem Sie nun die unangenehmen Faktoren N $(N-1)\cdots$ verarztet haben, sollten Sie herausbekommen, dass sich die Summe aller Diagramme in Exponentialform organisiert und sich die Formel

ergibt. Beachten Sie, dass der Exponent alle zusammenhängenden Diagramme enthält, auch diejenigen, die durch das Entfernen einer einzelnen Linie unzusammenhängend würden.

(c) Verwenden Sie die Eigenschaften der großkanonischen Zustandssumme (siehe Aufgabe 7.7) und bestimmen Sie diagrammatische Ausdrücke für die mittlere Teilchenzahl und für die Dichte dieses Gases.

(d) Nehmen Sie nur das erste Diagramm in jeder Summe mit und drücken Sie $\overline{N}(\mu)$ und $P(\mu)$ durch ein Integral der Mayer'schen f-Funktion aus. Eliminieren Sie μ, um für den Druck (und den zweiten Virialkoeffizienten) das gleiche Ergebnis wie im Text zu erhalten.

(e) Wiederholen Sie Teil (d), verwenden Sie aber auch die Dreipunktdiagramme. Berechnen Sie einen Ausdruck für den dritten Virialkoeffizienten als ein Integral von f-Funktionen. Sie sollten herausbekommen, dass das Λ-förmige Diagramm wegfällt und nur das Dreiecksdiagramm zu $C(T)$ beiträgt.

8.2 Das Ising-Modell eines Ferromagneten

In einem idealen *Para*magneten reagiert jeder mikroskopische magnetische Dipol nur auf das äußere Magnetfeld (sofern vorhanden); die Dipole haben keine grundsätzliche Tendenz, sich parallel (oder antiparallel) zu ihren unmittelbaren Nachbarn auszurichten. In der Realität werden atomare Dipole allerdings von ihren Nachbarn beeinflusst: Es gibt immer eine gewisse Präferenz, dass sich benachbarte Dipole parallel (oder antiparallel) ausrichten. In einigen Materialien geht diese Präferenz auf gewöhnliche magnetische Kräfte zwischen den Dipolen zurück. In den dramatischeren Beispielen wie Eisen geht die Ausrichtung benachbarter Dipole auf komplizierte quantenmechanische Effekte zurück, die auf dem Pauli'schen Ausschlussprinzip beruhen. Wie auch immer: Es gibt einen Beitrag zur Energie, der mehr oder weniger groß ist und von der relativen Ausrichtung benachbarter Dipole abhängt.

Wenn sich benachbarte Dipole auch in Abwesenheit eines äußeren Magnetfelds parallel zueinander ausrichten, nennen wir das Material einen **Ferromagneten** (zu Ehren des Eisens, des bekanntesten Beispiels). Wenn sich benachbarte Dipole antiparallel ausrichten, nennen wir das Material einen **Antiferromagneten** (Beispiele umfassen Cr, NiO und FeO). In diesem Abschnitt werde ich Ferromagnete besprechen, auch wenn sich die meisten Ideen ebenso auf Antiferromagnete anwenden lassen.

Die langreichweitige Ordnung eines Ferromagneten manifestiert sich als eine Nettomagnetisierung, die nicht null ist. Eine Erhöhung der Temperatur verursacht jedoch zufällige Fluktuationen, die die Gesamtmagnetisierung verringern. Bei jedem Ferromagneten gibt es eine gewisse kritische Temperatur, die man die **Curie-Temperatur** nennt. Bei ihr wird die Nettomagnetisierung null (wenn es kein äußeres Feld gibt). Oberhalb der Curie-Temperatur wird ein Ferromagnet zu einem Paramagneten. Die Curie-Temperatur von Eisen beträgt 1043 K und ist damit deutlich höher als bei den meisten anderen Ferromagneten.

Auch unterhalb der Curie-Temperatur merken Sie vielleicht gar nicht, dass ein Stück Eisen magnetisiert ist. Das kommt daher, dass ein großes Stück Eisen normalerweise aus **Domänen** besteht, die mikroskopisch groß sind, aber trotzdem Milliarden von atomaren Dipolen enthalten. In jeder Domäne ist das Material magnetisiert, aber das Magnetfeld, das alle Dipole in einer Domäne erzeugen, löst in benachbarten Domänen die Tendenz aus, sich in umgekehrter Richtung zu magnetisieren. (Legen Sie zwei normale Stabmagnete nebeneinander und dann sehen Sie, warum.) Weil es so viele Domänen gibt, von denen etwa genauso viele in die eine wie die andere Richtung zeigen, hat das Material als Ganzes keine Nettomagnetisierung. Wenn Sie allerdings ein Stück Eisen in Gegenwart eines äußeren Magnetfelds aufheizen, dann kann dieses Feld die Wechselwirkung zwischen den Domänen überwinden und dafür sorgen, dass sich im Wesentlichen *alle* Dipole parallel ausrichten. Entfernen Sie das äußere Feld, nachdem das Material wieder auf Raumtemperatur abgekühlt ist; die ferromagnetische Wechselwirkung verhindert jede merkliche Neuausrichtung. Sie haben dann einen „Permanentmagneten".

In diesem Abschnitt möchte ich das Verhalten eines Ferromagneten modellieren oder, genauer gesagt, einer einzelnen Domäne in einem Ferromagneten. Ich werde die Neigung benachbarter Dipole, sich parallel auszurichten, berücksichtigen, aber alle langreichweitigen Wechselwirkungen zwischen Dipolen vernachlässigen. Um das Problem weiter zu vereinfachen, werde ich annehmen, dass das Material eine bevorzugte Magnetisierungsachse hat und jeder atomare Dipol sich nur parallel oder antiparallel zu dieser Achse ausrichten kann.[4] Dieses vereinfachte Modell eines Magneten wird als **Ising-Modell** bezeichnet, nach Ernst Ising, der es in den zwanziger Jahren untersuchte.[5] Abbildung 8.3 zeigt einen möglichen Zustand eines zweidimensionalen Ising-Modells auf einem 10×10-Quadratgitter.

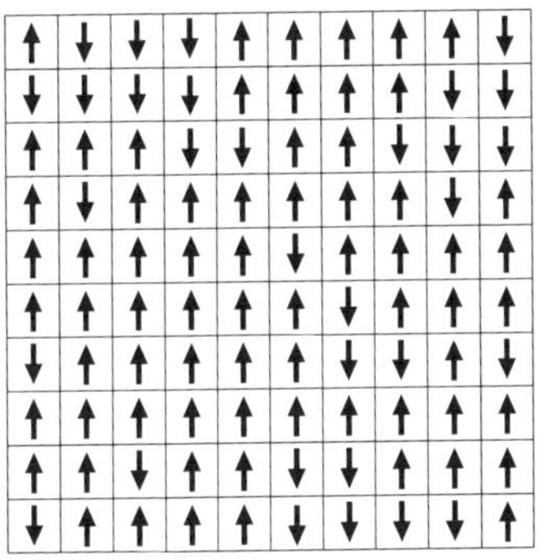

Abbildung 8.3: Einer von vielen möglichen Zuständen eines zweidimensionalen Ising-Modells auf einem 10×10-Quadratgitter.

Schreibweise: Sei N die Gesamtzahl der atomaren Dipole und s_i der momentane Zustand des i-ten Dipols. Dabei ist $s_i = 1$, wenn dieser Dipol nach oben weist, und $s_i = -1$, wenn dieser Dipol nach unten weist. Die Energie, die auf die Wechselwirkung eines Paars

4 Ich sollte betonen, dass dieses Modell in vielerlei Hinsicht *keine* akkurate Darstellung eines realen Ferromagneten ist. Auch wenn es wirklich eine bevorzugte Magnetisierungsachse gibt und auch wenn die elementaren Dipole nur zwei mögliche Ausrichtungen entlang dieser Achse kennen, so ist die Quantenmechanik doch subtiler als dieses naive Modell. Weil wir nicht die Orientierung jedes einzelnen Dipols messen, ist nur die *Summe* ihrer magnetischen Momente quantisiert – nicht das magnetische Moment jedes einzelnen Teilchens. Zum Beispiel sind bei niedrigen Temperaturen die relevanten Zustände eines realen Ferromagneten langwellige „Magnonen" (beschrieben in Aufgabe 7.64), in denen alle Dipole fast parallel sind und eine Einheit entgegengesetzter Ausrichtung über viele Dipole verteilt ist. Das Ising-Modell macht daher keine zuverlässigen Vorhersagen für das Niedertemperaturverhalten eines Ferromagneten. Erfreulicherweise stellt es sich nahe bei der Curie-Temperatur als viel genauer heraus.

5 Einen guten historischen Überblick über das Ising-Modell gibt Stephen G. Brush, „History of the Lenz-Ising Model", *Reviews of Modern Physics* **39**, 883–893 (1967).

benachbarter Dipole zurückgeht, ist $-\epsilon$, wenn sie parallel sind, und $+\epsilon$, wenn sie antiparallel sind. Auf jeden Fall können wir diese Energie als $-\epsilon s_i s_j$ schreiben, wobei wir annehmen, dass die Dipole i und j Nachbarn sind. Dann ist die Gesamtenergie des Systems die Summe von *allen* Wechselwirkungen zwischen nächsten Nachbarn

$$U = -\epsilon \sum_{\substack{\text{benachbarte} \\ \text{Paare } i,j}} s_i s_j \,. \tag{8.38}$$

Um das thermische Verhalten dieses Systems vorherzusagen, sollten wir versuchen, die Zustandssumme

$$Z = \sum_{\{s_i\}} \mathrm{e}^{-\beta U} \tag{8.39}$$

zu berechnen. Dabei läuft die Summe über alle möglichen Dipolausrichtungen. Bei N Dipolen, die jeder zwei Ausrichtungsmöglichkeiten haben, beträgt die Anzahl der Terme in dieser Summe 2^N, gewöhnlich eine *sehr* große Zahl. Diese Terme einfach aufzuaddieren wird nicht praktikabel sein.

Aufgabe 8.15 In einem zweidimensionalen Ising-Modell auf einem Quadratgitter hat jeder Dipol (außer an den Rändern) vier „Nachbarn" – oben, unten, links und rechts. (Diagonale Nachbarn werden normalerweise nicht berücksichtigt.) Wie lautet (in ϵ) die Gesamtenergie des speziellen Zustands des 4×4-Quadratgitters, das in Abbildung 8.4 dargestellt ist?

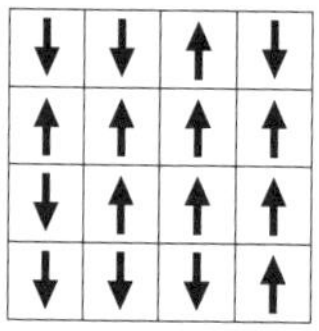

Abbildung 8.4: Ein spezieller Zustand eines Ising-Modells auf einem 4×4-Quadratgitter (Aufgabe 8.15).

Aufgabe 8.16 Betrachten Sie ein Ising-Modell aus 100 elementaren Dipolen. Nehmen Sie an, dass Sie die Zustandssumme für dieses System ausrechnen wollen und dazu einen Computer verwenden, der pro Sekunde eine Milliarde Terme der Zustandssumme auswerten kann. Wie lange müssen Sie auf die Antwort warten?

Aufgabe 8.17 Betrachten Sie ein Ising-Modell aus nur zwei elementaren Dipolen, deren gegenseitige Wechselwirkungsenergie gleich $\pm\epsilon$ ist. Zählen Sie die Zustände dieses Systems auf und schreiben Sie ihre Boltzmann-Faktoren auf. Berechnen Sie die Zustandssumme. Bestimmen Sie die Wahrscheinlichkeiten, dass Sie die Dipole parallel und antiparallel ausgerichtet vorfinden. Stellen Sie diese Wahrscheinlichkeiten als Funktion von kT/ϵ graphisch dar. Berechnen Sie auch die mittlere Energie des Systems und stellen Sie sie graphisch dar. Bei welchen Temperaturen ist es wahrscheinlicher, dass beide Dipole nach oben weisen, als dass einer nach oben und einer nach unten weist?

Exakte Lösung in einer Dimension

Bis jetzt habe ich nicht spezifiziert, wie unsere atomaren Dipole im Raum arrangiert sein sollen oder wie viele nächste Nachbarn jeder von ihnen hat. Um einen realen Ferromagneten zu simulieren, sollte ich sie auf einem Kristallgitter in drei Dimensionen arrangieren. Ich fange aber mit einer viel einfacheren Anordnung an, bei der die Dipole entlang einer eindimensionalen Linie sitzen (siehe Abbildung 8.5). Dann hat jeder Dipol nur zwei nächste Nachbarn und wir können die Zustandssumme sogar exakt ausrechnen.

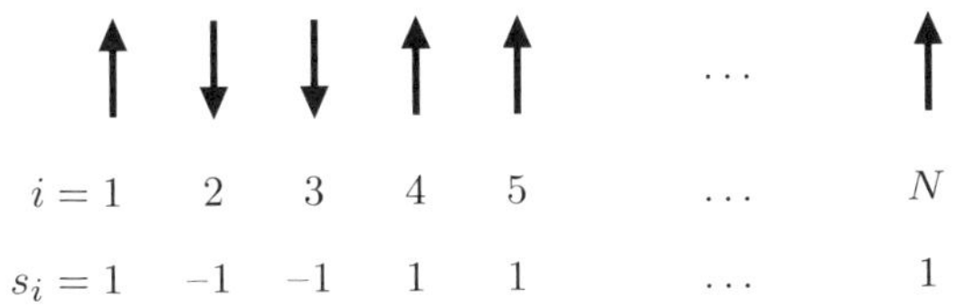

Abbildung 8.5: Ein eindimensionales Ising-Modell mit *N* elementaren Dipolen.

Für ein eindimensionales Ising-Modell (ohne äußeres Magnetfeld) lautet die Energie

$$U = -\epsilon\big(s_1 s_2 + s_2 s_3 + s_3 s_4 + \cdots s_{N-1} s_N\big) \tag{8.40}$$

und man kann die Zustandssumme als

$$Z = \sum_{s_1}\sum_{s_2}\cdots\sum_{s_N} e^{\beta\epsilon s_1 s_2} e^{\beta\epsilon s_2 s_3} \ldots e^{\beta\epsilon s_{N-1} s_N} \tag{8.41}$$

schreiben, wobei jede Summe über die Werte −1 und 1 läuft. Beachten Sie, dass die letzte Summe über s_N gleich

$$\sum_{s_N} e^{\beta\epsilon s_{N-1} s_N} = e^{\beta\epsilon} + e^{-\beta\epsilon} = 2\cosh\beta\epsilon \tag{8.42}$$

ist, egal ob s_{N-1} gleich $+1$ oder −1 ist. Nach Erledigung dieser Summe kann die Summe über s_{N-1} nun auf gleiche Weise ausgewertet werden, dann die Summe über s_{N-2} und so weiter bis s_2, was $N-1$ Faktoren $2\cosh\beta\epsilon$ ergibt. Die verbleibende Summe über s_1 ergibt einen weiteren Faktor 2, und somit lautet die Zustandssumme

$$Z = 2^N(\cosh\beta\epsilon)^{N-1} \approx (2\cosh\beta\epsilon)^N\,, \tag{8.43}$$

wobei die letzte Näherung gültig ist, wenn N groß ist.

Damit haben wir die Zustandssumme erhalten. Und nun? Rechnen wir einmal die mittlere Energie als Funktion der Temperatur aus. Mit einer einfachen Rechnung können Sie zeigen, dass

$$\overline{U} = -\frac{\partial}{\partial\beta}\ln Z = -N\epsilon\tanh\beta\epsilon\,, \tag{8.44}$$

was für $T \to 0$ nach $-N\epsilon$ geht und für $T \to \infty$ nach 0. Somit müssen die Dipole bei hoher Temperatur zufällig ausgerichtet sein (sodass die Hälfte der benachbarten Paare parallel sind und die andere Hälfte antiparallel), aber bei $T = 0$ parallel stehen (um damit die minimal mögliche Energie zu erreichen).

Wenn Sie ein *Déjà-vu*-Gefühl bekommen: seien Sie nicht überrascht! In der Tat sind sowohl Z als auch $\overline{U}$ für dieses System exakt wie bei einem Paramagneten mit zwei Zuständen, wenn Sie die magnetische Wechselwirkungsenergie μB durch ϵ, die Wechselwirkungsenergie unter Nachbarn, ersetzen. Hier richten sich die Dipole jedoch aneinander aus und nicht an einem äußeren Feld. Beachten Sie: Dieses System *wird* immer geordneter (weniger zufällig), wenn seine Temperatur abnimmt, aber das geschieht schrittweise. Das Verhalten von $\overline{U}$ als Funktion von T ist perfekt glatt und ohne abrupten Übergang bei einer von null verschiedenen kritischen Temperatur. Offensichtlich verhält sich das eindimensionale Ising-Modell bei diesem entscheidenden Aspekt *nicht* wie ein realer dreidimensionaler Ferromagnet. Seine Neigung zur spontanen Magnetisierung ist nicht stark genug, weil jeder Dipol nur zwei nächste Nachbarn hat.

Es sollte daher unser nächster Schritt sein, Ising-Modelle in höheren Dimensionen anzuschauen. Leider sind solche Modelle *viel* schwieriger zu lösen. Das zweidimensionale Ising-Modell auf einem Quadratgitter wurde erstmals in den Vierzigern von Lars Onsager gelöst. Onsager wertete die exakte Zustandssumme für $N \to \infty$ in geschlossener Form aus und fand heraus, dass dieses Modell eine kritische Temperatur hat, genau wie ein echter Ferromagnet. Weil Onsagers Lösung mathematisch extrem schwierig ist, werde ich nicht versuchen, sie in diesem Buch darzustellen. Auf jeden Fall hat noch niemand eine exakte Lösung für das *drei*dimensionale Ising-Modell gefunden. An dieser Stelle ist daher der fruchtbarste Zugang, die exakte Lösung aufzugeben und sich stattdessen auf Näherungen zu verlassen.

Aufgabe 8.18 Berechnen Sie ausgehend von der Zustandssumme die mittlere Energie des eindimensionalen Ising-Modells, um Gleichung 8.44 zu überprüfen. Stellen Sie die mittlere Energie als Funktion der Temperatur graphisch dar.

Die Mean-Field-Näherung

Nun möchte ich eine sehr grobe Näherung vorstellen, mit der man das Ising-Modell in beliebiger Dimension lösen kann. Diese Näherung ist nicht sehr genau, aber gibt qualitative Einsichten in die Abläufe und auch, warum die räumliche Dimension so wichtig ist.

Konzentrieren wir uns auf nur einen Dipol, irgendwo in der Mitte des Gitters. Ich werde diesen Dipol i nennen, somit ist seine Ausrichtung s_i und kann -1 oder 1 sein. Sei n die Anzahl der nächsten Nachbarn, die dieser Dipol hat:

$$n = \begin{cases} 2 & \text{in einer Dimension ;} \\ 4 & \text{in zwei Dimensionen (Quadratgitter) ;} \\ 6 & \text{in drei Dimensionen (einfaches kubisches Gitter) ;} \\ 8 & \text{in drei Dimensionen (kubisch-raumzentriertes Gitter) ;} \\ 12 & \text{in drei Dimensionen (kubisch-flächenzentriertes Gitter) .} \end{cases} \tag{8.45}$$

Stellen Sie sich vor, dass die Ausrichtungen dieser benachbarten Dipole zeitweise eingefroren sind, sich unser Dipol i aber frei nach oben oder unten ausrichten kann. Weist er nach oben, so lautet die Wechselwirkungsenergie zwischen diesem Dipol und seinen Nachbarn

$$E_\uparrow = -\epsilon \sum_{\text{Nachbarn}} s_{\text{Nachbar}} = -\epsilon\, n\overline{s}\,, \tag{8.46}$$

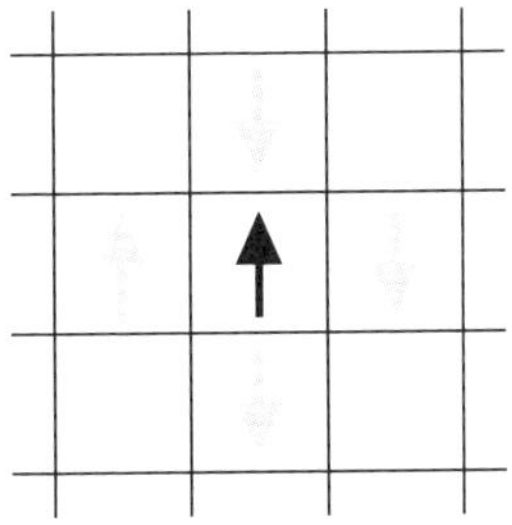

Abbildung 8.6: Die vier Nachbarn dieses speziellen Dipols haben einen mittleren s-Wert von $(+1-3)/4 = -1/2$. Weist der zentrale Dipol nach oben, ist die Energie aufgrund seiner Wechselwirkungen mit seinen Nachbarn $+2\epsilon$, wohingegen die Energie -2ϵ beträgt, wenn er nach unten weist.

wobei $\overline{s}$ die *mittlere* Ausrichtung der Nachbarn ist (siehe Abbildung 8.6). Ganz ähnlich beträgt die Wechselwirkungsenergie, wenn Dipol i nach unten weist,

$$E_\downarrow = +\epsilon\, n\overline{s}\,. \tag{8.47}$$

Die Zustandssumme nur für diesen Dipol lautet daher

$$Z_i = \mathrm{e}^{\beta\epsilon n\overline{s}} + \mathrm{e}^{-\beta\epsilon n\overline{s}} = 2\cosh(\beta\epsilon n\overline{s}) \tag{8.48}$$

und der mittlere Erwartungswert für seine Spinausrichtung beträgt

$$\overline{s}_i = \frac{1}{Z_i}\Big[(1)\mathrm{e}^{\beta\epsilon n\overline{s}} + (-1)\mathrm{e}^{-\beta\epsilon n\overline{s}}\Big] = \frac{2\sinh(\beta\epsilon n\overline{s})}{2\cosh(\beta\epsilon n\overline{s})} = \tanh(\beta\epsilon n\overline{s})\,. \tag{8.49}$$

Schauen Sie sich nun beide Seiten dieser Gleichung an. Auf der linken Seite steht $\overline{s}_i$, der thermische Mittelwert der Ausrichtung irgendeines typischen Dipols (mit Ausnahme derer am Rand des Gitters, die wir vernachlässigen). Auf der rechten Seite steht $\overline{s}$, der Mittelwert der tatsächlichen instantanen Ausrichtungen der n Nachbarn des Dipols. Die Idee der **Mean-Field-Näherung** besteht darin, anzunehmen oder so zu tun, als ob diese beiden Größen das Gleiche sind: $\overline{s}_i = \overline{s}$. Mit anderen Worten nehmen wir an, dass zu jedem Zeitpunkt alle Dipole so ausgerichtet sind, dass jede Nachbarschaft „typisch" ist – es gibt keine Fluktuationen, die zur Folge haben, dass die Magnetisierung in irgendeiner Nachbarschaft mehr oder weniger als der erwartete thermische Mittelwert ist. (Diese Näherung ähnelt derjenigen, die ich verwendet habe, um in Abschnitt 5.3 die Van-der-Waals-Gleichung herzuleiten. Dort durfte sich anstelle der Spinausrichtung der Mittelwert der Dichte innerhalb des Systems nicht ändern.)

In der Mean-Field-Näherung haben wir somit die Beziehung

$$\overline{s} = \tanh(\beta\epsilon n\overline{s})\,, \tag{8.50}$$

wobei $\overline{s}$ nun das mittlere Dipolmoment im ganzen System ist. Das ist eine transzendente Gleichung, somit können wir sie nicht einfach nach $\overline{s}$ als Funktion von $\beta\epsilon n$ auflösen. Die beste Strategie ist es, beide Seiten der Gleichung graphisch darzustellen und nach einer graphischen Lösung zu suchen (siehe Abbildung 8.7). Beachten Sie, dass die Steigung der Tangens-hyperbolicus-Funktion nahe bei $\overline{s} = 0$ umso steiler wird, je größer der Wert von $\beta\epsilon n$ ist. Das bedeutet, dass unsere Gleichung abhängig vom Wert von $\beta\epsilon n$ entweder eine oder drei Lösungen haben kann.

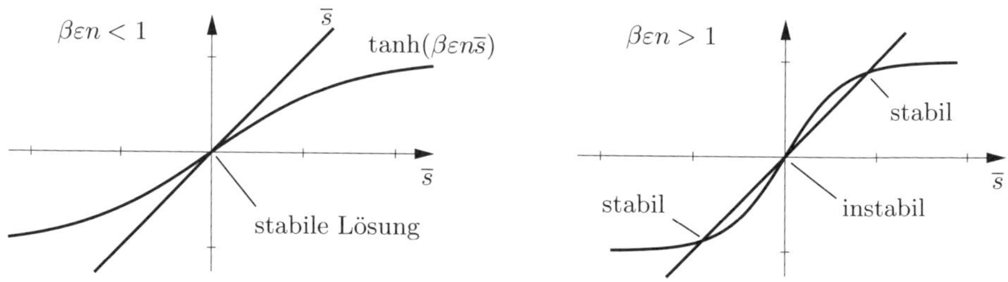

Abbildung 8.7: Graphische Lösung der Gleichung 8.50. Die Steigung der tanh-Funktion beträgt am Ursprung $\beta\epsilon n$. Ist diese Größe kleiner als 1, so gibt es nur eine Lösung bei $\overline{s} = 0$; ist diese Größe größer als 1, so ist die Lösung bei $\overline{s} = 0$ instabil, aber es gibt auch zwei nichttriviale stabile Lösungen.

Wenn $\beta\epsilon n < 1$ ist, also wenn $kT > n\epsilon$ ist, findet sich die einzige Lösung bei $\overline{s} = 0$; es gibt keine Nettomagnetisierung. Würde eine thermische Fluktuation einen Moment den Wert von $\overline{s}$ erhöhen, so wäre die Tangens-hyperbolicus-Funktion, die festlegt, welchen Wert $\overline{s}$ annehmen *sollte*, niedriger als der augenblickliche Wert von $\overline{s}$, somit würde $\overline{s}$ wieder nach null zurückgetrieben. Die Lösung $\overline{s} = 0$ ist stabil.

Wenn $\beta\epsilon n > 1$ ist, also wenn $kT < n\epsilon$ ist, haben wir weiterhin eine Lösung bei $\overline{s} = 0$ und noch zwei weitere Lösungen bei positiven und negativen Werten von $\overline{s}$. Aber die Lösung bei $\overline{s} = 0$ ist instabil: Eine kleine positive Fluktuation von $\overline{s}$ würde dazu führen, dass die Tangens-hyperbolicus-Funktion den momentanen Wert von $\overline{s}$ übersteigt, was $\overline{s}$ zu noch größeren Werten treiben würde. Die stabilen Lösungen sind die beiden anderen, die symmetrisch angeordnet sind, weil das System keine inhärente Tendenz zu negativer oder positiver Magnetisierung hat. Somit wird das System eine nicht verschwindende Nettomagnetisierung bekommen, die mit gleicher Wahrscheinlichkeit positiv oder negativ ist. Wenn ein System eine solche eingebaute Symmetrie hat, jedoch bei niedrigen Temperaturen den einen oder anderen Zustand wählen muss, so sagen wir, dass die Symmetrie **spontan gebrochen** ist.

Die kritische Temperatur T_c, unterhalb derer das System magnetisiert ist, beträgt

$$kT_c = n\epsilon \,, \tag{8.51}$$

proportional sowohl zur Wechselwirkungsenergie zwischen den Nachbarn als auch zur Anzahl der Nachbarn. Dieses Ergebnis ist keine Überraschung: Je mehr Nachbarn jeder Dipol hat, umso größer ist die Neigung des Gesamtsystems zur Magnetisierung. Beachten Sie aber, dass nach dieser Analyse sogar ein *ein*dimensionales Ising-Modell unterhalb einer Temperatur von $2\epsilon/k$ spontan magnetisieren sollte. Wir haben aber schon an der exakten Lösung ablesen können, dass es keinen abrupten Übergang im Verhalten eines eindimensionalen Ising-Modells gibt; es magnetisiert sich nur, wenn die Temperatur gegen null geht. Offensichtlich ist die Mean-Field-Lösung in einer Dimension überhaupt nicht gut.[6] Erfreulicherweise nimmt die Genauigkeit mit der Dimensionalität zu.

Aufgabe 8.19 Die kritische Temperatur von Eisen beträgt 1043 K. Verwenden Sie diesen Wert, um eine grobe Abschätzung von ϵ, der Dipol-Dipol-Wechselwirkungsenergie in Elektronvolt zu bekommen.

6 Es gibt kompliziertere Versionen der Mean-Field-Näherung, die diesen fatalen Mangel beheben und korrekt vorhersagen, dass sich das eindimensionale Ising-Modell erst bei $T = 0$ magnetisiert. Siehe zum Beispiel Pathria (1996).

Aufgabe 8.20 Verwenden Sie einen Computer, um für ein zweidimensionales Ising-Modell (auf einem Quadratgitter) $\bar{s}$ als Funktion von kT/ϵ wie von der Mean-Field-Theorie vorhergesagt graphisch darzustellen.

Aufgabe 8.21 Bei $T = 0$ besagt Gleichung 8.50, dass $\bar{s} = 1$ ist. Bestimmen Sie die erste temperaturabhängige Korrektur dieses Wertes im Grenzfall $\beta\epsilon n \gg 1$. Vergleichen Sie das mit dem Niedertemperaturverhalten eines echten Ferromagneten, das in Aufgabe 7.64 behandelt wurde.

Aufgabe 8.22 Betrachten Sie ein Ising-Modell in der Gegenwart eines äußeren Magnetfeldes B, das jedem Dipol eine zusätzliche Energie $-\mu_B B$ gibt, wenn er nach oben weist, und eine zusätzliche Energie $+\mu_B B$ gibt, wenn er nach unten weist (dabei ist μ_B das magnetische Moment des Dipols). Analysieren Sie dieses System mithilfe der Mean-Field-Näherung, um das Analogon zu Gleichung 8.50 zu bestimmen. Untersuchen Sie die Lösungen dieser Gleichung graphisch und diskutieren Sie die Magnetisierung dieses Systems als Funktion der Stärke des externen Feldes und der Temperatur. Skizzieren Sie den Bereich in der T-B-Ebene, in dem die Gleichung drei Lösungen hat.

Aufgabe 8.23 Man kann das Ising-Modell verwenden, um auch andere Systeme neben Ferromagneten zu simulieren; Beispiele umfassen Antiferromagneten, binäre Legierungen und sogar Fluide. Das Ising-Modell eines Fluids wird als **Gittergas** bezeichnet. Wir stellen uns vor, dass der Raum in ein Gitter von Plätzen aufgeteilt wird, von denen jeder entweder von einem Gasmolekül besetzt sein kann oder nicht. Das System hat keine kinetische Energie und die einzige potentielle Energie kommt von den Wechselwirkungen zwischen Molekülen auf benachbarten Plätzen. Genauer gesagt gibt es einen Beitrag $-u_0$ zur Energie für jedes Paar benachbarter Plätze, die beide besetzt sind.

(a) Stellen Sie einen Ausdruck für die *groß*kanonische Zustandssumme dieses Systems als Funktion von u_0, T und μ auf.

(b) Zeigen Sie durch Umformungen Ihrer Formel, dass sie bis auf einen Vorfaktor, der nicht vom Zustand des Systems abhängt, identisch mit der *gewöhnlichen* Zustandssumme eines Ising-Ferromagneten in Anwesenheit eines äußeren Magnetfeldes B ist, vorausgesetzt, Sie ersetzen $u_0 \to 4\epsilon$ und $\mu \to 2\mu_B B - 8\epsilon$. (Beachten Sie, dass μ das chemische Potential des Gases ist, wohingegen μ_B das magnetische Moment eines Dipols im Magneten ist.)

(c) Diskutieren Sie die Konsequenzen. Welche Zustände des Magneten entsprechen den niederenergetischen Zuständen des Gittergases? Welche Zustände des Magneten entsprechen den Zuständen hoher Dichte, bei denen das Gas in eine Flüssigkeit kondensiert ist? Welche Form sagt dieses Modell für die Flüssig-gasförmig-Phasengrenze in der P-T-Ebene vorher?

Aufgabe 8.24 In dieser Aufgabe werden Sie die Mean-Field-Näherung verwenden, um das Verhalten des Ising-Modells in der Nähe des kritischen Punkts zu analysieren.

(a) Beweisen Sie $\tanh x \approx x - \frac{1}{3}x^3$ für $x \ll 1$.

(b) Verwenden Sie das Ergebnis von Teil (a), um in der Mean-Field-Näherung einen Ausdruck für die Magnetisierung des Ising-Modells für ein T ganz nahe bei der kritischen Temperatur zu bekommen. Sie sollten $M \propto (T_c - T)^\beta$ erhalten, wobei β (nicht mit $1/kT$ zu verwechseln) ein **kritischer Exponent** ist, analog zu dem β, das in Aufgabe 5.55 für ein Fluid definiert wurde. Die exakte Lösung von Onsager zeigt, dass in zwei Dimensionen $\beta = 1/8$ ist, wohingegen Experimente und anspruchsvollere

Näherungen zeigen, dass in drei Dimensionen $\beta \approx 1/3$ gilt. Die Mean-Field-Lösung sagt jedoch einen größeren Wert voraus.

(c) Die magnetische Suszeptibilität χ ist als $\chi \equiv (\partial M/\partial B)_T$ definiert. Das Verhalten dieser Größe in der Nähe des kritischen Punkts wird normalerweise als $\chi \propto (T - T_c)^{-\gamma}$ geschrieben, wobei γ ein anderer kritischer Exponent ist. Bestimmen Sie den Wert von γ in der Mean-Field-Lösung und zeigen Sie, dass er nicht davon abhängt, ob T ein wenig über oder unter T_c liegt. (Es stellt sich heraus, dass der exakte Wert von γ in zwei Dimensionen gleich 7/4 ist, wohingegen er in drei Dimensionen $\gamma \approx 1{,}24$ lautet.)

Monte-Carlo-Simulation

Learn a little … do a little

Betrachten Sie ein zweidimensionales Ising-Modell mittlerer Größe auf einem Quadratgitter mit um die 100 elementaren Dipolen (wie in Abbildung 8.3 dargestellt). Obwohl auch die schnellsten Computer niemals die Wahrscheinlichkeiten *aller* möglichen Zustände dieses Systems berechnen könnten, ist es vielleicht gar nicht nötig, sie alle zu betrachten – vielleicht reicht ja eine zufällige Auswahl von nur einer Million Zustände aus. Das ist die Idee hinter der **Monte-Carlo-Summierung** (oder Integration), eine Technik, die nach dem berühmten Spielcasino benannt ist. Das Vorgehen besteht darin, eine zufällige Auswahl von so vielen Zuständen wie möglich zu erzeugen, die Boltzmann-Faktoren für diese Zustände zu berechnen und dann diese Zufallsauswahl zu verwenden, um die mittlere Energie und Magnetisierung sowie andere thermodynamische Größen zu berechnen.

Leider funktioniert die gerade beschriebene Prozedur beim Ising-Modell nicht gut. Auch wenn wir sogar eine Milliarde Zustände betrachten, so ist das nur ein *winziger* Bruchteil – etwa 1 in 10^{21} – aller Zustände eines bescheidenen 10×10-Gitters. Und bei niedrigen Temperaturen, wenn sich das System magnetisieren will, stellen die *wichtigen* Zustände (bei denen fast alle Dipole in die gleiche Richtung zeigen) einen so kleinen Bruchteil aller Zustände dar, dass wir sie vermutlich nicht erwischen werden. Eine rein zufällige Auswahl der Zustände ist einfach nicht hinreichend effizient; aus diesem Grund wird dieses Vorgehen manchmal als die *naive* Monte-Carlo-Methode bezeichnet.

Es ist eine bessere Idee, die Boltzmann-Faktoren selbst als Richtschnur bei der zufälligen Erzeugung einer Teilauswahl von Zuständen zu verwenden. Ein Algorithmus, der das leistet, funktioniert wie folgt: Fangen Sie mit irgendeinem Zustand an. Wählen Sie dann zufällig einen Dipol und erwägen Sie, ihn umzudrehen. Berechnen Sie dazu ΔU, die Energieänderung, die aus dem Umdrehen resultieren würde. Ist $\Delta U \leq 0$, so würde die Energie des Systems abnehmen oder unverändert bleiben; dann drehen Sie den Dipol um, um den nächsten Zustand des Systems zu erzeugen. Ist $\Delta U > 0$, so würde die Energie des Systems zunehmen. Entscheiden Sie dann zufällig, ob Sie den Dipol umdrehen, wobei die Wahrscheinlichkeit für das Umdrehen $e^{-\Delta U/kT}$ beträgt. Wird der Dipol *nicht* umgedreht, so ist der neue Systemzustand derselbe wie der alte. In jedem Fall machen Sie weiter, indem Sie einen anderen Dipol zufällig auswählen und den Vorgang wiederholen, bis jeder Dipol oft die Gelegenheit hatte, umgedreht zu werden. Dieser Algorithmus wird als **Metropolis-Algorithmus** bezeichnet nach Nicholas Metropolis, dem Erstautoren einer Veröffentlichung aus dem Jahr 1953,[7] die eine derartige Berechnung vor-

7 N. Metropolis, A. W. Rosenbluth, M. N. Rosenbluth, A. H. Teller und E. Teller, „Equation of State Calculations for Fast Computing Machines", *Journal of Chemical Physics* **21**, 1087–1092 (1953). In dieser Veröffentlichung verwenden die Verfasser ihren Algorithmus, um den Druck eines zweidimensionalen Gases aus 224 harten Scheiben zu berechnen. Diese ziemlich beschei-

stellte. Die Technik wird auch als Monte-Carlo-Summierung mit **importance sampling** bezeichnet.

Der Metropolis-Algorithmus erzeugt eine Teilmenge von Systemzuständen, in der niederenergetische Zustände häufiger vorkommen als hochenergetische Zustände. Um genauer zu sehen, warum der Algorithmus funktioniert, betrachten wir nur zwei Zustände 1 und 2, die sich nur durch das Umdrehen eines einzigen Dipols unterscheiden. Seien U_1 und U_2 die Energien dieser Zustände und lassen Sie uns die Zustände so benennen, dass $U_1 \leq U_2$. Ist das System anfangs im Zustand 2, so ist die Wahrscheinlichkeit, einen Übergang zu Zustand 1 auszuführen, gerade $1/N$, einfach die Wahrscheinlichkeit, dass unter all den Dipolen zufällig der richtige ausgewählt wird. Ist das System anfangs in Zustand 1, dann beträgt die Wahrscheinlichkeit für einen Übergang zu Zustand 2 nach dem Metropolis-Algorithmus $(1/N)\mathrm{e}^{-(U_2-U_1)/kT}$. Das Verhältnis der beiden Übergangswahrscheinlichkeiten ist daher

$$\frac{\mathcal{P}(1 \to 2)}{\mathcal{P}(2 \to 1)} = \frac{(1/N)\mathrm{e}^{-(U_2-U_1)/kT}}{(1/N)} = \frac{\mathrm{e}^{-U_2/kT}}{\mathrm{e}^{-U_1/kT}}, \tag{8.52}$$

einfach das Verhältnis der Boltzmann-Faktoren dieser beiden Zustände. Wären das die beiden *einzigen* Zustände, die dem System zur Verfügung stünden, denn stünden die Häufigkeiten, mit denen sie auftreten, exakt in diesem Verhältnis, wie es die Boltzmann-Statistik verlangt.[8]

Betrachten Sie nun zwei andere Zustände 3 und 4, die sich von 1 und 2 durch das Umdrehen eines anderen Dipols unterscheiden. Das System kann nun zwischen 1 und 2 auch durch den indirekten Prozess $1 \leftrightarrow 3 \leftrightarrow 4 \leftrightarrow 2$ wechseln, bei dem die Übergangsraten in beide Richtungen das Verhältnis

$$\frac{\mathcal{P}(1 \to 3 \to 4 \to 2)}{\mathcal{P}(2 \to 4 \to 3 \to 1)} = \frac{\mathrm{e}^{-U_3/kT}}{\mathrm{e}^{-U_1/kT}} \frac{\mathrm{e}^{-U_4/kT}}{\mathrm{e}^{-U_3/kT}} \frac{\mathrm{e}^{-U_2/kT}}{\mathrm{e}^{-U_4/kT}} = \frac{\mathrm{e}^{-U_2/kT}}{\mathrm{e}^{-U_1/kT}} \tag{8.53}$$

aufweisen, wieder so, wie es die Boltzmann-Statistik verlangt. Die gleiche Schlussfolgerung gilt für Übergänge, die eine beliebige Anzahl von Zuständen beinhalten, und für Übergänge, die sich durch das Umdrehen von mehr als einem Dipol unterscheiden. Somit erzeugt der Metropolis-Algorithmus in der Tat Zustände mit den korrekten Boltzmann-Wahrscheinlichkeiten.

Genauer betrachtet gilt diese Schlussfolgerung allerdings nur, nachdem der Algorithmus unendlich lange gelaufen ist, sodass jeder Zustand viele Male erzeugt worden ist. *Wir* wollen den Algorithmus aber nur relativ kurze Zeit laufen lassen, sodass die meisten Zustände niemals erzeugt werden! Unter diesen Umständen haben wir keine Garantie, dass die tatsächlich erzeugte Untermenge von Zuständen die volle Menge aller Systemzustände korrekt repräsentiert. Es ist sogar schwierig zu definieren, was eine „korrekte" Darstellung *meint*. Im Fall des Ising-Modells ist unser Hauptanliegen, dass die zufällig erzeugten Zustände ein korrektes Bild der erwarteten Energie und Magnetisierung des Systems geben. Die auffälligste Ausnahme wird in der Praxis sein, dass der Metropolis-Algorithmus bei niedrigen Temperaturen das System rasch in einen „metastabilen" Zustand treiben wird, in dem fast alle Dipole parallel zu ihren Nachbarn sind. Obwohl ein solcher Zustand laut Boltzmann-Statistik in der Tat ziemlich wahrscheinlich

dene Berechnung benötigte mehrere Tage Rechenzeit auf einem Computer des damaligen Stands der Technik.

8 Haben die Übergangsraten zwischen den beiden Zuständen das korrekte Verhältnis, so sagen wir, dass die Übergänge im **detaillierten Gleichgewicht** sind.

ist, kann es sehr lange dauern, bis der Algorithmus andere wahrscheinliche Zustände erzeugt, die sich signifikant unterscheiden, zum Beispiel den gleichen Zustand, in dem aber alle Dipole umgedreht worden sind. (Auf diese Weise ist der Metropolis-Algorithmus analog zu dem, was in der realen Welt passiert, in der ein großes System niemals die Zeit hat, alle möglichen Mikrozustände zu erkunden und die Relaxationszeit für das Erreichen eines echten thermodynamischen Gleichgewichts manchmal sehr lang sein kann.)

Implementieren wir nun den Metropolis-Algorithmus mit dieser Beschränkung im Hinterkopf. Der Algorithmus kann in fast jeder traditionellen Computersprache programmiert werden und in vielen nicht traditionellen Sprachen ebenso. Ich möchte jetzt keine spezielle Sprache auswählen, sondern einen Algorithmus in „Pseudocode“ vorstellen, den Sie in die Sprache Ihrer Wahl übersetzen können. Ein Programm in Pseudocode für eine einfache Simulation eines zweidimensionalen Ising-Modells ist in Abbildung 8.8 dargestellt. Dieses Programm erzeugt nur graphischen Output und stellt das Gitter als ein Feld farbiger Quadrate dar – eine Farbe für Dipole, die nach oben zeigen, eine andere für Dipole, die nach unten weisen. Jedes Mal, wenn ein Dipol umgedreht wird, ändert sich die Farbe des Quadrats, sodass Sie genau sehen können, welche Sequenz von Zuständen erzeugt wird.

Das Programm verwendet ein zweidimensionales Feld namens `s(i,j)`, um die Werte der Spinausrichtungen zu speichern; die Indizes `i` und `j` laufen jeweils von 1 bis zum Wert von `size`, den man zur Simulation verschiedener Gittergrößen ändern kann. Die Temperatur `T`, gemessen in Einheiten von ϵ/k, kann für verschiedene Durchläufe ebenfalls geändert werden. Nachdem diese beiden Konstanten festgelegt worden sind, ruft das Programm die Unterroutine `initialize` auf, um den Anfangswert von jedem `s` zufällig festzulegen.[9]

Das Herzstück des Programms ist die „Hauptschleife“, die den Metropolis-Algorithmus hundertmal pro Dipol ausführt, sodass jeder Dipol viele Möglichkeiten hat, umgedreht zu werden. Der Wert 100 kann bei Bedarf geändert werden. (Dabei steht `*` für eine Multiplikation, `^` hingegen für Potenzierung.) In der Schleife wählen wir zunächst zufällig einen Dipol aus; die Funktion `rand` soll eine reelle Zufallszahl zwischen 0 und 1 erzeugen, wohingegen `int()` die größte ganze Zahl liefert, die kleiner oder gleich dem Argument ist. Die Unterroutine `deltaU`, die weiter unten im Programm definiert wird, berechnet die Energieänderung, die aus einem hypothetischen Umdrehen des ausgewählten Dipols resultiert; diese Energieänderung wird (in Einheiten von ϵ) als `Ediff` zurückgegeben. Ist `Ediff` negativ oder null, so drehen wir den Dipol um; ist hingegen `Ediff` positiv, so verwenden wir es, um einen Boltzmann-Faktor zu berechnen und ihn mit einer Zufallszahl zu vergleichen. Damit entscheiden wir, ob wir den Dipol umdrehen. Wird der Dipol umgedreht, so rufen wir die Unterroutine `colorsquare` auf, um die Farbe des entsprechenden Quadrats auf dem Bildschirm zu ändern.

Die Unterroutine `deltaU` verlangt weitere Erklärung. Es gibt immer ein Problem mit „Randeffekten“, wenn eine Simulation ein relativ kleines Gitter verwendet. Im Ising-Modell verspüren die Dipole am Rand des Gitters einen geringeren Zwang als andere, sich an ihren Nachbarn auszurichten. Wenn wir ein sehr kleines System modellieren, dessen Größe dieselbe ist wie die unseres simulierten Gitters, dann sollten wir die Rän-

9 Der Anfangszustand ist prinzipiell beliebig. In der Praxis kann die Auswahl des Anfangszustands wichtig sein, wenn Sie nicht in alle Ewigkeit warten wollen, bis das System in einem „typischen“ Gleichgewichtszustand landet. Ein zufälliger Anfangszustand funktioniert bei hohen Temperaturen gut; ein vollständig magnetisierter Zustand würde bei niedrigeren Temperaturen besser funktionieren.

```
program ising                           Monte-Carlo-Simulation eines 2D-Ising-
                                        Modells mit dem Metropolis-Algorithmus

size = 10                               Breite des Quadratgitters
T = 2.5                                 Temperatur in Einheiten von ε/k
initialize
for iteration = 1 to 100*size^2 do      Hauptschleife
  i = int(rand*size+1)                  wähle eine zufällige Zeile
  j = int(rand*size+1)                  und eine zufällige Spalte
  deltaU(i,j,Ediff)                     berechne Δ U für hypothetisches Umdrehen
  if Ediff <= 0 then                    wenn Umdrehen die Energie reduziert ...
    s(i,j) = -s(i,j)                    dann umdrehen!
    colorsquare(i,j)
  else
    if rand < exp(-Ediff/T) then        sonst gibt der Boltzmann-Faktor
      s(i,j) = -s(i,j)                  die Wahrscheinlichkeit fürs Umdrehen
      colorsquare(i,j)
    end if
  end if
next iteration                          nun fangen wir wieder von vorne an ...
end program

subroutine deltaU(i,j,Ediff)            berechne Δ U für das Umdrehen eines Dipols
                                        (beachte periodische Randbedingungen)
  if i = 1 then top = s(size,j) else top = s(i-1,j)
  if i = size then bottom = s(1,j) else bottom = s(i+1,j)
  if j = 1 then left = s(i,size) else left = s(i,j-1)
  if j = size then right = s(i,1) else right = s(i,j+1)
  Ediff = 2*s(i,j)*(top+bottom+left+right)
end subroutine

subroutine initialize                   initialisiere eine zufällige Anordnung
  for i = 1 to size
    for j = 1 to size
      if rand < .5 then s(i,j) = 1 else s(i,j) = -1
      colorsquare(i,j)
    next j
  next i
end subroutine

subroutine colorsquare(i,j)             färbe ein Quadrat gemäß dem s-Wert
                                        (Implementation ist systemabhängig)
```

Abbildung 8.8: Ein Pseudocode-Programm für die Simulation eines zweidimensionalen Ising-Modells unter Verwendung des Metropolis-Algorithmus.

der als Ränder behandeln, wo jeder Dipol weniger Nachbarn hat. Wenn wir uns aber in Wirklichkeit für das Verhalten großer Systeme interessieren, sollten wir versuchen, Randeffekte zu minimieren. Ein Weg, das zu tun, besteht darin, dass wir das Gitter „herumwickeln" und den rechten Rand so behandeln, als ob er unmittelbar links vom linken Rand wäre, und den unteren Rand so, als ob er unmittelbar oberhalb des oberen Rands wäre. Physikalisch bedeutet das, dass wir das Dipolgitter auf die Oberfläche eines Torus setzen. Eine andere Interpretation ist, dass wir uns ein flaches und unendlich ausgedehntes Gitter vorstellen, dessen Zustand immer perfekt periodisch ist: Bewegen wir uns um einen bestimmten Betrag (den Wert von `size`) nach oben, unten, links und rechts, so kommen wir immer zu einem äquivalenten Platz, an dem die Dipole zu jedem Zeitpunkt die gleiche Ausrichtung haben. Ausgehend von dieser letzten Interpretation sagen wir, dass wir **periodische Randbedingungen** verwenden. Zurück zur Unterroutine `deltaU`: Beachten Sie, dass sie alle vier nächsten Nachbarn korrekt identifiziert, egal, ob der ausgewählte Dipol auf einem Rand sitzt oder nicht. Die Energieänderung beim Umdrehen ist dann zweimal das Produkt von `s(i,j)` mit dem `s` des Nachbarn, über die vier Nachbarn aufsummiert.

Um meinen Pseudocode in ein echtes Programm zu verwandeln, das auf einem echten Computer läuft, müssen Sie zuerst ein Computersystem und eine Programmiersprache auswählen. Die Syntax für die arithmetischen Operationen, Variablenzuweisungen, if-then-Konstruktionen und for-next-Schleifen wird von Sprache zu Sprache unterschiedlich sein, aber fast jede übliche Programmiersprache sollte einfache Optionen anbieten, diese Dinge zu machen. Einige Sprachen verlangen, dass Variablen deklariert werden und zu Beginn des Programms einen Typ (wie ganzzahlig oder reell) zugewiesen bekommen. Variable, die sowohl im Hauptprogramm als auch in Unterroutinen verwendet werden, brauchen womöglich eine spezielle Behandlung. Der am wenigsten standardisierte Aspekt des Ganzen ist die Behandlung der Graphik; der Inhalt der Unterroutine `colorsquare` wird sich von System zu System drastisch unterscheiden. Trotzdem hoffe ich, dass Sie wenig Schwierigkeiten damit haben werden, dieses Programm auf Ihrem bevorzugten Computer zu implementieren und zum Laufen zu bekommen.

Es macht viel Spaß, das Programm `ising` laufen zu lassen: Sie können beobachten, wie sich die Farben der Quadrate ständig ändern, während das System versucht, Zustände mit ziemlich großen Boltzmann-Faktoren zu finden. Es ist in der Tat verlockend, sich vorzustellen, dass Sie eine Simulation von dem anschauen, was in Wirklichkeit in einem Magneten abläuft, wenn die Dipole ihre Ausrichtungen im Lauf der Zeit immer wieder ändern. Wegen dieser Ähnlichkeit wird ein Monte-Carlo-Programm, das *importance sampling* verwendet, gewöhnlich eine Monte-Carlo-**Simulation** genannt. Denken Sie aber bitte daran, dass wir keinen Versuch unternommen haben, das wahre zeitabhängige Verhalten eines Magneten zu simulieren. Stattdessen haben wir eine „Pseudodynamik" implementiert, die nur einen Dipol auf einmal umdreht und ansonsten die wahre zeitabhängige Dynamik des Systems ignoriert. Die einzige realistische Eigenschaft unserer Pseudodynamik ist, dass sie Zustände mit Wahrscheinlichkeiten proportional zu ihren Boltzmann-Faktoren erzeugt, so wie wir es von der wahren Dynamik eines Magneten annehmen.

Die Abbildung 8.9 zeigt ein wenig graphischen Output des Programms `ising` für ein 20×20-Gitter. Das erste Bild zeigt einen zufälligen von dem Programm erzeugten Anfangszustand, wohingegen die verbleibenden Bilder alle für verschiedene Temperaturen den Endzustand nach einem Lauf von 40.000 Iterationen (100 pro Dipol) zeigen. Auch wenn diese Schnappschüsse kein Ersatz dafür sind, das Programm in Aktion zu erleben, zeigen sie doch, wie ein typischer Zustand bei jeder Temperatur ausschaut.

Abbildung 8.9: Graphische Ausgabe aus acht Läufen des Programms `ising` bei immer niedrigeren Temperaturen. Jedes schwarze Quadrat steht für einen „oben"-Dipol und jedes weiße Quadrat für einen „unten"-Dipol. Die Variable `T` ist die Temperatur in Einheiten von ϵ/k.

Bei $\mathtt{T} = 10$ ist der Endzustand immer noch fast zufällig und die Dipole haben nur eine geringe Neigung, sich an ihren Nachbarn auszurichten. Bei immer niedrigeren Temperaturen bilden die Dipole immer größere Cluster[10] mit positiver und negativer Magnetisierung, bis bei $\mathtt{T} = 2{,}5$ die Cluster ungefähr so groß sind wie das Gitter selbst. Bei $\mathtt{T} = 2$ hat ein einzelner Cluster das ganze Gitter übernommen und wir würden sagen, dass das System „magnetisiert" ist. Von Zeit zu Zeit werden sich noch kleine Cluster von Dipolen umdrehen, aber sie leben nicht lange; wir müssten sehr lange warten, bis

10 Ich versuche hier nicht, einen „Cluster" präzise zu definieren – schauen Sie sich einfach die Bilder an und verwenden Sie Ihre Intuition. Eine sorgfältige Definition der „Größe" eines Clusters findet sich in Aufgabe 8.29.

sich das ganze Gitter in einem (ebenso wahrscheinlichen) Zustand entgegengesetzter Magnetisierung gedreht hat. Der Lauf bei $T = 1{,}5$ hat sich für die entgegengesetzte Magnetisierung entschieden; bei dieser Temperatur werden Fluktuationen einzelner Dipole ungewöhnlich. Bei $T = 1$ würden wir erwarten, dass sich das System vollständig magnetisiert und auch so bleibt, und in der Tat tut es das manchmal. In etwa der Hälfte der Versuche bleibt es jedoch wie in der Abbildung dargestellt in einem metastabilen Zustand mit zwei Domänen, die eine positiv, die andere negativ, stecken.

Aus diesen Resultaten können wir schließen, dass dieses System in Einheiten von ϵ/k eine kritische Temperatur irgendwo zwischen 2,0 und 2,5 hat. Erinnern Sie sich daran, dass die Mean-Field-Näherung eine kritische Temperatur von $4\epsilon/k$ vorhergesagt hat – qualitativ nicht schlecht, aber um fast einen Faktor 2 daneben. Aber ein 20×20-Gitter ist in Wirklichkeit ziemlich klein; was passiert in größeren, realistischeren Simulationen?

Die Antwort ist leicht zu erraten. Solange die Temperatur hoch genug ist, dass die Größe eines typischen Clusters viel kleiner als die Größe des Gitters ist, ist das Verhalten des Systems ziemlich unabhängig von der Größe des Gitters. Aber ein größeres Gitter erlaubt größere Cluster, somit sollten wir nahe bei der kritischen Temperatur ein möglichst großes Gitter verwenden. Mit hinreichend langen Läufen mit großen Gittern kann man zeigen, dass die Größe der größten Cluster bei einer Temperatur von $2{,}27\epsilon/k$ unendlich wird (siehe Abbildung 8.10). Das ist dann die *wahre* kritische Temperatur im thermodynamischen Limes. In der Tat stimmt dieses Ergebnis mit Onsagers exakter Lösung des zweidimensionalen Ising-Modells überein.

Ähnliche Simulationen sind für das *drei*dimensionale Ising-Modell durchgeführt worden, obwohl das viel mehr Rechenzeit benötigt und die Ergebnisse schwieriger darzustellen sind. Bei einem einfachen kubischen Gitter findet man eine kritische Temperatur von etwa $4{,}5\epsilon/k$, wieder etwas geringer als die Vorhersage der Mean-Field-Näherung. Die Monte-Carlo-Methode kann auch auf kompliziertere Modelle von Ferromagneten und eine große Vielfalt anderer Systeme einschließlich von Fluiden, Legierungen, Grenzflächen, Kernen und subnuklearen Teilchen angewandt werden.

Aufgabe 8.25 In Aufgabe 8.15 haben Sie per Hand die Energie eines speziellen Zustands eines 4×4-Quadratgitters berechnet. Wiederholen Sie diese Berechnung, aber dieses Mal mit periodischen Randbedingungen.

Aufgabe 8.26 Implementieren Sie das Programm `ising` auf dem Computer Ihrer Wahl mit der Programmiersprache Ihrer Wahl. Lassen Sie es für verschiedene Gittergrößen und Temperaturen laufen und schauen Sie sich die Ergebnisse an. Insbesondere:

(a) Lassen Sie das Programm auf einem 20×20-Gitter bei $T = 10$, 5, 4, 3 und 2,5 laufen mit mindestens 100 Iterationen pro Dipol pro Lauf. Schätzen Sie bei jeder Temperatur die Größe des größten Clusters grob ab.

(b) Wiederholen Sie Teil (a) für ein 40×40-Gitter. Unterscheiden sich die Clustergrößen? Erklären Sie, warum.

(c) Lassen Sie das Programm auf einem 20×20-Gitter bei $T = 2$, 1,5 und 1 laufen. Schätzen Sie die mittlere Magnetisierung (als Prozentanteil der vollständigen Sättigung) bei jeder dieser Temperaturen. Lassen Sie Läufe außer Acht, bei denen das System in einem metastabilen Zustand mit zwei Domänen feststeckt.

(d) Lassen Sie das Programm auf einem 10×10-Gitter bei $T = 2{,}5$ laufen. Beobachten Sie so um die 100.000 Iterationen. Beschreiben und erklären Sie das Verhalten.

(e) Verwenden Sie zunehmend größere Gitter, um die typische Clustergröße bei Temperaturen von 2,5 bis hinunter zu 2,27 (der kritischen Temperatur) zu beobachten. Je

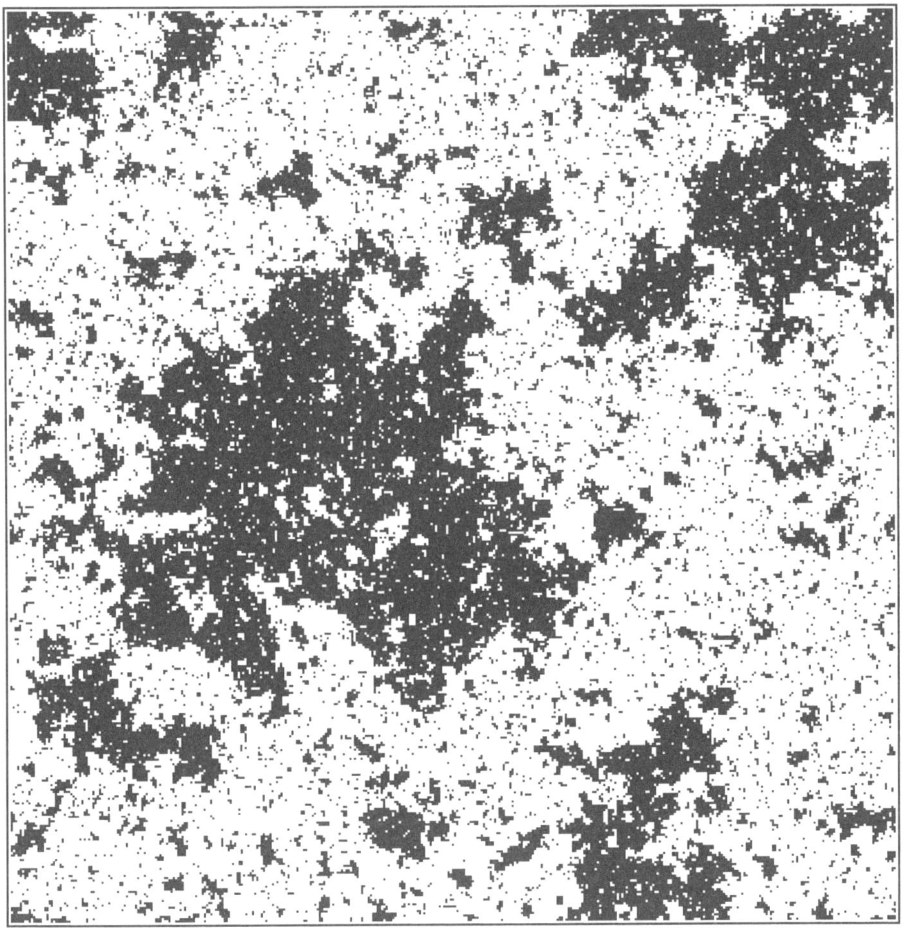

Abbildung 8.10: Ein typischer Zustand, der von dem Programm `ising` nach einigen Milliarden Iterationen auf einem 400×400-Gitter bei $T = 2{,}27$ (der kritischen Temperatur) erzeugt wird. Beachten Sie, dass es Cluster mit allen möglichen Größen gibt, von individuellen Dipolen bis hin zur Größe des Gitters selbst.

näher Sie an der kritischen Temperatur sind, um so größere Gitter und um so längere Laufzeiten werden Sie benötigen. Stoppen Sie, wenn Sie feststellen, dass Sie Ihre Zeit besser verbringen können. Ist es plausibel, dass die Clustergröße nach unendlich geht, wenn sich die Temperatur der kritischen Temperatur annähert?

Aufgabe 8.27 Modifizieren Sie das Programm `ising`, um die mittlere Energie des Systems über alle Iterationen hinweg zu berechnen. Fügen Sie dazu zunächst Code in die Unterroutine `initialize` ein, um die Anfangsenergie des Gitters zu berechnen; ändern Sie danach die Energievariable um den entsprechenden Betrag, wenn ein Dipol umgedreht wird. Stellen Sie sicher, dass Sie bei der Berechnung der mittleren Energie über *alle* Iterationen mitteln, nicht nur die Iterationen, bei denen tatsächlich ein Dipol umgedreht wurde (warum?). Lassen Sie das Programm für ein 5×5-Gitter für `T`-Werte von 4 bis 1 in angemessen kleinen Intervallen laufen und stellen Sie die mittlere Energie als Funktion von `T` graphisch dar. Stellen Sie auch die Wärmekapazität graphisch dar. Verwenden Sie mindestens 1000 Iterationen pro Dipol und Lauf, am besten noch mehr. Wenn Ihr Computer schnell genug ist, wiederholen Sie alles für ein 10×10-Gitter und womöglich ein 20×20-Gitter. Diskutieren Sie die Ergebnisse. (*Hinweis:* Anstatt bei jeder Temperatur frisch mit einem zufälligen Anfangszustand zu starten, können Sie Zeit sparen, indem Sie mit dem Endzustand loslegen, der bei der letzten nahegelegenen Temperatur erzeugt wurde. Bei den größeren Gittern wollen Sie vielleicht Zeit sparen; betrachten Sie gegebenenfalls nur ein kleineres Temperaturintervall, vielleicht 1,5 anstelle von 3.)

Aufgabe 8.28 Modifizieren Sie das Programm `ising`, um die Gesamtmagnetisierung (also die Summe aller s-Werte) zu berechnen. Führen Sie darüber Buch, wie oft jede mögliche Magnetisierung in einem Lauf vorkommt, und stellen Sie die Ergebnisse als Histogramm dar. Lassen Sie das Programm für ein 5×5-Gitter bei verschiedenen Temperaturen laufen und diskutieren Sie die Ergebnisse. Stellen Sie die wahrscheinlichste Magnetisierung als Funktion der Temperatur graphisch dar. Ist Ihr Computer schnell genug, so wiederholen Sie alles für ein 10×10-Gitter.

Aufgabe 8.29 Um die Bildung von Clustern in einem Ising-Magneten zu quantifizieren, definieren wir die sogenannte **Korrelationsfunktion** $c(r)$. Nehmen Sie zwei beliebige Dipole i und j, die in einem Abstand r voneinander sind, und berechnen Sie das Produkt ihrer Zustände: $s_i s_j$. Dieses Produkt ist 1, falls die Dipole parallel sind, und −1, falls die Dipole antiparallel sind. Mitteln Sie diese Größe nun über *alle* Paare, die durch einen festen Abstand r voneinander getrennt sind, um ein Maß dafür zu bekommen, wie sehr die Dipole über diesen Abstand hinweg „korreliert" sind. Ziehen Sie schließlich, um den Effekt irgendeiner globalen Magnetisierung des Systems zu entfernen, das Quadrat des mittleren s ab. Als Gleichung geschrieben, lautet die Korrelationsfunktion dann

$$c(r) = \overline{s_i s_j} - \overline{s_i}^2 ,$$

wobei vorausgesetzt wird, dass der erste Term über alle Paare mit festem Abstand r mittelt. Technisch betrachtet sollten die Mittelwerte ebenfalls über alle möglichen Systemzustände genommen werden, aber machen Sie das noch nicht.

(a) Fügen Sie dem Programm `ising` eine Routine zur Berechnung der Korrelationsfunktion für den augenblicklichen Zustand des Gitters hinzu und mitteln Sie dabei über alle Paare, die entweder vertikal oder horizontal (aber nicht diagonal) durch r Abstandseinheiten getrennt sind, wobei r von 1 bis zur halben Gittergröße läuft. Lassen Sie das Programm diese Routine in periodischen Abständen wiederholen und stellen Sie die Ergebnisse als ein Säulendiagramm dar.

(b) Lassen Sie dieses Programm bei diversen Temperaturen laufen, oberhalb, unterhalb und in der Nähe des kritischen Punkts. Verwenden Sie eine Gittergröße von mindestens 20, am besten größer (insbesondere in der Nähe des kritischen Punkts). Beschreiben Sie das Verhalten der Korrelationsfunktion bei jeder Temperatur.

(c) Fügen Sie nun Code hinzu, der die *mittlere* Korrelationsfunktion während eines Laufs berechnet. (Es ist allerdings am besten, dass das System erst zu einem typischen Zustand „äquilibriert", bevor Sie die Mittelwerte akkumulieren.) Die **Korrelationslänge** ist als der Abstand definiert, bei dem die Korrelationsfunktion um einen Faktor e abnimmt. Schätzen Sie die Korrelationslänge bei jeder Temperatur ab und stellen Sie die Korrelationslänge als Funktion von `T` graphisch dar.

Aufgabe 8.30 Modifizieren Sie das Programm `ising`, um ein *ein*dimensionales Ising-Modell zu simulieren.

(a) Beobachten Sie für ein Gitter der Größe 100 die Abfolge der bei verschiedenen Temperaturen erzeugten Zustände und diskutieren Sie die Ergebnisse. Gemäß der exakten Lösung (für ein unendliches Gitter) erwarten wir, dass sich dieses System nur magnetisiert, wenn die Temperatur nach null geht; ist das Verhalten des Programms mit dieser Vorhersage konsistent? Wie hängt die typische Clustergröße von der Temperatur ab?

(b) Modifizieren Sie Ihr Programm, um die mittlere Energie wie in Aufgabe 8.27 zu berechnen. Stellen Sie die Energie und die Wärmekapazität als Funktion der Temperatur dar und vergleichen Sie mit dem exakten Ergebnis für ein unendliches Gitter.

(c) Modifizieren Sie Ihr Programm, um die Magnetisierung wie in Aufgabe 8.28 zu berechnen. Bestimmen Sie die wahrscheinlichste Magnetisierung für verschiedene Temperaturen und diskutieren Sie Ihre Ergebnisse.

Aufgabe 8.31 Modifizieren Sie das Programm `ising`, um ein *drei*dimensionales Ising-Modell mit einem einfachen kubischen Gitter zu simulieren. Versuchen Sie, auf irgendeine Ihnen mögliche Weise zu zeigen, dass dieses System einen kritischen Punkt bei etwa $T = 4{,}5$ hat.

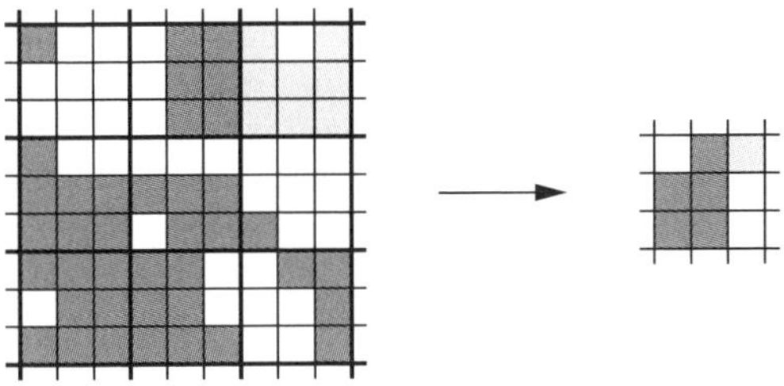

Abbildung 8.11: In einer **Blockspin-Transformation** ersetzen wir jeden Block aus 9 Dipolen durch einen einzigen Dipol, dessen Ausrichtung durch die „Mehrheitsregel" bestimmt wird.

Aufgabe 8.32 Stellen Sie sich vor, dass Sie ein zweidimensionales Ising-Gitter nehmen und die Plätze, wie in Abbildung 8.11 gezeigt, in 3×3-„Blöcke" gruppieren. In einer **Blockspin-Transformation** ersetzen wir die neun Dipole in jedem Block durch einen einzigen Dipol, dessen Zustand durch eine „Mehrheitsregel" bestimmt wird: Wenn mehr als die Hälfte der ursprünglichen Dipole nach oben zeigen, so weist der neue Dipol nach oben; zeigt mehr als die Hälfte der ursprünglichen Dipole nach unten, den weist der neue Dipol nach unten. Wenn wir diese Umformung auf das ganze Gitter anwenden, reduzieren wir es auf ein neues Gitter, dessen Breite 1/3 der Originalbreite beträgt. Diese Transformation ist eine Variante einer **Renormierungsgruppen-Transformation**, eine leistungsfähige Technik, um das Verhalten von Systemen in der Nähe ihrer kritischen Punkte zu untersuchen.[11]

11 Mehr zur Renormierungsgruppe und ihren Anwendungen finden Sie in Kenneth G. Wilson, „Problems in Physics with Many Scales of Length", *Scientific American* **241**, 158–179 (August 1979).

(a) Fügen Sie zum Programm `ising` eine Routine hinzu, die eine Blockspin-Transformation auf den augenblicklichen Zustand des Gitters anwendet und das transformierte Gitter neben dem Original anzeigt. (Lassen Sie das ursprüngliche Gitter unverändert.) Lassen Sie das Programm diese Routine in periodischen Abständen ausführen, sodass Sie die Entwicklung beider Gitter beobachten können.

(b) Lassen Sie Ihr modifiziertes Programm auf einem 90×90-Ursprungsgitter bei diversen Temperaturen laufen. Wenn das System bei den verschiedenen Temperaturen jeweils in einen „typischen" Zustand gefunden hat, vergleichen Sie das transformierte Gitter mit einem typischen 30×30-Stück des Ursprungsgitters. Im Allgemeinen sollten Sie finden, dass das transformierte Gitter einem Ursprungsgitter bei einer *anderen* Temperatur ähnelt. Nennen wir diese Temperatur die „transformierte Temperatur". Wann ist die transformierte Temperatur größer als die Ursprungstemperatur und wann ist sie kleiner?

(c) Stellen Sie sich vor, dass Sie mit einem sehr großen Gitter starten und viele Blockspin-Transformationen hintereinander anwenden und dabei das System jedes Mal auf eine neue effektive Temperatur bringen. Erläutern Sie, dass Sie diese Prozedur schließlich zu einem von drei **Fixpunkten** bringen wird, egal was die Ausgangstemperatur war: null, unendlich oder die kritische Temperatur. Für welche Ausgangstemperaturen enden Sie an den jeweiligen Fixpunkten? [*Kommentar:* Denken Sie über die Konsequenzen der Tatsache nach, dass die kritische Temperatur ein Fixpunkt der Blockspin-Transformation ist. Wenn die Mittelung über den Zustand des Systems auf kleinen Skalen die Dynamik unverändert lässt, dann müssen viele Aspekte des Verhaltens dieses Systems von irgendwelchen speziellen mikroskopischen Details unabhängig sein. Das impliziert, dass viele verschiedene physikalische Systeme (Magnete, Fluide usw.) im Wesentlichen dasselbe kritische Verhalten aufweisen sollten. Genauer gesagt werden die verschiedenen Systeme die gleichen „kritischen Exponenten" haben, wie sie in den Aufgaben 5.55 und 8.24 definiert wurden. Es gibt allerdings zwei Parameter, die das kritische Verhalten noch beeinflussen können. Einer ist die Dimension des Raums, in dem sich das System befindet (3 in den meisten realen Systemen); der andere ist die Dimension des „Vektors", der die Magnetisierung (oder den analogen „Ordnungsparameter") des Systems definiert. Im Ising-Modell ist die Magnetisierung eindimensional, immer entlang einer gegebenen Achse; bei einem Fluid ist der Ordnungsparameter auch eine eindimensionale Größe, nämlich der Dichteunterschied zwischen Flüssigkeit und Gas. Daher sollte das Verhalten eines Fluids in der Nähe des kritischen Punkts dasselbe wie das eines dreidimensionalen Ising-Modells sein.]

Elemente der Quantenmechanik

A

ÜBERBLICK

» Sie müssen gar keine Quantenmechanik kennen, um die Grundprinzipien der Physik der Wärme zu verstehen. Aber wenn Sie die detaillierten thermischen Eigenschaften spezifischer physikalischer Systeme (wie eines Gases aus Stickstoffmolekülen oder der Elektronen in einem Stück Metall) vorhersagen wollen, müssen Sie die möglichen „Zustände“ und entsprechenden Energien dieser Systeme kennen. Die Zustände und ihre Energien werden durch die Prinzipien der Quantenmechanik bestimmt.

Dennoch müssen Sie nicht viel Quantenmechanik kennen, um dieses Buch zu lesen. Jedes Mal, wenn im Text ein Resultat aus der Quantenmechanik benötigt wurde, habe ich das Ergebnis zusammengefasst und hinreichend viele Details für die gerade betrachtete Berechnung gebracht. Wenn es Ihnen egal ist, wo das Ergebnis herkommt, dann brauchen Sie diesen Anhang nicht zu lesen. Vielleicht wollen Sie aber irgendwann einmal einen systematischeren Überblick über die Quantenmechanik sehen, die in diesem Buch verwendet wird. Dieser Anhang soll diesen Überblick geben, ob Sie ihn nun vor oder nach dem Haupttext lesen.[1] «

A.1 Belege für den Welle-Teilchen-Dualismus

Die historischen Wurzeln der Quantenmechanik sind eng in die Entwicklung der statistischen Mechanik um die Wende zum zwanzigsten Jahrhundert verwoben. Besonders wichtig war in dieser Geschichte der Zusammenbruch des Gleichverteilungssatzes sowohl bei der elektromagnetischen Strahlung (die in Abschnitt 7.4 beschriebene „Ultraviolett-Katastrophe“) als auch bei der Schwingungsenergie der Festkörperkristalle (belegt durch die abnorm niedrigen Wärmekapazitäten bei niedriger Temperatur, wie wir sie in den Aufgaben 3.24 und 3.25 sowie in Abschnitt 7.5 untersucht haben). Es gibt aber auch viel direktere Belege für die Quantenmechanik, das heißt für die Idee, dass weder ein Wellenmodell noch ein Teilchenmodell angemessen sind, um Materie und Energie auf der atomaren Skala zu verstehen. In diesem Abschnitt werde ich kurz einige dieser Belege beschreiben.

Der photoelektrische Effekt

Lassen Sie Licht auf eine Metalloberfläche fallen, so kann es einige Elektronen aus dem Metall herausschlagen und sie von der Oberfläche wegfliegen lassen. Dieses Phänomen wird als der **photoelektrische Effekt** bezeichnet; es stellt den grundlegenden Mechanismus hinter Videokameras und einer Anzahl weiterer elektronischer Lichtdetektoren dar.

Um den photoelektrischen Effekt quantitativ zu untersuchen, können Sie das Stück Metall (das man als Photokathode bezeichnet) in eine Vakuumröhre bringen, zusammen mit einem anderen Stück Metall (der Anode), um die Elektronen aufzufangen. Dann können Sie entweder die Spannung messen, die sich aufbaut, wenn sich die Elektronen auf der Anode ansammeln, oder auch den Strom, der erzeugt wird, wenn diese Elektronen durch den Stromkreis wieder zurück zur Kathode gelangen (siehe Abbildung A.1).

1 Es gibt viele gute Lehrbücher zur Quantenmechanik, die Sie vielleicht für eine weniger oberflächliche Behandlung des Gegenstands heranziehen wollen. Ich empfehle besonders *An Introduction to Quantum Physics* von A. P. French und Edwin F. Taylor (Norton, New York, 1978) und *Einführung in die Quantenmechanik* von David J. Griffiths (Pearson Studium, 2012).

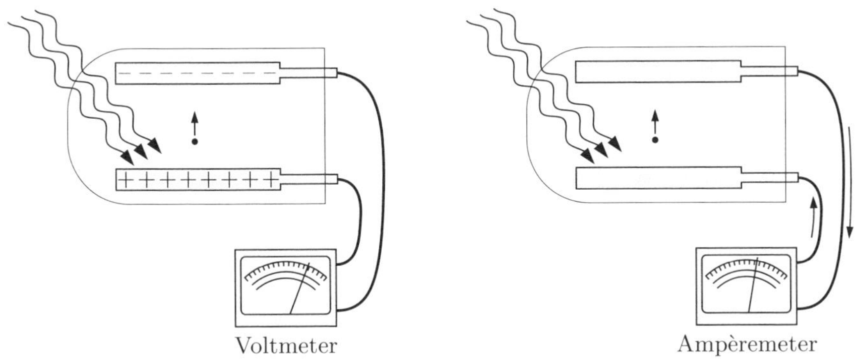

Abbildung A.1: Zwei Experimente zur Untersuchung des photoelektrischen Effekts. Wird ein ideales Voltmeter (mit im Wesentlichen unendlichem Widerstand) mit dem Stromkreis verbunden, so akkumulieren sich die Elektronen auf der Anode und stoßen andere Elektronen ab; das Voltmeter misst die *Energie* (pro Ladungseinheit), die ein Elektron benötigt, um auf die Anode zu kommen.

Der *Strom* ist ein Maß, wie viele Elektronen pro Zeiteinheit von der Kathode emittiert und auf der Anode eingesammelt werden. Wenig überraschend nimmt der Strom zu, wenn die Lichtquelle intensiver wird: Helleres Licht schlägt mehr Elektronen heraus.

Auf der anderen Seite ist die *Spannung* ein Maß für die *Energie*, die ein Elektron braucht, um die Lücke zwischen Kathode und Anode zu überbrücken. Anfangs ist die Spannung null, aber wenn sich die Elektronen auf der Anode sammeln, so erzeugen sie ein elektrisches Feld, das andere Elektronen zurück zur Kathode treibt. Recht schnell stabilisiert sich die Spannung bei einem endgültigen Wert und zeigt damit an, dass keine Elektronen mit hinreichender Energie emittiert werden, um zur Anode zu gelangen. Spannung ist gerade Energie pro Einheitsladung, somit muss die maximale kinetische Energie der emittierten Elektronen (wenn sie die Kathode verlassen) gleich $K_{\text{max}} = eV$ sein, wobei e die Größe der Elektronenladung ist.

Hier kommt nun die Überraschung: Die Endspannung, und damit die maximale kinetische Energie der Elektronen, ist von der Helligkeit der Lichtquelle *unabhängig*. Helleres Licht löst *mehr* Elektronen heraus, aber gibt einem einzelnen Elektron nicht mehr Energie als schwaches Licht. Auf der anderen Seite hängt die Endspannung von der *Farbe* des Lichts ab, das heißt von der Wellenlänge (λ) oder der Frequenz ($f = c/\lambda$). Es gibt eine lineare Beziehung zwischen der maximalen kinetischen Energie der herausgelösten Elektronen und der Frequenz des Lichts:

$$K_{\text{max}} = hf - \phi \,, \tag{A.1}$$

wobei h eine universelle Konstante, das **Planck'sche Wirkungsquantum**, ist; ϕ ist eine vom Metall abhängige Konstante. Diese Beziehung wurde im Jahr 1905 von Einstein als Erstem vorhergesagt, wobei er von Plancks vorangehender Erklärung der Schwarzkörperstrahlung ausging (A.d.Ü: Das ist historisch inkorrekt. Einstein hat bei dieser Überlegung ganz bewusst keinen Bezug auf Planck genommen, sondern sich auf Überlegungen von Wien gestützt.)

Einsteins Interpretation des photoelektrischen Effekts ist einfach: Licht kommt in kleinen Bündeln oder Teilchen, die wir heute *Photonen* nennen. Jedes hat eine Energie gleich der Planck'schen Konstante mal der Frequenz des Lichts:

$$E_{\text{Photon}} = hf \,. \tag{A.2}$$

Ein hellerer Lichtstrahl enthält mehr Photonen, aber die Energie jedes Photons hängt immer noch nur von der Frequenz ab, nicht von der Helligkeit. Wenn Licht auf die Photokathode trifft, absorbiert jedes Elektron die Energie von genau einem Photon. Die Konstante ϕ, die auch **Austrittsarbeit** genannt wird, ist die Minimalenergie, die benötigt wird, um ein Elektron aus dem Metall herauszulösen; sobald das Elektron frei ist, ist die maximale Energie, die es haben kann, die Photonenenergie (hf) minus ϕ.

Wir bemerken normalerweise nicht, dass Licht in diskreten Bündeln kommt, weil sie so klein sind: Der Wert des Planck'schen Wirkungsquantums beträgt nur $6{,}63 \cdot 10^{-34}$ J·s, somit haben Photonen des sichtbaren Lichts Energien von nur etwa zwei oder drei Elektronvolt. Eine typische Glühlampe gibt in der Sekunde 10^{20} ab. Aber die Technologie, die man braucht, um einzelne Photonen zu detektieren (von Photomultipliern in physikalischen Laboren bis hin zu CCD-Kameras in der Astronomie) ist heutzutage weitverbreitet.

Aufgabe A.1 Photonen: Grundlegendes

(a) Zeigen Sie, dass $hc = 1240\,\text{eV} \cdot \text{nm}$ ist.

(b) Berechnen Sie die Energie eines Photons für jede der folgenden Wellenlängen: 650 nm (rotes Licht); 450 nm (blaues Licht); 0,1 nm (Röntgen); 1 mm (typisch für die kosmische Hintergrundstrahlung).

(c) Berechnen Sie die Anzahl der Photonen, die von einem roten 1-Milliwatt He-Ne-Laser ($\lambda = 633\,\text{nm}$) pro Sekunde emittiert wird.

Aufgabe A.2 Angenommen, Licht mit einer Wellenlänge von 400 nm führt in einem Experiment zum photoelektrischen Effekt wie oben beschrieben auf eine Spannung von 0,8 V.

(a) Wie groß ist die Austrittsarbeit dieser Photokathode?

(b) Was für eine Spannung würden Sie erwarten, wenn die Wellenlänge auf 300 nm geändert würde? Und bei 500 nm? 600 nm?

Elektronenbeugung

Kann sich Licht, von dem alle dachten, es sei eine Welle, wie ein Strom von Teilchen verhalten, ist es vielleicht nicht so überraschend, dass sich Elektronen, von denen alle dachten, dass sie Teilchen sind, wie Wellen verhalten können.

Aber lassen Sie mich einen Schritt zurückgehen. Was *meinen* wir, wenn wir sagen, dass sich Licht wie eine Welle verhält? Wir sehen ja nichts wirklich schwingen (anders als bei Wasserwellen oder den Wellen auf einer Gitarrensaite). Was wir beobachten können, sind Beugungs- und Interferenzeffekte, wenn Licht durch eine kleine Öffnung tritt oder um ein kleines Hindernis herumstrahlt. Das einfachste Beispiel ist vermutlich die Doppelspaltinterferenz, bei der monochromatisches Licht aus einer einzelnen Quelle durch ein Paar eng benachbarter Schlitze fällt und auf einem Schirm ein Muster alternierender dunkler und heller Stellen bildet (siehe Abbildung A.2).

Nun, Elektronen verhalten sich genauso: Nehmen Sie einen Elektronenstrahl (wie in einem alten Röhrenfernseher oder einem Elektronenmikroskop) und richten Sie ihn auf ein Paar sehr eng benachbarter Schlitze. Auf dem Bildschirm (einem Fernsehbildschirm oder einem anderen Detektor) bekommen Sie ein Interferenzmuster, genau wie bei Licht (siehe Abbildung A.3).

Die Wellenlänge des Elektronenstrahls kann aus den Abständen der Schlitze und der Größe des Interferenzmusters genau wie bei Licht bestimmt werden. Es stellt sich heraus, dass die Wellenlänge invers proportional zum *Impuls* der Elektronen ist; die Proportio-

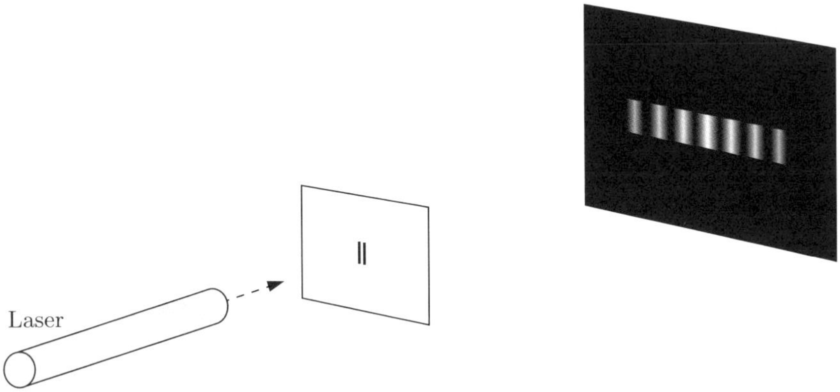

Abbildung A.2: In einem Doppelspalt-Interferenzexperiment wird monochromatisches Licht (oft von einem Laser) auf ein Paar von Schlitzen in einer Maske gerichtet. Ein Interferenzmuster von dunklen und hellen Streifen erscheint auf dem Bildschirm, der sich in einem gewissen Abstand befindet.

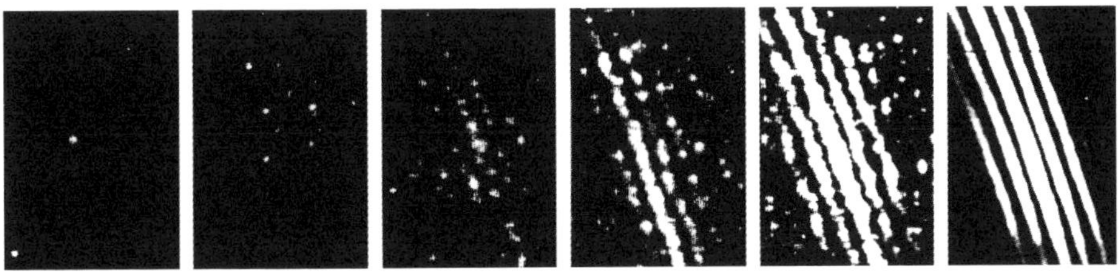

Abbildung A.3: Diese Bilder wurden mithilfe des Strahls eines Elektronenmikroskops erzeugt. Ein positiv geladener Draht wurde in den Strahlengang eingebracht, was dazu führt, dass sich die Elektronen um beide Seiten herumkrümmen und interferieren, als wären sie durch einen Doppelspalt gelaufen. Der Strom im Elektronenstrahl nimmt von einem Bild zum nächsten zu. Man sieht, dass das Interferenzmuster aus den statistisch verteilten Lichtblitzen individueller Elektronen aufgebaut ist. Aus P. G. Merli, G. F. Missiroli und G. Pozzi, *American Journal of Physics* **44**, 306 (1976).

nalitätskonstante ist das Planck'sche Wirkungsquantum:

$$\lambda = \frac{h}{p}\,. \tag{A.3}$$

Diese berühmte Beziehung wurde 1923 von Louis de Broglie vorhergesagt. Sie gilt auch für Photonen; dort ist sie eine direkte Konsequenz der Einstein'schen Beziehung $E = hf$ sowie der Beziehung $p = E/c$ zwischen der Energie und dem Impuls von allem, das sich mit Lichtgeschwindigkeit bewegt. De Broglie erriet korrekt, dass Elektronen (und alle anderen „Teilchen") Wellenlängen haben, die zu ihren Impulsen in derselben Beziehung stehen. (Die Einstein-Beziehung $E = hf$ erweist sich auch für Elektronen und andere Teilchen als gültig, aber diese Beziehung ist nicht so nützlich, weil man die „Frequenz" eines Elektrons nicht direkt messen kann.)

Die Tatsache, dass sich Elektronen und Photonen beide wie Wellen verhalten und Interferenzmuster erzeugen können, wirft einige knifflige Fragen auf. Jedes einzelne Teilchen (Elektron oder Photon) kann nur an einem Ort des Bildschirms landen. Wenn Sie also die Teilchen langsam genug durch den Apparat schicken, entsteht das Muster schrittweise, Punkt für Punkt, wie in Abbildung A.3 dargestellt. Offensichtlich ist der Ort, an dem jedes Teilchen landet, *zufällig*, wobei die Wahrscheinlichkeit über den

Bildschirm hinweg variiert, wie es die Helligkeit des endgültigen Musters festlegt. Das bedeutet, dass *jedes* Elektron oder Photon irgendwie durch *beide* Schlitze hindurchtreten muss und dann *mit sich selbst* interferieren muss, um die Wahrscheinlichkeitsverteilung für den Ort seines Auftreffens zu bestimmen. Mit anderen Worten verhält sich das Teilchen beim Durchlaufen der Schlitze wie eine Welle, und die Amplitude dieser Welle am Bildschirm bestimmt die Wahrscheinlichkeiten, die die endgültige Position bestimmen. (Genauer gesagt ist die Wahrscheinlichkeit, an einem bestimmten Ort zu landen, proportional zum *Quadrat* der Wellenamplitude am Schirm; genauso ist die Helligkeit einer elektromagnetischen Welle proportional zum Quadrat der Amplitude des elektrischen Felds.)

Aufgabe A.3 Verwenden Sie die Einstein-Beziehung $E = hf$ und die Beziehung $E = pc$, um zu zeigen, dass die De-Broglie-Beziehung A.3 für Photonen gilt.

Aufgabe A.4 Verwenden Sie die relativistischen Definitionen von Energie und Impuls, um zu zeigen, dass $E = pc$ für jedes Teilchen gilt, dass sich mit Lichtgeschwindigkeit bewegt. (Für elektromagnetische Wellen kann man diese Beziehung auch aus den Maxwell-Gleichungen herleiten, aber das ist viel schwieriger.)

Aufgabe A.5 Die Elektronen in einem alten Röhrenfernseher werden typischerweise auf eine Energie von 10.000 eV beschleunigt. Berechnen Sie den Impuls eines solchen Elektrons und verwenden Sie dann die De-Broglie-Beziehung, um seine Wellenlänge zu berechnen.

Aufgabe A.6 In dem in Abbildung A.3 gezeigten Experiment betrug der effektive Abstand der Schlitze 6 µm und der Abstand von den „Schlitzen“ zum Bildschirm war 16 cm. Der Abstand zwischen den Mitten zweier heller Streifen war (vor der Vergrößerung) typischerweise 100 nm. Bestimmen Sie aus diesen Parametern die Wellenlänge des Elektronenstrahls. Welche Spannung wurde zur Beschleunigung der Elektronen angelegt?

Aufgabe A.7 Die De-Broglie-Beziehung gilt für alle „Teilchen“, nicht nur Elektronen und Photonen.

(a) Berechnen Sie die Wellenlänge eines Neutrons, dessen kinetische Energie 1 eV beträgt.

(b) Schätzen Sie die Wellenlänge eines abgeschlagenen Fußballs ab. (Verwenden Sie vernünftige Werte für Masse und Geschwindigkeit.) Erklären Sie, warum Sie keine Beugung von Fußbällen um Torpfosten herum sehen.

A.2 Wellenfunktionen

Angesichts der Tatsache, dass sich einzelne Teilchen wie Wellen verhalten können, benötigen wir eine Beschreibung von Teilchen, die sowohl wellenartige als auch teilchenartige Eigenschaften beinhaltet. Zu diesem Zweck haben Physiker die quantenmechanische **Wellenfunktion** erfunden. Bei der Beschreibung des „Zustands“ eines Teilchens dient die Wellenfunktion in der Quantenmechanik dem gleichen Zweck wie Orts- und Impulsvektoren in der klassischen Mechanik: Sie sagt uns alles, was man darüber wissen kann, was das Teilchen zu einem bestimmten Zeitpunkt macht. Das übliche Symbol für die Wellenfunktion eines Teilchens ist Ψ. Sie ist eine Funktion des Ortes bzw. der

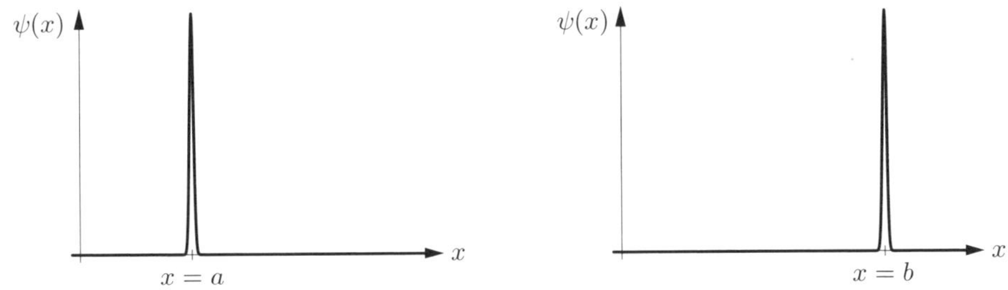

Abbildung A.4: Wellenfunktionen für Zustände, bei denen die Position eines Teilchens wohldefiniert ist (jeweils bei $x = a$ und $x = b$). Ist ein Teilchen in einem solchen Zustand, ist sein Impuls vollkommen undefiniert.

drei Koordinaten x, y und z. Es ist aber einfacher, mit Wellenfunktionen für Teilchen zu beginnen, die sich nur in der x-Richtung bewegen können. In diesem Fall ist Ψ zu jedem Zeitpunkt nur eine Funktion von x.

Ein Teilchen kann alle Arten von Wellenfunktionen haben. Es gibt schmale, spitze Wellenfunktionen, die Zuständen entsprechen, in denen die Position des Teilchens wohldefiniert ist (siehe Abbildung A.4). Es gibt auch breite, oszillierende Wellenfunktionen, die Zuständen entsprechen, bei denen der Impuls des Teilchens wohldefiniert ist (siehe Abbildung A.5). Im letzteren Fall ist der Teilchenimpuls p mit der Wellenlänge λ durch die De-Broglie-Beziehung $p = h/\lambda$ verbunden.

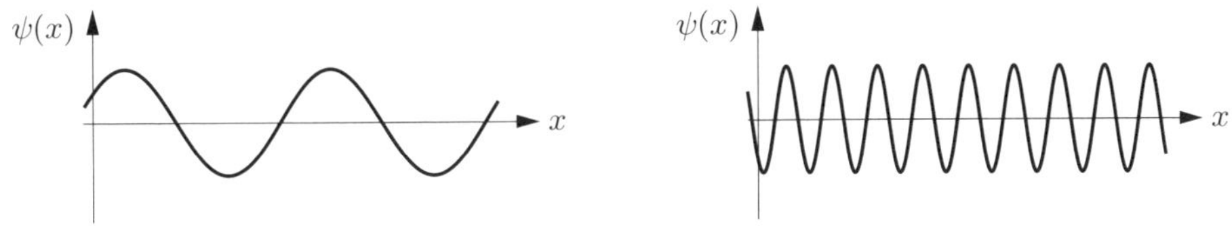

Abbildung A.5: Wellenfunktionen für Zustände, bei denen der Impuls eines Teilchens wohldefiniert ist (jeweils mit kleinen und großen Werten). Ist ein Teilchen in einem solchen Zustand, so ist seine Position vollkommen undefiniert.

Die Wellenlänge der Wellenfunktion gibt uns nur den *Betrag* des Teilchenimpulses. Auch in einer Dimension könnte p_x positiv oder negativ sein, und Sie können das nicht ablesen, indem Sie Abbildung A.5 anschauen. Damit Ψ den Zustand des Teilchens *vollständig* bestimmt, müssen wir aus ihm ein zweikomponentiges Objekt machen, das heißt, ein *Paar* von Funktionen. Bei einem Teilchen mit wohldefiniertem Impuls hat die zweite Komponente die gleiche Wellenlänge wie die erste, ist aber um 90° außer Phase (siehe Abbildung A.6). Im gezeigten Fall weist der Impuls in die $+x$-Richtung. Um dem Teilchen den entgegengesetzten Impuls zu geben, drehen wir einfach die zweite Komponente von oben nach unten, sodass sie in die andere Richtung um 90° außer Phase ist. Die beiden Komponenten von Ψ werden normalerweise durch eine einzige komplexwertige Funktion dargestellt, deren Realteil die erste Komponente und deren Imaginärteil (der natürlich genauso reell ist) die zweite Komponente ist. Wenn Sie wollen, können Sie sich vorstellen, dass Sie den Imaginärteil von Ψ entlang einer Achse zeichnen, die aus der Seite herauszeigt. Dann ist der dreidimensionale Graph einer Wellenfunktion zu festem Impuls eine Helix oder Schraube, die für positives p_x nach rechts dreht und für negatives p_x nach links.

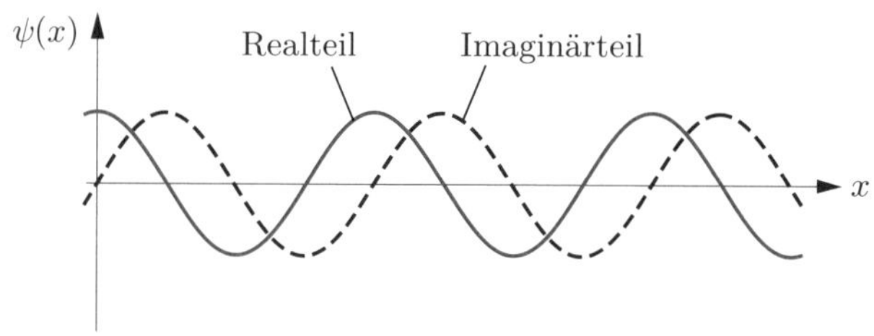

Abbildung A.6: Eine vollständigere Darstellung der Wellenfunktion eines Teilchens mit wohldefiniertem Impuls, die sowohl den Realteil als auch den Imaginärteil der Funktion zeigt.

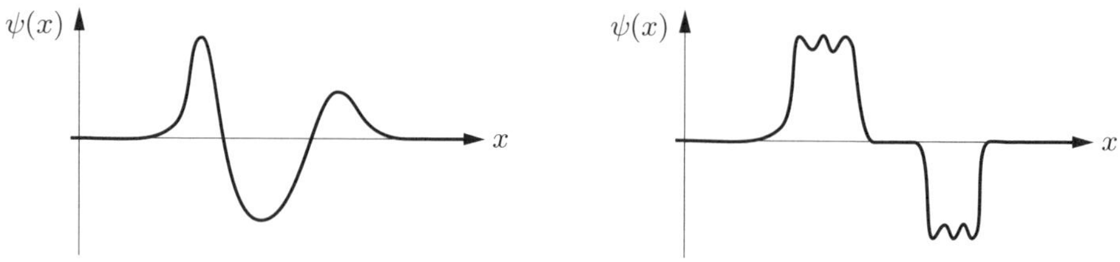

Abbildung A.7: Andere denkbare Wellenfunktionen, bei denen weder der Ort noch der Impuls des Teilchens wohldefiniert sind.

Neben Wellenfunktionen mit bestimmter Position und mit bestimmtem Impuls gibt es alle möglichen anderen (siehe Abbildung A.7). Bei jeder Wellenfunktion gibt es aber eine präzise Deutung, die sehr wichtig ist. Nehmen Sie zunächst Ihre Wellenfunktion und berechnen Sie das Betragsquadrat:

$$|\Psi(x)|^2 = (\mathrm{Re}\,\Psi)^2 + (\mathrm{Im}\,\Psi)^2 \,. \tag{A.4}$$

Diese Funktion gibt Ihnen nach Integration zwischen zwei beliebigen Punkten x_1 und x_2 die *Wahrscheinlichkeit*, das Teilchen irgendwo zwischen diesen zwei Punkten zu finden, wenn Sie seine Position zu diesem Zeitpunkt messen würden. (Somit ist $|\Psi|^2$ eine Funktion, deren Lebenszweck es ist, integriert zu werden.) Qualitativ werden Sie das Teilchen eher dort finden, wo die Wellenfunktion einen großen Betrag hat, und weniger dort, wo der Betrag klein ist. Bei einer schmalen, spitzen Wellenfunktion werden Sie das Teilchen mit Sicherheit am Ort der Spitze finden, wohingegen Sie das Teilchen bei einer Wellenfunktion mit festgelegtem Impuls absolut irgendwo finden könnten.

Man kann die Wahrscheinlichkeit für verschiedene Ergebnisse auch berechnen, wenn Sie den *Impuls* eines Teilchens messen würden. Leider ist die Prozedur mathematisch knifflig: Zuerst müssen Sie die Fourier-Transformierte der Wellenfunktion berechnen, die eine Funktion der Wellenzahl $k = 2\pi/\lambda$ ist. Ändern Sie die Variablen dann auf $p_x = hk/2\pi$ und quadrieren Sie diese Funktion. Die resultierende Funktion gibt, integriert zwischen zwei Werten von p_x, die Wahrscheinlichkeit, einen Impuls in diesem Intervall zu finden.

Qualitativ betrachtet können Sie normalerweise einfach durch Anschauen einer Wellenfunktion sagen, ob ihr Impuls hinreichend gut definiert ist. Eine perfekt sinusförmige Wellenfunktion (mit der korrekten Beziehung zwischen Realteil und Imaginärteil) hat eine perfekt festgelegte Wellenlänge und damit einen perfekt festgelegten Impuls, wohingegen eine spitze Wellenfunktion mit perfekt festgelegtem Ort überhaupt keine

Wellenlänge hat: Würden Sie den Impuls eines solchen Teilchens messen, bekämen Sie irgendein Ergebnis.

Aufgabe A.8 Eine Wellenfunktion mit festgelegtem Impuls kann durch die Formel $\Psi(x) = A(\cos kx + \mathrm{i} \sin kx)$ ausgedrückt werden, wobei A und k Konstanten sind.

(a) Wie hängt die Konstante k mit dem Impuls des Teilchens zusammen? (Begründen Sie Ihre Antwort.)

(b) Zeigen Sie, dass Sie ein Teilchen mit so einer Wellenfunktion mit gleicher Wahrscheinlichkeit an irgendeinem beliebigen Ort x finden würden.

(c) Erklären Sie, warum die Konstante A infinitesimal sein muss, wenn diese Formel für alle x gelten soll.

(d) Zeigen Sie, dass diese Wellenfunktion der Differentialgleichung $\mathrm{d}\Psi/\,\mathrm{d}x = \mathrm{i}k\Psi$ genügen muss.

(e) Oft wird die Funktion $\cos\theta + \mathrm{i}\sin\theta$ als $\mathrm{e}^{\mathrm{i}\theta}$ geschrieben. Behandeln Sie i als eine gewöhnliche Konstante und zeigen Sie, dass die Funktion $A\mathrm{e}^{\mathrm{i}kx}$ derselben Differentialgleichung wie in Teil (d) genügt.

Das Unbestimmtheitsprinzip

Ein anderer wichtiger Typ von Wellenfunktion, die ich manchmal eine „Kompromiss"wellenfunktion nenne, wird häufiger als **Wellenpaket** bezeichnet. Ein Wellenpaket ist näherungsweise in einem bestimmten Bereich sinusförmig, fällt dann aber ab, sodass sie immer noch ziemlich im Raum lokalisiert ist (siehe Abbildung A.8). Bei einer solchen Wellenfunktion sind sowohl x als auch p_x näherungsweise definiert, aber keines davon genau. Würden wir die Position eines Teilchens in so einem Zustand messen, bekämen wir ein ganzes Intervall von Werten. Hätten wir eine Million Teilchen, alle im gleichen Zustand, und würden wir ihre Positionen messen, würden sich die Werte um einem Mittelwert mit einer gewissen Streuung sammeln, die wir quantifizieren könnten, indem wir die Standardabweichung aller Werte betrachten. Ich werde diese Standardabweichung mit Δx bezeichnen; sie ist ein grobes Maß für die Breite des Wellenpakets.

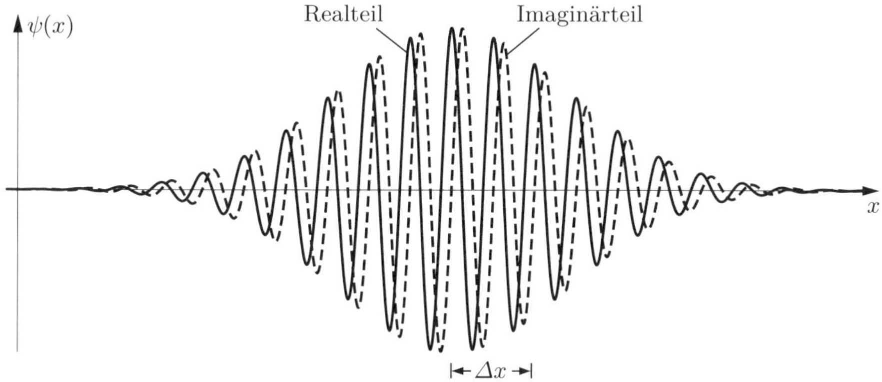

Abbildung A.8: Ein **Wellenpaket**, bei dem sowohl x als auch p_x ungefähr, aber nicht exakt definiert sind. Die „Breite" des Wellenpakets wird durch Δx quantifiziert, definiert als die Standardabweichung des Quadrats der Wellenfunktion. (Wie Sie sehen können, ist Δx in Wirklichkeit einige Male kleiner als die „volle" Breite.)

Hätten wie eine Million Teilchen, die alle im gleichen Zustand sind, und würden ihre Impulse messen, so würden sich die Werte in analoger Weise mit einer gewissen Streuung um einen Mittelwert sammeln. Wir könnten die Streuung wieder durch die Standardabweichung quantifizieren. Ich werde diese Standardabweichung mit Δp_x bezeichnen; sie ist ein grobes Maß für die Breite des Wellenpakets im „Impulsraum".

Wir können leicht ein Wellenpaket mit einem kleineren Δx konstruieren, einfach indem wir die Oszillationen auf beiden Seiten ein wenig schneller abfallen lassen. Aber wir bezahlen einen Preis: Wir bekommen dann weniger vollständige Oszillationen, sodass die Wellenlänge und der Impuls des Teilchens schlechter definiert sind. In gleicher Weise müssten wir viele Oszillationen mitnehmen, wenn wir ein Wellenpaket mit präzise definiertem Impuls bauen wollten, was zu einem großen Δx führt. Es gibt eine inverse Beziehung zwischen der Breite eines Wellenpakets im Ortsraum und seiner Breite im Impulsraum.

Um hinsichtlich dieser Beziehung präziser zu sein, nehmen wir an, dass wir ein Wellenpaket bauen, das so schmal ist, dass es nur eine einzige volle Oszillation umfasst, bevor es verschwindet. Dann ist die Streuung der Position in etwa eine Wellenlänge, wohingegen die Streuung im Impuls ziemlich groß ist, vergleichbar mit dem Impuls selbst:

$$\Delta p_x \sim p_x = \frac{h}{\lambda} \sim \frac{h}{\Delta x} . \tag{A.5}$$

Weil ein kleineres Δp_x ein größeres Δx impliziert, gilt die Beziehung

$$(\Delta x)(\Delta p_x) \sim h \tag{A.6}$$

sogar für jedes Wellenpaket, nicht nur für ein sehr enges. Ganz allgemein kann man eine Fourier-Analyse verwenden, um zu beweisen, dass für eine beliebige Wellenfunktion

$$(\Delta x)(\Delta p_x) \geq \frac{h}{4\pi} \tag{A.7}$$

gilt. Das ist das berühmte **Heisenberg'sche Unbestimmtheitsprinzip**. Es besagt: Wenn Sie eine Million Teilchen mit identischen Wellenfunktionen präparieren, dann bei der einen Hälfte der Teilchen den Ort und bei der anderen Hälfte den Impuls messen und die Standardabweichungen messen, so kann das Produkt der Standardabweichungen nicht kleiner als $h/4\pi$ sein. Daher können Sie ein Teilchen, egal wie Sie es präparieren, nicht in einem Zustand bekommen, in dem Δx und Δp_x *beide* beliebig klein sind. Ein korrekt konstruiertes Wellenpaket erreicht den bestmöglichen Wert, wenn das Produkt gleich $h/4\pi$ ist; für die meisten Wellenfunktionen ist das Produkt jedoch größer.

Aufgabe A.9 Die Formel für ein „korrekt konstruiertes" Wellenpaket lautet

$$\Psi(x) = A\mathrm{e}^{\mathrm{i}k_0 x}\mathrm{e}^{-ax^2} ,$$

wobei A, a und k_0 Konstanten sind. (Die Exponentialfunktion einer imaginären Zahl wird in Aufgabe A.7 definiert. Hier nehmen Sie einfach an, dass Sie i wie jede andere Konstante manipulieren können.)

(a) Berechnen und skizzieren Sie $|\Psi(x)|^2$ für diese Wellenfunktion.

(b) Zeigen Sie, dass die Konstante A gleich $(2a/\pi)^{1/4}$ sein muss. (*Hinweis:* Die Wahrscheinlichkeit, das Teilchen irgendwo zwischen $x = -\infty$ und $x = \infty$ zu finden, muss gleich 1 sein. Konsultieren Sie Abschnitt 1 in Anhang B, um für das Integral Hilfe zu bekommen.)

(c) Die Standardabweichung Δx kann als $\sqrt{\overline{x^2} - \overline{x}^2}$ berechnet werden und der Mittelwert von x^2 ist gerade die Summe aller Werte von x^2, gewichtet mit deren Wahrscheinlichkeit:

$$\overline{x^2} = \int_{-\infty}^{\infty} x^2 \, |\Psi(x)|^2 \, dx .$$

Verwenden Sie diese Formeln, um zu zeigen, dass für dieses Wellenpaket $\Delta x = 1/(2\sqrt{a})$ gilt.

(d) Die Fourier-Transformierte einer Funktion $\Psi(x)$ ist als

$$\widetilde{\Psi}(k) = \frac{1}{\sqrt{2\pi}} \int_{-\infty}^{\infty} e^{-ikx} \, \Psi(x) \, dx$$

definiert. Zeigen Sie, dass für ein passend konstruiertes Wellenpaket $\widetilde{\Psi}(k) = (A/\sqrt{2a}) \exp[-(k-k_0)^2/4a]$ gilt. Skizzieren Sie diese Funktion.

(e) Verwenden Sie Formeln analog zu denen in Teil (c) und zeigen Sie, dass für diese Wellenfunktion $\Delta k = \sqrt{a}$ gilt. (*Hinweis:* Die Standardabweichung hängt nicht von k_0 ab, somit können Sie die Berechnung vereinfachen, indem Sie von Anfang an $k_0 = 0$ setzen.)

(f) Berechnen Sie Δp_x für diese Wellenfunktion und überprüfen Sie, ob das Unbestimmtheitsprinzip erfüllt ist.

Aufgabe A.10 Skizzieren Sie eine Wellenfunktion, bei der das Produkt $(\Delta x)(\Delta p_x)$ viel größer als $h/4\pi$ ist. Erklären Sie, wie Sie Δx und Δp_x für Ihre Wellenfunktion abschätzen würden.

Linear unabhängige Wellenfunktionen

Wie Sie aus den vorangehenden Abbildungen ersehen können, ist die Anzahl der möglichen Wellenfunktionen für ein Teilchen enorm. Das ist ein Problem für die statistische Mechanik, in der wir *zählen* müssen, wie viele Zustände einem Teilchen zur Verfügung stehen. Es gibt keinen vernünftigen Weg, *alle* Wellenfunktionen zu zählen. Was wir wirklich brauchen, ist eine Methode, alle *unabhängigen* Wellenfunktionen zu zählen. Wie das gemeint ist, werde ich nun genau erläutern.

Kann eine Wellenfunktion Ψ durch zwei andere, Ψ_1 und Ψ_2, ausgedrückt werden,

$$\Psi(x) = a\Psi_1(x) + b\Psi_2(x) , \qquad \text{(A.8)}$$

wobei a und b (komplexe) Konstanten sind, dann sagen wir, dass Ψ eine **Linearkombination** von Ψ_1 und Ψ_2 ist. Gibt es hingegen keine Konstanten a und b, für die Gleichung A.8 gilt, so sagen wir, dass Ψ **linear unabhängig** von Ψ_1 und Ψ_2 ist. Allgemeiner gesprochen gilt: Haben wir eine Menge von Funktionen $\Psi_n(x)$ und kann $\Psi(x)$ nicht als Linearkombination der Ψ_n geschrieben werden, dann nennen wir Ψ linear unabhängig von den Ψ_n's. Kann *keine* der Wellenfunktionen in einer Menge als Linearkombination der anderen geschrieben werden, so sagen wir, dass sie alle linear unabhängig sind.

Was wir in der statistischen Mechanik machen wollen, ist die Zahl der einem Teilchen zur Verfügung stehenden linear unabhängigen Wellenfunktionen zu zählen. Wenn das Teilchen in einer endlichen Region des Raums eingesperrt und seine Energie beschränkt ist, dann ist diese Zahl immer endlich. Trotzdem gibt es viele verschiedene Mengen linear unabhängiger Wellenfunktionen, mit denen wir arbeiten können. In Abschnitt 2.5 habe ich Wellenpakete verwendet, die ungefähr in Ortsraum und Impulsraum lokalisiert waren. Normalerweise ist es aber praktischer, Wellenfunktionen mit wohldefinierter Energie zu verwenden; wir werden sie im nächsten Abschnitt definieren.

Aufgabe A.11 Betrachten Sie die Funktionen $\Psi_1(x) = \sin(x)$ und $\Psi_2(x) = \sin(2x)$, wobei x von 0 bis π gehen kann. Schreiben Sie Formeln für drei verschiedene nichttriviale Linearkombinationen von Ψ_1 und Ψ_2 auf und skizzieren Sie jede Ihrer drei Funktionen. Halten Sie Ihre Funktionen der Einfachheit halber realwertig.

A.3 Wellenfunktionen mit wohldefinierter Energie

Unter allen möglichen Wellenfunktionen, die ein Teilchen haben kann, sind die wichtigsten die Wellenfunktionen mit wohldefinierter Gesamtenergie. Die Gesamtenergie setzt sich aus der kinetischen und potentiellen Energie zusammen; für ein nichtrelativistisches Teilchen in einer Dimension gilt

$$E = \frac{p_x^2}{2m} + V(x)\,, \tag{A.9}$$

wobei $V(x)$, die Funktion der potentiellen Energie, praktisch alles sein kann. Im speziellen Fall, in dem $V(x) = 0$ ist, ist die Gesamtenergie praktisch dieselbe wie die kinetische Energie, die nur vom Impuls abhängt. Somit ist jede Wellenfunktion mit wohldefiniertem Impuls auch eine Wellenfunktion mit wohldefinierter Energie. Ist $V(x)$ hingegen nicht null, so ist die potentielle Energie für eine Wellenfunktion mit wohldefiniertem Impuls nicht wohldefiniert. Somit werden die Wellenfunktionen mit wohldefinierter Energie andere sein.

Um die Wellenfunktionen wohldefinierter Energie für eine gegebene potentielle Energie $V(x)$ zu finden, müssen Sie eine Differentialgleichung lösen, die **zeitunabhängige Schrödinger-Gleichung**.[2] Diese Gleichung und Methoden zu ihrer Lösung werden in Lehrbüchern zur Quantenmechanik ausführlich diskutiert; hier beschreibe ich nur die Lösungen in ein paar wichtigen Spezialfällen.

Das Teilchen im Kasten

Die einfachste nichttriviale Funktion für die potentielle Energie ist der „unendlich tiefe Potentialtopf":

$$V(x) = \begin{cases} 0 & \text{für } 0 < x < L\,, \\ \infty & \text{sonst.} \end{cases} \tag{A.10}$$

Dieses idealisierte Potential schließt das Teilchen in das Intervall zwischen 0 und L ein, einen eindimensionalen „Kasten" (siehe Abbildung A.9). Innerhalb des Kastens gibt es keine potentielle Energie, wohingegen das Teilchen außerhalb des Kastens nicht existieren kann, denn es müsste dann unendlich viel Energie haben.

2 Es gibt auch eine zeit*abhängige* Schrödinger-Gleichung, deren Zweck ein ganz anderer ist: Sie sagt Ihnen, wie sich eine Wellenfunktion im Verlauf der Zeit ändert. Wellenfunktionen mit wohldefinierter Energie oszillieren von reell zu imaginär und wieder zurück mit einer Frequenz von $f = E/h$, wohingegen sich andere Wellenfunktionen auf kompliziertere Weise entwickeln. Weil Wellenfunktionen mit wohldefinierter Energie die einfachstmögliche Zeitabhängigkeit haben, gibt es eine enge mathematische Beziehung zwischen den beiden Schrödinger-Gleichungen.

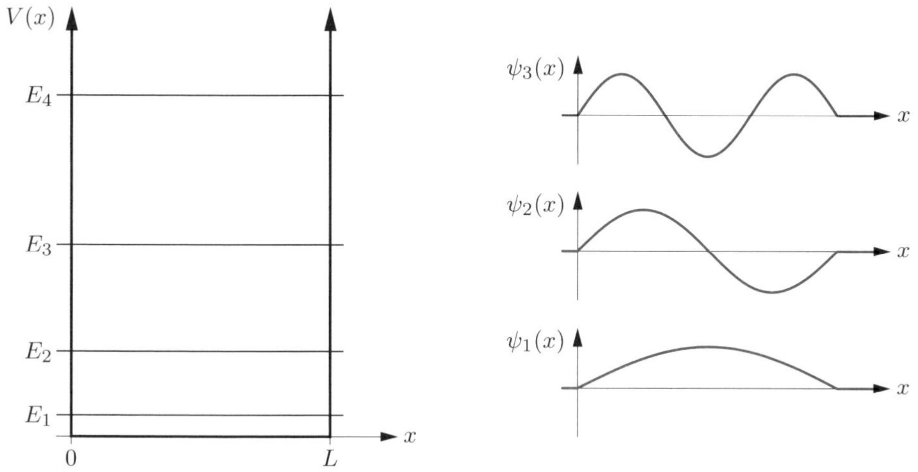

Abbildung A.9: Einige der niedrigsten Energieniveaus und zugehörigen Wellenfunktionen mit wohldefinierter Energie für ein Teilchen im eindimensionalen Kasten.

Diese Funktion für die potentielle Energie ist so einfach, dass wir die Wellenfunktionen mit wohldefinierter Energie finden können, ohne uns die Mühe zu machen, die zeitunabhängige Schrödinger-Gleichung zu lösen. Jede erlaubte Wellenfunktion muss außerhalb des Kastens null sein. Hingegen hat eine Wellenfunktion mit wohldefinierter Energie im Inneren des Kastens, wo es keine potentielle Energie gibt, eine wohldefinierte kinetische Energie und damit einen wohldefinierten Impuls. Nun, beinahe. Die Wellenfunktionen mit wohldefinierter Energie müssen bei $x = 0$ und $x = L$ stetig gegen null gehen, denn eine Unstetigkeit würde eine unendliche Unschärfe im Impuls (das heißt, Fourier-Komponenten mit Wellenlänge null) einführen. Aber die Wellenfunktionen mit wohldefiniertem Impuls gehen nirgendwo gegen null. Um eine Wellenfunktion zu bauen, die Nullstellen (Knoten) hat, müssen wir zwei Wellenfunktionen mit entgegengesetzt gleichen Impulsen addieren, um eine „stehende Welle“ zu erzeugen. Eine solche Wellenfunktion hat immer noch eine wohldefinierte kinetische Energie, da sie ja nur vom *Quadrat* des Impulses abhängt.

Einige der Wellenfunktionen mit wohldefinierter Energie sind in Abbildung A.9 dargestellt. Damit die Wellenfunktion an *beiden* Enden des Kastens gegen null geht, sind nur bestimmte Wellenlängen erlaubt: $2L$, $2L/2$, $2L/3$ und so weiter. Für jede dieser Wellenlängen können wir die De-Broglie-Beziehung verwenden, um den Betrag des Impulses zu bestimmen und dann die Energie via $p^2/2m$ zu berechnen. Somit sind die erlaubten Energien

$$E_n = \frac{p_n^2}{2m} = \frac{1}{2m}\left(\frac{h}{\lambda_n}\right)^2 = \frac{h^2}{2m}\left(\frac{n}{2L}\right)^2 = \frac{h^2 n^2}{8mL^2}, \qquad \text{(A.11)}$$

wobei n irgendeine positive ganze Zahl ist. Beachten Sie, dass die Energien quantisiert sind: Nur bestimmte diskrete Energien sind möglich, weil die Anzahl halber Wellenlängen, die in den Kasten passen, eine ganze Zahl sein muss. Allgemeiner gesprochen: Immer wenn ein Teilchen in eine bestimmte Raumregion eingesperrt ist, muss seine Wellenfunktion außerhalb dieser Gegend gegen null gehen und innerhalb eine ganze Zahl von „Bergen“ aufweisen, sodass seine Energie quantisiert sein wird.

Wellenfunktionen mit wohldefinierter Energie sind nicht nur wichtig, weil sie eine wohldefinierte Energie haben, sondern auch, weil *jede andere* Wellenfunktion als eine Linearkombination von Wellenfunktionen mit wohldefinierter Energie geschrieben werden kann. (Im Fall der Wellenfunktionen des Teilchens im Kasten ist diese Aussage äquivalent zu dem Theorem aus der Fourier-Analysis, das besagt, dass sich jede Funktion in einem beschränkten Raumbereich als eine Linearkombination von sinusartigen Funktionen schreiben lässt.) Weiterhin sind die Wellenfunktionen wohldefinierter Energie alle voneinander linear unabhängig (zumindestens für ein Teilchen in einer Dimension, das in einen beschränkten Raumbereich eingesperrt ist). Das Abzählen der Wellenfunktionen mit wohldefinierter Energie gibt uns somit einen bequemen Weg, „alle" dem Teilchen zur Verfügung stehenden Zustände abzuzählen.

Für ein Teilchen, das in einem *drei*dimensionalen Kasten eingeschlossen ist, können wir eine Wellenfunktion mit wohldefinierter Energie definieren, indem wir einfach drei eindimensionale Wellenfunktionen mit wohldefinierter Energie multiplizieren:

$$\psi(x, y, z) = \psi_x(x)\psi_y(y)\psi_z(z)\,, \tag{A.12}$$

wobei ψ_x, ψ_y und ψ_z irgendeine der sinusförmigen Wellenfunktionen für einen eindimensionalen Kasten sein können. (Bei Wellenfunktionen mit wohldefinierter Energie ist es Konvention, „kleines" ψ zu verwenden.) Diese Produkte sind nicht *alle* Wellenfunktionen wohldefinierter Energie, aber die anderen können alle als ihre Linearkombinationen geschrieben werden; somit reicht es für unsere Zwecke, Wellenfunktionen zu zählen, die so faktorisieren. Die Gesamtenergie zerlegt sich auch schön in eine Summe von drei Termen:

$$E = \frac{|\vec{p}\,|^2}{2m} = \frac{1}{2m}(p_x^2 + p_y^2 + p_z^2) = \frac{1}{2m}\left[\left(\frac{hn_x}{2L_x}\right)^2 + \left(\frac{hn_y}{2L_y}\right)^2 + \left(\frac{hn_z}{2L_z}\right)^2\right], \tag{A.13}$$

wobei L_x, L_y und L_z die Dimensionen des Kastens sind und n_x, n_y und n_z drei beliebige positive ganze Zahlen. Ist der Kasten ein Würfel, reduziert sich diese Formel auf

$$E = \frac{h^2}{8mL^2}(n_x^2 + n_y^2 + n_z^2)\,. \tag{A.14}$$

Jedes Tripel von n's gibt eine andere linear unabhängige Wellenfunktion, aber nicht jedes Tripel führt auf eine andere Energie: Die meisten Energieniveaus sind *entartet*. Das entspricht mehreren linear unabhängigen Zuständen, die in der statistischen Mechanik separat gezählt werden müssen. (Die Anzahl der linear unabhängigen Zustände, die eine gegebene Energie haben, wird der *Entartungsgrad* des Energieniveaus genannt.)

Aufgabe A.12 Geben Sie eine grobe Abschätzung der Minimalenergie eines Protons, das innerhalb eines Kastens der Breite 10^{-15} m (Ausdehnung des Atomkerns) eingesperrt ist.

Aufgabe A.13 Für ultrarelativistische Teilchen wir Photonen oder hochenergetische Elektronen lautet die Beziehung zwischen Energie und Impuls nicht $E = p^2/2m$, sondern $E = pc$. (Diese Formel gilt für masselose Teilchen und auch für massive Teilchen im Grenzfall $E \gg mc^2$.)

(a) Bestimmen Sie eine Formel für die möglichen Energien eines ultrarelativistischen Teilchens, das in einen eindimensionalen Kasten der Länge L eingesperrt ist.

(b) Schätzen Sie die Minimalenergie eines Elektrons, das in einem Kasten der Breite 10^{-15} m eingesperrt ist. Man dachte einmal, dass der Atomkern Elektronen enthalten könnte; erklären Sie, warum das sehr unwahrscheinlich ist.

(c) Ein Nukleon (Proton oder Neutron) kann man sich als einen gebundenen Zustand von drei Quarks vorstellen, die näherungsweise masselos sind und von einer sehr starken Kraft zusammengehalten werden, die sie effektiv in einem Kasten von der Breite 10^{-15} m zwingen. Schätzen Sie die Minimalenergie von drei solchen Teilchen ab und nehmen Sie dabei an, dass alle im Zustand niedrigster Energie sind. Teilen Sie durch c^2, um eine Abschätzung der Nukleonenmasse zu bekommen.

Aufgabe A.14 Zeichnen Sie ein Diagramm der Energieniveaus für ein nichtrelativistisches Teilchen, das in einem dreidimensionalen kubischen Kasten eingeschlossen ist, und zeigen Sie alle Zustände mit Energien unterhalb von $15 \cdot (h^2/8mL^2)$. Stellen Sie jeden linear unabhängigen Zustand separat dar, um den Entartungsgrad von jedem Energieniveau anzuzeigen. Nimmt die mittlere Zahl von Zuständen pro Energieeinheit zu oder ab, wenn E zunimmt?

Der harmonische Oszillator

Eine andere wichtige Funktion für die potentielle Energie ist das Potential des harmonischen Oszillators,

$$V(x) = \tfrac{1}{2} k_s x^2 \,, \tag{A.15}$$

wobei k_s eine „Federkonstante“ ist. Die Wellenfunktionen wohldefinierter Energie können für ein Teilchen in diesem Potential nicht einfach erraten werden, sondern werden durch die Lösung der zeitunabhängigen Schrödinger-Gleichung erhalten. Einige von ihnen sind in der Abbildung A.10 dargestellt. Dabei handelt es sich nicht um sinusförmige Funktionen, aber sie haben immer noch näherungsweise eine lokale „Wellenfunktion“, die in der Mitte (wo es weniger potentielle Energie und daher mehr kinetische Energie gibt) kleiner ist und auf beiden Seiten größer (wo es sehr wenig kinetische Energie gibt).

Wie beim Teilchen im Kasten müssen die Wellenfunktionen mit wohldefinierter Energie auf beiden Seiten gegen null gehen und dazwischen eine ganze Zahl von „Bergen“ aufweisen. Somit sind die Energien quantisiert. Dieses Mal ergeben sich als erlaubte

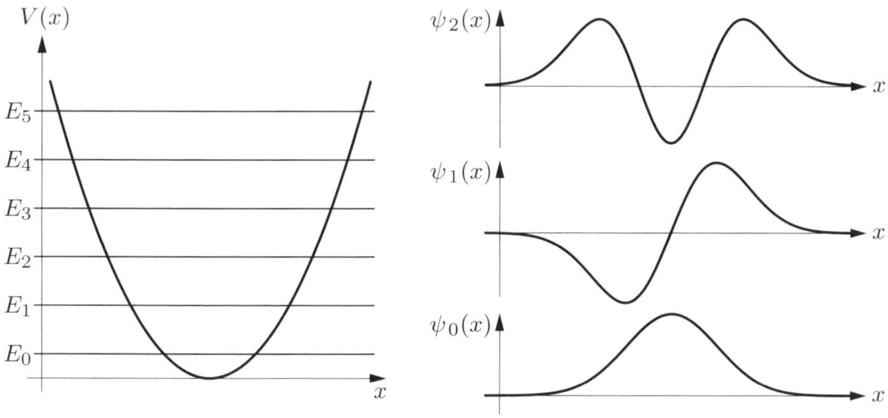

Abbildung A.10: Einige der niedrigsten Energieniveaus und zugehörigen Wellenfunktionen für einen eindimensionalen quantalen harmonischen Oszillator.

Energien

$$E = \tfrac{1}{2}hf,\ \tfrac{3}{2}hf,\ \tfrac{5}{2}hf,\ \ldots, \tag{A.16}$$

wobei $f = \frac{1}{2\pi}\sqrt{k_s/m}$ die natürliche Frequenz des Oszillators ist. Die Energien haben gleiche Abstände und gehen nicht immer weiter auseinander, wie es beim Teilchen im Kasten der Fall ist. (Das kommt daher, dass sich das harmonisch oszillierende Teilchen auf beiden Seiten weiter vom Ursprung wegbewegen kann, wenn seine Energie größer ist, was der Wellenfunktion mehr Platz gibt und damit größere Wellenlängen erlaubt.) Oft ist es praktisch, alle Energien relativ zur Grundzustandsenergie zu messen, somit werden die erlaubten Energien zu

$$E = 0,\ hf,\ 2hf,\ \ldots. \tag{A.17}$$

Eine derartige Verschiebung des Nullpunkts hat auf die thermischen Wechselwirkungen keine Auswirkungen. Schauen Sie sich aber Aufgabe A.24 an: Dort tritt eine Situation auf, in der es auf die Nullpunktsenergie ankommt.

Viele Systeme in der realen Welt oszillieren harmonisch, zumindest in erster Näherung. Die Schwingungsbewegung eines diatomaren Moleküls wie N_2 oder CO ist ein gutes Beispiel für einen Quantenoszillator. Die Schwingungsenergien können gemessen werden, indem wir uns das Licht anschauen, das emittiert wird, wenn das Molekül von einem Zustand in einen anderen übergeht; ein Beispiel finden Sie in Abbildung A.11.

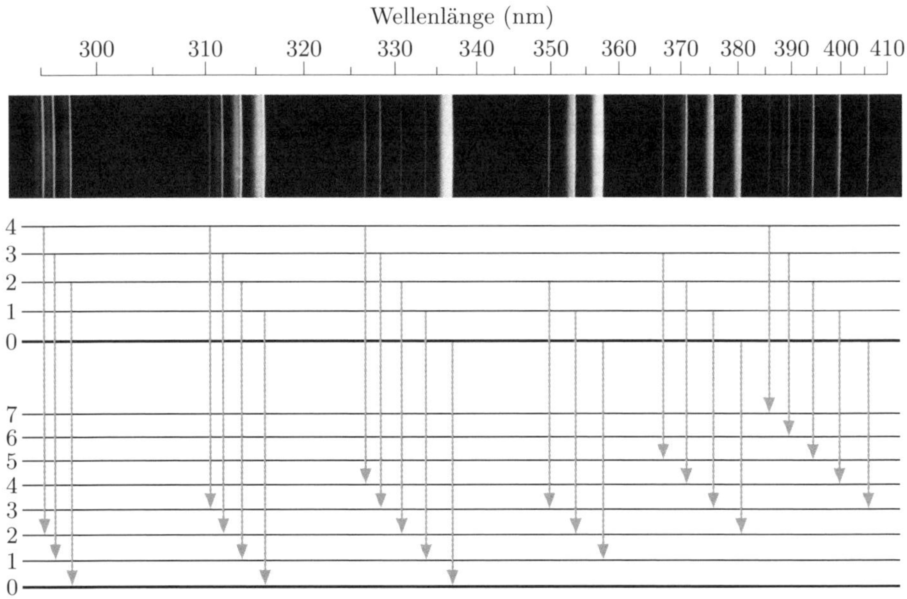

Abbildung A.11: Ein Teil des Emissionsspektrums von molekularem Stickstoff N_2. Das Energieniveaudiagramm zeigt die Übergänge, die den verschiedenen Spektrallinien entsprechen. Alle gezeigten Linien resultieren aus Übergängen zwischen dem gleichen Paar elektronischer Zustände. In beiden elektronischen Zuständen kann das Molekül aber eine oder mehr „Einheiten" Schwingungsenergie haben; diese Zahlen sind links angegeben. Die Spektrallinien sind entsprechend der Anzahl gewonnener oder verlorener Einheiten von Schwingungsenergie gruppiert. Die Aufspaltung innerhalb jeder Gruppe rührt daher, dass die Schwingungsniveaus in dem einen elektronischen Zustand weiter auseinanderliegen als in dem anderen. Aus: Gordon M. Barrow, *Introduction to Molecular Spectroscopy* (McGraw-Hill, New York, 1962). Das Photo wurde ursprünglich von J. A. Marquisee zur Verfügung gestellt.

Aufgabe A.15 Ein CO-Molekül kann mit einer natürlichen Frequenz $6{,}4{\cdot}10^{13}\ \text{s}^{-1}$ schwingen.

(a) Wie lauten (in eV) die Energien der fünf niedrigsten Schwingungszustände eines CO-Moleküls?

(b) Welche Wellenlänge sollte eingestrahltes Licht haben, wenn ein CO-Molekül anfangs in seinem Grundzustand ist und Sie es in seinen ersten Schwingungszustand anregen wollen?

Aufgabe A.16 In dieser Aufgabe analysieren Sie das Spektrum von molekularem Stickstoff, wie es in Abbildung A.11 dargestellt ist. Sie können annehmen, dass alle Übergänge im Energieniveaudiagramm korrekt identifiziert sind.

(a) Wie lautet die ungefähre Energiedifferenz zwischen dem oberen und unteren elektronischen Zustand, wenn Sie Schwingungsenergien (und nicht nur die Nullpunktsenergien $\frac{1}{2}hf$) vernachlässigen?

(b) Bestimmen Sie die ungefähren Energieabstände zwischen den Schwingungsniveaus im oberen und unteren elektronischen Zustand.

(c) Wiederholen Sie Teil (b) für einen anderen Satz von Spektrallinien, um die Konsistenz des Diagramms zu überprüfen.

(d) Wie können Sie aus dem Spektrum ablesen, dass die Schwingungsniveaus (für beide elektronischen Zustände) nicht ganz genau gleiche Abstände haben? (Das ist ein Anzeichen dafür, dass die Funktion für die potentielle Energie nicht exakt quadratisch ist.)

(e) Wie lautet beim unteren elektronischen Zustand die effektive „Federkonstante" für die Bindung, die die zwei Stickstoffatome zusammenhält? (*Hinweis:* Bestimmen Sie zunächst die Federkonstante für jede *Hälfte* der Feder, indem Sie sich vorstellen, dass jedes Atom relativ zum festgehaltenen Schwerpunkt oszilliert. Denken Sie dann sorgfältig darüber nach, wie die Federkonstante der ganzen Feder (Kraft pro Ausdehnung) mit der Federkonstante der beiden Hälften zusammenhängt.)

Aufgabe A.17 Man kann sich einen *zwei*dimensionalen harmonischen Oszillator als ein System zweier unabhängiger eindimensionaler Oszillatoren vorstellen. Betrachten Sie einen isotropen zweidimensionalen Oszillator, dessen natürliche Frequenz in beiden Richtungen dieselbe ist. Geben Sie eine Formel für die erlaubten Energien dieses Systems an und zeichnen Sie ein Energieniveaudiagramm, das den Entartungsgrad jedes Niveaus angibt.

Aufgabe A.18 Wiederholen Sie die letzte Aufgabe für einen *drei*dimensionalen isotropen Oszillator. Bestimmen Sie eine Formel für die Anzahl der entarteten Zustände bei einer gegebenen Energie.

Das Wasserstoffatom

Eine dritte wichtige Funktion für die potentielle Energie lautet

$$V(r) = -\frac{k_\text{e} e^2}{r}\,, \tag{A.18}$$

das Coulomb-Potential, in dem sich ein Elektron in einem Wasserstoffatom bewegt. (Hier ist e die Ladung des Protons und k_e ist die Coulomb-Konstante $8{,}99{\cdot}10^9\ \text{N}{\cdot}\text{m}^2/\text{C}^2$.) Das ist ein dreidimensionales Problem und die Lösung der zeitunabhängigen Schrödinger-Gleichung ist ein harter Brocken, aber das Endergebnis ist eine ziemlich einfache Formel:

$$E = -\frac{2\pi^2 m_e e^4 k_e^2}{h^2}\frac{1}{n^2} = -\frac{13{,}6\,\mathrm{eV}}{n^2}\,, \tag{A.19}$$

mit $n = 1, 2, 3, \ldots$. Die Anzahl der linear unabhängigen Wellenfunktionen für Niveau n ist n^2: 1 für den Grundzustand, 4 für den ersten angeregten Zustand und so weiter. Zusätzlich zu diesen Zuständen negativer Energie kann es auch Zustände mit *beliebiger* positiver Energie geben; in diesen Zuständen ist das Elektron ionisiert und nicht mehr an das Proton gebunden.

Ein Termschema (Energieniveaudiagramm) für das Wasserstoffatom ist in Abbildung A.12 dargestellt. Die Wellenfunktionen wohldefinierter Energie sind interessant und wichtig, aber schwer auf beschränktem Platz darzustellen, weil sie von drei Variablen abhängen (und es so viele davon gibt). Sie können Bilder der Wellenfunktionen (meistens der Quadrate der Wellenfunktionen) in den meisten Lehrbüchern der modernen Physik oder der Grundlagen der Chemie finden.

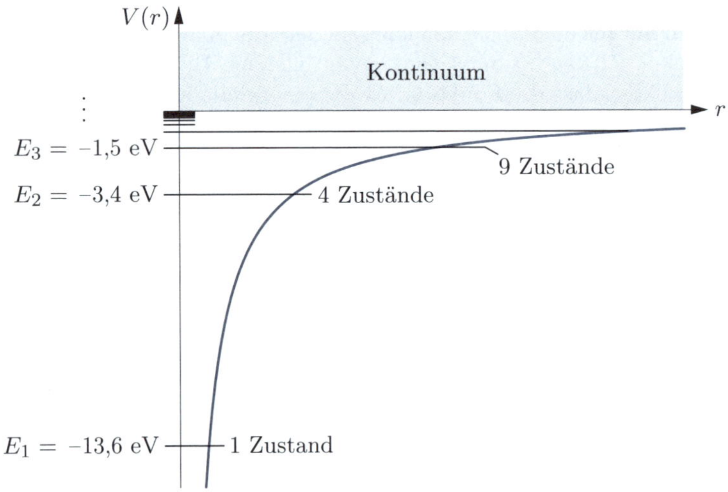

Abbildung A.12: Termschema für ein Wasserstoffatom. Die dicke Kurve ist die Funktion der potentiellen Energie, die proportional zu $-1/r$ ist. Zusätzlich zu den Zuständen negativer Energie mit diskreten Abständen gibt es ein Kontinuum von (ionisierten) Zuständen positiver Energie.

Aufgabe A.19 Nehmen Sie an, dass ein Wasserstoffatom einen Übergang von einem Zustand mit hohem n zu einem mit niedrigem n vollführt und dabei ein Photon emittiert. Berechnen Sie die Energie und die Wellenlänge des Photons für jeden der folgenden Übergänge: $2 \to 1$, $3 \to 2$, $4 \to 2$, $5 \to 2$.

A.4 Drehimpuls

Neben Ort, Impuls und Energie würden wir gerne auch den *Drehimpuls* eines Teilchens (bezüglich irgendeines Ursprungs) kennen. Genauer gesagt, würden wir gerne $|\vec{L}|$, den Betrag seines Drehimpulsvektors, kennen oder äquivalent dazu das Quadrat dieses Betrags, $|\vec{L}|^2$. Zusätzlich würden wir vielleicht gerne die drei Komponenten des Drehimpulses L_x, L_y und L_z kennen.

Hier gibt es wiederum spezielle Wellenfunktionen, für die jede spezielle Variable wohldefiniert ist. Es gibt allerdings *keine* Wellenfunktionen, für die mehr als eine der Komponenten L_x, L_y und L_z wohldefiniert ist (außer in dem trivialen Fall, in dem alle drei Komponenten null sind). Das Beste, was wir erreichen können, ist, dass wir den Wert von $|\vec{L}|^2$ und den Wert *einer* der Komponenten von $\vec{L}$ spezifizieren können; normalerweise nennen wir sie die z-Komponente.

Der Drehimpuls eines Teilchens legt nur die Winkelabhängigkeit seiner Wellenfunktion fest – in Kugelkoordinaten die Abhängigkeit von den Winkelvariablen θ und ϕ. Wellenfunktionen mit wohldefiniertem Drehimpuls sind diverse sinusartige Funktionen dieser Variablen. Damit die Wellenfunktion einwertig ist, müssen diese sinusförmigen Funktionen eine ganze Zahl von Oszillationen durchlaufen, wenn wir einmal um einen vollständigen Kreis herumgehen. Somit sind nur bestimmte „Wellenlängen" von Schwingungen erlaubt, die bestimmten quantisierten Werten des Drehimpulses entsprechen. Es stellt sich heraus, dass die erlaubten Werte von $|\vec{L}|^2$ gleich $\ell(\ell+1)\hbar^2$ sind, wobei ℓ irgendeine nicht negative ganze Zahl ist und $\hbar$ eine Abkürzung von $h/2\pi$ darstellt. Für einen gegebenen Wert von ℓ lauten die erlaubten Werte von L_z (oder L_x oder L_y) $m\hbar$, wobei m eine beliebige ganze Zahl zwischen $-\ell$ und ℓ ist. Ein Weg, diese Zustände zu visualisieren, ist in Abbildung A.13 dargestellt.

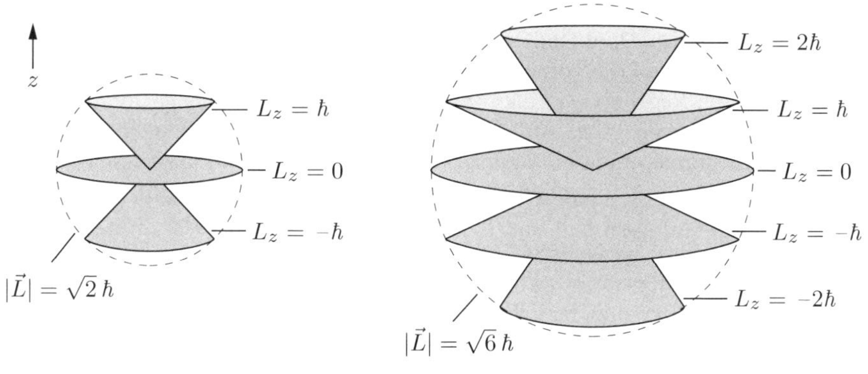

Abbildung A.13: Ein Teilchen mit wohldefiniertem $|\vec{L}|$ und L_z hat ein vollkommen undefiniertes L_x und L_y. Somit können wir seinen Drehimpuls„vektor" als einen Kegel visualisieren, der über alle möglichen L_x- und L_y-Werte ausgeschmiert ist. Hier dargestellt sind die erlaubten Zustände für $\ell = 1$ und $\ell = 2$.

Der Drehimpuls ist für Probleme mit Rotationssymmetrie am wichtigsten. Dann ist der Drehimpuls klassisch erhalten. Quantenmechanisch impliziert die Rotationssymmetrie, dass wir Wellenfunktionen mit wohldefinierter Energie finden können, die auch einen wohldefinierten Drehimpuls haben. Ein wichtiges Beispiel ist das Wasserstoffatom, dessen Grundzustand $|\vec{L}|^2 = 0$ haben muss. Der erste angeregte Zustand ($n = 2$) kann $|\vec{L}|^2 = 0$ oder $|\vec{L}|^2 = 2\hbar^2$ (also $\ell = 0$ oder $\ell = 1$) haben und so weiter. (Die allgemeine Regel für das Wasserstoffatom lautet, dass ℓ kleiner als n sein muss, die ganze Zahl, die die Energie festlegt. Ganze Zahlen wie n, ℓ und m werden übrigens als **Quantenzahlen** bezeichnet.)

Aufgabe A.20 Ein sehr naiver, aber teilweise richtiger Weg, die Quantisierung des Drehimpulses zu verstehen, geht wie folgt. Stellen Sie sich vor, dass ein Teilchen darauf beschränkt ist, um einen Kreis mit Radius r umzulaufen. Sein Drehimpuls bezüglich des Mittelpunkts ist dann $\pm rp$, wobei p die Größe seines (linearen) Impulses zu irgendeinem Zeitpunkt ist. Sei s eine Koordinate, die die Position des Teilchens auf dem Kreis bezeichnet, sodass r von 0 bis $2\pi r$ läuft. Die Wellenfunktion des Teilchens ist eine Funktion von s. Nehmen Sie nun an, dass die Wellenfunktion sinusförmig ist, sodass p wohldefiniert ist. Bestimmen Sie die erlaubten Werte von p und des Drehimpulses, indem Sie die Tatsache verwenden, dass die Wellenfunktion eine ganze Zahl vollständiger Oszillationen über den ganzen Kreis hinweg durchlaufen muss.

Aufgabe A.21 Zählen Sie die Quantenzahlen (n, ℓ und m) für alle unabhängigen Zustände eines Wasserstoffatoms mit wohldefiniertem E, $|\vec{L}|^2$ und L_z bis $n = 3$ auf. Überprüfen Sie, dass die Anzahl unabhängiger Zustände für Niveau n gleich n^2 ist.

Rotierende Moleküle

Eine wichtige Anwendung des Drehimpulses in der Physik der Wärme ist die Rotation der Moleküle eines Gases. Die Analyse teilt man praktischerweise in drei Fälle auf: monoatomare, diatomare und polyatomare Moleküle.

Ein monoatomares Molekül (also ein einzelnes Atom) hat nicht wirklich irgendwelche Rotationszustände. Es ist zutreffend, dass die Elektronen im Atom Drehimpuls tragen können; dieser Drehimpuls kann verschiedene Orientierungen haben (alle mit der gleichen Energie, wenn das Atom isoliert ist). Aber eine Änderung des *Betrags* des Drehimpulses der Elektronen würde voraussetzen, dass man sie in angeregte Zustände bringt. Dazu werden in der Regel einige Elektronvolt benötigt, mehr als bei gewöhnlichen Temperaturen zur Verfügung steht. Auf jeden Fall werden diese angeregten Zustände als elektronische Zustände, nicht als molekulare Rotationszustände klassifiziert. Der Kern kann zusätzlich einen intrinsischen Drehimpuls aufweisen (den „Spin"), der verschiedene Orientierungen haben kann. Den Betrag dieses Drehimpulses zu ändern, kostet enorme Energiemengen, typischerweise 100.000 eV.

Allgemeiner sind wir, wenn wir von den Rotationszuständen eines Moleküls sprechen, nicht an der Rotation der einzelnen Kerne interessiert und auch nicht an angeregten elektronischen Zuständen. Es ist daher angemessen, die Kerne als Punktmassen zu modellieren und die Elektronen ganz zu vernachlässigen, weil sie einfach „mitschwimmen". Beide Vereinfachungen werde ich in der ganzen Diskussion machen.

In einem diatomaren Molekül ist die Bindung, die die beiden Atome zusammenhält, in der Regel ziemlich steif, sodass wir uns vorstellen können, dass die zwei Kerne durch einen starren, masselosen Stab zusammengehalten werden. Nehmen wir an, dass der Schwerpunkt dieser „Hantel" in Ruhe ist (das heißt, wir vernachlässigen alle Translationsbewegungen). Dann hängt die Konfiguration des Systems klassisch gesehen nur von zwei Winkeln ab, θ und ϕ, die die Richtung zu einem der Kerne in Kugelkoordinaten festlegen. (Die Position des zweiten Kerns ist dann vollständig festgelegt, nämlich in der entgegengesetzten Richtung.) Die Energie des Moleküls wird durch seinen Drehimpulsvektor bestimmt, der in diesem Fall normalerweise $\vec{J}$ (statt $\vec{L}$) genannt wird. Genauer gesagt ist die Energie einfach die übliche kinetische Energie der Rotation,

$$E_{\text{rot}} = \frac{|\vec{J}|^2}{2I}\,, \tag{A.20}$$

wobei I das Trägheitsmoment bezüglich des Schwerpunkts ist (also $I = m_1 r_1^2 + m_2 r_2^2$, wobei m_i die Masse des i-ten Kerns ist und r_i sein Abstand von der Rotationsachse).

Quantenmechanisch betrachtet ist die Wellenfunktion dieses Systems nur eine Funktion der Winkel θ und ϕ. Somit reicht eine Festlegung des Drehimpulszustandes ($|\vec{J}|^2$ und J_z) aus, um die ganze Wellenfunktion festzulegen, und die Anzahl unabhängiger Wellenfunktionen des Moleküls ist gleich der Anzahl solcher Drehimpulszustände. Ferner legt der Wert von $|\vec{J}|^2$ die Rotationsenergie des Moleküls fest laut Gleichung A.20. Die Quantisierung von $|\vec{J}|^2$ impliziert daher die Quantisierung der Energie, wobei die erlaubten Energien

$$E_{\text{rot}} = \frac{j(j+1)\hbar^2}{2I} \tag{A.21}$$

lauten. Hier ist j im Prinzip das Gleiche wie die oben verwendete Quantenzahl ℓ, mit erlaubten Werten 0, 1, 2, ... Der Entartungsgrad jedes Energieniveaus ist einfach die Anzahl verschiedener J_z-Werte für den Wert von j, nämlich $2j+1$. Ein Termschema eines rotierenden diatomaren Moleküls ist in Abbildung 6.6 dargestellt.

Was ich gerade gesagt habe, gilt allerdings nur für diatomare Moleküle aus *unterscheidbaren* Artomen: CO oder CN oder auch H_2, wenn die zwei Wasserstoffatome aus verschiedenen Isotopen bestehen. Sind die beiden Atome *ununterscheidbar*, so gibt es nur halb so viele unterschiedliche Zustände, weil ein Tausch beider Atome auf exakt dieselbe Konfiguration führt. Letztlich bedeutet das, dass die Hälfte der j-Werte in Gleichung A.21 erlaubt sind und die andere Hälfte nicht; Aufgabe 6.30 erklärt, wie man herausfindet, was welche Hälfte ist.

Für jedes diatomare Molekül ist der Abstand zwischen den Rotationsniveaus proportional zu $\hbar^2/2I$. Diese Größe ist am größten, wenn das Trägkeitsmoment klein ist, aber auch für die kleinsten Moleküle erweist sie sich als kleiner als 1/100 eV. Im Allgemeinen sind daher die Energieniveaus der Rotation viel näher beieinander als die Schwingungsniveaus (siehe Abbildung A.14). Weil bei Raumtemperatur für fast alle Moleküle $kT \gg \hbar^2/2I$ gilt, tragen Rotations„freiheitsgrade" normalerweise eine signifkante Menge an thermischer Energie.

Ein lineares polyatomares Molekül wie CO_2 ähnelt einem diatomaren Molekül dahingehend, dass seine Position unter Drehung durch nur zwei Winkel festgelegt werden kann. Die Rotationsenergie eines solchen Moleküls ist daher wiederum durch Gleichung A.21 gegeben.

Abbildung A.14: Vergrößerung eines Teils des Spektrums von N_2 aus Abbildung A.11, ungefähr im Bereich 370–390 nm. Jede der breiten Linien zerfällt in Wirklichkeit in ein „Band" von vielen engen Linien aufgrund der zahlreichen Rotationsniveaus für jedes Schwingungsniveau. Aus Gordon M. Barrow, *Introduction to Molecular Spectroscopy* (McGraw-Hill, New York, 1962). Photo ursprünglich von J. A. Marquisee.

Die meisten polyatomaren Moleküle sind aber komplizierter. So ist zum Beispiel die Orientierung eines H_2O-Moleküls durch die Position eines der Wasserstoffatome relativ zum Schwerpunkt nicht vollständig festgelegt; auch wenn wir die Wasserstoffatome festhalten, kann sich das Sauerstoffatom immer noch auf einem kleinen Kreis bewegen. Um die Orientierung eines nichtlinearen polyatomaren Moleküls festzulegen, brauchen wir noch einen dritten Winkel. Das bedeutet, dass die Wellenfunktionen in Bezug auf die Rotation nun von drei anstatt von zwei Variablen abhängen und die Gesamtzahl der zur Verfügung stehenden Zustände größer als bei einem diatomaren Molekül ist. Das Termschema ist normalerweise ziemlich komplex, weil die Trägheitsmomente für die drei möglichen Rotationsachsen in der Regel alle verschieden sind. Bei hinreichend hohen Temperaturen, bei denen viele Rotationszustände verfügbar sind, ist die Anzahl solcher Zustände groß genug, um als drei „Freiheitsgrade" zu zählen. Abgesehen von dieser wichtigen Tatsache hinaus geht das detaillierte Verhalten polyatomarer Moleküle über dieses Buch hinaus.[3]

Aufgabe A.22 In Abschnitt 6.2 habe ich das Symbol ϵ als Abkürzung für die Konstante $\hbar^2/2I$ verwendet. Diese Konstante wird normalerweise über Mikrowellenspektroskopie gemessen: Man bombardiert das Molekül mit Mikrowellen und schaut, welche Frequenzen absorbiert werden.

(a) Bei einem CO-Molekül beträgt die Konstante ϵ ungefähr 0,00024 eV. Welche Mikrowellenfrequenz würde auf einen Übergang aus dem $j = 0$-Niveau in das $j = 2$-Niveau führen?

(b) Verwenden Sie den Messwert für ϵ, um das Trägheitsmoment eines CO-Moleküls zu berechnen.

(c) Berechnen Sie die „Bindungslänge", den Abstand zwischen den Kernen, für ein CO-Molekül aus dem Trägheitsmoment und den bekannten Atommassen.

Spin

Ein quantenmechanisches Teilchen kann zusätzlich zu seinem Drehimpuls aufgrund seiner Bewegung durch den Raum auch einen inneren oder „intrinsischen" Drehimpuls aufweisen, den man **Spin** nennt. Manchmal stellt es sich bei genauerem Hinsehen heraus, dass das Teilchen eine innere Struktur hat und sein Spin lediglich das Ergebnis der Bewegung seiner Bausteine ist. Im Fall von „elementaren" Teilchen wir Elektronen und Photonen ist es am besten, sich den Spin einfach als einen intrinsischen Drehimpuls vorzustellen, der nicht durch eine innere Struktur visualisiert werden kann.

Wie bei anderen Arten des Drehimpulses kann der Betrag des Spindrehimpulses nur bestimmte Werte annehmen: $\sqrt{s(s+1)}\hbar$, wobei s eine Quantenzahl analog zu ℓ ist. Es stellt sich aber heraus, dass s *nicht* eine ganze Zahl sein muss; es kann auch eine halbe ganze Zahl sein, also 1/2, 3/2 oder 5/2 und so weiter. Jede Art von Elementarteilchen hat seinen eigenen Wert von s, der ein für allemal festliegt. Bei Elektronen, Protonen, Neutronen und Neutrinos ist $s = 1/2$; bei Photonen gilt $s = 1$. Es gibt verschiedene Regeln, wie man die Spins und Bahndrehimpulse der einzelnen Bestandteile für zusammengesetzte Teilchen kombiniert; so hat zum Beispiel der Grundzustand eines Helium-4-Atoms Spin $s = 0$, weil sich die Spins ihrer Bestandteile gegenseitig wegheben.

3 Mehr Details zu polyatomaren Molekülen kann man in Lehrbüchern zur physikalischen Chemie wie zum Beispiel Atkins (1998) finden.

(Nebenbei bemerkt: wenn der Drehimpuls eines Systems von einer Kombination von Bahnbewegung und Spin herrührt oder wenn wir uns nicht festlegen wollen, um was für eine Art Drehimpuls es sich handelt, nennen wir ihn normalerweise $\vec{J}$ und verwenden die Quantenzahl j anstelle von ℓ oder s.)

Ist der Wert von s für ein Teilchen gegeben, kann die Komponente seines Spindrehimpulses entlang der z-Achse (oder einer beliebigen Achse) immer noch mehrere mögliche Werte annehmen. Genau wie beim Bahndrehimpuls gehen diese Werte in ganzzahligen Schritten von $s\hbar$ bis hinunter zu $-s\hbar$. Ist zum Beispiel $s = 1/2$, so kann die z-Komponente des Drehimpulses gleich $+\hbar/2$ oder $-\hbar/2$ sein. Ist $s = 3/2$, so gibt es vier mögliche Werte für die z-Komponente: $3\hbar/2$, $\hbar/2$, $-\hbar/2$ und $-3\hbar/2$. Bei einem *masselosen* Teilchen gibt es noch einen speziellen Aspekt: Nur die beiden extremen Werte der z-Komponente sind erlaubt. Zum Beispiel sind das $\pm\hbar$ beim Photon ($s = 1$) und $\pm 2\hbar$ beim Graviton ($s = 2$).

Ein *geladenes* Teilchen mit Drehimpuls verhält sich wie ein kleiner Stabmagnet, dessen Stärke und Orientierung durch $\vec{\mu}$, das vektorielle **magnetische Moment**, gegeben sind. Im Falle einer makroskopischen Stromschleife ist $|\vec{\mu}|$ das Produkt aus der Stromstärke und der von der Schleife eingeschlossenen Fläche, wobei die Richtung von $\vec{\mu}$ durch die Rechte-Hand-Regel festgelegt ist. Diese Definition ist für mikroskopische Momente allerdings nicht sehr nützlich, somit ist es am besten, $\vec{\mu}$ einfach über die Energie zu definieren, die man braucht, um das Teilchen zu kippen, wenn es sich in einem äußeren Magnetfeld $\vec{B}$ befindet.

Die Energie ist am niedrigsten, wenn $\vec{\mu}$ zu $\vec{B}$ parallel ist, und am höchsten, wenn es antiparallel ist; setzen wir die Energie für den Fall, dass $\vec{\mu}$ und $\vec{B}$ aufeinander senkrecht stehen, gleich null, so lautet die allgemeine Formel

$$E_{\text{magnetisch}} = -\vec{\mu} \cdot \vec{B}\,. \tag{A.22}$$

Meist ist es am bequemsten, die Richtung von $\vec{B}$ als z-Richtung festzulegen. In dem Falle gilt

$$E_{\text{magnetisch}} = -\mu_z |\vec{B}|\,. \tag{A.23}$$

Da nun $\vec{\mu}$ proportional zum Drehimpuls eines Teilchens ist, muss ein quantenmechanisches Teilchen quantisierte Werte für μ_z haben: zwei mögliche Werte für ein Spin-1/2-Teilchen, drei für ein Spin-1-Teilchen und so weiter. Im wichtigen Fall von Spin-1/2-Teilchen, der in Abschnitt 2.1 eingeführt wurde, habe ich

$$\mu_z = \pm\mu \tag{A.24}$$

geschrieben, somit ist $\mu \equiv |\mu_z|$. Auch wenn diese Schreibweise praktisch ist, so beachten Sie bitte, dass dieses μ *nicht* dasselbe wie $|\vec{\mu}|$ ist, genauso wie $|J_z|$ für einen quantenmechanischen Drehimpuls nicht dasselbe wie $|\vec{J}|$ ist.

Aufgabe A.23 Zeichnen Sie ein Kegeldiagramm wie Abbildung A.13, die die Spinzustände eines Teilchens mit $s = 1/2$ darstellt. Machen Sie dies auch für ein Teilchen mit $s = 3/2$. Zeichnen Sie beide Diagramme auf derselben Skala und versuchen Sie, bei den Größen und Richtungen so genau wie möglich zu sein.

A.5 Systeme mit vielen Teilchen

Ein System aus *zwei* quantenmechanischen Teilchen hat nur *eine* Wellenfunktion. In einer räumlichen Dimension ist die Wellenfunktion eines Zweiteilchensystems eine Funktion zweier Variablen, x_1 und x_2, die den Positionen der zwei Teilchen entsprechen. Genauer gesagt: Integrieren Sie das Quadrat der Wellenfunktion über einen Bereich von x_1-Werten *und* über einen Bereich von x_2-Werten, so erhalten Sie die Wahrscheinlichkeit, das erste Teilchen im ersten Bereich und das zweite Teilchen im zweiten Bereich zu finden.

Einige Zweiteilchenwellenfunktionen können in ein Produkt von Einteilchenwellenfunktionen faktorisiert werden:

$$\Psi(x_1, x_2) = \Psi_a(x_1)\Psi_b(x_2)\,. \tag{A.25}$$

Das ist eine enorme Vereinfachung, die nur für einen winzigen Bruchteil aller Zweiteilchenwellenfunktionen gilt. Glücklicherweise können *alle anderen* Zweiteilchenwellenfunktionen als Linearkombinationen von so faktorisierenden Wellenfunktionen dargestellt werden. Wenn wir also nur daran interessiert sind, linear unabhängige Wellenfunktionen zu zählen, steht es uns frei, nur die Wellenfunktionen zu betrachten, die faktorisieren. (Die letzte Aussage ist zutreffend, unabhängig davon, ob die zwei Teilchen miteinander wechselwirken oder nicht. Wenn sie *nicht* wechselwirken, so gibt es noch eine weitere Vereinfachung: Die Gesamtenergie des Systems ist dann die Summe der Energien der beiden Teilchen, und wenn wir als Ψ_a und Ψ_b die passenden Einteilchenwellenfunktionen mit wohldefinierter Energie nehmen, dann wird ihr Produkt eine Wellenfunktion wohldefinierter Energie für das Gesamtsystem sein.)

Wenn die fraglichen zwei Teilchen voneinander unterscheidbar sind, gibt es nicht viel mehr zu sagen. Aber die Quantenmechanik erlaubt auch, dass Teilchen vollkommen *ununterscheidbar* sind, sodass keine denkbare Messung enthüllen kann, welches Teilchen welches ist. In diesem Fall muss die Wahrscheinlichkeit, Teilchen 1 an Position a und Teilchen 2 an Position b zu finden, dieselbe sein, wie Teilchen 1 an Position b und Teilchen 2 an Position a zu finden. In anderen Worten: Das Quadrat der Wellenfunktion darf sich unter der Operation der Vertauschung ihrer beiden Argumente nicht ändern:

$$|\Psi(x_1, x_2)|^2 = |\Psi(x_2, x_1)|^2\,. \tag{A.26}$$

Das impliziert fast, aber nicht ganz, dass Ψ selbst sich bei dieser Operation nicht ändert; eine andere Möglichkeit besteht darin, dass Ψ sein Vorzeichen ändert:

$$\Psi(x_1, x_2) = \pm\Psi(x_2, x_1)\,. \tag{A.27}$$

(Da ein zweiter Tausch der Argumente Ψ in seine ursprüngliche Form zurückbringen muss, sind dies die beiden einzigen Möglichkeiten; es funktioniert nicht, es mit i oder einer anderen komplexen Zahl zu multiplizieren.)

Es stellt sich heraus, dass die Natur beide möglichen Vorzeichen in Gleichung A.27 realisiert. Für einige Teilchensorten, die man **Bosonen** nennt, ändert sich Ψ bei Vertauschung der Argumente nicht. Bei anderen Teilchen, die man **Fermionen** nennt, ändert Ψ sein Vorzeichen bei dieser Operation:

$$\Psi(x_1, x_2) = \begin{cases} +\Psi(x_2, x_1) & \text{für Bosonen}\,, \\ -\Psi(x_2, x_1) & \text{für Fermionen}\,. \end{cases} \tag{A.28}$$

(Im ersten Fall nennen wir Ψ „symmetrisch“, im zweiten Fall bezeichnen wir Ψ als „antisymmetrisch“.) Beispiele von Bosonen schließen Photonen, Pionen und viele Arten von Atomen und Atomkernen ein. Beispiele von Fermionen umfassen Elektronen, Protonen, Neutronen, Neutrinos und viele andere Arten von Atomen und Kernen. Es stellt sich heraus, dass alle Teilchen mit ganzzahligem Spin (oder genauer gesagt, ganzzahligen Werten der Quantenzahl s) Bosonen sind, wohingegen alle Teilchen mit halb-ganzzahligem Spin (also $s = 1/2,\ 3/2$ etc.) Fermionen sind.

Die unmittelbarste Anwendung von Regel A.28 liegt in dem Fall vor, in dem beide Teilchen im *gleichen* Einteilchenzustand sind:

$$\Psi(x_1, x_2) = \Psi_a(x_1)\Psi_a(x_2)\,. \tag{A.29}$$

Bei Bosonen garantiert diese Gleichung, dass Ψ unter einer Vertauschung von x_1 und x_2 symmetrisch ist. Bei Fermionen ist hingegen so ein Zustand gar nicht möglich, weil eine solche Funktion nicht gleich minus sich selbst sein kann (außer sie ist null, was nicht erlaubt ist).

(Wenn wir die Spinausrichtung eines Teilchens mitberücksichtigen, ist die Situation ein wenig komplizierter. Der „Zustand“ eines Teilchens umfasst nicht nur seine räumliche Wellenfunktion, sondern auch seinen Spinzustand. Somit kann für ein Fermion der räumliche Teil der Wellenfunktion symmetrisch sein, solange der Spinanteil antisymmetrisch ist. Im wichtigen Fall von Spin-1/2-Teilchen kommt unterm Strich heraus, dass eine beliebige räumliche Wellenfunktion von maximal *zwei* solchen Teilchen von der gleichen Sorte besetzt werden kann, vorausgesetzt, sie befinden sich in einer sogenannten antisymmetrischen Spinkonfiguration.)

Alle Aussagen und Formeln in diesem Abschnitt verallgemeinern sich auf natürliche Weise auf Systeme von drei oder mehr Teilchen. Die Wellenfunktion eines Systems mehrerer identischer Bosonen darf sich unter der Vertauschung eines *beliebigen* Paars entsprechender Argumente nicht verändern, wohingegen die Wellenfunktion eines Systems mehrerer identischer Fermionen beim Austausch eines beliebigen Paars das Vorzeichen wechseln muss. Ein beliebiger Einteilchenzustand (wobei „Zustand“ hier für die räumliche Wellenfunktion verbunden mit der Spinkonfiguration steht) kann beliebig viele identische Bosonen, aber höchstens ein Fermion enthalten.

A.6 Quantenfeldtheorie

Die klassische Mechanik befasst sich nicht nur mit Systemen aus punktartigen Teilchen, sondern auch mit kontinuierlichen Systemen: Saiten, schwingenden Festkörpern und sogar „Feldern“ wie dem elektromagnetischen Feld. Der normale Zugang besteht darin, erst einmal so zu tun, als ob das kontinuierliche Objekt in Wirklichkeit eine Ansammlung von Punktteilchen wäre, die untereinander durch kleine Federn verbunden sind, und schließlich den Limes zu betrachten, in dem die Anzahl der Teilchen gegen unendlich geht und ihr Abstand gegen null. Das Ergebnis besteht im Allgemeinen in irgendeiner Art von partieller Differentialgleichung (zum Beispiel der linearen Wellengleichung oder den Maxwell-Gleichungen), die die Bewegung als Funktion von Ort und Zeit bestimmt.

Ist diese partielle Differentialgleichung linear, so kann man sie am einfachsten mittels einer **Fourier-Analyse** lösen. Stellen Sie sich die ursprüngliche Gestalt des Systems (zum Beispiel eine Saite) als eine Überlagerung von sinusartigen Funktionen verschiedener

Wellenlängen vor. Jede dieser „Moden" oszilliert sinusförmig in der Zeit mit ihrer eigenen charakteristischen Frequenz. Um die Gestalt der Saite zu einem späteren Zeitpunkt zu bestimmen, müssen Sie erst herausbekommen, wie jede Mode zu dem Zeitpunkt ausschauen wird, und die Moden dann in dem Verhältnis aufaddieren, wie es ursprünglich vorlag.

Soviel zur klassischen Kontinuumsmechanik; was passiert nun, wenn wir *Quanten*mechanik auf ein kontinuierliches System anwenden wollen? Auch hier besteht der fruchtbarste Zugang in der Regel darin, die Fourier-Moden des Systems zu verwenden. Jede Mode verhält sich wie ein quantaler harmonischer Oszillator, dessen quantisierte Energieniveaus durch die natürliche Oszillationsfrequenz bestimmt werden:

$$E = \tfrac{1}{2}hf\,,\ \tfrac{3}{2}hf\,,\ \tfrac{5}{2}hf\,,\ \ldots\,. \tag{A.30}$$

Somit gibt es für jede gegebene Mode eine „Nullpunktsenergie" von $\frac{1}{2}hf$ (die wir normalerweise vernachlässigen) plus irgendeine ganze Zahl von Energieeinheiten der Größe hf. Da verschiedene Moden verschiedene Frequenzen haben, kann das System als Ganzes Energieeinheiten vieler verschiedener Größen haben.

Im Fall des elektromagnetischen Feldes nennt man diese Energieeinheiten **Photonen**. Da es sich um diskrete Einheiten handelt, verhalten sie sich sehr ähnlich zu Teilchen, die in Wellenfunktionen mit wohldefinierter Energie sind. Und da die Zustände wohldefinierter Energie nicht die einzigen Zustände des Feldes sind, können wir verschiedene Moden kombinieren, um ein „Photon" zu bauen, das im Raum lokalisiert ist. Somit sind wir wieder mit der Welle-Teilchen-Dualität konfrontiert, nun in einem noch reicheren Zusammenhang. Wir haben mit einem im Raum ausgedehnten klassischen Feld begonnen. Durch Anwendung der Prinzipien der Quantenmechanik auf dieses System sehen wir, dass sich das Feld in vielerlei Hinsicht wie eine Ansammlung diskreter Teilchen verhält. Nun haben wir aber ein System, in dem die Anzahl der Teilchen vom momentanen Zustand abhängt und nicht von Anfang an eingebaut und fest ist. Das Feld kann sogar in Zuständen sein, in denen die Anzahl der Teilchen nicht einmal wohldefiniert ist. Das sind genau die Eigenschaften, die man braucht, um ein genaues Modell der Quantenfluktuationen des elektromagnetischen Feldes zu bauen und Reaktionen zu beschreiben, in denen Photonen erzeugt und vernichtet werden.[4]

Analog dazu bezeichnet man die Einheiten der Schwingungsenergie in einem Festkörperkristall als **Phononen**. Wie Photonen können sie lokalisiert oder ausgedehnt sein und in verschiedenen Reaktionen erzeugt oder vernichtet werden. Grundsätzlich sind Phononen natürlich keine „reellen" Teilchen: Ihre Wellenlängen und Energien sind durch den endlichen Atomabstand im Kristallgitter eingeschränkt, und sie verhalten sich nur dann einfach, wenn ihre Wellenlängen viel größer als dieser Abstand sind. Aus diesem Grund werden Phononen auch **Quasiteilchen** genannt. Trotzdem liefert das Phononenbild eine wunderbar genaue Darstellung der niederenergetischen Anregungen eines Kristalls. Ferner können die niederenergetischen Anregungen vieler anderer Materialien, vom magnetisierten Eisen bis hin zum flüssigen Helium ähnlich durch verschiedene Arten von Quasiteilchen beschrieben werden.

Grundsätzlicher betrachtet können wir Quantenfelder verwenden, um all die anderen Arten von „Elementarteilchen" zu beschreiben, die in der Natur gefunden werden. Somit

4 Eine gute knappe Darstellung des quantisierten elektromagnetischen Felds finden Sie in Ramamurti Shankar, *Principles of Quantum Mechanics*, zweite Auflage (Plenum, New York, 1994), Abschnitt 18.5. Ein guter Ausgangspunkt für eine vollständigere Einführung in die Quantenfeldtheorie ist F. Mandl und G. Shaw, *Quantum Field Theory*, zweite Auflage (Wiley, Chichester, 1993).

gibt es ein „chromodynamisches“ Feld für die Kraft, die die Protonen zusammenhält und die sich durch Teilchen namens „Gluonen“ manifestiert. Es gibt auch ein Elektronenfeld, ein Myonenfeld, verschiedene Neutrinofelder, Quarkfelder und so weiter. Felder, die Teilchen entsprechen, die Fermionen sind, müssen ziemlich anders gebaut werden, damit jede Mode nur null oder eine Energieeinheit enthalten kann, keine unbegrenzte Anzahl wie im Fall von Bosonen. Felder, die (elektrisch oder anders) geladenen Teilchen entsprechen, haben dann zwei Arten von Anregungen, eine für das Teilchen und eine für sein „Antiteilchen“, ein Teilchen gleicher Masse, aber entgegengesetzter Ladung. Ganz allgemein scheint die Quantenfeldtheorie alle Aspekte zu beinhalten, die man braucht, um ein genaues Modell der Elementarteilchenphysik nach unserem heutigen Verständnis zu bauen. Es scheint aber sehr wahrscheinlich, dass dieses Modell für hinreichend kurze Wellenlängen und hohe Energien zusammenbrechen wird, genauso wie das Phononenmodell versagt, wenn die Wellenlänge mit dem Atomabstand vergleichbar wird. Vielleicht werden wir einmal eine neue Strukturebene auf einer sehr kleinen Längenskala entdecken und schließen, dass alle „Teilchen“ der Natur in Wirklichkeit Quasiteilchen sind.

Aufgabe A.24 Gemäß Gleichung A.30 hat jede Mode eines Quantenfeldes eine „Nullpunktsenergie“ von $\frac{1}{2}hf$, auch wenn keine weiteren Energieeinheiten vorhanden sind. Ist das Feld in Wirklichkeit eine schwingende Saite oder ein anderes materielles Objekt, dann ist das kein Problem, weil die Gesamtzahl der Moden endlich ist: Sie können keine Mode haben, deren Wellenlänge kürzer als der halbe Atomabstand ist (siehe Abbildung 7.5). Aber beim elektromagnetischen Feld und anderen fundamentalen Feldern, die Elementarteilchen entsprechen, gibt es keine offensichtliche Schranke für die Anzahl der Moden; die Nullpunktsenergien können sich peinlich aufaddieren.

(a) Betrachten Sie nur das elektromagnetische Feld in einem Kasten mit Volumen L^3. Verwenden Sie die Methoden aus Kapitel 7, um eine Formel für die *gesamte* Nullpunktsenergie aller Moden des Feldes innerhalb des Kastens aufzustellen. Drücken Sie sie durch ein Dreifachintegral über die Modenzahlen in den x-,y- und z-Richtungen aus.

(b) Es gibt gute Gründe für die Annahme, dass die meisten unserer momentanen physikalischen Gesetze inklusive der Quantenfeldtheorie auf extrem kleinen Längenskalen zusammenbrechen, wo die Quantengravitation wichtig wird. Durch eine Dimensionsanalyse können Sie erraten, dass diese Längenskala von der Ordnung $\sqrt{G\hbar/c^3}$ ist; diese Größe wird als **Planck-Länge** bezeichnet. Zeigen Sie, dass die Planck-Länge in der Tat die Einheit Länge aufweist und berechnen Sie sie numerisch.

(c) Kehren Sie zu Ihrem Ausdruck aus Teil (a) zurück und schneiden Sie die Integrale bei einer Modenzahl ab, deren Wellenlänge der Planck-Länge entspricht. Werten Sie dann Ihren Ausdruck aus, um eine Abschätzung der auf die Nullpunktsenergie des elektromagnetischen Felds zurückgehenden Energie pro Volumeneinheit im leeren Raum zu erhalten. Drücken Sie Ihre Antwort in $\mathrm{J/m^3}$ aus und teilen Sie dann durch c^2, um die äquivalente *Massen*dichte des leeren Raums (in $\mathrm{kg/m^3}$) zu erhalten. Vergleichen Sie das Ergebnis mit der mittleren Massendichte gewöhnlicher Materie im Universum, die in etwa ein Proton pro Kubikmeter beträgt. [*Kommentar:* Da die meisten physikalischen Effekte nur von Energie*differenzen* abhängen und da die Nullpunktsenergie sich nie ändert, wäre eine große Energiedichte im „leeren“ Raum aus Sicht der meisten physikalischen Gesetze harmlos. Die eine Ausnahme, und sie ist bedeutend, ist die Gravitation: Energie gravitiert und somit würde eine große Energiedichte im leeren Raum die Expansionsrate des Universums beeinflussen. Die Energiedichte des leeren Raums ist daher als die **kosmologische Konstante** bekannt. Aus der beobachteten Expansionsrate des Universums schätzen die Kosmologen ab, dass die tatsächliche kosmologische Konstante nicht größer als 10^{-7} J/m^3 sein kann. Der Unterschied zwischen dieser Schranke aus der Beobachtung und dem von Ihnen berechneten Wert ist eine der größten Paradoxien der theoretischen Physik. (Die offensichtliche Lösung bestünde darin, einen negativen Beitrag zur Energiedichte aus einer anderen Quelle zu finden. In der Tat geben fermionische Felder einen negativen Betrag zur kosmologischen Konstante, aber niemand weiß, wie man es einrichtet, dass dieser negative Beitrag den positiven Beitrag der bosonischen Felder mit der nötigen Genauigkeit weghebt.[5])]

5 Mehr zum Paradoxon der kosmologischen Konstante und diversen vorgeschlagenen Lösungen finden Sie in Larry Abbott, *Scientific American* **258**, 106–113 (Mai 1988); Ronald J. Adler, Brendan Casey und Ovid C. Jacob, *American Journal of Physics* **63**, 620–626 (1995); und/oder Steven Weinberg, *Reviews of Modern Physics* **61**, 1–82 (1989).

Mathematische Ergebnisse

B

ÜBERBLICK

» Auch wenn man keine Mathematik jenseits der Analysis mehrerer Variablen braucht, um den Stoff dieses Buchs zu verstehen, habe ich an einigen Stellen mathematische Resultate verwendet, die normalerweise in einem ersten Kurs Analysis nicht hergeleitet werden. Der Zweck dieses Anhangs ist es, diese Ergebnisse nun herzuleiten. Wenn Sie die Ergebnisse einfach glauben wollen (oder sie, was besser ist, überschlagsmäßig oder anhand von ein paar Beispielen prüfen), dann müssen Sie diesen Anhang nicht lesen. Aber einige der in diesen Herleitungen verwendeten Hilfsmittel sind in der theoretischen Physik vielfältig einsetzbar und alle Herleitungen selbst sind ziemlich reizvoll. Ich hoffe also, dass Sie weiterlesen und diesen Ausflug auf einigen der weniger befahrenen (aber landschaftlich reizvollen) Nebenstraßen der Analysis genießen. «

B.1 Gauß'sche Integrale

Die Funktion e^{-x^2} (die man die **Gauß-Funktion** nennt) hat eine Stammfunktion, aber man kann diese Stammfunktion nicht durch vertraute Funktionen (wie Wurzeln, Potenzen, Exponentiale und Logarithmen) ausdrücken. Wenn Sie also auf ein Integral dieser Funktion stoßen, werden Sie es vermutlich einfach numerisch auswerten.

Wenn allerdings die Integrationsgrenzen 0 oder $\pm\infty$ sind, haben Sie Glück. Es stellt sich heraus, dass das Integral über e^{-x^2} von $-\infty$ bis ∞ exakt gleich $\sqrt{\pi}$ ist,

$$\int_{-\infty}^{\infty} e^{-x^2}\,dx = \sqrt{\pi}\,, \tag{B.1}$$

und da der Integrand eine gerade Funktion ist (siehe Abbildung B.1), ist das Integral von 0 bis ∞ gerade die Hälfte davon, $\sqrt{\pi}/2$. Der Beweis dieses einfachen Ergebnisses verwendet ein *zwei*dimensionales Integral in Polarkoordinaten.

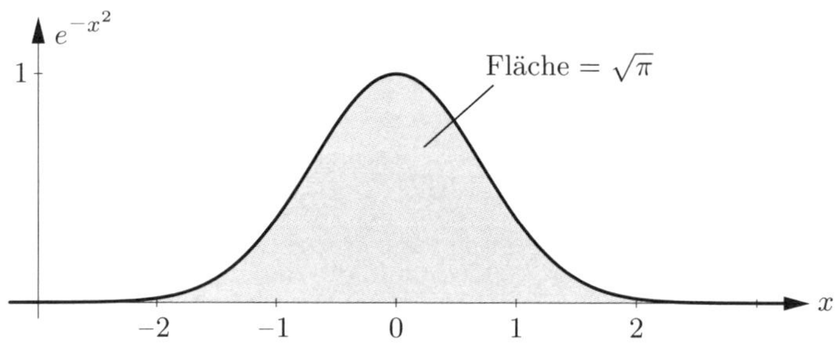

Abbildung B.1: Die Gauß-Funktion e^{-x^2}, deren Integral von $-\infty$ bis ∞ gleich $\sqrt{\pi}$ ist.

Lassen Sie mich

$$I = \int_{-\infty}^{\infty} e^{-x^2}\,dx \tag{B.2}$$

definieren. Der Trick besteht darin, diese Größe zu quadrieren,

$$I^2 = \Big(\int_{-\infty}^{\infty} \mathrm{e}^{-x^2}\,\mathrm{d}x\Big)\Big(\int_{-\infty}^{\infty} \mathrm{e}^{-y^2}\,\mathrm{d}y\Big)\,, \tag{B.3}$$

wobei ich darauf geachtet habe, die Integrationsvariable im zweiten Faktor auf y umzubenennen, um sie nicht mit der Integrationsvariable im ersten Faktor zu verwechseln. Der zweite Faktor ist nun einfach eine Konstante, ich kann ihn daher ins x-Integral hineinziehen. Die Funktion e^{-x^2} ist von y unabhängig, somit kann ich sie ins y-Integral hineinziehen:

$$I^2 = \int_{-\infty}^{\infty} \mathrm{e}^{-x^2}\Big(\int_{-\infty}^{\infty} \mathrm{e}^{-y^2}\,\mathrm{d}y\Big)\,\mathrm{d}x = \int_{-\infty}^{\infty}\int_{-\infty}^{\infty} \mathrm{e}^{-x^2}\mathrm{e}^{-y^2}\,\mathrm{d}y\,\mathrm{d}x\,. \tag{B.4}$$

Wir haben nun ein Integral der Funktion $\mathrm{e}^{-(x^2+y^2)}$ über den gesamten zweidimensionalen Raum. Ich werde dieses Integral in Polarkoordinaten r und ϕ ausrechnen (siehe Abbildung B.2). Der Integrand ist einfach e^{-r^2}, wohingegen der Integrationsbereich bei r von 0 bis ∞ läuft und bei ϕ von 0 bis 2π. Am wichtigsten ist, dass das infinitesimale Flächenelement $\mathrm{d}x\,\mathrm{d}y$ in Polarkoordinaten wie in der Abbildung dargestellt zu $(\mathrm{d}r)(r\,\mathrm{d}\phi)$ wird. Unser Doppelintegral wird also zu

$$I^2 = \int_0^{\infty}\int_0^{2\pi} \mathrm{e}^{-r^2}\,r\,\mathrm{d}\phi\,\mathrm{d}r = 2\pi\int_0^{\infty} r\,\mathrm{e}^{-r^2}\,\mathrm{d}r = (2\pi)\Big(-\frac{1}{2}\mathrm{e}^{-r^2}\Big)\Big|_0^{\infty} = \pi\,, \tag{B.5}$$

was Formel B.1 bestätigt.

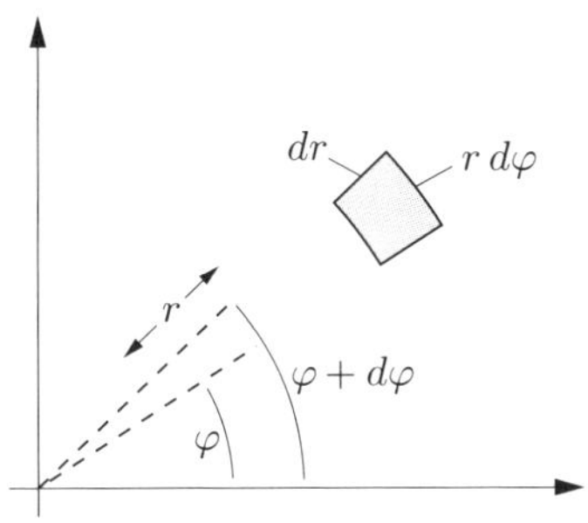

Abbildung B.2: In Polarkoordinaten lautet das infinitesimale Flächenelement $(\mathrm{d}r)(r\,\mathrm{d}\phi)$.

Von Gleichung B.1 ausgehend können Sie mit einer einfachen Ersetzung das allgemeinere Resultat

$$\int_0^{\infty} \mathrm{e}^{-ax^2}\,\mathrm{d}x = \frac{1}{2}\sqrt{\frac{\pi}{a}} \tag{B.6}$$

bekommen, wobei a irgendeine positive Konstante ist. Und aus *dieser* Gleichung können wir ein anderes nützliches Ergebnis erhalten, indem wir bezüglich a ableiten:

$$\frac{\mathrm{d}}{\mathrm{d}a}\int_0^{\infty} \mathrm{e}^{-ax^2}\,\mathrm{d}x = \frac{\sqrt{\pi}}{2}\,\frac{\mathrm{d}}{\mathrm{d}a}a^{-1/2}\,. \tag{B.7}$$

Auf der linken Seite können wir die Ableitung ins Integral ziehen, wo sie auf e^{-ax^2} trifft und einen Faktor $-x^2$ herunterbringt. Die Auswertung der rechten Seite und ein Kürzen der Minuszeichen ergibt

$$\int_0^\infty x^2 \mathrm{e}^{-ax^2}\,\mathrm{d}x = \frac{1}{4}\sqrt{\frac{\pi}{a^3}}\,. \tag{B.8}$$

Dieser Trick, „unterm Integral abzuleiten“, ist ein unglaublich praktischer Weg, um alle möglichen bestimmten Integrale transzendenter Funktionen mal Potenzen von x auszuwerten. (Die Alternative ist eine partielle Integration, aber das ist viel langsamer.)

Integrale von Gauß-Funktionen kommen in der Physik und Mathematik ständig vor. Vielleicht wollen Sie sich daher eine kleine Tabelle der Ergebnisse dieses Abschnitts (einschließlich der Aufgaben weiter unten) machen. In der statistischen Mechanik kommen Gauß'sche Integrale am häufigsten als Integrale von Boltzmann-Faktoren vor, bei denen die Energie eine quadratische Funktion der Integrationsvariable ist (wie in Abschnitten 6.3 und 6.4).

Aufgabe B.1 Skizzieren Sie eine Stammfunktion der Funktion e^{-x^2}.

Aufgabe B.2 Bilden Sie eine weitere Ableitung von Gleichung B.8, um $\int_0^\infty x^4 \mathrm{e}^{-ax^2}\,\mathrm{d}x$ auszuwerten.

Aufgabe B.3 Das Integral über $x^n \mathrm{e}^{-ax^2}$ kann leichter ausgewertet werden, wenn n ungerade ist.

(a) Werten Sie $\int_{-\infty}^{\infty} x\mathrm{e}^{-ax^2}\,\mathrm{d}x$ aus. (Rechnen verboten!)

(b) Werten Sie das unbestimmte Integral von $x\mathrm{e}^{-ax^2}$ mittels einer einfachen Ersetzung aus.

(c) Werten Sie $\int_0^\infty x\mathrm{e}^{-ax^2}\,\mathrm{d}x$ aus.

(d) Differenzieren Sie das letzte Ergebnis, um $\int_0^\infty x^3 \mathrm{e}^{-ax^2}\,\mathrm{d}x$ auszuwerten.

Aufgabe B.4 Manchmal müssen Sie nur den „Schwanz“ einer Gauß-Funktion von irgendeinem großen x bis unendlich integrieren:

$$\int_x^\infty \mathrm{e}^{-t^2}\,\mathrm{d}t = ? \qquad \text{falls } x \gg 1\,.$$

Werten Sie dieses Integral näherungsweise wie folgt aus: Substituieren Sie $s = t^2$, um ein einfaches Integral mal etwas proportional zu $s^{-1/2}$ zu erhalten. Das Integral wird von dem Bereich nahe seiner unteren Integrationsgrenze dominiert, sodass es Sinn macht, $s^{-1/2}$ an diesem Punkt in eine Taylorreihe zu entwickeln und nur die ersten paar Terme dieser Reihe mitzunehmen. Machen Sie das, um eine Reihenentwicklung für das Integral zu bekommen. Werten Sie die ersten drei Terme dieser Reihe explizit aus, um

$$\int_x^\infty \mathrm{e}^{-t^2}\,\mathrm{d}t = \mathrm{e}^{-x^2}\left(\frac{1}{2x} - \frac{1}{4x^3} + \frac{3}{8x^5} - \cdots\right)$$

zu erhalten. *Anmerkung:* Ist x ziemlich groß, dann werden die ersten paar Terme dieser Reihe sehr schnell zu einer exakten Antwort konvergieren. Berechnen Sie aber zu viele Terme, werden die Koeffizienten in den Zählern schließlich schneller anwachsen als die Nenner und die Reihe wird divergieren. Das passiert früher oder später immer, egal wie groß x ist! Reihenentwicklungen dieser Art nennt man **asymptotische Reihen**. Sie sind unglaublich nützlich, verursachen bei mir aber ein flaues Gefühl.

Aufgabe B.5 Verwenden Sie die Methoden der letzten Aufgabe, um eine asymptotische Reihe für das Integral über $t^2\mathrm{e}^{-t^2}$ von x bis ∞ im Fall $x \gg 1$ zu erhalten.

Aufgabe B.6 Man nennt die Stammfunktion e^{-x^2}, bei $x = 0$ auf null gesetzt und mit $2/\sqrt{\pi}$ multipliziert, die **Fehlerfunktion** und kürzt sie mit $\operatorname{erf} x$ ab:

$$\operatorname{erf} x \equiv \frac{2}{\sqrt{\pi}} \int_0^x \mathrm{e}^{-t^2}\,\mathrm{d}t\,.$$

(a) Zeigen Sie, dass $\operatorname{erf}(\pm\infty) = \pm 1$.

(b) Drücken Sie $\int_0^x t^2\mathrm{e}^{-t^2}\,\mathrm{d}t$ durch $\operatorname{erf} x$ aus.

(c) Verwenden Sie das Ergebnis aus Aufgabe B.4, um einen genäherten Ausdruck für $\operatorname{erf} x$ im Falle $x \gg 1$ zu erhalten.

B.2 Die Gamma-Funktion

Wenn Sie mit dem Integral

$$\int_0^\infty \mathrm{e}^{-ax}\,\mathrm{d}x = a^{-1} \tag{B.9}$$

beginnen und wiederholt nach a ableiten, werden Sie schließlich überzeugt sein, dass

$$\int_0^\infty x^n \mathrm{e}^{-ax}\,\mathrm{d}x = (n!)a^{-(n+1)}\,. \tag{B.10}$$

Setzen Sie $a = 1$, so bekommen Sie einen Ausdruck für $n!$:

$$n! = \int_0^\infty x^n \mathrm{e}^{-x}\,\mathrm{d}x\,. \tag{B.11}$$

Ich werde diese Formel im nächsten Abschnitt verwenden, um die Stirling-Näherung für $n!$ herzuleiten.

Man kann das Integral B.11 auch dann auswerten (nicht zwingend analytisch), wenn n keine ganze Zahl ist. Es gibt uns somit eine Möglichkeit, die Fakultät auf nicht ganzzahlige Argumente zu verallgemeinern. Diese Verallgemeinerung bezeichnet man als **Gamma-Funktion** und schreibt $\Gamma(n)$. Aus irgendeinem Grund ist sie mit einer Verschiebung von 1 im Argument definiert:

$$\Gamma(n+1) \equiv \int_0^\infty x^n e^{-x}\, dx\,. \tag{B.12}$$

Somit gilt für ganzzahlige Argumente

$$\Gamma(n+1) = n!\,. \tag{B.13}$$

Die angenehmste Eigenschaft der Gamma-Funktion ist vielleicht ihre Rekursionsbeziehung

$$\Gamma(n+1) = n\Gamma(n)\,. \tag{B.14}$$

Ist n eine ganze Zahl, so ist diese Formel im Wesentlichen die Definition der Fakultät. Aber sie funktioniert auch für nicht ganzzahlige n, wie Sie mittels der Definition B.12 zeigen können.

Entweder aus der Definition B.12 oder der Rekursionsformel B.14 können Sie ersehen, dass $\Gamma(n)$ bei $n = 0$ explodiert. Wenn das Argument der Gamma-Funktion negativ ist, divergiert die Definition B.12 weiterhin, aber wir können die Gamma-Funktion (für nicht ganzzahlige Argumente) immer noch über die Rekursionsformel B.14 definieren. Eine Skizze der Gamma-Funktion für positive wie negative Argumente ist in Abbildung B.3 gezeigt.

Die Gamma-Funktion gibt einigen mehrdeutigen Ausdrücken mit Fakultäten, die im Text vorkommen, eine klare Interpretation, zum Beispiel

$$0! = \Gamma(1) = 1\,; \qquad \left(\tfrac{d}{2}-1\right)! = \Gamma\left(\tfrac{d}{2}\right)\,. \tag{B.15}$$

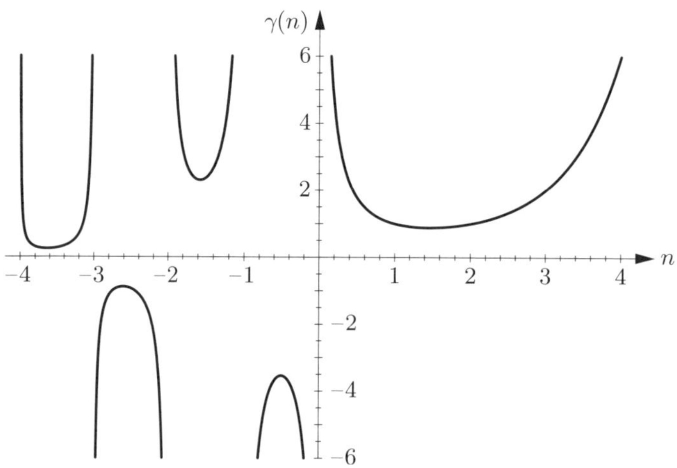

Abbildung B.3: Die Gamma-Funktion $\Gamma(n)$. Für positive ganzzahlige Argumente gilt $\Gamma(n) = (n-1)!$. Für andere positive Zahlen kann $\Gamma(n)$ aus Gleichung B.12 berechnet werden, wohingegen man $\Gamma(n)$ für nicht ganzzahlige negative Zahlen aus Gleichung B.14 errechnen kann.

Die Gamma-Funktion kommt auch bei der Auswertung vieler bestimmter Integrale in der theoretischen Physik vor. Wir werden ihr in Abschnitt B.4 noch einmal begegnen.

Aufgabe B.7 Beweisen Sie die Rekursionsformel B.14. Nehmen Sie nicht an, dass n eine ganze Zahl ist.

Aufgabe B.8 Werten Sie $\Gamma(\frac{1}{2})$ aus. (*Hinweis:* Substituieren Sie, um den Integranden in eine Gauß-Funktion zu verwandeln.) Verwenden Sie dann die Rekursionsformel, um $\Gamma(\frac{3}{2})$ und $\Gamma(-\frac{1}{2})$ auszuwerten.

Aufgabe B.9 Bestimmen Sie das Integral B.12 numerisch, um $\Gamma(\frac{1}{3})$ und $\Gamma(\frac{2}{3})$ auszuwerten. Eine nützliche Gleichung, deren Beweis über den Umfang dieses Buches hinausgeht, lautet

$$\Gamma(n)\Gamma(1-n) = \frac{\pi}{\sin(n\pi)} .$$

Überprüfen Sie diese Formel numerisch für $n = 1/3$.

B.3 Die Stirling-Näherung

In Abschnitt 2.4 habe ich die **Stirling-Näherung**

$$n! \approx n^n \mathrm{e}^{-n}\sqrt{2\pi n} \tag{B.16}$$

eingeführt. Sie ist für $n \gg 1$ genau. Da diese Formel so wichtig ist, werde ich sie nicht einmal, sondern zweimal herleiten.

Die erste Herleitung ist einfacher, aber nicht so genau. Lassen Sie uns mit dem natürlichen Logarithmus von $n!$ arbeiten:

$$\begin{aligned} \ln n! &= \ln\big[n\cdot(n-1)\cdot(n-2)\cdots 1\big] \\ &= \ln n + \ln(n-1) + \ln(n-2) + \cdots + \ln 1\,. \end{aligned} \tag{B.17}$$

Diese Summe von Logarithmen kann als die Fläche unter einem Säulendiagramm (siehe Abbildung B.4) dargestellt werden. Da nun n ziemlich groß ist, ist die Fläche unter dem

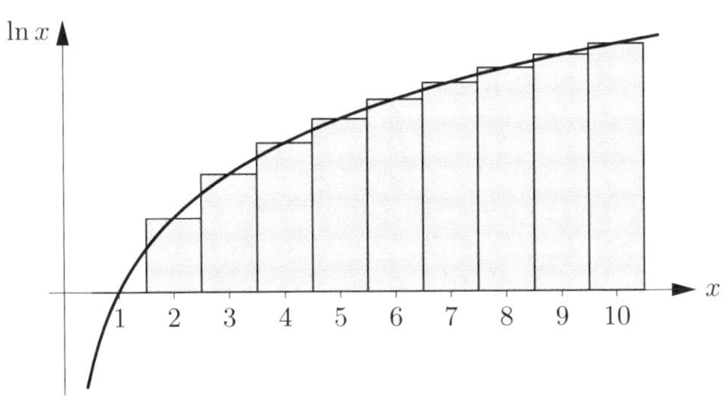

Abbildung B.4: Die Fläche unter dem Säulendiagramm bis zu einem beliebigen n ist gleich $\ln n!$. Ist n groß, so kann man diese Fläche durch die Fläche unter der glatten Kurve der Logarithmus-Funktion annähern.

Säulendiagramm in etwa gleich der Fläche unter der glatten Kurve der Logarithmusfunktion. Somit gilt

$$\ln n! \approx \int_0^n \ln x \, dx = (x \ln x - x)\Big|_0^n = n \ln n - n \,. \tag{B.18}$$

In anderen Worten ist $n! \approx (n/e)^n$. Dieses Ergebnis stimmt mit Gleichung B.16 überein, abgesehen von dem Faktor $\sqrt{2\pi n}$. Falls n hinreichend groß ist, und das trifft in der statistischen Mechanik fast immer zu, kann man diesen Faktor weglassen, sodass dieses Ergebnis alles ist, was wir brauchen.

Um eine genauere Formel für $n!$ herzuleiten, können Sie die vorstehende Rechnung wiederholen, aber die Integrationsgrenzen sorgfältiger wählen (siehe Aufgabe B.10). Um es aber wirklich richtig zu machen, werde ich eine ganz andere Methode verwenden und mit der exakten Formel B.11 beginnen:

$$n! = \int_0^\infty x^n e^{-x} \, dx \,. \tag{B.19}$$

Denken wir über den Integranden $x^n e^{-x}$ für große n nach. Der erste Faktor, x^n, nimmt als Funktion von x sehr rasch zu, wohingegen der zweite Faktor, e^{-x}, sehr rasch auf null abfällt. Das Produkt ist eine Funktion, die zunächst wächst und dann abfällt, wie in Abbildung B.5 dargestellt. Sie können leicht zeigen, dass der Maximalwert exakt am Punkt $x = n$ erreicht wird (siehe Aufgabe 8.11) und dass die Höhe der Spitze $n^n e^{-n}$ beträgt. Was wir wollen, ist die Fläche unter der Kurve, und wir können diese Funktion als eine Gauß-Funktion approximieren, um diese Fläche abzuschätzen. Um die Gauß-Funktion zu erhalten, die die exakte Funktion in der Nähe von $x = n$ am besten reproduziert, schreibe ich die Funktion zunächst als ein einzelnes Exponential:

$$x^n e^{-x} = e^{n \ln x - x} \,. \tag{B.20}$$

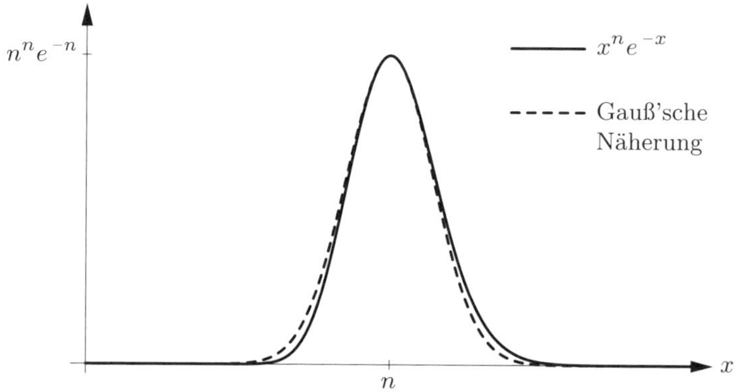

Abbildung B.5: Die Funktion $x^n e^{-x}$ (durchgezogene Linie) für $n = 50$. Die Fläche unter dieser Kurve ist $n!$. Die gestrichelte Kurve zeigt die beste Gauß'sche Näherung, deren Fläche die Stirling-Näherung von $n!$ ergibt.

Als Nächstes definieren wir $y \equiv x-n$, schreiben den Exponenten mittels y um und bereiten uns auf die Entwicklung des Logarithmus vor:

$$\begin{aligned} n\ln x - x &= n\ln(n+y) - n - y \\ &= n\ln\Big[n\Big(1+\frac{y}{n}\Big)\Big] - n - y \\ &= n\ln n - n + n\ln\Big(1+\frac{y}{n}\Big) - y\,. \end{aligned} \tag{B.21}$$

Nahe der Spitze der Kurve ist y sehr viel kleiner als n, sodass wir den Logarithmus als Taylorreihe entwickeln können:

$$\ln\Big(1+\frac{y}{n}\Big) \approx \frac{y}{n} - \frac{1}{2}\Big(\frac{y}{n}\Big)^2\,. \tag{B.22}$$

Der lineare Term wird durch das $-y$ am Ende von Gleichung B.21 weggehoben. Setzen wir alles andere zusammen, so erhalten wir die Näherung

$$x^n e^{-x} \approx n^n e^{-n} e^{-y^2/2n} \qquad \text{mit } y = x - n\,. \tag{B.23}$$

Das ist die beste Gauß'sche Näherung für den exakten Integranden in Gleichung B.19; sie ist als die gestrichelte Kurve in Abbildung B.5 dargestellt. Um $n!$ zu erhalten, wollen wir diese Funktion von $x = 0$ bis $x = \infty$ integrieren. Aber wir können das Integral genauso gut bei $x = -\infty$ beginnen lassen, weil die Funktion bei negativen Werten von x ohnehin vernachlässigbar ist. Verwenden wir die Integrationsformel B.6, so erhalten wir

$$n! \approx n^n e^{-n} \int_{-\infty}^{\infty} e^{-y^2/2n}\, dy = n^n e^{-n} \sqrt{2\pi n}\,, \tag{B.24}$$

in Übereinstimmung mit Gleichung B.16.

Aufgabe B.10 Wählen Sie die Integrationsgrenzen in Gleichung B.18 sorgfältiger, um eine genauere Näherung für $n!$ zu erhalten. (*Hinweis:* Es ist die obere Grenze, die sich als kritischer herausstellt. Es gibt keine offensichtliche beste Wahl für die untere Grenze, aber tun Sie Ihr Bestes.)

Aufgabe B.11 Beweisen Sie, dass die Funktion $x^n e^{-x}$ ihren Maximalwert bei $x = n$ erreicht.

Aufgabe B.12 Verwenden Sie einen Computer, um die Funktion $x^n e^{-x}$ und die Gauß'sche Näherung dieser Funktion für $n = 10$, 20 und 50 darzustellen. Beachten Sie, wie die relative Breite der Spitze (verglichen mit n) mit zunehmendem n abnimmt und die Gauß'sche Näherung genauer wird, wenn n zunimmt. Versuchen Sie, sich noch größere Werte von n anzuschauen, falls Ihre Computersoftware es zulässt.

Aufgabe B.13 Man kann die Stirling-Näherung verbessern, indem man mehr Terme in der Entwicklung des Logarithmus (B.22) mitnimmt. Das Exponential der neuen Terme kann dann in eine Taylorreihe entwickelt werden, um auf ein Polynom in y zu kommen, das mit der gleichen Gauß-Funktion wie zuvor multipliziert wird. Führen Sie diese Schritte aus und behalten Sie dabei konsistent alle Terme, die am Ende um eine Potenz in n kleiner sind als der führende Term. (Da die Gauß-Funktion abschneidet, wenn y von der Ordnung $\sqrt{n}$ ist, können Sie die Größe der verschiedenen Terme abschätzen, indem Sie $y = \sqrt{n}$ setzen.) Schließlich sollten Sie

$$n! \approx n^n e^{-n} \sqrt{2\pi n}\left(1 + \frac{1}{12n}\right)$$

bekommen. Überprüfen Sie die Genauigkeit dieser Formel für $n = 1$ und für $n = 10$. (In der Praxis braucht man den Korrekturterm selten. Aber er liefert einen bequemen Weg, um den Fehler in der Stirling-Näherung abzuschätzen.)

B.4 Die Oberfläche einer *d*-dimensionalen Hyperkugel

In Abschnitt 2.5 habe ich behauptet, dass die „Oberfläche" einer d-dimensionalen „Hyperkugel" mit Radius r gleich

$$A_d(r) = \frac{2\pi^{d/2}}{(\frac{d}{2}-1)!} r^{d-1} = \frac{2\pi^{d/2}}{\Gamma(\frac{d}{2})} r^{d-1} \qquad \text{(B.25)}$$

sei. Für $d = 2$ liefert diese Formel den Umfang eines Kreises, $A_2(r) = 2\pi r$, wohingegen sie für $d = 3$ die Oberfläche einer Kugel liefert, $A_3(r) = 4\pi r^2$. (Für $d = 1$ gibt sie $A_1(r) = 2$, die Anzahl der Punkte, die einen Linienabschnitt begrenzen.)

Bevor wir Gleichung B.25 allgemein beweisen, machen wir als Aufwärmübung einfach den Fall $d = 3$, eine echte dreidimensionale Kugel. Die Oberfläche der Kugel kann, wie in Abbildung B.6 dargestellt, in Bänder aufgeteilt werden. Jedes Band hat Breite $r\,d\theta$ und Umfang $A_2(r \sin\theta) = 2\pi r \sin\theta$, sodass die Gesamtfläche der Kugel

$$A_3(r) = \int_0^\pi A_2(r\sin\theta)\, r\,d\theta = 2\pi r^2 \int_0^\pi \sin\theta\, d\theta = 4\pi r^2 \qquad \text{(B.26)}$$

lautet.

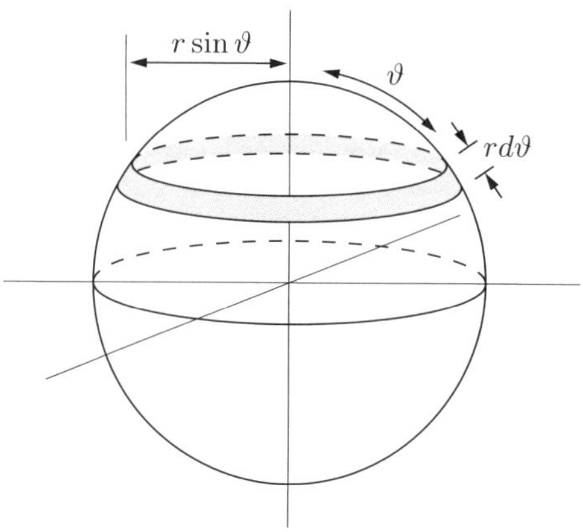

Abbildung B.6: Um die Oberfläche einer Kugel zu berechnen, teilen wir sie in Bänder auf und integrieren darüber. Um die Oberfläche einer *Hyper*kugel zu berechnen, machen wir dasselbe.

Mit einer vollständig analogen Rechnung können wir Gleichung B.25 für beliebiges d beweisen, wobei wir die Induktionsannahme machen, dass sie für $d-1$ zutrifft. Stellen Sie sich vor, dass Sie die Oberfläche einer d-dimensionalen Kugel aus $(d-1)$-dimensionalen „Bändern" aufbauen, jedes mit Breite $r\,\mathrm{d}\theta$ und mit „Umfang" $A_{d-1}(r\sin\theta)$. Die gesamte „Oberfläche" ist wieder das Integral von 0 bis π:

$$\begin{aligned}A_d(r) &= \int_0^\pi A_{d-1}(r\sin\theta)\,r\,\mathrm{d}\theta \\ &= \int_0^\pi \frac{2\pi^{(d-1)/2}}{\Gamma(\frac{d-1}{2})}(r\sin\theta)^{d-2}\,r\,\mathrm{d}\theta \\ &= \frac{2\pi^{(d-1)/2}}{\Gamma(\frac{d-1}{2})}r^{d-1}\int_0^\pi (\sin\theta)^{d-2}\,\mathrm{d}\theta\,. \end{aligned} \tag{B.27}$$

In Aufgabe B.14 können Sie zeigen, dass

$$\int_0^\pi (\sin\theta)^n\,\mathrm{d}\theta = \frac{\sqrt{\pi}\,\Gamma(\frac{n}{2}+\frac{1}{2})}{\Gamma(\frac{n}{2}+1)}\,, \tag{B.28}$$

sodass

$$A_d(r) = \frac{2\pi^{(d-1)/2}}{\Gamma(\frac{d-1}{2})}r^{d-1}\cdot\frac{\pi^{1/2}\Gamma(\frac{d}{2}-\frac{1}{2})}{\Gamma(\frac{d}{2})} = \frac{2\pi^{d/2}}{\Gamma(\frac{d}{2})}r^{d-1}\,, \tag{B.29}$$

wie behauptet.

Aufgabe B.14 Der Beweis von Formel B.28 ist ein Induktionsbeweis.

(a) Überprüfen Sie Formel B.28 für $n = 0$ und $n = 1$.

(b) Zeigen Sie, dass

$$\int_0^\pi (\sin\theta)^n\,\mathrm{d}\theta = \left(\frac{n-1}{n}\right)\int_0^\pi (\sin\theta)^{n-2}\,\mathrm{d}\theta\,.$$

(*Hinweis:* Schreiben Sie erst $(\sin\theta)^n$ als $(\sin\theta)^{n-2}(1-\cos^2\theta)$. Integrieren Sie den zweiten Term partiell, indem Sie einen Faktor $\cos\theta$ ableiten und alles andere integrieren.)

(c) Verwenden Sie die Ergebnisse der Teile (a) und (b), um Formel B.28 induktiv zu beweisen.

Aufgabe B.15 Eine sauberere, aber kniffligere Herleitung von Gleichung B.25 ähnelt der in Abschnitt 8.1 bei der Auswertung des grundlegenden Gauß'schen Integrals verwendeten Methode. Der Trick besteht darin, sich das Integral der Funktion e^{-r^2} über den ganzen Raum in d Dimensionen anzuschauen.

(a) Werten Sie dieses Integral zunächst in kartesischen Koordinaten aus. Sie sollten $\pi^{d/2}$ erhalten.

(b) Weil das Integral Kugelsymmetrie aufweist, können wir es auch in d-dimensionalen Kugelkoordinaten auswerten. Erklären Sie, warum die Winkelintegrale einen Faktor $A_d(1)$ ergeben müssen. Das ist die Oberfläche einer d-dimensionalen Einheitshyperkugel. Zeigen Sie damit, dass das Integral gleich $A_d(1)\cdot\int_0^\infty r^{d-1}\mathrm{e}^{-r^2}\,\mathrm{d}r$ ist.

(c) Werten Sie das Integral über r mittels der Gamma-Funktion aus und leiten Sie so Gleichung B.25 her.

Aufgabe B.16 Leiten Sie eine Formel für das *Volumen* einer d-dimensionalen Hyperkugel her.

B.5 Integrale der Quantenstatistik

In der Quantenstatistik (Kapitel 7) begegnen wir häufig Integralen der Gestalt

$$\int_0^\infty \frac{x^n}{e^x \pm 1}\, dx\,, \tag{B.30}$$

wenn wir über die Zustände eines Systems von Bosonen (– im Nenner) oder Fermionen (+ im Nenner) summieren. Diese Integrale können natürlich numerisch ausgewertet werden. Ist n eine ungerade ganze Zahl, kann man das Ergebnis jedoch exakt durch π ausdrücken.

Der erste Schritt besteht darin, das Integral als unendliche Reihe zu schreiben. Wenn wir zwischenzeitlich den Faktor x^n außer Acht lassen, so kann man den Rest des Integranden als geometrische Reihe schreiben:

$$\begin{aligned}\frac{1}{e^x \pm 1} = \frac{e^{-x}}{1 \pm e^{-x}} &= e^{-x} \mp (e^{-x})^2 + (e^{-x})^3 \mp \cdots \\ &= e^{-x} \mp e^{-2x} + e^{-3x} \mp e^{-4x} + \cdots\,. \end{aligned} \tag{B.31}$$

Nun ist es leicht, mit x^n zu multiplizieren und Term um Term zu integrieren. Im Fall $n = 1$ erhalten wir

$$\begin{aligned}\int_0^\infty \frac{x}{e^x \pm 1}\, dx &= \int_0^\infty (xe^{-x} \mp xe^{-2x} + xe^{-3x} \mp \cdots)\, dx \\ &= 1 \mp \frac{1}{2^2} + \frac{1}{3^2} \mp \frac{1}{4^2} + \cdots\,. \end{aligned} \tag{B.32}$$

Dieser Typ von unendlicher Reihe kommt in der Mathematik häufig vor, darum haben die Mathematiker ihr einen Namen gegeben. Die **Riemann'sche Zeta-Funktion** $\zeta(n)$ ist als

$$\zeta(n) \equiv 1 + \frac{1}{2^n} + \frac{1}{3^n} + \cdots = \sum_{k=1}^\infty \frac{1}{k^n} \tag{B.33}$$

definiert. Somit können wir einfach

$$\int_0^\infty \frac{x}{e^x - 1}\, dx = \zeta(2) \tag{B.34}$$

schreiben. Hat der Integrand ein Plus im Nenner, so alterniert die Reihe und wir müssen ein wenig manipulieren:

$$\begin{aligned}\int_0^\infty \frac{x}{e^x+1}\,dx &= \left(1+\frac{1}{2^2}+\frac{1}{3^2}+\cdots\right)-2\left(\frac{1}{2^2}+\frac{1}{4^2}+\frac{1}{6^2}+\cdots\right)\\ &= \zeta(2)-\frac{2}{2^2}\left(1+\frac{1}{2^2}+\frac{1}{3^2}+\cdots\right)\\ &= \zeta(2)-\frac{1}{2}\zeta(2)\\ &= \frac{1}{2}\zeta(2)\,.\end{aligned} \tag{B.35}$$

Es ist nur wenig schwieriger (siehe Aufgabe B.17), die allgemeineren Ergebnisse

$$\begin{aligned}\int_0^\infty \frac{x^n}{e^x-1}\,dx &= \Gamma(n+1)\zeta(n+1)\,;\\ \int_0^\infty \frac{x^n}{e^x+1}\,dx &= \left(1-\frac{1}{2^n}\right)\Gamma(n+1)\zeta(n+1)\end{aligned} \tag{B.36}$$

herzuleiten. (Ist n ganzzahlig, so gilt $\Gamma(n+1) = n!$.)

Das Problem besteht nun „einfach" darin, die unendliche Reihe B.33, die die Riemann'sche Zeta-Funktion definiert, aufzusummieren. Leider ist es keine einfache Aufgabe, eine einfache Antwort zu bekommen. Ich werde es auf eine sehr trickreiche indirekte Weise machen, die auf einer Fourier-Reihe beruht.[1]

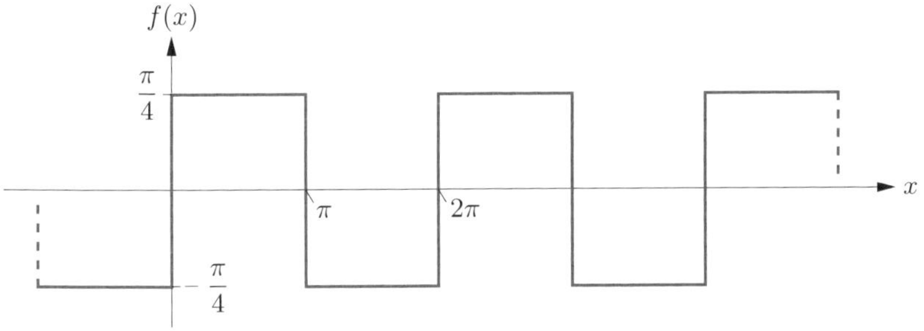

Abbildung B.7: Eine rechteckige Wellenfunktion mit Periode 2π und Amplitude $\pi/4$. Die Fourier-Reihe für diese Funktion ergibt die Werte von $\zeta(n)$, wenn n eine gerade ganze Zahl ist.

Der Trick besteht darin, eine rechteckige Wellenfunktion mit Periode 2π und Amplitude $\pi/4$ zu betrachten (siehe Abbildung B.7). Das **Fourier-Theorem** besagt, dass jede periodische Funktion als eine lineare Überlagerung von Sinus- und Kosinusfunktionen geschrieben werden kann. Bei einer ungeraden Funktion wie der unseren werden nur Sinusfunktionen benötigt. Somit können wir

$$f(x) = \sum_{k=1}^{\infty} a_k \sin(kx) \tag{B.37}$$

1 Es ist für mich nicht nachvollziehbar, wie jemand darauf gekommen ist. Ich habe den Trick aus Mandl (1988) erlernt.

für irgendeinen Satz von Koeffizienten a_k schreiben. Beachten Sie, dass die erste Sinuswelle in der Summe die gleiche Periode wie $f(x)$ aufweist, wohingegen der Rest Perioden hat, die 1/2, 1/3, 1/4 (und so weiter) davon sind. Um die Koeffizienten zu erhalten, können wir den „Fourier-Trick" verwenden: Multiplizieren Sie die Funktion mit $\sin(jx)$ (wobei j irgendeine positive ganze Zahl ist) und integrieren Sie über eine Periode der Funktion:

$$\int_0^{2\pi} f(x)\sin(jx)\,\mathrm{d}x = \sum_{k=1}^{\infty} a_k \int_0^{2\pi} \sin(kx)\sin(jx)\,\mathrm{d}x\,. \tag{B.38}$$

Das Integral auf der rechten Seite ist null, außer wenn $k = j$ ist, wo es π ergibt. Wenn wir nur diesen nicht verschwindenden Term behalten und $j \to k$ setzen, so erhalten wir für beliebiges k

$$a_k = \frac{1}{\pi}\int_0^{2\pi} f(x)\sin(kx)\,\mathrm{d}x = \frac{2}{\pi}\int_0^{\pi} f(x)\sin(kx)\,\mathrm{d}x\,. \tag{B.39}$$

Diese Formel liefert die Fourier-Koeffizienten einer beliebigen ungeraden Funktion $f(x)$ mit Periode 2π. Für unsere rechteckige Wellenfunktion lauten die Koeffizienten

$$a_k = \frac{2}{\pi}\int_0^{\pi} \frac{\pi}{4}\sin(kx)\,\mathrm{d}x = \begin{cases} 1/k & \text{für } k = 1, 3, 5, \ldots, \\ 0 & \text{für } k = 2, 4, 6, \ldots. \end{cases} \tag{B.40}$$

Daher gilt für $0 < x < \pi$

$$\frac{\pi}{4} = \sum_{\text{ungerade } k} \frac{\sin(kx)}{k}\,. \tag{B.41}$$

Der letzte Trick besteht darin, diesen Ausdruck sukzessive bezüglich x zu integrieren und dann das Ergebnis bei $\pi/2$ auszuwerten. Sorgfältige Integration von $x = 0$ bis $x = x'$ ergibt

$$\frac{\pi x'}{4} = \sum_{\text{ungerade } k} \frac{1}{k}\int_0^{x'} \sin(kx)\,\mathrm{d}x = \sum_{\text{ungerade } k} \frac{1}{k^2}\left(1 - \cos kx'\right), \tag{B.42}$$

und setzt man $x' = \pi/2$ sein, so kommt einfach

$$\frac{\pi^2}{8} = \sum_{\text{ungerade } k} \frac{1}{k^2} \tag{B.43}$$

heraus. Aber $\zeta(2)$ ist die Summe über *alle* positiven ganzen Zahlen:

$$\begin{aligned} \zeta(2) &= \sum_{\text{ungerade } k} \frac{1}{k^2} + \sum_{\text{gerade } k} \frac{1}{k^2} \\ &= \frac{\pi^2}{8} + \left(\frac{1}{2^2} + \frac{1}{4^2} + \frac{1}{6^2} + \cdots\right) \\ &= \frac{\pi^2}{8} + \frac{1}{4}\left(\frac{1}{1^2} + \frac{1}{2^2} + \frac{1}{3^2} + \cdots\right) \\ &= \frac{\pi^2}{8} + \frac{1}{4}\zeta(2)\,. \end{aligned} \tag{B.44}$$

Mit anderen Worten gilt

$$\zeta(2) = \frac{4}{3}\frac{\pi^2}{8} = \frac{\pi^2}{6} . \tag{B.45}$$

Dieses Ergebnis reicht, um unser ursprüngliches Integral (B.30) für den Fall $n = 1$ mit beiden Vorzeichen im Nenner auszuwerten. Bei höheren ungeraden Werten von n besteht das Vorgehen darin, höhere Ableitungen von Gleichung B.42 zu bilden, dann wiederum das Ergebnis bei $\pi/2$ auszuwerten und die Reihe ein wenig zu manipulieren (siehe Aufgabe B.19).

Leider liefert diese Methode keine Werte von $\zeta(n)$ für ungerades n; man kann die Ergebnisse in der Tat nicht durch π ausdrücken; sie müssen numerisch gewonnen werden.

Aufgabe B.17 Leiten Sie die allgemeinen Integrationsformeln B.36 her.

Aufgabe B.18 Verwenden Sie einen Computer, um die Summe der Sinuswellen auf der rechten Seite von Gleichung B.41 graphisch darzustellen, wobei Sie die Summe zuerst bei $k = 1$ abbrechen, dann bei $k = 3, 5, 15$ und 25. Beobachten Sie, wie die Reihe *in der Tat* gegen die ursprüngliche rechteckige Wellenfunktion konvergiert, aber die Konvergenz ist nicht besonders schnell.

Aufgabe B.19 Integrieren Sie Gleichung B.42 noch zweimal und setzen Sie dann $x = \pi/2$ ein, um eine Formel für $\sum_{\text{ungerade}}(1/k^4)$ zu erhalten. Verwenden Sie diese Formel, um zu zeigen, dass $\zeta(4) = \pi^4/90$, und werten Sie die Integrale B.36 für den Fall $n = 3$ an. Erklären Sie, warum diese Prozedur keinen Wert für $\zeta(3)$ liefert.

Aufgabe B.20 Werten Sie Gleichung B.41 bei $x = \pi/2$ aus, um eine berühmte Reihe für π zu erhalten. Wie viele Terme müssen Sie in dieser Reihe mitnehmen, um π auf drei signifikante Stellen zu erhalten?

Aufgabe B.21 Bei der Berechnung der Wärmekapazität eines entarteten Fermi-Gases in Abschnitt 7.3 benötigten wir das Integral

$$\int_{-\infty}^{\infty} \frac{x^2\,e^x}{(e^x + 1)^2}\,dx = \frac{\pi^2}{3} .$$

Zeigen Sie zur Herleitung dieses Ergebnisses zunächst, dass der Integrand eine gerade Funktion ist, sodass es ausreicht, von 0 bis ∞ zu integrieren und dann mit 2 zu multiplizieren. Integrieren Sie dann partiell, um dieses Integral mit dem in Gleichung B.35 zu verknüpfen.

Aufgabe B.22 Werten Sie $\zeta(3)$ numerisch durch Aufsummieren der Reihe aus. Wie viele Terme müssen Sie mitnehmen, um eine auf drei Stellen signifikante Antwort zu erhalten?

Leseempfehlungen

Bücher zur Physik der Wärme auf Bachelorniveau

Callen, Herbert B., *Thermodynamics and an Introduction to Thermostatistics*, zweite Auflage (Wiley, New York, 1985). Entwickelt die Thermodynamik aus einem abstrakten, logisch rigorosen Zugang. Die Anwendungskapitel sind etwas leichter und klar geschrieben.

Carrington, Gerald, *Basic Thermodynamics* (Oxford University Press, Oxford, 1994). Eine schöne Einführung, die sich auf die reine klassische Thermodynamik beschränkt.

Kittel, Charles und Herbert Kroemer, *Thermodynamik*, sechste Auflage (Oldenbourg, München, 2013). Ein Buch voller Einsichten und einer großen Vielfalt moderner Anwendungen.

Mandl, F., *Statistical Physics*, zweite Auflage (Wiley, Chichester, 1988). Ein klar geschriebenes Buch, dass den statistischen Zugang betont.

Reif, F., *Statistische Physik und Theorie der Wärme* (De Gruyter, Berlin, 1987). Fortgeschrittener als die meisten Bücher auf dem Bachelorniveau. Es betont den statistischen Zugang und beinhaltet ausführliche Kapitel zur Transporttheorie.

Stowe, Keith, *Introduction to Statistical Mechanics and Thermodynamics* (Wiley, New York, 1984). Vielleicht das einfachste Buch, das den statistischen Zugang wählt. Sehr gut geschrieben, aber leider durch eine inkorrekte Behandlung des chemischen Potentials getrübt.

Zemansky, Mark W. und Richard H. Dittman, *Heat and Thermodynamics*, siebte Auflage (McGraw-Hill, New York, 1997). Ein klassischer Text, der gute Beschreibungen experimenteller Resultate und Techniken einschließt. Frühere Auflagen enthielten eine Menge Material, das es nicht in die neueste Auflage schaffte; ich mag besonders die fünfte Auflage (1968, von Zemansky alleine geschrieben).

Bücher auf Masterniveau

Chandler, David, *Introduction to Modern Statistical Mechanics* (Oxford University Press, New York, 1987). Mein liebster fortgeschrittener Text: kurz und gut geschrieben mit vielen einladenden Aufgaben. Es gibt auch einen unvollständigen Lösungsband.

Landau, L. D. und E. M. Lifshitz, *Statistische Physik*, Teil 1, achte Auflage (Europa-Lehrmittel, 1991). Ein maßgeblicher Klassiker.

Pathria, R. K., *Statistical Mechanics*, zweite Auflage (Butterworth-Heinemann, Oxford, 1996). Eine gute systematische Behandlung der statistischen Mechanik.

Pippard, A. B., *The Elements of Classical Thermodynamics* (Cambridge University Press, Cambridge, 1957). Eine knappe Zusammenfassung der Theorie wie auch einiger Anwendungen.

Reichl, L., *A Modern Course in Statistical Physics*, zweite Auflage (Wiley, New York,1998). Von enzyklopädischem Umfang und sehr fortgeschritten.

Einführende Bücher

Ambegaokar, Vinay, *Reasoning About Luck: Probability and its Uses in Physics* (Cambridge University Press, Cambridge, 1996). Ein elementares Buch, das Wahrscheinlichkeitstheorie lehrt und viele physikalische Anwendungen berührt.

Fenn, John B., *Engines, Energy, and Entropy: A Thermodynamics Primer* (W. H. Freeman, San Francisco, 1982). Eine gemächliche Einführung in die klassische Thermodynamik, die Alltagsanwendungen betont und Cartoons von Charlie the Caveman beinhaltet.

Feynman, Richard P., Robert B. Leighton und Matthew Sands, *Feynman Vorlesungen über Physik* (Oldenbourg, München, 2001). Die Kapitel 1, 3, 4, 6 und 39–46 behandeln Themen aus der Physik der Wärme mit Feynmans unglaublich hoher Dichte von tiefen Einsichten pro Seite.

Moore, Thomas A., *Six Ideas that Shaped Physics, Unit T* (McGraw-Hill, New York, 1998). Dieses sehr klar geschriebene Buch hat meinen Zugang zum zweiten Hauptsatz in den Abschnitten 2.2 und 2.3 inspiriert.

Reif, F., *Statistische Physik: Berkeley Physik Kurs – Band 5* (Vieweg + Teubner, Wiesbaden, 1977). Eine ziemlich fortgeschrittene Einführung, aber viel geruhsamer als Reif (1987).

Populärwissenschaftliche Darstellungen

Atkins, P. W., *The Second Law* (Scientific American Books, New York, 1984). Ein nettes Buch für den Wohnzimmertisch mit vielen Bildern.

Goldstein, Martin und Inge F. Goldstein, *The Refrigerator and the Universe* (Harvard University Press, Cambridge, MA, 1993). Eine umfassende Tour durch die Physik der Wärme und ihre verschiedenen Anwendungen.

Zemansky, Mark W., *Temperatures Very Low and Very High* (Van Nostrand, Princeton, 1964; Nachdruck: Dover, New York, 1981). Ein kurzes Taschenbuch, das sich auf die Physik bei extremen Temperaturen konzentriert. Eine sehr vergnügliche Lektüre, außer an den Stellen, an denen der Verfasser in den Lehrbuchmodus verfällt.

Wärmemaschinen und Kühlschränke

Moran, Michael J. und Howard N. Shapiro, *Fundamentals of Engineering Thermodynamics*, dritte Auflage (Wiley, New York, 1995). Eines von mehreren guten enzyklopädischen Büchern.

Whalley, P. B., *Basic Engineering Thermodynamics* (Oxford University Press, Oxford, 1992). Erfrischend knapp.

Chemische Thermodynamik

Atkins, P. W. und J. de Paula, *Physikalische Chemie*, fünfte Auflage (Wiley-VCH, Weinheim, 2013). Eines von mehreren guten Büchern zur physikalischen Chemie; voller Information.

Findlay, Alexander, *Phase Rule*, neunte Auflage, überarbeitet von A. N. Campbell und N. O. Smith (Dover, New York, 1951). Alles, was Sie schon immer über Phasendiagramme wissen wollten.

Haasen, Peter, *Physikalische Metallkunde*, dritte Auflage (Springer, Berlin, 1994). Eine maßgebliche Monographie, die nicht vor der Physik zurückschreckt.

Rock, Peter A., *Chemical Thermodynamics* (University Science Books, Mill Valley, CA, 1983). Eine gut geschriebene Einführung in die chemische Thermodynamik mit zahlreichen interessanten Anwendungen.

Smith, E. Brian, *Basic Chemical Thermodynamics*, vierte Auflage (Oxford University Press, Oxford, 1990). Ein nettes kurzes Buch, das die Grundlagen abdeckt.

Biologie

Asimov, Isaac, *Life and Energy* (Doubleday, Garden City, NY, 1962). Eine populärwissenschaftliche Darstellung der Thermodynamik und ihrer Anwendungen in die Biochemie. Alt, aber immer noch sehr gut.

Stryer, Lubert, *Biochemistry*, vierte Auflage (W. H. Freeman, New York, 1995). Bewundernswert detailliert, aber nicht so quantitativ, wie man es sich wünschen würde.

Tinoco, Ignacio, Jr., Kenneth Sauer und James C. Wang, *Physical Chemistry: Principles and Applications in Biological Sciences*, dritte Auflage (Prentice-Hall, Englewood Cliffs, NJ, 1995). Weniger umfassend als ein typisches Buch zur physikalischen Chemie, aber mit viel mehr biochemischen Anwendungen.

Geo- und Umweltwissenschaften

Anderson, G. M., *Thermodynamics of Natural Systems* (Wiley, New York, 1996). Eine praktische Einführung in die chemische Thermodynamik mit besonderer Betonung geologischer Anwendungen.

Bohren, Craig F., *Clouds in a Glass of Beer: Simple Experiments in Atmospheric Physics* (Wiley, New York, 1987). Kurz, elementar und erfreulich. Beginnt mit der Beobachtung, dass „ein Glas Bier eine von innen nach außen gedrehte Wolke“ ist. Bohren hat auch eine Fortsetzung geschrieben: *What Light Through Yonder Window Breaks?* (Wiley, New York, 1991).

Bohren, Craig F. und Bruce A. Albrecht, *Atmospheric Thermodynamics* (Oxford University Press, New York, 1998). Auch wenn sich dieses Buch an Meteorologiestudenten richtet, wird es jedem gefallen, der die Grundlagen der Physik kennt und sich für die Alltagswelt interessiert. Unterhaltsam zu lesen und voller Anregungen zum Nachdenken.

Harte, John, *Consider a Spherical Cow: A Course in Environmental Problem Solving* (University Science Books, Sausalito, CA, 1988). Ein wunderbares Buch, das Bachelor-Physik und -Mathematik auf Dutzende von interessanten Problemen der Umwelt anwendet.

Kern, Raymond und Alain Weisbrod, *Thermodynamics for Geologists*, übersetzt von Duncan McKie (Freeman, Cooper and Company, San Francisco, 1967). Hat eine schöne Auswahl ausgearbeiteter Beispiele.

Nordstrom, Darrell Kirk und James L. Munoz, *Geochemical Thermodynamics*, zweite Auflage (Blackwell Scientific Publications, Palo Alto, CA, 1994). Ein gut geschriebenes fortgeschrittenes Buch für ernsthafte Geochemiker.

Astrophysik und Kosmologie

Carroll, Bradley W. und Dale A. Ostlie, *An Introduction to Modern Astrophysics* (Addison-Wesley, Reading, MA, 1996). Eine klare und umfassende Einführung in die Astrophysik auf mittlerem Bachelorniveau.

Peebles, P. J. E., *Principles of Physical Cosmology* (Princeton University Press, Princeton, NJ, 1993). Eine fortgeschrittene Abhandlung der Kosmologie mit einer ausführlichen Diskussion der thermischen Geschichte des frühen Universums.

Shu, Frank H., *The Physical Universe: An Introduction to Astronomy* (University Science Books, Mill Valley, CA, 1982). Ein Astrophysikbuch für Physikstudenten, das sich als Einführung in die Astronomie verkleidet. Voller physikalischer Einsicht stellt dieses Buch die gesamte Astrophysik als einen Wettkampf zwischen der Schwerkraft und dem zweiten Hauptsatz dar.

Weinberg, Steven, *Die ersten drei Minuten* (Piper, München, 1997). Eine klassische Darstellung der Geschichte des frühen Universums. Sie ist zwar für Laien geschrieben, gibt aber auch dem Physiker viel zu denken.

Festkörperphysik

Ashcroft, Neil W. und N. David Mermin, *Festkörperphysik* (Oldenbourg, München, 2012). Ein hervorragendes Buch, das etwas fortgeschrittener als Kittel (weiter unten) ist.

Collings, Peter J., *Liquid Crystals: Nature's Delicate Phase of Matter* (Princeton University Press, Princeton, NJ, 1990). Ein kurzer elementarer Überblick über die physikalischen Grundlagen und die Anwendungen.

Goodstein, David L., *States of Matter* (Prentice-Hall, Englewood Cliffs, NJ, 1975; Nachdruck: Dover, New York, 1985). Ein gut geschriebenes Buch auf Masterniveau, das einen Überblick über die Eigenschaften von Gasen, Flüssigkeiten und Festkörpern gibt.

Gopal, E. S. R., *Specific Heats at Low Temperatures* (Plenum, New York, 1966). Eine schöne kurze Monographie, die Vergleiche zwischen Theorie und Experiment betont.

Kittel, Charles, *Einführung in die Festkörperphysik*, zehnte Auflage (Oldenbourg, München, 1993). Das klassische Bachelor-Buch.

Wilks, J. und D. S. Betts, *An Introduction to Liquid Helium*, zweite Auflage (Oxford University Press, Oxford, 1987). Ein knapper und hinreichend zugänglicher Überblick.

Yeomans, J. M., *Statistical Mechanics of Phase Transitions* (Oxford University Press, Oxford, 1992). Eine kurze, gut lesbare Einführung in die Physik der kritischen Phänomene.

Computersimulationen

Gould, Harvey und Jan Tobochnik, *An Introduction to Computer Simulation Methods*, zweite Auflage (Addison-Wesley, Reading, MA, 1996). Behandelt weitreichende Anwendungen auf verschiedenem Niveau, einschließlich viel statistischer Mechanik.

Whitney, Charles A., *Random Processes in Physical Systems: An Introduction to Probability-Based Computer Simulations* (Wiley, New York, 1990). Ein gutes elementares Lehrbuch, das Sie vom Münzwurf bis hin zum Pulsieren von Sternen führt.

Geschichte und Philosophie

Bailyn, Martin, *A Survey of Thermodynamics* (American Institute of Physics, New York, 1994). Ein Lehrbuch, das zu jedem behandelten Thema eine Menge Geschichte liefert.

Brush, Stephen G., *The Kind of Motion We Call Heat: A History of the Kinetic Theory of Gases in the 19th Century* (North-Holland, Amsterdam, 1976). Eine kurze gelehrte Abhandlung.

Kestin, Joseph (Hrsg.), *The Second Law of Thermodynamics* (Dowden, Hutchinson & Ross, Stroudsburg, PA, 1976). Gibt (auf Englisch) die Originalarbeiten von Carnot, Clausius, Thomson und anderen wieder, zusammen mit hilfreichen Kommentaren.

Leff, Harvey S. und Andrew F. Rex (Hrsg.), *Maxwell's Demon: Entropy, Information, Computing* (Princeton University Press, Princeton, NJ, 1990). Eine Anthologie wichtiger Arbeiten zur Bedeutung der Entropie.

Mendelssohn, K., *The Quest for Absolute Zero*, zweite Auflage (Taylor & Francis, London, 1977). Eine populärwissenschaftliche Geschichte der Tieftemperaturphysik von der Verflüssigung des Sauerstoffs bis zu den Eigenschaften von superfluidem Helium.

von Baeyer, Hans Christian, *Maxwell's Demon: Why Warmth Disperses as Time Passes* (Random House, New York, 1998). Eine kurze populärwissenschaftliche Geschichte der Physik der Wärme mit Betonung der tieferen Fragen. Sehr zu empfehlen.

Tabellen thermodynamischer Daten

Keenan, Joseph H., Frederick G. Keyes, Philip G. Hill und Joan G. Moore, *Steam Tables (S.I. Units)* (Wiley, New York, 1978). Faszinierend.

Lide, David R. (Hrsg.), *CRC Handbook of Chemistry and Physics*, 75. Auflage (Chemical Rubber Company, Boca Raton, FL, 1994). Schwer handhabbar, aber weitverbreitet. Die Ausgaben nach 1990 sind besser organisiert und verwenden modernere Einheiten.

National Research Council, *International Critical Tables of Numerical Data* (McGraw-Hill, New York, 1926–33). Ein siebenbändiges Kompendium mit einer großen Menge an Daten.

Reynolds, William C., *Thermodynamic Properties in SI* (Stanford University Dept. of Mechanical Engineering, Stanford, CA, 1979). Eine praktische Zusammenstellung der Eigenschaften von 40 wichtigen Fluiden.

Vargaftik, N. B., *Handbook of Physical Properties of Liquids and Gases* (Hemisphere, Washington, DC, 1997). Detaillierte Tabellen der Eigenschaften einer Vielzahl von Fluiden.

Woolley, Harold W., Russell B. Scott und F. G. Brickwedde, „Compilation of Thermal Properties of Hydrogen in its Various Isotopic and Ortho-Para Modifications“, *Journal of Research of the National Bureau of Standards* **41**, 379–475 (1948). Maßgeblich, aber nicht sehr zugänglich.

* * *

Ein lästiger Aspekt beim Lesen irgendeines neuen Lehrbuchs besteht darin, sich an die Nomenklatur zu gewöhnen. Erfreulicherweise haben viele der Bezeichnungen in der Thermodynamik und statistischen Physik im Laufe der Jahrzehnte breite Akzeptanz gefunden und sind zu Standards geworden. Es gibt aber einige wichtige Ausnahmen, darunter die folgenden:

Größe	dieses Buch	andere Symbole
Gesamtenergie	U	E
Vielfachheit	Ω	W, g
Helmholtz'sche freie Energie	F	A
Gibbs'sche freie Energie	G	F
großkanonisches Potential	Φ	Ω
Zustandssumme	Z	Q, q
Maxwell'sche Geschwindigkeitsverteilung	$\mathcal{D}(v)$	$P(v)$
Quantenlänge	ℓ_Q	λ, λ_T
Quantenvolumen	v_Q	$\lambda_T^3, 1/n_Q$
Fermi-Dirac-Verteilung	$\overline{n}_{FD}(\epsilon)$	$f(\epsilon)$
Zustandsdichte	$g(\epsilon)$	$D(\epsilon)$

Thermodynamische Eigenschaften ausgewählter Stoffe

Alle Werte in dieser Tabelle sind für ein Mol des Stoffes bei 298 K und 1 bar. Am Ende der chemischen Formel steht die Phase des Stoffes, entweder fest (s), flüssig (l), gasförmig (g) oder in wässriger Lösung (aq). Gibt es mehr als eine häufig vorkommende Form der festen Phase, so ist der Name des Minerals oder der Kristallstruktur angegeben. Daten für wässrige Lösungen sind für eine Standardkonzentration von 1 mol pro Kilogramm Wasser. Die Bildungsenthalpie und die Gibbs'sche freie Bildungsenergie, $\Delta_f H$ und $\Delta_f G$, stellen die Änderungen von H und G bei der Bildung eines Mols des Stoffes dar, wenn man von den Elementen in ihrer stabilsten reinen Form ausgeht (z. B. C (Graphit), O_2 (g) usw.). Um den Wert von ΔH oder ΔG für eine andere Reaktion zu erhalten, ziehen Sie das Δ_f der Reaktanden vom Δ_f der Produkte ab. Bei Ionen in Lösung gibt es eine Freiheit, wie man die thermodynamischen Größen zwischen den positiven und negativen Ionen aufteilt; Konvention ist, H^+ den Wert null zuzuordnen und alle anderen Werte so zu wählen, dass sie mit diesem Wert konsistent sind. Die Daten sind aus Atkins (1998), Lide (1994) und Anderson (1996). Beachten Sie bitte, dass nicht alle angegebenen Stellen notwendigerweise signifikant sind, auch wenn diese Daten hinreichend genau und konsistent sind, um die Beispiele und Aufgaben in diesem Buch zu behandeln; in der Forschung sollten Sie immer in Originalliteratur schauen, wenn Sie experimentelle Ungenauigkeiten herausfinden wollen.

Stoff (Form)	$\Delta_f H$ (kJ)	$\Delta_f G$ (kJ)	S (J/K)	C_P (J/K)	V (cm^3)
Al (s)	0	0	28,33	24,35	9,99
Al_2SiO_5 (Kyanit)	−2594,29	−2443,88	83,81	121,71	44,09
Al_2SiO_5 (Andalusit)	−2590,27	−2442,66	93,22	122,72	51,53
Al_2SiO_5 (Sillimanit)	−2587,76	−2440,99	96,11	124,52	49,90
Ar (g)	0	0	154,84	20,79	
C (Graphit)	0	0	5,74	8,53	5,30
C (Diamant)	1,895	2,900	2,38	6,11	3,42
CH_4 (g)	−74,81	−50,72	186,26	35,31	
C_2H_6 (g)	−84,68	−32,82	229,60	52,63	
C_3H_8 (g)	−103,85	−23,49	269,91	73,5	
C_2H_5OH (l)	−277,69	−174,78	160,7	111,46	58,4
$C_6H_{12}O_6$ (Glukose)	−1273	−910	212	115	
CO (g)	−110,53	−137,17	197,67	29,14	
CO_2 (g)	−393,51	−394,36	213,74	37,11	
H_2CO_3 (aq)	−699,65	−623,08	187,4		
HCO_3^- (aq)	−691,99	−586,77	91,2		

Stoff (Form)	$\Delta_f H$ (kJ)	$\Delta_f G$ (kJ)	S (J/K)	C_P (J/K)	V (cm³)
Ca^{2+} (aq)	−542,83	−553,58	−53,1		
$CaCO_3$ (Kalzit)	−1206,9	−1128,8	92,9	81,88	36,93
$CaCO_3$ (Aragonit)	−1207,1	−1127,8	88,7	81,25	34,15
$CaCl_2$ (s)	−795,8	−748,1	104,6	72,59	51,6
Cl_2 (g)	0	0	223,07	33,91	
Cl^- (aq)	−167,16	−131,23	56,5	−136,4	17,3
Cu (s)	0	0	33,150	24,44	7,12
Fe (s)	0	0	27,28	25,10	7,11
H_2 (g)	0	0	130,68	28,82	
H (g)	217,97	203,25	114,71	20,78	
H^+ (aq)	0	0	0	0	
H_2O (l)	−285,83	−237,13	69,91	75,29	18,068
H_2O (g)	−241,82	−228,57	188,83	33,58	
He (g)	0	0	126,15	20,79	
Hg (l)	0	0	76,02	27,98	14,81
N_2 (g)	0	0	191,61	29,12	
NH_3 (g)	−46,11	−16,45	192,45	35,06	
Na^+ (aq)	−240,12	−261,91	59,0	46,4	−1,2
NaCl (s)	−411,15	−384,14	72,13	50,50	27,01
$NaAlSi_3O_8$ (Albit)	−3935,1	−3711,5	207,40	205,10	100,07
$NaAlSi_2O_6$ (Jadeit)	−3030,9	−2852,1	133,5	160,0	60,40
Ne (g)	0	0	146,33	20,79	
O_2 (g)	0	0	205,14	29,38	
O_2 (aq)	−11,7	16,4	110,9		
OH^- (aq)	−229,99	−157,24	−10,75	−148,5	
Pb (s)	0	0	64,81	26,44	18,3
PbO_2 (s)	−277,4	−217,33	68,6	64,64	
$PbSO_4$ (s)	−920,0	−813,0	148,5	103,2	
SO_4^{2-} (aq)	−909,27	−744,53	20,1	−293	
HSO_4^- (aq)	−887,34	−755,91	131,8	−84	
SiO_2 (α-Quarz)	−910,94	−856,64	41,84	44,43	22,69
H_4SiO_4 (aq)	−1449,36	−1307,67	215,13	468,98	

Register

G

H

I

J

K